U0220731

水利工程深基坑支护及地下水控制技术与实践

SHUILI GONGCHENG SHENJIKENG ZHIHU JI DIXIASHUI KONGZHI JISHU YU SHIJIAN

崔飞　孙勇　路威　许正松　等◎著

河海大学出版社
HOHAI UNIVERSITY PRESS
·南京·

图书在版编目(CIP)数据

水利工程深基坑支护及地下水控制技术与实践 / 崔飞等著. -- 南京 : 河海大学出版社，2023.12
ISBN 978-7-5630-8567-5

Ⅰ. ①水… Ⅱ. ①崔… Ⅲ. ①水利工程－深基坑支护 ②水利工程－地下水位 Ⅳ. ①TV22

中国国家版本馆 CIP 数据核字(2023)第 240408 号

书　　名　水利工程深基坑支护及地下水控制技术与实践
SHUILI GONGCHENG SHENJIKENG ZHIHU JI DIXIASHUI KONGZHI JISHU YU SHIJIAN
书　　号　ISBN 978-7-5630-8567-5
责任编辑　成　微
文字编辑　李蕴瑾
特约校对　成　黎
封面设计　徐娟娟
出版发行　河海大学出版社
地　　址　南京市西康路 1 号(邮编:210098)
网　　址　http://www.hhup.cm
电　　话　(025)83737852(总编室)
(025)83722833(营销部)
经　　销　江苏省新华发行集团有限公司
排　　版　南京布克文化发展有限公司
印　　刷　广东虎彩云印刷有限公司
开　　本　787 毫米×1092 毫米　1/16
印　　张　25.5
字　　数　571 千字
版　　次　2023 年 12 月第 1 版
印　　次　2023 年 12 月第 1 次印刷
定　　价　95.00 元

前言 Preface

基坑工程是一个古老而又有时代特点的岩土工程问题，是一门综合系统性、实用性和经验性的科学，不仅涉及岩土工程应力、变形、稳定和渗流四个基本问题，而且涉及岩土、结构、地质等多个学科，具有很强的区域性、个别性，也带有鲜明的行业色彩。基坑工程是科学，更是艺术，其进步不仅依赖于理论的发展，而且依托于广泛而深入的工程实践活动。

近年来，随着城市建设的不断发展和地下空间的充分利用，推动了基坑工程理论和技术水平的提升，基坑工程越来越多，深度越来越深，所遇到的地质条件和周边环境也越来越复杂。作为临时性工程，基坑工程有较大的危险性，客观上源于理论的不完善，至今仍是靠半经验、半理论的方法来指导设计和施工；主观上源于其各建设环节涉及的单位、人员等重视程度不够。纵观国内外基坑工程的建设和发展，既有大量成功的经验，也有不少失败的案例，轻则造成邻近建筑物倾斜、开裂，重则导致邻近建筑物倒塌和人员伤亡，不仅延误工期，而且产生不良的社会影响。

鉴于基坑工程的危险性、复杂性和特殊性，我国在1999年便出台了《建筑基坑支护技术规程》(JGJ 120-99)，指导基坑工程的设计和施工。由于我国幅员辽阔，工程地质条件和水文地质条件复杂，各地差异性很大，许多省(市)也都结合区域特点出台了相关地方标准，规范当地建筑基坑支护设计和施工，也有很多介绍基坑工程理论、设计和施工的书籍、文献和手册。

与其他行业的基坑工程相比较，水利工程基坑具有明显的特殊性，表现为规模更大、形状更复杂、与“水”相关的问题更突出、基坑支护要与围堰共同考虑等。但遗憾的是，目前尚无专门针对水利工程基坑设计和施工的规范和标准，介绍水利工程基坑设计和施工的书籍和文献也远少于其他行业，水利工程基坑的技术发展也落后于其他行业。笔者反思，出现这一问题有行业特点的原因，如大部分水利工程基坑位于偏远山区，场地开阔，地质条件较好，采用常规的放坡开挖或简单的悬臂式支护结构即可，基坑设计不是制约工程建设的关键环节；另一方面，基坑支护作为临时工程，许多支护方案由施工单位自行完成，受到的重视程度不够。

党的十八大以来，习近平总书记提出了“节水优先、空间均衡、系统治理、两手发力”的治水思路，我国国家水网重大工程建设加快推进，开工建设了引江济淮、引汉济渭、滇中引水等重大引调水工程。随着工程建设的发展，水利工程基坑呈现出地质条件恶劣化、环境复杂化、变形控制严格化、监控智能化等趋势，工程安全、经济、文明、环保等面临全新挑战。

有鉴于此，中水淮河规划设计研究有限规划设计研究有限公司依托南水北调、引江济淮等重大水利工程和淮河流域内的大型水利工程，联合中国水利水电科学研究院开展了多项水利工程基坑支护设计和专项研究，积累了一定实践经验，虽"管中窥豹"，但也期待能起到"抛砖引玉"的作用。

读者应该注意，基坑工程十分复杂、影响因素很多，设计计算理论并不成熟，计算方法也是以经验为主，本书中工程实例所采用的计算和模拟方法也含有个人和地区经验，不能简单照搬；要从掌握土力学的基本概念入手，在实践中积累经验，提升判断力，在工程判断的指导下结合实际情况灵活运用各种基坑支护结构形式。希望本书的出版有助于推进水利行业基坑工程的发展，提升行业的设计水平，提高水利工程基坑工程的安全性和经济性。

本书由中水淮河规划设计研究有限公司和中国水利水电科学研究院的几位工程师集体编写。第1章由孙勇、赵卫全和路威编写，第2章由姜小红和冯珺编写，第3章由崔飞和许正松编写，第4章由姜小红和周琳编写，第5章由周建华编写，第6章由路威和周建华编写，第7章由许正松编写，第8章由崔飞和周琳编写，第9章由崔飞和冯珺编写，第10章由周建华和杨以亮编写。最后由孙勇、崔飞、赵卫全、路威进行统编与审校。

本书的出版得到了中水淮河规划设计研究有限公司的大力支持与资助；中国水利水电科学研究院李勇辉工程师、博士生郭鹏斐等参加了校稿、编排索引、符号表格制作等工作，在此一并表示感谢。

限于编者的水平和学识，以及客观条件和时间精力等关系，欠妥之处在所难免，希望读者对书中的缺点和错误能提出批评指正。谢谢！

作者

2023年9月

目录 Contents

1 绪论

1.1 概述

基坑是地面向下开挖形成的地下空间，其工程目的是为各种建(构)筑物的地下结构安全施工创造条件，通常有开挖和支护系统两大工艺体系，涉及岩土工程勘察、支护结构设计与施工、地下水控制、土石方开挖、安全监测、周围环境保护和风险管理等内容。

基坑工程问题是一个古老而又具有时代特点的岩土工程问题。人们为改善生存条件从事的土木工程所涉及的放坡开挖和简易木条支护甚至可以追溯到远古木作时期。近30年来，随着能源、交通、水利、市政等工程的开发，以及环境保护和人类生存可持续发展的要求，地下空间开发利用出现了前所未有的新浪潮，国际上出现了“二十一世纪是人类开发利用地下空间时代”的口号，以及“二十一世纪将有1/3人口生活和活动在地下”的预测。这些都在一定程度上推动了基坑工程理论与技术水平的快速发展，基坑支护结构、地下水控制、基坑监测、信息化施工、环境保护等诸多方面均呈现出过去难以涉猎的新特点和新趋势。

基坑工程是系统工程，不仅涉及岩土工程四个基本问题：应力、变形、稳定和渗流，而且涉及岩土工程、结构工程、地质工程等多个学科。在土方开挖和地下结构工程施工过程中，基坑四周边坡需要保持稳定；支护结构体系的变形不能影响土方开挖和地下结构施工，还要保证邻近建(构)筑物的安全和正常使用；需要采用合适的地下水控制措施，将坑内水位降低至利于土方开挖和地下结构工程施工的水位，且避免出现渗透变形；基坑支护结构体系受力复杂，涉及土与支护结构共同作用等问题，因此基坑工程设计人员需要系统地掌握岩土工程和结构工程两方面的知识。

基坑具有较强的时空效应。基坑工程的空间大小和形状、土方开挖顺序都会对支护体系受力产生较大影响，这是空间效应；土具有蠕变性，随着蠕变的发展，变形增大，抗剪强度降低，基坑开挖过程中的地下水渗流场动态变化并逐渐达到稳态，这是时间效应。

绝大部分基坑工程是临时结构，设计考虑的安全储备较小，因此基坑工程具有较大的风险性。随着基坑开挖深度和规模的增大，基坑工程出现了不少失败的案例，轻则造成邻近建筑物倾斜、开裂，重则导致邻近建筑物倒塌和人员伤亡，不仅延误工期，而且产生不良的社会影响。

基坑工程具有很强的区域性、个别性，也带有强烈的行业色彩。在地域上，我国幅员辽阔，工程地质条件和水文地质条件复杂，各地差异性很大。在沿海地区，大部分基坑位于深厚软土地层中，有的位于填海、填湖、泥塘或沼泽地中，土体含水量高，抗剪强度低，渗透系数小；在中西部地区，分布有湿陷性黄土、膨胀土、冻土等特殊土地层。有的地区地下水位较高，有的则存在高承压水层，这导致地下水控制往往成为基坑工程成败的关键。对于水利行业，由于工程建设场地开阔、地形地质条件相对较好，水利工程的闸室、大坝、厂房、泵站等建筑物基坑虽然面积大、开挖深，但是多具备采用放坡开挖或悬臂式简单支护的条件，基坑支护技术的发展总体上落后于其他行业。习近平总书记提出了“节水优先、空间均衡、系统治理、两手发力”的治水思路，我国国家水网重大工程建设加快推进，开工建设了引江济淮、引汉济渭、滇中引水等重大引调水工程。随着工程建设的发展，水利工程基坑呈现出地质条件恶劣化、环境复杂化、变形控制严格化、监控智能化等趋势，工程安全、经济、文明、环保等面临全新挑战。太沙基关于“岩土工程与其说是一门科学，不如说是一门艺术(Geotechnology is an art rather than a science)”的论述对基坑工程特别适用。

1.2 基坑工程的特点、支护体系要求与基本形式

1.2.1 基坑工程主要特点

基坑工程是典型的岩土工程。土力学知识也是基坑工程设计人员应首先掌握的基本知识。在讨论基坑工程的特点之前应首先明确土的工程性质，即与变形、强度、稳定、渗流等有关的性质。总的来说，土的工程性质包括 3 个基本特征和 2 个基本特性。

1.2.2.1 土的工程性质的 3 个基本特征

(1) 碎散性

土体是由大小不同的颗粒组成的，颗粒之间存在着大量的孔隙，可以透水和透气。颗粒之间有一定的黏聚力，但其黏聚力很弱。同其他材料相比(如岩石)，可以近似地认为土体是松散的，是一种以摩擦为主的集聚性材料。

(2) 不均匀性

土是自然、历史的产物，是在漫长的地质年代和自然界作用下形成的性质复杂、不均匀、各向异性并且随时间而变化的物质，同时具有工程性质随空间和时间变异的自然变异性。土体的形成年代、形成环境和形成条件的不同都可能使土体的矿物成分和土体结构产生很大的差异，也决定了土体性质不仅区域性强，而且即使在同一场地、同一层土，土体的性质沿深度方向和水平方向也存在差异，有时甚至变化很大。例如，土的竖向刚度大于水平向的刚度；同一土层其较深处的刚度一般也大于较浅处的刚度。土的不均匀

性和自然变异性是客观的，自然形成的。

(3) 三相体

土是由固体颗粒、水和气三部分所组成的三相体系。饱和土体是由固体颗粒和水两相物质组成的，其力学性质要比单相固体复杂得多。例如，对于同一饱和土体，其孔隙比不同(孔隙全部充满水)，则在同样外力作用下，其变形和强度均不相同。孔隙比大的土体，受剪力作用，孔隙比变小，体积压缩，孔隙压力变大，刚度和强度减小；孔隙比小的土体，受同样剪力作用，会产生剪胀，孔隙比变大，体积增加，孔隙压力减小，有效应力增加，刚度和强度有可能变大。上述现象表明饱和二相土体，在同样剪切应力作用下，随着土的孔隙比的变化，会产生不同的刚度、变形及强度，比单相固体复杂得多，如果再加上气相，土的性质会变得更为复杂。

土体中的三相有时很难区分。在自然条件下，土体中总是含有水分，水的存在形态很复杂，其数量和类型影响着土体的状态和性质。土中水包括矿物中的结合水和孔隙水两大类，孔隙水根据水与土颗粒的作用关系又可分为强结合水、弱结合水、非结合水(自由水、毛细水、水蒸气、冰)等。土体中不同形态的水很难严格区分和定量测定，且随着条件的变化土中不同形态的水之间可以相互转化。土体中的固相颗粒一般为无机物，但有的还含有有机质。土中有机质的种类、成分和含量对土的工程性质也有较大影响，有机质的含量越大，土的分散性越强，含水率越高，干密度越小，胀缩性和压缩性越大，强度和承载力越低，对工程越不利。土体中的气体按其所处的状态和结构特点可分为自由气体、四周为水和颗粒表面所封闭的气体、吸附于颗粒表面的气体和溶解于水中的气体等四类。通常认为自由气体与大气连通，对土的性质无大影响；密闭气体会影响土的变形，还可阻塞土中的渗流通道，减小土的渗透性，其体积与压力有关，压力增加，体积缩小，压力减小，体积胀大。对于吸附于颗粒表面的气体和溶解于水的气体，目前研究不多，对土的性质的影响尚未完全清楚。

1.2.2.2 土的工程性质的2个基本特性

(1) 土的不确定性

土与其他土木工程材料相比，最主要的特点就是其不确定性非常大。对土体变形的预测值与实测值相差一倍以上也并不奇怪，其产生很大不确定性的主要原因有性质复杂和埋藏于地下、难以直接探测两个方面。

首先，土的性质复杂是指土是非线性材料，没有唯一的应力-应变关系；土具有不均匀性和各向异性；土的多相性所引起的复杂力学行为等。影响土的工程性质的因素复杂，难以定量描述，依赖于其结构、压力、时间、环境(包括与水的相互作用)及应力路径的影响等。各类土体的应力-应变关系都很复杂，而且相互之间差异很大。同一土体的应力-应变关系与土体中的应力水平、边界排水条件、应力路径等都有关系。大部分土的应力-应变关系曲线基本不存在线性弹性阶段。土体的应力-应变关系与线弹性体、弹塑性体、黏弹塑性体等都有很大的差距。土体的结构性强弱对土的应力-应变关系也有很大影响。

其次，土的性质通常在超过几厘米的范围就有可能发生变化，而整个建筑场地中土的性质仅靠几个钻孔在不同深度的土样的试验结果来估计和评价，当土层比较均匀时，这种估计和评价还能满足工程要求，一旦土的性质变化较大（水平和竖向都有变化），其估计和评价结果必然存在很大的误差和不确定性。因此，为减小这种误差和不确定性，土力学更强调实验和现场勘察。在测定土的强度、变形和渗透特性时，原状土样的代表性、取样和制样过程中对土样的扰动、室内试验边界条件和现场边界条件的不同等客观因素，会使测定的土性指标与原状土的实际性状产生差异，而这种差异也难以定量估计。原位测试中，现场测点的代表性、埋设测试元件过程中对土体的扰动以及测试方法的可靠性等因素所带来的误差也难以定量估计。

（2）土的易变性

土的工程特性受外界温度、湿度、地下水、荷载等的影响而发生显著变化。同其他土木建筑材料（砖石、混凝土、钢材、复合材料等）相比，土在外界环境或荷载的作用下更容易发生变化。因此，在基坑工程设计中应尽可能地预先估计到支护结构在施工或使用期内，土体因受外界影响而产生的各种现象，如沉降、土体开裂、浸水失稳、徐变等。按照土的性质变化规律，主动地改善土的性质，或使支护结构的设计、施工和使用能适应土的这种变化，以保证基坑工程的安全和正常使用。

1.2.2.3 基坑工程的主要特点

结合土的工程性质的基本特征和特性及其对基坑工程的影响分析，基坑工程具有如下特点：

（1）工程条件区域性强。基坑场地的工程地质条件和水文地质条件对基坑工程性状具有极大的影响。软黏土、无黏性土、黄土、膨胀土、碎石土等地层中的基坑工程性状差别很大，如同是软黏土地层，北方地区的天津、南方地区的上海和宁波、西南地区的昆明等地区的软黏土性状有较大差异；地下水，特别是承压水对基坑工程性状影响很大，但各地承压水特性差异很大，承压水对基坑工程性状影响差异也很大，甚至有的基坑开挖时要穿过多层承压水。基坑工程的区域性强这一特点也决定了基坑工程的设计和施工一定要因地制宜。

（2）基坑的支护体系多为临时结构，设计标准考虑的安全储备较小，具有较大的风险性，也对设计、施工、管理提出了更高的要求。如基坑支护体系的选型是否合适、设计计算是否正确、施工顺序是否合理、施工质量是否达标、监测预判结果是否准确、应急处理预案是否及时等都会对工程安全产生巨大影响，一定要重视基坑工程的风险管理。

（3）系统性和时空效应强，设计人员不仅要懂设计，还要懂施工。支护结构设计应考虑施工可行性以及场地条件的许可性，还应考虑基坑开挖过程中的结构体系、外荷载和地下水环境的动态变化，满足安全的前提下，尽量便于施工。基坑设计不仅要对施工组织、安全监测提出要求，而且要对各开挖阶段的支护结构的变形允许值、坑外地下水位最大降深等提出要求，基坑工程需要加强监测，施行动态设计控制和信息化施工。另外，土具有蠕变性，特别是软土，随着土体蠕变的发展，土体的变形增大，抗剪强度降低，使得基坑工程具有时间效应，在基坑支护结构设计和土石方开挖中要重视和利用基坑工程的时空效应。

(4) 基坑支护设计计算理论不完善。作用在支护结构上的主要荷载是土压力和水压力。一方面,作用在支护结构上的土压力大小与土的抗剪强度、支护结构的位移和作用时间等因素有关,水压力与土层性状、防渗体系和作用时间等因素有关,土、水与支护结构之间的相互作用关系很复杂,加之基坑支护结构本身又是一个很复杂的体系,因此在基坑支护结构设计中应重视概念设计理念,按照规范进行设计计算的同时,参考实践经验,互相印证;另一方面,基坑支护设计不仅涉及土力学中稳定、变形和渗流三个基本课题,而且涉及岩土工程和结构工程两个学科,需要设计人员系统地掌握岩土工程和结构工程方面的知识。

(5) 环境条件的影响大,环境效应强。基坑支护体系的变形和地下水位下降都可能对基坑周边的地上和地下建(构)筑物产生不良影响,甚至导致破坏,因此基坑工程支护设计和施工都要充分考虑周围环境条件。如位于繁华城区,周围存在较密集的建(构)筑物、地下管线、道桥等的基坑工程,需要严格控制支护结构体系的变形,基坑工程设计需要按变形控制设计;位于高地下水位或邻近河(海、湖)的基坑工程,需要充分论证截渗或降水措施的合理性,基坑工程设计需要按渗透稳定性控制设计;甚至有的基坑工程还涉及上述情况的叠加,更为复杂。如基坑处在空旷区,放坡开挖或支护结构体系的变形不会对周边环境产生不良影响,基坑工程设计可按稳定性控制设计。

1.2.2 基坑支护体系的作用与要求

基坑工程支护体系的效用是提供土方开挖和地下结构施工作业的空间,并控制土方开挖和地下结构工程施工对周围环境可能造成的不良影响。为满足上述效用,对基坑支护体系有如下要求:

(1) 在土方开挖和地下结构工程施工过程中,基坑四周边坡保持稳定,提供足够的土方开挖和地下结构工程施工的空间,而且支护结构体系的变形也不会影响土方开挖和地下结构工程施工;

(2) 土方开挖和地下结构工程施工范围内的地下水位降至利于土方开挖和地下结构施工的水位,控制坑外地层中的地下水位,不能出现渗透变形;

(3) 因地制宜控制支护体系的变形,控制由支护体系的变形、基坑挖土卸荷回弹、坑内外地下水位变化、降水可能造成的水土流失和地层有效应力增加等原因造成的基坑周围地层的附加沉降和附加水平位移;

(4) 当基坑紧邻道路、管线、房屋等建(构)筑物时,严格控制基坑支护体系可能产生的变形和坑外地层中地下水位可能产生的变化,保证邻近建(构)筑物的安全和正常使用;

(5) 根据基坑周围环境保护要求确定基坑支护体系允许产生的变形量和坑外地层中地下水位的允许变化范围。

1.2.3 基坑支护形式及适用条件

随着基坑支护技术的发展，基坑支护工程中应用的支护形式很多，目前关于基坑支护工程形式的分类中，包括所有支护形式是很困难的。国内现行的与基坑支护相关的规范、标准对基坑支护形式的分类也不尽相同。这里参考《建筑基坑支护技术规程》(JGJ 120—2012)将基坑工程常用的支护形式分为下述五大类：

(1) 支挡式支护

支挡式支护结构又可分为悬臂式结构、内支撑式结构、锚拉式结构、双排桩结构、支护结构与主体结构结合的逆作法等五种主要形式，有些基坑也采用了内支撑与拉锚相结合的结构形式。支挡式结构根据实际需求，可选择挡墙或排桩挡土、锚杆(锚索)拉锚或内撑结构支撑。

支挡式支护结构中常用的挡墙包括排桩墙、地下连续墙、板桩墙、加筋水泥土墙等，水利工程中有时也采用钢板桩；排桩墙中常采用的桩型有钻孔灌注桩、沉管灌注桩、大直径薄壁筒桩、预制桩等不同形式。

(2) 土钉墙支护

土钉墙是由随基坑开挖分层设置的、纵横向密布的土钉群、喷射混凝土面层及原位土体所组成的支护结构。其主要形式包括单一土钉墙和复合土钉墙，复合土钉墙中常用的包括预应力锚杆复合土钉墙、水泥土桩复合土钉墙、微型桩复合土钉墙。

(3) 重力式水泥土墙

重力式水泥土墙是采用水泥土桩互相搭接成格栅或实体的重力式支护结构。可采用深层搅拌法施工，也可采用旋喷法施工。

(4) 放坡开挖及简易支护

放坡开挖及简易支护的支护形式主要包括放坡开挖；以放坡开挖为主，辅以坡脚采用短桩、隔板及其他简易支护；放坡开挖为主，辅以挂网喷射混凝土加固等。放坡开挖及简易支护多用于地质条件较好、施工场地满足放坡条件的基坑，或与其他支挡结构配合使用。

(5) 其他形式支护结构

其他形式支护结构有围桶支护结构(圆形、椭圆形、拱形、复合形)、沉井支护结构、冻结法支护结构等。

每种支护形式都有一定的适用范围，而且随工程地质条件、水文地质条件、周围环境条件的不同而变化。常用基坑支护形式的适用条件如表 1.2-1 所示。设计选择时应根据基坑深度、土的形状及地下水条件、基坑周边环境对基坑变形的承受能力及支护结构失效的后果、基坑尺寸、主体结构形式及施工方法、支护结构施工可行性、经济性等，结合当地的工程经验慎重考虑，综合比选。

表 1.2-1 常用基坑支护形式的适用条件

<table>
<tr><th>类别</th><th>支护形式</th><th>适用条件</th></tr>
<tr><td rowspan="5">支挡式支护结构</td><td>悬臂式</td><td>适用于开挖深度较浅,且允许产生较大变形的基坑。在软土地层中一般不超过 4 m,土质较好地层中一般不超过 6 m,常辅以水泥土截水帷幕,或采用咬合桩形式止水。通常为灌注桩、地连墙、钢板桩等</td></tr>
<tr><td>内支撑式</td><td>①排桩墙或地连墙加内支撑式支护结构:可适用于各种土层和基坑深度,以及对变形控制严格的基坑。
②加筋水泥土墙内撑式支护结构:适用土层取决于形成水泥土的施工方法。如 SMW 工法三轴深层搅拌机械不仅适用于黏性土层,也能用于无黏性土层;TRD 工法则适用于各种土层,且形成的水泥土连续墙水泥土强度沿深度均匀。
③钢板桩加内撑式支护结构:适用对变形控制较为严格或不具备放坡条件的较浅基坑,在水利工程特别是管道工程中应用较多。
④内支撑式支护结构体系需占用基坑范围内的空间,在基坑面积较小或地形狭长时尤为适用,但是其布置应考虑后续施工的方便,当存在拆换撑情况时,需要与主体结构协同考虑</td></tr>
<tr><td>锚拉式</td><td>①适用于主体结构不规则、开挖深度较大或对变形控制严格的基坑,通常为排桩或地连墙加锚索(杆)结构。
②无黏性土和硬黏土土层可提供较大的锚固力,软黏土地层需要采用扩大头锚索(杆),如旋喷扩大头锚索、模袋锚索(杆)等。锚索(杆)的锚固段不宜设在灵敏度高的淤泥层内。
③桩锚结构支护体系不占用基坑范围内的空间,但是锚索(杆)需伸入邻地,有障碍时不能设置,可根据需要选择可拆卸式锚索(杆)</td></tr>
<tr><td>双排桩</td><td>常用于开挖深度已超过悬臂式支护结构的合理支护深度但深度不是很大的情况。一般用于软黏土地层中深度 7～8 m,而且可允许产生较大变形的基坑</td></tr>
<tr><td>逆作法</td><td>支护与主体结构相结合的逆作法适用于基坑周边环境条件很复杂的深基坑。可按施工程序不同分为全逆作法、半逆作法或部分逆作法。逆作法为交叉作业,施工难度高,节点处理较困难</td></tr>
<tr><td colspan="2">土钉墙支护</td><td>①单一土钉墙:适用于地下水位以上或降水的非软土基坑,通常在基坑周边空间有限但不充足的条件下采用,基坑深度不宜大于 12 m。
②预应力锚杆复合:适用于地下水位以上或降水的非软土基坑,基坑深度不宜大于 15 m。
③水泥土桩复合土钉墙:通常在淤泥质土基坑中采用,基坑深度不宜大于 6 m。
④微型桩复合土钉墙:适用于地下水位以上或降水的基坑,用于非软土基坑时,基坑深度不宜大于 12 m;用于淤泥质土基坑时,基坑深度不宜大于 6 m。
⑤当基坑潜在滑动面内有障碍物时不宜采用土钉墙</td></tr>
<tr><td colspan="2">重力式水泥土墙</td><td>①可采用深层搅拌法施工,也可采用旋喷法施工,适用土层取决于施工方法,通常在淤泥质土、淤泥等软黏土地层中采用,基坑深度不宜大于 7 m。
②重力式水泥土墙通常布置成格栅形状、支护结构宽度较大,适用于基坑周围不具备放坡条件、但具备重力式水泥土墙施工宽度、且基坑周边无重要建筑物、对变形控制不严格的情况</td></tr>
<tr><td colspan="2">放坡及简易支护</td><td>①放坡适用于基坑场地条件开阔、周边无重要建筑物、地基土质较好、地下水位低或采取降水措施的情况。允许开挖深度取决于土层的抗剪强度和放坡坡度,开挖深度超过 4～5 m 时,宜采用分级放坡。
②以放坡开挖为主,辅以坡脚采用短桩、隔板及其他简易支护或喷锚网加固的支护方式,适用范围与放坡基本相同,采用简易支护后,可减少占地面积,提高边坡的稳定性。采用坡面防护可提高边坡表层土体的稳定性。
③放坡开挖的费用较低,条件允许时宜优先采用</td></tr>
</table>

续表

类别	支护形式	适用条件
其他支护形式	围桶支护结构	采用混凝土连续墙、SWM连续墙、咬合灌注桩等形成环形支撑，形状包括圆形、椭圆形、拱形、复合形等。可充分利用结构受力特点，径向位移小，筒壁弯矩小。适用于形状接近圆形或椭圆形的基坑，但是施工难度较大，且对施工质量要求较高。拱脚的稳定性至关重要，要有可靠的保护措施
	冻结法支护	冻结法施工可用于各类土层中的基坑，但是应考虑冻融过程对周围环境的影响，全过程中电源不能断，费用较高
	沉井支护	适用于软土地层中面积较小且为圆形或矩形等形状较规则的基坑

1.3 水利工程基坑的特殊性

与其他行业的基坑工程相比，水利工程基坑的特殊性体现在其具有以下几个显著特点：

(1) 邻近水源，水荷载和地下水控制问题突出

水工建筑物布置在河床（大坝、闸室）或岸边（厂房、泵站），坑内地下水受坑外河（湖）水补给，“水”的问题也是水利工程基坑的最大特点。当基坑地基土为弱透水性黏土时，“水”的问题并不突出，但是随着引调水工程发展，很多水利工程基坑的地基土为透水性很强的砂土、裂隙黏土，且此类土层深厚，无法采用截水帷幕完全隔水。如南水北调东线二期二级坝泵站基坑，紧邻南水北调渠道，地基土为厚度超过100 m的裂隙土层，渗透系数约为10^{-3} cm/s量级，属于中等透水；东北某重大引调水工程的泵站基坑，紧邻松花江，地层为砂层或级配不良的砾石层，平均厚度在100 m以上，渗透系数达到10^{-1} cm/s量级，属于强透水层。如何采取有效的截水、降水方式，解决基坑开挖过程中的地层渗透变形、突涌水问题，以及在裂隙黏土层中如何考虑水、土压力，是此类基坑工程设计的关键和难题。

(2) 基坑规模大，形状不规则

水工建筑物的尺寸往往较一般的建筑更大，也使得水利工程基坑开挖的规模较大。特别是对于泵站工程，其宽度（垂直水流方向）往往在数十米、上百米，对于某些大型泵站，甚至达到200 m以上，其长度即使考虑分期施工，也多在百米级。

水工建筑物中的泵站、闸室等基坑，通常沿顺水流方向的轴线是对称的，但是沿垂直水流方向的轴线是不对称的。其不规则性表现为三个方面，一是从平面上看，以主体建筑物为中心，平行水流的边界一般不是一条直线，而是多条或几条相互错开的平行线，甚至是不规则折线，基坑布置时经常出现阳角，也经常需要采用组合式支护结构满足不同部位的开挖需要；二是从剖面上看，以主体建筑物为中心，上、下游建筑物的建基面高程差别很大，有时主体建筑物的底板都是折线形状；三是主体建筑物本身是不规则的，其上、下游并不是一面完整的墙，而是为满足过水需要，有多处开孔，且进、出水口的尺寸、高程均不相同，也限制了某些基坑支护结构形式的应用（如支撑式支挡结构）。

(3) 基坑施工周期长，汛期安全问题突出

受诸多因素的影响，水利工程的建设周期一般较长，基坑的设计使用期限也较长，有

时能达到2年甚至更长。由于紧邻河道或堤防,跨汛期施工的基坑,其支护和挡水结构、降水设施等均需要考虑汛期水位的影响,按照一定的防洪标准进行设计。

(4) 围堰也是基坑的一部分,基坑可能有过水需要

水利工程基坑与围堰往往是同时出现的,有时候是围堰本身形成基坑,有时候是围堰内需要下挖基坑。基坑支护结构的选型要考虑围堰的布置,支护结构体系的稳定性计算也要考虑围堰结构和围堰承担的水荷载,围堰的稳定性计算也要考虑坑内下挖的影响。通常,对水荷载的考虑按照静水头计算,但是实际上,汛期洪水及其产生的波浪对围堰的冲击远高于静水压力,围堰受力的变化也会进一步影响基坑支护结构的稳定性,因此,对此类基坑工程,设计时应该充分考虑汛期洪水的可能影响,对水荷载适当放大或选用较大的安全系数。如,某浅海取水口,采用双排钢板桩围堰挡水,紧邻围堰布置重力式水泥土墙支护,开挖基坑,基坑开挖深度约10.59 m(潮水位+4.59 m,坑底高程−6.0 m)。由于涌浪和潮水作用,钢板桩围堰的外、内侧钢板桩最大水平位移分别达到约4.2 m和3.3 m,重力式水泥土墙的盖板水平位移达到1.12 m,在采取对钢板桩进行拉锚、对桩间土进行旋喷加固等措施后,基坑工程未出现安全事故。

当布置在河床上的水工建筑物施工时,由于采用分期导流时河床的过水断面不够、完全按照设计防洪水标准围堰布置不开,此时,可能会设计过水围堰。即当洪水超过某一标准时,围堰过水,基坑被洪水淹没。这种情况下,除围堰应根据相关规范采用过水围堰设计外,由围堰所形成的基坑的靠岸边侧,其支护结构形式的选择和稳定性计算也需要考虑基坑过水的影响。

1.4 水利工程基坑设计原则和一般规定

基坑支护是为保证地下结构施工和基坑周边环境安全,对基坑采用的临时性支挡、加固、保护与地下水控制的措施,是基坑工程体系中重要的组成部分,其主要技术问题是解决基坑开挖过程中支护结构体系与岩土工程作用,并在承担上部、周围和自重荷载下的变形与稳定问题。

1.4.1 设计基本原则

水利工程基坑设计是在收集和整理设计依据的基础上,根据设计计算理论,提出支护结构、地基加固、基坑开挖方式、开挖支撑施工、施工监测等各项设计。其要在贯彻执行国家的技术经济政策,满足保障基坑周边建(构)筑物、地下管线、道路的安全和正常使用,保证主体地下结构施工空间的前提下,统筹安全性、经济性和适用性三个方面,即要坚持保障支护体系安全可靠、经济合理、环境友好和方便施工的原则。

安全可靠是基坑支护设计的首要原则,包括稳定和变形两个方面。稳定方面是要保证基坑支护体系自身强度满足,结构内力必须在材料强度容许范围内,在基坑开挖和地下结构工程施工过程中不产生失稳;变形方面要保证支护体系和土体的变形可控,基坑周边的邻近建(构)筑物、地下管线、道路的变形和受力在允许范围内。

基坑工程是系统工程，支护方案的选型、变形控制、安全储备控制的要求均要经济合理。在基坑工程设计中，要善于根据场地工程地质和水文地质条件，结合基坑形状和大小，认真分析该支护结构体系中的主要矛盾，合理选用基坑支护形式。如是支护体系的稳定问题，还需要控制支护体系的变形问题；明确基坑支护体系产生稳定和变形问题的主要原因是土压力问题，还是地下水控制问题。

基坑工程设计要根据基坑周围环境保护要求采用按稳定控制或按变形控制设计。当基坑周围环境空旷，在建(构)筑物、管线、道路等的影响范围以外，可以允许基坑周围地层产生较大变形时，基坑支护设计应按稳定控制设计；当基坑紧邻建(构)筑物、管线、道路等时，基坑支护设计应按变形控制设计。

采用稳定控制设计的基坑支护体系可以产生较大位移，按变形控制设计的基坑支护体系不仅要求支护体系满足稳定性要求，并且要求支护体系的变形小于控制值。由于作用在支护结构上的土压力值与位移有关，按稳定控制设计和按变形控制设计中，作为荷载的土压力设计取值差别很大，因此，对于同一工程，按稳定控制设计比按变形控制设计工程投资要小。对于按变形控制设计的基坑支护体系，变形控制量应根据基坑周围环境条件因地制宜确定，不是要求基坑支护变形越小越好，也不宜简单规定一个变形允许值，应以基坑变形对建(构)筑物、管线、道路等不会产生不良影响、不会影响其正常使用为标准。

1.4.2 基坑安全等级

对于水利工程基坑，目前国内尚无专门的行业标准或规范。工程应用时，多参考现行的建筑行业标准或地方标准。基坑工程可根据支护体系破坏可能产生的后果，包括危及人的生命、造成经济损失、产生社会影响的严重性，以及对周围环境，如邻近建(构)筑物、管线、道路等的影响，采用不同的安全等级。由于各地岩土工程条件不同，在安全等级的具体划分上，如何准确界定不易掌握，现将部分规范划分的具体规定介绍如下：

(1) 建筑行业标准《建筑基坑支护技术规程》

如表1.4-1，《建筑基坑支护技术规程》(JGJ 120—2012)规定，基坑支护设计时，应综合考虑基坑周边环境和地质条件的复杂程度、基坑深度等影响因素，选择支护结构的安全等级。按破坏后果的严重程度将支护结构分为三个安全等级，设计中根据不同的安全等级选用重要性系数(γ_0)，对同一基坑的不同部位，可采用不同的安全等级。

表1.4-1 基坑支护结构的安全等级

安全等级	破坏后果	γ_0
一级	支护结构失效、土体变形对基坑周边环境或主体结构施工安全的影响很严重	1.1
二级	支护结构失效、土体变形对基坑周边环境或主体结构施工安全的影响严重	1.0
三级	支护结构失效、土体变形对基坑周边环境或主体结构施工安全的影响不严重	0.9

(2) 湖北省地方标准《基坑工程技术规程》

如表1.4-2，湖北省地方标准《基坑工程技术规程》(DB42/T 159—2012)规定，基坑支护设计时，应根据开挖深度、环境条件与工程地质、水文地质条件将基坑工程分为三个安全等级，在确定支护结构截面尺寸及配筋和验算材料强度时，荷载效应的标准组合值为 1.35，临时性支护结构调整系数取值分别为一级 1.0、二级 0.95，三级 0.90。

表 1.4-2　基坑工程重要性等级划分

开挖深度 H/m	环境条件与工程地质、水文地质条件								
	$a<H$			$H\leqslant a\leqslant 2H$			$a>2H$		
	Ⅰ	Ⅱ	Ⅲ	Ⅰ	Ⅱ	Ⅲ	Ⅰ	Ⅱ	Ⅲ
$H>15$	一级								
$10<H\leqslant 15$	一级			一级		二级	一级	二级	
$6<H\leqslant 10$	一级		二级	一级	二级		一级	二级	三级
$H\leqslant 6$	一级	二级		一级	二级	三级	二级	三级	

注：①H 为基坑开挖深度，按规范规定取值。

②a 为主干道、生命线工程及邻近建(构)筑物基础边缘离坑口内壁的距离。

③工程地质、水文地质条件分类：

Ⅰ复杂—有深厚淤泥、淤泥质土或承载力特征值低于 80 kPa 的饱和黏性土层；或承压水埋藏浅，对基坑工程有重大影响；

Ⅱ较复杂—土质较差；或浅部有易于流淅的粉土、粉砂层，地下水对基坑工程有一定影响；

Ⅲ简单—土质好，且地下水对基坑工程影响轻微。

坑壁为互层土时可经过分析按不利情况考虑。

④邻近建(构)筑物指采用天然地基浅基础的永久性建筑物。管线指重要干线、生命线工程或一旦破坏危及公共安全的管线。如邻近建(构)筑物为价值不高、待拆除或临时性的，管线为非重要干线，一旦破坏没有危险易于修复的，则重要性等级可按 $a>2H$ 确定。如邻近建(构)筑物为桩基础，虽然 $a<H$，也可根据具体情况按 $H\leqslant a\leqslant 2H$ 或 $a>2H$ 确定重要性等级。

⑤同一基坑周边条件不同时，可分别划分为不同的重要性等级，但采用内支撑时应考虑各边的相互影响。

⑥坑内外由工程桩需要保护时，重要性等级不应低于二级。桩周土软弱，桩径小时应定为一级。

⑦距离基坑边开挖深度 1 倍(对软土为 1.5 倍)范围内存在历史文物或优秀建筑时，重要性等级应为一级。

⑧周边场地开阔，具备放坡或分阶放坡条件，不需采用桩、墙支护的基坑工程，可确定为二级或三级。

(3) 北京市地方标准《建筑基坑支护技术规程》(DB11/489—2016)

如表 1.4-3 和图 1.4.1，北京市地方标准《建筑基坑支护技术规程》(DB11/489—2016)规定，基坑支护设计时，应根据基坑的开挖深度 h、邻近建(构)筑物及管线与坑边的相对距离比 a 和工程地质、水文地质条件，按破坏后的严重程度划分基坑侧壁的安全等级，并根据安全等级确定结构重要性系数 γ_0，对于安全等级为一级、二级和三级的基坑，γ_0 分别取 1.1，1.0 和 0.9。

表 1.4-3　基坑侧壁安全等级划分

环境条件 / 工程地质、水文地质条件 / 开挖深度 h/m	$a<0.5$			$0.5\leqslant a\leqslant 1.0$			$a>1.0$		
	Ⅰ	Ⅱ	Ⅲ	Ⅰ	Ⅱ	Ⅲ	Ⅰ	Ⅱ	Ⅲ
$h>15$	一级			一级			一级		
$10<h\leqslant 15$	一级			一级		二级	一级	二级	
$h\leqslant 10$	一级	二级		二级	三级		二级	三级	

注：①h 为基坑开挖深度。

②a 为相对距离比，$a=\frac{x}{h_a}$。x 为管线、邻近建(构)筑物基础边缘(桩基础桩端)离坑口内壁的水平距离，h_a 为基础底面距坑底垂直距离，见图 1.4.1。

③工程地质、水文地质条件分类：

Ⅰ复杂—土质差、地下水对基坑工程有重大影响；

Ⅱ较复杂—土质较差，基坑侧壁有易于流失的粉土、粉砂层，地下水对基坑有一定影响；

Ⅲ简单—土质好，且地下水对基坑工程影响轻微。

坑壁为多层土时可经过分析按不利情况确定工程地质、水文地质条件类别。

④如邻近建(构)筑物为价值不高、待拆除或临时性的，管线为非重要管线，一旦破坏没有危险且易于修复，则 a 值可增大一个范围值；周边环境为变形特别敏感的邻近建(构)筑物或重点保护的古建筑物等有特殊要求的建(构)筑物，当基坑侧壁安全等级为二级或三级时，安全等级应提高一级；当既有基础(或桩基础桩端)埋深大于基坑深度 h 时，应根据基础距基坑底的相对距离、基底附加应力、桩基础形式以及上部结构对变形的敏感程度等因素，综合确定 a 值及安全等级。

⑤同一基坑周边条件不同可分别划分为不同的基坑侧壁安全等级。

⑥当基坑支护结构作为地下建筑物结构的一部分时，基坑侧壁安全等级应为一级。

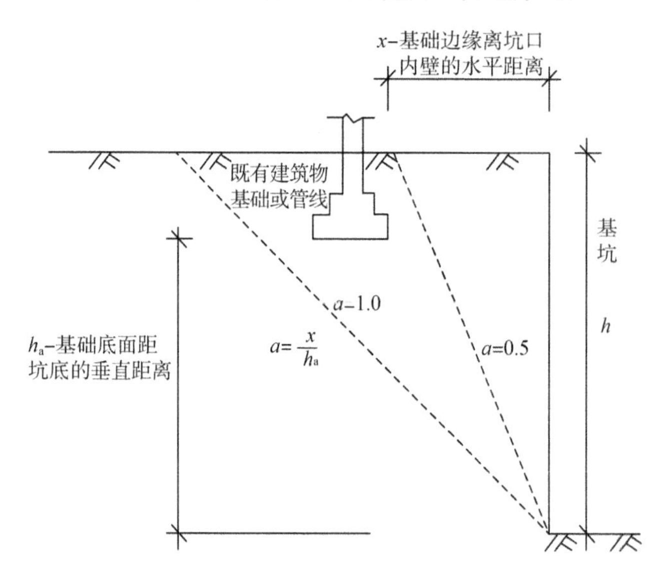

图 1.4.1　相邻建筑基础与基坑相对关系示意图

(4) 广东省地方标准《建筑基坑工程技术规程》

如表 1.4-4，广东省地方标准《建筑基坑工程技术规程》(DBJ/T 15—20—2016)规定基坑支护结构应根据破坏后果、开挖深度、周边环境和与主体结构的相互关系确定安全等级，且基坑工程只要符合三项条件中的一项，即定为一级。标准同时规定了基坑周边环境等级，并以此确定支护结构的水平位移控制值，如表 1.4-5。

表 1.4-4　支护结构安全等级及其重要性系数

安全等级	破坏后果	等级范围描述	重要性系数 γ_0
一级	对主体结构施工安全或基坑周边环境的影响很严重	1. 基坑开挖深度大于 14 m 2. 支护结构作为主体结构的一部分 3. 基坑开挖影响范围内存在重要建(构)筑物、对变形敏感的建(构)筑物或需保护的重要管线	1.1

续表

安全等级	破坏后果	等级范围描述	重要性系数 γ_0
二级	对主体结构施工安全或基坑周边环境的影响严重	除一级和三级以外的基坑工程	1.0
三级	对主体结构施工安全或基坑周边环境的影响不严重	开挖深度小于 6 m，且周围环境无特别要求	0.9

表 1.4-5 基坑环境等级及其支护结构水平位移控制值

环境等级	适用范围	支护结构水平位移控制值
特殊要求	基坑开挖影响范围内存在地下管线、地铁站、变电站、古建筑等有特殊要求的建(构)筑物、设施	满足特殊的位移控制要求。基坑支护设计、施工、监测方案需得到周边特殊建(构)筑物、设施管理部门的同意
一级	基坑开挖影响范围内存在浅基础房屋、桩长小于基坑开挖深度的摩擦桩基础建筑物、轨道交通设施、隧道、防渗墙、雨(污)水管、供水总管、管线共同沟等重要建(构)筑物、设施	水平位移控制值取 30 mm 且不大于 0.002H
二级	一级与三级以外的基坑	水平位移控制值取 45～50 mm，且不大于 0.004H
三级	周边三倍基坑开挖深度范围内无任何建筑、管线等需保护的建(构)筑物	水平位移控制值取 60～100 mm，且不大于 0.006H

注：①H 为基坑开挖深度；
②基坑开挖影响范围一般取 1.0H；当存在砂层、软土层时，开挖影响范围应适当加大至 2.0H；
③表中水平位移控制值与基坑开挖深度的关系需同时满足，取小值；
④特殊要求和一级基坑，应严格控制变形；二、三级基坑的位移，如基坑周边环境许可，则主要由支护结构的稳定来控制。

(5) 上海市地方标准《基坑工程技术标准》

如表 1.4-6 和表 1.4-7，上海市地方标准《基坑工程技术标准》(DG/TJ 08—61—2018)对于基坑的等级按安全等级和环境保护等级划分。其中，基坑工程的安全等级根据基坑的开挖深度分为三级；基坑工程的环境保护等级根据基坑周围环境的重要性程度及其与基坑的距离分为三级，各级对应不同的基坑变形控制指标。

表 1.4-6 基坑工程的安全等级

安全等级	开挖深度
一级	基坑开挖深度大于等于 12 m
二级	除一级和三级以外的基坑
三级	基坑开挖深度小于 7 m

表 1.4-7 基坑工程的环境保护等级

环境保护对象	保护对象与基坑距离关系	基坑工程的环境保护等级	围护结构最大位移	坑外地表最大沉降
优秀历史建筑，有精密仪器与设备的厂房，采用天然地基或短桩基础的医院、学校和住宅等重要建筑物，轨道交通设计、隧道、防汛墙、原水管、自来水总管、煤气总管、共同沟等重要建(构)筑物或设施	$s \leqslant H$	一级	0.18%H	0.15%H
	$H < s \leqslant 2H$	二级	0.3%H	0.25%H
	$2H < s \leqslant 4H$	三级	0.7%H	0.55%H
较重要的自来水管、煤气管、污水管等市政管线，其他采用天然地基或短桩基础的建筑物等	$s \leqslant H$	二级	0.3%H	0.25%H
	$H < s \leqslant 2H$	三级	0.7%H	0.55%H

注：①H 为基坑开挖深度，s 为保护对象与基坑开挖边线的净距。

②基坑工程环境保护等级可依据基坑各边的不同环境情况分别确定。

③位于轨道交通设施、优秀历史建筑、重要管线等环境保护对象周边的基坑工程，应遵照政府有关文件和规定执行。

(6) 河北省地方标准《建筑基坑支护技术标准》

如表 1.4-8，河北省地方标准《建筑基坑支护技术标准》(DB13(J)/T 8468—2022)规定，基坑支护结构的安全等级应考虑基坑深度、周边环境条件、岩土工程条件的复杂程度等综合确定，同一基坑的不同部位，可采用不同的安全等级。

表 1.4-8 支护结构安全等级

开挖深度 H/m	环境条件与岩土工程条件								
	$a<0.5$			$0.5 \leqslant a \leqslant 1.0$			$a>1.0$		
	Ⅰ	Ⅱ	Ⅲ	Ⅰ	Ⅱ	Ⅲ	Ⅰ	Ⅱ	Ⅲ
$H>12$	一级								
$6<H \leqslant 12$	一级			一级	二级		一级	二级	
$H \leqslant 6$	一级	二级		二级			二级	三级	

注：①a 为邻近建(构)筑物基础外边缘(管线外边缘)至基坑底边缘的水平距离与邻近建(构)筑物基础外边缘(管线外边缘)基础(管线)底面至坑底垂直距离的比值。

②当 $a \leqslant 1.0$ 且有重要建(构)筑物、管线或生命线工程时，支护结构安全等级应为一级。

除上述行业和地方标准外，浙江、广西、四川、山东等省也结合地方特点，制定了相应的基坑支护地方标准，其关于基坑安全等级的划分也是以行业标准《建筑基坑支护技术规程》(JGJ 120—2012)为基础进行细化，具体内容大同小异，不再一一列举，感兴趣的读者可参见《建筑基坑工程技术规程》(DB33/T 1096—2014，浙江)、《建筑基坑支护技术规范》(DBJ/T 45—065—2018，广西)、《成都地区基坑工程安全技术规范》(DB51/T 5072—2011，四川)、《土岩双元基坑支护技术标准》(DB37/T 5233—2022，山东)等。

1.4.3 支护体系的设计荷载

水利工程基坑支护体系设计应考虑以下荷载：

(1) 基坑内外的土压力、水压力。多数水利工程基坑邻近河道,坑外水压力计算时应考虑施工期不同设计标准时的洪水荷载。

(2) 地面超载,如基坑周边施工材料和设备荷载、道路上的车辆荷载等。水利工程中经常遇到基坑与围堰、基坑与边坡联合甚至三者同时存在的情况,此时,应根据实际情况,将围堰作为附加荷载考虑,或将其与基坑支护结构体系一起考虑;与边坡联合的基坑,应将边坡支护与基坑支护结构体系共同考虑,坡度不高时也可简单将边坡土体作为附加荷载考虑。

(3) 邻近既有和在建建(构)筑物荷载。

(4) 其他不利于基坑工程支护体系稳定的荷载,如冻胀、温度变化及其他因素产生的作用等。

(5) 如支护结构作为主体结构一部分时,还应根据具体情况确定设计应考虑的荷载。

1.5 水利工程基坑设计内容和必备资料

1.5.1 设计内容

水利工程基坑支护结构体系应按照承载能力极限状态和正常使用极限状态设计。具体设计内容一般包括:

(1) 根据场区的工程地质和水位地质条件、工程用地红线和基坑周围环境条件、主体建(构)筑物地下结构施工图等资料,分析基坑工程重、难点及应对措施,参考本地区的成熟经验,开展基坑支护结构选型,提出合理的基坑支护方案和布置形式,包括基坑支护结构形式和地下水控制方法。

(2) 基坑支护结构体系的强度和变形设计计算。包括支护结构和支撑构件的受压、受弯、受剪承载力计算,锚杆(索)或土钉的抗拔承载力、受拉承载力计算等。

(3) 地下水控制体系的设计计算。包括地下水控制方式、控制体系(降水井、减压井、回灌井或防渗帷幕等)的布置等。

(4) 基坑支护体系的稳定计算。主要包括嵌固稳定性(抗倾覆稳定性)、整体滑动稳定性、坑底隆起稳定性(含软弱下卧层的隆起稳定性)、以最下层支点为轴心的圆弧滑动稳定性(坑底为软土时)、地下水渗透稳定性(坑底突涌水稳定性、流土稳定性、管涌可能性)、支护体系的各构件是否满足构造要求等。

(5) 基坑工程环境效应评估。包括地层、邻近建(构)筑物、道路和管线的变形,以及变形是否影响其正常使用的评估等。

(6) 基坑开挖施工组织设计。包括施工总体布置,基坑周边荷载限值,土方开挖方式及开挖道路布置,支撑拆除、施工工期及使用期限等;部分水利工程的基坑由于与围堰联合,还涉及施工导截流及工程度汛等。

(7) 基坑工程监测要求。包括监测设备和仪器选型及布置,监测报警值和监测管理要求等。

（8）专项和应急措施的要求。

1.5.2 设计文件组成

水利工程基坑工程支护设计文件一般应包括：

（1）设计依据。

（2）工程概况和周围环境条件分析。

（3）工程地质条件和水文地质条件分析。

（4）基坑工程重、难点分析。

（5）基坑支护和地下水控制方案比选，确定基坑支护形式和地下水控制方法。

（6）基坑支护体系和地下水控制体系设计计算，一般包括设计参数的选用说明、计算方法说明、计算结果并附相关计算书。

（7）基坑支护体系和地下水控制体系设计图纸，一般包括基坑总平面图（含周边环境条件）、典型支护结构剖面图（含地质剖面）、支护结构和地下水控制施工详图（含关键部位大样图），基坑监测平面布置图和剖面图等。

（8）基坑工程施工要求和施工组织设计，施工要求一般包括基坑周边荷载限值、支护结构（含锚索或内撑结构）和截水帷幕施工要求、基坑降水要求、使用期限等，施工组织设计一般包括施工总体布置、土方开挖方式及开挖道路布置、施工工期等，部分水利工程的基坑由于与围堰联合，还涉及施工导截流及工程度汛等。

（9）基坑工程监测要求，包括监测设备和仪器选型及布置、监测报警值、监测管理要求等。

（10）应急措施和专项措施，如安全汛期措施、季节性施工专项措施等。

1.5.3 设计前的必备资料

水利工程基坑工程设计之前，设计人员应取得并掌握如下资料：

（1）工程用地红线图和基坑周围环境资料及图纸，主要由测量和勘察专业（单位）提供。包括既有建（构）筑物的位置、结构类型、基础形式和尺寸、埋深、使用年限、用途等；各种既有地下管线、地下构筑物的位置、尺寸、埋深等，对于既有的供水、污水和雨水等地下输水管线，还应了解其使用情况和渗漏情况；邻近基坑（如有）的支护结构设计资料和施工情况等。

（2）主体建（构）筑物地下结构的平面和剖面图及其施工方法等，主要由主体工程设计专业（单位）提供。

（3）岩土工程勘察报告及图纸，主要由勘察专业（单位）提供。包括基坑工程影响范围内的土层分布，各土层的物理力学指标，土层的渗透系数和渗透变形类型，全年地下水位变动情况及地下水类型、气象资料等。

（4）水文资料，主要由水文专业提供。如受河（海）水位影响的基坑工程，应掌握施工期不同标准的洪水位或潮水位。

1.5.4 设计管理

其他行业的实践经验表明，不少基坑工程事故与设计质量有关，加强基坑工程设计管理是减少基坑工程事故非常有效的措施。以往的水利工程基坑由于工程建设场地开阔、地形地质条件相对较好，虽然开挖面积大、开挖深，但是多具备采用放坡开挖或悬臂式简单支护的条件，基坑出现事故的情况较少，且严重程度不高。因为基坑支护体系是临时结构，不少人对支护设计重视不够，对基坑工程区域性强、个性强、综合性强以及土压力的复杂性等特点缺乏足够认识，对支护设计的技术要求重视程度不够。但是随着重大引调水工程的建设发展，水利工程基坑向地质恶劣化、环境复杂化、地下水控制困难化、变形控制严格化发展，对基坑工程设计和施工提出了全新挑战。特别是从事基坑支护设计的技术人员既要有岩土工程专业知识，又要具备结构工程和环境工程等领域的基础知识，且需要有一定的工程经验。目前我国水利工程基坑设计单位和人员的设计能力参差不齐，有的设计过于保守，浪费严重；有的缺乏必要的基础知识或专业训练，甚至认为买个设计软件就可以进行基坑支护设计，甚至出现由非专业单位及人员设计或照搬类似基坑工程设计图纸的情况。因此，加强基坑工程设计管理，既有利于提高从事基坑支护设计人员的技术水平，也有利于提高对基坑工程重要性的认识。

基坑工程设计管理主要包括建立和完善审查制度和招投标制度，开展信息化施工和动态设计。各设计单位应根据本单位的具体情况建立基坑支护设计图纸专项审查和管理制度，设计图审查专家组应由从事设计、施工和教学科研以及管理工作的专家组成；实行基坑工程设计招投标制度可以引进竞争，促进技术进步，优化设计方案，从而使社会效益和经济效益最大化；坚持“边观察、边施工、边修正”的信息化施工和动态设计，对提高具有自然条件的依赖性、边界条件的不确知性、设计计算条件的模糊性、设计计算参数的不确定性的基坑工程的安全性非常重要。

1.6 水利工程基坑工程地下水控制

基坑工程地下水控制和基坑工程环境影响控制是基坑工程的两个关键技术难题，要给予充分重视。当基坑工程影响范围内存在承压水层，或地基土体渗透性好且地下水位高的情况下，地下水控制往往是基坑支护设计中的主要矛盾。对已有基坑工程事故原因的调查分析表明，由于未处理好地下水的控制问题而造成的工程事故在基坑工程事故中占有很大比例。特别是水利工程基坑，一般距离河道较近，经常遇到高水位、强透水地层以及高承压水地层，且部分区域的强透水层厚度在 100 m 以上，采用帷幕止水根本无法达到标准。如我国南水北调东线二期某泵站基坑，地层为强透水裂隙土层，平均厚度达到 130 m，渗透系数约 10^{-3}～10^{-2} cm/s；东北某重大引调水工程的泵站基坑，地层为砂层或级配不良的砾石层，平均厚度在 100 m 以上，渗透系数甚至达到 10^{-1} cm/s 量级。

水利工程基坑地下水控制的设计和施工应满足支护结构设计要求，应根据场地及周边工程地质条件、水文地质条件和环境条件并结合基坑支护和主体建(构)筑物施工方案综合分析确定。设计前，应掌握各层土体的渗透性、地下水分布情况，若有承压水层应掌握其水位、流量和补给情况，通过对土层成因、地貌单元的调查，掌握地层中地下水分布特性是合理进行基坑工程地下水控制的基础。

与其他行业基坑地下水的控制思路相同，水利工程基坑地下水的控制思路同样主要包括降水和截水，有时也采用降水和截水相结合的方式。具体采用哪种方式需要结合场地条件、环境条件和工程投资综合分析，如基坑降水设计需要评估地下水位下降对周围环境的影响，场地条件不同，降水引起的地面沉降量可能有很大的差别，新填方区降水可能引起较大的地面沉降，老城区降水引起的地面沉降量就要小很多，特别是当降水深度在历史最低枯水位以上时，降水引起的地面沉降量较小。很多基坑工程的地下水控制，遵循了“有条件降水的就尽量不用截水”的原则，其主要原因是形成完全不透水的截水帷幕的施工成本较高，而且较难做到，特别是当截水帷幕两侧水头差较大时，截水帷幕的截水效果不佳往往会酿成大事故。但是，随着科技的进步和水利水电工程的发展，塑性混凝土防渗墙、帷幕灌浆、钢板桩等施工工艺的日趋成熟，截水帷幕已经能够达到较为可靠的保证效果，且有时降水的成本可能会高于截水。

当基坑较深时，经常会遇到承压水，特别是当承压水层距离坑底较近时，基坑的抗突（涌）水问题突出，使地下水控制问题更加复杂。控制承压水的思路是采用截水帷幕隔断承压水层并降低封闭区域的承压水头，或抽水减压。设计时应综合考虑承压水层的特性、厚度、承压水头、水量及补给情况，并分析两种方法可能产生的环境效应后合理选择控制方式。

基坑周围地下水管的漏水也会导致工程事故，因此，在设计前应详细了解基坑周边地下管线的分布，评估地层变形对地下管线的影响，并做好监测工作。在冻土地区，要充分重视冻融对基坑支护结构及边坡稳定的影响。冻前挖土形成的稳定边坡，在冻土期表现稳定，在冻融后失稳的事故多有报道。

基坑地下水控制方法可分为集水明排、降水、截水和回灌等形式，可根据地层条件、渗透系数、降水深度、水文地质特征等单独或组合使用。无论采用何种方式，都要充分重视，详细论证，全面设计，尽量减少由于未处理好土中水的问题而造成的工程事故。

2 土力学的基本理论与水、土压力计算方法

2.1 概述

基坑工程虽然属于临时工程，但其涉及工程地质、水文地质、工程结构、建筑材料、施工工艺和施工管理等多方面的内容，涵盖了土力学、水力学、材料力学和结构力学等多门学科，是一项系统工程。在这些学科知识中，土力学的基本理论是基坑支护设计人员需要全面和准确掌握的。基坑支护设计中的土压力的计算方法和计算参数、支护结构的稳定性验算、挡土（支撑）构件的承载力计算、地下水控制方法等，都与土力学的基本理论息息相关。

土力学是力学的一个分支，但是与其他力学分支相比，它还很不成熟、很不完善，也不像其他力学那样具有严格的逻辑系统性和依赖关系。基坑支护设计人员需要着重搞清楚土力学四大主题“应力、变形、稳定、渗流”的基本概念，以及它们的基本假定和适用条件，灵活运用。特别是当基坑支护结构出现与设计预期不符的较大变形、突涌水的情况时，基础理论知识的掌握对准确判断险情成因、提出高效可靠应急处理措施尤为重要。

首先，土的抗剪强度取决于许多因素，土的结构特点也决定了土真实的应力-应变关系是极其复杂的。但工程界一般不关心土的应力、应变发展与变化过程，而是考虑土最终所达到的强度或破坏，通常采用的是莫尔-库仑破坏准则。需要明确的是，土的结构性和孔隙比也是影响土的抗剪强度的重要因素，只是目前没有较好的定量手段描述；计算土的抗剪强度时所用的黏聚力和内摩擦角，实质上是根据破坏试验结果拟合得到的数学参数，会因试验方法和试验条件的不同而变化；地层结构和土体参数的复杂多变性使得勘察取得的土样不可能全面反映土层的真实情况，取样过程中的扰动也会使得室内试验得到的土的强度指标与实际情况不符，基坑开挖扰动也会在一定程度上改变土的强度指标。因此，基坑支护设计除了依靠地质勘察资料外，设计人员还应结合地区经验合理选取土的物理力学参数。

其次，我国现行的行业和地方标准中，对作用在支护结构上的土压力采用的是朗肯土压力理论，尽管其有不足之处，但是工程实践结果表明，该理论是经得起检验的，可以满足工程需要。但是，对于较为复杂的工程，朗肯土压力理论中存在的一些缺陷可能会

对基坑工程产生一定影响。如，朗肯土压力理论基于极限平衡状态假定，土压力随深度呈线性分布，而实际上，土体达到极限平衡状态需要一定的位移，且达到主动极限平衡状态的界限位移远小于达到被动极限平衡状态的界限位移；挡土结构侧向位移的大小、方向、土的性质和结构高度也会影响作用在其上的土压力分布规律；基坑内土体在开挖过程中，作用在支护结构上的土压力是变化的，并与支护结构保持一种动态平衡状态；土压力也会随时间而变化，受土的蠕变和应力松弛影响。这些都是与朗肯土压力理论不符的。

此外，水在土孔隙中的流动必然会引起土体中应力状态的改变，从而使土的变形和强度特性发生变化，土的渗透性会直接影响水工建(构)筑物和地基的安全和稳定。除土体中的水头差外，土孔隙的形状、大小和分布的任意性和复杂性，基坑开挖过程中的扰动等，也决定了土在垂直方向和水平方向的渗透性是不同的，水在土孔隙中流动的实际路线是不规则的，渗流的方向和速度是变化的，对于这些，工程上一般是不考虑的，但是并不意味着它对工程没有影响。工程上常用的达西定律也是有一定适用条件的。

最后，基坑支护设计是一门学问，也是一门艺术，源于理论，发展于经验。在基坑支护设计中，如何较好地、有效地应用土力学的基础理论是一个值得深入讨论的问题。基坑支护设计人员应该清楚地认识到，对于上部结构设计，理论处于主导地位，经验居于次要地位，设计人员按照规范(标准)以及标准的设计过程进行上部结构设计，虽然不能做到十分完美，但至少可以保证安全；而对于基坑工程，设计人员即使很好地掌握了土力学的基础理论知识，但如果缺少工程经验和判断力，缺少对实际土性的了解，亦很容易出现问题和发生工程事故。虽然土力学有缺陷，但是基于一些缺陷而否定土力学理论对工程实践的指导作用，并转而夸大和过分依赖经验和判断的作用，甚至无知地蛮干，不仅是片面的，而且是退步的。一个基坑支护设计人员，应该具有很好的土力学理论知识，也要具备出色的工程判断能力，在工程判断的指导下对土力学的内容灵活运用。

2.2 土力学基础理论

2.2.1 土中应力计算的基本假定和方法

土体中的应力计算是研究和分析土体及基坑支护体系变形、强度及稳定等问题的基础和依据，是基坑支护设计的一项重要内容。土中的应力变化必然会引起土体变形、发生沉降以及一定的侧向位移。一方面，如果变形过大，就会影响到支护结构体系的安全和基坑周边建(构)筑物的正常使用；另一方面，当土中应力过大时，还会导致土体局部范围内的剪切破坏，最终使得土体发生整体滑动而导致基坑支护结构体系整体失稳。一般而言，土中应力包括土体在自重、建(构)筑物荷载、温度、土中水渗流等各类环境作用下所产生的应力，也包括爆炸、冲击、地震、交通和海洋波浪等动力荷载的作用。

为分析问题的方便，按土中应力产生的原因，可以将其分为自重应力和附加应力。前者是由于土受到重力作用而产生的，后者是由于受到外部荷载作用而产生的。由于产生的条件不同,其分布规律和计算方法也有所不同。土的结构特点决定了土真实的应力-应变关系的复杂性,因此,实际研究过程中需要对其进行简化处理。对土中附加应力的简化分析,通常将荷载看作是作用在半空间无限体的表面,并假定土为均匀的、各向同性的线弹性体,采用弹性力学的有关理论计算。这一假定虽然同土体的实际情况有一定差别,但是计算简单,便于应用,而且其计算结果能够满足一些实际工程的需要。其合理性可进一步说明如下。

(1) 土的分散性影响及连续介质假定

弹性力学理论中的应力概念与受力体是连续介质的概念是紧密相连的,而土是由固、水、气三相组成的分散体,不是连续介质,土中的应力是通过土颗粒间的接触来传递的。但是,在工程实践中,研究基坑土压力、地层变形和建(构)筑物沉降等土体的宏观受力问题时,一方面其尺寸远大于土颗粒的尺寸,另一方面工程实践所关心的一般也是平面上平均应力的计算,而并不需要知道土颗粒间接触集中应力的大小。因此,可以忽略土体分散性的影响,近似地把土体作为连续体来考虑,应用弹性理论进行分析。

(2) 土的非均质性和非线性影响

土是自然地质历史的产物,在其形成过程中具有各种结构与构造,使土呈现出相当的不均匀性。同时土体也不是一种理想的弹性体,而是一种具有弹塑性或黏滞性的复杂介质,其应力-应变关系并不是呈正比的线性关系,而是呈现出明显的非线性,应力卸除后变形也不能完全恢复。由于实际工程中土中的应力水平相对较低,在一定范围内,土的应力-应变关系可近似地看作是线性关系(图 2.2.1)。因此,当土层间的性质差异并不悬殊,采用弹性理论来计算土中的应力在实用上是允许的,计算精度也能够满足一般工程的需要。但是,对沉降和变形有特殊要求的建(构)筑物,则需采用复杂的应力-应变关系,用数值方法进行求解,如采用已经较为成熟的基于土的弹塑性本构模型的有限元方法。

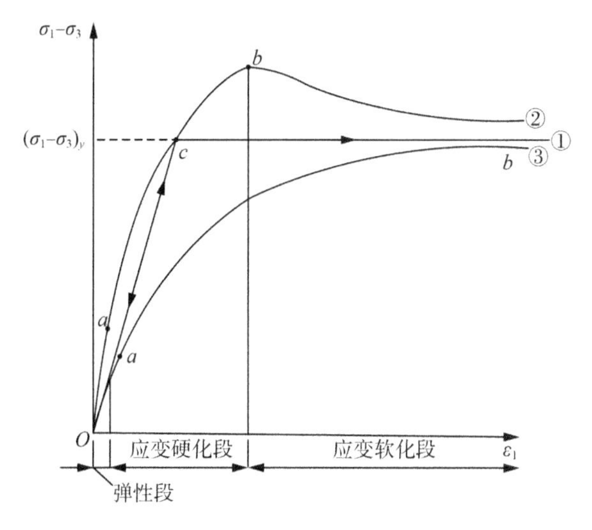

图 2.2.1 土的应力-应变关系曲线

(3) 弹性理论计算结果的误差

竖向应力与材料的特性无关，其他应力也只与泊松比 μ 相关，而与弹性模量 E 无关。这就是说，不论地基的软或硬，其应力分布规律几乎都是一样的。所以，尽管按照弹性理论计算得到的变形可能与实际相差很大，但其应力分布计算结果的近似程度还是能够满足工程的要求。

2.2.2 土力学中应力符号的基本规定

作为散粒体，土通常是不能承受拉应力的(实际上土中出现拉应力的情况很少)，因此在土力学中对土中应力的正负符号规定与材料力学是不同的。

如图 2.2.2，在应用弹性理论进行土中应力计算时，应力符号规定与材料力学相同，但是正负则与之相反。即当某一个截面上的外法线沿着坐标轴正方向时，这个面就称为正面，正面上的应力分量以沿坐标轴的正方向为负，沿坐标轴的负方向为正。在进行土中应力状态分析时，法向应力仍以压为正，当剪应力作用面上的法向应力方向与坐标轴的正方向一致时，则剪应力的方向与坐标轴正方向一致时为正，反之为负；若剪应力作用面上的法向应力方向与坐标轴的正方向相反时，则剪应力的方向与坐标轴正方向相反时为正，反之为负。

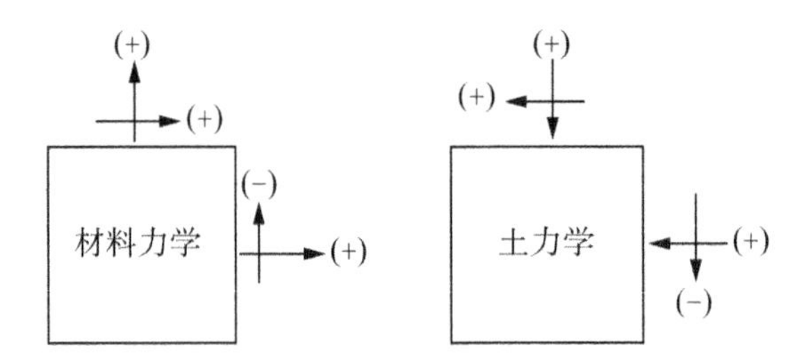

图 2.2.2　材料力学和土力学中的应力符号规定

2.2.3 土的自重应力计算

土的自重应力包括竖向(垂直)自重应力和水平自重应力。

2.2.3.1 竖向自重应力

(1) 基本计算公式

如图 2.2.3，假定土体为均质的半无限弹性体，土的重度为 γ。土体在自身重力作用下，其任一竖向切面上均无剪应力存在($\tau=0$)，即为侧限应力状态(侧向应变为 0)。取高度为 z，截面积 $A=1$ 的土柱为隔离体，假定土柱体重力为 F_w，底面上的应力大小为 σ_{sz}，则由 z 方向力的平衡条件可得：

$$\sigma_{sz}A=F_w=\gamma zA \tag{2.2-1}$$

进一步可得土中自重应力计算公式为：

$$\sigma_{sz}=\gamma z \tag{2.2-2}$$

(2) 土体成层时的计算公式

如图 2.2.4，土往往是成层状分布的，不同土层具有不同的重度。与式(2.2-2)类似，当分层土体的各层重度和厚度分别为 h_i 和 γ_i 时($i=1,2,3,\cdots,n$)，在第 n 层土的底面上自重应力的计算公式为：

$$\sigma_{sz}=\gamma_1 h_1+\gamma_2 h_2+\gamma_3 h_3+\cdots+\gamma_n h_n \tag{2.2-3}$$

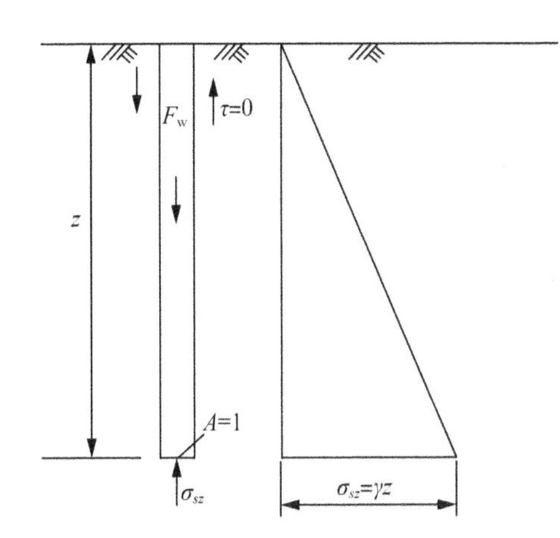

图 2.2.3　土体中的自重应力分布

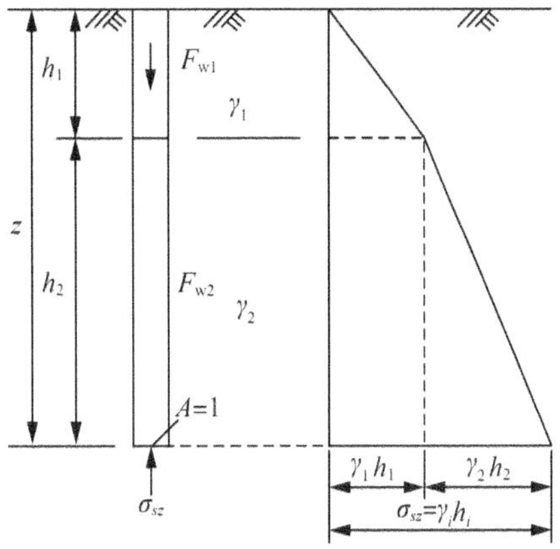

图 2.2.4　成层土的自重应力分布

(3) 有地下水存在时的计算方法

当有地下水存在时，计算地下水位以下土的自重应力，应根据土的性质首先确定是否考虑水的浮力作用。对于无黏性土一般应该考虑浮力作用，而黏性土则视其物理状态而定。一般认为，当水下黏性土的液性指数 $I_L \geqslant 1$ 时，土处于流动状态，土颗粒之间存在大量自由水，土体受到水的浮力作用；当液性指数 $I_L \leqslant 0$ 时，土处于固体或半固体状态，土中自由水受到土颗粒间结合水膜的阻碍而不能传递静水压力，此时土体不受水的浮力作用；而当 $0<I_L<1$ 时，土处于塑性状态，此时很难确定土颗粒是否受到水的浮力作用，一般按照不利情况考虑。

如果地下水位以下的土受到水的浮力作用，则水下部分土的重度应按浮重度 γ' 计算，其计算方法与式(2.2-3)相同(图 2.2.5)。如果地下水位以下埋有相对不透水层，此时由于不透水层中不存在水的浮力作用，所以该层顶面及以下的自重应力应按上覆土层的水土总重计算。这样，上覆土层与不透水层交界面处上、下的自重应力将发生改变。

2.2.3.2　水平自重应力

土体中的水平自重应力可以根据广义胡克定律推导得出，即：

$$\varepsilon_{sx}=\frac{\sigma_{sx}}{E}-\frac{\mu}{E}(\sigma_{sy}+\sigma_{sz}) \tag{2.2-4}$$

式中：E——弹性模量，土力学中一般用土的变形模量 E_0 代替；

μ——泊松比。

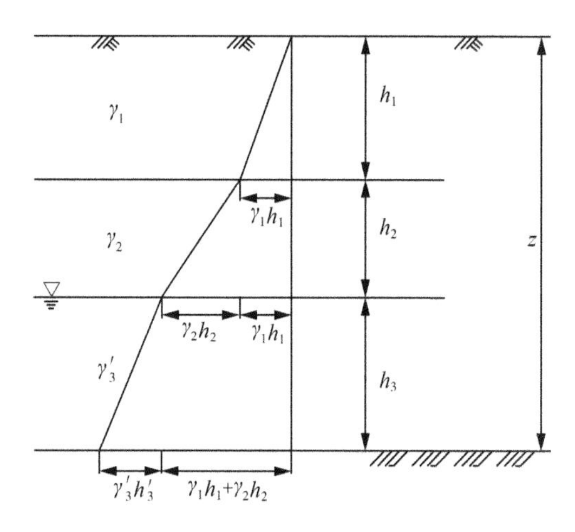

图 2.2.5　有地下水存在时土中自重应力分布

对于侧限应力状态，有 $\varepsilon_{sx}=\varepsilon_{sy}=0$，代入式(2.2-4)可以得到：

$$\frac{\sigma_{sx}}{E}-\frac{\mu}{E}(\sigma_{sy}+\sigma_{sz})=0 \tag{2.2-5}$$

再利用 $\sigma_{sx}=\sigma_{sy}$，可以得到土体自重应力 σ_{sx} 和 σ_{sy} 为：

$$\sigma_{sx}=\sigma_{sy}=\frac{\mu}{1-\mu}\sigma_{sz}=K_0\sigma_{sz} \tag{2.2-6}$$

式中：$K_0=\frac{\mu}{1-\mu}$，为土的静止土压力系数或静止侧压力系数。

计算土的水平自重应力时，静止土压力系数 K_0 和泊松比 μ 与土的种类和密度有关，可以通过试验确定。

2.2.4　有效应力原理

2.2.4.1　有效应力原理的基本思想

太沙基(K. Terzaghi)于 1923 年提出了饱和土中的有效应力原理，阐明了松散颗粒的土体与连续固体材料的区别，从而奠定了现代土力学变形和强度计算的基础，使土力学从一般固体力学中分离出来，成为一门独立的分支学科。有效应力原理的基本思想如下。

如图 2.2.6 所示，在土体中某点截取一水平截面面积为 A 的土柱，界面上作用应力 σ，它是由上面土体的重力、水压力及外荷载所产生的应力，称为总应力。这一应力的一部分是由土颗粒间的接触面积承担，称为有效应力；而另一部分是由土体孔隙内的水及气体来承担，称为孔隙应力(孔隙水压力或孔隙气压力)。沿 a-a 截面取隔离体，并假定该截面是沿着土颗粒间的接触面截取的，则考虑土体的平衡条件可以得到：

$$\sigma A=\sigma_s A_s+u_w A_w+u_a A_a \tag{2.2-7}$$

式中：σ_s ——土颗粒间接触面上作用的法向应力；

A_s——土颗粒间接触面积之和；

u_w 、u_a ——空隙内的水压力和气压力；

A_w 、A_a ——截面上水的接触面积之和与气的接触面积之和。

对于饱和土体，u_a 和 A_a 均为 0，则式(2.2-7)可以改写为：

$$\sigma A = \sigma_s A_s + u_w (A - A_s)$$

或

$$\sigma = \frac{\sigma_s A_s}{A} + u_w \left(1 - \frac{A_s}{A}\right) \tag{2.2-8}$$

式(2.2-8)中，$\sigma = \frac{\sigma_s A_s}{A}$ 为土颗粒间的接触应力在截面 A 上的平均应力，定义为土的有效应力，通常用 σ' 表示。

已有研究表明，土颗粒间的接触面积是很小的。毕肖普(Bishop)等根据粒状土的试验结果认为同一截面上土颗粒间的接触面积占截面总面积的比例一般小于 3%，甚至小于 1%；因此，式(2.2-8)中第二项中的 A_s/A 可以略去不计；但是第一项中由于土颗粒间的接触应力 σ_s 一般很大，故不能略去。而对于饱和土体，常用 u 表示孔隙水压力，则式(2.2-8)可以改写为：

$$\sigma = \sigma' + u \tag{2.2-9}$$

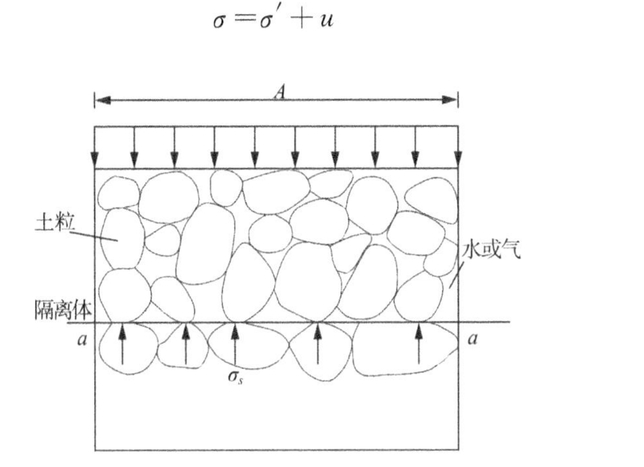

图 2.2.6　有效应力原理示意图

土中任意点的孔隙水压力在各个方向上的作用力大小是相等的，即处于球应力状态，它只能使土颗粒产生压缩，而不能使土颗粒产生位移，但是由于土颗粒本身的压缩量是很微小的，可以忽略。土颗粒之间的有效应力作用，则会引起土颗粒间的相对错动和位移，使孔隙体积发生改变，土体发生压缩变形。根据有效应力原理，可以得到两个基本结论：

①土的有效应力 σ' 等于总应力 σ 减去孔隙水压力 u 。

②土的有效应力控制了土体的变形及强度。

特别说明的是，上述讨论针对饱和土，而对于非饱和土，其有效应力公式目前尚不成熟，在工程实践特别是基坑支护中，也一般不考虑非饱和土的有效应力。故本书不再介绍，感兴趣的读者可参阅有关文献。

2.2.4.2 渗流作用下的有效应力

岩土工程中，渗透力的影响是十分重要的。根据达西定律，渗透力的计算公式为：

$$j = \frac{\Delta h \gamma_w}{L} = \gamma_w i \tag{2.2-10}$$

式中：L ——流径；

Δh —— L 段的水头损失；

i ——水力梯度，$i = \Delta h / L$ ；

γ_w ——水的重度。

如图 2.2.7(a)所示，如果渗流由上向下，则渗透力的方向与重力方向相同。根据静力平衡条件，土中的有效应力将增大，即：

$$\sigma'_z = \gamma' z + iz\gamma_w = \gamma' z + jz \tag{2.2-11}$$

反之，如图 2.2.7(b)所示，如果渗流由下向上，则渗透力的方向与重力方向相反。根据静力平衡条件，土中的有效应力将减小，即：

$$\sigma'_z = \gamma' z - iz\gamma_w = \gamma' z - jz \tag{2.2-12}$$

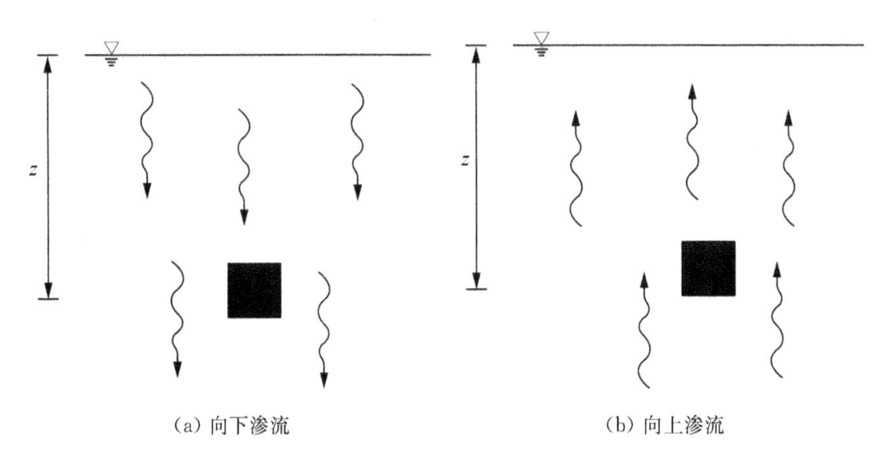

图 2.2.7　土中的渗流作用

对于如图 2.2.8 所示的典型基坑工程，相同条件下，在有截水帷幕存在时，由于渗透力的存在，会降低基坑工程的整体稳定性。一方面，截水帷幕左侧(坑外)土体中的渗流方向向下，增大了土体中的有效应力，从而增大了导致截水帷幕向坑内滑动的侧向压力；另一方面，截水帷幕右侧(坑内)土体中的渗流方向向上，减小了土体的有效应力，也减小了抵抗截水帷幕向坑内滑动的侧向压力。这两者的作用均对截水帷幕的稳定产生不利的影响，需要引起足够的重视。

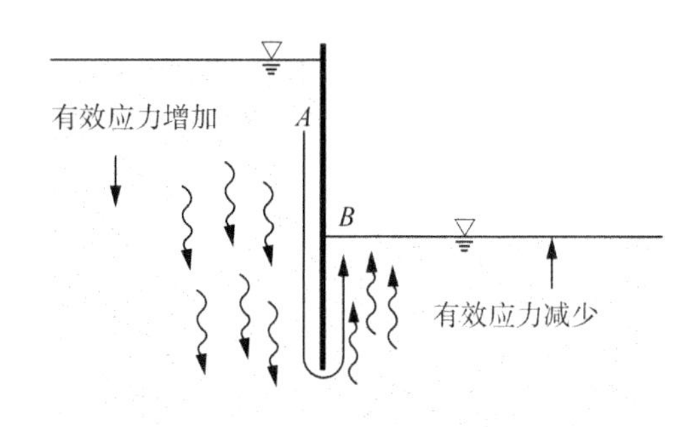

图 2.2.8 渗流对有效应力的影响

除渗流作用下的有效应力外，对于粉土或细砂，地下水位以上部分的土体可能会由于毛细现象而处于饱和状态，也会对有效应力产生影响。但是这种作用对基坑工程的影响很小，可以忽略，因此关于毛细现象作用下的有效应力本书不再介绍，感兴趣的读者可参阅有关文献。

2.2.5 土的抗剪强度

土的强度是指土体破坏时，土体破坏面上某一点的应力状态或应力组合。土体的破坏通常都是剪切破坏。之所以产生剪切破坏，是因为与土颗粒自身压碎相比，土体更容易产生相对滑移的剪切破坏。因此，通常所说的土的强度是指在某种破坏状态时的某一点上由各种作用所引起的组合应力中最大广义剪应力。土的抗剪强度指土体抵抗剪切破坏的能力。

土的抗剪强度是土的重要力学指标之一，也是与土相关的工程的最重要的控制指标，各类建(构)筑物的地基、挡土墙、地下结构的土压力及各类结构的边坡和自然边坡的稳定性等均由土的抗剪强度控制。能否正确地确定土的抗剪强度，往往是设计和工程成败的关键。

试验和分析研究结果表明，饱和土体的抗剪强度取决于多种因素，比较完整的方程(仅考虑机械和温度的作用)形式为：

$$\tau_f = F(e, \varphi, c, \sigma', c', H, T, \varepsilon, \dot{\varepsilon}, S, S_p, t) \tag{2.2-13}$$

式中：τ_f ——抗剪强度；

e ——孔隙比；

φ ——摩擦角；

c ——土的成分；

σ' ——有效应力；

c' ——有效黏聚力；

H ——应力历史；

T ——温度；

ε ——应变；

$\dot{\varepsilon}$ ——应变速率；

S ——土的结构；

S_p ——土的应力路径；

t ——时间。

式中各参数都不是独立的，并且它们的函数形式也不知道。

几十年来，许多学者对土的抗剪强度进行了大量的试验和研究。但是由于土的性质十分复杂，这个问题仍没能很好地解决，仍然是土力学中的一个重要研究方向。本书仅介绍工程中最常使用的强度理论和相应的参数确定方法。

2.2.5.1 土的破坏

土既不是弹性材料，也不是理想弹塑性材料，而是一种弹塑性材料。在应力作用下，弹性变形和塑性变形几乎同时发生。土的弹性变形很好理解，土的塑性变形通常认为是由于土颗粒之间的位置或颗粒结构发生了不可恢复的变化而产生的。密实砂土的剪缩，是由于在较小的应力作用下，应变不大，颗粒可能挤入土体的孔隙中，导致体积变小；而密实砂土的剪胀，通常是由于应变较大，较大颗粒之间产生翻转或滚动而引起的，因而剪胀肯定有塑性变形存在。

工程上，对于土的应力-应变关系曲线，以及应力、应变的发展与变化过程的关注相对较少，更多的是直接研究土最终所达到的强度或破坏，而不管土的应力或变形过程如何，是为了满足工程应用的一种高度的简化。例如，基坑和边坡工程的稳定性问题，就是不管土体的应力和应变的发展过程如何，而仅研究产生滑动面时的强度失稳应力状态。国内外的学者也已经逐步开展建立能够按照土的真实应力-应变关系特征来研究土体应力、变形发展乃至破坏的理论方法，相信在不久的将来会用于工程实践。因此，对于岩土工程设计人员，掌握经典土力学中的强度理论是基本要求，但也应在此基础上，适当了解土的应力-应变关系特征、屈服和破坏等概念，知道经典土力学中强度理论的局限性，吸收现代土力学的新理论和新知识，这样也有助于行业的发展。

从应力角度考虑，土体不能继续承受某种应力，或不能继续稳定抵抗外力的作用称为破坏(这种破坏通常伴随有较大的应变或应变率)；从应变的角度考虑，当土体的应变或变形超过了工程正常使用的允许值，也可称为破坏。

2.2.5.2 库仑公式及抗剪强度指标

土与其他工程材料相比的最大不同是土是离散颗粒集合体，可以认为土质材料最初就是已经破碎了的散粒。由于土体基本粒子之间的黏聚力很小，主要靠土颗粒间的摩擦力承受荷载，所以土的变形与破坏主要受“摩擦法则”控制。土的抗拉强度非常小，而且在长期荷载作用下是不稳定的，具有不断减小的特性，因此实用上不考虑土的抗拉强度。

假定土的强度是由土颗粒之间的摩擦力引起的，则根据摩擦力计算公式可得：

$$F=\mu F_N \tag{2.2-14}$$

式中：F ——摩擦力；

F_N ——作用于土颗粒间的垂直力；

μ ——摩擦系数。

对于横截面面积为 A 的土柱，其抗剪强度为 $\tau_f = F/A$；破坏面上的垂直应力为 $\sigma = F_N/A$；设摩擦系数 $\mu = \tan\varphi$，φ 为土的内摩擦角。则式(2.2-14)可以改写为：

$$\tau_f = \sigma\tan\varphi \tag{2.2-15}$$

如果除考虑摩擦力外，还考虑 $c \neq 0$ 时的黏聚力对抗剪强度的影响，则可以得到更为一般的表达式，即：

$$\tau_f = c + \sigma\tan\varphi \tag{2.2-16}$$

式中：c ——土的黏聚力。c 和 φ 称为土的抗剪强度参数。

式(2.2-15)是库仑(Coulomb)于1776年(也有学者认为是1773年)根据砂土剪切试验而提出的砂土抗剪强度公式，后来又给出了适用于黏性土的抗剪强度公式[式(2.2-16)]。

式(2.2-15)和(2.2-16)是由总应力表达的抗剪强度公式，随着有效应力原理的发展，研究学者认识到只有有效应力的变化才能引起强度的变化，因此库仑公式(2.2-16)用有效应力概念可表示为：

$$\tau_f = c' + \sigma'\tan\varphi' = c' + (\sigma - u)\tan\varphi' \tag{2.2-17}$$

由此可知，土的抗剪强度有两种表达方式，土的 c 和 φ 统称为土的总应力强度指标，采用这些指标进行土体稳定性分析的方法称为总应力法；而 c' 和 φ' 统称为土的有效应力强度指标，采用这些指标进行土体稳定性分析的方法称为有效应力法。

用库仑公式表示土的抗剪强度仅需要黏聚力和内摩擦角两个指标，由于其简单直观、易于计算，可以快速预测土体的破坏行为，被工程界普遍接受且应用了数百年。但是，需要指出的是，库仑公式是一种高度简化的结果，其公式中的 c 和 φ，即黏聚力和内摩擦角，虽然具有一定表观的物理意义，但是试验结果表明，即使同一土样，其 c 值和 φ 值也并非常数，它们会因试验条件和试验方法等的不同而变化，如固结排水条件下得到的 c 值和 φ 值就会高于不固结不排水条件；相同固结或排水条件下的直接剪切和三轴剪切的试验结果有时会存在明显差异等。而从这种表观的物理意义上讲，黏聚力和内摩擦角不应随外界试验条件和试验方法的不同而变化，因此，应把 c 值和 φ 值理解为是将破坏试验结果整理后的两个数学参数。

需要指出的是，许多土的抗剪强度并非都呈线性，而是随着应力水平的增大而逐渐呈现出非线性，此时就不能用库仑公式来概括土的抗剪强度特性。通常，对于试验所得的不同形状的抗剪强度线统称为抗剪强度包线，而库仑公式仅是抗剪强度包线的一种线性表达式，但由于它是最常用于表达抗剪强度包线的公式，所以经常也把库仑公式的线性表达式称为抗剪强度包线。

2.2.5.3 莫尔-库仑破坏准则

土体的破坏准则(Failure criterion)就是如果满足其应力状态就会产生破坏的条件公式。换句话说，就是抗剪强度(破坏时滑动面上的最大剪应力)的表达式。土的抗剪强度取决于很多因素，但是为了工程应用方便，应用最多的抗剪强度是仅具有两个参数的莫尔-库仑破坏准则。

莫尔(Mohr)继续进行库仑的研究工作,提出材料的破坏是剪切破坏的理论,并在1910年指出,当法向应力范围较大时,抗剪强度线往往呈曲线形状。莫尔认为在破裂面上,法向应力与抗剪强度之间存在着函数关系,即:

$$\tau_f = f(\sigma) \tag{2.2-18}$$

这一函数所定义的曲线见图2.2.9。它就是抗剪强度包线,也可称为莫尔破坏包线。

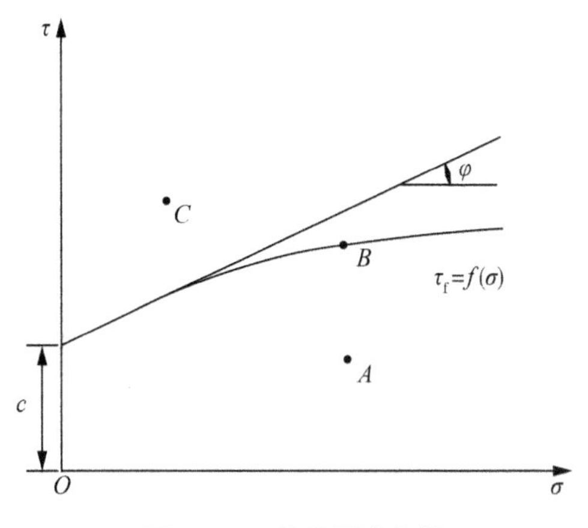

图 2.2.9　抗剪强度包线

如果代表土单元中某一个面上的法向应力 σ 和剪切应力 τ 的点落在图2.2.9中破坏包线下面,如 A 点,表明该法向应力 σ 作用下,该截面上的剪应力 τ 小于土的抗剪强度 τ_f,土体不会沿该截面发生剪切破坏;如果点正好落在强度包线上,如 B 点,表明剪应力等于抗剪强度,土体单元处于临界破坏状态;如果点落在强度包线以上的区域,如 C 点,表明土体已经破坏。实际上,这种应力状态是不会存在的,因为剪应力 τ 增加到 τ_f 时,就不可能再继续增加了。

土单元中只要有一个截面发生了剪切破坏,该单元就进入破坏状态,这种状态称为极限平衡状态。实验证明,一般土体在应力变化范围不大时,莫尔破坏包线可以用库仑强度公式(2.2-15)~(2.2-17)表示,即土的抗剪强度与法向应力呈线性函数关系。这种以库仑公式作为抗剪强度公式,根据剪应力是否达到抗剪强度作为破坏标准的理论即为莫尔-库仑破坏准则。

2.3　土压力计算理论和方法

2.3.1　土压力类型

土体作用于基坑支护结构上的压力称为土压力,它是支护工程承受的主要荷载。土压力的计算是支护结构断面设计和稳定性验算的基础。形成土压力的主要荷载一般包括土体自身重量引起的侧向压力、水压力、建(构)筑物和施工荷载引起的附加应力等。

土压力的大小和分布规律与土体的物理力学性质、地下水位情况、挡土结构侧向位移的方向和大小、支撑刚度等因素有关。如图 2.3.1，根据挡土结构侧向位移的方向和大小可以将作用在挡土结构上的土压力分为 3 种类型。

(1) 静止土压力

静止土压力是指当挡土结构不发生侧向变形或者侧向变形极其微小时，作用于其上的土压力，其合力和强度通常用 E_0 和 p_0 表示。

(2) 主动土压力

若挡土结构在土体的作用下发生背离土体方向的移动，使结构后的土体产生"主动滑移"，作用在挡土结构上的土压力将由静止土压力逐渐减小，当挡土结构后的土体达到极限平衡状态，并出现连续滑动面使土体下滑时，土压力减小到最小值，这时作用在挡土结构上的土压力称为主动土压力，其合力和强度通常用 E_a 和 p_a 表示。

(3) 被动土压力

若挡土结构在外力的作用下发生向土体方向的移动，作用在挡土结构上的土压力将由静止土压力逐渐增大，当挡土结构后的土体达到极限平衡状态，并出现连续滑动面使土体向上挤出隆起时，土压力增至最大值，这时作用在挡土结构上的土压力称为被动土压力，其合力和强度通常用 E_p 和 p_p 表示。

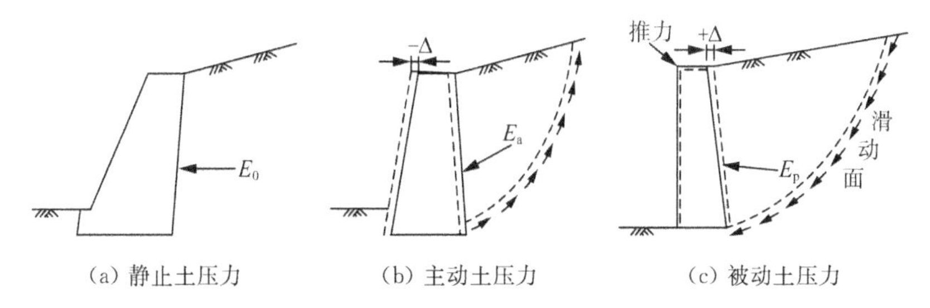

(a) 静止土压力　　(b) 主动土压力　　(c) 被动土压力

图 2.3.1　土压力的 3 种类型

相同条件下，静止土压力、主动土压力和被动土压力的关系为 $E_a < E_0 < E_p$。挡土结构所受到的土压力并不是常数，而是随着挡土结构位移量和土体应力状态的变化而变化，土压力可以在主动和被动土压力这两个极限之间变动，方向也随着改变。

事实上，挡土结构背后的土压力是挡土结构物、土及地基三者相互作用的结果。挡土结构的位移大小决定着其背后土体的应力状态和土压力性质。定义结构背后土体将要出现而未出现滑动面时的挡土结构位移为界限位移，大量的试验研究和观测成果表明，土体达到主动极限平衡状态的界限位移远小于达到被动极限平衡状态的界限位移。

土体达到主动极限平衡状态时的界限位移和达到被动极限平衡状态的界限位移与土的性质关系密切。国内部分参考文献指出，对于砂土，达到主动和被动极限平衡状态的界限位移分别约为 $0.001H$ 和 $0.05H$(H 为基坑开挖深度，下同)，而黏土达到主动极限平衡状态的界限位移则约为 $0.004H$，高于砂土；美国《板桩墙设计规范》(*Design of Sheet Pile Walls*, EM 1110－2－2504)指出，对于密实的砂土和超固结黏土，土体达到主动和被动极限平衡状态的挡土结构位移分别约为 0.003H 和 0.02H。

在经典土压力理论下,通常基坑支护结构体系设计和稳定性验算时,对于支挡结构背后的压力取主动土压力,坑内地基土的压力取被动土压力。我国《建筑基坑支护技术规程》(JGJ 120—2012)中规定,需要严格控制支护结构的水平位移时,支护结构外侧的土压力宜取静止土压力。《欧洲岩土设计规范-Eurocode7》(EN 1997-1:2004)中规定,当挡土结构的水平位移(包括由于转动产生的水平位移)小于等于 0.05%H(H 为基坑开挖深度)时,墙面上所受的土压力可按静止土压力予以考虑。

2.3.2 静止土压力计算

如前所述,静止土压力是挡土结构静止不动时作用在其上的侧向土压力。计算静止土压力时,可以假定挡土结构背后土体处于弹性平衡状态。这时,由于挡土结构静止不动,土体无侧向位移,故土体表面下任意深度 z 处的静止土压力,可按弹性半无限体的水平向自重应力的计算公式计算,即:

$$p_0 = K_0\sigma_{sz} = K_0\gamma z \tag{2.3-1}$$

式中:K_0——静止土压力系数;

γ——土的重度(kN/m^3)。

如图 2.3.2,静止土压力沿挡土结构呈三角形分布。对于静止土压力系数,理论上有 $K_0=\dfrac{\mu}{1-\mu}$(μ 为土的泊松比)。一般土的泊松比值,砂土可取 0.20~0.25,黏性土可取 0.25~0.40,即静止土压力系数与土性和土体的密实程度等因素有关,在一般情况下,卵石、砾石的静止土压力系数约为 0.15~0.30;砂土的静止土压力系数约为 0.35~0.50;黏性土的静止土压力系数约为 0.50~0.70。砂土越密实(孔隙比越小),黏性土越坚硬(塑性指数越大),其静止土压力系数越小,如松散砂土的静止土压力系数可以达到 0.60 以上,而硬黏土的静止土压力系数可能仅为 0.10 左右。

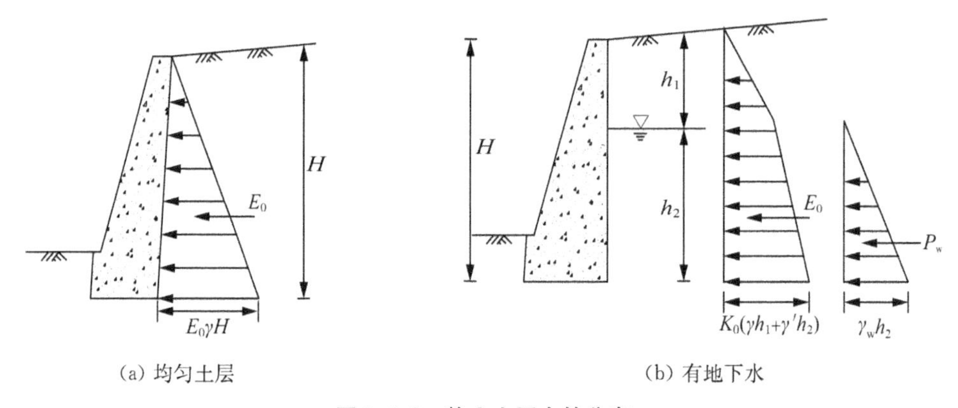

图 2.3.2 静止土压力的分布

静止土压力系数是确定静止土压力的关键参数。工程中，可以通过室内试验测定，也可以通过原位试验（如旁压试验等）测得。缺乏试验资料时，还可以通过经验公式估算。具体为：

无黏性土：

$$K_0 = 1 - \sin\varphi' \tag{2.3-2}$$

黏性土：

$$K_0 = 0.95 - \sin\varphi' \tag{2.3-3}$$

超固结黏性土：

$$K_0 = (\mathrm{OCR})^m \cdot (1 - \sin\varphi') \tag{2.3-4}$$

式中：φ'——土的有效内摩擦角（°）；

OCR——土的超固结比；

m——经验系数，一般可取 0.4～0.5。

对于土的有效内摩擦角 φ' 值，通常采用三轴固结不排水剪切试验测定，也可采用三轴固结排水剪切试验测定。当无试验直接测定时，φ' 可由三轴固结不排水剪切试验测定的 c_{cu} 和 φ_{cu} 或直剪固结快剪强度 c 和 φ 指标根据经验关系换算获得。具体为：

$$\varphi' = \sqrt{c_{cu}} + \varphi_{cu} \tag{2.3-5}$$

或

$$\varphi' = 0.7(c + \varphi) \tag{2.3-6}$$

式中：c 、c_{cu} ——土的黏聚力（kPa）；

φ 、φ_{cu} ——土的内摩擦角（°）。

根据静止土压力系数经验公式可以看出，静止土压力系数与土的黏聚力大小无关，这是因为土体静止时无位移，黏聚力不能发挥作用。同时，静止土压力系数还与坡面是否水平、挡土结构是否垂直有关。

根据静止土压力计算公式，对于高度为 H 的挡土结构，作用在单位宽度（垂直于挡土方向）的静止土压力合力为：

$$E_0 = \frac{1}{2} K_0 \gamma H^2 \tag{2.3-7}$$

合力的方向水平，作用点距离挡土结构底面 $H/3$ 高度处。有地下水存在时，应根据土性条件选择水土合算或水土分算。

2.3.3　朗肯土压力理论

朗肯（Rankine）土压力理论是土压力计算中的两个著名的古典土压力理论之一，是1857 年英国学者朗肯根据半无限弹性土体处于极限平衡状态时的应力情况而提出的土压力计算方法。由于其概念明确，方法简单，至今仍在工程中得到广泛应用，也是基坑工程设计中主要的设计理论。

2.3.3.1 基本原理和假定

如图 2.3.3，朗肯土压力理论的基本假设为：挡土结构（墙）背光滑、直立；墙后土体表面水平。此时，光滑墙背与土体之间没有摩擦力，土体竖直面和水平面没有剪应力，因此竖直方向和水平方向的应力均为主应力，其中竖直方向的应力即为土的竖向自重应力。由此可根据挡土结构的移动情况，由其背后土体内任一点处于主动或被动极限平衡状态时的大、小主应力之间的关系，求得主动或被动土压力强度及其合力。

（1）静止土压力状态

当挡土结构不发生偏移，土体处于静止状态时，土体内某单元的竖向应力等于该处土的自重应力，水平应力是该点处土的静止土压力，由于该点未达到极限平衡状态，故应力圆在强度线下方，未与强度包线相切。

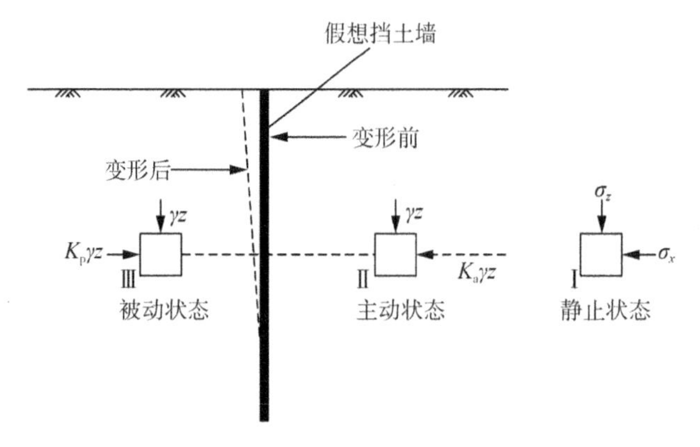

(a) 土单元的应力状态

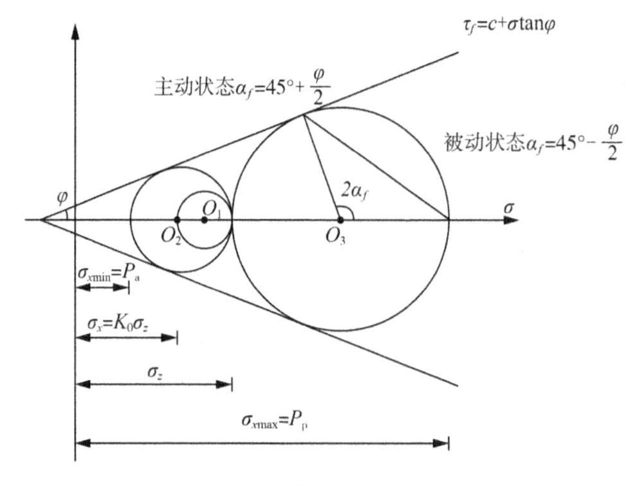

(b) 不同平衡状态下的应力图

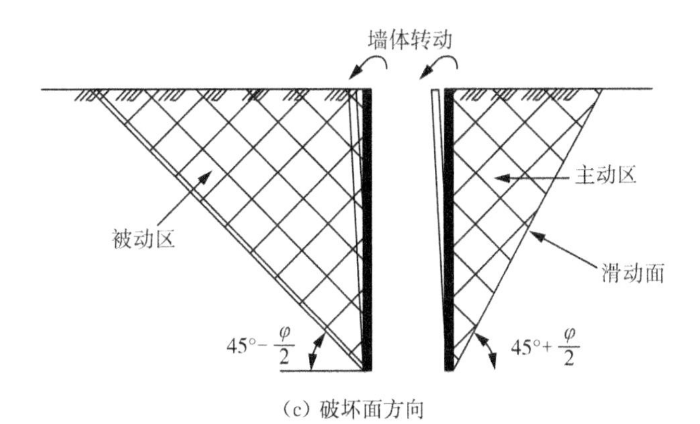

(c) 破坏面方向

图 2.3.3　朗肯主动及被动状态

(2) 主动朗肯状态

当挡土结构发生水平向位移，使土体在水平方向发生拉伸变形，此时土单元的竖向应力几乎保持不变，但水平应力 σ_x 则逐渐减小，直至满足极限平衡条件，达到主动朗肯状态。此时，水平向应力等于主动土压力 P_a，是小主应力，竖向应力 σ_z 为大主应力，该点莫尔圆与抗剪强度包线相切。剪切破裂面与水平面成(45°+ $\varphi/2$)角度。

(3) 被动朗肯状态

当挡土结构发生水平向位移，使土体在水平方向发生压缩变形，此时土单元的竖向应力同样保持不变，但水平应力 σ_x 则不断增大，直至满足极限平衡条件，达到被动朗肯状态。此时，水平向应力等于被动土压力 P_p，是大主应力，竖向应力 σ_z 为小主应力，该点莫尔圆也与抗剪强度包线相切，剪切破裂面与水平面成(45°− $\varphi/2$)角度。

2.3.3.2　朗肯主动土压力计算

如图 2.3.4 所示，根据土的强度理论可知，当土体中某点达到极限平衡状态时，大小主应力应满足下述关系：

黏性土：

$$\sigma_3 = \sigma_1 \tan^2\left(45° - \frac{\varphi}{2}\right) - 2c \cdot \tan\left(45° - \frac{\varphi}{2}\right) \tag{2.3-8}$$

无黏性土：

$$\sigma_3 = \sigma_1 \tan^2\left(45° - \frac{\varphi}{2}\right) \tag{2.3-9}$$

在达到极限平衡状态时，$\sigma_3 = P_a$，$\sigma_1 = \gamma z$，将其代入式(2.3-8)和式(2.3-9)，可以得到朗肯主动土压力计算公式为：

黏性土：

$$P_a = \gamma z \tan^2\left(45° - \frac{\varphi}{2}\right) - 2c \cdot \tan\left(45° - \frac{\varphi}{2}\right) = \gamma z K_a - 2c\sqrt{K_a} \tag{2.3-10}$$

无黏性土：

$$P_a = \gamma z \tan^2\left(45° - \frac{\varphi}{2}\right) = \gamma z K_a \tag{2.3-11}$$

式中：γ——土的重度（kN/m^3）；

z——计算点的深度（m）；

c——土的黏聚力（kPa）；

φ——土的内摩擦角（°）；

K_a——朗肯主动土压力系数，$K_a = \tan^2\left(45° - \frac{\varphi}{2}\right)$。

根据朗肯主动土压力计算公式，主动土压力沿深度呈三角形分布。当挡土高度为 H 时，作用在单位宽度挡土结构上的主动土压力合力为：

无黏性土：

$$E_a = \frac{1}{2}\gamma H^2 K_a \tag{2.3-12}$$

对于黏性土，当 $z=0$ 时，由于黏聚力的作用，主动土压力出现负值，表明该处存在拉应力。实际上，由于土与挡土结构之间不可能出现拉应力，因此在拉应力区范围内将出现裂缝，一般在计算主动土压力时不考虑拉力区的作用，因此，对于黏性土主动土压力的合力为：

$$E_a = \frac{1}{2}\gamma(H - h_0)(\gamma H K_a - 2c\sqrt{K_a}) \tag{2.3-13}$$

式中：h_0——受拉区高度（m），可根据受拉区主动土压力为 0 计算得到，即 $h_0 = \frac{2c}{\gamma\sqrt{K_a}}$。

挡土结构主动土压力的合力作用点，对于无黏性土为距离挡土结构底面 $H/3$ 处，对于黏性土为距离挡土结构底面 $(H-h_0)/3$ 处。

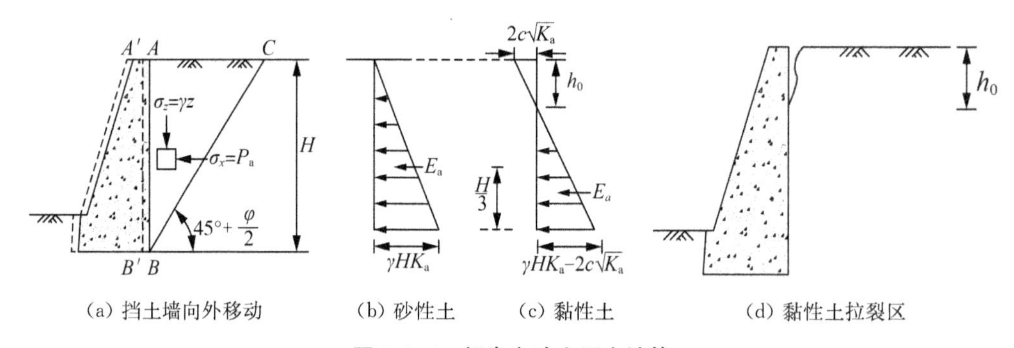

(a) 挡土墙向外移动　(b) 砂性土　(c) 黏性土　(d) 黏性土拉裂区

图 2.3.4　朗肯主动土压力计算

2.3.3.3　朗肯被动土压力计算

如图 2.3.5，朗肯被动土压力的推导过程与朗肯主动土压力类似，根据挡土结构在外力作用下推向土体,背后土体达到被动极限平衡状态。此时,$\sigma_3 = \gamma z$,$\sigma_1 = P_p$,将其代入式(2.3-8)和式(2.3-9)可得:

黏性土:

$$P_p = \gamma z \tan^2\left(45° + \frac{\varphi}{2}\right) + 2c \cdot \tan(45° + \frac{\varphi}{2}) = \gamma z K_p + 2c\sqrt{K_p} \qquad (2.3\text{-}14)$$

无黏性土:

$$P_p = \gamma z \tan^2\left(45° + \frac{\varphi}{2}\right) = \gamma z K_p \qquad (2.3\text{-}15)$$

式中:K_p ——朗肯被动土压力系数,$K_p = \tan^2(45° + \frac{\varphi}{2})$,根据三角函数关系可知 $K_p = \frac{1}{K_a}$。

挡土结构上的被动土压力沿深度呈三角形或梯形分布,土压力合力为:

黏性土:

$$E_p = \frac{1}{2}\gamma H^2 K_p + 2cH\sqrt{K_p} \qquad (2.3\text{-}16)$$

无黏性土:

$$E_p = \frac{1}{2}\gamma H^2 K_p \qquad (2.3\text{-}17)$$

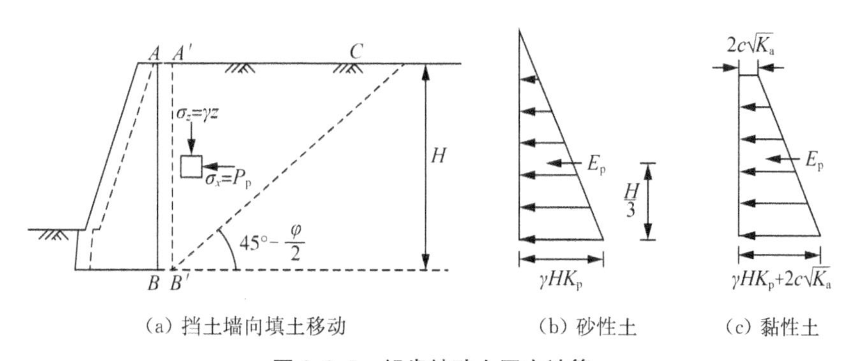

(a) 挡土墙向填土移动　　(b) 砂性土　　(c) 黏性土

图 2.3.5　朗肯被动土压力计算

2.3.3.4　不同工况下的朗肯土压力计算方法

在基坑工程中,绝大多数情况下土层是分层的,且有地下水存在,也经常遇到地面有超载的情况。这些情况下,仍可在简化后根据朗肯土压力理论计算其土压力,如图 2.3.6。

(1) 表面满布超载

当挡土结构背后土体表面有连续满布超载 q 作用时,相当于在深度 z 处的竖向应力增加了 q 的作用,即竖向应力 $\sigma_1 = \gamma z + q$ 。将此代入式(2.3-10)和式(2.3-11)后,即可得大表面满布超载情况下的朗肯主动土压力计算公式:

黏性土：

$$P_a = (\gamma z + q)K_a - 2c\sqrt{K_a} \tag{2.3-18}$$

无黏性土：

$$P_a = (\gamma z + q)K_a \tag{2.3-19}$$

当然，对于黏性土，由于黏聚力的作用，在 $z=0$ 时，主动土压力可能为正，也可能为负，在计算合力时，需要参照 2.3.3.2 节的方法，去掉可能的拉力区的作用。

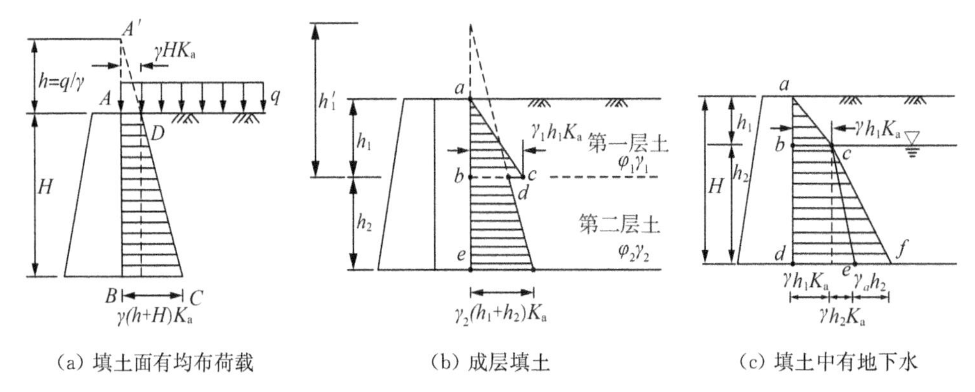

(a) 填土面有均布荷载　　(b) 成层填土　　(c) 填土中有地下水

图 2.3.6　常见情况下的朗肯主动土压力

（2）分层土层

当挡土结构背后的土体呈层状分布，且各层土的性质不同时，仍可以按照式(2.3-10)和式(2.3-11)计算主动土压力，当计算某一层土的主动土压力时，将其上部土层视作作用在该层土上的均布荷载即可。由于土层间的黏聚力和内摩擦角不同，因此在土层交界面的位置的土压力分布有突变。

（3）土层中有地下水

挡土结构背后常会有地下水存在。此时，挡土结构除承受侧向土压力作用外，还受到水压力的作用。对于地下水位以上部分的土压力，其计算方法不变；对于地下水位以下部分的土压力，应考虑水的浮力作用，一般有水压力与土压力合算（水土合算）、水压力与土压力分算（水土分算）两种基本思路。一般认为对于黏性土，需要根据实际条件采用水土合算或水土分算；对于无黏性土和碎石土，应采用水土分算。具体的选取原则我们在后续章节讨论，这里仅介绍基本计算方法。

①水土合算法

水土合算是对于地下水位以下的土层，将水和土作为一个整体，采用土的饱和重度 γ_{sat} 来计算总的水压力和土压力，此时，土压力系数计算时应采用总应力强度指标，即：

$$P_a = \gamma_{sat} z K_a - 2c\sqrt{K_a} \quad 或 \quad P_p = \gamma_{sat} z K_p + 2c\sqrt{K_p} \tag{2.3-20}$$

②水土分算法

水土分算是对于地下水位以下的土层，将水和土人为区分开来，分别计算水压力和土压力。其中,土压力采用土的有效重度 γ' 来计算,水压力按静水压力计算,然后将二者叠加。土压力的计算方法为:

黏性土:

$$P_a=\gamma' z K_a'-2c'\sqrt{K_a'} \quad 或 \quad P_p=\gamma' z K_p'+2c'\sqrt{K_p'} \tag{2.3-21}$$

无黏性土:

$$P_a=\gamma' z K_a' \quad 或 \quad P_p=\gamma' z K_p' \tag{2.3-22}$$

式中:K_a'、K_p'——按有效应力强度指标计算的主动或被动土压力系数,$K_a'=\tan^2\left(45°-\frac{\varphi'}{2}\right)$,$K_p'=\tan^2\left(45°+\frac{\varphi'}{2}\right)$;

φ'、c'——土的有效内摩擦角(°)和有效黏聚力(kPa)。

在工程应用中,为简化起见或在缺少有效应力强度指标时,也可采用总应力强度指标代替有效应力强度指标。

(4) 特殊工况下的朗肯土压力近似求解方法

朗肯土压力理论给出了墙背垂直、光滑、填土表面水平且与墙高相同时土压力计算的一般公式。在实际工程特别是水利工程中,对于挡土墙结构,还存在许多倾斜墙背、折线墙背、地面倾斜等情况,此外还有悬臂式挡墙、扶壁式挡墙、卸荷式挡墙等结构,虽然这些特殊工况显然不能满足朗肯土压力理论的基本假设,但是可以根据实际情况将问题合理简化,采用朗肯土压力公式进行近似设计计算。由于在进行基坑支护时,一般用不到仰斜式挡墙、扶壁式挡墙、卸荷式挡墙等,因此,本书不再列举上述特殊挡土结构的背后土压力计算方法,感兴趣的读者可以参见相关文献。

2.3.4 库仑土压力理论

库仑土压力理论是库仑在1776年(也有学者认为是1773年)提出的土压力经典理论,是根据挡土结构背后所形成的滑动楔形体静力平衡条件建立的土压力计算方法。该方法计算较简便,能适用于各种复杂情况,且计算结果比较接近实际,因此在挡土结构设计中得到广泛应用。

需要指出的是,库仑土压力理论考虑了挡土结构墙背倾斜、不光滑、墙后土体表面有一定的坡度等情况,如果挡土结构墙背光滑、直立、墙后土体表面水平,则土压力的计算结果与朗肯土压力计算结果一致。在基坑支护设计中,一般很少用到库仑土压力理论,这主要是因为基坑支护体系中的挡土结构一般是直立的,当墙后土体表面有一定坡度或有附加荷载时,也可以采用朗肯土压力理论计算得到相应的土压力。但是,库仑土压力理论作为与朗肯土压力理论齐名的经典土压力理论,基坑支护设计人员应对其基本概念有一定的了解,因此,本书对库仑土压力理论主要进行概念性介绍。

2.3.4.1 基本原理和假定

库仑土压力理论最早假定挡土结构(墙)背后的填土是均匀的无黏性土,后来又推广到黏性土的情况。如图 2.3.7，其基本假定是：挡土结构为刚性，当挡土结构背离土体移动或推向土体时，墙背后土体达到极限平衡状态，其滑动面是通过墙脚的楔形体平面 ABC，假定滑动楔形体是刚体，则根据楔形体的静力平衡条件，按平面问题可以解得作用在挡土结构上的土压力。

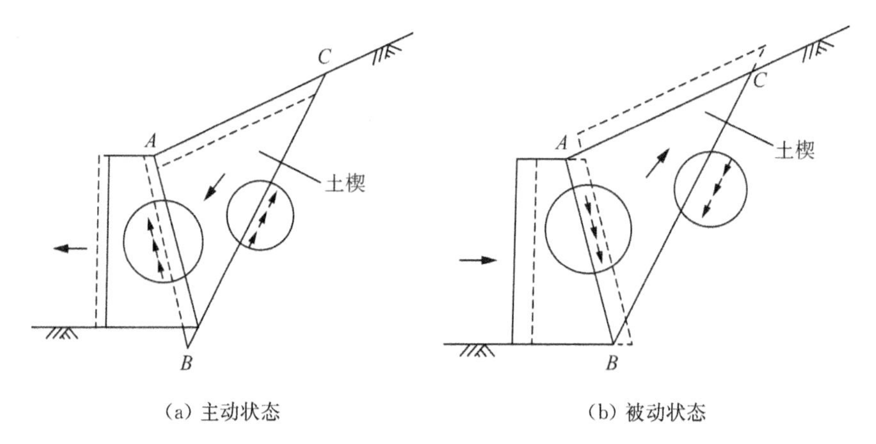

图 2.3.7　库仑土压力理论

2.3.4.2　库仑主动土压力计算

如图 2.3.8，挡土结构(墙)背 AB 倾斜，与竖直线的夹角为 ε；墙后土体表面 AC 是一倾斜平面，与水平面间的夹角为 β。当挡土结构在土压力作用下向土体外侧移动时，其背后土体会逐渐达到主动极限平衡状态，此时土体中将产生两个通过墙脚 B 的滑动面 AB 及 BC。假定滑动面 BC 与水平面的夹角为 α，并取单位宽度的挡土结构进行分析，则作用在滑动楔形体 ABC 上的力包括：

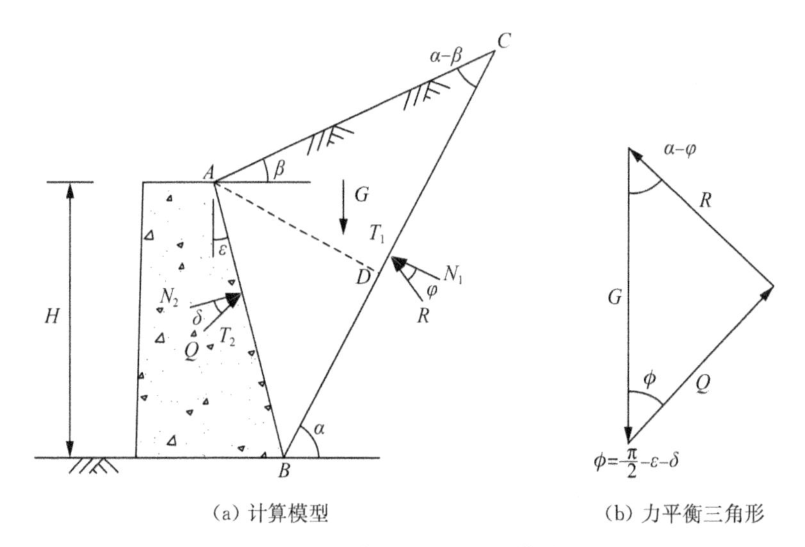

图 2.3.8　库仑主动土压力计算简图

(1) 楔形体 ABC 的重力 G。若 α 已知，则 G 的大小、方向及作用点的位置均能够获得。

(2) 土体作用在滑动面 BC 上的反力 R。R 是在 BC 面上摩擦力 T_1 与法向反力 N_1 的合力，它与 BC 面法线间的夹角等于土的内摩擦角 φ。由于滑动楔形体 ABC 相对于滑动面 BC 右边的土体是向下移动的，故摩擦力 T_1 的方向向上。R 的作用方向已知，但是大小未知。

(3) 挡土结构对楔形体的作用力 Q。它与墙背法线间的夹角等于墙背与填土之间的摩擦角 δ。由于滑动楔形体 ABC 相对于墙背是向下滑动的，故墙背在 AB 面上产生的摩擦力 T_2 的方向向上，Q 的作用方向已知，大小未知。

根据滑动楔形体 ABC 的静力平衡条件，可以绘出 G、R、Q 的力的平衡三角形，即：

$$\frac{G}{\sin[\pi-(\phi+\alpha-\varphi)]}=\frac{Q}{\sin(\alpha-\varphi)} \tag{2.3-23}$$

式中：$\phi=\frac{\pi}{2}-\varepsilon-\delta$。

由图 2.3.8 可知：

$$\begin{cases} G=\frac{1}{2}\overline{AD}\cdot\overline{BC}\cdot\gamma \\ \overline{AD}=\overline{AB}\cdot\sin\left(\frac{\pi}{2}+\varepsilon-\alpha\right)=H\cdot\frac{\cos(\varepsilon-\alpha)}{\cos\varepsilon} \\ \overline{BC}=\overline{AB}\cdot\frac{\sin\left(\frac{\pi}{2}+\beta-\varepsilon\right)}{\sin(\alpha-\beta)}=H\cdot\frac{\cos(\beta-\varepsilon)}{\cos\varepsilon\cdot\sin(\alpha-\beta)} \\ G=\frac{1}{2}\gamma H^2\frac{\cos(\varepsilon-\alpha)\cdot\cos(\beta-\varepsilon)}{\cos^2\varepsilon\cdot\sin(\alpha-\beta)} \end{cases} \tag{2.3-24}$$

将式(2.3-24)代入式(2.3-23)可得：

$$Q=\frac{1}{2}\gamma H^2\left[\frac{\cos(\varepsilon-\alpha)\cdot\cos(\beta-\varepsilon)\cdot\sin(\alpha-\varphi)}{\cos^2\varepsilon\cdot\sin(\alpha-\beta)\cdot\cos(\alpha-\varphi-\varepsilon-\delta)}\right] \tag{2.3-25}$$

式中：γ、H、ε、β、δ、φ 均为常数，Q 随着滑动面 BC 的倾角 α 而变化。当 $\alpha=\frac{\pi}{2}+\varepsilon$ 时，$G=0$，故 $Q=0$；当 $\alpha=\varphi$ 时，同样 $Q=0$。因此，当 α 在 $\frac{\pi}{2}+\varepsilon$ 和 φ 之间变化时，Q 存在一个极大值，这个极大值 Q_{max} 就是所求的主动土压力 E_a。

为求得 Q_{max} 值，可将式(2.3-25)对 α 求导，并令 $\frac{dQ}{d\alpha}=0$，即可得到库仑主动土压力的计算公式：

$$E_a=Q_{max}=\frac{1}{2}\gamma H^2K_a \tag{2.3-26}$$

其中，

$$K_a=\frac{\cos^2(\varphi-\varepsilon)}{\cos^2\varepsilon\cdot\cos(\delta+\varepsilon)\cdot\left[1+\sqrt{\frac{\sin(\delta+\varphi)\cdot\sin(\varphi-\beta)}{\cos(\delta+\varepsilon)\cdot\cos(\varepsilon-\beta)}}\right]^2}$$

式中：γ ——土的重度(kN/m³)；

φ ——土的内摩擦角(°)；

H——挡土结构(墙)的高度(m)；

ε ——墙背与竖直线间的夹角(°)，当墙背斜俯时为正，反之为负；

δ ——墙背与土之间的摩擦角(°)，与墙背粗糙程度、土的性质、墙背倾斜性状有关，可根据试验或参考经验数据确定，一般可取 $\delta=\left(\frac{1}{3}\sim\frac{2}{3}\right)\varphi$；

β ——墙背土体顶面与水平面间的倾角(°)；

K_a ——主动土压力系数。

当土体顶面水平($\beta=0$)、墙背竖直($\varepsilon=0$)、墙背光滑($\delta=0$)时，可以得到：

$$K_a=\frac{\cos^2\varphi}{(1+\sin\varphi)^2}=\tan^2\left(45°-\frac{\varphi}{2}\right)$$

与朗肯主动土压力系数的表达式相同。

2.3.4.3 库仑被动土压力计算

库仑被动土压力的推导过程与库仑主动土压力的推导过程类似，但是在求解过程中，最危险滑动面上的抵抗力 Q 应为其中的最小值 $Q_{\min}$ 。本书不再给出详细过程，仅给出其一般表达式，感兴趣的读者可参见相关文献。

库仑被动土压力计算公式为：

$$E_p=Q_{\min}=\frac{1}{2}\gamma H^2K_p \tag{2.3-27}$$

其中，

$$K_p=\frac{\cos^2(\varphi+\varepsilon)}{\cos^2\varepsilon\cdot\cos(\varepsilon-\delta)\cdot\left[1-\sqrt{\frac{\sin(\delta+\varphi)\cdot\sin(\varphi+\beta)}{\cos(\varepsilon-\delta)\cdot\cos(\varepsilon-\beta)}}\right]^2}$$

式中：K_p ——被动土压力系数，其他参数的物理意义与主动土压力系数的计算表达式相同。

本节关于库仑土压力的主动最大、被动最小的概念，也被称为库仑土压力理论的最大和最小原理。需要指出的是，这里的最大和最小是指在相同极限状态下，在众多潜在滑动面中所求得的、主动破坏时为最大、被动破坏时为最小原理确定的最不利滑面位置以及相对作用力为主动或被动土压力，而在土压力类型中提到静止、主动和被动土压力，主动土压力是最小土压力、被动土压力是最大土压力，是指在三种不同破坏状态下的不同土压力之间的比较。

对于库仑土压力还可以采用图解法求解，最常用的是库尔曼(Culmann)图解法。对于黏性土、土层是分层的、有地下水存在、地面有超载的情况下的库仑土压力，也可以通过简化得到，本书不再一一列举，感兴趣的读者可参见相关文献。

2.3.5 附加荷载引起的土压力计算

对于基坑工程，在支护结构外侧，总是存在一定的超载，从而引起附加荷载。在计算土压力时，应先计算超载所产生的附加竖向应力，然后将附加竖向应力乘以水平土压力系数(一般为静止或主动土压力系数)，得到附加土压力。其一般表达式为：

$$\Delta p_{\mathrm{k},i}=\sum\Delta\sigma_{\mathrm{k},j}\cdot K_i \tag{2.3-28}$$

式中：$\Delta p_{\mathrm{k},i}$ ——计算点 i 的土中附加荷载强度(kPa)；

$\Delta\sigma_{\mathrm{k},j}$ ——支护结构外侧第 j 个附加荷载作用下计算点 i 的土中附加竖向应力标准值(kPa)；

K_i ——计算点 i 的水平土压力系数。

在基坑支护结构设计中，常见的附加荷载包括均布荷载、局部基础荷载、支挡结构上部采用放坡或土钉墙时的荷载、坑外集中荷载、线性荷载和条形荷载等，上述情况下的附加荷载计算方法如下。

(1) 均布附加荷载作用下的竖向附加应力

如图 2.3.9，均布附加荷载作用下的土中附加应力计算公式为：

$$\Delta\sigma_{\mathrm{k}}=q_0 \tag{2.3-29}$$

式中：q_0——均布附加荷载(kPa)，对于基坑工程，一般可取 20 kPa，施工进出口可取 40 kPa。

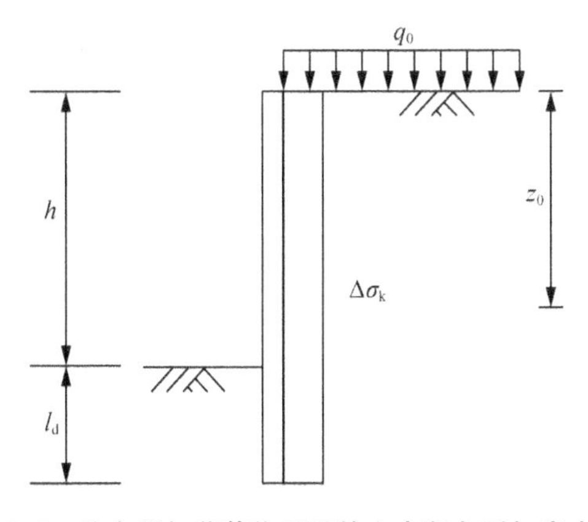

图 2.3.9 均布附加荷载作用下的土中竖向附加应力计算

(2) 局部附加荷载作用下的竖向附加应力

如图 2.3.10，局部附加荷载作用下的土中竖向附加应力计算公式为：

①对于条形基础下的附加荷载[图 2.3.10(a)]：

当 $d+a/\tan\theta\leqslant z_a\leqslant d+(3a+b)/\tan\theta$ 时，

$$\Delta\sigma_{k}=\frac{p_0 b}{b+2a} \tag{2.3-30}$$

式中：p_0——基础底面的附加应力(kPa)；

d——基础埋深(m)；

b——基础宽度(m)；

a——支护结构外边缘至基础的水平距离(m)；

θ——附加荷载的扩散角(°)，宜取 $\theta=45°$；

z_a——支护结构顶面至土中附加竖向应力计算点的竖向距离(m)。

当 $z_a<d+a/\tan\theta$ 或 $z_a>d+(3a+b)/\tan\theta$ 时，取 $\Delta\sigma_k=0$。

②对于矩形基础下的附加荷载[图 2.3.10(a)]：

当 $d+a/\tan\theta\leqslant z_a\leqslant d+(3a+b)/\tan\theta$ 时，

$$\Delta\sigma_{k}=\frac{p_0 bl}{(b+2a)(l+2a)} \tag{2.3-31}$$

式中：b——与基坑边垂直方向上的基础宽度(m)；

l——基坑边平行方向上的基础宽度(m)；

其他参数含义同式(2.3-30)。

当 $z_a<d+a/\tan\theta$ 或 $z_a>d+(3a+b)/\tan\theta$ 时，取 $\Delta\sigma_k=0$。

③对作用在地面的条形、矩形附加荷载，取 $d=0$[图 2.3.10(b)]。

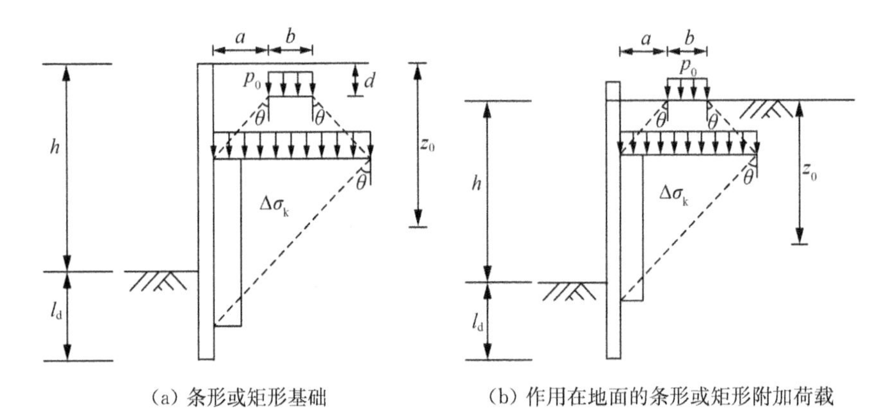

(a) 条形或矩形基础　　(b) 作用在地面的条形或矩形附加荷载

图 2.3.10　局部附加荷载作用下的土中竖向附加应力计算

(3) 支挡结构上部采用放坡或土钉支护时的竖向附加应力

如图 2.3.11，支护结构顶部以上采用放坡或土钉墙时，土中竖向附加应力计算公式为：

①当 $a/\tan\theta\leqslant z_a\leqslant(a+b_1)/\tan\theta$ 时，

$$\Delta\sigma_{k}=\frac{\gamma h_1}{b_1}(z_a-a)+\frac{E_{ak1}(a+b_1-z_a)}{K_a b_1^2} \tag{2.3-32}$$

$$E_{\mathrm{ak1}}=\frac{1}{2}\gamma h_1^2 K_{\mathrm{a}}-2ch_1\sqrt{K_{\mathrm{a}}}+\frac{2c^2}{\gamma} \tag{2.3-33}$$

②当 $z_a>(a+b_1)/\tan\theta$ 时，

$$\Delta\sigma_{\mathrm{k}}=\gamma h_1 \tag{2.3-34}$$

③当 $z_a<a/\tan\theta$ 时，

$$\Delta\sigma_{\mathrm{k}}=0 \tag{2.3-35}$$

式中：z_a ——支护结构顶面至土中附加竖向应力计算点的竖向距离(m)；

a ——支护结构外边缘至放坡坡脚的水平距离(m)；

b_1——放坡坡面的水平尺寸(m)；

θ ——扩散角(°)，宜取 $\theta=45°$；

h_1——地面至支护结构顶面的竖向距离(m)；

γ ——支护结构顶面以上土的天然重度(kN/m³)，对于多层土取各层土按厚度加权的平均值；

c ——支护结构顶面以上土的黏聚力(kPa)；

K_{a} ——支护结构顶面以上土的主动土压力系数，对于多层土取各层土按厚度加权的平均值；

E_{ak1}——支护结构顶面以上土体的自重产生的单位宽度主动土压力(kN/m)。

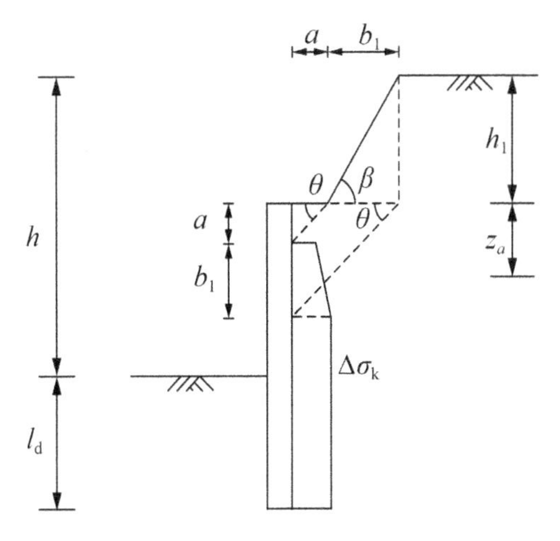

图 2.3.11　支护结构顶部以上采用放坡或土钉墙时土中竖向附加应力计算

(4) 集中荷载作用下的侧向附加应力

如图 2.3.12，坑外集中荷载作用下，土中侧向附加应力计算公式为：

①当 $m\leqslant 0.4$ 时，

$$\sigma_{\mathrm{H}}=0.28\frac{Q_{\mathrm{p}}}{H^2}\cdot\frac{n^2}{(0.16+n^2)^3} \tag{2.3-36}$$

②当 $m>0.4$ 时，

$$\sigma_H=1.77\frac{Q_p}{H^2}\cdot\frac{m^2n^2}{(m^2+n^2)^3} \tag{2.3-37}$$

③对于任一点的侧向土压力，$\sigma'_H=\sigma_H\cos(1.1\theta)$

式中：σ_H ——支护结构上的侧向附加土压力(kPa)；

Q_p ——竖向集中荷载(kN)；

H ——支护结构顶面至坑底的距离(m)。

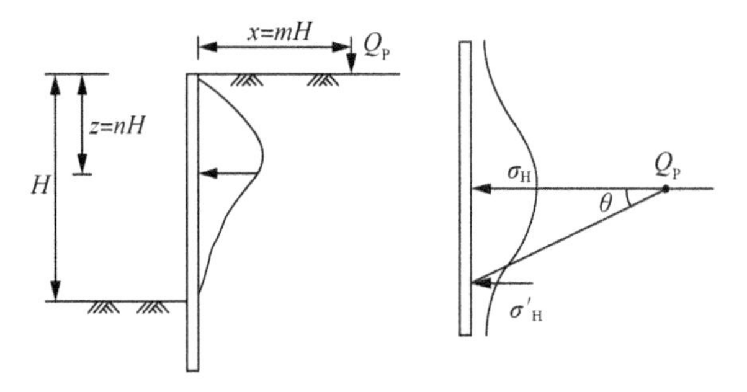

图 2.3.12　坑外集中荷载产生的侧向附加土压力计算

(5) 线性荷载作用下的侧向附加应力

如图 2.3.13，坑外线性荷载作用下，土中附加应力计算公式为：

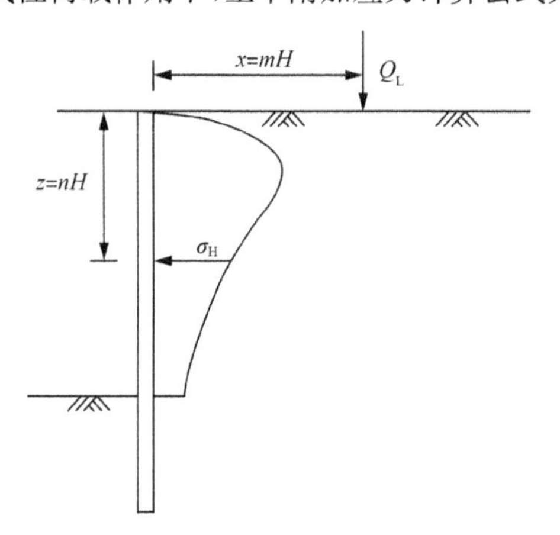

图 2.3.13　坑外线性荷载产生的侧向附加土压力计算

①当 $m\leqslant0.4$ 时，

$$\sigma_H=0.20\frac{Q_L}{H}\cdot\frac{n}{(0.16+n^2)^2} \tag{2.3-38}$$

②当 $m>0.4$ 时，

$$\sigma_H=1.28\frac{Q_L}{H}\cdot\frac{m^2n}{(m^2+n^2)^3} \tag{2.3-39}$$

式中：σ_H ——支护结构上的侧向附加土压力(kPa)；

Q_L ——竖向线性荷载(kN/m)；

H ——支护结构顶面至坑底的距离(m)。

(6) 条形荷载作用下的侧向附加应力

如图 2.3.14，坑外条形荷载作用下，土中附加应力计算公式为：

$$\sigma_H = \frac{q}{\pi} \cdot (\beta - \sin\beta\cos2\alpha) \tag{2.3-40}$$

式中：σ_H ——支护结构上的侧向附加土压力(kPa)；

q ——竖向条形荷载(kN/m²)；

α ——荷载内边界与侧向附加土压力计算点的连线与支护结构之间的夹角(rad)；

β ——条形荷载两端与计算点之间的夹角(rad)。

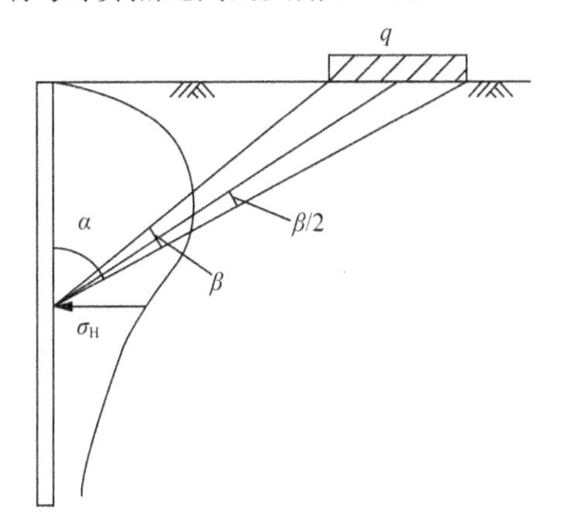

图 2.3.14 坑外条形荷载产生的侧向附加土压力计算

2.4 地下水渗流基本理论

2.4.1 地下水类型

地下水，是贮存于包气带以下的地层空隙中的水，是自然水循环系统中的一部分，也是水资源的重要组成部分。其渗入和补给与邻近的江、河、湖、海有密切联系，受大气降水的影响，随季节变化。因环境温度和压力不同，地下水可以以固态、液态和气态存在于地层空隙中。在基坑工程中，一般主要关注液态地下水，涉及固态地下水和气态地下水的情况很少。

液态地下水的分类方法很多，大体上可以归纳为按照起源分类、按矿化程度分类、按含水层性质分类和按埋藏条件分类等四种。基坑工程中常说的土层中的地下水，一般是按照埋藏条件分类，即包气带水、潜水和承压水。其主要特点见表 2.4-1，地下水分区如图 2.4.1 所示。

(1) 包气带水

包气带水是埋藏离地表不深、包气带中局部隔水层之上的重力水。一般分布不广，呈季节性变化，雨季出现，干旱季节消失，其动态变化与气候、水文等的变化密切相关。

(2) 潜水

潜水是埋藏在地表以下、第一个稳定隔水层以上、具有自由面的重力水。潜水在自然界中分布很广，一般埋藏在第四系松散沉积物的孔隙及坚硬基岩风化壳的裂隙、溶洞内。

(3) 承压水

承压水是埋藏并充满两个稳定隔水层之间的含水层中的重力水。承压水的特点是受静水压力作用、补给区与分布区不一致、动态变化显著，它不具有潜水那样的自由水面，所以其运动方式不是在重力作用下的自由流动，而是在静水压力的作用下，以水交替的形式进行运动，因此某些承压水的交替循环过程远比潜水迟缓。

表 2.4-1　地下水的分类及特征

基本类型	水头性质	主要种类	补给区域与分布区域的关系	动态特征	地下水面特征	受污染特征
包气带水	无压水	土壤水、上层滞水、多年冻土区中的冻融层水、沙漠及滨海沙丘中的水	补给区域与分布区域一致	水压力小于大气压力，受气候影响大，有季节性缺水现象	随局部隔水层的起伏面变化	含水量不大，易受污染
潜水	无压水	冲积、洪积、坡积、湖积、冰碛层中的孔隙水、基岩裂隙与可溶岩裂隙溶洞中的层状或脉状水		水压力大于大气压力，水位、水温、水质等受当地气象条件影响很大，与地表水联系密切	潜水面是自由水面，与地形一致	易受污染
承压水	承压水	构造盆地或向斜、单斜岩层中的层间水	补给区域与分布区域一般不一致	水压力大于大气压力，性质稳定，承压大小与该含水层补给区及排泄区的地势有关	承压水面是假想的平面，当含水层被揭露时才显现出来	不易受污染

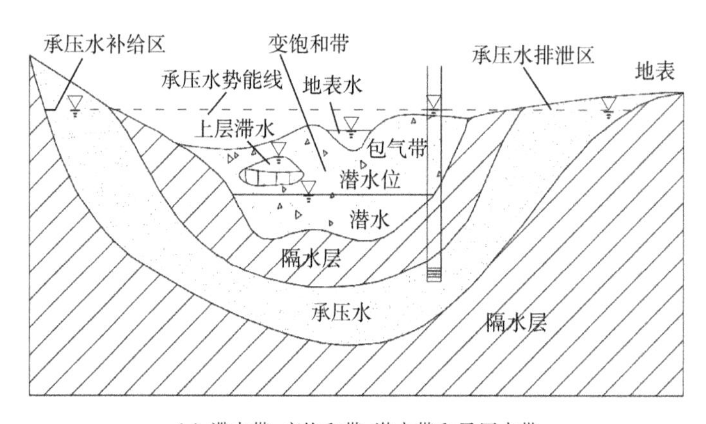

(a) 滞水带、变饱和带、潜水带和承压水带

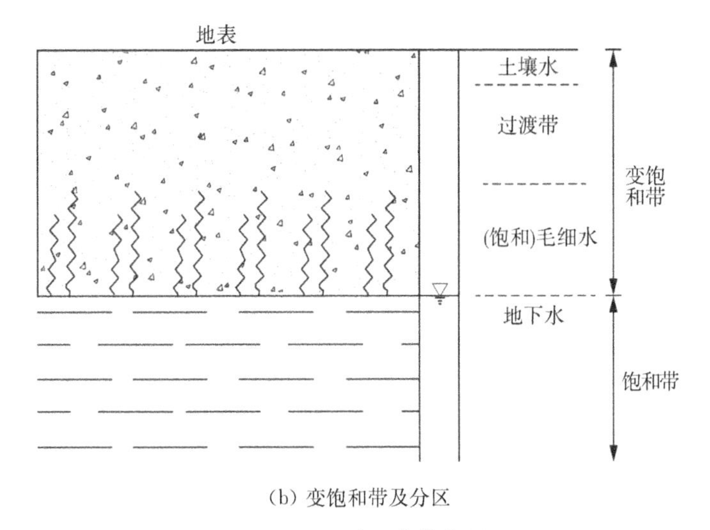

(b) 变饱和带及分区

图 2.4.1　地下水的分区

2.4.2　土的渗透性和渗流定律

如前所述，土是多孔介质，土颗粒之间存在大量分布很不规律的孔隙。有地下水时，若土体中存在水头差，土体孔隙中的水就会沿着土骨架之间的孔隙通道流动。水在水头差作用下沿土体孔隙通道流动的现象称为渗流。土的这种与渗流相关的性质为渗透性。

水在土孔隙中的流动必然会引起土体中应力状态的改变，从而使土的变形和强度特性发生变化，也将会直接影响到基坑支护中挡土结构的安全与稳定。地下水渗流基本理论、土的渗透性影响因素、土的渗透变形形式、渗流的危害和控制措施等都是基坑支护设计人员必备的基础知识。

2.4.2.1　土的渗透性

如图 2.4.2 所示，水在土孔隙中的流动除了受土体两点之间的水头差影响外，还受到土孔隙的形状、大小和分布规律影响。由于土颗粒排列具有任意性，土孔隙的形状、大小及分布规律极为复杂，水在土孔隙中流动的实际路线是不规则的，渗流的方向和速度也都是变化着的。工程上实际并不需要了解具体孔隙中的渗流情况，因此，通常对渗流作出简化，一是不考虑渗流路径的迂回曲折，只是分析渗流的主要流向；二是不考虑土体中颗粒的影响，认为整个空间均为渗流所充满。在上述简化的基础上，可以假定：①同一过水断面上，渗流模型的流量等于真实渗流的流量；②任意截面内，渗流模型的压力与真实渗流的压力相等；③相同体积内，渗流模型所受到的阻力与真实渗流所受到的阻力相等。

(1) 渗流速度

水在饱和土体中渗流时，在垂直于渗流方向取一个面积为 A 的土体截面为过水截面。其截面包括土颗粒和孔隙两部分，平行渗流时为平面，弯曲渗流时为曲面。则该截面的渗流速度为：

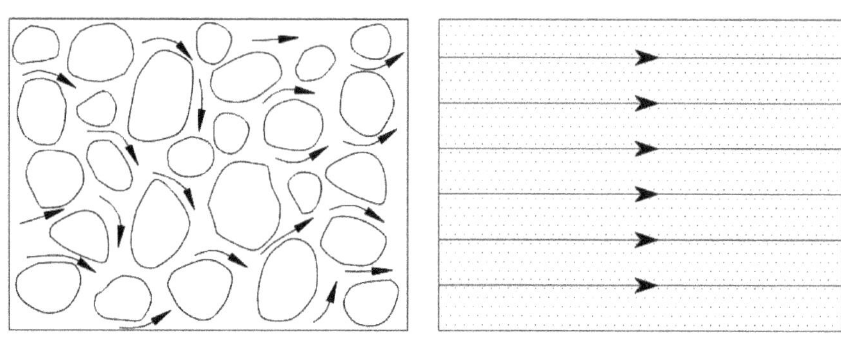

(a) 实际的渗流土体　　(b) 理想渗流模型

图 2.4.2　实际的渗流土体与理想渗流模型

$$v=\frac{Q}{At} \tag{2.4-1}$$

式中：v ——渗流速度；

Q——t 时间内通过该过水截面的渗流量。

渗流速度表征渗流在过水截面上的平均速度，并不代表水在土中渗流的真实流速。水在饱和土体中渗流时，其实际平均流速为

$$\bar{v}=\frac{Q}{nAt} \tag{2.4-2}$$

式中：$\bar{v}$ ——实际平均流速；

n ——土的孔隙率。

(2) 水头和水力比降

根据流体力学知识和伯努利方程，水中任意一点的总水头 h 可以表示为：

$$h=z+\frac{u}{\gamma_w}+\frac{v^2}{2g} \tag{2.4-3}$$

式中：z ——相对于任一选定的基准面的高度，代表水的位置位能，叫位置水头(m)；

u ——孔隙水压力，代表单位质量水的压力势能(kN/m^2)；

γ_w ——水的重度(kN/m^3)；

$\frac{u}{\gamma_w}$ ——该点的压力水头(m)；

v ——渗流速度(m/s)；

g ——重力加速度(m/s^2)；

$\frac{v^2}{2g}$ ——该点的速度水头(m)。

位置水头 z 的大小与基准面的选取有关，因此总水头的大小随着选取基准面的不同而不同。在实际计算中，最关心的不是总水头的大小，而是水头差的大小，即水在流过土

体中任意两点之间的损失，通常用 Δh 表示。由于水在土中渗流时受到的阻力较大，一般情况下渗流速度很小，例如，即使水的渗流速度在 10^0 cm/s 量级，速度水头最大仅为 10^{-3}m 量级，因此在土力学中一般忽略速度水头对总水头和水头差的影响。那么，水在土中的流动的水头差就可以用两点之间的压力水头差(Δu)表示，即：

$$\Delta h = \frac{\Delta u}{\gamma_w} \tag{2.4-4}$$

水在土中渗流推动力的大小可以用单位流程中水头损失的多少表征，即水力比降。

$$i = \frac{\Delta h}{L} \tag{2.4-5}$$

式中：i ——水力比降；

L ——渗流长度(m)。

2.4.2.2　达西定律及其适用范围

水在土中流动时，由于土的孔隙通道很小，渗流过程中的黏滞阻力很大，其流动速度十分缓慢，属于层流范围。1852—1855 年，法国工程师达西(Darcy)经过大量的渗流试验，得到了层流条件下砂土中水的渗流速度和水头损失之间的关系，即达西定律。试验结果表明，在某一段时间 t 内，水从砂土中流过的渗流量与过水断面和土体两端的水头差呈正比，与渗流距离呈反比，即：

$$q = \frac{Q}{t} = k\,\frac{\Delta h A}{L} = kAi \tag{2.4-6}$$

$$v = \frac{q}{A} = ki \tag{2.4-7}$$

式中：q ——单位时间渗流量(cm^3/s)；

Q ——t 时间内的总渗流量(cm^3/s)；

k ——土的渗透系数(cm/s)。

研究表明，达西定律所表示的渗流速度与水力比降呈正比关系是在特定的水力条件下得到的试验结果。随着渗流速度的增加，这种线性关系不再存在，因此达西定律有一个适用界限。实际上水在土中渗流时，由于土中孔隙的不规则性，水的流动是无序的，水在土中的渗流方向、速度和加速度都在不断改变。当水的渗流速度和加速度很小时，其产生的惯性力远远小于由于水的黏滞性产生的摩擦阻力，渗流服从达西定律；当水流速度达到一定程度，惯性力占优势时，由于惯性力与速度的平方呈正比，达西定律就不再适用了。图 2.4.3 为典型的水力比降与渗流速度之间的关系曲线，一般认为，当雷诺数(Re)小于 10 时，渗流服从达西定律。

对于达西定律的适用范围，可以根据水在粗粒土中渗流时的运动状态分为 3 种情况：

(1) 水流速度很小，为黏滞力占优势的层流，达西定律适用，这时的雷诺数 Re 小

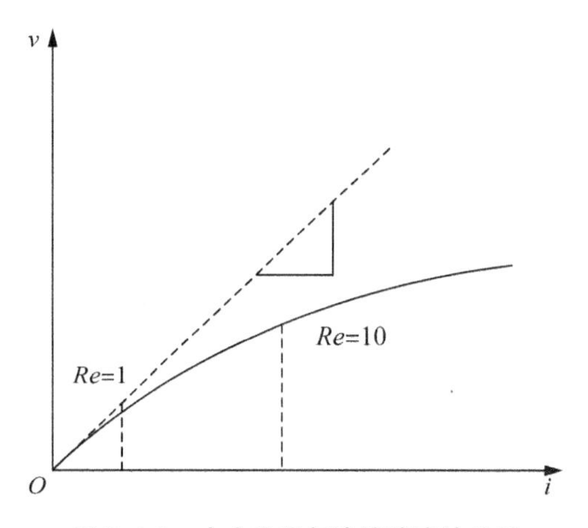

图 2.4.3　水力比降与渗流速度的关系

于 10。

(2) 水流速度增加到惯性力占优势的层流和层流向紊流过渡时，达西定律不再适用，这时的雷诺数 Re 约为 10～100。

(3) 水流进入紊流状态，达西定律完全不适用，对于土层，多数情况下，在进入紊流状态前可能已经出现了渗透变形。

对于黏性土，由于土颗粒周围结合水膜的存在而使土体呈现一定的黏滞性，因此，一般认为黏土中自由水的渗流必然会受到结合水膜黏滞阻力的影响，只有当水力比降达到一定值后渗流才会发生，这一水力比降称为黏性土的起始水力比降 i_0，即对于黏性土，达西定律有效范围存在一个下限。但是，关于起始水力比降是否存在的问题，目前尚有较大的争论，许多学者在进行深入研究的基础上，给出了不同的物理解释，大致可以归纳为：

(1) 达西定律在小水力比降时也适用，偏离达西定律的现象是由于试验误差造成的。

(2) 达西定律在小水力比降时不适用，存在起始水力比降，当水力比降小于起始水力比降时无渗流存在，当水力比降大于起始水力比降时，渗流速度与水力比降呈线性关系。

(3) 达西定律在小水力比降时不适用，但是不存在起始水力比降，渗流速度与水力比降呈非线性关系。

2.4.2.3　渗透系数的测定

渗透系数 k 是表征土体渗透性强弱的指标，它在数值上等于单位水力比降下的渗流速度。其数值的正确确定对渗透计算有着非常重要的意义，由于其影响因素众多，建立计算渗透系数的理论公式十分困难，一般采用室内试验测定和现场抽水试验测定。表 2.4-2 给出了一些常见土的渗透系数范围。

渗透系数的室内测定方法主要有常水头法和变水头法。常水头试验适用于测量渗透性较大的无黏性土，达西渗流试验就是常水头试验。变水头试验适用于测量渗透系数较小的黏性土。

表 2.4-2 典型土层的透水性

透水性等级	极强透水	强透水	中等透水	弱透水	微透水	极微透水
渗透系数 k/(cm/s)	$k \geqslant 1$	$10^{-2} \leqslant k < 1$	$10^{-4} \leqslant k < 10^{-2}$	$10^{-5} \leqslant k < 10^{-4}$	$10^{-6} \leqslant k < 10^{-5}$	$k < 10^{-6}$
透水率 q/Lu	$q \geqslant 100$		$10 \leqslant q < 100$	$1 \leqslant q < 10$	$0.1 \leqslant q < 1$	$q < 0.1$
土类	漂石、巨砾石	级配不好的砂砾、卵石	砂、砂砾、裂隙土层	粉土、粉砂	黏土、粉土	黏土

室内试验测定土的渗透系数的优点是设备简单、花费少，在工程中得到普遍应用。但是，由于土的渗透性与其结构构造有很大关系，而且实际土层中水平和垂直方向的渗透系数往往有很大差异；同时，由于取样时不可避免的扰动，一般很难获得具有代表性的原状土样，因此室内试验测得的渗透系数往往不能很好地反映现场土的实际渗透性质，有时候，室内试验测得的渗透系数与实际值可能会相差 1～2 个数量级，土的渗透系数越小，室内试验的相对误差越大。

现场渗透试验包括渗水试验、注水试验、压水试验和抽水试验等。对于基坑工程，通常采用抽水试验确定含水层的水文地质参数。抽水试验的类型和目的如表 2.4-3 所示。

表 2.4-3 抽水试验类型与目的

试验类型	试验目的	适用范围
单孔抽水试验(无观测孔)	测定含水层的富水性、渗透性及流量与水位降深的关系	设计方案制定阶段
多孔抽水试验(1 个及以上)	测定含水层的富水性、渗透性和各向异性，漏斗影响范围和形态，补给带宽度，合理井间距，流量与水位降深的关系，含水层与地表水之间的水力联系，含水层之间的水力联系；进行流向、流速测定和含水层给水度测定等	方案优化阶段，观测孔布置在抽水含水层和非抽水含水层中
完整井抽水试验	测定各含水层的水文地质参数	含水层厚度小于 30 m
非完整井抽水试验	测定含水层的水文地质参数，各向异性渗透特征	含水层较大的地区(大于 30 m)
稳定流抽水试验	测定含水层的渗透系数，井的特征曲线，井损失	单孔抽水，用于方案制定阶段
非稳定流抽水试验	测定含水层的水文地质参数，了解含水层边界条件，顶、底板弱透水层水文地质参数，地表水与地下水、含水层之间的水力联系等	一般需要 1 个以上的观测孔，用于方案优化阶段
阶梯抽水试验	测定井的出水量曲线方程(井的特征曲线)和井损失	方案优化阶段
群井抽水试验	根据基坑施工工况，制定降水方案	降水方案制定阶段
冲击试验	测定无压含水层、承压含水层的水文地质参数	含水层渗透系数相对较低或无条件进行抽水试验时采用

2.4.2.4 渗透系数的影响因素

土的渗透系数与土和水两方面的多种因素有关，具体如下。

(1) 土颗粒的粒径、级配和矿物成分

土中孔隙通道的大小直接影响土的渗透性。一般情况下，细粒土的孔隙通道比粗粒土的小，其渗透系数也较小；级配良好的土，粗粒之间的孔隙被细粒土所填充，它的渗透系数比粒径级配不良的土小；在黏性土中，黏粒表面结合水膜的厚度与颗粒的矿物成分有很大关系，结合水膜的厚度越大，土颗粒间的孔隙通道越小，其渗透性也越小。

(2) 土的孔隙比

同一种类型的土，孔隙比越大，则土中过水断面越大，渗透系数也就越大。渗透系数与孔隙比之间的关系是非线性的，与土的性质有关。

(3) 土的结构和构造

当孔隙比相同时，凝絮结构的黏性土，其渗透系数比分散结构的大；宏观构造上成层土及扁平黏土在水平方向上的渗透系数远大于垂直方向。

(4) 土的饱和度

土中封闭气泡不仅减小了土的过水断面，而且可以堵塞一些孔隙通道，使土的渗透系数降低，同时可能会使流速与水力比降之间的关系不再符合达西定律。

(5) 水的性质

水的流速与其动力黏度有关。相同条件下，动力黏度越大流速越小；动力黏度随着温度的增加而减小，因此，温度升高一般会使土的渗透系数增大。

2.4.3 土的渗透变形形式及控制

地下水往往对土木工程施工有不利影响。土工建筑物和地基由于渗流作用而出现的土层剥落、地面隆起、渗流通道等破坏或变形现象称为渗透变形。渗透变形是土工建筑物破坏的重要原因之一，危害极大。对于单一土层，其主要破坏类型有流土和管涌；对于分层土，不同土层之间还可能出现接触流土和接触冲刷。

2.4.3.1 渗透变形的主要形式

(1) 流土

如图 2.4.4，在向上的渗透水流作用下，当动水压力超过土重度时，表层土局部范围内出现的土体或颗粒群同时发生悬浮、移动的现象称为流土，其主要发生在渗流出口处，可以使土体完全丧失强度。

任何类型的土，包括黏性土或无黏性土，只要满足水力比降大于临界水力比降，流土现象就要发生。发生在无黏性土中的流土，表现为颗粒群的同时悬浮，形成泉眼群、砂沸等现象。流土一般最先发生在渗流逸出的表面，然后向土体内部波及，过程很快，往往来不及抢救，对工程的威胁极大。

(2) 管涌

如图 2.4.5，在渗流的作用下，土中的细颗粒在粗颗粒形成的孔隙中移动以至流失，随着土的孔隙不断扩大，渗流速度不断增加，较粗的颗粒也被水流逐渐带走，最终导致土

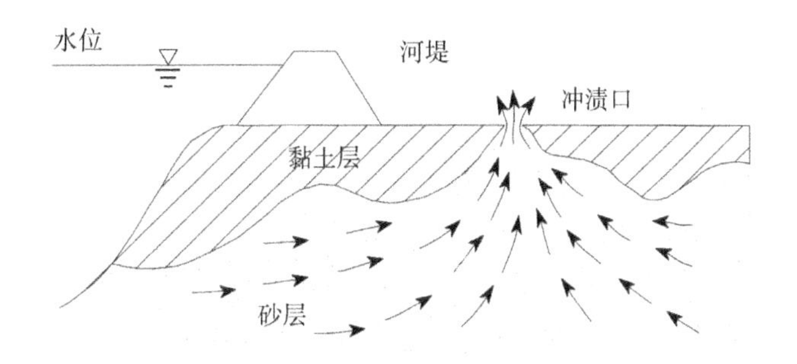

图 2.4.4 堤坝下游流土现象

体内形成贯通的渗流通道，造成土体塌陷，这一现象称为管涌。

管涌一般发生在无黏性土中，发生的部位一般在渗流出口，但有时也可能发生在土体的内部。管涌一般随时间增加不断发展，是一种渐进式的破坏。

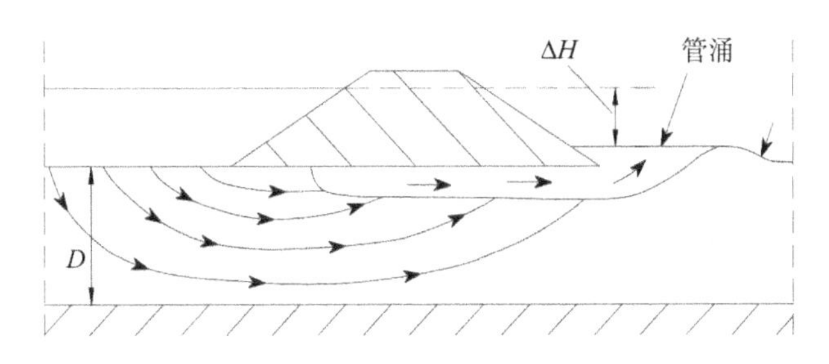

图 2.4.5 堤坝下游管涌现象

(3) 接触流失

在土层分层较分明且渗透系数差别很大的两个土层中，当渗流垂直于层面运动时，将细粒层(渗透系数较小层)的细颗粒带入粗粒层(渗透系数较大层)的现象称为接触流失。接触流失包括接触流土和接触管涌两种类型。

(4) 接触冲刷

渗流沿着两种不同粒径组成的土层层面发生带走细颗粒的现象称为接触冲刷。沿两种介质的界面，如建筑物与地基、土坝与涵管等接触面流动促成的冲刷均属于此破坏类型。

2.4.3.2 渗透变形产生的条件及判别

土的渗透变形的发生和发展主要取决于两个条件，即几何条件和水力条件。

土颗粒在渗流条件下产生松动和悬浮，必须克服土颗粒之间的黏聚力和内摩擦力，土的黏聚力和内摩擦力与土颗粒的组成和结构有密切关系。渗透变形产生的几何条件是指土颗粒的组成和结构特征。例如，对于管涌来说，只有当土中粗颗粒所构成的孔隙直径大于细颗粒的直径，才能让细颗粒在其中移动，这是管涌发生的必要条件之一。

渗透变形产生的水力条件是指作用在土体上的渗透力，是产生渗透变形的外部因素和主动条件。土体要产生渗透变形，只有当渗透力大到足以克服土颗粒之间的黏聚力和内摩擦力时，也就是水力比降大于临界水力比降时，才可以发生渗透变形。需要特别说明的是，对于流土和管涌，渗透力具有不同的意义，流土的渗透力是指作用在单位土体上的渗透力，属于层流范围，管涌则是作用在单个颗粒上的渗透力，已经超出层流的界限。

《水利水电工程地质勘察规范》(GB 50487—2008)对土的渗透变形判别进行了详细规定。其中，对于无黏性土，可以根据不均匀系数 C_u 和细颗粒含量 P 综合判定。即：

(1) 对于不均匀系数小于等于 5 的土可判为流土。

(2) 对于不均匀系数大于 5 的土，当 $P \geqslant 35\%$ 时可判为流土；当 $P < 25\%$ 时可判为管涌；当 $25\% \leqslant P < 35\%$ 时，可判为过渡型，其发展方向取决于土的密度、粒级和形状。过渡型的破坏，不少学者进行了大量的试验研究，一般认为，土的密实度越大，发展为流土的可能性越大。

判别方法(1)和(2)中，土的不均匀系数 $C_u = \dfrac{d_{60}}{d_{10}}$。

式中：d_{60}——小于该粒径的含量占总土重的 60%的颗粒粒径(mm)；

d_{10}——小于该粒径的含量占总土重的 10%的颗粒粒径(mm)；

P——细颗粒含量，对于颗粒大小分布曲线上至少有一个以上颗粒组的颗粒含量小于或等于 3%的级配不连续土，细颗粒含量为区分粒径 d (颗粒大小分布曲线上形成的平缓段的最大粒径和最小粒径的平均值或最小粒径)的含量，对于级配连续的土，区分粒径为 $d = \sqrt{d_{70} \cdot d_{10}}$，$d_{70}$ 为小于该粒径的含量占总土重的 70%的颗粒粒径(mm)。

(3) 对于双层结构的土层，当两层土的不均匀系数均小于等于 10，且满足 $\dfrac{D_{10}}{d_{10}} \leqslant 10$ 时，不会发生接触冲刷。

(4) 对于渗流向上的情况，当土层的不均匀系数小于等于 5 且 $\dfrac{D_{15}}{d_{85}} \leqslant 5$，或土层的不均匀系数小于等于 10 且 $\dfrac{D_{20}}{d_{70}} \leqslant 7$ 时，不会发生接触流失。

判别方法(3)和(4)中，各层土的不均匀系数计算方法同(1)和(2)。

D_{10}—较粗一层土中小于该粒径的含量占总土重的 10%的颗粒粒径(mm)；

d_{10}—较细一层土中小于该粒径的含量占总土重的 10%的颗粒粒径(mm)；

D_{15}—较粗一层土中小于该粒径的含量占总土重的 15%的颗粒粒径(mm)；

d_{85}—较细一层土中小于该粒径的含量占总土重的 85%的颗粒粒径(mm)；

D_{20}—较粗一层土中小于该粒径的含量占总土重的 20%的颗粒粒径(mm)；

d_{70}—较细一层土中小于该粒径的含量占总土重的 70%的颗粒粒径(mm)。

对于流土与管涌的临界水力比降，其计算方法为：

(1) 流土型计算公式

$$J_{cr} = (G_s - 1)(1 - n) \tag{2.4-8}$$

式中：J_{cr}——土的临界水力比降；

G_s——土粒比重；

n——土的孔隙率(以小数计)。

（2）管涌型或过渡型计算公式

$$J_{cr}=2.2(G_s-1)(1-n)^2\frac{d_5}{d_{20}} \tag{2.4-9}$$

或

$$J_{cr}=\frac{42d_3}{\sqrt{k/n^3}} \tag{2.4-10}$$

式中：d_5——小于该粒径的含量占总土重的5%的颗粒粒径（mm）；

d_{20}——小于该粒径的含量占总土重的20%的颗粒粒径（mm）；

d_3——小于该粒径的含量占总土重的3%的颗粒粒径（mm）；

k——土的渗透系数（cm/s）。

无黏性土的允许水力比降应以土的临界水力比降除以1.5～2的安全系数确定，当渗透稳定对水工建筑物的危害较大时，取2的安全系数，对于特别重要的工程也可用2.5的安全系数。无试验资料时，可根据表2.4-4选用经验值。

表2.4-4 无黏性土允许水力比降

允许水力比降	渗透变形破坏类型					
	流土型			过渡型	管涌型	
	$C_u\leqslant 3$	$3<C_u\leqslant 5$	$C_u>5$		级配连续	级配不连续
J_{cr}	0.25～0.35	0.35～0.50	0.50～0.80	0.25～0.40	0.15～0.25	0.10～0.20

注：本表不适用于渗流出口有反滤层的情况。

2.4.3.3 渗透变形的控制

对于渗透变形的控制，可以从控制渗流水头和浸润线、降低渗流比降、减小渗流量等方面采取适当的工程措施进行控制。在预防渗透变形方面，可以从以下几点进行考虑。

（1）预防流土现象发生的关键是控制逸出处的水力比降，使得实际逸出处的水力比降不超过允许比降的范围。具体为：

①在渗流区域采用防渗帷幕切断透水层。

②延长渗流路径，降低逸出处的水力比降，如布置水平防渗铺盖。

③减少渗流压力或防止土体被渗透力悬浮，如布置减压井，在可能发生逸出处设透水盖重。

④对于采用降水方法控制地下水的基坑工程，要求坑内水位在建基面以下0.5～1 m，此条件下在保证坑内无逸出点的情况下，一般不会出现流土问题。

（2）预防管涌现象的发生可以从改变水力条件和几何条件两个方面采取措施。具体为：

①降低土层内部和逸出处的水力比降，如布置防渗铺盖。

②在逸出部位铺设反滤层以保护土体细颗粒不被带走，反滤层应具有较大的透水性，保证渗流通畅。

2.5 关于水、土压力计算的讨论

2.5.1 关于土压力计算的讨论

在基坑支护结构设计中，土压力值的合理选用是首先要解决的关键问题。实际上，我国现行的《建筑基坑支护技术规程》(JGJ 120—2012)以及各省的地方标准，计算支护结构上的土压力时，主要采用的是朗肯土压力理论。虽然对于基坑支护设计人员，一般是按照规范法计算土压力即可，但是了解朗肯土压力理论和库仑土压力理论这两个经典理论的差异、真实土压力的分布规律以及土压力随时间的变化规律也是必要的，有助于提升设计人员的设计能力、综合判断能力和应急处置能力。

2.5.1.1 朗肯土压力理论与库仑土压力理论的比较

朗肯土压力理论和库仑土压力理论均属于极限平衡状态土压力理论，即它们所计算出的土压力均是挡土结构背后土体处于极限平衡状态下的主动或被动土压力。但是两种理论在具体分析时，分别根据不同的假定来计算挡土结构背后的土压力，两者只有在最简单的情况下(挡土结构背后光滑、竖直、顶面填土水平)才有相同的推导结果。

朗肯土压力理论应用的是半空间中的应力状态和极限平衡理论，从土中一点的极限平衡条件出发，首先求出作用在挡土结构竖直面上的土压力强度及其分布形式，然后再计算作用在其上的土压力。朗肯土压力理论的概念比较明确，公式简单，对于黏性土和无黏性土都可以直接计算，因此在工程中得到广泛应用。由于这一理论不考虑挡土结构与土体之间的摩擦作用的影响，故其计算得到的主动土压力偏大，而被动土压力偏小。

库仑土压力理论是根据挡土结构背后滑动楔形体的整体静力平衡条件推导出的土压力计算公式，先求作用在挡土结构上的总土压力，需要时再计算土压力强度及其分布形式。该理论考虑挡土结构与土体之间的摩擦力，并可用于结构倾斜、填土面倾斜等复杂情况。但是由于其假设土体为无黏性土，因此不能直接计算黏性土的土压力，虽然后来又发展了许多改进的计算方法，但均较为复杂，所以多用于挡土墙在背后回填土作用下的稳定性计算，在基坑支护中应用受限。此外，库仑土压力理论假设土体破坏时，破裂面为一平面，而实际上却是一曲面(图 2.5.1)，因而其计算结果与实际情况有较大出入。工程实践表明，在计算主动土压力时，偏差约为 2%～10%，可以认为其精度满足实际工程需要，但是在计算被动土压力时，由于破裂面接近对数螺旋线，计算结果的误差可能达到 2～3 倍，甚至更大。

相同条件下，采用库仑土压力理论计算得到的主动土压力值比采用朗肯土压力理论的计算结果略小。但是在朗肯土压力理论中，侧向土压力的合力平行于挡土结构后的土坡，而库仑土压力理论由于考虑了挡土墙的摩擦影响，侧向土压力的合力的倾角更大一些。朗肯土压力理论和库仑土压力理论的计算结果都是在挡土结构达到一定位移值时的土压力值，实际工程中，挡土结构往往达不到理论计算要求的位移值。如，当位移值较大时，计算得到的主动土压力值比实际发生的土压力值要大，而计算得到的被动土压力值比实际发生的土压力值要小。总体而言，利用朗肯土压力理论计算结果进行挡土结构设计时是偏于安全的。由于土压力的影响因素较多，在基坑支护结构设计中对土压力值能否合理选用，在保证挡土结构安全的同时提高经济性，很大程度取决于该地区的工程经验的积累和设计人员的综合判断能力。

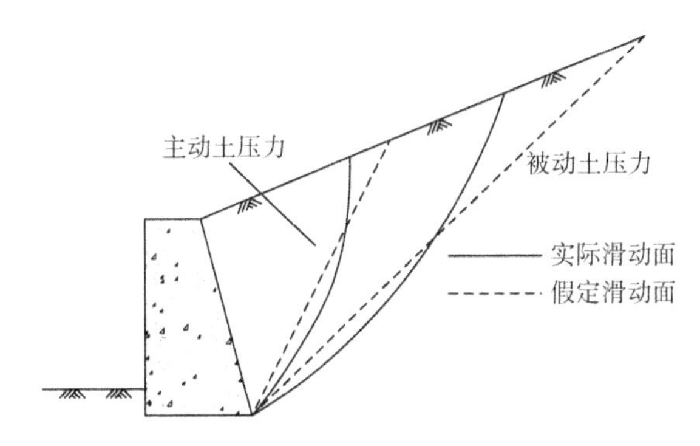

图 2.5.1 实际滑动面与假定滑动面的比较

2.5.1.2 土压力的实际分布规律

朗肯土压力理论和库仑土压力理论均将挡土结构作为平面问题考虑，作用于其上的土压力在竖直方向上呈线性分布。这也与真实情况存在差异。

(1) 土压力沿挡土结构的竖向分布

从室内模拟试验和现场观测资料看，真实情况下，竖直方向上作用在挡土结构上的土压力较为复杂，其大小和分布规律与挡土结构的形式和刚度、接触面的粗糙程度、土体性质、结构变形等因素密切相关。即使对于形状较为简单的刚性挡土结构，其竖向土压力分布也与其位移方式有较大的关系。

如图 2.5.2，一般地，当挡土结构以其底端为中心，出现偏离背后土体方向的相对转动时，才能满足朗肯土压力理论的极限平衡假定，此时的土压力分布为三角形分布[图 2.5.2(a)]；以挡土结构顶端为中心，出现偏离背后土体方向的相对转动时，由于土体顶端不动，则此处的土压力与静止土压力接近，底端向外的变形很大，土压力应比主动土压力小很多，此时挡土结构上的土压力分布为非线性分布[图 2.5.2(b)]；当挡土结构偏离背后土体方向水平移动时，顶端附近土压力处于静止土压力和主动土压力之间，而底端附近的土压力小于主动土压力，此时挡土结构上的土压力分布为非线性分布[图 2.5.2(c)]；以挡土结构中点为中心，出现向其背后土体方向相对转动时，上部结构挤压土体，土压力与被动土压力接近，下部结构外移，土压力小于主动土压力，此时挡土结构上的土压力分布为曲线分布[图 2.5.2(d)]。大尺寸模型试验结果表明，对于一般刚性挡土结构，曲线分布的实测土压力总值与按库仑理论计算的线性分布的土压力总值近似相等；当挡土结构背后土体顶面为平面时，曲线分布土压力的合力作用点距结构底端的高度约为 $0.40H \sim 0.43H$（H 为挡土结构高度）。

以上为挡土结构刚度较大且自身变形可以忽略的情形(如混凝土重力挡墙);对于基坑支护结构,一般采用板桩墙,其在受力过程中会产生自身的挠曲变形,背后的土压力分布呈不规则的曲线分布。

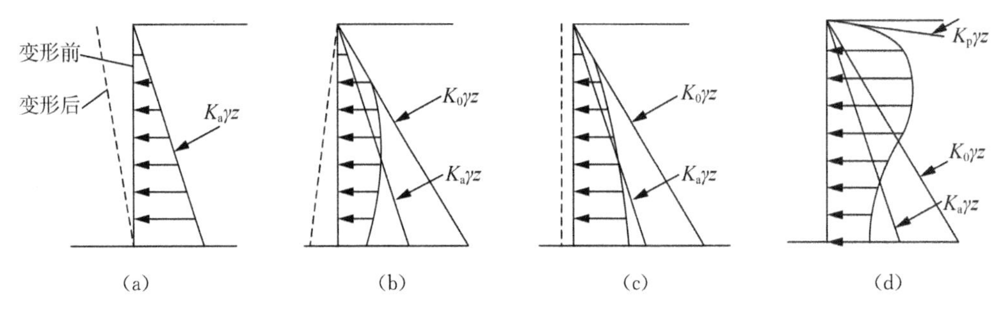

图 2.5.2　挡土结构位移方式对土压力分布的影响示意图

(2) 土压力沿挡土结构长度方向的分布

朗肯土压力理论和库仑土压力理论均假定挡土结构为无限长(平面问题),而实际上,所有工程的挡土结构长度都是有限的,作用在其上的土压力随长度而变化,即作用在中间断面上的土压力与作用在两端断面上的土压力有明显的不同,是一个空间问题。这种性质与挡土结构背后土体的破坏机理有关。当挡土结构在土体或外力作用下产生一定位移后,其背后土体中形成两个不同的应力区,其中随结构移动的这一部分土体处于塑性应力状态,而未产生移动的土体则保持弹性应力状态,处于两个应力区域之间的土体虽然未产生明显的变形,但是由于受到随同挡土结构变形土体的影响,在靠近产生较大变形的土体部分将出现应力松弛现象,并逐步过渡到弹性应力状态,从而形成一个过渡区域。

土是松散的,应力传递主要靠颗粒接触面间的相互作用来进行。在过渡区内,当土的一个方向产生微小变形或应力松弛时,与之正交的另一个方向就极易形成较强的卸荷拱作用,并且随土体变形的增长而更为明显。当变形达到一定值后,土体中的拱作用得到充分发挥,最终形成所谓的极限平衡拱。这样,在平衡拱范围内的土体随同挡土结构产生明显的变形,而在平衡拱以外的土体并未由于挡土结构的位移而产生明显的变形。

当平衡拱土体随同挡土结构向前产生较大的位移时,由于受到底部土体的摩擦阻力作用,土体底面形成一曲线形滑动面,即在挡土结构背面形成一个截柱体形的滑裂土体,从而使作用在挡土结构上的土压力沿长度方向呈现对称的分布规律。对于长度较短的挡土结构,卸荷拱作用非常明显,需要考虑其空间效应问题。

2.5.1.3　土压力随时间的变化

在挡土结构设计时,一般不考虑时间对土压力的影响,但是实际上,土是具有弹塑性或黏滞性的复杂介质,土压力常常随时间而变化。

当挡土结构背后土体受到的剪应力大于或等于土体本身的屈服强度时,土体就开始蠕变。这时,如果挡土结构以同样的变形速率向外移动,则作用在其上的土压力最小,此时土体的抗剪强度得到充分发挥；反之，如果挡土结构以同样的速度向内移动，则土压力最大。

松弛现象也会对作用在挡土结构上的土压力产生影响。如果挡土结构的位移保持不变，则土的蠕变变形受到限制，其抗剪强度得不到充分发挥。此时，土体内的应力将产生松弛现象，即作用在挡土结构上的主动土压力将随时间而增加，并逐渐达到静止土压力状态。土的应力松弛程度与土的性质有关，如硬黏土的应力松弛程度一般小于软黏土。已有研究表明，硬黏土在3d内应力松弛约为起始值的55%，软黏土则应力松弛到0。

对于挡土墙，墙背填土的方法和填料的颗粒性质会对作用于其上的土压力产生重要影响。如填土采用未压实的粗粒土，则经过较长时间后，土压力与主动土压力理论值一致。如填土经过压实，最终土压力可能达到或超过静止土压力。从理论上讲，将填土压实是一种常见的用来增大内摩擦角、减小主动土压力系数的方法，但是逐层填筑和压实会引起侧向挤压，使挡土墙随填土高度的增加而逐渐偏转，当挡土墙建成后不再可能发生达到主动状态所需的位移。因此，即使挡土墙发生位移而使土压力减小到主动土压力理论值，其后土压力仍将随着时间增大逐渐趋于静止土压力值。

2.5.2 水-土压力计算原则

如前所述，在基坑支护设计中，计算地下水位以下的土压力时，主要遵循的是“水土合算”和“水土分算”原则。

(1) 水土合算

水土合算是不考虑水压力的作用，认为土体孔隙中不存在自由水，都是不传递静水压力的结合水。计算时将土颗粒与其孔隙中的结合水视为一个整体，直接用土的饱和重度计算侧向土压力。

(2) 水土分算

水土分算是人为将土体中的水和土分开，认为土体孔隙中的水完全传递静水压力，计算时按照总水头考虑水压力，计算侧向土压力时取土的浮重度。

我国现行的《建筑基坑支护技术规程》(JGJ 120—2012)规定，对于黏性土、粉质黏土等，应采用土压力、水压力合算的方法；对于砂质粉土、砂土和碎石土，应采用土压力、水压力分算的方法；当地下水渗流时，宜按渗流理论计算水压力和土的竖向有效应力，当存在多个土层时，应分别计算各含水层的水压力。

采用水土合算还是水土分算计算土压力是当前工程界存有争议的问题。朗肯土压力理论(1857年)和库仑土压力理论(1776年)的建立都先于太沙基建立的有效应力原理(1923年)。按照有效应力原理，土骨架应力与水压力应分别考虑，水土分算的方法符合有效应力原理，但是由于有效应力指标难以确定且无法考虑土体在不排水剪切时产生的超静孔压影响等问题，用于工程设计的实用性较差。实际上，土中水的存在形式非常复杂，水压力与土孔隙中自由水及渗透性密切相关。长期工程实践表明，即使对于孔隙比较大、渗透系数很高的松散或级配不良的砂土和砾石土，采用水土分算方法得到的结果也是偏大的；尽管水土合算方法与有效应力原理存在冲突，但是用于渗透系数较小的黏性土层的土压力计算是合适的。

一方面，由于土是自然和历史的产物，结构极其复杂，也不均匀；另一方面完全隔水的介质并不存在，即对于有地下水存在的情况，无论土层的渗透系数多小，渗流是永远存在的；另一方面，绝对意义上的稳定流也是不存在的，只是把变化微小的渗流按稳定流进行分析。设计人员在遵循无黏性土采用水土分算、黏性土采用水土合算这一一般原则的基础上，也应根据当地实践经验合理选择。如，由于没有合理的依据，大部分设计人员认为只要是含砂(砾、姜石)的土，都采用水土分算，虽然取值偏于保守，但是也必然导致投资浪费；对于裂隙黏土层，土性很好(可塑～硬塑)，但是由于裂隙的存在，地层的渗透系数很高，若采用水土合算，必然是不安全的。因此，为了保证工程安全，避免投资浪费，深入开展土压力计算方法与土的类型、结构、渗透性之间的关系研究是必要的，也能够在一定程度上促进基坑支护理论的发展。

2.5.3 渗流作用下的水-土压力计算方法

基坑工程遇到地层的透水性较强、厚度很大时，经常采用悬挂帷幕截水。此时，由于帷幕前后存在水头差，基坑开挖后在渗透作用下地下水将绕过防渗帷幕渗入坑内。由于渗流损失，作用水头沿程降低，坑外、坑内的水压力呈不同变化：坑外作用于帷幕上的水压力强度将减小，而坑内作用于帷幕上的水压力强度将增大，这种情况下，计算应考虑渗流作用对水压力带来的影响。

(1) 流网法

如图 2.5.3，对于基坑工程，很多情况下，基坑支护结构范围内或以下存在多个含水层，地下实际上处于渗流状态，渗流矢量的竖直分量十分明显。这种情况将造成渗流场的压力水头或者孔隙水分布状态比较复杂。此时，作用于支护结构上的水压力将不再是静水压力，而是由于渗流造成的压力水头。这种情况下，通常采用渗流网计算水压力，即流网法(图 2.5.4)。

采用流网法计算水压力应先根据基坑的渗流条件采用模型试验或者数值计算来绘制流网图，也可用渐进手绘法来近似绘制流网图。作用于支护结构不同高程 z 的渗透水压力可以用其压力水头形式表示，即：

$$p_w = \gamma_w(\beta h_0 + h - z) \tag{2.5-1}$$

式中：p_w——作用于支护结构上的水压力(kPa)；

β——计算点渗透水头和总压力水头的比值，从流网图上读出；

h_0——总压力水头(m)；

h——坑底水位高程(m)。

画流网图计算水压力的方法较为合理，但是要绘制多层土的流网非常困难，故这种方法的工程实用性受到限制。同时，无论何种支护结构都有纵向接缝，流网不能反映这些接缝对渗透性的影响，但是按流网计算的水压力一般是偏于安全的。

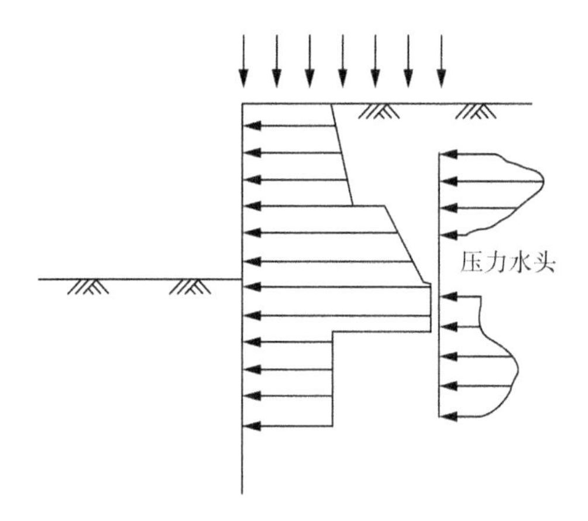

图 2.5.3　渗流对基坑支护结构水平荷载的影响示意图

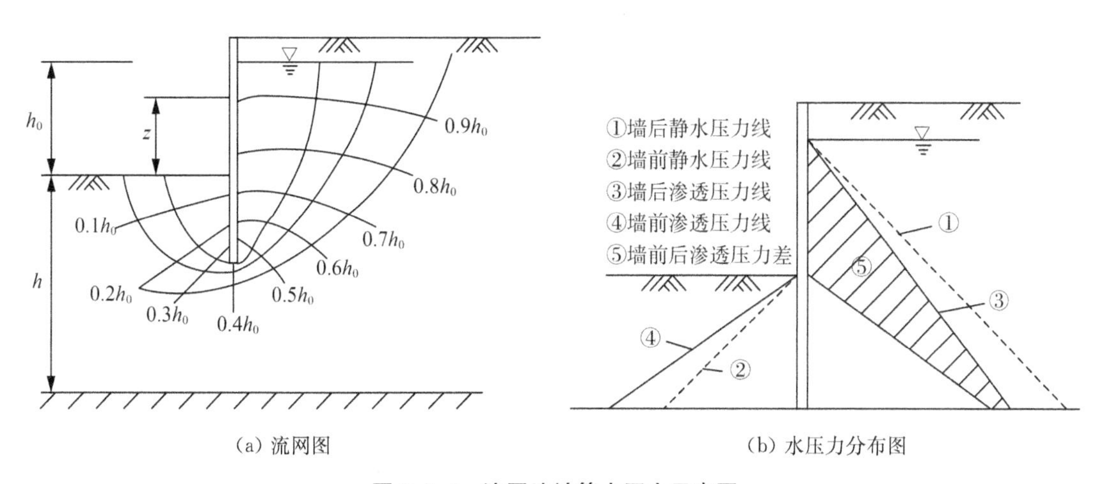

(a) 流网图　　(b) 水压力分布图

图 2.5.4　流网法计算水压力示意图

(2) 本特·汉森法

如图 2.5.5 所示，本特·汉森提出一种考虑渗流作用的水压力近似计算方法，并应用于德国地基基础规范(DIN4085)中。在基坑支护结构外侧(主动土压力侧)的水压力低于静水压力，位于坑内地下水位某一高度处的修正值为 $-\Delta p_{w1}$，其值的计算公式为：

$$\Delta p_{w1}=i_a\gamma_w\Delta h_w \tag{2.5-2}$$

修正后的基坑内地下水位处的水压力计算公式为：

$$p_{w1}=\gamma_w\Delta h_w-\Delta p_{w1} \tag{2.5-3}$$

式中：p_{w1}——基坑内地下水位处的水压力值(kPa)；

Δp_{w1}——基坑开挖面处的水压力修正值(kPa)；

i_a——基坑外的近似水力比降，$i_a=\dfrac{0.7\Delta h_w}{h_{w1}+\sqrt{h_{w1}+h_{w2}}}$；

Δh_w——基坑内、外侧的水头差(m)，$\Delta h_w = h_{w1} - h_{w2}$；

h_{w1}——基坑外侧地下水位至支护结构底端的高度(m)；

h_{w2}——基坑内侧地下水位至支护结构底端的高度(m)。

基坑支护结构外侧底端的修正后水压力为：

$$p_{wa} = \gamma_w \Delta h_{w1} - i_a \gamma_w \Delta h_{w1} \tag{2.5-4}$$

基坑支护结构内侧底端的修正后水压力为：

$$p_{wp} = \gamma_w \Delta h_{w2} - i_p \gamma_w \Delta h_{w2} \tag{2.5-5}$$

两侧水压力相抵后，可以得到支护结构底端处的水压力为：

$$p_{w2} = \gamma_w \Delta h_w - \Delta p_{w2} \tag{2.5-6}$$

$$\Delta p_{w2} = i_a \gamma_w \Delta h_{w1} - i_p \gamma_w \Delta h_{w2} \tag{2.5-7}$$

式中：i_p——基坑内的近似水力比降，$i_p = \dfrac{0.7\Delta h_w}{h_{w2} + \sqrt{h_{w1} + h_{w2}}}$。

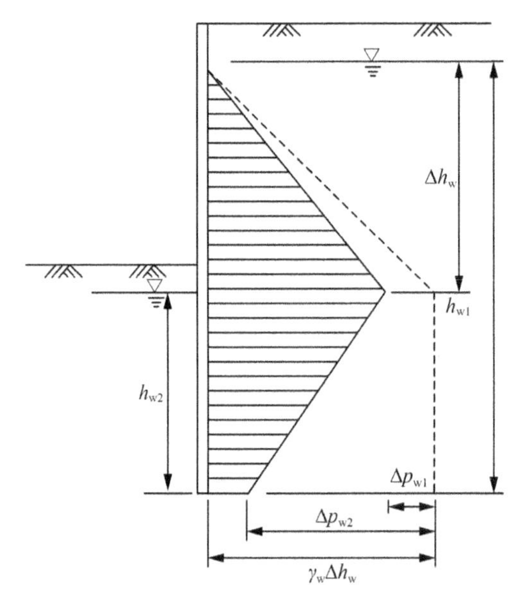

图 2.5.5 本特·汉森法计算水压力示意图

(3) 经验法

如图 2.5.6，基坑工程支护设计时，还经常采用按照渗径由直线比例关系确定各点水压力的简化方法。作用于支护结构上的水压力分布确定方法为：

①基坑内地下水位以上 AB 之间的水压力按静水压力直线分布，B、C、D、E 各点间的水压力按图 2.5.6(b)的渗径由直线比例法确定。

②对于计算深度的确定，设置防渗帷幕时，计算至防渗帷幕底端；采用地连墙时，计算至地连墙底端。

通常，采用经验法得到的水压力值比采用本特·汉森法得到的水压力值略大一些。

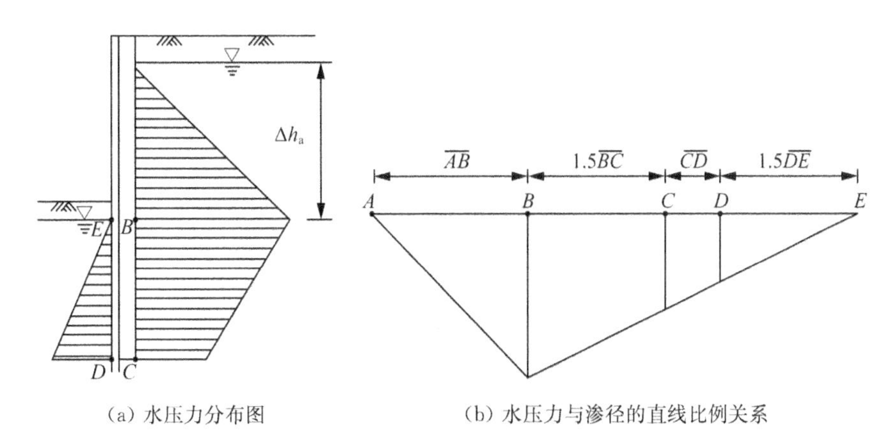

(a) 水压力分布图　　(b) 水压力与渗径的直线比例关系

图 2.5.6　经验法计算水压力示意图

2.6　基坑工程中土的抗剪强度指标选取

选取合理的土的抗剪强度指标是基坑支护结构设计和稳定性验算中的重要环节。如第二章所述，土力学基础理论和土压力计算方法中所涉及的土的抗剪强度指标随排水、固结条件和试验方法的不同有多种类型的参数，不同试验方法得出的抗剪强度指标结果差异很大。计算和验算时不能任意选用，应采取与基坑开挖过程土中孔隙水的排水和应力路径基本一致的试验方法得到的指标。

理论上讲，土的抗剪强度指标采用三轴试验更为科学，但是目前大量工程勘察所提供的数据以直接剪切试验为主，且从岩土工程试验技术的发展状况看，采用直接剪切试验会与三轴剪切试验并存，但不会被三轴剪切试验完全取代，而且相关的勘察规范也并未对采用哪种抗剪强度试验方法作出强制性的规定。因此，基于我国现行的与基坑支护相关的行业标准和地方标准，根据很多基坑工程只能采用直接剪切强度指标设计计算的这一实际情况，结合相关的实践经验，采用了直接剪切试验强度指标和三轴剪切试验强度指标均可选用的方法。

现阶段，水利工程的基坑支护设计没有相关的行业标准或规范，工程应用时多参考现行的建筑行业标准或地方标准。可喜的是，多数大型水利工程在勘察时提供了土的三轴剪切试验强度指标，为水利工程基坑支护安全合理设计奠定了基础。目前，国内基坑支护设计规程（规范、标准）中关于土的强度指标选取要求并不完全相同，甚至差异很大，本书给出了部分规程（规范、标准）中的土的抗剪强度指标选取原则，供读者参考。

2.6.1 《建筑基坑支护技术规程》(JGJ 120—2012)中的选取方法

(1) 黏性土(黏质粉土)

位于地下水位以上时,土的抗剪强度指标应采用三轴固结不排水抗剪强度指标 c_{cu} 、φ_{cu} 或直剪固结快剪强度指标 c_{cq} 、φ_{cq} ;

位于地下水位以下时,正常固结和超固结土,土的抗剪强度指标应采用三轴固结不排水抗剪强度指标 c_{cu} 、φ_{cu} 或直剪固结快剪强度指标 c_{cq} 、φ_{cq} ,欠固结土宜采用有效自重压力下预固结的三轴不固结不排水抗剪强度指标 c_{uu} 、φ_{uu} 。

(2) 无黏性土(砂质粉土、碎石土)

位于地下水位以上时,土的抗剪强度指标应采用有效应力强度指标 c' 、φ' ,其中 φ' 可根据标准贯入试验实测击数和水下休止角等物理力学指标取值;

位于地下水位以下时,砂土和碎石土的抗剪强度指标应采用有效应力强度指标 c' 、φ' ,对于砂质粉土,缺少有效应力强度指标时,也可采用三轴固结不排水抗剪强度指标 c_{cu} 、φ_{cu} 或直剪固结快剪强度指标 c_{cq} 、φ_{cq} 代替。

(3) 有可靠的地方经验时,土的抗剪强度指标尚可根据室内、原位试验得到的其他物理力学指标,按经验法确定,并根据工程经验分析判断计算参数取值的合理性。

(4) 为了避免个别工程勘察项目抗剪强度试验数据粗糙,对直接取用抗剪强度试验参数所带来的设计不安全或不合理,选取土的抗剪强度指标时,需将剪切试验的抗剪强度指标与土的其他室内与原位试验的物理力学参数对比分析,判断其试验指标的可靠性,防止误用。当抗剪强度指标与其他物理力学参数的相关性较差,或岩土工程勘察资料中缺少符合实际基坑开挖条件的试验方法的抗剪强度指标时,在有经验时应结合类似工程经验和相邻、相近场地的岩土勘察试验数据并通过可靠的综合分析判断后合理取值;缺少经验时,则应取偏于安全的试验方法得出的抗剪强度指标。

2.6.2 《建筑地基基础设计规范》(GB 50007—2011)中的选取方法

(1) 对于淤泥质土,应采用三轴不固结不排水抗剪强度指标。

(2) 对于正常固结的饱和黏性土应采用在土的有效自重应力下预固结的三轴不固结不排水抗剪强度指标;当施工挖土速度较慢,排水条件好,土体有条件固结时,可采用三轴固结不排水抗剪强度指标。

(3) 对于砂类土,采用有效应力强度指标。

(4) 计算软黏土隆起稳定性时,可采用十字板剪切强度或三轴不固结不排水抗剪强度指标。

(5) 灵敏度较高的土,基坑临近有交通频繁的主干道或其他对土的扰动源时,计算采用土的强度标准值宜适当进行折减。

(6) 应考虑打桩、地基处理的挤土效应等施工扰动原因造成对土强度指标降低的不利影响。

2.6.3　部分地方标准中的选取方法

（1）湖北省地方标准《基坑工程技术规程》（DB42/T 159—2012）

①对黏性土和粉土宜采用直剪快剪或自重固结三轴不排水抗剪强度指标，一般采用总应力法的 c 、φ 指标。

②对黏性土与粉土、粉砂交互层的土的 c 、φ 标准值可取三者中的最小值。

③对老黏性土以及残积土、软岩，应充分考虑基坑开挖暴露后的强度衰减，其中对老黏性土按室内试验所确定的黏聚力标准值乘以 0.3～0.6 的折减系数，且最高不宜大于 50 kPa。

④对比较纯净的砂土，c 值可按零值考虑，φ 值可根据标准贯入试验按相关经验公式确定。

⑤对于重要性等级为二级、三级的基坑工程，岩土层的 c 、φ 值可根据土工试验与原位测试成果，并结合规范建议值选用。

（2）广东省地方标准《建筑基坑工程技术规程》（DBJ/T 15—20—2016）

①淤泥及淤泥质土应采用有效自重应力下预固结的三轴不固结不排水抗剪强度指标，也可按固结快剪强度指标乘以 0.75 的系数后采用，当乘以 0.75 的系数后小于直接快剪强度指标的，采用直接快剪强度指标。

②正常固结的饱和黏性土应采用在土的有效自重应力下预固结的三轴不固结不排水抗剪强度指标；当施工挖土速度较慢，排水条件好，土体有条件固结时，可采用三轴固结不排水抗剪强度指标或直剪固结快剪强度指标。

③无黏性土应采用有效应力强度指标。

④软黏土的隆起稳定验算可采用十字板剪切强度或三轴不固结不排水抗剪强度指标。

⑤当基坑临近存在交通繁忙的主干道或其他对土的扰动源时，灵敏度较高的土的强度指标宜适当折减。

⑥应考虑打桩、地基处理的挤土效应等施工扰动原因造成的土强度指标降低的不利影响。

⑦水土分算时，土的强度指标应采用有效应力强度指标 c' 、φ' ，其值应通过室内固结排水试验获得。对粉土，缺少有效应力强度指标时，也可采用三轴固结不排水抗剪强度指标 c_{cu} 、φ_{cu} 或直剪固结快剪强度指标 c_{cq} 、φ_{cq} 代替。对砂土和碎石土，有效应力强度指标 φ' 可根据标准贯入试验实测击数和水下休止角等物理力学指标取值。

⑧岩土参数也可根据当地地质和经验，并参考其他试验结果综合后采用。

⑨当基坑支护结构被动侧土体经基底加固处理或处于花岗岩残积土地层的，岩土参数宜根据经验适当进行调整。

（3）上海市地方标准《基坑工程技术标准》（DG/TJ 08—61—2018）

计算静止土压力时，采用三轴不固结不排水抗剪强度指标；计算主动或被动土压力时，采用三轴固结不排水指标或直剪固结的峰值抗剪强度指标。

(4) 北京市地方标准《建筑基坑支护技术规程》(DB11/489—2016)、河北省地方标准《建筑基坑支护技术标准》(DB13(J)/T 8468—2022)

上述两个标准中关于土的抗剪强度指标取值方法与《建筑基坑支护技术规程》(JGJ 120—2012)相同，不再赘述。

3 水利工程深基坑常用开挖方式及支护设计方法

3.1 放坡开挖基坑工程设计

放坡开挖基坑工程是指基坑在无加固及无支撑、或采用简易支护条件下，依靠土体自身的强度，在新的平衡状态下取得稳定的边坡并维持整个基坑的稳定状态，为建造主体建(构)筑物的地下空间结构提供安全可靠的作业空间，同时又能确保基坑周边的工程环境不受影响或满足预定的工程环境要求。水利工程基坑基本上都涉及放坡开挖。

3.1.1 放坡开挖基坑稳定性计算方法

放坡开挖的基坑工程的边坡稳定性，一般可根据基坑特征、场地条件和工程经验，采用查表法、工程类比法、极限平衡法等计算方法，对拟开挖基坑边坡的稳定性进行评价，并以此为依据选择合理安全的边坡坡度。当采用极限平衡法时，常采用条分法计算。由于不同基坑工程的土层特性、场地特征和地下水渗流条件不同，所选取的土的抗剪强度指标不同，因此采用条分法计算时又可分为总应力法及有效应力法。

采用放坡开挖的基坑工程，边坡潜在滑动面形状取决于水文地质和工程地质条件，特别是土体的层次与性质等，如对于黏性土层，边坡的破坏形状近似于圆弧形或对数螺旋线形，对于无黏性土层，边坡的破坏形状近似于折线形。因此，在进行边坡稳定性计算之前，应根据边坡的可能破坏形式及稳定状态作出定性判断，然后采用相应的计算方法计算边坡的稳定系数。

黏性土层中采用放坡开挖的基坑边坡稳定性计算一般采用条分法。即先假定若干可能的剪切面(滑动面)，然后将滑动面以上土体分成若干垂直土条，对作用于各类土条上的力进行静力平衡分析，求出在极限平衡条件下边坡的稳定系数，并通过一定数量的试算，找出最危险滑动面位置及相应的最小稳定性系数(边坡稳定安全系数)。

无黏性土层中采用放坡开挖的基坑边坡稳定性计算一般采用平面滑动法。即假定只要坡面不滑动，边坡就能保持稳定，通过坡面上的静力平衡条件，计算出下滑力和抗滑力，其中抗滑力和下滑力的比值即为边坡稳定安全系数。

除放坡开挖外，对于土层条件很好、地下水位埋深在坑底以下的开挖较浅的基坑，偶尔也会在无支护条件下垂直开挖。垂直开挖基坑的深度一般在 2 m 以内，其中软土一般不超过 0.5 m，硬黏土一般不超过 2 m，黄土和冻结土有时可以达到 3～4 m。由于无支护垂直开挖基坑的危险性较大，一般不推荐，因此对于其稳定性的计算，本书也不再介绍，感兴趣的读者可以参见相关文献。

3.1.1.1　瑞典条分法

瑞典圆弧滑动法由瑞典人彼德森于 1916 年提出，后经过费伦纽斯、泰勒等人不断改进，是最基础的边坡稳定性计算方法。

该方法假设滑动面为圆弧面，将滑动体分为若干个竖向土条，并忽略了土条之间的相互作用力。按照这一假设，如图 3.1.1 所示，任意土条只受到重力 F_{Wi}、滑动面上的剪切力 F_{Ti} 和法向力 F_{Ni}。将重力 F_{Wi} 分解为沿滑动面切线方向的分力和垂直于切线方向的分力，并由第 i 个土条的静力平衡条件可得：$F_{Ni}=F_{Wi}\cos\theta_i$，其中 $F_{Wi}=b_ih_i\times\gamma_i$。

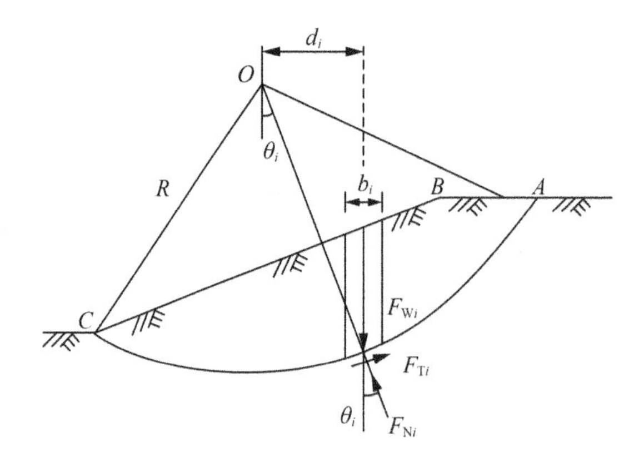

图 3.1.1　瑞典条分法的计算简图

设土坡的边坡稳定性系数为 K_s，且等于第 i 个土条的安全系数，则根据库仑强度理论有：

$$F_{Ti}=\frac{c_il_i+F_{Ni}\tan\varphi_i}{K_s} \tag{3.1-1}$$

式中：F_{Ti} ——土条 i 在其滑动面上的抗滑力。

按整体力矩平衡条件，滑动体 ABC 上所有外力对圆心的力矩之和应为 0。在各土条上作用的重力产生的滑动力矩之和为：

$$\sum_{i=1}^{n}F_{Wi}d_i=\sum_{i=1}^{n}F_{Wi}R\sin\theta_i \tag{3.1-2}$$

滑动面上的法向力 F_{Ni} 通过圆心，不引起力矩，滑动面上设计剪切力 F_{Ti} 产生的滑动力矩为：

$$\sum_{i=1}^{n}F_{Ti}R=\sum_{i=1}^{n}\frac{c_il_i+F_{Ni}\tan\varphi_i}{K_s}R \tag{3.1-3}$$

由于极限情况下抗滑力矩和滑动力矩相平衡，所以令式(3.1-2)和式(3.1-3)相等，则可以得到：

$$\sum_{i=1}^{n} F_{\mathrm{W}i} R \sin\theta_i = \sum_{i=1}^{n} \frac{c_i l_i + F_{\mathrm{N}i} \tan\varphi_i}{K_{\mathrm{s}}} R \tag{3.1-4}$$

即：

$$K_{\mathrm{s}} = \frac{\sum_{i=1}^{n} (c_i l_i + F_{\mathrm{N}i} \tan\varphi_i)}{\sum_{i=1}^{n} F_{\mathrm{W}i} \sin\theta_i} \tag{3.1-5}$$

式(3.1-5)是最简单的条分法计算公式。由于忽略了土条之间的相互作用，所以土条上的三个力 $F_{\mathrm{W}i}$、$F_{\mathrm{T}i}$ 和 $F_{\mathrm{N}i}$ 组成的力多边形不闭合，所以瑞典条分法不满足静力平衡条件，只满足滑动土体的整体力矩平衡条件。

如图 3.1.2，在有孔隙水压力的情况下，如果已知第 i 个土条在滑动面上的孔隙水压力为 u_i 时，要用有效应力指标 c'_i 和 φ'_i 代替原来的 c_i 和 φ_i，同样考虑土的有效强度和莫尔-库仑强度理论，可以得到有孔隙水压力作用下的边坡稳定性系数：

$$K_{\mathrm{s}} = \frac{\sum_{i=1}^{n} [c'_i l_i + (F_{\mathrm{W}i} \cos\theta_i - u_i l_i) \tan\varphi'_i]}{\sum_{i=1}^{n} F_{\mathrm{W}i} \sin\theta_i} \tag{3.1-6}$$

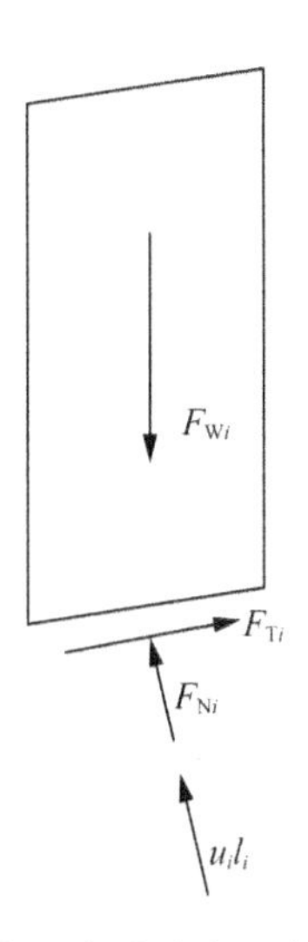

图 3.1.2　土条上有孔隙水压力时的计算简图

如图 3.1.3，在边坡坡顶有超载时，计算原则不变，但是需要将土条上的超载加进土条的自重中考虑，即：

$$K_s=\frac{\sum_{i=1}^{n}[c_i l_i+(F_{Wi}+qb_i)\cos\theta_i\tan\varphi_i]}{\sum_{i=1}^{n}(F_{Wi}+qb_i)\sin\theta_i} \tag{3.1-7}$$

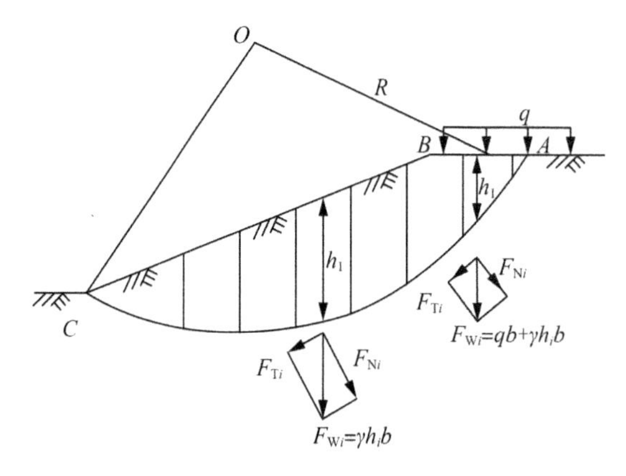

图 3.1.3　坡顶有超载时的计算简图

在使用条分法进行土坡稳定性计算时，由于滑弧圆心是任意选定的，它不一定是最危险滑弧，为了求得最危险滑弧，需要假定各种不同的滑弧面（即任意选定圆心），按照上述方法分别计算相应的边坡稳定性系数，其中最小的即为边坡稳定安全系数或圆弧滑动稳定安全系数。

最危险滑弧面的试算筛选工作量很大，现在一般是由计算机完成。在计算机普及以前，费伦纽斯根据大量计算经验，提出了坡面单一、无变坡、无分层的简单土坡的最危险滑弧面半图解计算方法（图 3.1.4）。即：

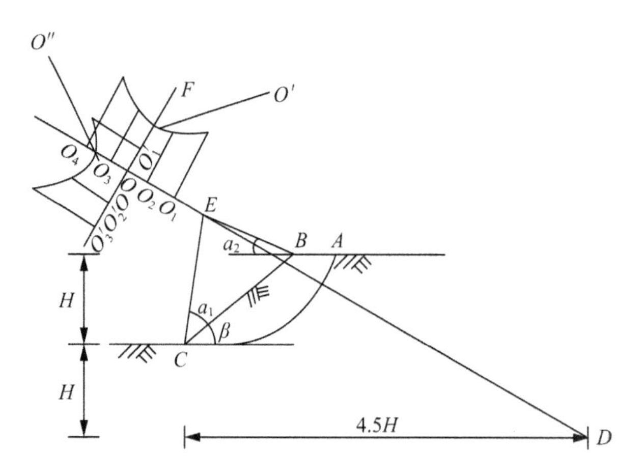

图 3.1.4　黏性土最危险圆弧滑动面的确定

(1) 首先根据土坡坡度或坡角 β，查出相应的 a_1 和 a_2 角的数值(表 3.1-1)。

(2) 根据 a_1 角，由坡脚 C 点作线段 CE，使得 $\angle ECB = a_1$；根据 a_2 角，由坡顶 B 点作线段 BE，使该线段与水平线夹角为 a_2。

(3) 线段 CE 与线段 BE 的交点为 E，这一点是 $\varphi = 0$ 的黏性土坡最危险的滑动面的圆心。

(4) 由坡脚 C 点竖直向下取坡高 H 值，然后向右沿水平方向线上取 $4.5H$，并定义该点为 D 点；连接线段 DE 并向外延伸，在延长线上距 E 点附近，为 $\varphi > 0$ 的黏性土坡最危险的滑弧面的圆心位置。

(5) 在 DE 的延长线上选 3～5 个点作为圆心 O_1、O_2…，计算各自的土坡稳定性系数，然后按一定的比例尺，将数值画在通过圆心与 DE 正交的线上，并连成曲线，取曲线下凹处的最低点为 O'，过 O' 作直线 $O'F$ 与 DE 正交，交点为 O。

(6) 同理，在 $O'F$ 直线上，重复第(5)步，取曲线下凹处的最低点为 O''，该点即为所求最危险滑动面的圆心位置。

表 3.1-1　a_1 和 a_2 角的数值

土坡坡度	坡角 β	a_1 角	a_2 角
1∶0.58	60°	29°	40°
1∶1	45°	28°	37°
1∶1.5	33°41′	26°	35°
1∶2	26°34′	25°	35°
1∶3	18°26′	25°	35°
1∶4	14°3′	25°	36°

3.1.1.2　毕肖普法

毕肖普(Bishop)在 1955 年提出了一个可以考虑土条侧面作用力的土坡稳定分析方法，称为毕肖普法。这种方法仍假定滑动面为圆弧滑动面，并假定各土条底部滑动面上的抗滑安全系数均相同，都等于整个滑动面上的平均安全系数。毕肖普法可以采用有效应力的形式表达，也可以用总应力的形式表达。

(1) 有效应力表达式

如图 3.1.5 所示，假定土坡的滑动体为一个具有圆弧滑动面的滑动体，将滑动体从 1 到 n 进行编号。取任一土条 i，设土条的高度、宽度和滑动面弧长分别为 h_i、b_i 和 l_i，土条上的自重力、土条底面的切向抗剪力、有效法向反力和孔隙水压力合力分别为 F_{Wi}、F_{Ti}、F'_{Ni} 和 $u_i l_i$，土条侧面的法向力为 F_{hi} 和 $F_{h(i+1)}$，土条侧面的切向力为 F_{vi} 和 $F_{v(i+1)}$。令 $\Delta F_{vi} = F_{v(i+1)} - F_{vi}$。

根据莫尔-库仑强度理论，在极限状态下，任意土条 i 的滑动面上的抗剪力为：

$$F_{Tfi} = c' l_i + F'_{Ni} \tan\varphi'_i \tag{3.1-8}$$

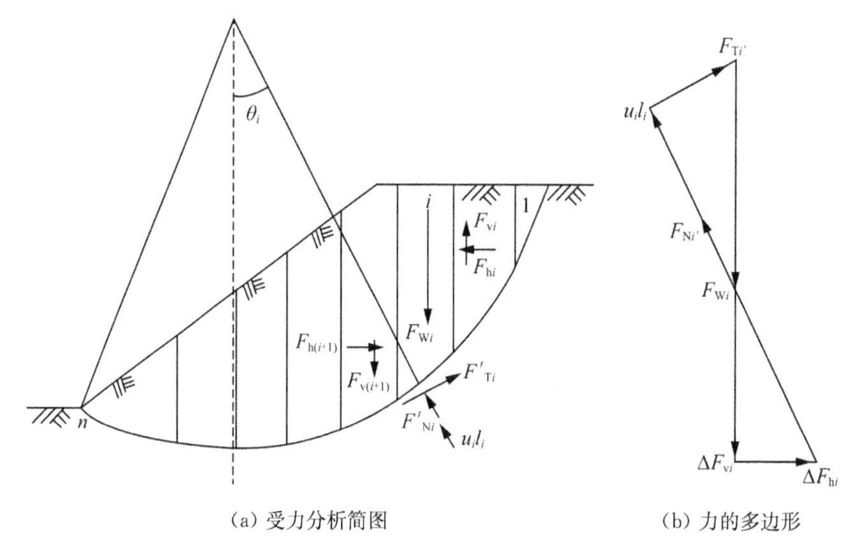

(a) 受力分析简图　　　　(b) 力的多边形

图 3.1.5　毕肖普法计算图式

则 F_{Ti} 、F_{Tfi} 和 K_s 之间必须满足：

$$F_{Ti}=\frac{F_{Tfi}}{K_s}=\frac{c'l_i+F'_{Ni}\tan\varphi'_i}{K_s} \tag{3.1-9}$$

在极限平衡条件下，土条应满足静力平衡条件，所以有：

$$F_{Wi}+\Delta F_{vi}-F_{Ti}\sin\theta_i-F'_{Ni}\cos\theta_i-u_i l_i\cos\theta_i=0 \tag{3.1-10}$$

将式(3.1-10)代入式(3.1-9)可得：

$$F'_{Ni}=\frac{F_{Wi}+\Delta F_{vi}-u_i b_i-\dfrac{c'l_i\sin\theta_i}{K_s}}{m_i} \tag{3.1-11}$$

式中：$m_i=\cos\theta_i+\dfrac{\tan\varphi'_i}{K_s}\sin\theta_i$ 。

在整个极限状态下，整个滑动体对圆心 O 的力矩平衡条件为：相邻土条之间侧壁上的作用力(切线或法向)由于其大小相等方向相反，所以对 O 点的力矩将相互抵消，而各土条滑动面上的有效应力合力 F'_{Ni} 的作用线通过圆心，也不产生力矩，因此：

$$\sum_{i=1}^{n}F_{Wi}x_i-\sum_{i=1}^{n}F_{Ti}R=\sum_{i=1}^{n}F_{Wi}R\sin\theta_i-\sum_{i=1}^{n}F_{Ti}R=0 \tag{3.1-12}$$

将式(3.1-11)代入式(3.1-9)，再代入式(3.1-12)后可得：

$$K_s=\frac{\sum\limits_{i=1}^{n}\dfrac{1}{m_i}[c'_i b_i+(F_{Wi}-u_i b_i+\Delta F_{vi})\tan\varphi'_i]}{\sum\limits_{i=1}^{n}F_{Wi}\sin\theta_i} \tag{3.1-13}$$

式(3.1-13)是毕肖普条分法计算边坡稳定安全系数的基本公式。尽管考虑了侧面的法向力 F_{hi} 和 $F_{h(i+1)}$，但是式(3.1-13)中并未出现这两项。需要注意的是，在式(3.1-13)中 ΔF_{vi} 仍是未知数。为使问题得到简化，并给出确定的 K_s 大小，毕肖普假设 $\Delta F_{vi}=0$，并已经证明，这种简化对稳定性系数 K_s 的影响很小，而且在分条时，土条的宽度越小，这种影响就越小，误差约为2%～7%，能够满足工程设计对精度的要求。简化的毕肖普条分法基本公式得到广泛的应用，即：

$$K_s=\frac{\sum_{i=1}^{n}\frac{1}{m_i}[c'_i b_i+(F_{Wi}-u_i b_i)\tan\varphi'_i]}{\sum_{i=1}^{n}F_{Wi}\sin\theta_i}\tag{3.1-14}$$

毕肖普法并未考虑土条水平方向的静力平衡条件，所以从严格意义上讲，毕肖普方法并不完全满足静力平衡条件，而仅是满足整个滑动体的力矩平衡条件和各土条的竖向静力平衡条件。对于简化毕肖普法，实际上也是认为土条间只有水平相互作用力而无切向力。因此，毕肖普法并非是一个严格的方法，但由于其比较简洁实用，所以仍然具有广泛的应用领域。对于简化毕肖普计算公式，m_i 中包含了 K_s，因此不能直接求解，需要采用迭代的方法。其基本过程是首先假定 $K_s=1$，由图3.1.6查出各 θ_i 所对应的 m_i 值，代入式(3.1-14)，求得边坡的安全系数 K'_s。若 $K'_s\neq1.0$，则根据计算的 K'_s 查图3.1.6，求出新的 m_i 值，代入式(3.1-14)，再一次计算出 K''_s。如此反复迭代计算，直至前后两次计算的稳定性系数十分接近，达到规定要求的精度标准为止。通常迭代总是收敛的，一般只要迭代3～4次，就可以满足精度要求。

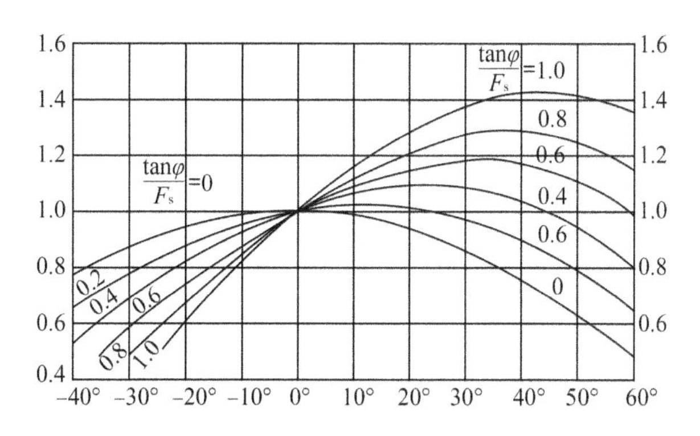

图3.1.6　毕肖普法边坡稳定性系数迭代求解曲线图

(2) 总应力表达式

根据有效应力原理和式(3.1-13)、式(3.1-14)可以给出毕肖普条分法和简化毕肖普条分法的总应力表达式。

毕肖普法的总应力表达式：

$$K_s = \frac{\sum_{i=1}^{n} \frac{1}{m_i}[c_i b_i + (F_{Wi} + \Delta F_{vi})\tan\varphi_i]}{\sum_{i=1}^{n} F_{Wi}\sin\theta_i} \tag{3.1-15}$$

简化毕肖普法的总应力表达式：

$$K_s = \frac{\sum_{i=1}^{n} \frac{1}{m_i}(c_i b_i + F_{Wi}\tan\varphi_i)}{\sum_{i=1}^{n} F_{Wi}\sin\theta_i} \tag{3.1-16}$$

式中：$m_i = \cos\theta_i + \frac{\tan\varphi_i}{K_s}\sin\theta_i$ 。

简化毕肖普法虽然不是严格的极限平衡分析法(即满足全部静力平衡条件)，但是大量工程计算证实，其计算结果与严格方法很接近。由于其计算不是很复杂，精度较高，因此是目前工程上常用的方法。

3.1.1.3 无黏性土边坡的稳定性计算方法

如图 3.1.7，无黏性土土颗粒之间没有黏聚力，只有摩擦阻力。因此无论是处于地下水位以下还是处于地下水位以上的边坡，只要坡面不滑动，边坡就能保持稳定。

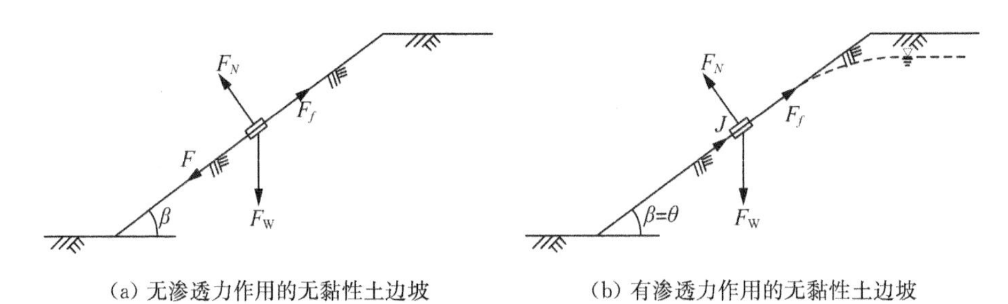

(a) 无渗透力作用的无黏性土边坡　　(b) 有渗透力作用的无黏性土边坡

图 3.1.7　无黏性土边坡沿平面滑动的受力分析

(1) 无渗流作用时

如图 3.1.7(a)，从坡面上任取一侧面垂直、底面与坡面平行的土单元体，若不考虑单元体侧表面上各种应力和摩擦力的影响，设单元体的重力为 F_W ，土体的内摩擦角为 φ ，则使单元体下滑的滑动力就是 F_W 沿坡面的分力，即 $F = F_W\sin\beta$ 。阻止单元体下滑的力是该单元体与它接触的土体之间的摩擦力，也称抗滑力，其大小与重力的法向分力 F_N 有关，其极限值为最大静摩擦力值。即：

$$F_f = F_N\tan\varphi = F_W\cos\beta\tan\varphi \tag{3.1-17}$$

此时，边坡的稳定性系数可以表示为抗滑力和滑动力的比值，即：

$$K_s = \frac{F_W\cos\beta\tan\varphi}{F_W\sin\beta} = \frac{\tan\varphi}{\tan\beta} \tag{3.1-18}$$

根据式(3.1-18)，当基坑边坡的开挖坡度与无黏性土的内摩擦角相等($\beta=\varphi$)时，抗滑力等于滑动力，土体处于极限平衡状态，边坡稳定性系数$K_s=1$；当基坑边坡的开挖坡度小于无黏性土的内摩擦角时，边坡处于安全稳定状态。

(2) 有渗流作用时

多数水利工程的基坑边坡涉及渗流作用，此时，边坡会受到由于水位差的改变所引起的水力比降影响而在内部形成渗流场，对边坡的稳定性产生不利影响。如图3.1.7(b)，假设水流方向顺坡向下并与水平面的夹角为θ，这时$\theta=\beta$，则沿水流方向作用在单位体积土骨架上的渗透力为$j=\gamma_w i$。在下游坡面上取体积为V的土骨架为隔离体，其实际重力为$F_W=\gamma' V$，作用在土骨架上的渗透力为$J=jV=\gamma_w iV$，则沿坡面上的下滑力为：

$$F=\gamma' V\sin\beta+\gamma_w iV\cos(\beta-\theta) \tag{3.1-19}$$

坡面的正压力由重力和渗透力共同引起，为：

$$F_N=\gamma' V\cos\beta-\gamma_w iV\sin(\beta-\theta) \tag{3.1-20}$$

抗滑力同样来自摩擦力，为：

$$F_f=F_N\tan\varphi \tag{3.1-21}$$

那么，此时边坡的稳定性系数为：

$$K_s=\frac{F_f}{F}=\frac{[\gamma'\cos\beta-\gamma_w i\sin(\beta-\theta)]\tan\varphi}{\gamma'\sin\beta+\gamma_w i\cos(\beta-\theta)} \tag{3.1-22}$$

式中：i——计算点处的水力比降；

γ'——无黏性土的浮重度(kN/m^3)；

γ_w——水的重度，取$\gamma_w=9.81$(kN/m^3)；

φ——无黏性土的内摩擦角(°)。

当$\theta=\beta$时，水流顺坡逸出，这时，顺坡流经路径为d_s的水头损失为Δh，则：

$$i=\frac{\Delta h}{d_s}=\sin\beta \tag{3.1-23}$$

将式(3.1-23)代入式(3.1-22)，可以得到：

$$K_s=\frac{\gamma'\cos\beta\tan\varphi}{\gamma'\sin\beta+\gamma_w\sin\beta}=\frac{\gamma'\tan\varphi}{\gamma_{sat}\tan\beta} \tag{3.1-24}$$

式中：$\gamma'_{sat}=\gamma'+\gamma'_w$。

对比式(3.1-24)和式(3.1-18)可知，当逸出段为顺坡渗流时，边坡稳定性系数降低了$\dfrac{\gamma'}{\gamma_{sat}}$，对于无黏性土，其值约为0.5，即边坡稳定性系数降低了50%，也就是说，相同条件下，在出现顺坡渗流时，采用放坡开挖的基坑，其开挖范围增大了1倍。

3.1.2　放坡开挖基坑的稳定安全系数

国内部分基坑支护设计规程(规范、标准)中对于放坡开挖基坑的稳定安全系数的规定见表3.1-2，不同土层的建议开挖坡比见表3.1-3。可见，不同地区的放坡开挖建议坡比差异很大，在选择放坡开挖基坑时，应根据当地实际经验综合分析判断，并进行稳定性计算复核。

表3.1-2　放坡开挖基坑的稳定安全系数规定(部分)

<table>
<tr><th>规程(规范、标准)名称</th><th>稳定安全系数要求</th></tr>
<tr><td>《建筑基坑支护技术规程》(JGJ 120—2012)</td><td rowspan="3">1.2</td></tr>
<tr><td>河北省地方标准《建筑基坑支护技术标准》(DB13(J)/T 8468—2022)</td></tr>
<tr><td>北京市地方标准《建筑基坑支护技术规程》(DB11/489—2016)</td></tr>
<tr><td>上海市地方标准《基坑工程技术标准》(DG/TJ 08—61—2018)</td><td rowspan="2">1.3</td></tr>
<tr><td>广东省地方标准《建筑基坑工程技术规程》(DBJ/T 15—20—2016)</td></tr>
</table>

表3.1-3　放坡开挖基坑的建议坡比(部分)

<table>
<tr><th rowspan="2">土的类别</th><th rowspan="2">状态</th><th colspan="3">河北省地方标准
《建筑基坑支护技术标准》
(DB13(J)/T 8468—2022)</th><th colspan="2">上海市地方标准
《基坑工程技术标准》
(DG/TJ 08—61—2018)</th><th colspan="3">广东省地方标准
《建筑基坑工程技术规程》
(DBJ/T 15—20—2016)</th></tr>
<tr><th>坡比(高度≤6 m)</th><th>坡比(高度>6 m)</th><th>平台布置</th><th>坡比</th><th>平台布置</th><th>允许坡高/m</th><th>坡比</th><th>平台布置</th></tr>
<tr><td rowspan="3">碎石土</td><td>密实</td><td>1∶0.20</td><td>1∶0.25</td><td rowspan="11">未规定</td><td rowspan="10">≤1∶1.5</td><td rowspan="11">开挖深度超过4 m时应采用分级放坡，平台宽度不应小于1.5 m，不宜大于3 m</td><td>6</td><td>1∶0.35～1∶0.50</td><td rowspan="11">坡高大于允许坡高时应分级放坡，平台宽度不宜小于1 m</td></tr>
<tr><td>中密</td><td>1∶0.25</td><td>1∶0.30</td><td>6</td><td>1∶0.50～1∶0.75</td></tr>
<tr><td>稍密</td><td>1∶0.30</td><td>1∶0.40</td><td>5</td><td>1∶0.75～1∶1.00</td></tr>
<tr><td rowspan="2">老黏性土</td><td>坚硬</td><td>1∶0.30</td><td>1∶0.35</td><td>—</td><td>—</td></tr>
<tr><td>硬塑</td><td>1∶0.33</td><td>1∶0.40</td><td>—</td><td>—</td></tr>
<tr><td rowspan="3">黏性土</td><td>坚硬</td><td>1∶0.35</td><td>1∶0.50</td><td>6</td><td>1∶0.33～1∶1.00</td></tr>
<tr><td>硬塑</td><td>1∶0.45</td><td>1∶0.55</td><td>5</td><td>1∶1.00～1∶1.25</td></tr>
<tr><td>可塑</td><td>—</td><td>—</td><td>4</td><td>1∶1.25～1∶1.50</td></tr>
<tr><td>粉土</td><td>稍湿</td><td>1∶0.45</td><td>1∶0.55</td><td>5</td><td>1∶0.75～1∶1.25</td></tr>
<tr><td>砂土</td><td>—</td><td>—</td><td>—</td><td>5</td><td>1∶1.00～1∶1.50</td></tr>
<tr><td>淤泥质土</td><td>—</td><td>—</td><td>—</td><td>≤1∶2</td><td>—</td><td>—</td></tr>
</table>

3.1.3　坡面防护要求及方法

对于采用放坡开挖的基坑工程，要维持边坡的稳定，必须使边坡土体内的潜在滑动面上的抗滑力始终大于该滑动面上的滑动力。因此，设计时需要考虑施工期间边坡在气候变化、降雨、渗水、冲刷等作用下，土质变软、土内含水量增加、土的自重加大等情况，这些作用不仅导致边坡土体的抗剪强度降低，而且增加了土体内的剪应力，其产生的不利于边坡稳定性的影响很可能引起边坡局部滑坍。因此，对于采用放坡开挖的基坑工程，需要对坡面、坡脚等加以防护。常用的坡面防护方法包括水泥砂浆抹面、挂网喷射混凝土或挂网砂浆抹面、塑料薄膜或防水土工布覆盖、装配式面层(板)或其他新材料铺盖等。

常用的坡脚防护方法包括采用砂包压脚或打入短木桩、预制混凝土桩等。

(1) 水泥砂浆抹面

在边坡坡面上抹 20～30 mm 厚的水泥砂浆。为加强连接,可在边坡土中适当插入长度为 300～500 mm、直径为 6～8 mm 的锚筋,在坡面上间距 2～3 m 梅花形布置排水孔,坡脚处设置排水沟。多用于黏性土边坡的坡面防护。

(2) 挂网喷射混凝土或挂网砂浆抹面

垂直坡面插入长度为 400～600 mm、直径为 8～12 mm 的钢筋,钢筋采用 1～1.5 m 间距梅花形布置,坡面铺设 16～20 号铁丝网,网格(150～200)mm×(150～200)mm。在铺设的铁丝网上可以喷射 C10～C15 混凝土或 M5 砂浆。在坡面上间距 2～3 m 梅花形布置排水孔,坡脚处设置排水沟。多用于无黏性土边坡的坡面防护,也可用于黏性土边坡的坡面防护。

(3) 塑料薄膜或防水土工布覆盖

在已开挖的坡面上铺设塑料薄膜或防水土工布,在坡顶和坡脚处采用编织袋装土包或砖砌体压边,并在坡脚布置排水沟。多用于黏性土边坡的坡面防护。

(4) 装配式面层(板)或其他新型材料铺盖

放坡开挖的基坑工程边坡也可采用装配式面层(板)或其他新型材料进行坡面防护。

3.1.4 放坡开挖基坑的环境保护和应急防护措施

3.1.4.1 放坡开挖基坑的环境保护

基坑放坡开挖后,边坡土体的一侧出现临空面。边坡侧土的挖除卸荷作用,改变了原来场地土体的平衡条件。土体在新的平衡力系作用下将产生相应的变形。在软土场地,受软土流变特性等影响,已开挖的边坡土体存在缓慢而长期的剪切变形。在地下水位较高的场地,基坑放坡开挖后,使土体含水层被切断,改变了地下水原有的渗流途径。当地下水较丰富或水头差较大,在渗流作用下会出现基坑土的流土潜蚀,可能导致基坑坍塌。此时,基坑的放坡开挖尚需采用降低地下水位的措施以保证工程的正常施工。但降低地下水位,会使抽水影响半径范围内的土体产生排水固结,引起地面下沉。放坡开挖中产生的主要工程环境影响有以下几个方面:

(1) 对于基坑放坡开挖,虽然一般经过边坡分析设计,可使边坡土体发挥自身的抗剪强度,在新的平衡条件下达到边坡稳定的要求,但应力状态的变化会产生相应的变形,过大的变形或过高速率的变形,可能引起邻近建(构)筑物等设施的不均匀下沉,出现裂缝或倾斜,甚至拉断地下管线等。

(2) 长时间大幅度降低地下水或上层滞水排向基坑,使周边地下水位降低,导致出现较大范围的地面沉降。土体的变形、固结和沉降,都将对邻近周边的建筑物和地下市政设施的安全使用产生不利影响。对于建立在天然地基上的建(构)筑物,不均匀的地基土下沉将导致建筑物倾斜开裂。

(3) 由于土体平衡条件的变化及地下水作用的影响,导致基坑边坡发生局部破坏或整体滑移,使得在破坏区及滑移区的建筑物等设施严重倾斜以致倒塌,甚至有地下管线断裂(水管折断、电力通信中断、煤气泄漏引发火灾等)造成大面积危害的可能。

在无软弱下卧层或软弱滑动面,不发生深层滑动或出现破坏面的情况下,放坡开挖基坑的影响范围可以用式(3.1-25)估算。

$$L = H/\tan\varphi \tag{3.1-25}$$

式中:L ——从基坑下边缘至影响区外边缘的水平距离(m);

H ——基坑开挖深度(m);

φ ——基坑边坡土体的内摩擦角(°)。

一般情况下,放坡开挖基坑可以从以下几个方面考虑工程的环境要求。

(1) 控制影响范围内的设施

当基坑开挖深度大于 5~7 m 时,在两倍坑深的水平范围内宜无重要的建(构)筑物、地下管线、道路。

(2) 采用较大的边坡稳定安全系数

对于软土及地质条件复杂的基坑边坡,在边坡稳定设计计算时,选用较大的安全稳定系数值或对土的抗剪强度指标进行适当折减。

(3) 控制基坑暴露时间

采取坡面防护措施减少基坑临空面的暴露时间。在坑周边宽为一倍坑深的地面采用水泥砂浆抹面或做喷射混凝土护面。

(4) 开展基坑工程环境影响专项评估

当放坡开挖基坑的土层较软、存在软弱下卧层或软弱滑动面、需要降水时,应采用经验公式估算、数值模拟计算等方法进行基坑开挖对周边重要的建(构)筑物、地下管线、道路的影响专项评估。

(5) 对可能受影响的建(构)筑物、地下管线、道路等采取加固措施。

3.1.4.2 放坡开挖基坑的应急防护措施

基坑开挖过程中或开挖后,在进行主体建(构)筑物地下结构及其基础(如工程桩)等施工时,常会出现一些超过边坡稳定设计计算的条件,造成地面开裂、边坡土体变形或局部滑坍等险情,常见的因素有:

(1) 在边坡地面上堆置的弃土或砂石等施工材料以及施工设备的附加荷载过大。

(2) 在施工期间因排水不畅,受暴雨积水,使边坡土体含水量增加,增加了土的自重、土中水的渗透力和土体的含水率,降低了土的抗剪强度。

(3) 工程桩施工、爆破振动以及软土的蠕变影响。

对于放坡开挖的基坑工程,必须提前做好应急防护措施,并在整个工程施工期间,配备抢险工作所需的设备和材料。

常用的应急防护措施包括:

(1) 削坡

通过减缓原有基坑边坡坡度,减小边坡的下滑力,增加边坡的安全稳定系数。采用削坡减缓边坡,会增加土方开挖及回填土的工作量,也会增大基坑的开口线范围,所以常受到场地条件的限制。

（2）坡顶减载

坡顶减载包括清除基坑周边地面堆置的砂石建筑材料及施工设备等以减轻地面荷载以及根据出现的险情程度和需要，进一步降低基坑顶面高程，挖除基坑顶地面一定厚度的土体以减少边坡自身土体重量，降低边坡滑动力。

（3）坡脚压载

在边坡底端，包括斜坡面及紧邻坡脚的基坑底面范围内，采用堆置土、砂包或堆石、砌体等压载的方法以增加边坡的抗滑力维持边坡稳定，其范围应控制在可能滑动面圆弧心垂线下侧。

（4）增设抗滑桩

一般在情况比较严重且别的措施已难以起作用时采用。抗滑桩体的平面布置、嵌入深度以及截面承载力宜由分析验算确定。一般在坡脚处布置，桩体深度超过可能滑动面的深度，增加滑动面的抗剪能力。

（5）降低地下水位或地表强排

根据排除险情的要求，利用预留的降水设施应急降水，减小边坡土体内部的渗透力。

3.2　土钉墙支护

如图 3.2.1，土钉墙支护是由随基坑开挖分层设置的、纵横线密布的土钉群、喷射混凝土面层及原位土体所构成的支护结构。其中，植入土中并注浆形成的土钉是支护结构中承受拉力与剪力的杆件，常用的包括钢筋杆体与注浆固结体形成的钢筋土钉、击入土中的钢管土钉等。由土钉墙与预应力锚杆、微型桩、旋喷桩、搅拌桩中的一种或多种组合成的复合型支护结构称为复合土钉墙。

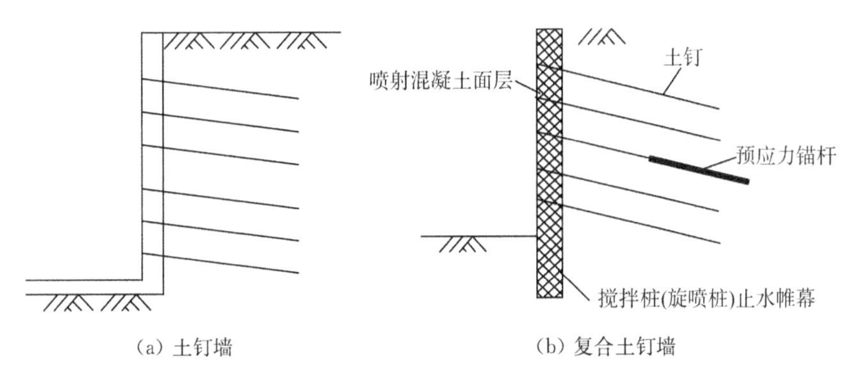

图 3.2.1　土钉墙及复合土钉墙

土钉墙技术是在隧道锚喷支护技术的基础上延伸而来，自 1972 年法国首先在凡尔赛附近一处铁路路堑的边坡开挖工程中应用至今，已有 50 余年的发展历史；而复合土钉墙则相对较晚，最早出现于 20 世纪 90 年代。复合土钉墙在以淤泥和淤泥质软土为主的沿海地区基坑工程中应用相对较多，根据软土的特性与性能，通过采用水泥土墙、竖向锚管灌浆、微型桩支护等竖向增强体措施来解决土的自立性,并防止软土开挖后产生侧向位移与破坏,采用水平向锚管压力注浆解决土体加固和土钉抗拔力问题。

3.2.1 土钉墙支护的作用机理

3.2.1.1 结构体系中各构件的作用

虽然与其他材料相比,土的抗剪强度较低,且工程上一般不考虑其抗拉强度,但是土体具有一定的结构强度及整体性,土坡有保持自然稳定的能力,能够以较小的高度保持直立。

与利用自身的强度和刚度承受其后面的侧向土压力,防止土体整体稳定性破坏的支挡结构相比,土钉墙支护是一种主动制约机制,通过土钉与土的共同工作增强边坡稳定能力,因此在某种意义上,可将土钉墙支护视为一种土体改良。土钉的抗拉、抗弯以及抗剪强度远远高于土体,土钉与土共同作用后,改变了土坡的变形与破坏形态,显著提高了土坡的整体稳定性。

典型的土钉内力分布图见图 3.2.2,土钉在土钉墙支护结构体系中起主导作用,包括:

(1) 箍束骨架

该作用是由土钉本身的刚度和强度以及它在土体内的空间分布决定的。土钉制约着土体的变形,使土钉之间能够形成土拱,从而使复合土体获得了较大的承载力,并将复合土体构成一个整体。

(2) 承担主要荷载

土钉墙支护结构体系中,土钉与土体共同承担土的自重应力和附加荷载。由于土钉有较高的抗拉、抗剪强度以及一定的抗弯刚度,所以当土体进入塑性状态后,应力逐渐向土钉转移,延缓了复合土体塑性区的开展及渐进开裂面的出现。当土体开裂时,土钉的分担作用更为突出,此时土钉内出现弯剪、拉剪等复合应力,从而导致土钉体中浆体碎裂,钢筋屈服。

(3) 传递与扩散应力

依靠土钉与土的相互作用,土钉将所承受的荷载沿全长向周围土体扩散及向深处土体传递,复合土体内的应力水平及集中程度比放坡开挖的边坡大大降低,从而推迟了开裂的形成与发展。

(4) 约束坡面

在坡面上设置的与土钉连成一体的喷射混凝土(钢筋混凝土)面层是发挥土钉有效作用的重要组成部分。坡面鼓胀变形是开挖卸荷、土体侧向变位以及塑性变形和开裂发展的必然结果,土钉能够使面层与土体紧密接触,并约束坡面鼓胀,削弱土体内部的塑性变形。

(5) 加固土体

土体是不均匀的,常有裂隙发育或局部松散。在向土钉孔中进行压力灌浆时,能够使部分裂隙和松散部位被填充,提高土的原位强度;对于打入式土钉,打入过程中土钉位置的原有土体被强制性挤向四周，使土钉周边一定范围内的土层受到挤压，密实度提高。

（6）拉拔作用

基坑开挖后，不稳定土体的范围是有限的，土钉长度一般超过不稳定土体范围（滑动面），因此土钉除了能够加固不稳定土体外，更重要的是利用稳定土体所提供的锚固力，起拉拔作用，约束不稳定土体。

面层（挂网喷射混凝土、钢筋混凝土）在土钉墙支护结构中起到整体和坡面防护作用。表现为承受作用到面层上的土压力，限制土体的侧向膨胀变形，防止坡面局部坍塌，并将压力传递给土钉；通过与土钉的紧密连接及相互作用，增强土钉的整体性，使全部土钉共同发挥作用，能够在一定程度上均衡土钉个体之间的不均匀受力程度。面层的坡面防护作用与放坡开挖基坑需要进行坡面防护的道理相同，不再赘述。

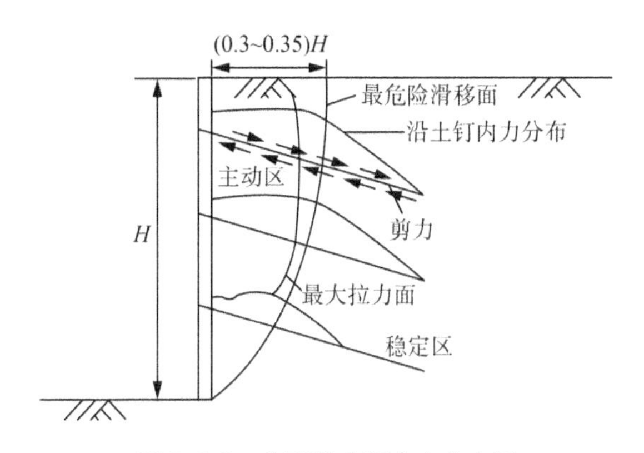

图 3.2.2　典型的土钉内力分布图

3.2.1.2　土钉墙的受力及破坏过程

对于土钉墙支护结构，荷载首先通过土钉与土之间的相互摩擦作用，然后通过面层与土之间的土-结构相互作用，逐步施加及转移到土钉上。土钉支护受力大体可分为四个阶段。土钉墙基坑开挖张拉区与塑性区发展示意图见图 3.2.3。

（1）土钉安设初期，基本不受拉力或承受较小的力。喷射混凝土面层完成后，对土体的卸载变形有一定的限制作用，可能会承受较小的压力并将之传递给土钉。此阶段土压力主要由土体承担，土体处于线弹性变形阶段。

（2）随着下一层土体的开挖，边坡土体向坑内移动，出现产生滑动破坏的趋势，在潜在滑动面内侧，土钉-土-面层形成整体，主动土压力一部分通过钉土摩擦作用直接传递给土钉，一部分作用在面层上，并使面层在与土钉连接处产生应力集中，土钉长度伸入潜在滑动面外侧的部分，钉土摩擦提供抗拔力，对土钉产生拉力，控制了潜在滑动面内侧土体的滑动破坏。此时，土钉的受力特征为沿全长离面层近处较大，越远越小，随着开挖深度增大，土钉通过应力传递及扩散等作用，调动周边更大范围内的土体共同受力，体现土钉的主动约束机制，土体进入塑性变形状态。

（3）边坡继续向下开挖后，各排土钉的受力继续加大，土体塑性变形不断增加，土钉与土之间出现局部相对滑动，使剪应力沿土钉向土钉内部传递，受力较大的土钉拉力峰值从靠近面层处向中部(破裂面附近)转移,土钉分担应力的作用加大,约束作用增强,上部土钉主要承担受拉作用,下部土钉还承担剪切作用,土钉拉力在水平及竖直方向上均表现为中间大、两头小的枣核形状(如果土钉总体受力较小,可能不会表现为这种形状)。土体中逐渐出现剪切裂缝,地表开裂,土钉逐渐进入弯剪、拉剪等复合应力状态,其刚度开始发挥功效,通过分担及扩散作用,抑制及延缓了剪切破裂面的扩展,土体进入渐进性开裂破坏阶段。

(4) 土体抗剪强度达到极限后不再增加,但剪切位移继续增加,土体开裂后仅剩余残余强度,此时土钉承担主要荷载,土钉在弯剪、拉剪等复合应力状态下注浆体碎裂,钢筋屈服,破裂面贯通,土体进入破坏阶段。若土钉伸入潜在滑动面外侧长度不足,抗拔力不够,或外部稳定性达不到要求,也会出现整体破坏。对于软土地区的基坑,下层土开挖后,若软土直接暴露,当上方土体自重超过软土承载力时,软土容易侧向鼓出破坏,导致基坑失稳。

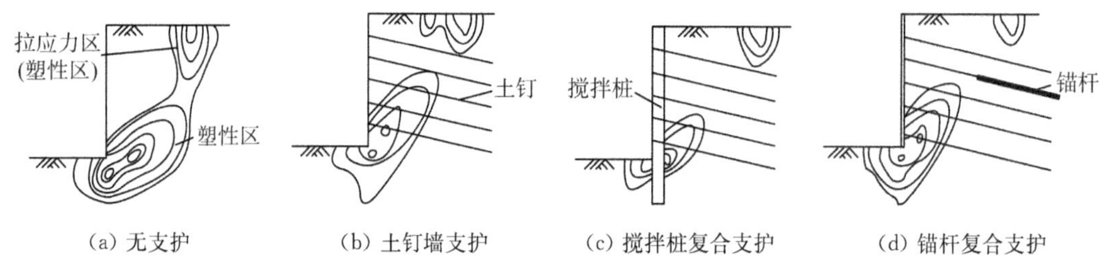

(a) 无支护　　(b) 土钉墙支护　　(c) 搅拌桩复合支护　　(d) 锚杆复合支护

图 3.2.3　基坑开挖张拉区与塑性区发展示意图

关于土钉墙支护结构体系的性能,国内外研究机构和学者进行了大量的理论和试验研究,代表性的包括法国国家建筑与公共工程试验中心(CEBTP)、德国 Karlsruhe 大学岩土研究所、中冶建筑研究总院有限公司、福建省建筑设计研究院等的研究成果。对于复合土钉墙,由于截水帷幕、微型桩及预应力锚杆等结构的存在,其工作机理和受力状态与支挡式结构有些类似但并不完全相同,与土钉墙差异显著,且更为复杂。如,在复合土钉墙中,截水帷幕、水泥土桩、微型桩等对总抗滑力矩是有贡献的,但是难以定量。受篇幅限制,本书不再进行介绍,感兴趣的读者可参阅相关文献。

3.2.2　土钉墙支护结构设计计算方法

采用土钉墙进行支护的基坑工程,土钉支护体系的设计计算内容包括验算支护体系的稳定性,计算土钉承载力,复核构造要求,提出施工质量控制要求及检测内容。必要时,还应进行土钉墙支护结构的变形分析。

3.2.2.1　支护结构的稳定性

土钉墙支护结构的稳定性包括圆弧滑动稳定性、抗隆起稳定性(软土地层)、地下水渗透稳定性和土钉抗拔承载能力。本节主要介绍圆弧滑动稳定性、抗隆起稳定性(软土地层)和土钉抗拔承载能力的计算方法,对于地下水渗透稳定性计算方法及安全系数,将在第四章水利工程深基坑常用地下水控制技术及设计方法中详细介绍。

（1）整体稳定性

土钉墙支护结构的整体滑动稳定性验算一般采用圆弧滑动条分法，大量工程应用也证明其是较为符合实际情况的。我国现行的《建筑基坑支护技术规程》（JGJ 120—2012）及北京市、上海市、河北省等的基坑支护标准也均规定采用圆弧滑动条分法。

如图 3.2.4，土钉墙支护结构的整体稳定性应满足式（3.2-1）和式（3.2-2）的规定：

$$\min\{K_{s,1},K_{s,2},\cdots,K_{s,i},\cdots\}\geqslant K_s \tag{3.2-1}$$

$$K_{s,i}=\frac{\sum[c_j l_j+(q_j b_j+\Delta G_j)\cos\theta_j\tan\varphi_j]+\sum R'_{k,k}[\cos(\theta_k+a_k)+\phi_v]/s_{x,k}}{\sum(q_j b_j+\Delta G_j)\sin\theta_j} \tag{3.2-2}$$

式中：K_s ——圆弧滑动稳定安全系数；

$K_{s,i}$ ——第 i 个圆弧滑动体的抗滑力矩与滑动力矩的比值，宜通过搜索不同圆心及半径的所有潜在滑动圆弧确定；

c_j 、φ_j ——分别为第 j 土条滑弧面处的黏聚力（kPa）和内摩擦角（°），取值原则和方法同 2.6 节；

b_j ——第 j 土条的宽度（m）；

θ_j ——第 j 土条滑弧面中点处的法线与垂直面的夹角（°）；

l_j ——第 j 土条的滑弧长度（m），$l_j=b_j/\cos\theta_j$ ；

q_j ——第 j 土条上的附加分布荷载（kPa）；

ΔG_j ——第 j 土条的自重，一般按天然重度计算（kN）；

$R'_{k,k}$ ——第 k 层土钉或锚杆在滑动面以外的锚固段的极限抗拔承载力标准值与杆体受拉承载力标准值的较小值（kN），锚固段应取圆弧滑动面以外的长度；

a_k ——第 k 层土钉或锚杆的倾角（°）；

θ_k ——滑弧面在第 k 层土钉或锚杆处的法线与垂直面的夹角（°）；

$s_{x,k}$ ——第 k 层土钉或锚杆的水平间距（m）；

ϕ_v ——计算系数，一般取 $\phi_v=0.5\sin(\theta_k+a_k)\tan\varphi$ ，φ 为第k 层土钉或锚杆与滑弧交点处的土的内摩擦角（°）。

需要指出的是，土钉墙是分层开挖、分层设置土钉及面层的，每一开挖状况都可能是不利工况，也就是需要对每一开挖工况进行土钉墙的整体滑动稳定验算。当基坑面以下存在软弱下卧层时，土钉墙的整体稳定性验算滑动面中应包括圆弧与软土土层组成的复合滑动面。

对于水泥土桩等复合土钉墙，在需要考虑地下水作用时，可参照支挡式结构的稳定性计算方法进行验算。复合土钉墙中截水帷幕、水泥土桩、微型桩等对总抗滑力矩的作用是难以定量计算的，如对于水泥土桩，其截面的抗剪强度不能按全部考虑，当水泥土桩达到极限状态时，土的抗剪强度还未充分发挥，而土达到极限状态时水泥土桩在此之前已经被剪断。因此，《建筑基坑支护技术规程》（JGJ 120—2012）中规定关于其抗滑作用可

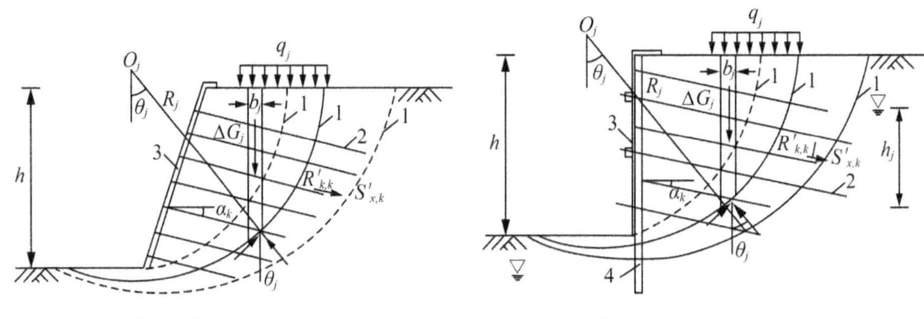

(a) 土钉墙在地下水位以上　　(b) 土钉墙在地下水位以下

1-滑动面；2-土钉或锚杆；3-喷射混凝土面层；4-水泥土桩或微型桩。

图 3.2.4　土钉墙整体滑动稳定性验算

根据实践经验和设计参数适当考虑，但是一般情况下最好不考虑其抗滑作用，当作安全储备来处理。

(2) 抗隆起稳定性

采用土钉墙支护的基坑，当其底面以下有软土层时，应按照式(3.2-3)～式(3.2-5)进行坑底抗隆起稳定性验算(图 3.2.5)。

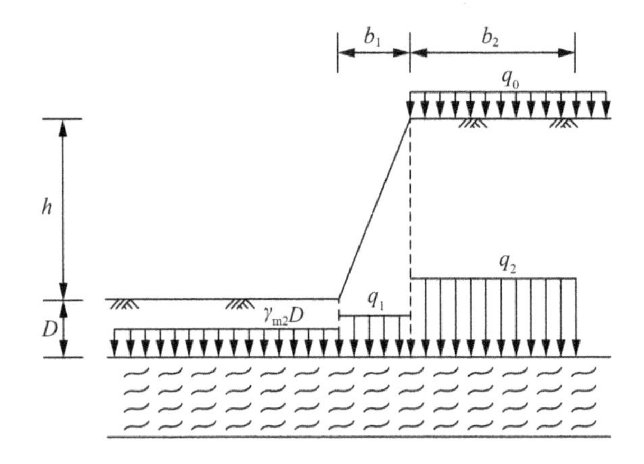

图 3.2.5　基坑底面以下有软土层的土钉墙隆起稳定性验算图

$$\frac{\gamma_{m2}DN_q + cN_c}{(q_1b_1 + q_2b_2)/(b_1 + b_2)} \geqslant K_b \tag{3.2-3}$$

$$q_1 = 0.5\gamma_{m1}h + \gamma_{m2}D \tag{3.2-4}$$

$$q_2 = \gamma_{m1}h + \gamma_{m2}D + q_0 \tag{3.2-5}$$

式中：K_b ——抗隆起安全系数；

q_0——地面均布荷载(kPa)；

γ_{m1}——基坑底面以上土的天然重度(kN/m^3)，对于多层土取各层土按厚度加权的平均重度；

γ_{m2}——基坑底面至抗隆起计算平面之间土层的天然重度(kN/m^3),对于多层土取各层土按厚度加权的平均重度;

h——基坑深度(m);

D——基坑底面至抗隆起计算平面之间的土层厚度(m);

N_q、N_c——承载力系数,其中 $N_q=\tan^2\left(45°+\dfrac{\varphi}{2}\right)e^{\pi\tan\varphi}$,$N_c=(N_q-1)/\tan\varphi$;

c、φ——分别为抗隆起计算平面以下土的黏聚力(kPa)、内摩擦角(°),取值原则和方法同 2.6 节;

b_1——土钉墙坡面的垂直投影宽度(m);

b_2——地面均布荷载的计算宽度(m),一般可取一倍坑深,即 $b_2=h$。

3.2.2.2 土钉承载力计算

土钉的实际受力状态非常复杂,包括拉应力、剪应力和弯矩。大量试验认为,土钉的剪力作用是次要的,其相对弯曲刚度对土钉墙安全系数的提高也有效,因此,在土钉墙稳定性计算中,仅考虑土钉承受拉力的作用。

(1) 单根土钉承受的轴向拉力

为简化计算,通常假定滑裂面的形状为直线(图 3.2.6),认为在破裂面后土压力的作用下,土钉墙内部给定破裂面外的土钉锚固段应能够提供足够的抗力能力,使得土钉不被拔出和拉断,采用式(3.2-6)~式(3.2-9)计算单根土钉承受的轴向拉力。

$$N_{k,j}=\frac{1}{\cos a_j}\zeta\eta_j p_{ak,j}s_{x,j}s_{z,j} \tag{3.2-6}$$

$$\zeta=\tan\frac{\beta-\varphi_m}{2}\left(\frac{1}{\tan\dfrac{\beta+\varphi_m}{2}}-\frac{1}{\tan\beta}\right)/\tan^2(45°-\frac{\varphi_m}{2}) \tag{3.2-7}$$

$$\eta_j=\eta_a-(\eta_a-\eta_b)\frac{z_j}{h} \tag{3.2-8}$$

$$\eta_a=\frac{\sum\limits_{i=1}^{n}(h-\eta_b z_j)\Delta E_{aj}}{\sum\limits_{i=1}^{n}(h-z_j)\Delta E_{aj}} \tag{3.2-9}$$

式中:$N_{k,j}$——第 j 层土钉的轴向拉力标准值(kN);

a_j——第 j 层土钉的倾角(°);

ζ——土钉墙墙面倾斜时的主动土压力折减系数;

η_j——第 j 层土钉轴向拉力调整系数;

$p_{ak,j}$——第 j 层土钉处的主动土压力强度标准值(kPa);

$s_{x,j}$、$s_{z,j}$——土钉的水平间距(m)、垂直间距(m);

β——土钉墙坡面与水平面的夹角(°);

φ_m ——基坑底面以上各土层按厚度加权的等效内摩擦角平均值(°)；

z_j ——第 j 层土钉至基坑顶面的垂直距离(m)；

h ——基坑深度(m)；

ΔE_{aj} ——作用在以 $s_{x,j}$ 、$s_{z,j}$ 为边长的面积内的主动土压力标准值(kN)；

η_a ——计算系数；

η_b ——经验系数,可取 0.6～1.0；

n ——土钉层数。

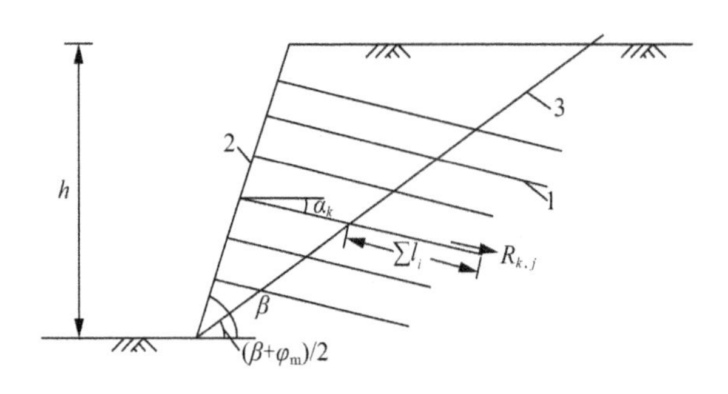

1. 土钉；2. 喷射混凝土面层；3. 滑动面。

图 3.2.6　土钉抗拔承载力计算示意图

(2) 单根土钉的极限抗拔承载力

单根土钉的极限抗拔承载力是土钉抵抗从土体中拔出能力和土钉抵抗拔断能力中的较小值。其抗拔出承载力标准值取决于灌浆锚固体的直径、土钉与土体之间的极限黏接强度、土钉长度等；其抗拔断承载力标准值取决于土钉杆体的截面面积、材料的抗拉强度。

土钉的抗拔出承载力一般通过抗拔试验确定。设计时,其标准值 $R_{k,j}$ 也可以采用式(3.2-10)估算。抗拔断承载力标准值 $R_{N,j}$ 可按式(3.2-11)计算。

$$R_{k,j}=\pi d_j\sum q_{sk,i}l_i \tag{3.2-10}$$

$$R_{N,j}=f_{y,j}A_{s,j} \tag{3.2-11}$$

式中：d_j ——第 j 层土钉的锚固体直径(m),对成孔注浆土钉,按成孔直径计算,对打入钢管土钉,按钢管直径计算；

$q_{sk,i}$ ——第 j 层土钉与第 i 土层的极限黏接强度标准值(kPa),应根据试验确定,也可结合表 3.2-1 选用；

l_i ——第 j 层土钉滑动面以外的部分在第 i 土层中的长度(m),直线滑动面与水平面的夹角取 $\frac{\beta+\varphi_m}{2}$ ；

$f_{y,j}$ ——第 j 层土钉杆体的抗拉强度设计值(kPa)；

$A_{s,j}$ ——第 j 层土钉杆体的截面面积(m^2)。

表 3.2-1 土钉的极限黏接强度标准值

土的类别	状态	q_{sk} /kPa	
		成孔注浆土钉	打入钢管土钉
素填土	—	15～30	25～35
淤泥质土	—	10～20	15～25
黏性土	软塑	20～30	20～40
	可塑	34～45	40～55
	硬塑	45～60	55～70
	坚硬	60～70	70～80
粉土	—	40～80	50～90
砂土	松散	35～50	50～65
	稍密	50～65	65～80
	中密	65～80	80～100
	密实	80～100	100～120
砂砾、卵石	中密、密实	130～150	150～180

3.2.2.3 面层设计

面层的工作机理是土钉设计中最不清楚的问题之一，虽然现在已积累了一些喷射混凝土面层所受土压力的实测资料，但是测出的土压力与面层的刚度有关。一些临时支护的面层往往不做计算，仅按构造规定布置一定厚度的网喷混凝土。目前来看，尚未有采用土钉墙支护的基坑由于面层破坏出现工程事故的报道。

面层设计计算中有两种极端，一种是认为面层只承受土钉竖向间距范围内的局部土压，取 1～2 倍的竖向间距作为高度来确定主动土压力并以此作为面层所受的土压力；另一个极端则将面层作为结构的主要受力部件，受到的土压力与锚杆支护中的面部墙体相同。实测数据表明，面层受到的土压力相对较小，而且土钉之间的土体的成拱效应也可以使得面层上的土压力降低。国外部分研究结论是面层荷载的合力一般不超过土钉最大拉力的 30%～40%，为了避免土钉间距过大，建议在自重作用下，面层的设计土压力取为土钉中最大拉力的 60% ～100% ，土钉间距越大，取值比例越大。

面层在土压力作用下受弯，其计算模型可以取为以土钉为支点的连续板进行内力分析并验算抗弯强度和配筋，同时，土钉与面层的连接处还要进行抗剪和局部受压承载力验算。

当有地下水作用或地表有较大均布荷载或集中荷载时，支护面层则有可能成为重要的受力构件，此种情况下，要特别重视面层的设计。

3.2.3 土钉墙的稳定安全系数要求

土钉墙支护结构的稳定安全系数包括圆弧滑动稳定安全系数、抗隆起稳定安全系数（软土地层）、地下水渗透稳定安全系数和土钉抗拔安全系数。现行的《建筑基坑支护技术规程》(JGJ 120—2012)及部分省、市制定的最小安全系数要求基本相同。

(1) 圆弧滑动稳定安全系数:安全等级为二级、三级的土钉墙,分别不应小于1.3、1.25。

(2) 抗隆起稳定安全系数:安全等级为二级、三级的土钉墙,分别不应小于1.6、1.4。

(3) 土钉抗拔安全系数:安全等级为二级、三级的土钉墙,分别不应小于1.6、1.4。

(4) 地下水渗透稳定安全系数:包括突涌水稳定系数,各种安全等级的基坑均不应小于1.1。

(5) 流土稳定性安全系数(采用悬挂帷幕时),安全等级为二级、三级的土钉墙,分别不应小于1.5、1.4。

需要指出的是,现行规范规定,土钉墙适用于安全等级为二级和三级的基坑,放坡开挖适用于安全等级为三级的基坑。但是,许多重要水利工程,其基坑开挖深度较大,支护结构失效或土体变形过大也会对主体结构施工产生严重影响,即其虽然为一级基坑,但是其工程区的场区条件较为开阔,具备采用放坡开挖或土钉墙支护条件,此时因为不满足安全等级的要求而强制使用支挡式结构,显然也是不合理的。对于此类“超规范”问题,需要设计人员灵活掌握,如采取适当提高基坑的各项安全稳定系数、进行专项评估论证等方法来保证安全。

3.2.4 土钉墙的构造要求

土钉墙支护除应满足稳定安全要求外,还须满足一定的构造要求。《建筑基坑支护技术规程》(JGJ 120—2012)规定的土钉墙需要满足的构造要求为:

(1) 土钉墙、预应力锚杆复合土钉墙的坡比不宜大于1∶0.2,当基坑较深、土的抗剪强度较低时,宜选择较小的坡比。对于砂性土和松散填土等,确定土钉墙的坡度时应考虑开挖时坡面的局部自稳能力。采用微型桩、水泥土桩的复合土钉墙,应采用桩与土钉墙面层贴合的垂直墙面。

(2) 土钉间距过大时,面层受到的土压力较大。因此土钉墙支护结构中土钉的水平间距和竖向间距宜为1~2 m,当基坑较深、土的抗剪强度较低时,土钉间距可取小值。土钉倾角宜为5°~20°,长度应按各层土钉受力均匀、各土钉拉力与相应土钉极限承载力的比值相近的原则确定。

(3) 采用成孔灌浆的土钉,其成孔直径宜为70~100 mm,可选择直径为16~32 mm的HRB400、HRB500钢筋作为土钉钢筋,并沿土钉全长间距1.5~2.5 m设置对中定位支架。土钉钢筋保护层不宜小于20 mm。

(4) 采用钢管土钉时,钢管的外径不宜小于48 mm,壁厚不宜小于3 mm,钢管的灌浆孔应设置在钢管末端1/2~2/3管长范围内,每个灌浆截面的灌浆孔宜取2个,且应对称布置,灌浆孔的孔径宜取5~8 mm,孔外应设置保护倒刺;钢管采用焊接时,接头强度不应小于钢管强度,可采用数量不少于3根、直径不小于16 mm的钢筋沿截面均匀分布拼焊,双面焊接时钢筋长度不应小于钢管直径的2倍。

(5) 土钉墙的高度不大于12 m时,喷射混凝土面层的厚度可取80~120 mm,喷射混凝土设计强度等级不宜低于 C20。面层中应配置钢筋网和通长的加强钢筋，可选择直径为 6～8 mm 的 HPB300 级钢筋，钢筋间距 150～250 mm，钢筋搭接长度应大于 300 mm；当充分利用土钉杆体的抗拉强度时，加强钢筋的截面面积不应小于土钉杆体截面面积的 1/2。土钉与加强钢筋宜采用焊接连接，其连接应满足土钉拉力的要求，当喷射混凝土面层的局部受冲切承载力不足时，应采用设置承压钢板等加强措施。

(6) 采用预应力锚杆复合土钉墙时，预应力锚杆宜采用钢绞线锚杆。用于减小地面变形时，锚杆宜布置在土钉墙的较上部位；用于增强面层抵抗土压力的作用时，锚杆应布置在土压力较大及墙背土层较软弱的部位。锚杆的拉力设计值不应大于土钉墙墙面的局部受压承载力。预应力锚杆应设置自由段，自由段长度应超过土钉墙坡体的潜在滑动面。锚杆与面层混凝土之间应设置紧密接触的腰梁连接，腰梁可选用钢腰梁或混凝土腰梁，规格应根据锚杆拉力设计值确定。

(7) 当土钉墙后存在滞水时，应在含水层部位的墙面设置泄水孔或采取其他疏水措施。

(8) 采用微型桩垂直复合土钉墙时，应根据土层特性、环境条件和施工工艺选用微型钢管桩、型钢桩或灌注桩等桩型，并宜同时采用预应力锚杆。微型桩的直径、规格应根据对复合墙面的强度要求确定，采用成孔后插入工艺时，成孔直径宜为 130～300 mm。采用钢管时，其直径宜取 48～250 mm；采用工字钢时，其型号宜取 I10～I22，孔内应灌注水泥浆或水泥砂浆并充填密实；采用微型混凝土灌注桩时，其直径宜取 200～300 mm。

(9) 微型桩的间距应满足土钉墙施工时桩间土的稳定性要求，其深入坑底的长度宜大于桩径的 5 倍，且不应小于 1 m。

(10) 采用水泥土桩复合土钉墙时，应根据土层特性、环境条件和施工工艺选用搅拌桩、旋喷桩等桩型。水泥土桩深入坑底的长度宜大于桩径的 2 倍，且不应小于 1 m，桩身 28 天抗压强度不宜小于 1 MPa。

3.3 悬臂式支挡结构

悬臂式支挡结构是仅以挡土构件为主的支挡式结构。常用的挡土结构形式包括板桩式（钢板桩、钢筋混凝土板桩）、排桩式（灌注桩）和地连墙等。悬臂式支挡结构常辅以水泥土截水帷幕，或采用咬合桩形式止水。

对于悬臂式支挡结构，坑底以上的挡土构件完全处于悬臂状态，作用于其上的主动土压力及水压力全部依靠支挡构件入土深度范围内的坑内土体的被动土压力来平衡。根据土压力计算理论和结构力学理论，作用于挡土构件上的土压力合力与基坑深度呈平方关系增加，而挡土构件的水平变形与开挖深度呈三次方增加，因此，悬臂式支挡结构的弯矩和顶部位移均较大。由于悬臂式支挡结构的形式简单，施工速度快，因此在开挖深度较浅、周边无重要的建（构）筑物、且允许产生较大变形基坑中应用较多。特别是水利工程中，多数水资源配置工程和供水工程的管线采用浅埋敷设，基坑开挖深度不大（5 m 以内），当管线邻近建（构）筑物、道路等时，通常采用钢板桩悬臂或布置一道横撑支挡。

一般情况下，采用悬臂式支挡结构的基坑，在软土地层中的开挖深度不超过 4 m，土质较好地层中也一般不超过 6 m。

3.3.1 破坏模式及稳定性计算方法

3.3.1.1 破坏模式

如图 3.3.1，按照支护结构的极限状态分类，悬臂式支挡结构的破坏模式包括达到承载能力极限状态破坏和达到正常使用极限状态破坏。其中，达到承载能力极限状态导致的破坏包括倾覆破坏、整体失稳破坏、坑内隆起破坏、挡土构件强度破坏；达到正常使用极限状态破坏则是指由于支挡结构变形过大导致基坑周边建(构)筑物、道路、管线等损坏或影响其正常使用。一般情况下，悬臂式支挡结构的嵌固深度较大，可以不进行坑内隆起稳定验算。当然，地下水的渗流作用也会导致支护结构的渗透变形(破坏)，由于采用各种支护结构形式均涉及此问题，因此本节不再专门讨论，将在第四章水利工程深基坑常用地下水控制技术及设计方法中介绍。

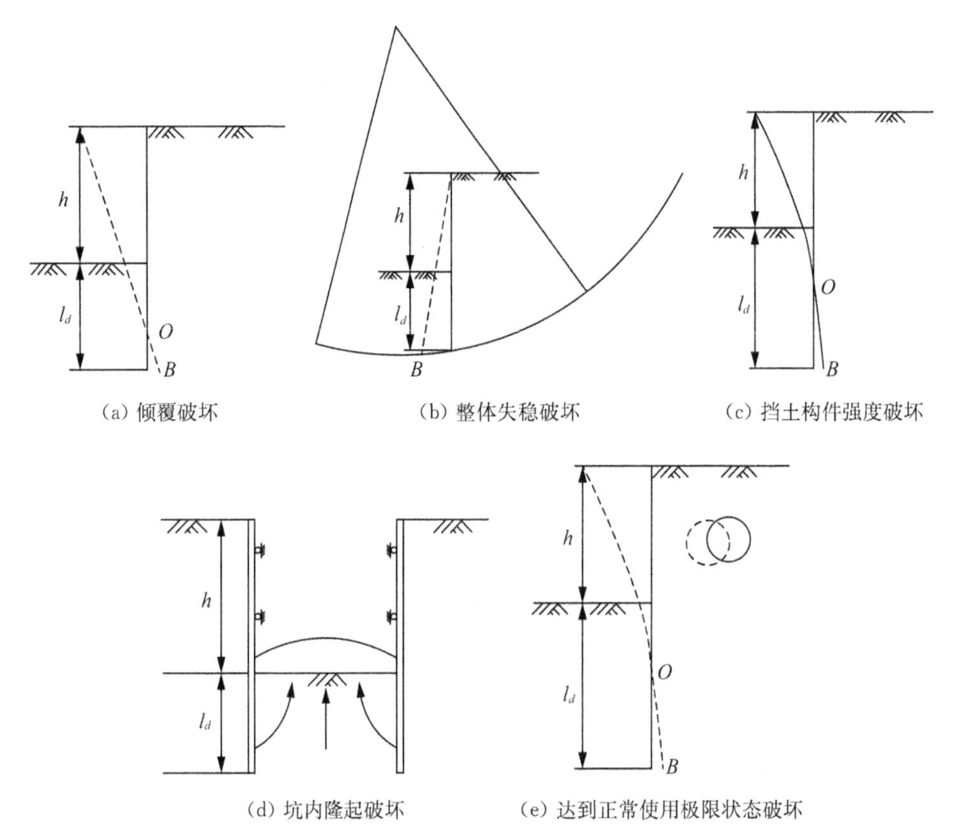

图 3.3.1 悬臂式支挡结构的破坏模式

3.3.1.2 抗倾覆稳定性计算方法

基坑支护采用悬臂式支挡结构时，支挡结构的嵌固深度是决定基坑安全的重要参数。嵌固深度不足时将出现绕支挡结构最低端的转动破坏，即倾覆破坏。因此，在进行嵌固稳定计算时，取支挡结构最低端作为力矩平衡点，分别计算主动土压力和被动土压力的力矩，并确保被、主动土压力力矩的比值大于相关规程（标准）规定的嵌固稳定安全系数 K_e（式 3.3-1，图 3.3.2）。在进行嵌固稳定安全系数计算时，主、被动土压力采用朗肯土压力理论计算，土的抗剪强度指标选取方法同 2.6 节。

$$\frac{\sum_{i}^{n} E_{pki} a_{pi}}{\sum_{i}^{n} E_{aki} a_{ai}} \geqslant K_e \qquad (3.3\text{-}1)$$

式中：E_{pki} ——基坑内侧第 i 层土的被动土压力标准值(kPa)；

a_{pi} ——基坑内侧第 i 层土的被动土压力合力作用点至挡土构件底端的距离；

E_{aki} ——基坑外侧第 i 层土的主动土压力标准值(kPa)；

a_{ai} ——基坑外侧第 i 层土的主动土压力合力作用点至挡土构件底端的距离；

理论上，当 $K_e < 1$ 时，表明基坑支挡结构被动区的土压力不足以维持主动土压力作用下的平衡力矩，支挡结构将向基坑坑内发生倾覆破坏。

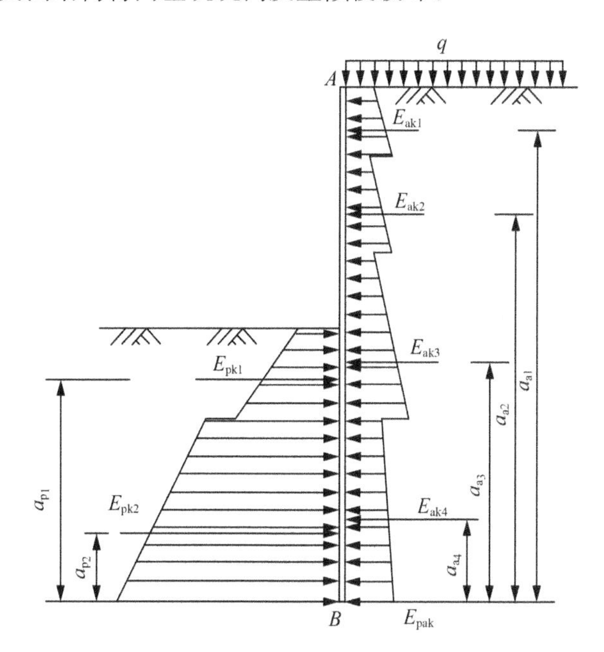

图 3.3.2　悬臂式支挡结构的嵌固稳定计算简图

3.3.1.3　整体稳定性计算方法

悬臂式支挡结构满足嵌固稳定性后，解决了作用在结构上的静力平衡问题。但是，挖除坑内土体后，基坑坑底以下的土体自重也发生了变化，当嵌固深度不足或支挡构件底部以下存在软弱下卧层时，还可能导致坑外土体以某一点为圆心，绕支挡结构端部或其下卧软弱层产生圆弧滑动，造成整体失稳（图 3.3.3）。对于悬臂式支挡结构的整体稳定性，同样采用圆弧滑动条分法进行计算[式(3.3-2)、式(3.3-3)]。

$$\min\{K_{s,1},K_{s,2},\cdots,K_{s,i},\cdots\}\geqslant K_s \tag{3.3-2}$$

$$K_{s,i}=\frac{\sum\{c_jl_j+[(q_jb_j+\Delta G_j)\cos\theta_j-u_jl_j]\tan\varphi_j\}}{\sum(q_jb_j+\Delta G_j)\sin\theta_j} \tag{3.3-3}$$

式中：K_s ——圆弧滑动稳定安全系数；

$K_{s,i}$ ——第 i 个圆弧滑动体的抗滑力矩与滑动力矩的比值，宜通过搜索不同圆心及半径的所有潜在滑动圆弧确定；

c_j 、φ_j ——分别为第 j 土条滑弧面处的黏聚力(kPa)和内摩擦角(°)，取值原则和方法同 2.6 节；

b_j ——第 j 土条的宽度(m)；

θ_j ——第 j 土条滑弧面中点处的法线与垂直面的夹角(°)；

l_j ——第 j 土条的滑弧长度(m)，$l_j=b_j/\cos\theta_j$ ；

q_j ——第 j 土条上的附加分布荷载(kPa)；

ΔG_j ——第 j 土条的自重，一般按天然重度计算(kN)；

u_j ——第 j 土条滑弧面上的水压力(kPa)，采用落底式帷幕止水时，对于地下水位以下的砂性土或碎石土，在基坑外侧可取 $u_j=\gamma_w h_{wa,j}$ ，基坑内侧可取 $u_j=\gamma_w h_{wp,j}$ ，对于黏性土，$u_j=0$；

γ_w ——地下水的重度(kN/m³)；

$h_{wa,j}$ 、$h_{wp,j}$ ——基坑外侧第 j 土条滑弧面中点的压力水头(m)、基坑内侧第 j 土条滑弧面中点的压力水头(m)。

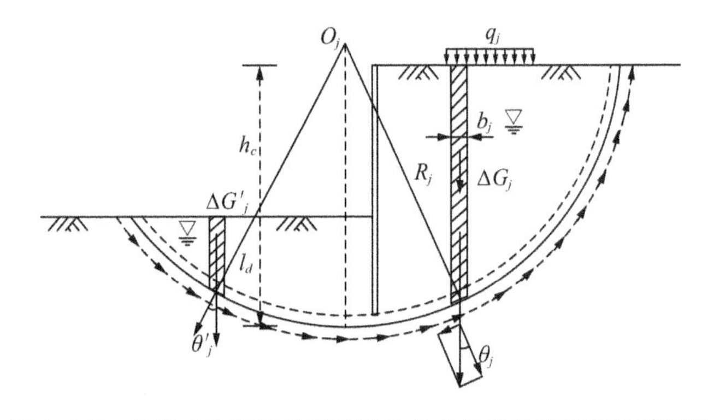

图 3.3.3 悬臂式支挡结构圆弧滑动条分法整体稳定性计算简图

当支挡结构端部以下存在软弱下卧层时，整体稳定性计算的滑动面中应包括由圆弧与软弱土层层面组成的复合滑动面(图 3.3.4)；当支挡结构端部嵌入坚硬土层或岩层时，由于坚硬土层或岩石段不可能发生圆弧滑动破坏，此时需要验算支挡结构的抗剪承载力(图 3.3.5)。

3.3.1.4 强度破坏

支挡结构强度破坏是指支挡结构构件或连接因超过材料自身强度而破坏。对于悬

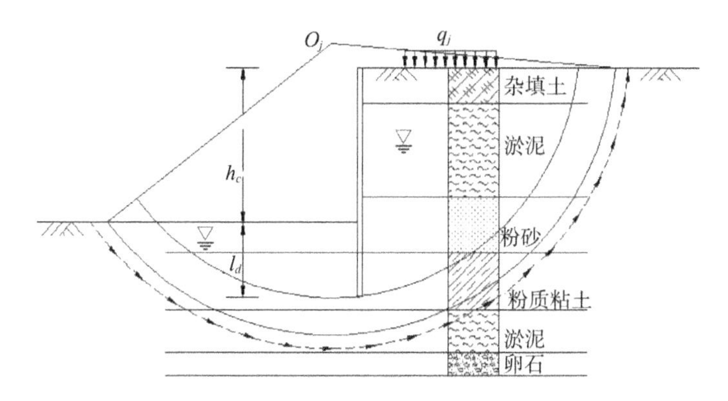

图 3.3.4 存在软弱下卧层时可能发生的整体失稳

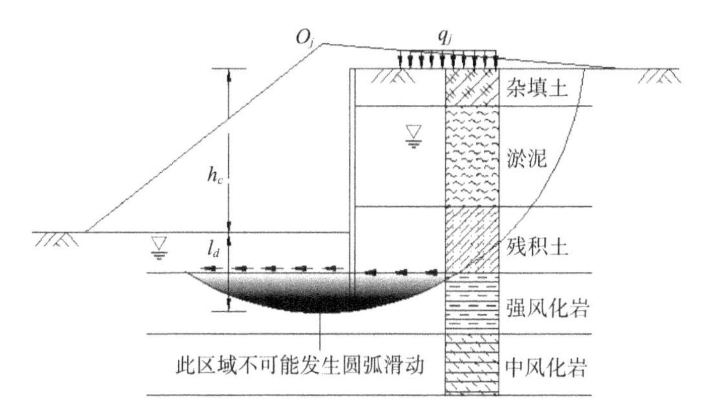

图 3.3.5 支挡结构端部嵌入坚硬岩层时可能发生的破坏

臂式支挡结构，其主要承受的荷载是基坑内、外的土压力和水压力，在复杂的土、水压力作用下，构件内部产生剪应力和弯曲应力。基坑工程中，常见的造成支挡结构强度破坏的主要因素有：

(1) 由于地质条件变化较大或不可预测的其他因素导致计算土、水压力小于构件实际承受的土、水压力，造成构件强度破坏。

(2) 支挡结构外地面超载超过设计荷载(如施工违规堆载、预估超载不足等)，导致构件上承受的附加应力增大，造成构件强度破坏。

(3) 基坑超挖过多导致作用在构件上的主动土压力增大、被动土压力减小，造成构件强度破坏。

(4) 构件本身存在质量问题导致结构抗力小于设计要求的抗力，造成构件强度破坏。

3.3.1.5 正常使用极限状态破坏

基坑土体开挖时，支挡结构的水平位移将随基坑内土体开挖深度的增大而不断加大，同时也会因坑内降水等造成坑外地面沉降。当开挖影响范围内有建(构)筑物、道路、管线时，可能会出现由于支挡结构变形过大导致的建(构)筑物、道路、管线沉降或水平位移不能满足国家现行相关规范(标准)的要求。因此，当基坑周边有重要建(构)筑物、道路、管线时，应慎重选用悬臂式支挡结构，必要时应进行专项评估论证。

3.3.2 悬臂式支挡结构设计计算方法

悬臂式支挡结构的设计计算方法主要包括极限平衡法和弹性支点法。《建筑基坑支护技术规程》(JGJ 120—2012)及部分省、市的相关标准均推荐采用弹性支点法。

3.3.2.1 极限平衡法

极限平衡法主要是根据经典土压力计算理论，通过静力平衡方程求解支挡结构内力、支挡结构的最小埋置深度等。这种计算方法较为简单，可以通过手算求解，但是不能计算支护结构的位移。

极限平衡法计算时认为悬臂式支挡结构的破坏模式为绕其底端以上的某点转动，这样，作用在桩体转动点 O 以上的内侧(坑内，下同)及 O 以下的外侧(坑外)的土压力为被动土压力，O 以上的外侧的土压力为主动土压力。由于要精确确定土压力的分布规律很困难，因此近似假定桩体内侧为被动土压力、外侧为主动土压力。以地下水位以上的砂性土层为例，作用在挡土构件上的土压力分布如图 3.3.6 所示。

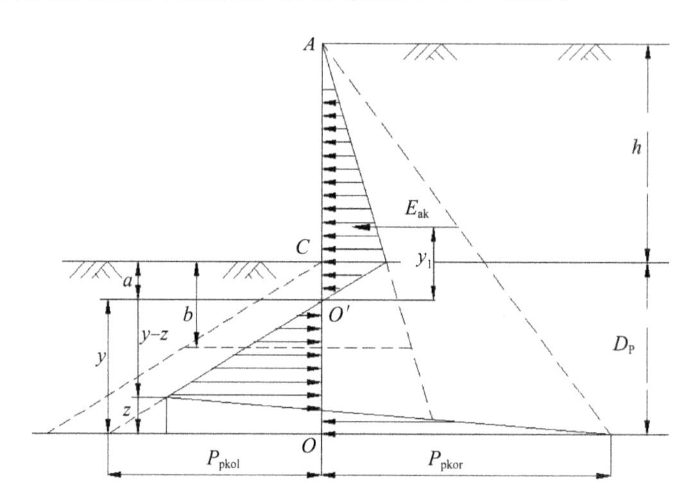

图 3.3.6 悬臂式支挡结构上的土压力分布图(地下水位以上的砂性土层)

支挡结构上土压力为零的点为 O'，该点主动土压力与被动土压力相等，即：

$$P=\gamma(h+a)K_{a}-\gamma aK_{P}=0 \tag{3.3-4}$$

根据支挡结构上最大弯矩的作用点的剪力为零，则可以得到：

$$\frac{b^{2}}{2}\gamma K_{P}-\frac{(h+b)^{2}}{2}\gamma K_{a}=0 \tag{3.3-5}$$

得到剪力为零的点之后，根据力矩平衡条件可以得到：

$$M_{max}=\frac{(h+b)^{3}}{6}\gamma K_{a}-\frac{b^{3}}{6}\gamma K_{P} \tag{3.3-6}$$

支挡结构的最小嵌固深度必须满足静力平衡条件，即作用于结构上的全部水平向作用力之和为零（$\sum H=0$），以及所有水平作用力绕结构底部自由端的弯矩总和为零（$\sum M_O=0$）。由 $\sum H=0$ 可以得到：

$$R_a+(p_{pkol}+p_{pkor})\cdot\frac{z}{2}-p_{pkol}\frac{y}{2}=0 \tag{3.3-7}$$

由 $\sum M_O=0$ 可以得到：

$$R_a(y+y_1)+\frac{1}{6}(p_{pkol}+p_{pkor})\cdot z^2-\frac{1}{6}p_{pkol}y^2=0 \tag{3.3-8}$$

式中：$R_a=\dfrac{\gamma K_a h(h+a)}{2}$，$z=\dfrac{p_{pkol}y-2R_a}{p_{pkol}+p_{pkor}}$，$y_1=\dfrac{h+2a}{3}$。

悬臂式支挡结构的最小嵌固深度 $D=y+a$。按照式(3.3-7)和式(3.3-8)计算 y 是一个繁杂的过程，为了方便快捷计算不发生绕结构底端转动的最小嵌固深度，可以根据图 3.3.7 所示的土压力计算简图，按主、被动土压力绕 O 点的弯矩平衡条件初步估算最小嵌固深度：

$$\frac{(h+D)^3}{6}\gamma K_a-\frac{D^3}{6}\gamma K_P\geqslant 0 \tag{3.3-9}$$

实际上，一般情况下，采用悬臂式支挡结构的基坑开挖深度在 6 m 以内。以基坑开挖深度 6 m 为例，对于无黏性土，在不考虑超载和地下水作用时，当土体的内摩擦角大于 20°时，采用式(3.3-8)和式(3.3-9)求解得到的最小嵌固深度相差很小，而当土体的内摩擦角小于 20°时，采用式(3.3-8)求解得到的最小嵌固深度高于采用式(3.3-9)求解结果的 10%左右。因此，为简化计算，可以采用式(3.3-9)计算最小嵌固深度，然后将计算结果乘以 1.0～1.1 的系数作为最小嵌固深度。当基坑开挖深度大于 5 m、土的内摩擦角小于 20°时取大值。

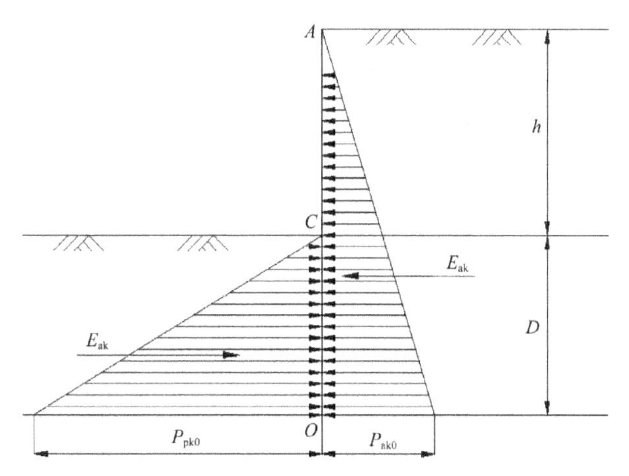

图 3.3.7 悬臂式支挡结构最小嵌固深度计算简图

上述悬臂式支挡结构的基本计算方法在于给出这种支护结构的计算概念。在实际工程中，要考虑非均质的土层、含水性以及地面超载等情况。对于这些情况的计算方法，其基本原理相同，仅是计算土压力不同，因此本书不再介绍，感兴趣的读者可参阅相关文献。

3.3.2.2 弹性支点法

对于基坑工程，许多时候要按照正常使用极限状态设计，即要考虑支挡结构的位移。这恰恰是极限平衡法所不能解决的。因此，极限平衡法具有一定的局限性。

悬臂式支挡结构的顶端变形值计算是一个比较复杂的问题。如果假定基坑底部为悬臂式支挡结构的固定端，则开挖面以上的悬臂段可以通过静力计算法，按照悬臂梁来计算各点的位移和内力。从实用角度出发，可以假定支挡结构的固定端在开挖面处，开挖面以上的结构按悬臂梁的柔性变形计算。对于开挖面以下的部分，则可按照顶端承受水平集中力和力矩的桩考虑，其水平集中力等于开挖面以上支挡结构所受上部土压力的合力，所受力矩等于开挖面以上主动土压力合力对开挖面的力矩之和。在水平集中力和力矩的共同作用下，开挖面处的支挡结构产生水平位移 Δ 和转角 θ 。按照上述假定，如图 3.3.8 所示，悬臂式支挡结构的顶端位移计算公式可表示为：

$$s=\delta+\Delta+\theta\cdot h \tag{3.3-10}$$

式中：s ——支挡结构顶端的水平位移；

δ ——假定坑底为固定端时按静力法计算的悬臂段顶端水平位移；

Δ ——坑底以下支挡结构在水平集中力作用下的坑底水平位移；

θ ——坑底以下支挡结构在力矩作用下的转角；

h ——基坑的开挖深度。

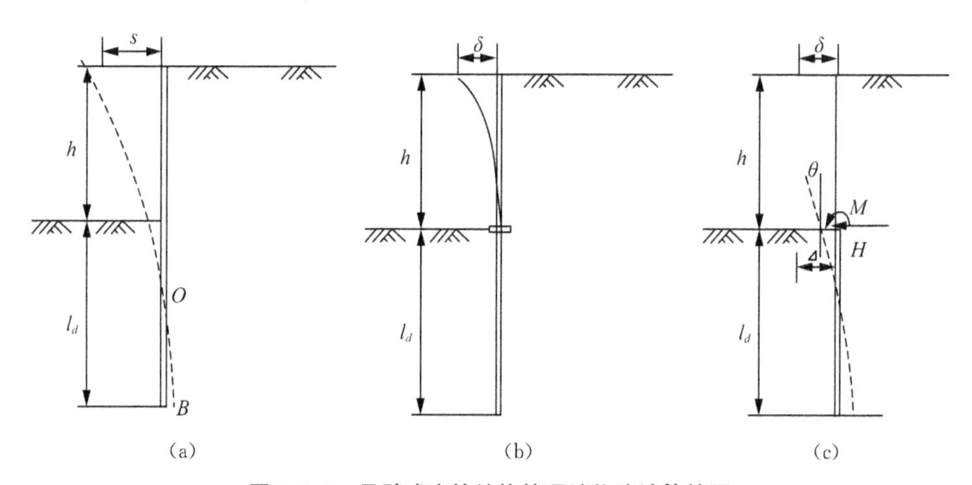

图 3.3.8 悬臂式支挡结构的顶端位移计算简图

基坑坑底以下支挡结构在水平集中力及力矩作用下作用点处的位移和转角可以采用土抗力法计算：将支挡结构简化为竖向弹性地基梁，将结构两侧的土体均假设为土弹簧，并假定坑外主动侧土体的土压力随结构变形的增大而减小，但不小于主动土压力，而坑内被动侧土体的土压力随结构变形的增大而增大，其应力随位移增大的规律，符合文克勒(Winkler)的地基抗力假设，即横向抗力与压缩体的横向位移呈正比，该比例系数即为地基反力系数。

(1) 水平集中力和力矩作用下支挡结构的挠曲方程

如图 3.3.9，假设土体为弹性介质，设置于土层中的竖向弹性构件(桩、板等)，当其顶部受水平向集中力 H 和力矩 M 、桩身受水平分布荷载作用时，将发生挠曲，桩侧受压土体将产生连续分布的土反力，如果忽略桩体挠曲变形所引起的竖向侧摩阻力，则沿桩体深度方向任意一点处单位长度上的反力 $\overline{p}$ 为深度 z 和该点桩挠度 y 的函数，即 $\overline{p}=p(z,y)$ 。

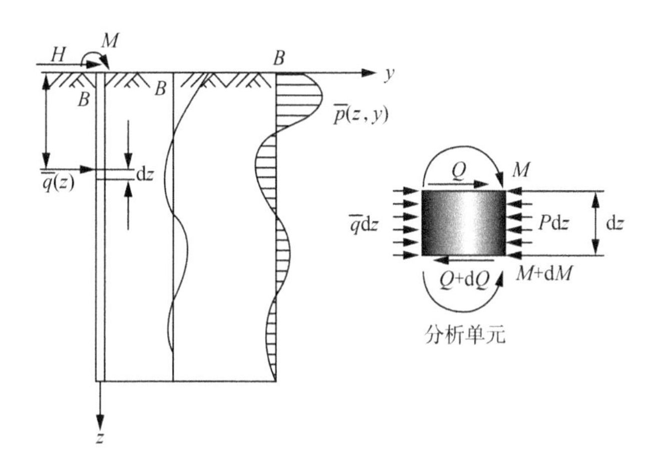

图 3.3.9　埋置于土中的支挡结构受力简图

截取桩上任意一微单元，单元两侧分别作用分布荷载 $\overline{q}\cdot dz$ 和土反力 $\overline{p}\cdot dz$ 。图中单元截面上的剪力规定为使截面顺时针转动为正；弯矩规定为左侧纤维受拉为正。桩顶部荷载规定为水平力正负与 y 轴正负相同，弯矩以顺时针方向为正，转角位移规定以逆时针方向为正。

根据力的平衡条件可得：

$$(Q+dQ)-Q-\overline{p}(z,y)dz+\overline{q}\cdot dz=0 \tag{3.3-11}$$

则：

$$\frac{dQ}{dz}=\overline{p}(z,y)-\overline{q}\cdot dz \tag{3.3-12}$$

将 $Q=\dfrac{dM}{dz}$ 代入式(3.3-12)可得：

$$\frac{d^2M}{dz^2}=\overline{p}(z,y)-\overline{q}\cdot dz \tag{3.3-13}$$

根据材料力学知识，梁的挠曲函数与弯矩的关系为 $EI\dfrac{d^2y}{dz^2}=-M$ (EI 为支挡结构的抗弯刚度，kN·m^2），假定 EI 为常数（支挡结构的材料和截面面积沿桩长不变），则将 M 代入式（3.3-13）可得：

$$EI\frac{d^4y}{dz^4}=-\overline{p}(z,y)+\overline{q}\cdot dz \tag{3.3-14}$$

式（3.3-14）为支挡结构的挠曲线微分方程。假设对于埋置于土中的悬臂式支挡结构 $\overline{q}\cdot dz=0$，则式（3.3-14）可以改写为：

$$EI\frac{d^4y}{dz^4}+\overline{p}(z,y)=0 \tag{3.3-15}$$

（2）地基反力系数

设置于弹性介质中的弹性支挡结构，可假定支挡结构两侧的土体为线弹性体或非线弹性体。由于假定土体为非线弹性体的计算复杂，实际工程中使用很少，一般是采用线弹性地基反力法，即假定支挡结构两侧土体为文克勒离散线性弹簧，不考虑支挡结构与土之间的黏着力和摩阻力，土的抗力 p 与土的横向位移 y 呈正比，则可以得到：

$$p=k_h\cdot y\cdot b_s \tag{3.3-16}$$

式中：k_h ——地基反力系数（MN/m^4），使单位面积的地基土产生单位压缩值时所需要施加的压力，即支挡结构某点发生横向位移时，土体给予的横向抗力；

b_s ——支挡结构的计算宽度（m）。

与水平放置的建筑物地基梁不同，基坑的支挡结构是竖向植入土中的构件，地基反力系数不仅仅与土的物理力学性能指标有关，还与反力点的深度 z 有关，通常可假设：

$$k_h(z)=k_h\cdot z^n \tag{3.3-17}$$

式中：n ——常数。

如图 3.3.10，由于 k_h 的假定不同，对于地基水平反力系数的分布计算方法有“张氏”法、“k”法、“c”法和“m”法。四种方法中因地基土水平反力系数沿深度分布规律的假设不同，其计算结果也有所差异。实践经验和实测数据表明，对支挡结构内力和位移起关键作用的是支挡结构顶部一定范围内土层的物理力学性能，因此，工程应用时应根据土的性状来选择合适的计算方法：对于超固结土和当地面为硬壳层时，采用“张氏”法比较合理；其他土质可选择“c”法和“m”法；桩径较大、允许位移较小时可选择“c”法，现行的《建筑基坑支护技术规程》（JGJ 120—2012）和多个地方标准均推荐采用“m”法；“k”法的误差较大且存在假设条件的矛盾，基本不被采用。

①“张氏”法

“张氏”法由我国学者张有龄在 20 世纪 30 年代提出[如图 3.3.10(a)]。其基本假定为：地基土的水平反力系数是与深度无关的常数；当支挡结构（桩）的入土深度很大时，可当作半无限长桩处理，即随着构件入土深度的增大，其两侧的土、被动土压力越来越接近静止土压力，构件中的弯矩和剪力趋于零。

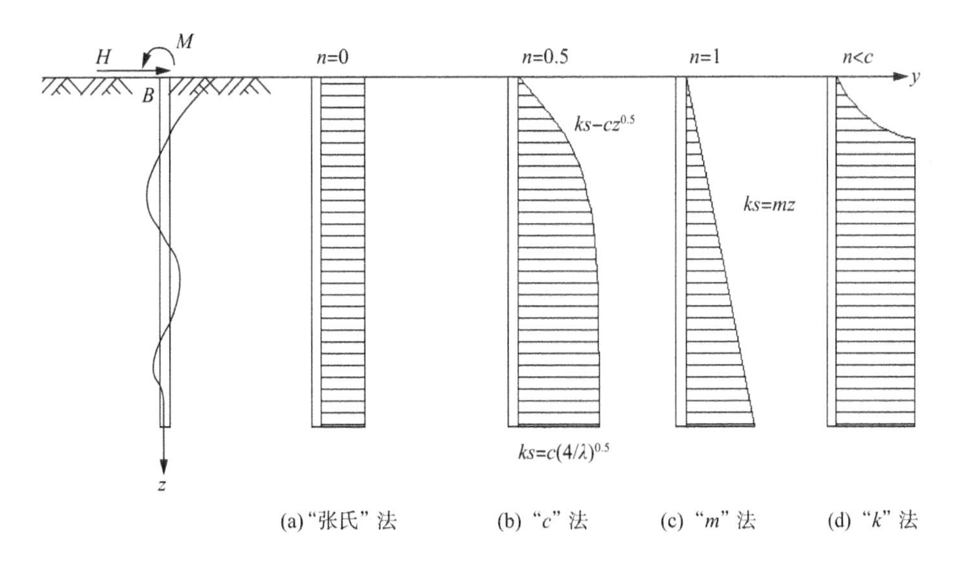

图 3.3.10　不同假设下地基土水平反力系数分布图

根据上述假定，式(3.3-15)可以改写为：

$$EI\frac{d^4y}{dz^4}+k_h(z)\cdot y(z)\cdot b_0=0 \tag{3.3-18}$$

其通解为：

$$y=l^{\beta z}[C_1\cos(\beta z)+C_2\sin(\beta z)]+l^{-\beta z}[C_3\cos(\beta z)+C_4\sin(\beta z)] \tag{3.3-19}$$

式中：$\beta=\left(\frac{k_h b_0}{4EI}\right)^{\frac{1}{4}}$ 为桩的特征值。

当桩的埋深 $l\geqslant\frac{\pi}{\beta}$ 时，按照半无限长桩处理可以得到边界条件：$z\to\infty$，$M\to 0$，$Q\to 0$，$y\to 0$，以此为边界条件可以确定式(3.3-19)中的常数 C_1、C_2、C_3、C_4，并结合土体反力和内力挠曲线微分方程推导得到完全埋于土中的长桩的相关计算公式，见表3.3-1。需要说明的是，表3.3-1中的计算公式不考虑桩顶还有力矩作用的情况。

表 3.3-1　完全埋置于土中的长桩计算公式

公式名称	桩顶约束条件	
	桩顶自由	桩顶固定
挠曲线	$y=\frac{-H_0}{2EI\beta^3}e^{-\beta z}\cos(\beta z)$	$y=\frac{-H_0}{4EI\beta^3}e^{-\beta z}[\cos(\beta z)+\sin(\beta z)]$
桩顶转角	$\theta=\frac{H_0}{2EI\beta^2}$	$\theta=0$
桩身弯矩	$M=\frac{-H_0}{\beta}e^{-\beta z}\sin(\beta z)$	$M=\frac{-H_0}{2\beta}e^{-\beta z}[\cos(\beta z)-\sin(\beta z)]$

续表

公式名称	桩顶约束条件	
	桩顶自由	桩顶固定
桩身剪力	$Q=-H_0 e^{-\beta z}[\cos(\beta z)-\sin(\beta z)]$	$Q=-H_0 e^{-\beta z}\cos(\beta z)$
最大弯矩	$M_{max}=-0.3224\dfrac{H_0}{\beta}$	$M_{max}=-0.2079\dfrac{H_0}{\beta}$
最大弯矩深度	$l_m=\pi/4\beta$	$l_m=\pi/2\beta$
第一位移零点	$l_m=\pi/2\beta$	$l_m=3\pi/4\beta$

“张氏”法中地基土水平反力系数 k_h 的经验值见表 3.3-2。

表 3.3-2 “张氏”法地基土水平反力系数 k_h 的经验值 单位:MN/m^4

土类	k_h	土类	k_h	土类	k_h
极软淤泥及黏土	2.8～14	可塑黏土	30～60	密砂	80～100
淤泥与软黏土	14～28	硬塑黏土	20～90	粗砂	100～150
填土	10～20	砂灰黏土	60～80	砂卵石	180～240
饱和黏土	20～35	松砂	15～30		

②“c”法

如图 3.3.10(b),“c”法假定式(3.3-17)中 $n=0.5$。对于桩的入土深度 $z\leqslant 4/\lambda$ 段,取 $k_h(z)=c\cdot\sqrt{z}$;$z>4/\lambda$ 段,取 $k_h(z)=c\cdot(4/\lambda)^{0.5}$,其中 c 为与土的类别有关的常数,λ 为桩的特征值,$\lambda=\sqrt[4.5]{cd/EI}$。则根据同样的边界条件可以推导出与“张氏”法类似的计算公式。

③“k”法

如图 3.3.10(d),“k”法假定桩身第一挠曲零点以上的地基土水平反力系数按抛物线变化,该点以下为常数 k。

④“m”法

如图 3.3.10(c),“m”法假定 k_h 与桩的埋置深度呈正比,即 $k_h(z)=m\cdot z$,则式(3.3-15)可以改写为:

$$EI\frac{d^4y}{dz^4}+mb_0zy(z)=0 \tag{3.3-20}$$

令桩的特征值 $a=(mb_0/EI)^{\frac{1}{5}}$,则式(3.3-20)可以改写为:

$$\frac{d^4y}{dz^4}+a^5zy(z)=0 \tag{3.3-21}$$

式(3.3-21)可以采用幂级数法、差分法、反力积分法和量纲分析法等方法求解,其求解的精度均可满足工程设计要求。表 3.3-3 为各类土的比例系数 m 的参考值。

表 3.3-3 “m”法的比例系数值(m 值) 单位:MN/m^4

土类	m	土类	m
流塑黏性土、淤泥	1~2	砾砂、砾石、碎石、卵石	10~20
软塑黏性土、粉砂	2~4	密实粗砂夹卵石、密实漂石、密实卵石	20~50
可塑黏性土、稍密~中密砂土	4~6	水泥土搅拌桩(置换率 25%)	2~4(水泥掺量<8%)
坚硬的黏性土、密实砂土	6~10		4~6(水泥掺量>13%)

随着计算机的广泛普及,采用弹性支点法计算桩的位移、内力和转角,不论采用何种假定,均可直接采用数学计算工具求解,本书不再详细介绍。

3.3.2.3 规程(标准)计算法

如图 3.3.11,现行的《建筑基坑支护技术规程》(JGJ 120—2012)对悬臂式支挡结构采用平面杆系结构弹性支点法进行结构变形和内力分析。

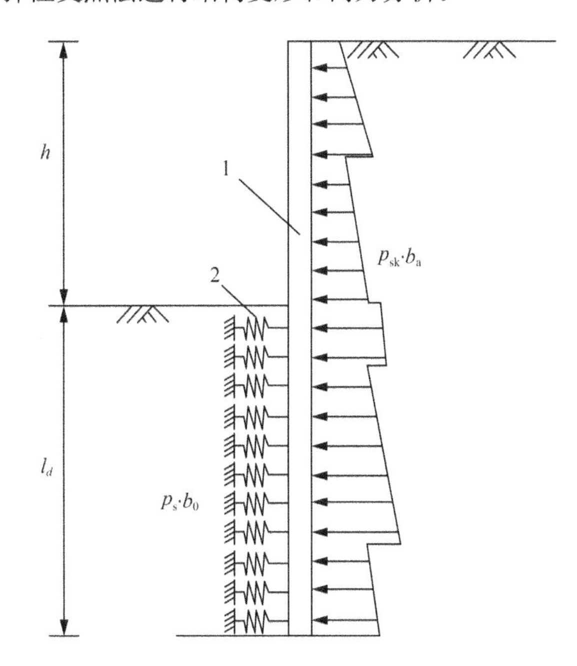

1. 挡土结构;2. 计算土反力的弹性支座。

图 3.3.11 弹性支点法计算简图

在支挡结构设计时,主动区的土压力按照朗肯土压力理论计算,被动区的土反力分为两部分,一部分是忽略土体黏聚力按照朗肯土压力理论计算的初始分布土反力 p_{s0},另一部分是考虑土体发生水平压缩变形后产生的反力。即:

$$p_s = k_s v + p_{s0} \tag{3.3-22}$$

式中:p_s ——分布土反力(kPa);其限制条件为 $p_{sk} \leqslant E_{pk}$,不符合时应增加挡土构件的嵌固长度或取 $p_{sk} = E_{pk}$,即实际土的抗力是有限的,如采用莫尔-库仑准则,则不应超过被动土压力;

k_s ——土的水平反力系数(kN/m³)，$k_s = m(z-h)$；

v ——挡土构件在分布土反力计算点使土体压缩的水平位移值(m)；

p_{s0}——初始分布土反力(kPa)，按照朗肯土压力理论计算，并不考虑土体的黏聚力；

p_{sk} ——挡土构件嵌固段上的基坑内侧土反力标准值，通过式(3.3-22)求出；

E_{pk} ——挡土构件嵌固段上的被动土压力标准值，按照朗肯土压力理论计算；

m ——土的水平反力系数的比例系数(kN/m⁴)，宜按桩的水平荷载试验及地区经验取值，缺少试验和经验时，可取 $m = \dfrac{0.2\varphi^2 - \varphi + c}{v_b}$；

z ——计算点距地面的深度(m)；

h ——计算工况下的基坑开挖深度(m)；

c 、φ ——土的黏聚力(kPa)、内摩擦角(°)，取值原则同 2.6 节；

v_b ——挡土构件在坑底处的水平位移量(mm)，水平位移不大于 10 mm 时，可取 $v_b = 10$ mm 。

需要指出的是，上述计算方法中的 m 值是根据大量实际工程的单桩水平荷载试验，按公式 $m = \left(\dfrac{H_{cr}}{x_{cr}}\right)^{\frac{5}{3}} / b_0 (EI^{\frac{2}{3}})$ ，经与土层的 c 、φ 值统计建立的，一般情况下，各类土的 m 值的经验公式计算结果是明显小于表 3.3-3 的。同时，由于挡土构件在坑底处的水平位移是未知的，按照规范公式计算 m 值应该是一个反复试算的过程，但是许多工程的设计计算结果表明，采用 $v_b = 10$ mm 计算 m 值，得到的坑底水平位移也往往小于 10 mm，因此省去了重复的试算工作。

对于悬臂式挡土结构，其嵌固深度除满足计算要求外，尚不宜小于 $0.8h$（h 为基坑开挖深度）。

如图 3.3.12，《建筑基坑支护技术规程》(JGJ 120—2012)同时规定采用不同形状的排桩(圆形、矩形、工字形)作为挡土构件时，作用在单根支护桩上的主动土压力计算宽度取排桩间距，土反力计算宽度可按式(3.3-23)～式(3.3-26)计算。并指出，采用地下连续墙作为挡土结构时，作用在单幅地下连续墙上的主动土压力计算宽度和土反力计算宽度应包括接头的单幅墙宽度。

①对于圆形桩

$$b_0 = 0.9(1.5d + 0.5)\ (d \leqslant 1\ \text{m}) \tag{3.3-23}$$

$$b_0 = 0.9(d + 1)\ (d > 1\ \text{m}) \tag{3.3-24}$$

②对于矩形或工字形桩

$$b_0 = 1.5b + 0.5\ (d \leqslant 1\ \text{m}) \tag{3.3-25}$$

$$b_0 = b + 1\ (d > 1\ \text{m}) \tag{3.3-26}$$

式中：b_0——单根支护桩上的土反力计算宽度(m)，当按式(3.3-23)～式(3.3-26)计算的 b_0 大于排桩间距时，取排桩间距；

d ——桩的直径(m)；

b ——矩形桩或工字形桩的宽度(m)。

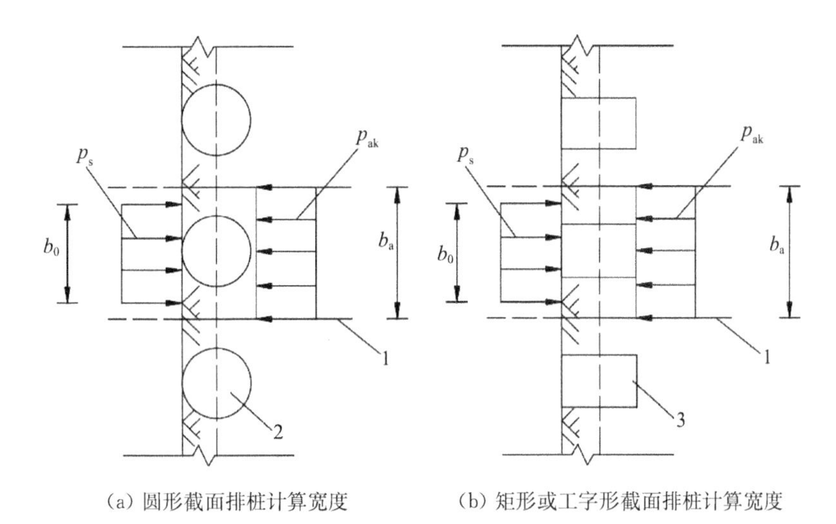

(a) 圆形截面排桩计算宽度　　(b) 矩形或工字形截面排桩计算宽度

图 3.3.12　排桩计算宽度

3.3.3　挡土构件结构设计计算方法

悬臂式支挡结构的挡土构件有钢板桩、钢管桩、混凝土灌注桩、混凝土管桩或 U 形桩、混凝土方桩和工字形板桩等，水利工程中常用的主要是钢板桩和混凝土灌注桩，有些堤防、河道治理和航道整治等工程也采用了混凝土预应力管或 U 形桩，如钱塘江堤防工程、上海清运河巷道整治工程、引江济淮工程等。

基坑工程的挡土构件，有时也叫围护桩，其与工程桩的受力是不同的。工程桩主要承受竖向力，而围护桩则主要承受水平荷载，更重要是刚度。由于悬臂式挡土结构具有受力大、整体变形差和变形大等特点，工程上一般选择刚度大且具有一定韧性的挡土构件。虽然目前混凝土预应力管桩（U 形桩）的生产和施工工艺较为成熟，桩身强度也较高，但是其韧性较差，在施工和运输过程中易出现缺陷导致桩身脆断。因此，虽然有不少成功案例，但是由于潜在风险较高，在基坑工程设计中不推荐采用此桩型作为挡土结构。基于此，本节主要介绍钢板桩和混凝土灌注桩的结构设计计算方法。

3.3.3.1　钢板桩结构设计计算方法

钢板桩因其具有强度高、重量轻、施工便捷和可循环利用等优点，在水利工程基坑支护中得到广泛应用，特别是当基坑开挖深度不大时。钢板桩常见的断面形式有 U 形、Z 形、直线形等多种形式，有时候也采用钢管桩。如图 3.3.13 所示，钢板桩通过边缘的锁扣连接，相互咬合而形成连续的钢板墙，起到挡土、挡水的作用。与其他桩型相比，U 形、Z 形钢板桩的抗弯刚度较小，但是能够适应较大的变形，属于偏柔性的支护。

钢板桩的设计需要考虑开挖深度、场地土的类型和周边建筑环境，其承受的土压力、结构内力、整体稳定性和桩长可按 3.3.2 节所述的方法计算，根据计算得到弯矩、剪力乘

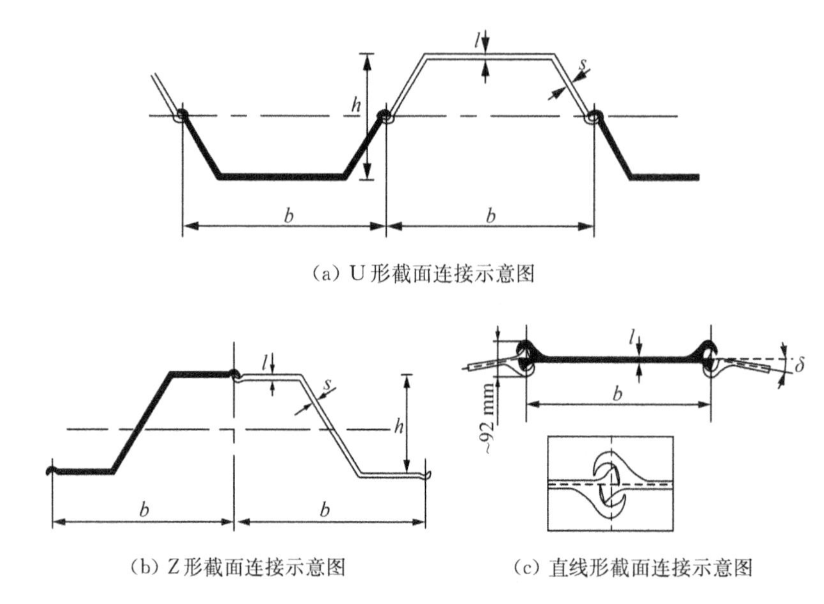

(a) U形截面连接示意图

(b) Z形截面连接示意图　　(c) 直线形截面连接示意图

图 3.3.13　不同类型截面钢板桩的连接示意图

以分项系数后，按钢结构设计方法，进行截面设计，并选择钢板桩的型号。通常，钢板桩被水平向土压力剪断的可能性较小，因此，一般不进行抗剪强度计算，而仅采用式(3.3-27)计算钢板桩所需的截面抵抗矩，并以此选择钢板桩型号。

$$\sigma = \frac{M_{\max}}{W} + \frac{N}{A} \tag{3.3-27}$$

式中：σ ——钢板桩的计算应力(kPa)；

$M_{\max}$ ——钢板桩的最大弯矩设计值(kN·m)；

W ——钢板桩的截面抵抗矩(m^3)；

N ——钢板桩所受的轴向力(kN)；

A ——钢板桩的截面面积(m^2)。

3.3.3.2　混凝土灌注桩设计计算方法

混凝土灌注桩承受的土压力、结构内力、整体稳定性和桩长可按 3.3.2 节所述的方法计算，根据计算得到弯矩、剪力乘以分项系数后，按混凝土结构设计方法，进行截面配筋设计。《建筑基坑支护技术规程》(JGJ 120—2012)附录 A 给出了圆形截面混凝土支护桩的正截面受弯承载力计算方法。

(1) 沿周边均匀配筋

沿周边均匀配置纵向钢筋的圆形截面钢筋混凝土支护桩，其正截面受弯承载力计算简图如图 3.3.14 所示，计算公式如下：

$$M \leqslant \frac{2}{3} f_c A r \frac{\sin^3 \pi\alpha}{\pi} + f_y A_s r_s \frac{\sin\pi\alpha + \sin\pi\alpha_t}{\pi} \tag{3.3-28}$$

$$\alpha f_c A\left(1-\frac{\sin 2\pi\alpha}{2\pi\alpha}\right)+(\alpha-\alpha_t)f_y A_s=0 \tag{3.3-29}$$

式中：M ——桩的弯矩设计值（kN・m），$M=\gamma_0\gamma_F M_k$，γ_0 为支护结构重要性系数，对于安全等级为一级、二级、三级的支护结构，分别不应小于 1.1、1.0、0.9，γ_F 为作用基本组合的综合分项系数，$\gamma_F=1.25$，M_k 为作用标准组合弯矩值（kN・m）；

f_c ——混凝土轴心抗压强度设计值（kN/m^2），当混凝土强度等级超过 C50 时，应以 $f_c=a_1 f_c$ 代替，当混凝土强度等级为 C50 时，$a_1=1$，当混凝土强度等级为 C80 时，$a_1=0.94$，其间按线性内插法确定；

A ——支护桩截面面积（m^2）；

r ——支护桩的半径（m）；

α ——对应于受压区混凝土截面面积的圆心角（rad）与 2π 的比值；

f_y ——纵向钢筋的抗拉强度设计值（kN/m^2）；

A_s ——全部纵向钢筋的截面面积（m^2）；

r_s ——纵向钢筋重心所在圆周的半径（m）；

α_t ——纵向受拉钢筋截面面积与全部纵向钢筋截面面积的比值，当 $\alpha>0.625$ 时，取 $\alpha_t=0$。

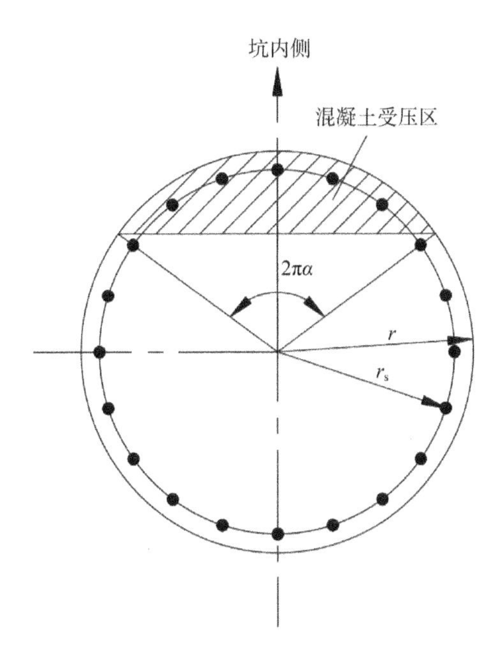

图 3.3.14 沿周边均匀配筋的圆形截面支护桩受弯承载力计算简图

(2) 沿受拉区和受压区局部均匀配筋

沿受拉区和受压区周边局部均匀配置纵向钢筋的圆形截面钢筋混凝土支护桩，其正截面受弯承载力计算简图如图 3.3.15 所示，计算公式如下：

当 $\alpha \geqslant \frac{1}{3.5}$ 时：

$$M \leqslant \frac{2}{3} f_c A r \frac{\sin^3 \pi\alpha}{\pi} + f_y A_{sr} r_s \frac{\sin \pi\alpha_s}{\pi\alpha_s} + f_y A'_{sr} r_s \frac{\sin \pi\alpha'_s}{\pi\alpha'_s} \tag{3.3-30}$$

$$\alpha f_c A 1 - \frac{\sin 2\pi\alpha}{2\pi\alpha}\Big) + f_y (A'_{sr} - A_{sr}) = 0 \tag{3.3-31}$$

$$\cos \pi\alpha \geqslant 1 - (1 + \frac{r_s}{r} \cos \pi\alpha_s) \xi_b \tag{3.3-32}$$

当 $\alpha < \frac{1}{3.5}$ 时：

$$M \leqslant f_y A_{sr} \left(0.78r + r_s \frac{\sin \pi\alpha_s}{\pi\alpha_s}\right) \tag{3.3-33}$$

式中：α_s ——对应于受拉钢筋的圆心角(rad)与 2π 的比值，可取 1/6～1/3，通常取 0.25；

α'_s——对应于受压钢筋的圆心角(rad)与 2π 的比值，宜取 $\alpha'_s \leqslant 0.5\alpha$；

A_{sr} ——沿周边均匀配置在圆心角 $2\pi\alpha_s$ 内的纵向受拉钢筋截面面积(m^2)；

A'_{sr}——沿周边均匀配置在圆心角 $2\pi\alpha'_s$ 内的纵向受压钢筋截面面积(m^2)；

ξ_b ——矩形截面相对界限受压区高度，应按现行《混凝土结构设计规范》(GB 50010—2019)的规定取值。

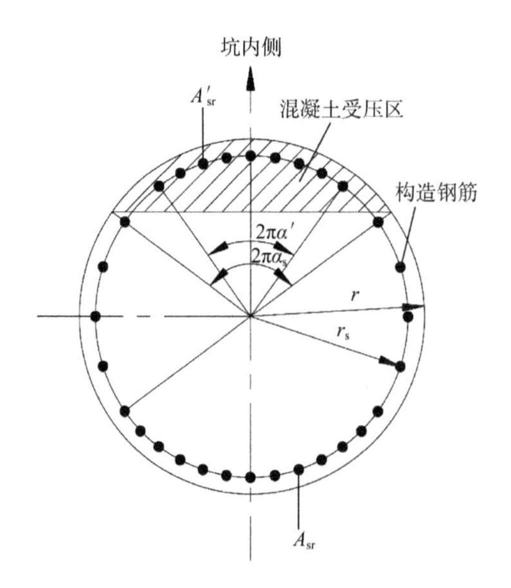

图 3.3.15　沿受拉区和受压区局部均匀配筋的支护桩圆形截面受弯承载力计算简图

(3) 最小配筋率

圆形截面混凝土支护桩的最小配筋率应符合下列要求：

①配置在圆形截面受拉区的纵向钢筋，其按全部截面面积计算的配筋率不宜小于

0.2%和 0.45 f_t/f_y 的较大值(f_t 为混凝土抗拉强度设计值)；

②在不配置纵向受力钢筋的圆周范围内应设置周边纵向构造钢筋，纵向构造钢筋直径不应小于纵向受力钢筋直径的 1/2，且不应小于 10 mm；

③纵向构造钢筋的环向间距不应大于圆截面的半径和 250 mm 的较小值。

3.3.4 稳定安全系数要求

现行的《建筑基坑支护技术规程》(JGJ 120—2012)及部分省、市制定相关标准对悬臂式支挡结构的嵌固稳定安全系数、圆弧滑动稳定安全系数和地下水渗透稳定安全系数提出了具体要求，并指出悬臂式支挡结构可不进行隆起稳定性验算。具体要求见表 3.3-4。

表 3.3-4 采用悬臂式支挡结构基坑的稳定安全系数规定(部分)

<table>
<tr><th>规程(规范、标准)名称</th><th>嵌固稳定安全系数</th><th>圆弧滑动稳定安全系数</th><th>最小嵌固深度</th><th>突涌水稳定安全系数</th><th>流体稳定安全系数</th></tr>
<tr><td>《建筑基坑支护技术规程》(JGJ 120—2012)</td><td rowspan="3">安全等级为一级、二级、三级时，分别不应小于 1.25、1.2、1.15</td><td rowspan="3">安全等级为一级、二级、三级时，分别不应小于 1.35、1.3、1.25</td><td rowspan="3">0.8h</td><td rowspan="2">各种安全等级的基坑均不应小于 1.1</td><td rowspan="3">采用悬挂帷幕时，安全等级为一级、二级、三级时，分别不应小于 1.6、1.5、1.4</td></tr>
<tr><td>北京市地方标准《建筑基坑支护技术规程》(DB11/489—2016)</td></tr>
<tr><td>河北省地方标准《建筑基坑支护技术标准》(DB13(J)/T 8468—2022)</td><td>各种安全等级的基坑均不应小于 1.2</td></tr>
<tr><td>广东省地方标准《建筑基坑工程技术规程》(DBJ/T 15—20—2016)</td><td>1.2γ_0</td><td>1.3γ_0</td><td>0.4h</td><td>1.2γ_0</td><td>1.5γ_0</td></tr>
</table>

注：γ_0 为基坑重要性系数，h 为基坑深度。

3.3.5 挡土构件的构造要求

3.3.5.1 钢筋混凝土灌注桩的构造要求

悬臂式支挡结构的挡土构件，除了满足稳定性和承载能力要求外，还应该满足构造要求。《建筑基坑支护技术规程》(JGJ 120—2012)规定，采用钢筋混凝土灌注桩作为挡土构件时，其构造要求为：

(1) 支护桩桩径不宜小于 600 mm，支护桩的中心距不宜大于桩径的 2 倍。一般情况下，当土的条件较好时，可以利用桩侧“土拱”效应适当扩大桩的间距；当桩间土呈流塑或软塑状态时，应严格控制桩间距，通常将净间距控制在 300 mm 以下。考虑到大直径桩可以承受较大的弯矩，若净距过小，可能会不经济，此时可以在桩间采用土体加固措施，如采用水泥土桩、灌浆等方法加固土体。根据工程经验，对于大桩径或黏性土，排桩净距在 900 mm 以内，对于小桩径或砂土，排桩净距在 600 mm 以内较为常见。

(2) 桩身混凝土的强度等级不宜低于 C25，纵向受力钢筋宜选择 HRB400、

HRB500 钢筋，单桩的纵向受力钢筋不宜少于 8 根，净间距不宜小于 60 mm，支护桩顶部设置钢筋混凝土构造冠梁时，纵向钢筋伸入冠梁的长度宜取冠梁厚度；支护桩顶部应设置混凝土冠梁。冠梁的宽度不宜小于桩径，高度不宜小于桩径的 0.6 倍；冠梁按结构受力构件设置时，桩身纵向受力钢筋伸入冠梁的锚固长度应符合现行国家标准《混凝土结构设计规范》(GB 50010—2019)对钢筋锚固的有关规定；当不能满足锚固长度要求时，钢筋末端可采用机械锚固措施。

(3) 箍筋可采用螺旋式箍筋，箍筋直径不应小于纵向受力钢筋最大直径的 1/4，且不应小于 6 mm；箍筋间距宜取 100～200 mm，且不应大于 400 mm 及桩的直径。沿桩身配置的加强箍筋应满足钢筋笼起吊安装要求，宜选用 HPB300、HRB400 钢筋，其间距宜取 1 000～2 000 mm。

(4) 当采用沿截面周边非均匀配置纵向钢筋时，受压区的纵向钢筋根数不应少于 5 根；当施工方法不能保证钢筋的方向时，不应采用沿截面周边非均匀配置纵向钢筋的形式。

(5) 纵向受力钢筋的保护层厚度不应小于 35 mm，采用水下灌注混凝土工艺时，不应小于 50 mm。

(6) 当沿桩身分段配置纵向受力主筋时，纵向受力主筋的搭接应符合现行国家标准《混凝土结构设计规范》(GB 50010—2019)的相关规定。

(7) 采用排桩支护时，桩间土应采取防护措施。宜采用厚度不小于 50 mm、内置钢筋网或钢丝网的喷射混凝土面层，混凝土强度等级不宜低于 20 MPa，面层内配制的钢筋网间距不宜大于 200 mm。钢筋网或钢丝网宜采用横向拉筋与两侧桩体连接，拉筋直径不宜小于 12 mm，拉筋锚固在桩内的长度不宜小于 100 mm。钢筋网宜采用桩间土内插入直径不小于 12 mm 的钢筋钉固定，其打入桩间土中的长度不宜小于排桩净间距的 1.5 倍，且不应小于 500 mm。

(8) 采用素混凝土桩与钢筋混凝土桩间隔布置的咬合桩形式时，支护桩的桩径不宜小于 800 mm，相邻桩的咬合长度不宜小于 200 mm。素混凝土桩应采用塑性混凝土或强度等级不低于 C15 的超缓凝混凝土，其初凝时间宜控制在 40～70 h 之间，坍落度宜取 12～14 mm。

3.3.5.2 钢板(管)桩的构造要求

《建筑基坑支护技术规程》未明确规定以钢板(管)桩为挡土构件时的构造要求。其构造要求可参考中国水利工程协会发布的团体标准《水利水电工程钢板桩围堰技术规范》(T/CWEA 12—2020)中的相关要求。

(1) 钢板桩适用于填土、淤泥、黏性土、粉土、砂土、碎石土等地层，使用前应进行外观和尺寸等质量检查，使用时应考虑桩的打入、拔除施工对周围环境的影响。

(2) 钢板桩应设置贴合桩体的围檩。相邻钢板桩的竖向接头位置应上下错开，在基坑转角处的钢板桩应根据转角的平面形状做成相应的异型转角桩，且转角桩和定位桩的桩长宜比其他板桩加长 2 m。

(3) 钢板桩的原材料、构件、半成品和成品质量应符合现行国家相关标准的要求。主要承重构件钢材宜采用B级以上。

(4) 钢板桩结构用钢管材料，采用无缝钢管时，其力学性能指标应按现行国家标准《结构用无缝钢管》(GB/T 8162—2018)取值，不宜采用热扩无缝钢管；采用焊接圆钢管时，所用原料板材与管材成品的质量和性能，应符合设计要求或相关标准的规定；焊接矩形钢管的制造工艺、力学性能指标、质量等级与规格应按现行行业标准《建筑结构用冷弯矩形钢管》(JG/T 178—2005)的规定取值选用，所用钢管宜采用直接成型的I级产品。

(5) 钢板桩的连接材料，焊条或焊丝的型号和性能应与相应母材的性能相适应，其熔敷金属的力学性能不应低于相应母材标准的下限值。

(6) 应根据施工和使用年限及环境腐蚀类型，进行钢板桩的防腐设计。

(7) 钢板桩兼做截水帷幕时可采用锁口式防水构造。沉桩前应在锁口内嵌填黄油、沥青或其他密封止水材料。钢板桩施打过程应做好定位导向，严格控制钢板桩的垂直度，保证锁口的截水效果。

3.3.6 减小结构变形的措施

悬臂式支挡结构的最大变形在结构顶部，减小结构变形的途径包括卸荷、增加结构抗弯刚度、增大嵌固深度、被动区加固、采用斜桩等方法。

(1) 卸荷

卸荷的目的是减小作用在挡土构件上的土压力。最常采用的是通过放坡卸荷，减少支挡结构的挡土高度。不具备放坡卸荷条件时，也可以采用加固主动区土体，提高土体的抗剪强度来减小主动土压力。

需要指出的是，采用放坡卸荷时，可以按照2.3节的土压力计算方法，计算作用在挡土构件上的土压力。通常，卸荷的宽度不能太小，否则对减少支护结构的受力和变形没有太大效果，即需要在放坡坡脚和悬臂式支挡结构之间预留较宽的平台。放坡卸荷时，应按照放坡开挖基坑工程设计方法计算边坡的稳定性。

常用的主动区土体的加固方法包括灌浆加固、水泥土搅拌桩加固等。目前，加固主动区土体卸荷后，主动土压力的计算理论和方法尚不明确，即很难确定主动区土体的水平加固宽度、加固效果与作用在挡土构件上的土压力之间的关系，直接采用加固后土体的参数进行土压力计算无疑是不安全的，大范围加固主动区土体则不经济，因此，许多工程中即使采用主动区土体加固的方法进行卸荷，也多是小范围加固(3～5 m)，并将其当作安全储备来考虑。

(2) 增加结构抗弯刚度

理论上增加结构的抗弯刚度，对减小结构变形是最直接有效的。但是增加结构刚度意味着要增大挡土构件的截面面积或减小挡土构件的间距。对于采用悬臂式排桩支护的基坑工程，桩的抗弯刚度与其半径的四次方呈正比，因此，通常采用的方法是增大桩径。

(3) 加大嵌固深度

悬臂式支挡结构的挡土构件的嵌固深度根据嵌固稳定安全度、整体稳定安全度和构造要求确定。根据挡土构件位移计算理论，增大挡土构件的嵌固深度能够减少其水平位移，但是其存在上限。这与基坑工程土层的类型有关，如对于软土基坑，当嵌固深度满足支挡结构稳定安全，继续增大嵌固深度对变形控制基本不起作用；如果基坑被动区土层为深厚的流塑状软土，由于土的抗剪强度指标很低，主、被动土压力系数相差很小，要满足支挡结构的稳定安全要求，嵌固深度需要很深，甚至难以接受。因此，多数情况下，通过增大嵌固深度来减少变形是不现实的，也是不经济的，仅当被动区土质较好时可考虑对嵌固深度进行适当增大。

（4）被动区加固

理论和工程实践表明，对基坑被动区土体进行加固，改善坑底土体的物理力学性质，提高被动区土体的抗力，能够有效减小支挡结构水平位移和地面沉降。虽然被动区加固存在与主动区加固相同的问题，即很难确定水平加固宽度、加固效果、加固深度与土的抗力之间的关系，但是由于加固效果显而易见，因此在工程中的应用越来越普遍。特别是当坑底为软土时，由于被动区土压力随支挡结构的深度缓慢增大，其需要很大的嵌固深度才能确保稳定性，即便如此，结构的内力、变形仍然很大，因此，当受到经济、地质、场地等条件限制，增大支挡结构的插入深度或采用其他措施受到约束时，进行坑底被动区加固是一个很好的选择措施，也能防止出现被动区土体破坏及流土问题。当需要考虑被动区的加固作用时，其加固深度不宜小于悬臂式挡土构件的嵌入深度，宽度宜适当增大，可取深度的0.5～1倍。

（5）采用斜桩作为支挡结构

如果将竖直的悬臂桩改为绕桩端向挡土侧旋转一定角度，采用斜桩布置，理论上随着旋转角度的增加，主动土压力区范围越来越小，而被动土压力区的范围会有所增加，斜桩本身的自重也成了减小变形的有利因素。但是，由于施工困难，实际工程中应用很少。不少学者在这方面做了很多研究，感兴趣的读者可参阅相关文献。

3.4 锚拉式支挡结构

随着基坑深度的增加，悬臂式围护或内支撑围护结构越来越不经济，甚至越来越行不通，在这种情况下需要采用锚拉式围护结构，以达到减小围护结构尺寸，降低造价，改善施工条件，并加快施工进度的目的。

锚拉式支挡结构是以挡土构件和锚杆为主的支挡式结构，是利用锚杆将挡土构件上（围护桩、墙）承受的水、土压力传递到坑外稳定土体上的一种挡土结构。挡土构件类型与悬臂式支挡结构相同，包括板桩式（钢板桩、钢筋混凝土板桩）、排桩式（灌注桩）和地连墙等。锚杆是由杆体（钢绞线、预应力螺纹钢筋、普通钢筋或钢管）、灌浆固结体、锚具、套管所组成的一端与支护结构构件连接，另一端锚固在稳定岩土体内的受拉杆件。基坑工程中常用的拉锚形式以锚杆为主，有时也采用地面锚碇或锚桩等形式。

采用地面浅埋的锚碇或锚桩锚拉，虽然施工简便，拉力可靠，但是要求具有平坦无障碍的场地，许多时候应用受限。锚杆利用钻孔注浆，通过将钢筋或钢绞线等拉杆锚固在较深层的土体中获得可靠的抗拔力。其布置方便，拉拔力大，不受地表场地限制。

水利工程深基坑，采用锚拉式结构能够很好地解决基坑开挖范围大、形状不规则、主体工程地下部分结构复杂、基坑支挡结构不能与主体工程地下部分交叉等问题，而且基坑支护范围通常无地下建(构)筑物、管线等制约其使用，因此，采用锚拉式支挡结构是水利工程深基坑支护的首选。

对于锚拉式支挡结构，首先是进行锚杆设计，然后再进行整体稳定性验算和挡土结构设计。实际上，在确定锚杆力后，挡土结构的设计计算过程与悬臂式支挡结构的设计计算过程一致，只需要将锚杆力作为已知条件代入，计算挡土结构的弯矩和剪力，根据挡土构件的截面类型，按照现行的《混凝土结构设计规范》(GB 50010—2019)或3.3节所述的方法(圆形截面)进行配筋计算即可，本节不再赘述。

3.4.1 锚拉式支挡结构的基本形式和破坏模式

3.4.1.1 基本形式

如图3.4.1所示，锚拉式支挡结构主要由挡土构件和锚拉构件组成。大部分基坑工程的锚拉构件采用锚杆(索)，场地条件允许时也可采用锚碇。锚杆和锚碇的作用都在于为挡土构件提供朝向坑外的拉力，平衡作用在挡土构件上的主动土压力。

工程上习惯将采用钢筋(预应力螺纹钢筋、普通钢筋、钢管等)等刚性杆件作为拉杆的锚固称为锚杆，将采用钢绞线等柔性拉杆的锚固称为锚索。由于钢绞线的材料强度高，相同条件下可以节约用钢量，所以实际工程中应用更为普遍，当设计锚固力较小且所需要的锚固长度较短时，采用钢筋锚杆施工更为方便。为方便计，本章按照《建筑基坑支护技术规程》(JGJ 120—2012)术语中的规定，将锚杆和锚索统称为锚杆。

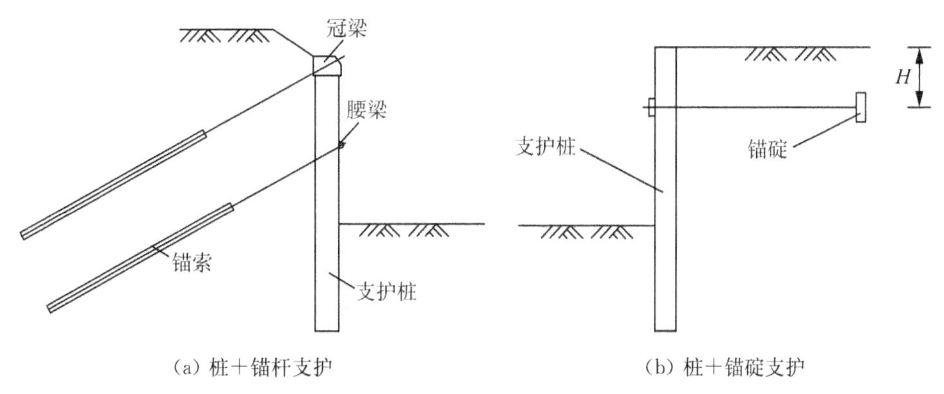

(a) 桩+锚杆支护　　(b) 桩+锚碇支护

图3.4.1 锚拉式支挡结构示意图

锚碇是埋设在基坑侧壁的一定远处，由拉杆与挡土构件相连的锚拉形式。锚碇的形式可以是板状，称为锚碇板；也可以是桩，称为锚桩；也可以做成锚梁。通常，锚碇板和锚梁的埋设深度不大，不能提供较大的锚固力。

3.4.1.2 锚杆的类型

如图3.4.2所示，根据锚杆锚固段的受力特征不同，锚杆可以分为拉力型锚杆、压力型锚杆、拉力分散型锚杆、压力分散型锚杆、扩大头锚杆、拉压复合型锚杆等。

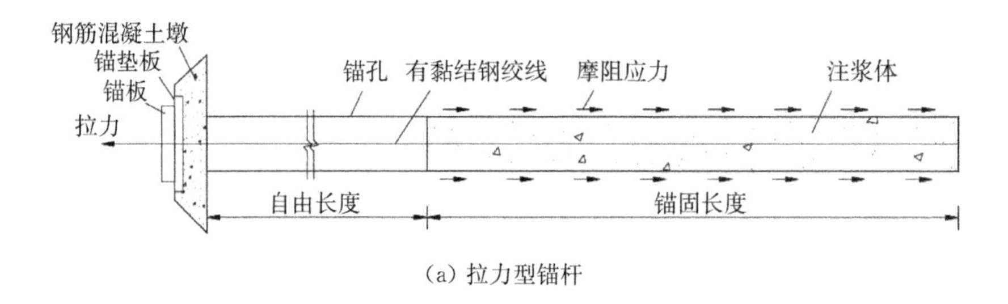

(a) 拉力型锚杆

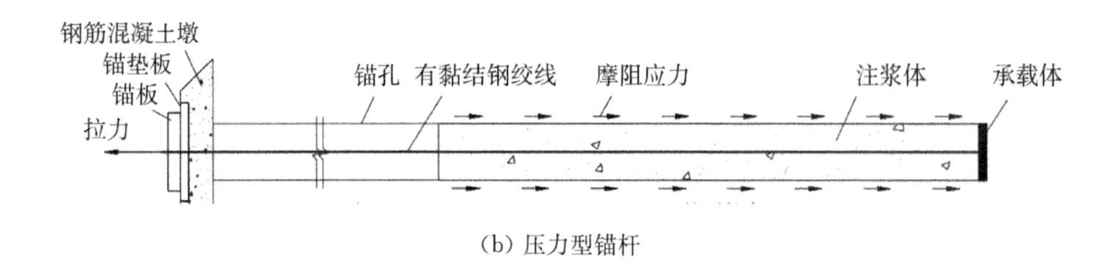

(b) 压力型锚杆

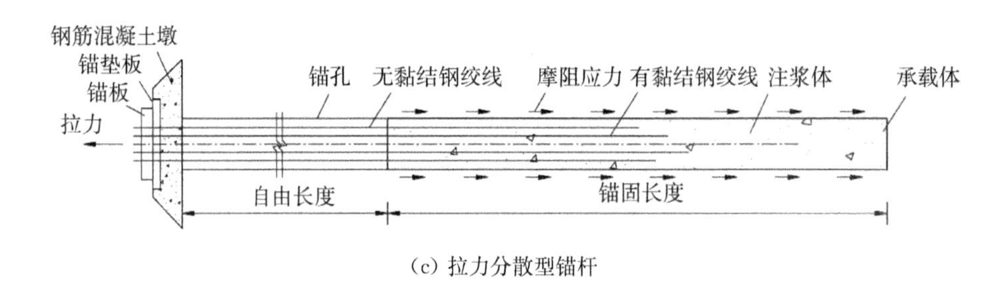

(c) 拉力分散型锚杆

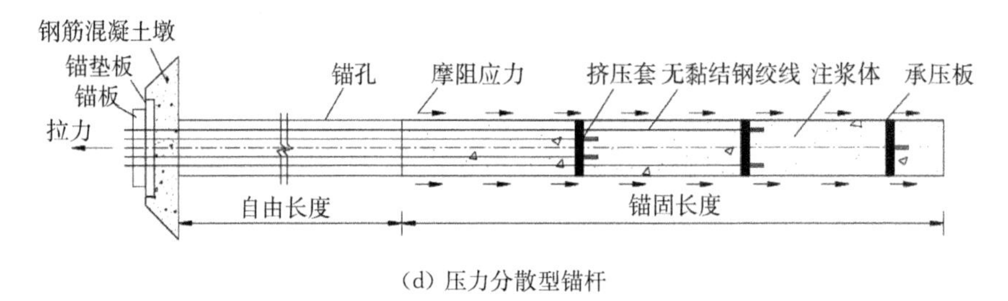

(d) 压力分散型锚杆

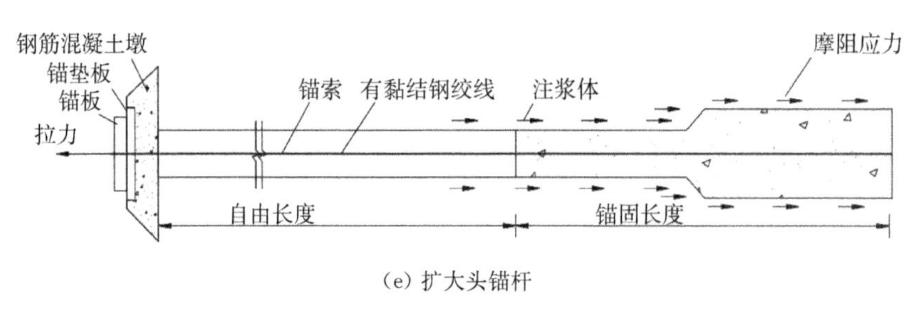

(e) 扩大头锚杆

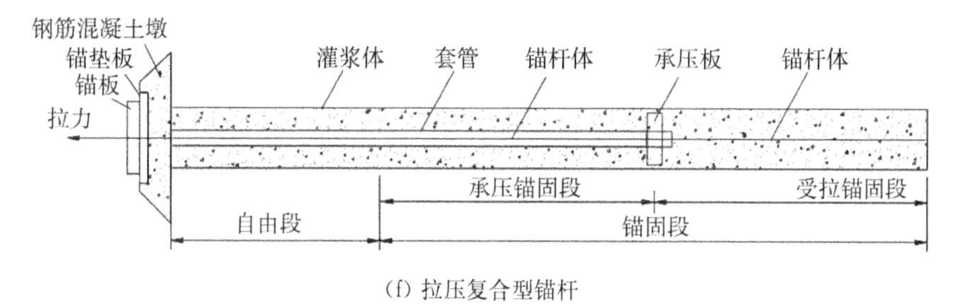

(f) 拉压复合型锚杆

图 3.4.2 各类锚杆的结构示意图

(1) 拉力型锚杆

拉力型锚杆的自由段注浆与拉杆不黏接。锚固段灌浆结石体受到的是拉应力。如图 3.4.3 所示,图中曲线Ⅰ代表锚杆拉力较小的阶段,主要在锚固段的前端发挥锚固作用。随着拉力荷载的增大,锚固体与钻孔孔壁之间的摩阻力分布进入曲线Ⅱ状态,此时锚杆前端的摩阻力在达到极限强度后迅速衰减;进一步增加拉拔力,则进入曲线Ⅲ状态,此时锚杆的拉力达到了极限值,锚杆前端随着拉杆的变形增大,摩阻力进一步衰减,锚固段的受力区进一步后移,直至接近端部,此时摩阻力达到极限值。拉力型锚杆的锚固段灌浆结石体承受拉力,易开裂,因此锚杆的防腐性能差,锚固效率低。

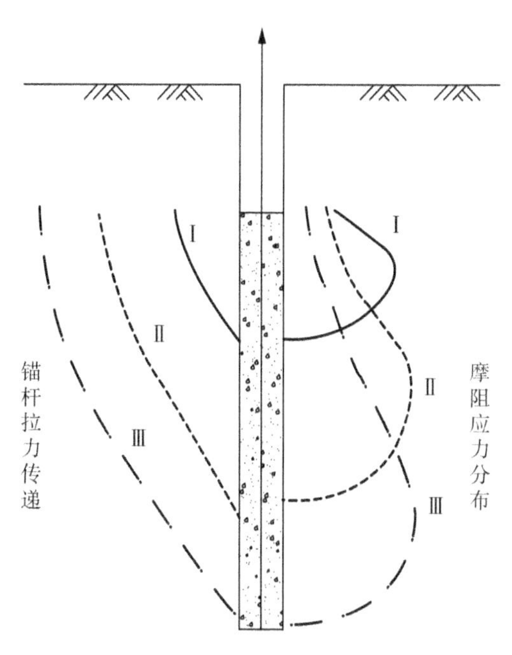

图 3.4.3 拉力型锚杆的荷载传递与摩擦应力分布示意图

(2) 拉力分散型锚杆

拉力型锚杆的有效锚固段会出现随着拉拔荷载的增大而后移的现象,因此,对于拉力型锚杆,其抗拔力与锚固段的长度并不是呈线性正比关系。为了解决拉力型锚杆随着拉拔力增大黏接应力分布区后移的问题,工程上常采用分段受力的方法,通过将拉杆分成不同长度的段，分别锚固在不同的锚固段中，这种锚杆称为拉力分散型锚杆(图 3.3.4)，此时锚杆的总拉力是若干个应力分布区所提供的拉拔力之和。

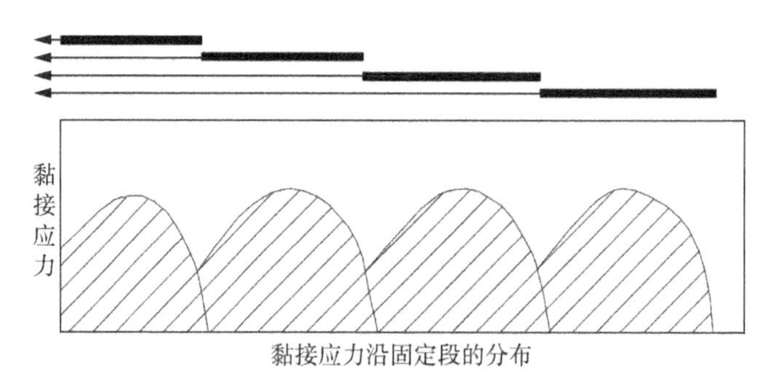

图 3.4.4　拉力分散型锚杆的黏接应力分布

(3) 压力型锚杆

压力型锚杆是在拉杆的底端布置一块承压板，拉杆与注浆体全长不黏接，锚杆的拉力通过无黏接的杆体传递到锚固段灌浆结石体的底部，压力型锚杆的锚固段灌浆结石体承受压力，其压应变分布相对较均匀。压力型锚索不会出现类似于拉力型锚杆的锚段受力区随着拉力的增大而逐渐后移的现象，但是荷载传递始端(锚杆末端)存在明显应力集中现象，当剪应力超过截面的极限黏接强度时，会出现界面软化或渐进性破坏。压力型锚杆在压力作用下锚固段灌浆结石体体积呈膨胀趋势，能够改善其与孔壁之间的摩阻力，提高锚固效率，锚固体受压不易开裂，防腐性能好。

(4) 压力分散型锚杆

压力型锚杆受拉后，承压板承受压力并完全作用在锚固段的灌浆结石体上，因此锚固段结石体需要有足够的强度，避免出现受压破坏而导致锚杆失效。为解决大拉拔力下压力型锚杆灌浆结石体的承载能力不足问题，工程上有时采用在杆体上设置多个承压板，并将其设置在不同的深度，减小锚固段灌浆结石体上的应力峰值，这种锚杆称为压力分散型锚杆。

(5) 扩大头锚杆

扩大头锚杆是采用机械或高压喷射等工艺扩大锚杆的锚固段直径，提高锚杆的抗拔力。扩大头锚杆可以是拉力型锚杆、压力型锚杆或压力分散型锚杆，一般不采用拉力分散型锚杆。

(6) 拉压复合型锚杆

拉压复合型锚杆是在传统拉力型锚杆的锚固段杆体中固定增设一个承压板，并通过必要的技术和构造措施，把传统单一的锚固段划分为同时具有两个受力状态不同的锚固段单元的锚杆。其优点是：

①应力集中小。由于承压锚固段和受拉锚固段共同承担拉拔力，使得承压锚固段和受拉锚固段分别承受的荷载减小，缓解了压力型锚杆的端部应力集中问题，减小了锚固段界面受到的剪应力。

②能够充分发挥黏接强度。锚固段界面的剪应力从承压板处同时向承压锚固段和受拉锚固段两端传递，荷载传递长度更长，剪应力分布相对更加均匀，使得界面的黏接强度发挥更加充分。

③抗拔承载力提高。拉压复合型锚杆界面的剪应力达到极限黏接强度时，由于界面应力传递长度大，且黏接强度充分发挥，使得其拉拔承载力大大提高。

华侨大学涂兵雄等建立简化理论模型，并通过模型试验和现场试验对拉压复合型锚杆的锚固性能进行了系统研究，感兴趣的读者可参阅相关文献。

除按受力特征划分外，锚杆还可以按其回收情况划分为不可回收锚杆和可回收锚杆。通常我们所说的锚杆是指不可回收锚杆。可回收锚杆是随着城市建设的发展，地下空间的大规模开发利用后，为了避免基坑锚杆对周边场地后续地下空间的开发造成影响，对锚杆永久侵入建筑红线以外的地下空间作出了限制。可回收锚杆回收后，既避免了钢绞线遗留地下对地下空间开发造成影响，又可重复利用或者回收钢材，在工民建行业的城市基坑工程中应用越来越多。常用的可回收锚杆主要有抽拉回收式和可拆芯式两种。不可否认的是，现阶段可回收锚杆的造价还是要高于不可回收锚杆，这也限制了其使用。可回收锚杆在水利工程中应用较少，因此，本书不做详细介绍，感兴趣的读者可参阅相关文献。

3.4.1.3　破坏模式

锚拉式支挡结构的破坏模式与悬臂式支挡结构基本相同，即达到承载能力极限状态导致的倾覆破坏、整体失稳破坏、坑内隆起破坏、挡土构件强度破坏，达到正常使用极限状态破坏导致的基坑周边建(构)筑物、道路、管线等损坏或影响其正常使用，以及渗透变形(破坏)，本节不再赘述。

3.4.2　锚杆力的计算方法

对于选用锚拉式支挡结构进行支护的基坑工程，锚杆的作用是抵消挡土结构上承受的水平向土、水压力，因此，完成作用在挡土结构上的土、水压力计算后，首先要进行的是锚杆设计。计算锚拉式支挡结构锚杆力的方法包括极限平衡法和弹性支点法，其中，极限平衡法主要有等值梁法和连续梁法。

3.4.2.1　等值梁法计算锚杆力

采用等值梁法计算锚杆力，根据挡土构件的入土深度不同，分为两种情况。一种情况是挡土构件的入土深度较浅，将构件底端视为简支支撑[图 3.4.5(a)]，另一种情况是挡土构件的埋深较大，将构件底端视为固定支撑[图 3.4.5(b)]。

(1) 单层拉锚式浅埋支挡结构

如图 3.4.6，对于挡土构件埋深较浅的锚拉式支挡结构，以锚杆所在位置为力矩平衡点，可以得到：

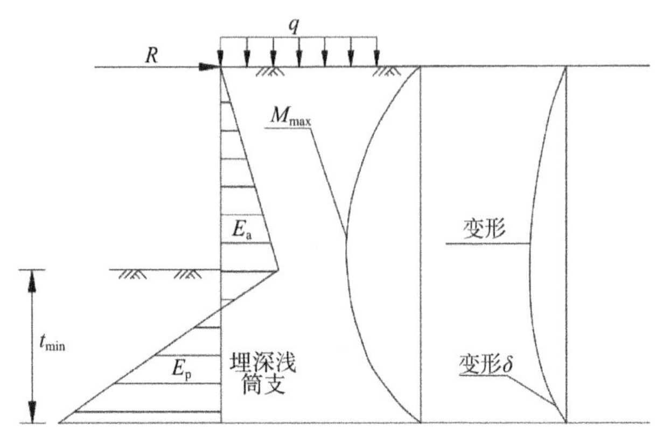

(a) 挡土构件浅埋

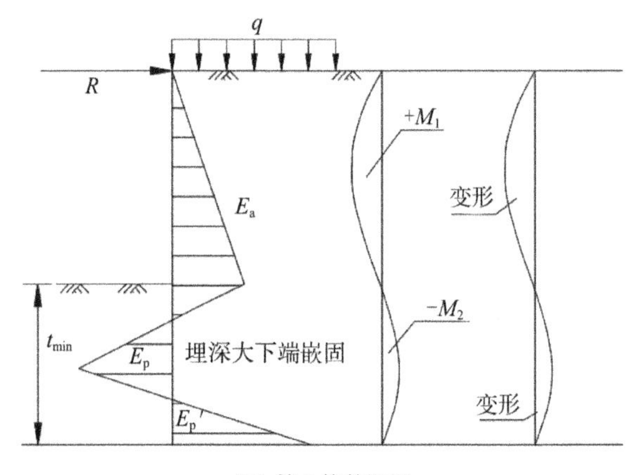

(b) 挡土构件深埋

图 3.4.5 不同嵌固深度的单层锚拉式支挡结构的土压力、结构弯矩及变形图

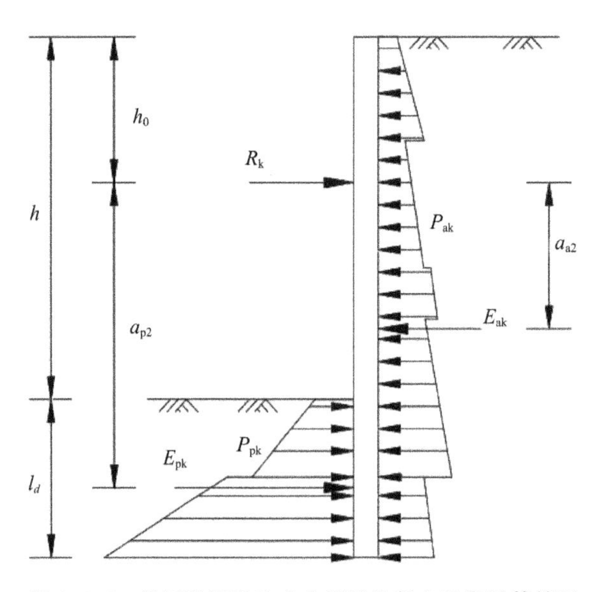

图 3.4.6 单层浅埋锚拉式支挡结构静力平衡计算简图

$$E_{pk}a_p - E_{ak}a_a = 0 \tag{3.4-1}$$

对于地下水位以上的砂性土层，式(3.4-1)可以改写为：

$$E_{pk}(l_d + h - h_0) - \frac{2}{3}E_{ak}(l_d + h) = 0 \tag{3.4-2}$$

式中：E_{pk} ——基坑内侧被动土压力标准值(kPa)；

a_p ——基坑内侧被动土压力合力作用点至锚杆的距离(m)；

E_{ak} ——基坑外侧主动土压力标准值(kPa)；

a_a ——基坑外侧主动土压力合力作用点至锚杆的距离(m)；

h ——基坑开挖深度(m)；

h_0——锚杆至地面的高度(m)；

l_d ——挡土构件的最小嵌固深度(m)。

根据式(3.4-2)即可求出挡土构件的最小嵌固深度 l_d ，然后根据静力平衡条件，即作用在挡土构件上的水平力合力为零，可以得到：

$$R_k = E_{ak} - E_{pk} \tag{3.4-3}$$

式中：R_k ——锚杆轴向力标准值(kN)。

得到锚杆轴向力标准值后，即可计算挡土构件上任意一点的弯矩、剪力，从而确定构件的截面面积和配筋。

(2) 单层拉锚式深埋支挡结构

对于图 3.4.5(b)所示的挡土构件深埋情况下，可以将锚杆位置作为简支约束，桩底反弯点位置作为固定约束来计算挡土构件的受力。同样以地下水以上的砂性土层为例，挡土构件的受力情况如图 3.4.7 所示。此时需要首先假定反弯点 C 位于挡土构件的土压零点，计算反弯点的位置：

$$y = \frac{K_a h}{K_p - K_a} \tag{3.4-4}$$

分别对反弯点 C 和锚杆位置取矩，即可求得锚杆力和 C 点的反力 P_0：

$$R_k = \frac{E_{ak}(h + y - a_a)}{h + y - h_0} \tag{3.4-5}$$

$$P_0 = \frac{E_{ak}(a_a - h_0)}{h + y - h_0} \tag{3.4-6}$$

反弯点 C 的反力 P_0 由挡土构件前的被动土压力承担，二者对构件底端的力矩相等，即：

$$P_0 x = \frac{1}{6}\gamma'(K_p - K_a)x^3 \tag{3.4-7}$$

根据式(3.4-7)可以求得挡土构件在反弯点以下的最小埋深 $x=\sqrt{\dfrac{6P_0}{\gamma'(K_p-K_a)}}$ 。

式中：K_p ——砂性土的被动土压力系数；

K_a ——砂性土的主动土压力系数；

γ' ——土的天然重度(kN/m^3)。

挡土构件的实际埋置深度应在最小埋深以下，通常可取其实际入土深度 t 为 1.1～1.2 倍的计算深度，即 $t=(1.1\sim1.2)\cdot(y+x)$ 。

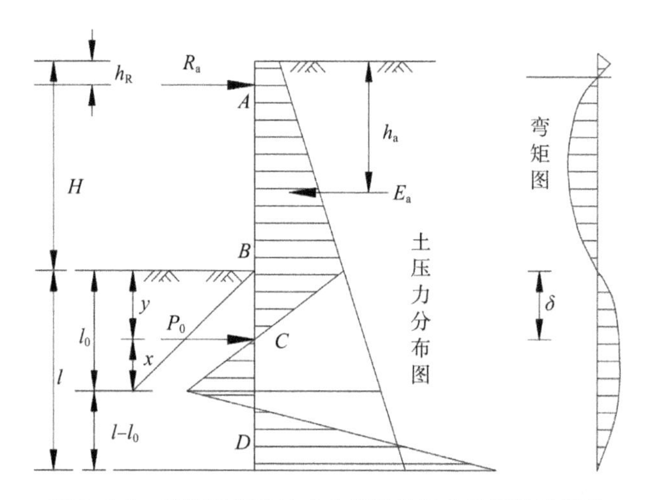

图 3.4.7　单层深埋锚拉式支挡结构静力平衡计算简图

多层锚拉式支挡结构为超静定系统，为了计算方便，也可以在假定各层锚杆所在点均为不动点，且某层锚杆力确定后即保持不变的基础上，采用等值梁法，按照基坑自上而下的开挖过程根据单支点锚拉式支挡结构的计算方法逐层计算锚杆力，并将对最下一层锚杆计算得到的挡土构件入土深度作为最小入土深度。

3.4.2.2　连续梁法计算锚杆力

连续梁法计算锚杆力的基本方法是以等值梁法为基础，首先计算出作用在挡土构件上的主、被动土压力及反弯点，将多支点挡土构件假定为连续梁，将锚杆假定为支点，采用结构力学中的力矩分配法计算支点反力和跨中弯矩。

由于连续梁法的计算过程较为复杂，为了便于计算，也在初步估算锚杆力时也可采用 1/2 分担法计算锚杆力。即假定每个锚杆承受与其相邻的上、下两层锚杆之间的各半距离的土压力，直接计算出锚杆力，然后采用等值梁法计算挡土构件的最小入土深度。这种计算方法与实际锚杆受力有较大差别，且计算得到的上层锚杆力较小，容易出现挡土构件承受的弯矩过大等情况。

3.4.2.3　弹性支点法计算锚杆力

弹性支点法是将支挡结构简化为平面应变问题，取单位宽度的支挡结构作为竖向放置的弹性地基梁，锚杆简化为弹簧支座。如图 3.4.8 所示，现行的《建筑基坑支护技术规程》(JGJ 120—2012)对锚拉式支挡结构采用平面杆系结构弹性支点法进行结构变形和内力分析。在支挡结构设计时，主动土压力和被动土反力的计算方法与悬臂式支挡结构相同，不再赘述。

锚杆对挡土构件的作用力的计算公式为：

$$F_h = k_R(\nu_R - \nu_{R0}) + P_h \tag{3.4-8}$$

式中：F_h ——挡土构件计算宽度内的弹性支点水平反力(kN)；

k_R ——挡土构件计算宽度内弹性支点刚度系数(kN/m)，即锚杆发生单位位移值时锚杆力的增量；

ν_R ——挡土构件在支点处的水平位移值(m)；

ν_{R0} ——设置锚杆时，支点的初始水平位移值(m)；

P_h ——挡土构件计算宽度内的法向预加力(kN)，取 $P_h = P \cdot \cos a \cdot b_a / s$ ，$P = (0.75 \sim 0.9) N_k$ ；

P ——锚杆的预加轴向拉力值(kN)；

a ——锚杆倾角(°)；

b_a ——挡土构件的计算宽度(m)，对单根支护桩，取排桩间距；对单幅地下连续墙，取包括接头的单幅宽度；

s ——锚杆的水平间距(m)；

N_k ——锚杆轴向拉力标准值(kN)。

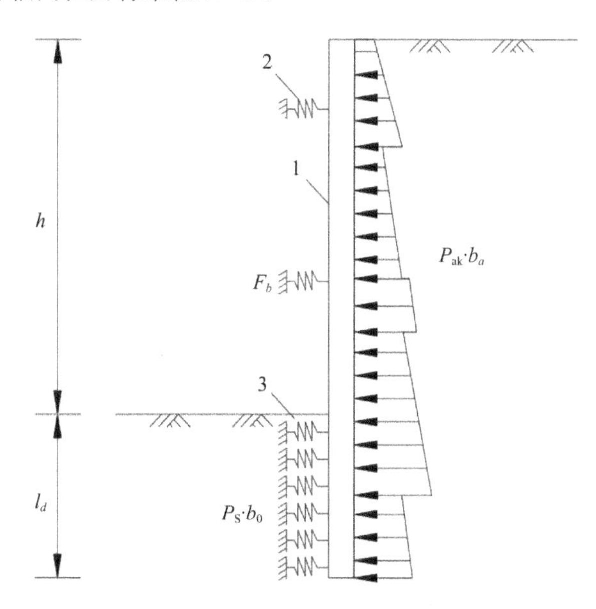

1. 挡土结构；2. 由锚杆简化而成的弹性支座；3. 计算土反力的弹性支座。

图 3.4.8 锚拉式支挡结构弹性支点法计算简图

由式(3.4-8)可知，对于锚拉式支挡结构，锚杆的弹性支点刚度系数 k_R 是确定锚杆力的关键参数，可通过锚杆拉拔基本试验按式(3.4-9)计算：

$$k_R = \frac{(Q_2 - Q_1)b_a}{(s_2 - s_1)s} \tag{3.4-9}$$

式中：Q_1、Q_2——锚杆循环加荷或逐级加荷试验中，$Q-s$ 曲线上对应锚杆锁定值与轴向拉力标准值的荷载值(kN)，对锁定前进行预张拉的锚杆，应取循环加荷试验中相当于预张拉荷载的加载量下卸载后的再加载曲线上的荷载值；

s_1、s_2——$Q-s$ 曲线上分别对应荷载为 Q_1、Q_2 的锚头位移值(m)；

s——锚杆水平间距(m)。

在缺少试验数据时，锚杆的弹性支点刚度系数 k_R 也可采用式(3.4-10)计算。

$$k_R = \frac{3E_sE_cA_pAb_a}{[3E_cAl_f + E_sA_p(l - l_f)]s} \tag{3.4-10}$$

式中：E_s——锚杆杆体的弹性模量(kPa)；

E_c——锚杆的复合模量(kPa)，$E_c = \frac{E_sA_p + E_m(A - A_p)}{A}$；

E_m——灌浆结石体的弹性模量(kPa)；

A_p——锚杆杆体的截面面积(m^2)；

A——锚杆灌浆体的截面面积(m^2)；

l——锚杆长度(m)；

l_f——锚杆自由段长度(m)。

3.4.3 锚杆和锚碇设计方法

锚杆设计是在确定锚杆力的基础上，根据勘察提供的场地工程地质和水文地质条件，及周边建(构)筑物、道路、管线等环境条件，并结合当地的锚杆经验开展锚杆选型、锚杆长度(自由段长度和锚固段长度)、锚固段直径设计，选定施工工艺和方法，必要时还需要结合现场锚杆拉拔试验，根据试验结果改进设计。

3.4.3.1 锚杆选型

锚杆是受拉杆件，由杆体(钢绞线、预应力螺纹钢筋、普通钢筋或钢管)、灌浆结石体、锚具和套管等构件组成。

拉杆是锚杆的最基本构件，对材料的要求主要是高强度、耐腐蚀、易于加工和安装。基坑支护工程中常用的是钢绞线和钢筋。

(1) 钢绞线

钢绞线是基坑支护工程中应用最广泛的预应力锚杆的拉杆材料，其强度高、易于施加预应力、价格便宜，但是易松弛。钢绞线外包塑料防腐，用作拉力型锚杆时，需要将钢绞线锚固段的外包塑料撕除并清洗掉防腐涂层。

(2) 钢筋

一般采用 HRB 400 等级以上的螺纹钢筋，基坑开挖深度不大、锚杆拉拔力较低时也可采用普通钢筋或钢管。以钢筋为锚杆杆体施工安全简便，耐腐蚀性优于钢绞线，价格便宜。螺纹钢有与之配套的螺纹套筒，预应力施加方便；普通钢筋的预应力锚头制作复杂，一般用于非预应力锚杆。

表 3.4-1 为锚杆常用的拉杆材料规格和强度标准值。基坑工程设计中，锚杆拉杆的选型宜优先选用钢绞线，其设计拉拔力大，可以节省钢材和减少钻孔数量；当设计拉拔力在 300 kN 左右时，可考虑选择精轧螺纹钢，当设计拉拔力小于 200 kN 时，可考虑选择热轧螺纹钢筋。一般不推荐采用普通钢筋或钢管。

表 3.4-1　锚杆常用拉杆材料的规格和强度标准值

杆体材料类别	常用规格/直径 d /mm	抗拉强度标准值 f_{yk}、f_{pyk} 或 f_{ptk} /(N/mm^2)
钢绞线	$d=9.5$	1 720 1 860 1 960
	$d=12.7$	
	$d=15.2$	
热轧螺纹钢筋	HRB335，$d=6\sim50$	335
	HRB400，$d=6\sim50$	400
	HRB500，$d=6\sim50$	500
精轧螺纹钢	JL540	540
	JL785	785
	JL930	930

注：钢绞线的三种强度值是指有三种规格可选。

3.4.3.2　锚杆承载力计算

（1）锚杆的极限抗拔承载力

锚杆的极限抗拔承载力是锚杆抵抗从土体中拔出能力，取决于灌浆锚固体的直径、锚杆与土体之间的极限黏接强度，锚固体长度等；其抗拔断承载力标准值取决于锚杆杆体的截面面积、材料的抗拉强度。

锚杆的极限抗拔承载力 R_k 应通过拉拔试验确定，不具备拉拔试验条件时，可按照式(3.4-11)估算，采用估算值时，应通过拉拔试验进行验证。

$$R_k=\pi d\sum q_{sk,i}l_i \tag{3.4-11}$$

式中：d ——锚固体直径(m)；

$q_{sk,i}$ ——锚固体与第 i 土层的极限黏接强度标准值(kPa)，可根据工程经验并结合表 3.4-2 选用；

l_i ——锚杆的锚固段在第 i 土层中的长度(m)，锚杆的锚固段长度为锚杆在理论直线滑动面以外的长度。

对于扩大头锚杆，部分地方标准建议在计算其极限抗拔承载力时考虑扩大头效应，按照式(3.4-12)计算。即：

$$R_k=\pi d\sum q_{sk,i}l_i+2\pi c_{sk,i}(d_1^2-d^2) \tag{3.4-12}$$

式中：$c_{sk,i}$ ——锚杆的扩大头段中第 i 土层的黏聚力(kPa)；

d_1——扩大头直径(m)；

d ——非扩大头段直径(m)。

我国现行的《建筑基坑支护技术规程》(JGJ 120—2012)从20多个地区收集到500多根锚杆试验资料，在对所收集资料进行统计分析的基础上，进行了不同成孔工艺、不同灌浆工艺条件下锚杆承载力专题研究，得到不同类土的锚杆极限黏接强度标准值(表3.4-2)。需要注意的是，由于我国各地区相同土类的土性存在差异，施工水平也参差不齐，因此在使用表3.4-2中的数值时，应该根据当地施工经验和不同的施工工艺合理选用。二次高压灌浆的灌浆压力、灌浆量、灌浆方法的不同，也会影响到土体与锚固体的实际极限黏接强度值。

部分省、市的基坑工程技术标准中也结合当地的工程经验，规定了不同类土中的锚杆的极限黏接强度标准值，现摘录至表3.4-3和表3.4-4，供读者参考。

表3.4-2　锚杆的极限黏接强度标准值(JGJ 120—2012)

土的类别	状态	q_{sk} /kPa	
		一次常压灌浆	二次压力灌浆
填土	—	16～30	30～45
淤泥质土	—	16～20	20～30
黏性土	流塑，$I_L > 1$	18～30	25～45
	软塑，$0.75 < I_L \leqslant 1$	30～40	45～60
	可塑，$0.5 < I_L \leqslant 0.75$	40～53	60～70
	可塑，$0.25 < I_L \leqslant 0.5$	53～65	70～85
	硬塑，$0 < I_L \leqslant 0.25$	65～73	85～100
	坚硬，$I_L \leqslant 0$	73～90	100～130
粉土	$e > 0.9$	22～44	40～60
	$0.75 \leqslant e \leqslant 0.9$	44～64	60～90
	$e < 0.75$	64～100	80～130
粉细砂	稍密	22～42	40～70
	中密	42～63	75～110
	密实	63～85	90～130
中砂	稍密	54～74	70～100
	中密	74～90	100～130
	密实	90～120	130～170
粗砂	稍密	80～130	100～140
	中密	130～170	170～220
	密实	170～220	220～250
砾砂	中密、密实	190～260	240～290

续表

土的类别	状态	q_{sk} /kPa	
		一次常压灌浆	二次压力灌浆
风化岩	全风化	80～100	120～150
	强风化	150～200	200～260

注：①采用泥浆护壁成孔时，应按表中取低值后再根据具体情况适当折减；
②采用套管护壁成孔时，可取表中的高值；
③采用扩孔工艺时，可在表中数值基础上适当提高；
④采用二次压力分段劈裂灌浆工艺时，可在表中二次压力灌浆数值基础上适当提高；
⑤当砂土中的细颗粒含量超过总质量的 30%时，表中数值应乘以 0.75；
⑥对有机质含量为 5%～10%的有机质土，应按表取值后适当折减；
⑦当锚杆锚固段长度大于 16 m 后，应对表中数值适当折减。

表 3.4-3 锚杆的极限黏接强度标准值(上海市地方标准，DG/TJ 08—61—2018)

土的类别	埋藏深度/m	q_{sk} /kPa	土的类别	埋藏深度/m	q_{sk} /kPa
粉质黏土	0～3	33	淤泥质黏土	6.5～14	22～30
粉性土	1.5～7.5	43	黏土	14～20	32
淤泥质粉质黏土	3～6.5	22	粉砂	>20	64

表 3.4-4 锚杆的极限黏接强度标准值(湖北省地方标准，DB42/T 159—2004) 单位：kPa

土的类别	状态	q_{sk}	土的类别	状态	q_{sk}
填土	—	10～30	粉细砂	中密	40～60
淤泥	—	10～16		密实	60～80
淤泥质土	—	16～20	中砂	稍密	55～75
黏土	软塑	20～30		中密	75～90
	可塑	30～50		密实	90～120
	硬塑	50～60	粗砂	稍密	90～130
	坚硬	60～75		中密	130～170
粉土	—	40～60		密实	170～220
粉细砂	稍密	20～40	砾砂	中密、密实	190～260

(2) 锚杆的抗拔断能力

锚杆的抗拔断承载力标准值 R_N 可按式(3.4-13)进行计算。

$$R_N = f_{py} A_s \tag{3.4-13}$$

式中：f_{py} ——杆体(预应力钢筋、钢绞线等)抗拉强度设计值(kPa)；当锚杆杆体采用普通钢筋时，取普通钢筋的抗拉强度设计值；

A_s ——杆体(预应力钢筋、钢绞线等)的截面面积(m^2)。

(3) 锚杆杆体与锚固体之间握固力

一般情况下，不需要进行锚杆从锚固体中拔出的验算，但是当锚杆的锚固段较短

(<5 m)时，需要考虑锚杆杆体从锚固体中拔出的可行性，采用式(3.4-14)验算锚固段锚固体与杆体之间的握固力 F_N 。

$$F_N = n\pi d_a \beta\tau l_a \geqslant R_N \tag{3.4-14}$$

式中：n ——钢筋或钢绞线的根数；

d_a ——钢筋或钢绞线的直径(m)；

β ——折减系数，杆体为成束钢筋时，杆体为 1 根、2 根、3 根钢筋时可分别取 1.0、0.85、0.75，杆体为钢绞线时取 1.0。

τ ——锚固段结石体与杆体的黏接力，可取灌浆结石体抗压强度的 8%～10%。

(4) 锚杆的非锚固段长度

锚杆的自由段长度是锚杆杆体不受灌浆结石体约束可自由伸长的部分，也就是杆体用套管与灌浆结石体隔离的部分。锚杆的非锚固段是理论滑动面以内的部分，与锚杆的自由段长度有所区别，锚杆的自由段应超过理论滑动面(大于非锚固段长度)。锚杆的总长度为非锚固段长度加上锚固段长度。

如图 3.4.9，锚杆的非锚固段(自由段)长度应按式(3.4-15)计算，且不应小于 5 m。

$$l_i \geqslant \frac{(a_1 + a_2 - d\tan\alpha)\sin\left(45^\circ - \frac{\varphi_m}{2}\right)}{\sin\left(45^\circ + \frac{\varphi_m}{2} - \alpha\right)} + \frac{d}{\cos\alpha} + 1.5 \tag{3.4-15}$$

式中：l_i ——锚杆非锚固段长度(m)；

α ——锚杆倾角(°)；

a_1 ——锚杆的锚头中点至基坑底面的距离(m)；

a_2 ——基坑底面至坑外侧主动土压力强度与基坑内侧被动土压力强度等值点 O 的距离(m)，对于成层土，当存在多个等值点时应按其中最深的等值点计算；

φ_m ——O 点以上各土层按厚度加权的等效内摩擦角(°)。

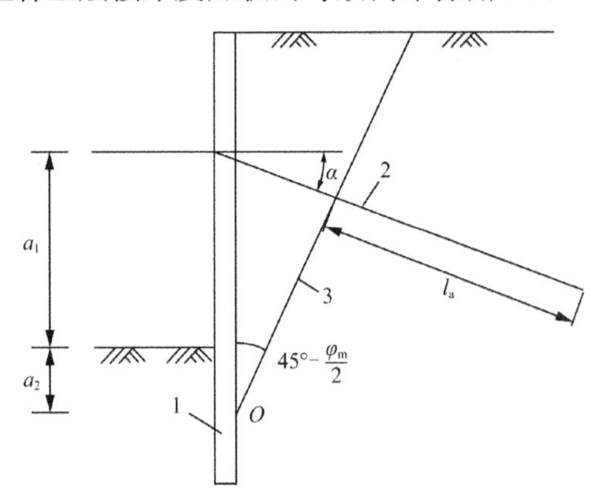

1. 挡土结构；2. 锚杆；3. 理论直线滑动面。

图 3.4.9 锚杆非锚固段长度计算简图

3.4.3.3 锚杆抗拔安全系数和构造要求

(1) 锚杆的抗拔安全系数

锚杆的极限抗拔承载力应符合式(3.4-16)的要求。

$$\frac{R_k}{N_k} \geqslant K_t \tag{3.4-16}$$

式中：K_t——锚杆抗拔安全系数，现行的《建筑基坑支护技术规程》(JGJ 120—2012)及部分省、市的地方标准对于其取值的规定基本相同，即安全等级为一级、二级、三级的支护结构，K_t 分别不应小于 1.8、1.6 和 1.4；

N_k——锚杆轴线拉力标准值(kN)，$N_k = \frac{F_h s}{b_a \cos\alpha}$；

R_k——锚杆的极限抗拔承载力标准值(kN)，按式(3.4-11)计算；

F_h——挡土构件计算宽度内的弹性支点水平反力(kN)，按 3.4.2 节弹性支点法计算；

s——锚杆的水平间距；

b_a——挡土构件的计算宽度(m)；

α——锚杆的倾角。

(2) 锚杆的抗拔断能力

锚杆应按照其抗拔断能力采用式(3.4-17)进行截面设计。

$$R_N = f_{py} A_s \geqslant \gamma_0 \gamma_F N_k \tag{3.4-17}$$

式中：γ_F——作用基本组合的综合分项系数，不应小于 1.25；

γ_0——支护结构重要性系数，对安全等级为一级、二级、三级的支护结构，分别不应小于 1.1、1.0、0.9。

(3) 锚杆、腰梁等构造要求

采用锚拉式支挡结构的锚杆、腰梁等需要满足的构造要求如下：

①锚杆的水平间距不宜小于 1.5 m；对于多层锚杆，其竖向间距不宜小于 2.0 m；当锚杆的间距小于 1.5 m 时，应根据群锚效应对锚杆的抗拔承载力进行折减，土层锚杆间距为 1 m 时，折减系数可取 0.8，在 1～1.5 m 之间时，可按内插法确定群锚效应折减系数；也可以改变相邻锚杆的锚固段位置(如改变锚杆倾角，加大某层锚杆的非锚固段长度错开上下层锚杆的锚固段)。

②锚杆倾角宜取 15°～25°，不应大于 45°，也不应小于 10°。锚杆的锚杆段宜设置在强度较高的土层内，锚固段的上覆土层厚度不宜小于 4 m。当其上方存在天然地基的建筑物或地下构筑物时，宜避开易塌孔、变形的土层。

③锚杆的成孔直径宜取 100～150 mm，其自由段应穿过潜在滑动面并进入稳定土层不小于 1.5 m；杆体为钢绞线、钢筋时应在自由段设置隔离套管。土层中的锚杆锚固段长度不宜小于 6 m。

④锚杆杆体的外露长度应满足腰梁、台座尺寸及张拉锁定的要求。锚具应符合现行

国家标准《预应力筋用锚具、夹具和连接器》(GB/T 14370—2015)的规定。

⑤作为杆体的钢绞线应符合现行国家标准《预应力混凝土用钢绞线》(GB/T 5224—2014)的有关规定;钢筋锚杆的杆体宜选用预应力螺纹钢、HRB400、HRB500钢筋。钢筋连接宜采用机械连接、双面搭接焊、双面帮条焊等工艺,采用双面焊时,焊缝长度不应小于杆体钢筋直径的5倍。

⑥应沿锚杆杆体全长设置定位支架,定位支架应能使相邻定位支架中点处锚杆杆体的灌浆结石体保护层厚度不小于10 mm,定位支架的间距宜根据锚杆杆体的组装刚度确定,对自由段宜取1.5~2 m,对锚固段宜取1.0~1.5 m,定位支架应能使各根钢绞线相互分离。

⑦锚杆腰梁可采用型钢组合梁或混凝土梁,应按受弯构件、并根据实际条件按连续梁或简支梁设计。其正截面、斜截面的承载能力应符合现行国家标准《混凝土结构设计规范》(GB 50010—2019)和《钢结构设计规范》(GB 50017—2020)的规定。当锚杆锚固在混凝土冠梁上时,冠梁也应按受弯构件设计。计算腰梁内力时,腰梁的荷载应取结构分析时得出的支点力设计值。

⑧型钢组合腰梁可选用双槽钢或双工字钢,槽钢之间或工字钢之间应用缀板焊接为整体构件,焊缝连接应采用贴角焊。双槽钢或双工字钢之间的净间距应满足锚杆杆体平直穿过的要求。

⑨混凝土腰梁、冠梁宜采用斜面与锚杆轴线垂直的梯形截面,混凝土强度等级不宜低于C25,截面的上边水平尺寸不宜小于250 mm。采用楔形钢垫块或楔形现浇混凝土垫块时,垫块与挡土构件、腰梁的连接应满足受压稳定性和锚杆垂直分力作用下的受剪承载力要求,楔形混凝土垫块的抗压强度等级不宜低于C25。

3.4.3.4 锚固地层的一般要求和锚固形式

(1) 锚固地层要求

设置锚杆锚固段的土层称为锚固地层。基本要求其自身稳定、能够提供较大的锚固力,灌浆锚固体和土层之间具有较小的蠕变特性等。设计中,对于锚固地层的选择一般遵循以下原则:

①锚固地层应能自身稳定,不得在基坑支护结构后侧极限平衡状态的破裂面以内,不能设置在滑坡地段和有可能顺层滑动地段的潜在滑动面内。

②锚杆的锚固段一般不宜设置在未经处理的有机质土层、液限$\omega_L > 50\%$的土层、相对密度$D_r < 0.3$的砂土层等。

③锚固段设置在岩层的锚杆,应尽量避开基岩破碎带,在有节理构造面存在时,应分析锚固体受力后对基岩稳定性的影响,有不利影响时应予以避开。

④基坑变形限制较为严格时,要主要考虑锚杆锚固段土层的蠕变特性,尽量避开软土层,或采用扩大头锚杆,并在选择土体的摩阻力时适当折减,留有余量。

(2) 锚固形式

锚杆锚固形式的选取,一般遵循以下原则:

①有较好锚固土层,锚杆拉拔力适中,地下空间限制少时,可选择普通拉力型锚杆。

②锚杆地层较差、支挡结构变形控制要求较高、地下空间受限时，可选择扩大头锚杆。

③锚杆的设计拉拔力较大，锚固段长度较长时，可选择拉力分散型锚杆、压力分散型锚杆或拉压复合型锚杆，如采用分段扩孔效果更好。

④锚固地层为基岩、基坑支护兼作永久支挡使用的锚杆，宜选用压力型锚杆。

3.4.3.5　锚杆成孔、灌浆和张拉锁定

(1) 锚杆成孔

锚杆成孔应根据工程地质和水文地质条件，在保证孔壁稳定的前提下选择套管护壁、泥浆护壁或干成孔工艺。在松散和稍密的砂土、粉土、碎石土、填土、有机质土、高液性指数的饱和黏土地层中，宜采用套管护壁成孔；在地下水位以下时，不宜采用干成孔。采用套管护壁成孔时，应在拔出套管前将锚杆杆体插入孔内，采用非套管护壁成孔时，应将锚杆杆体均匀推送至孔内。

锚杆钻孔的孔位偏差应在 50 mm 以内，钻孔倾角的偏差应在 3°以内，自由段的套管长度偏差应在 50 mm 以内。

(2) 锚杆灌浆

水泥浆和水泥砂浆是目前最廉价、应用最广的灌浆材料。灌浆材料中，水泥、水和骨料是组成锚固体浆液的基本材料，选用时应符合现行的相关规范和标准的规定。在没有特殊要求的情况下，水泥可选强度等级不小于 42.5 MPa 的硅酸盐水泥或普通硅酸盐水泥，为达到早强、容易灌入等的要求，可以掺入早强剂和减水剂等外加剂，有时为提高锚固效果，也可采用膨胀水泥等特种水泥，或在普通水泥中掺入适量的膨胀剂。在地下水受化学污染或地层中存在含腐殖酸的泥炭层影响水泥浆液凝结时，应选用特种水泥，经试验确定注浆水泥基材。

水泥砂浆具有结石体收缩小、抗压强度高等特点，在工程中应优先选用，特别是选择压力型锚杆时；采用水泥净浆、水泥砂浆灌浆时，首次灌浆水灰比分别可取 0.5～0.55、0.45～0.5，通过掺入减水剂改善浆液流动性；水泥砂浆的灰砂比可取 0.5～1.0；二次灌浆浆液应采用水泥净浆，灌浆水灰比一般高于首次灌浆时的水灰比。

锚杆灌浆管端部距孔底的距离不宜大于 200 mm，灌浆及拔管过程中，灌浆管口应始终埋入灌浆浆液液面内，应在水泥浆液从孔口溢出后停止灌浆，灌浆后浆液液面下降时，应进行孔口补浆。

采用二次压力灌浆工艺时，灌浆管应在锚杆末端 1/4～1/3 锚固段长度范围内设置灌浆孔，灌浆孔间距可取 500～800 mm，每个灌浆截面可布置 2 个灌浆孔。二次灌浆管应固定在杆体上，出浆口应有逆止构造。二次灌浆应在首次灌浆浆液初凝后、终凝前进行，终孔灌浆压力不小于 1.5 MPa。采用二次压力分段劈裂灌浆时，灌浆宜在结石体强度达到 5 MPa 后进行，灌浆管的出浆孔宜沿锚固段全长设置，由内向外分段依次灌浆。

(3) 锚杆张拉锁定

预应力锚杆的张拉锁定应在灌浆结石体强度达到 15 MPa 或设计强度的 75%后进

行。采用拉力型钢绞线锚杆时，宜采用钢绞线整束张拉锁定的方法。

锚杆锁定前，应按照锚杆拉拔承载力检测值进行预张拉。锚杆的拉拔承载力检测值与轴向拉力标准值的比值，对于支护结构安全等级为一级、二级、三级的基坑，分别不应小于 1.4、1.3 和 1.2。锚杆张拉应平缓加载，每分钟的加载不宜大于锚杆轴向拉力标准值的 10%，加载时锚杆位移和压力应能保持稳定，当锚头位移不稳定时，则判定为锚杆不合格。

锁定时的锚杆拉力应考虑锁定过程中的预应力损失，预应力损失量应通过对锁定前、后锚杆拉力的测试确定，缺少实测数据时，锁定时的锚杆拉力可取锁定值的 1.1 倍～1.5 倍。锚杆的锁定还应考虑相邻锚杆张拉锁定引起的预应力损失，当锚杆预应力损失严重时，也能够进行再次锁定；当锚杆出现锚头松弛、脱落、锚具失效等情况时，应及时进行修复并对其进行再次锁定。再次锁定时，锚具外杆体长度和完好程度应满足张拉要求。

3.4.3.6 锚碇设计方法

基坑工程中采用地面锚拉时，拉杆布置在地面或者浅埋，在端部设置锚碇板、锚桩和通长连续分布的锚碇等。各种布置形式虽有差别，但是工作机理基本一致，都是利用拉杆将挡土结构上受到的水土压力传递到后侧的稳定土体上。与锚杆不同的是，锚碇的埋深较浅，利用的是土的被动土压力，因此体积一般较大。

锚碇的设计简图如图 3.4.10 所示。假定锚碇通长布置，则单位宽度锚碇的极限抗拔力为：

$$T_u = \frac{1}{2}\gamma H^2 (K_p - K_a) \tag{3.4-18}$$

式中：T_u ——单位宽度锚碇的极限抗拔力(kN/m)；

γ ——土的天然重度(kN/m^3)；

K_a、K_p ——锚碇周围土体层的主动土压力系数、被动土压力系数。

当锚碇独立分布埋设时，则需要考虑被推土体的楔形体每边增加一定的宽度，此时，每个独立锚碇的极限抗拔力计算公式为：

$$T'_u = \frac{1}{2}\gamma H^2 (K_p - K_a) mB \tag{3.4-19}$$

式中：T'_u ——单个锚碇的极限抗拔力(kN)；

B ——锚碇的宽度(m)；

m ——作用系数(m)，当独立布置不考虑相邻锚碇相互作用时，$m = 1 + \frac{2H}{B}\tan\varphi$；当锚碇布置间距为 D，且 $(D - B) \leqslant \frac{H}{2B}\tan\varphi$ 时，$m = \frac{D}{B}$；

φ ——土的内摩擦角(°)。

当锚碇的深度 $H > 4.5B$ 时(深埋锚碇)，锚碇前方和周边土体的应力状态在接近极限以前会十分复杂。虽然有不少学者从不同途径进行探索，并提出不同计算方法，但与实际有很大差异，因此，对于深埋锚碇，需要通过现场试验判断锚碇的极限抗拉力和变形。

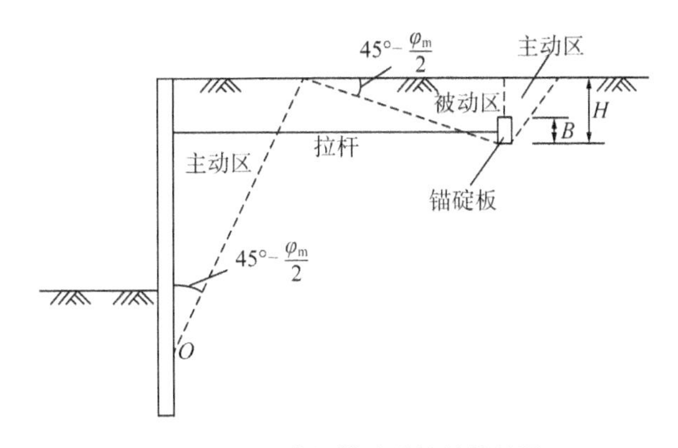

图 3.4.10 浅埋锚碇设计计算简图

参照图 3.4.10，用于挡土构件锚拉的锚碇位置应避开锚碇前方的被动土压力区、挡土构件后方的主动土压力区，因此，锚碇拉杆的长度应满足式(3.4-20)的要求。

$$L \geqslant h\tan(45^\circ - \frac{\varphi}{2}) + H\tan(45^\circ + \frac{\varphi}{2}) \qquad (3.4\text{-}20)$$

式中：L ——锚碇拉杆的长度(m)；

h ——挡土构件上土压力零点至锚头的高度(m)；

H ——锚碇的埋深(m)。

3.4.4 高压喷射扩大头锚杆锚固体直径计算方法

高压喷射扩大头锚杆是在普通钻孔成型的基础上，采用高压流体(水、空气或其他浆液)在锚孔底部按设计长度对土体进行喷射切割扩孔并灌注水泥浆或水泥砂浆，形成直径较大的圆柱状灌浆结石体的锚杆。高压喷射扩大头锚杆的锚固体由于直径远大于普通钻孔锚杆，能够在土质较差的情况下提供更大的抗拔力，已经在基坑工程中广泛应用。现行《高压喷射扩大头锚杆技术规程》(JGJ/T 282—2012)对扩大头锚杆的设计、施工、检验与试验进行了规定。

扩大头直径是高压喷射扩大头锚杆的关键参数。扩孔孔径受土体参数和施工工艺的影响较大，关于各参数对成孔直径大小的影响，很多都是依据经验的方法来考虑的；从技术机理分析，高压旋喷破土扩孔过程主要涉及高压射流理论和土体破坏理论，部分学者提出的成孔直径理论预测方法，公式较为复杂，计算结果会受到射流性质、土的临界破坏速度和土体抵抗力等不确定参数的影响，在一种地层中适用，在另一种地层中可能不适用。

本书作者从高压旋喷破土扩孔的物理过程入手，分析了锚固体直径、土的物理状态和旋喷施工参数之间的关系，提出了一种便于实际应用的旋喷锚杆锚固体直径计算方法，并在某深基坑支护工程中进行了 12 根高压旋喷锚杆现场试验，通过将不同施工工艺的 3 根试验锚杆挖出，量测锚固体实际直径，对计算方法的实用性进行了验证，分析了高压喷射扩大头锚杆施工时的喷射压力、钻进速度、喷嘴直径和扩孔次数等参数对锚固体直径的影响。现将主要成果介绍如下，供读者参考。

3.4.4.1 锚固体直径计算方法

如图 3.4.11 所示，高压旋喷射流破土扩孔，是高压水或水泥浆冲击破碎土体，使得浆液与土颗粒混合并将土颗粒运输出锚固体的过程。扩孔过程中，锚固体内的原有土体被由喷射浆液和土体组成的泥浆替代，泥浆在填满锚固体后，剩余部分将沿钻杆向上从钻孔孔口返出，根据质量守恒，扩孔过程中固体土颗粒的总量没有发生改变，即锚固体内原有土颗粒的总量等于扩孔后形成的腔体内和孔口返出的泥浆中土颗粒含量之和，即：

$$\frac{\pi}{4}(D_1^2-D_0^2)L[(1-n)-a_2]=V_1a_1 \tag{3.4-21}$$

式中：D_1、D_0——扩孔直径(m)、钻杆直径(m)；

L——锚固体长度(m)，$L=v\cdot t$；

v——钻杆钻进速度(m/s)；

t——钻孔时间(s)；

n——土体的孔隙率；

V_1——孔口反出泥浆体积(m^3)；

a_1、a_2——返出泥浆中的土颗粒含量、扩大头空腔内泥浆中的土颗粒含量。

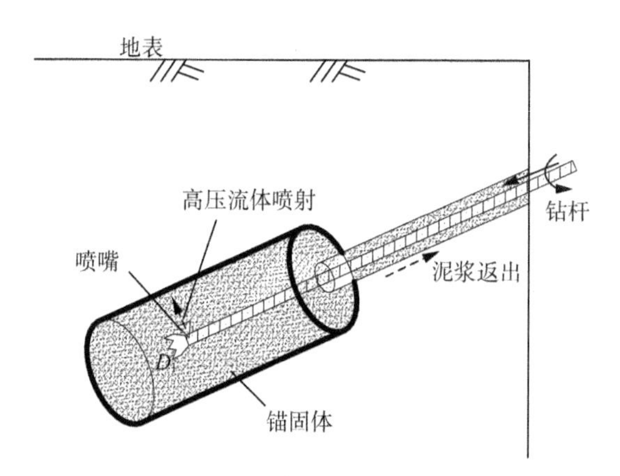

图 3.4.11　高压喷射扩大头锚杆扩孔过程示意图

考虑到喷射流体、水和土颗粒均不可压缩，并忽略流体向锚固体以外土体中的渗透损失，当锚固体内的原有土体处于饱和状态时，喷嘴的浆液喷射量 V_g 等于钻孔孔口的泥浆返出量 V_1；但是，对于非饱和土体，喷射浆液中的一部分体积将会取代原有土体中的空隙，即：

$$V_1=V_g-\frac{\pi}{4}(D_1^2-D_0^2)L(1-S_r)n \tag{3.4-22}$$

式中：S_r ——土体的饱和度。

喷嘴的射流量 Q_g 可根据流体力学中的管嘴出流公式计算得到：

$$Q_g = V_g/\mathrm{t} = \frac{\pi d_0^2}{4}\varepsilon\phi\sqrt{2g\Delta H} \tag{3.4-23}$$

式中：d_0——嘴直径(m)；

ε ——收缩系数，对于锥角为13.5°的喷嘴可取0.946；

ϕ ——流量系数，可取0.97～0.98；

ΔH ——喷嘴两侧的水头差(m)。

高压旋喷射流过程中，当喷射流体的能量在锚固体空腔内衰减到不能对土体产生破坏以后，边界土体将会对射流产生固壁约束作用，使得部分喷射流体反弹，增大锚固体空腔内的压力水头，对喷嘴射流产生一定的阻力，因此：

$$\Delta H = P_g/(\rho_g \cdot g) - P_0/(\rho_0 \cdot g) \tag{3.4-24}$$

式中：P_g 、P_0——喷射压力(kPa)、锚固体空腔内的压力(kPa)；

ρ_g 、ρ_0——喷射流体的密度(kg/m^3)、扩孔空腔内流体的密度(kg/m^3)；

g ——重力加速度(m/s^2)。

对于高压喷射，$P_g \gg P_0$，可以忽略掉锚固体空腔内的压力水头对喷射流量的影响，即：

$$\Delta H \approx P_g/(\rho_g \cdot g) \tag{3.4-25}$$

钻孔孔口返出的泥浆中土颗粒含量可以根据钻进过程中的孔口返出泥浆的平均比重求得，即：

$$a_1 = (\overline{G}_1 - G_g)/(G_s - G_g) \tag{3.4-26}$$

式中：$\overline{G}_1$、G_g 、G_s ——孔口反出泥浆的平均比重、喷射流体比重、土颗粒比重。

高压喷射的喷射流速可以达到每秒数百米，锚固体内的土体被迅速切割破碎，并与喷射流体混合在一起。若忽略扩孔过程中喷射流体和土颗粒混合不均匀、土颗粒沉淀等因素的影响，假定 $a_1 = a_2$，并将式(3.4-22)～式(3.4-26)代入式(3.4-21)，可以得到：

$$D_1 = \sqrt{\frac{\varepsilon\varphi d_0^2\sqrt{2P_g/\rho_g}}{v[(1-n)(G_s - G_1)/(\overline{G}_1 - G_g) - S_r n]} + D_0^2} \tag{3.4-27}$$

上述计算公式从高压旋喷破土扩孔的物理过程入手，考虑土体的物理特性、施工参数中喷射压力、钻进速度、喷嘴直径与锚固体直径之间的关系。对于特定的土层，在给定施工参数后，为获得锚固体直径，钻孔孔口的返浆比重是唯一的未知参数，其可以通过实际测量得到。

对于二次扩孔，由于是在一次扩孔形成锚固体空腔的基础上从钻孔底部向上提钻复喷扩孔，所以必须首先计算出一次扩孔的锚固体直径 D_1。考虑到扩孔过程中，喷射量远大于扩孔空腔的体积，二次扩孔时，一次扩孔形成的锚固体空腔内的泥浆被迅速稀释，并被新的混合浆液从底部逐渐向上顶出。为简化计算，忽略一次扩孔形成的锚固体空腔内的土颗粒含量，对于二次扩孔的最终成孔直径 D_2，可以将式(3.4-27)中的 D_0 用 D_1 代替近似计算。而此时的钻孔孔口的返浆比重应待一次扩孔锚固体空腔内的泥浆被返出后再进行量测。

3.4.4.2 锚固体直径理论计算与实测数据对比

(1) 试验场地概况

上述扩大头锚杆计算方法的现场试验验证在某核电站二期取水泵房基坑内进行。基坑位于核电站场区的东北侧，北邻大海。如图 3.4.12 所示，场区现状地面标高为 +7.9～+12 m，地下水位标高 +2.5 m，北侧海水高潮位 +6.0 m；基坑用地红线为建筑物东西两侧各约 35 m，总开挖面积约 $1.6\times10^4\ m^2$，深 29～32 m。试验场区地层自上而下土性及参数见表 3.4-5。

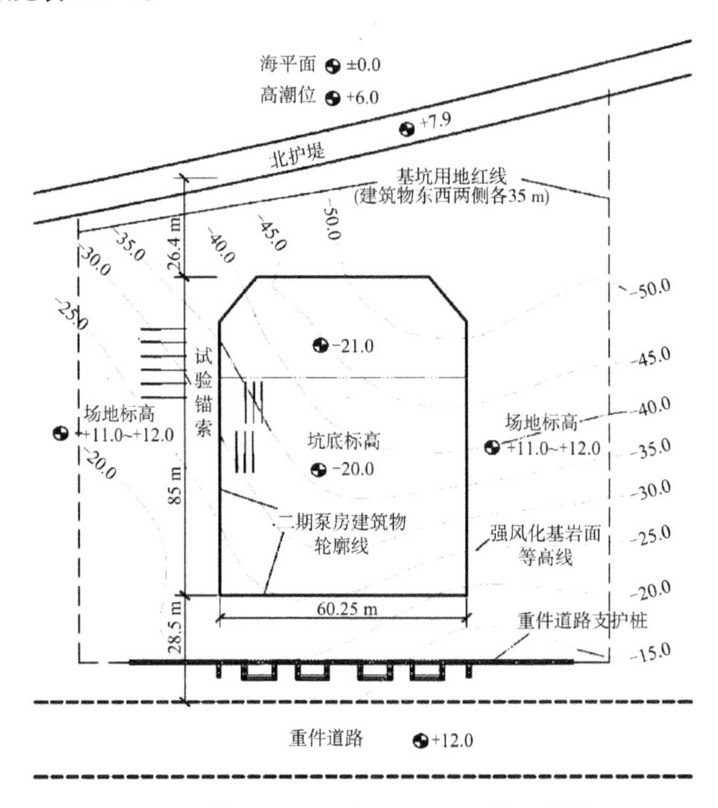

图 3.4.12 基坑及试验锚杆位置平面示意图(单位：m)

表 3.4-5 试验场地地层分布及相关参数

土层编号	平均厚度/m	湿密度/(g/cm³)	土粒比重	孔隙率	饱和度/%
回填块石①	12.4	1.94	—	—	—
淤泥质黏土③$_3$	7.2	1.77	2.75	0.54	96.5

续表

土层编号	平均厚度/m	湿密度/(g/cm^3)	土粒比重	孔隙率	饱和度/%
粉质黏土③$_4$	4.4	1.93	2.72	0.43	95.8
黏土⑤	5.5	1.88	2.73	0.46	96.2
粉质黏土⑦	12.6	1.83	2.73	0.45	95.99

(2) 试验内容和方法

现场进行3组不同施工参数下的12根旋喷锚杆扩孔工艺试验(表3.4-6),并在每组中各选择1根锚杆(编号S7、S8、S10)挖开,量测锚固体实际直径,验证计算方法的实用性,分析各施工参数对锚固体直径的影响。受场地条件和施工工期限制,现场试验选择在基坑0 m标高进行,各试验锚杆的锚固体均处于③$_3$土层中。受机械设备的精度、地层不均匀等因素的影响,钻进速度很难精确设定,因此表中的钻进速度根据每钻进1 m所需的时间来计算平均钻进速度。

表3.4-6　高压旋喷锚杆现场试验方案

组号	锚杆编号	v/(cm/min)	d_0/mm	一次扩孔 P_g/MPa	二次扩孔 P_g/MPa
一	S7	12.5～20.0	2.5	30～32(喷水泥浆)	—
二	S1-S3	8.3～29.3	2.7	30(喷水)	30(喷水)
	S4-S5 S8,S11	8.9～24.2	2.5	25～30(喷水)	25～35(喷水)
三	S6,S9 S10,S12	6.2～19.9	2.5	25～32(喷水)	25～32 (喷水泥浆)

(3) 数据对比

现场试验中,各挖开锚杆的实际形状如图3.4.13所示。高压旋喷施工时,由于钻杆的运动不仅包括旋转和提升,还会在喷嘴射流反作用力的作用下产生无规律的振动,使得射流不完全符合圆形断面自由紊动射流理论,锚固体的实际形状并非标准的圆形,而是近似为椭圆形,且表面凹凸不平,呈蜂窝状,并有片状毛刺出现;二次扩孔后的锚固体直径比一次扩孔显著增大,成孔质量更好,锚固体表面更平整。

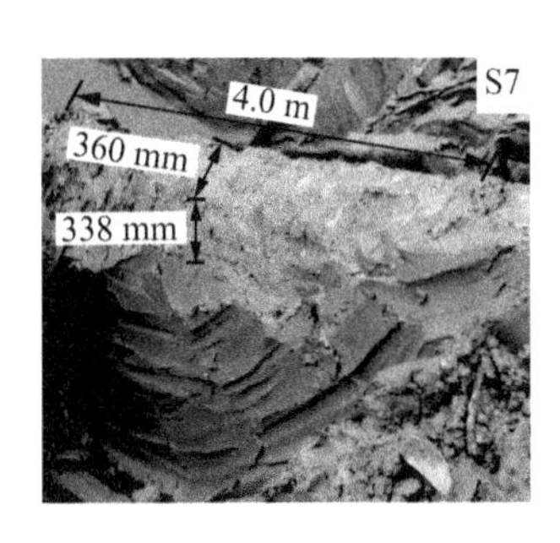

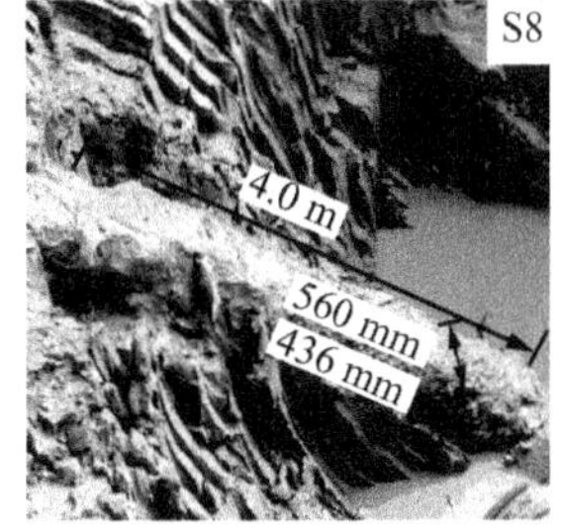

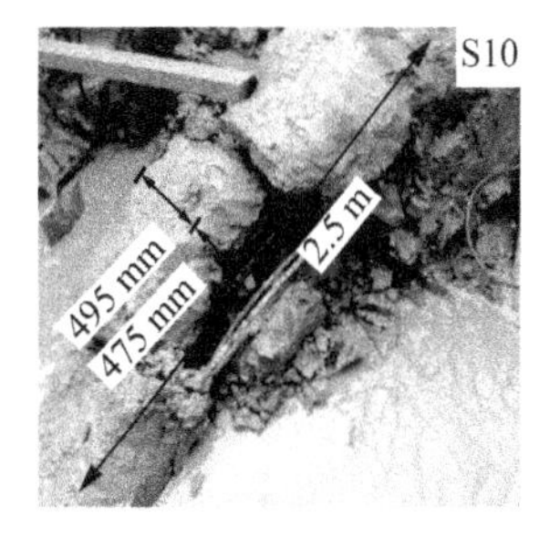

图3.4.13　试验锚杆外观

试验过程中,量测各锚杆每1 m锚固段的平均钻进速度和孔口返浆比重,采用式

(3.4-27)计算锚固体直径。按照面积相等的原则将被挖开锚杆的断面换算成圆形，并与计算值对比，计算参数和实测数据与计算值的对比结果分别见表3.4-7和图3.4.14。根据计算结果，采用式(3.4-27)计算出的锚固体直径整体上略低于实际值，偏差约为−9.8%～2.1%。其中，一次扩孔的直径计算值与实测数据最为接近，平均偏差仅为−3.8%。二次扩孔的直径计算值与实测数据的偏差相对较大，平均约为−6.6%。主要是由于高压旋喷施工过程中，喷射流体不可能将土体完全切碎成颗粒，锚固体空腔内会存在部分残留土块；同时喷射流体和土颗粒也不可能完全均匀混合，大颗粒土体在返出过程中需要消耗更大的搬运能量，并且更容易产生沉淀，上述原因使得钻孔孔口返出泥浆中的土颗粒含量低于锚固体空腔内的土颗粒含量，导致计算值小于实测数据。

喷射压力越小，射流能量对土体的切碎性越差，钻进速度越快，射流的剖面越不连续，锚固体空腔内越容易出现块状、条状残留土块；锚固体越长，喷射流体和土颗粒混合的均匀性越差，计算值和实测数据的偏差越大。

比较结果表明，式(3.4-27)是一种略偏于保守的锚固体直径计算方法，仅需要现场量测1个未知参数，操作方便。在工程应用中，可以先给定喷射压力，通过试喷试验得到不同钻进速度下锚固体直径和孔口返浆比重之间的关系曲线，从而确定最合理的钻进速度，并通过记录施工过程中的孔口返浆情况，达到动态监测和适时调整的目的。

表3.4-7 实测计算参数

锚杆编号	v /(cm/min)	d_0 /mm	一次扩孔			二次扩孔		
			P_g/MPa	G_g	G_1	P_g/MPa	G_g	G_2
S7	12.5～20.0	2.5	30～32	1.5	1.72～1.77	—	—	—
S8	8.3～18.5	2.5	25～30	1.0	1.21～1.30	25～30	1.0	1.05～1.16
S10	9.9～19.9	2.5	30	1.0	1.17～1.22	30	1.6	1.66～1.71

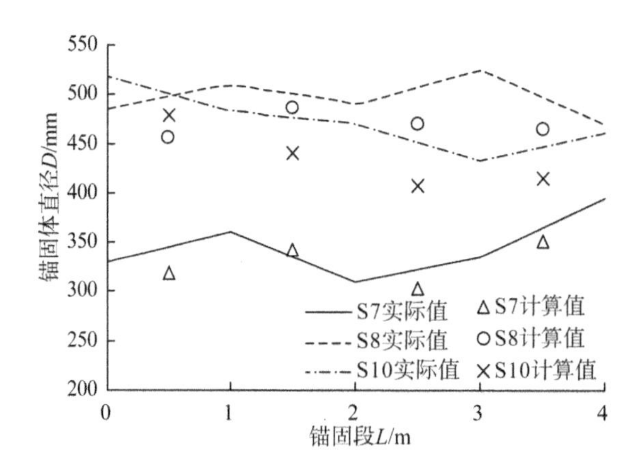

图3.4.14 锚固体直径预测值和实际值对比

3.4.4.3 锚固体直径影响因素分析

对于特定土层，高压喷射扩大头锚杆的成孔直径受喷射压力、钻进速度、喷嘴直径和扩孔次数等参数控制。

(1) 喷射压力的影响

喷射压力是流体切割、破碎土体的作用力，决定了射流能力和对土体的切割、破碎效果。图 3.4.15 给出了不同喷射压力时钻进速度与锚固体直径之间的关系曲线。

喷射压力的提高增大了流体的喷射速度和动压力，使得单位面积土体上受到的冲击力增大，扩大了土体的破坏范围，从而得到更大的锚固体直径。试验过程中，当喷射压力由 25 MPa 提高到 30 MPa 时，锚固体直径平均增加了约 30%；但是当喷射压力达到一定程度后，单纯提高喷射压力对扩孔效果的提高明显减弱，当喷射压力由 30 MPa 提高到 32 MPa 时，锚固体直径仅平均增加了约 4%。

同时，从被挖开锚杆的外观看，随着喷射压力的提高，锚固体的形状越来越不规则，表面凹凸起伏的程度增大，薄片状毛刺增多，这是由于压力提高后，钻杆受到的反作用力加大，钻头的振动幅度更大、更不规律，直接影响到了成孔质量。

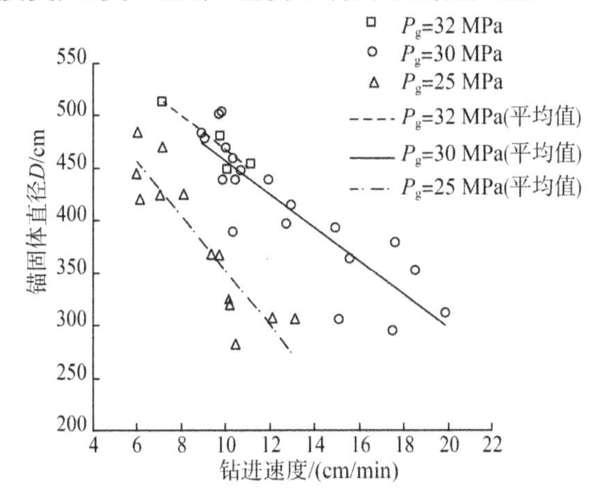

图 3.4.15 不同喷射压力时钻进速度与锚固体直径关系曲线

(2) 钻进速度的影响

钻进速度的大小决定了单位面积土体的受冲切时间，因此，从提高锚固体直径的角度考虑，钻杆的钻进速度越小，喷射流体对土体的切割深度越大，锚固体直径越大。试验过程中，当钻进速度由 15 cm/min 降低至 9 cm/min 后，锚固体直径平均增大约 26%。

旋喷锚杆扩孔施工时应合理配置钻进速度。首先，钻进速度过快，射流剖面将不连续，中间出现间断，锚固体内将形成较大的条状土块，影响成孔质量，从试验数据看(图 3.4.15)，当钻进速度超过 15 cm/min 以后，锚固体直径计算值的离散程度显著增大，这就表明此时锚固体内流体和土颗粒的混合性较差，影响了土颗粒的向外运输，应避免此类情况的出现；其次，钻进速度过慢，只能使锚固体直径缓慢增大，却浪费了时间和喷射材料，工效不高。

（3）喷嘴直径的影响

喷嘴直径对成孔直径的影响是通过影响射流量来体现的。增大喷嘴直径使得单位时间内的射流量增加，不仅增大了射流在土体上的作用面积，提高了射流对土体的打击效率和破碎效果，而且会提高射流的搬运能力，减少锚固体内土颗粒的沉淀。因此，增大喷嘴直径（射流量）能够比增大喷射压力获得更好的成孔质量。喷嘴直径为 2.7 mm 和 2.5 mm 时钻进速度与锚固体直径之间的关系曲线见图 3.4.16。

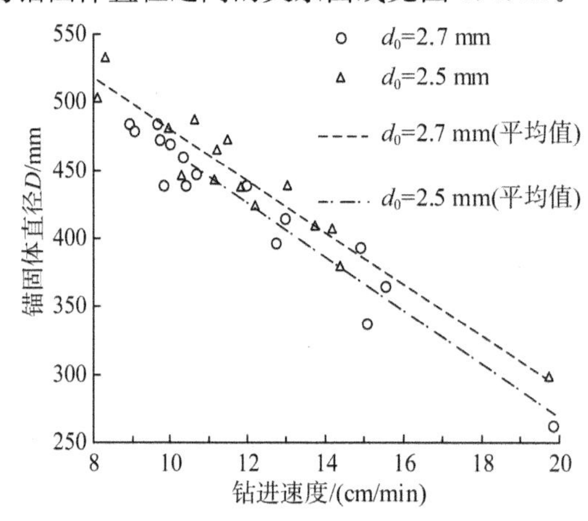

图 3.4.16　不同喷嘴直径时钻进速度与锚固体直径关系曲线（P_g＝30 MPa，一次扩孔）

（4）扩孔次数的影响

图 3.4.17 给出了不同扩孔次数下钻进速度与成孔直径之间的关系曲线。可见，第二次旋喷扩孔过程中，喷射流体需要穿过第一次扩孔形成的腔体，由于高速流体与周围流体之间的剧烈能量交换，射流速度迅速降低，也更加发散，进而降低了射流对土体的打击效果，因此，第二次扩孔的孔径增大效果较第一次显著降低。根据试验数据，二次扩孔平均仅能够增大约 17％的锚固体直径，第一次扩孔的成孔直径越小，第二次扩孔的增大效果越明显。

根据现场试验成果综合分析，受钻杆螺旋运动和无规律振动的影响，实际喷射扩大头锚杆的锚固体形状近似为椭圆形，并非圆形，锚固段的灌浆结石体表面附有毛刺，能够在一定程度上增大锚固力，喷射压力越大，钻进速度越快，锚固体的形状越不规则。虽然受喷射扩孔过程中土体未被完全破碎、大颗粒土沉淀等因素的影响，采用式（3.4-27）预测的喷射扩大头锚杆锚固体直径略小，但是偏差不大，是一种偏于保守的预测方法，而且工程应用时非常便捷。采用提高喷射压力、降低钻进速度、增大喷嘴直径和二次扩孔等工艺和方法，均能够增大锚固体直径。相同条件下，增大喷嘴直径和采用二次扩孔能够获得更好的成孔质量，工程中可以通过合理配置钻进速度来提高成孔工效，但是应避免钻机速度过快出现射流剖面间断的问题。实际上，采用高压喷射扩大头锚杆时的射流剖面间断问题也可以通过观察孔口返浆情况来判断，当孔口返浆中夹带较多连续块状土体、土条时，即可判定为钻进速度过快，此时应适当降低钻进速度。

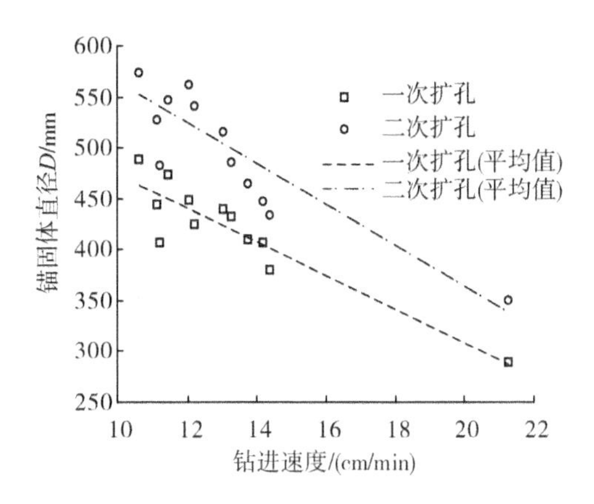

图 3.4.17 不同扩孔次数下钻进速度与锚固体直径关系曲线(P_g=30 MPa, P_0=2.7 mm)

3.4.5 锚拉式支挡结构的稳定性计算方法

锚拉式支挡结构的稳定性包括抗倾覆稳定性(单支点)、整体稳定性、坑底隆起稳定性和以最下层支点为轴心的圆弧滑动稳定性。

3.4.5.1 抗倾覆稳定性计算方法

采用单层锚杆的锚拉式支挡结构,抗倾覆稳定验算主要是为了保证其嵌固深度;对于采用多层锚杆的锚拉式支挡结构,一般不进行抗倾覆稳定性验算,但是挡土构件的嵌固深度至少要满足构造要求。

采用单层锚杆的锚拉式支挡结构,其抗倾覆稳定性是以锚杆所在位置为力矩平衡点,分别计算主动土压力和被动土压力的力矩,并确保被、主动土压力力矩的比值大于相关规程(标准)规定的嵌固稳定安全系数 K_e[式(3.4-28)、图 3.4.18]。在进行嵌固稳定安全系数计算时,主、被动土压力采用朗肯土压力理论计算,土的抗剪强度指标选取方法同 2.6 节。

$$\frac{E_{pk}a_p}{E_{ak}a_a} \geqslant K_e \tag{3.4-28}$$

式中:E_{pk} ——基坑内侧被动土压力标准值(kPa);

a_p ——基坑内侧被动土压力合力作用点至锚杆的距离;

E_{ak} ——基坑外侧主动土压力标准值(kPa);

a_a ——基坑外侧主动土压力合力作用点至锚杆的距离。

3.4.5.2 整体稳定性计算方法

与悬臂式支挡结构类似,采用锚拉式支挡结构时,在解决了作用在结构上的静力平衡问题后,仍然需要考虑当嵌固深度不足或支挡构件底部以下存在软弱下卧层时可能产生的圆弧滑动问题。锚拉式支挡结构的整体稳定性,同样采用圆弧滑动条分法进行计算[图 3.4.19、式(3.4-29)、式(3.4-30)]。当支挡结构端部以下存在软弱下卧层时,滑动面中也应包括由圆弧与软弱土层层面组成的复合滑动面。

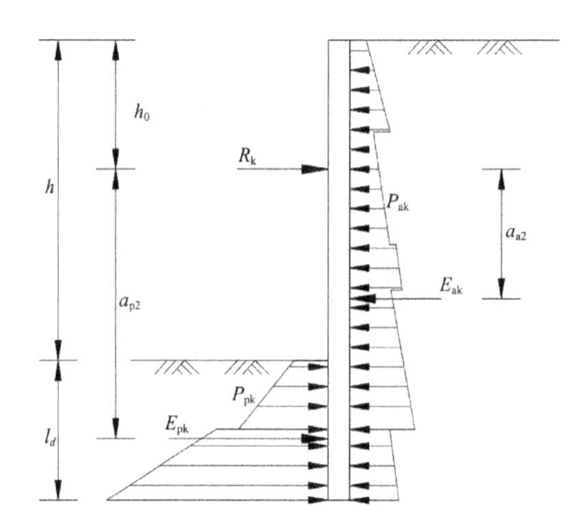

图 3.4.18　单支点锚拉式支挡结构的嵌固稳定计算简图

$$\min\{K_{s,1},K_{s,2},\cdots,K_{s,i},\cdots\}\geqslant K_s \tag{3.4-29}$$

$$K_{s,i}=\frac{\sum\{c_jl_j+[(q_jb_j+\Delta G_j)\cos\theta_j-u_jl_j]\tan\varphi_j\}+\sum R'_{k,k}[\cos(\theta_k+a_k)+\phi_v]/s_{x,k}}{\sum(q_jb_j+\Delta G_j)\sin\theta_j} \tag{3.4-30}$$

式中：K_s ——圆弧滑动稳定安全系数；

$K_{s,i}$ ——第 i 个圆弧滑动体的抗滑力矩与滑动力矩的比值，宜通过搜索不同圆心及半径的所有潜在滑动圆弧确定；

c_j 、φ_j ——分别为第 j 土条滑弧面处的黏聚力(kPa)和内摩擦角(°)，取值原则和方法同 2.6 节；

b_j ——第 j 土条的宽度(m)；

θ_j ——第 j 土条滑弧面中点处的法线与垂直面的夹角(°)；

l_j ——第 j 土条的滑弧长度(m)，$l_j=b_j/\cos\theta_j$ ；

q_j ——第 j 土条上的附加分布荷载(kPa)；

ΔG_j ——第 j 土条的自重，一般按天然重度计算(kN)；

u_j ——第 j 土条滑弧面上的水压力(kPa)，采用落底式帷幕止水时，对地下水位以下的砂性土或碎石土，在基坑外侧可取 $u_j=\gamma_w h_{wa,j}$ ，基坑内侧可取 $u_j=\gamma_w h_{wp,j}$ ，对于黏性土，$u_j=0$；

γ_w ——地下水重度(kN/m^3)；

$h_{wa,j}$ 、$h_{wp,j}$ —基坑外侧第 j 土条滑弧面中点的压力水头(m)、基坑内侧第 j 土条滑弧面中点的压力水头(m)；

$R'_{k,k}$ ——第 k 层锚杆在滑动面以外的锚固段的极限抗拔承载力标准值与锚杆杆体受拉承载力标准值的较小值(kN)；

a_k ——第 k 层锚杆的倾角(°)；

θ_k ——滑弧面在第 k 层锚杆处的法线与垂直面的夹角(°)；

$s_{x,k}$ ——第 k 层锚杆的水平间距(m)；

ϕ_v ——计算系数，可按 $\phi_v = 0.5\sin(\theta_k + a_k)\tan\varphi$ 取值；

φ ——第 k 层锚杆与圆弧交点处土的内摩擦角(°)。

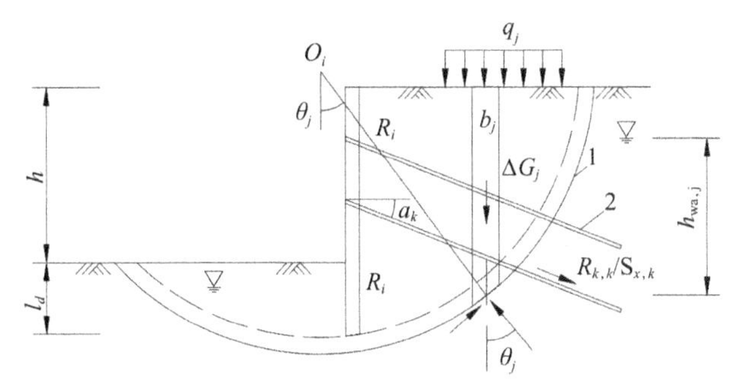

1. 任意圆弧滑动面；2. 锚杆。

图 3.4.19 锚拉式支挡结构的圆弧滑动条分法整体稳定性计算简图

与悬臂式支挡结构相同，当锚拉式支挡结构端部以下存在软弱下卧层时，整体稳定性计算的滑动面中应包括由圆弧与软弱土层层面组成的复合滑动面；当支挡结构端部嵌入坚硬土层或岩层时，由于坚硬土层或岩石段不可能发生圆弧滑动破坏，此时需要验算支挡结构的抗剪承载力。

3.4.5.3 坑底隆起稳定性计算方法

对于深度较大的基坑，采用锚拉式支挡结构时，由于锚杆平衡了挡土构件背后的主动土压力，挡土构件的计算嵌固深度可能不需要太大。当挡土构件的嵌固深度较小而坑底土的强度较低时，土可能从挡土构件底端以下向坑内隆起挤出导致隆起失稳破坏。这是一种土体丧失竖向平衡状态的破坏模式，由于锚杆和支撑只能对支护结构提供水平方向的平衡力，对抵抗隆起破坏不起作用，因此，只能通过增加挡土构件的嵌固深度来提高抗隆起稳定性。

工程中对于坑底抗隆起稳定的验算多采用基于普朗特（Prandtl）和太沙基（Terzaghi）地基承载力理论的极限平衡法，其隆起滑动线形状如图 3.4.20 所示。现行

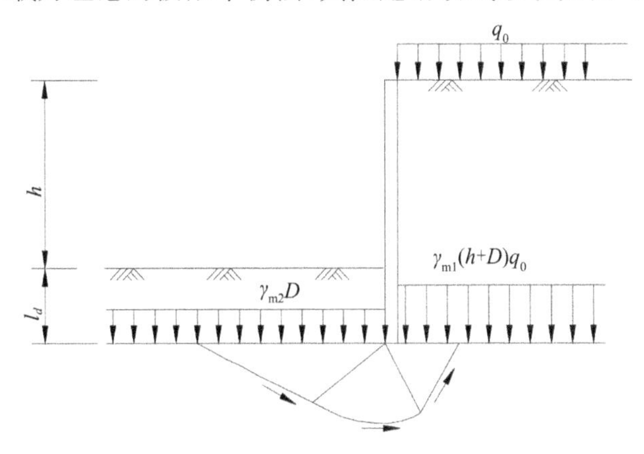

图 3.4.20 抗隆起计算时的滑动线形状

《建筑基坑支护技术规程》(JGJ 120—2012)中推荐的坑底抗隆起稳定计算公式是基于普朗特尔地基承载力理论。实际上,普朗特尔和太沙基地基承载力理论中验算基坑坑底的抗隆起稳定性的计算公式是相同的(式 3.4-31),所不同的只是承载力系数的计算方法。

$$K_b \geqslant \frac{\gamma_{m2} l_d N_q + c N_c}{\gamma_{m1}(h + l_d) + q_0} \tag{3.4-31}$$

式中:K_b ——抗隆起安全系数;

γ_{m1}、γ_{m2}——分别为基坑外、基坑内挡土构件底面以上土的天然重度(kN/m^3),对于多层土,取各层土厚度加权的平均重度;

l_d ——挡土构件的嵌固深度(m);

h ——基坑深度(m);

q_0——地面均布荷载(kPa);

c 、φ ——分别为挡土构件底面以下土的黏聚力(kPa)和内摩擦角(°),取值原则和方法同 2.6 节;

N_c 、N_q ——承载力系数。

按照普朗特理论[《建筑基坑支护技术规程》(JGJ 120—2012)]推荐方法:

$$N_q = \tan^2(45° + \frac{\varphi}{2}) e^{\pi \tan\varphi}, \quad N_c = (N_q - 1)/\tan\varphi \tag{3.4-32}$$

按照太沙基理论:

$$N_q = \frac{\tan\varphi \cdot e^{135° - \varphi/2}}{\cos(45° + \varphi/2)}, \quad N_c = (N_q - 1)/\tan\varphi \tag{3.4-33}$$

如图 3.4.21,当挡土构件底面以下有软弱下卧层时,坑底抗隆起稳定性的验算部位应包括软弱下卧层。其计算公式与式(3.4-31)相同,但是式中的 γ_{m1}、γ_{m2} 应取软弱下卧层顶面以上土的重度,l_d 应以 D 代替。

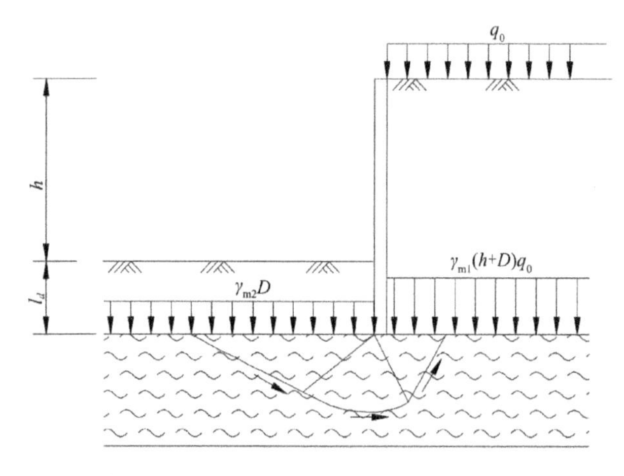

图 3.4.21　挡土构件底面以下有软弱下卧层的隆起稳定性验算简图

3.4.5.4 以最下层支点为轴心的圆弧滑动稳定性

如图3.4.22，在软土地区，锚拉式支挡结构还可能出现以最下层支点为轴心的圆弧滑动破坏，该破坏实质上也是坑底隆起破坏的一种。在这方面，上海地区积累了大量的工程经验，实际工程中常以这种方法作为挡土构件嵌固深度的控制条件。现行的《建筑基坑支护技术规程》(JGJ 120—2012)也是参照上海市地方标准《基坑工程技术标准》(DG/TJ 08—61—2018)给出了锚拉式支挡结构以最下层支点为轴心的圆弧滑动稳定性计算方法[式(3.4-34)]。该计算方法假定破坏面为通过挡土构件底端的圆弧形，以力矩平衡条件进行分析。

$$\frac{\sum\left[c_j l_j+(q_j b_j+\Delta G_j)\cos\theta_j\tan\varphi_j\right]}{\sum(q_j b_j+\Delta G_j)\sin\theta_j}\geqslant K_{\mathrm{r}} \tag{3.4-34}$$

式中：K_{r} ——以最下层支点为轴心的圆弧滑动稳定安全系数；

c_j、φ_j ——分别为第 j 土条滑弧面处的黏聚力(kPa)和内摩擦角(°)，取值原则和方法同2.6节；

b_j ——第 j 土条的宽度(m)；

θ_j ——第 j 土条滑弧面中点处的法线与垂直面的夹角(°)；

l_j ——第 j 土条的滑弧长度(m)，$l_j=b_j/\cos\theta_j$；

q_j ——第 j 土条上的附加分布荷载(kPa)；

ΔG_j ——第 j 土条的自重，一般按天然重度计算(kN)。

在平衡力系中，挡土构件转动点截面处的抗弯力矩在嵌固深度近似等于零时，会使得计算结果出现反常情况，在正常设计的嵌固深度下，与总的抵抗力矩相比所占比例很小，因此式(3.4-34)中并未计入。

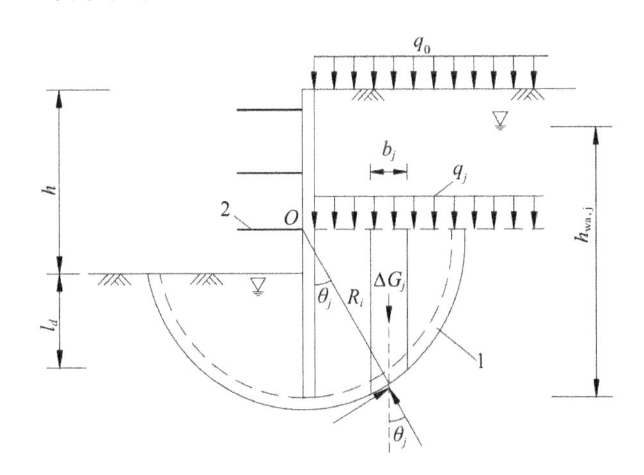

1. 任意圆弧滑动面；2. 最下层支点。

图3.4.22 以最下层支点为轴心的圆弧滑动稳定性验算简图

3.4.5.5 稳定安全系数要求

现行的《建筑基坑支护技术规程》(JGJ 120—2012)及部分省、市制定相关标准对锚拉式支挡结构的嵌固稳定安全系数、圆弧滑动稳定安全系数、抗隆起稳定安全系数和地下水渗透稳定安全系数提出了具体要求。其中嵌固稳定安全系数、圆弧滑动稳定安全系数和地下水渗透稳定安全系数的规定与悬臂式支挡结构相同，可参见3.3.4节表3.3-4。

锚拉支挡结构的最小嵌固深度、抗隆起稳定和以最下层支点为轴心的圆弧滑动稳定安全系数要求见表3.4-8。

表3.4-8 采用锚拉支挡结构基坑的稳定安全系数规定(部分)

<table>
<tr><th>规程(规范、标准)名称</th><th>最小嵌固深度</th><th>抗隆起稳定性</th><th>以最下层支点为轴心的圆弧滑动稳定性</th></tr>
<tr><td>《建筑基坑支护技术规程》(JGJ 120—2012)</td><td rowspan="3">0.3h(单支点)
0.2h(多支点)</td><td rowspan="4">安全等级为一级、二级、三级时，分别不应小于1.8、1.6、1.4</td><td rowspan="2">安全等级为一级、二级、三级时，分别不应小于2.2、1.9、1.7</td></tr>
<tr><td>河北省地方标准《建筑基坑支护技术标准》(DB13(J)/T 8468—2022)</td></tr>
<tr><td>北京市地方标准《建筑基坑支护技术规程》(DB11/489—2016)</td><td>—</td></tr>
<tr><td>广东省地方标准《建筑基坑工程技术规程》(DBJ/T 15—20—2016)</td><td>—</td><td>1.6γ_0</td></tr>
</table>

注：γ_0为基坑重要性系数，h为基坑深度。

需要指出的是，现行的《建筑基坑支护技术规程》(JGJ 120—2012)参照了上海市地方标准《基坑工程技术标准》(DG/TJ 08—61—2018)，对于以最下层支点为轴心的圆弧滑动稳定性安全系数取值较高。大量工程实践证明，在软土地层的深基坑工程，若要达到该要求，挡土构件的入土深度需要很深(远高于整体稳定性计算结果)。实际上，基坑以最下层支点为轴心的圆弧滑动稳定性计算是一个很复杂的过程，即使不满足相关规程(标准)中的要求，虽然可能会带来其他不利后果，但是也不一定发生破坏。

现行的行业或地方标准对以最下层支点为轴心的圆弧滑动稳定性安全系数的规定差异很大，甚至有的学者对其计算方法提出了质疑。具体为：

(1) 现行的JGJ 120—2012参照了DG/TJ 08—61—2010，因此二者取值相同。

(2) 较早的DG/TJ 08—61—97对以最下层支点为轴心的圆弧滑动稳定安全系数的规定为：安全等级为一级、二级、三级的基坑分别不应小于2.5、2.0和1.7。但是由于难以达到，在更新后的DG/TJ 08—61—2010、DG/TJ 08—61—2018中，根据9个安全等级为一级(开挖深度12.15～22.15 m)、35个安全等级为二级(开挖深度7.2～11.65 m)、19个安全等级为三级(开挖深度3.2～6.85 m)的基坑的验算结果，对以最下层支点为轴心的圆弧滑动稳定安全系数进行了下调，调整后，安全等级为一级、二级、三级的基坑分别不应小于2.2、1.9和1.7。但是即使如此，许多工程实践结果表明，软土地层的深基坑仍很难满足。

(3) 考虑到JGJ 120—2012中对以最下层支点为轴心的圆弧滑动稳定安全系数取值

偏大、软土地层基坑工程中难以达到的问题，广东省地方标准《建筑基坑工程技术规程》(DBJ/T 15—20—2016)对其取值进行了下调，取值与基坑重要性系数有关，换算后安全等级为一级、二级、三级的基坑分别不应小于 1.76、1.6 和 1.44。与 JGJ 120—2012 相比，安全系数下调了 0.3～0.4，幅度很大。

(4) 北京市地方标准《建筑基坑支护技术规程》(DB11/489—2016)对该条文进行了规避。

(5) 有研究通过对福建软土地区近 20 个深大基坑工程实例(均已成功实施)分析指出，为满足绕最下层支点为轴心的圆弧滑动稳定性要求，需要增大挡土构件的入土深度，加大圆弧滑动的半径，但是即使以整体稳定性验算模式作为主要控制手段来控制挡土构件的入土深度，实际工程中尚未发生一例隆起稳定破坏案例，因此对现行规范中以最下层支点为轴心的圆弧滑动稳定性的计算模式提出质疑，并提到在福建地区岩土工程界已经形成的共识是对该条文进行规避。

由此可见，对于软土地层，较为明确的是需要验算以最下层支点为轴心的圆弧滑动稳定性，但是是否需要以此为控制参数进行支护结构设计需要设计人员结合实践经验和自身的判断具体把握，盲目照搬规程进行设计，虽然安全风险得到了规避，但是可能会造成投资浪费，也是不可取的。

3.4.6　挡土构件的构造要求

锚拉式支挡结构的挡土构件主要是钢筋混凝土灌注桩、地下连续墙等，有时也采用钢板桩。挡土构件的设计除满足稳定性和承载能力要求外，还应该满足构造要求。采用钢筋混凝土灌注桩作为挡土构件时，其构造要求与 3.3.5 节相同，但是最小桩径可取 400 mm。采用地下连续墙时，《建筑基坑支护技术规程》(JGJ 120—2012)规定的构造要求为：

(1) 地下连续墙的墙体厚度宜根据成槽机的规格，选取 600 mm、800 mm、1 000 mm 或 1 200 mm。

(2) 一字形槽段长度宜取 4～6 m。当成槽施工可能对周边环境产生不利影响或槽壁稳定性较差时，应取较小的槽段长度，必要时，可采用搅拌桩对槽壁进行加固。地下连续墙的转角处或有特殊要求时，单元槽段的平面形状可采用 L 形、T 形等。

(3) 地下连续墙的混凝土设计强度等级宜取 C30～C40。地下连续墙用于截水时，墙体混凝土抗渗等级不宜小于 P6。当地下连续墙同时作为主体结构地下结构构件时，墙体混凝土的强度和抗渗等级应对照主体结构设计要求，选取高值。

(4) 地下连续墙的截面配筋应根据计算出的应力，按照现行的《混凝土结构设计规范》(GB 50010—2019)计算。其纵向受力钢筋应沿墙身两侧均匀配置，可按内力大小沿墙体纵向分段配置，但通常配置的纵向钢筋不应小于总数的 50%；纵向受力钢筋宜选用 HRB400、HRB500 钢筋，直径不宜小于 16 mm，净间距不宜小于 75 mm。水平钢筋及构造钢筋宜选用 HPB300 或 HRB400 钢筋，直径不宜小于 12 mm，水平钢筋间距宜取 200～400 mm。纵向钢筋伸入冠梁的长度宜根据冠梁是否作为受力构件选择，冠梁按构造设置时，钢筋伸入长度可取冠梁厚度，按受力构件设置时，应按照《混凝土结构设计规范》(GB 50010—2019)对钢筋锚固的规定设计。

(5) 墙顶应设置混凝土冠梁将分幅施工的地下连续墙连成结构整体。冠梁宜与地下连续墙迎土面齐平，避免凿除导墙，冠梁的宽度不宜小于墙厚，高度不宜小于墙厚的 0.6 倍，配筋应符合现行的《混凝土结构设计规范》(GB 50010—2019)对梁的构造配筋要求。冠梁用作支撑或锚杆的传力构件或按空间结构设计时，应按受力构件进行截面设计。

(6) 地下连续墙纵向受力钢筋的保护层厚度，在基坑内侧不宜小于 50 mm，在基坑外侧不宜小于 70 mm。

(7) 钢筋笼端部与槽段接头之间、钢筋笼端部与相邻墙段混凝土面之间的间隙不应大于 150 mm，纵向钢筋下端 500 mm 长度范围内宜按 1∶10 的斜度向内收口。

(8) 地下连续墙的接头形式(图 3.4.23，图 3.4.24)及选用原则：

①地下连续墙宜采用圆形锁扣管接头、波纹管接头、楔形接头、工字形钢接头或混凝土预制接头等柔性接头。

②当地下连续墙作为主体建(构)筑物地下结构外墙，且需要连接成整体墙体时，宜采用一字形或十字形穿孔钢板接头、钢筋承插式接头等刚性接头；当采取地下连续墙顶设置通长冠梁、墙壁内侧槽段接缝位置设置结构壁柱、基础底板与地下连续墙刚性连接等构造措施时，也可采用柔性接头。

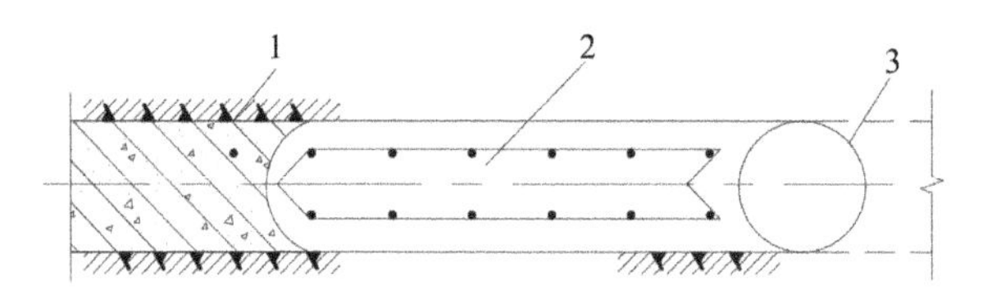

(a) 圆形锁扣管接头

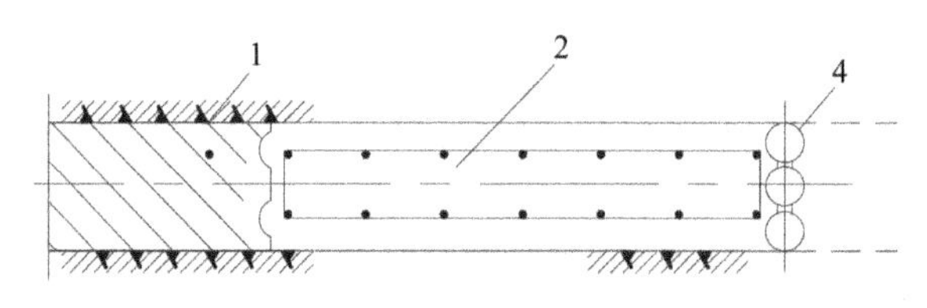

(b) 波纹管接头

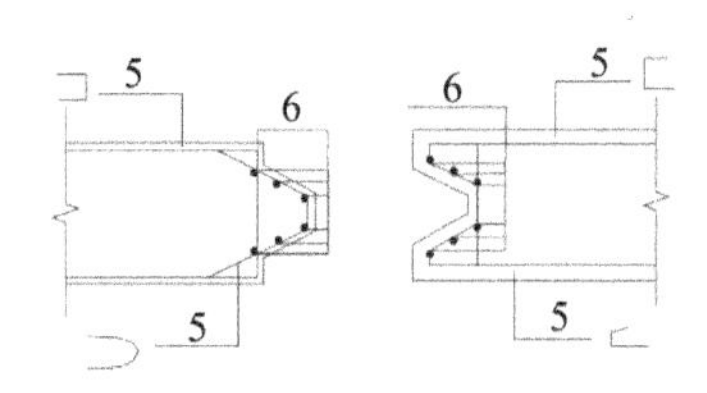

(c) 楔形接头

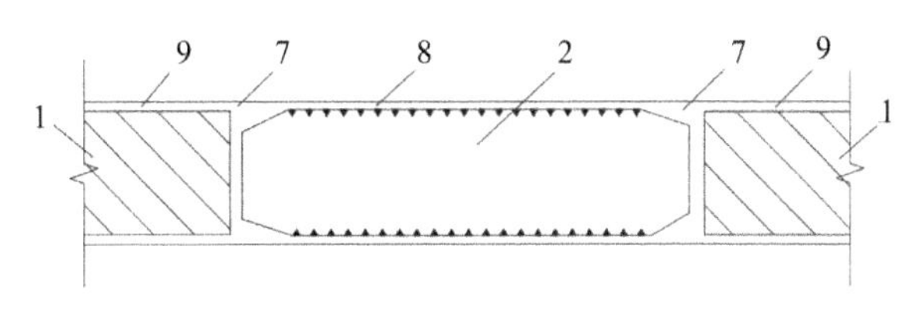

(d) 工字形钢接头

1. 先行槽段;2. 后浇槽段;3. 圆形锁扣管;4. 波形管;5. 水平钢筋;
6. 端头纵筋;7. 工字钢接头;8. 地下连续墙钢筋;9. 止浆板。

图 3.4.23　地下连续墙柔性接头

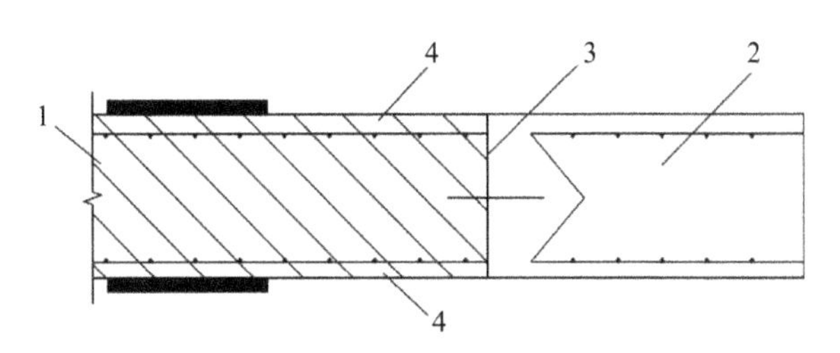

(a) 十字形穿孔钢板刚性接头

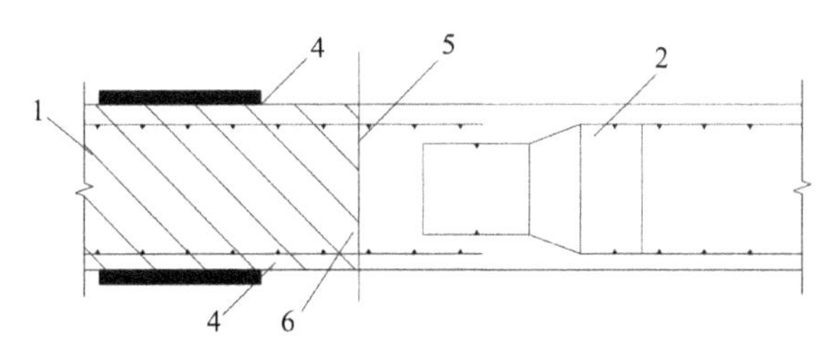

(b) 钢筋承插式接头

1. 先行槽段;2. 后浇槽段;3. 十字钢板;4. 止浆板;5. 加强筋;6. 隔板。

图 3.4.24　地下连续墙刚性接头

3.5　重力式水泥土墙

3.5.1　重力式水泥土墙的特点和适用范围

重力式水泥土墙是利用水泥土桩相互搭接形成格栅或实体,主要靠自身重力来维持其在土压力作用下的稳定的一种支护结构形式。重力式水泥土墙是重力式挡土墙的一种"反向"延伸和发展,即先有墙后开挖。

重力式水泥土墙是以水泥为固化剂,通过机械搅拌和喷浆将固化剂与地基土强行混合,使软土硬结成具有整体性、水稳性和一定强度的水泥加固土体。其施工工艺来源于复合地基技术,构成墙体的桩可以是水泥土搅拌桩,也可以是高压旋喷桩。考虑到经济性,一般采用水泥土搅拌桩。

与悬臂式支挡结构类似，重力式水泥土墙是无支撑的自立式墙体，牺牲了水泥土桩的抗压强度，而利用了其抗拉强度，一般情况下适用于基坑开挖深度不大(不超过 6 m)、土层较软(淤泥、淤泥质土、素填土、粉土、软塑性黏土)的情况，其优点是最大限度利用了原状地基，可同时起到止水和挡土的双重作用，能够节省钢材。随着科技发展，水泥搅拌桩施工更加便捷高效，不仅搅拌轴数从单轴发展到双轴、三轴、四轴、六轴、八轴，甚至更多；而且现有的超强搅拌设备可以在砂土层甚至卵石层中成桩，这也扩大了重力式水泥土墙的应用范围和适用深度。由于重力式水泥土墙主要以水泥为固化剂，因此，在有机质土中或地下水具有腐蚀性时，应结合当地工程经验选用，最好是通过试验确定其适用性，在泥炭土或泥炭质土中不建议采用。

为了弥补重力式挡墙抗拉和抗剪强度不足的缺点，有的基坑工程采用桩、型钢或钢板桩与重力式水泥土墙组合的支护形式，即将桩布置在靠近水泥土墙的背部(主动土压力侧)，或在水泥土搅拌桩的内部插入型钢(SMW 法)或钢板桩，将承受荷载与抗渗功能相结合。由于桩、型钢或钢板桩与水泥土桩联合作用时的受力机理复杂，缺乏规范依据，因此基坑工程中的应用相对较少，仅 SWM 法在部分地方标准[如上海市地方标准《基坑工程技术标准》(DG/TJ 08—61—2018)]中有所涉及。

重力式水泥土墙在基坑工程中的另一个重要应用是用于加固基坑内、外侧土体，达到减小主动土压力、提高被动土压力(土反力)，减少支护结构变形的作用。虽然这种作用是显而易见的，但遗憾的是，由于没有明确的理论支撑和规范依据，如何确定加固宽度和深度以及如何计算加固后的土压力主要取决于设计师的经验和判断，这也使得很多基坑工程中即使加固了土体，也仅是作为安全储备考虑。

水利工程基坑中经常采用水泥土搅拌桩加固土体，但是很少采用重力式水泥土墙作为基坑支护结构。其原因是：水利工程的主要建筑物基坑开挖深度大，重力式水泥土墙并不适用；邻近建(构)筑物的输水管(涵)基坑开挖深度一般不大，采用钢板桩布置悬臂式或支撑式支挡结构施工更便捷，占用的空间也更少，而且按照上海市地方标准(DG/TJ 08—61—2018)提出的经验公式计算，重力式水泥土墙的墙顶水平位移在 10^1 cm 量级，很难满足变形控制要求。基于此，本章只是简要介绍重力式水泥土墙的稳定性与承载力计算方法以及构造要求，供读者参考。

3.5.2 重力式水泥土墙的稳定性与承载力计算方法

重力式水泥土墙应进行的验算和计算内容包括稳定性和承载能力两个方面。其中，稳定性验算包括抗滑移稳定性、抗倾覆稳定性、整体稳定性(圆弧滑动稳定性)、抗隆起稳定性和地下水渗透稳定性验算等，承载能力计算包括正截面承载力和墙顶水平位移计算。对于各种支护结构都涉及的地下水的渗流稳定性问题，将在第四章进行介绍。

重力式水泥土墙的设计，墙的嵌固深度和墙的宽度是两个主要设计参数，其中，整体稳定性、抗隆起稳定性与嵌固深度密切相关，与墙宽无关；墙的抗倾覆稳定性、抗滑移稳定性不仅与嵌固深度有关，而且与墙宽有关。一般情况下，当墙的嵌固深度满足整体稳定条件时，抗隆起条件也会满足，因此常常是整体稳定条件决定嵌固深度下限。采用按整体稳定条件确定的嵌固深度，再按墙的抗倾覆条件计算墙宽，一般能够同时满足抗滑移条件。

3.5.2.1 稳定性验算

(1) 抗滑移稳定性

如图 3.5.1 所示，重力式水泥土墙的抗滑移稳定性计算公式为：

$$\frac{E_{pk}+(G-u_m B)\tan\varphi+cB}{E_{ak}}\geqslant K_{sl} \tag{3.5-1}$$

式中：K_{sl} ——抗滑移安全系数；

E_{ak} 、E_{pk} ——分别为水泥土墙上的主动土压力、被动土压力标准值(kN/m)；

c 、φ ——分别为水泥土墙底面以下土层的黏聚力(kPa)、内摩擦角(°)，取值原则和方法同 2.6 节；

G ——水泥土墙的自重(kN/m)；

u_m ——水泥土墙底面上的水压力(kPa)，可取 $u_m=\frac{\gamma_w(h_{wa}+h_{wp})}{2}$ ；

B ——水泥土墙的底面宽度(m)；

h_{wa} 、h_{wp} ——分别为基坑外侧水泥土墙底处的压力水头(m)、基坑内侧水泥土墙底处的压力水头(m)。

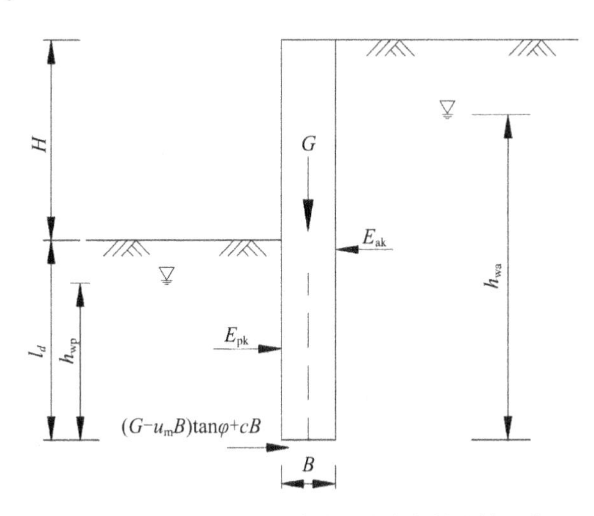

图 3.5.1 重力式水泥土墙抗滑移稳定性验算示意图

(2) 抗倾覆稳定性

如图 3.5.2 所示，重力式水泥土墙的抗倾覆稳定性计算公式为：

$$\frac{E_{pk}a_p+(G-u_m B)a_G}{E_{ak}a_a}\geqslant K_{ov} \tag{3.5-2}$$

式中：K_{ov} ——抗倾覆安全系数；

a_a ——水泥土墙外侧主动土压力合力作用点至墙趾的竖向距离(m)；

a_{p} ——水泥土墙内侧被动土压力合力作用点至墙趾的竖向距离(m)；

a_{G} ——水泥土墙自重与墙底水压力合力作用点至墙趾的距离(m)。

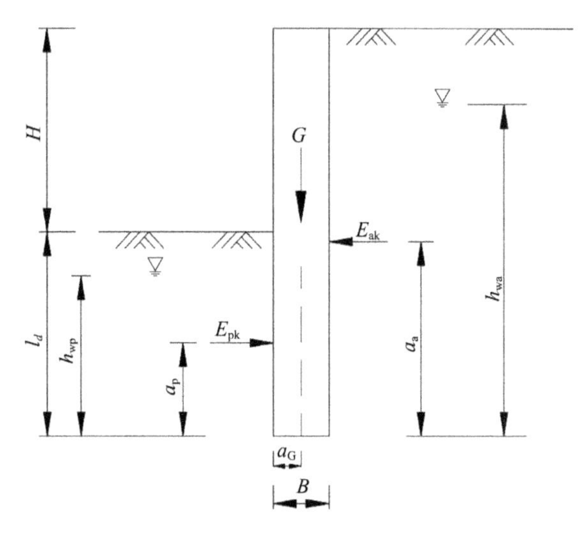

图 3.5.2　重力式水泥土墙抗倾覆稳定性验算示意图

(3) 整体稳定性和抗隆起稳定性

重力式水泥土墙的整体稳定性(圆弧滑动稳定性)验算方法与悬臂式支挡结构的整体稳定性验算原则和方法相同,可参见 3.3.1 节,其抗隆起稳定性(嵌固深度)验算方法与锚拉式支挡结构的抗隆起稳定性验算原则和方法相同,可参见 3.4.5 节。

对于重力式水泥土墙的整体稳定性和抗隆起稳定性,有研究认为开挖面以下的墙体能够起到帮助抵抗基坑底土体隆起的作用,并假定土体沿墙体底面滑动,认为墙体底面以下的滑动面为一圆形,抵抗滑动力为滑动面上的土体抗剪强度,并基于此提出了最小嵌固深度的求解方法。由于该方法的应用不多,本书不再详细介绍,感兴趣的读者可参阅相关文献。

3.5.2.2　承载能力计算

(1) 正截面承载能力

现行的《建筑基坑支护技术规程》(JGJ 120—2012)规定,重力式水泥土墙正截面的拉应力、压应力和剪应力应满足式(3.5-3)～式(3.5-5)的要求。

①拉应力应满足:

$$\frac{6M_i}{B^2}-\gamma_{cs}z\leqslant 0.15f_{cs} \tag{3.5-3}$$

②压应力应满足:

$$\gamma_0\gamma_F\gamma_{cs}z+\frac{6M_i}{B^2}\leqslant f_{cs} \tag{3.5-4}$$

③剪应力应满足：

$$\frac{E_{\mathrm{aki}}-\mu G_{i}-E_{\mathrm{pki}}}{B}\leqslant\frac{1}{6}f_{\mathrm{cs}} \tag{3.5-5}$$

式中：M_i——水泥土墙验算截面的弯矩设计值(kN·m)；

B——验算截面处水泥土墙的宽度(m)；

γ_{cs}——水泥土墙的重度(kN/m³)；

z——验算截面至水泥土墙顶的垂直距离(m)；

f_{cs}——水泥土开挖龄期时的轴心抗压强度(kPa)，应根据现场试验或工程经验确定；

γ_0——支护结构重要性系数；

γ_{F}——作用于基本组合的综合分项系数，取 $\gamma_{\mathrm{F}}\geqslant 1.25$；

E_{aki}、E_{pki}——分别为验算截面以上的主动土压力标准值(kN/m)、被动土压力标准值(kN/m)；

G_i——验算截面以上的墙体自重(kN/m)；

μ——墙体材料的抗剪断系数，取 0.4～0.5。

研究表明，重力式水泥土的抗压强度受水泥掺入量、水泥标号和品种，土的类别、含水量、密度等物理力学指标以及搅拌的均匀程度，养护龄期与温度等影响。

①水泥的掺入量越多、水泥标号越高，水泥土的抗压强度越高，一般认为水泥掺入量>10%时的掺入效率大于掺入量<10%时的掺入效率，但是掺入量大于 20%时效率会降低。一般情况下，水泥强度等级提高 10 后，水泥土的标准强度可提高 20%～30%。

②土的含水量越高，水泥土的强度越低。土的含水量在 50%～85%时，含水量每降低 10%，水泥土的标准强度可提高 30%～50%。土中的有机质成分、土的 pH 值、离子种类和含量等也都会影响水泥土的强度，但是很难量化。一般认为土中有机质含量越高、pH 值越低，水泥土强度越小；砂性土中的水泥土强度也明显高于黏性土。

③搅拌越均匀，水泥土的强度越大。对于黏性土，当含水量、塑性指数过低时，易出现抱团现象，不易搅拌均匀。

④水泥土的土颗粒减缓了水泥的水化反应，使得水泥土的强度随龄期增长缓慢，因此其标准养护龄期为 90 d。基坑工程一般不可能等到 90 d 养护龄期后再开挖，设计以 28 d 的无侧限抗压强度为标准。一些试验资料表明，一般情况下，水泥土强度随龄期的增长规律为，7 d、14 d、28 d 时的强度分别可以达到标准强度的 30%～50%、40%～55%、60%～75%，90 d 强度约为 180 d 强度的 80%左右，180 d 后水泥土的强度仍在增长。

《建筑基坑支护技术规程》(JGJ 120—2012)并未规定重力式水泥土墙的搅拌桩中的水泥最小掺入量，但是规定了用作帷幕时的掺入量宜取 15%～20%；上海市地方标准《基坑工程技术标准》(DG/TJ 08—61—2018)建议双轴水泥土搅拌桩的水泥掺入量宜取 13%～15%，三轴水泥土搅拌桩的水泥掺入量宜取 20%～22%。工程应用时，可根据当地经验综合比较后选取。

(2) 墙顶水平位移

重力式水泥土墙的墙顶水平位移的计算方法有很多,包括经验公式法、"m"法、刚性拦土墩法、有限元计算法等,但是由于种种原因,各方法均未达到实用阶段,现行的《建筑基坑支护技术规程》(JGJ 120—2012)也未对墙顶水平位移计算方法作出规定。

上海市地方标准《基坑工程技术标准》(DG/TJ 08—61—2018)根据数十个工程实测资料归纳,提出了当基坑开挖深度不超过 5 m、重力式水泥土墙的墙顶宽度为(0.7～1.0)H、坑底以下插入深度为(1.0～1.4)H 时的墙顶水平位移经验公式:

$$\delta_{OH}=\frac{0.18\zeta\cdot K_a\cdot L\cdot H^2}{D\cdot B} \tag{3.5-6}$$

式中:δ_{OH} ——墙顶估算水平位移(cm);

L ——开挖基坑的最大边长(m),L 大于 100 m 时,取 100 m;

K_a ——主动土压力系数;

H ——基坑深度(m);

D ——水泥土墙在坑底以下的插入深度(m);

B ——水泥土墙的墙顶宽度(m);

ζ ——施工质量影响系数,取 0.8～1.5,一般取 1.0,达不到正常施工工序控制要求,但平均水泥用量达到要求时取 1.5,对施工质量严格控制、经验丰富的施工单位,取 0.8～1.0。

采用重力式水泥土墙支护的基坑一般长度比较大(几十米～几百米),按照 DG/TJ 08—61—2018 提出的经验公式计算,重力式水泥土墙的墙顶水平位移在 10^1cm 量级,不适用于变形控制有要求的基坑工程。

3.5.3 稳定安全系数和构造要求

《建筑基坑支护技术规程》(JGJ 120—2012)规定,重力式水泥土墙仅适用于安全等级为二级、三级的基坑,其抗滑移安全系数不应小于 1.2;抗倾覆安全系数不应小于 1.3;圆弧滑动稳定安全系数不应小于 1.3;抗隆起安全系数,安全等级为二级、三级的支护结构,分别不应小于 1.6、1.4;突涌水稳定安全系数不应小于 1.1;流土稳定性安全系数,安全等级为二级、三级的支护结构,分别不应小于 1.5、1.4。

重力式水泥土墙的构造要求为:

(1) 重力式水泥土墙的嵌固深度和宽度,对于淤泥质土,分别不宜小于基坑开挖深度的 1.2 倍和 0.7 倍;对于淤泥,分别不宜小于基坑开挖深度的 1.3 倍和 0.8 倍。

(2) 重力式水泥土墙采用格栅形式时,对于淤泥质土、淤泥、一般黏性土和砂土,格栅的面积置换率分别不宜小于 0.7、0.8、0.6 和 0.6,格栅内侧长宽比不宜大于 2。每个格栅内的土体面积应符合式(3.5-7)的要求。

$$A\leqslant\delta\frac{cu}{\gamma_m} \tag{3.5-7}$$

式中：A ——格栅内的土体面积(m^2)；

δ ——计算系数，对黏性土取 0.5，对砂土、粉土取 0.7；

c ——格栅内土的黏聚力(kPa)，取值原则和方法同 2.6 节；

u ——计算周长(m)，按图 3.5.3 计算；

γ_m ——格栅内土的天然重度(kN/m^3)，对多层土，取水泥土墙深度范围内各层土按厚度加权的平均天然重度。

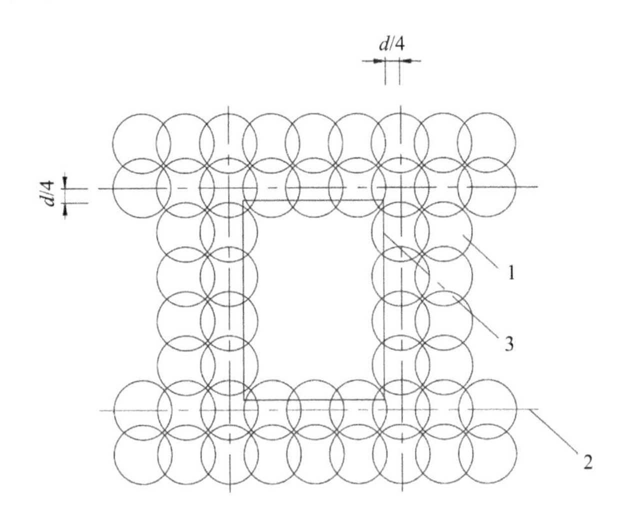

1. 水泥土桩；2. 水泥桩中心线；3. 计算周长。

图 3.5.3 格栅式水泥土墙格栅内的土体面积计算简图

(3) 用作支护结构时，水泥搅拌桩的搭接宽度不宜小于 150 mm(上海市地方标准规定不小于 200 mm，圆弧段或折角处宜适当加大)。用作截水帷幕时，搭接宽度与搅拌桩长度和排数有关，桩长小于 10 m、10～15 m 和大于 15 m，采用单排搅拌桩时，搭接宽度分别不应小于 150 mm、200 mm 和 250 mm；采用双排搅拌桩时，搭接宽度分别不应小于 100 mm、150 mm 和 200 mm。

(4) 重力式水泥土墙墙体的 28 d 无侧限抗压强度不宜小于 0.8 MPa，需要增强墙体抗拉性能时，可在水泥土桩内插入杆筋(钢筋、钢管或毛竹)。杆筋的插入深度宜大于基坑深度，并锚入面板内。

(5) 重力式水泥土墙墙顶宜设置混凝土面板，面板厚度不宜小于 150 mm，混凝土强度等级不宜低于 C15。

3.6 其他支护结构

水利工程基坑，除了采用放坡开挖、土钉墙支护、悬臂式支挡结构、锚拉式支挡结构等常用形式外，有时也采用简单支撑(单层内侧)的支撑式支挡结构、双排桩支挡结构，以及放坡、土钉墙等与悬臂式、锚拉式、支撑式、双排桩组合的组合式支护形式。拱形(围桶)、冻结法、逆作法、沉井等方式一般不适用于水利工程基坑。

近年来，随着科技理念的发展和技术装备的进步，支撑式支挡结构发展很快，出现了以装配式张弦梁钢支撑技术、装配式预应力鱼腹梁钢结构支撑技术等为代表的新型支护方式。但是，受水利工程基坑特点的限制，支撑式支挡结构多用在邻近建（构）筑物输水管（涵）基坑中，其形式也以钢板桩或钢管桩挡土、型钢或钢管支撑为主，一般是在管（涵）顶面以上布置一层内撑，对于泵站工程的深基坑，受主体结构形式复杂、平面不规则、经济性等限制，支撑式支挡结构并不适用。

双排桩支挡结构受力复杂，且使用的条件和范围有限，仅在某些特殊情况下（如基坑距离建筑物很近，基坑平面尺寸很不规则），土钉墙、锚拉式、支撑式支挡结构无法实施，采用单排悬臂桩或重力挡墙又难以满足承载力和基坑变形等要求，才考虑使用。由于这些特殊情况在水利工程中并不多见，双排桩支挡结构在水利工程基坑中的应用也不多。

组合式支护结构能够发挥各种支护结构的优势，经济性好，是基坑工程中优先考虑的支护形式。组合式支护结构包括平面组合和竖向组合，如在基坑的不同位置根据实际情况采用不同的支护形式（平面组合）；利用放坡开挖或土钉墙支护卸载，降低锚拉式、支撑式支挡结构和重力挡墙的高度，减小结构承载力（竖向组合）等。

鉴于水利工程中采用的支撑式支挡结构一般较为简单，双排桩支挡结构的应用不多，组合式支护结构具有其组合结构的一般性，只是构造上有一定要求，因此，将此三种支护形式统一归纳为其他支护结构，在本节一并介绍，对于拱形（围桶）、冻结法、逆作法、沉井等支护方式，不再介绍，感兴趣的读者可参阅相关文献。

3.6.1 支撑式支挡结构

3.6.1.1 基本形式

支撑式支挡结构是以挡土构件和内支撑为主的支挡式结构。挡土构件用以抵抗坑外水、土压力，内支撑为挡土构件的强度、变形及稳定性提供支撑和约束。支撑式支挡结构与锚拉式支挡结构相比，二者的挡土构件类型基本相同，不同的是支撑式支挡结构是通过设置在基坑内的钢筋混凝土或钢构件支撑挡土结构平衡水、土压力，结构受力更明确。典型的支撑式支挡结构剖面示意图如图 3.6.1 所示。

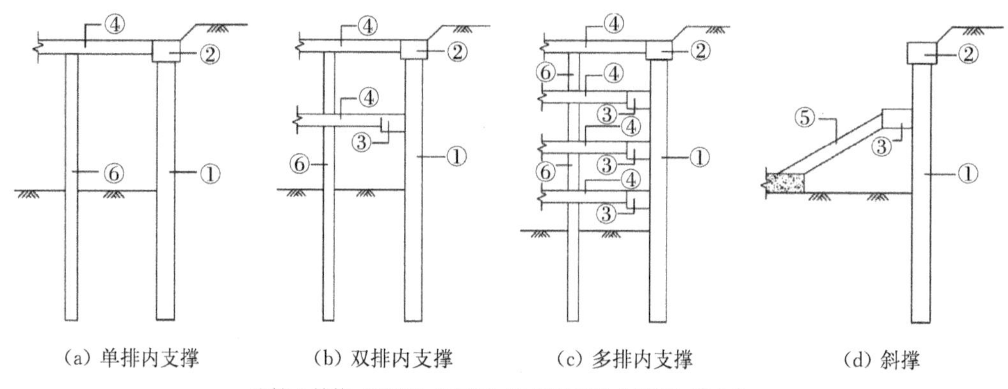

①挡土结构；②冠梁；③腰梁；④水平支撑；⑤斜撑；⑥立柱。

图 3.6.1 典型支撑式支挡结构剖面示意图

支撑式支挡结构常用的内支撑体系，按整体受力方向分为水平支撑体系和斜撑，按材料类别分为钢筋混凝土支撑体系、钢结构支撑体系、钢结构与混凝土组合支撑体系。工程上常用的支撑体系的基本形式和特点如表 3.6-1 所示。

表 3.6-1 常用内支撑体系的基本形式和特点

支撑体系	形式	示意图	特点
钢支撑体系	十字正交	 钢管或型钢支撑；钢管腰梁；钢管或型钢支撑；钢管腰梁	(1) 传力体系清晰，受力直接明确； (2) 节点简单，形式少； (3) 可重复利用，经济性较好； (4) 安装、拆除时间短； (5) 适用于面积较小、形状规则的近方形基坑
	对撑与角撑结合	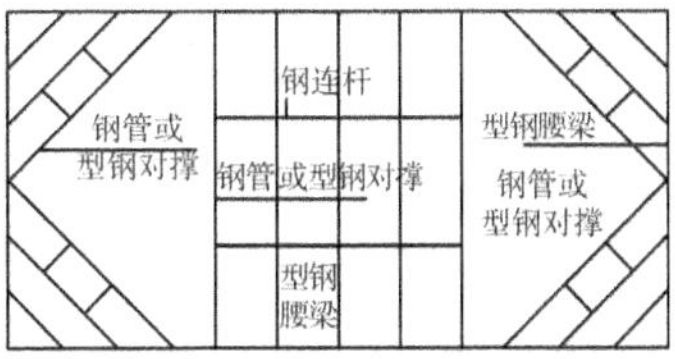 钢连杆；钢管或型钢对撑；型钢腰梁；钢管或型钢对撑；钢管或型钢对撑；型钢腰梁	(1) 传力体系清晰，受力直接明确； (2) 节点简单，形式少； (3) 可重复利用，经济性较好； (4) 安装、拆除时间短； (5) 适用于面积较小、形状规则的长条形基坑
	装配式预应力鱼腹梁钢结构、装配式张弦梁钢支撑技术	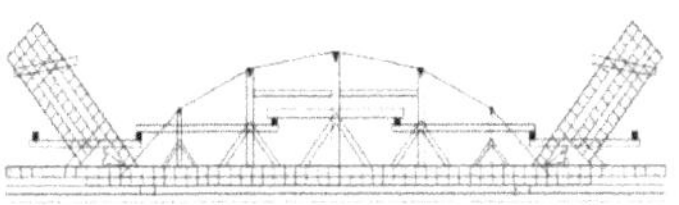	(1) 传力体系清晰，受力直接明确； (2) 节点简单，形式少； (3) 可重复利用，经济性较好； (4) 安装、拆除时间短； (5) 适用于面积较大、形状较规则的基坑
钢筋混凝土支撑体系	十字正交	 钢筋混凝土腰梁；钢筋混凝土支撑；钢筋混凝土支撑；钢筋混凝土腰梁	(1) 传力体系清晰，受力直接明确； (2) 支撑整体性好，刚度大，变形控制能力好； (3) 挖土空间小，出土速度慢，回收利用率低； (4) 适用于变形控制严格、形状较规则的基坑
	对撑与角撑结合	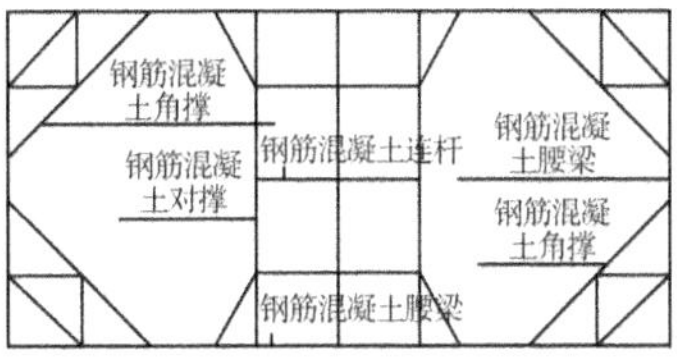 钢筋混凝土角撑；钢筋混凝土连杆；钢筋混凝土腰梁；钢筋混凝土对撑；钢筋混凝土角撑；钢筋混凝土腰梁	(1) 传力体系清晰，受力直接明确； (2) 各区块支撑受力相对独立，可部分实现支撑施工与土方开挖流水作业； (3) 挖土空间较十字正交大，出土速度更快，但同样存在回收利用率低的缺点； (4) 适用于变形控制较严格、形状较规则的基坑
	对撑、角撑结合边桁架	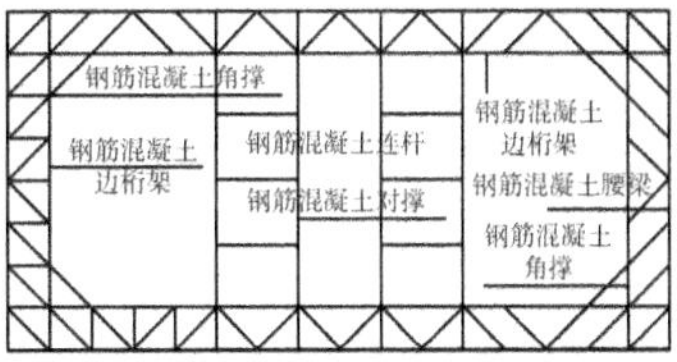 钢筋混凝土角撑；钢筋混凝土边桁架；钢筋混凝土连杆；钢筋混凝土对撑；钢筋混凝土边桁架；钢筋混凝土腰梁；钢筋混凝土角撑	(1) 空间受力较明显； (2) 支撑整体性好，刚度大，变形控制能力好； (3) 挖土空间较大，出土速度较快； (4) 适用于各种复杂平面、周边环境复杂、变形控制严格的基坑工程

续表

支撑体系	形式	示意图	特点
钢筋混凝土支撑体系	圆环支撑		(1) 充分发挥混凝土抗压性能，受力合理，经济性较好； (2) 无支撑面积最大，出土空间大，出土速度快； (3) 受力均匀性要求高，对基坑土方施工单位的管理与技术能力要求高； (4) 下层土方的开挖必须在上层支撑全部形成并达到强度后方可进行； (5) 适用于面积大、长宽两个方向尺寸相近的各种形状的基坑工程
	对撑、角撑组合双半圆环	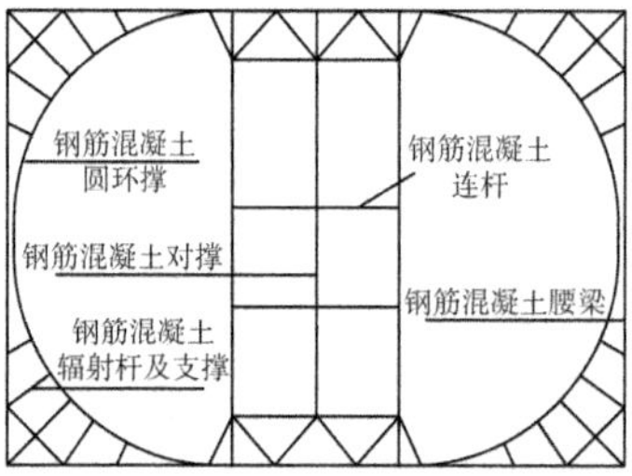	(1) 充分发挥混凝土抗压性能，受力合理； (2) 无支撑面积最大，出土空间大，出土速度快； (3) 受力均匀性要求高，对基坑土方施工单位的管理与技术能力要求高； (4) 下层土方的开挖必须在上层支撑全部形成并达到强度后方可进行； (5) 适用于面积大、长度方向的尺寸略大于宽度方向尺寸的基坑工程
	多圆环支撑	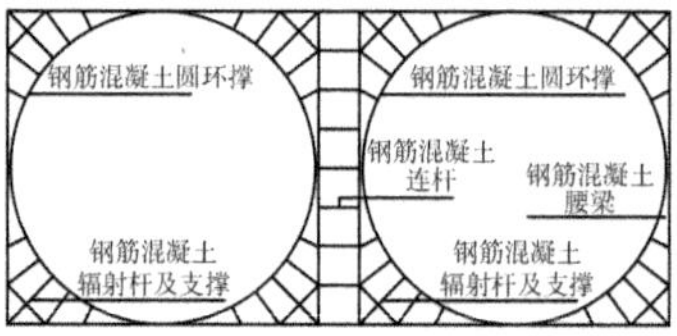	(1) 充分发挥混凝土抗压性能，受力合理，经济性较好； (2) 无支撑面积最大，出土空间大，出土速度快； (3) 受力均匀性要求高，对基坑土方施工单位的管理与技术能力要求高； (4) 下层土方的开挖必须在上层支撑全部形成并达到强度后方可进行； (5) 适用于面积大、多个塔楼的基坑工程
钢与混凝土组合支撑体系	同层平面组合	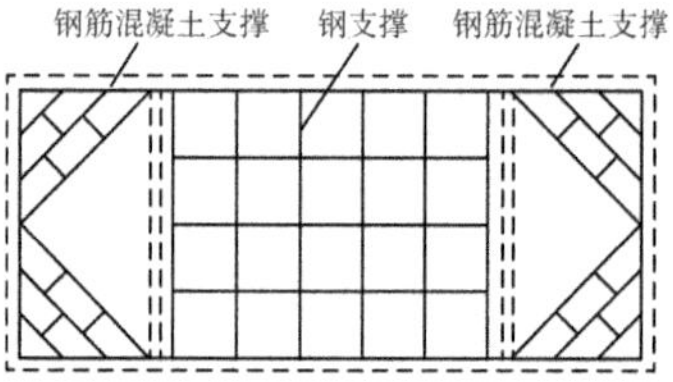	(1) 可充分发挥钢支撑与钢筋混凝土支撑的优点； (2) 基坑端部采用混凝土支撑可发挥混凝土支撑刚度大的优势，控制基坑角部变形，同时可避免出现复杂的钢支撑节点； (3) 基坑中部设置钢支撑，施工速度快，工程造价低，经济性好； (4) 适用于面积大、开挖深度一般、形状呈方形的基坑工程
	分层组合	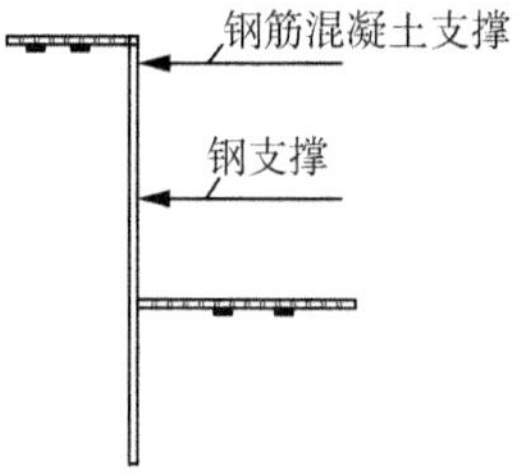	(1) 可充分发挥钢支撑与钢筋混凝土支撑的优点； (2) 第一道支撑采用钢筋混凝土支撑可通过局部区域适当加强作为施工栈桥，施工方便； (3) 第二道以下支撑采用钢支撑，可加快施工速度和节约工程造价； (4) 上下各层支撑宜采用简单正交布置或者对撑结合角撑的支撑布置形式，而且支撑中心线应上下对应； (5) 适用于面积大、开挖深度一般、形状呈方形的基坑工程

续表

支撑体系	形式	示意图	特点
竖向斜撑体系	中心岛结合斜撑	钢支撑 混凝土底板 支座 盆边坡体	(1) 可大幅度节省支撑和立柱的工程量,经济性显著; (2) 基坑施工流程为:基坑盆式开挖至中部坑底→完成中心岛基础底板→利用中心岛底板作为基座→设置斜撑→开挖基坑盆边土→施工周围盆边基础底板; (3) 适用于开挖面积巨大、开挖深度较浅的基坑工程

3.6.1.2 优缺点及适用范围

(1) 支撑式支挡结构的优缺点

评价支撑式支挡结构的优缺点,可以从其技术先进性、经济合理性、安全可靠性、施工可操作性、与主体结构的协调性、环境影响性等方面进行。其主要的优点是:

①支护结构占地面积小,对周边环境的控制效果好

支护结构的占地面积小、不侵入基坑开挖线以外的空间是支撑式支挡结构的最突出特点。支护结构体系中,仅竖向挡土构件除了自身有限的截面尺寸外,其与主体建(构)筑物之间仅预留了外墙模板的施工空间,当挡土构件与外墙合二为一时,还可以取消模板施工空间。因此,与锚拉式支护体系相比,支撑式支挡结构能够最大限度地避免对基坑外土地的占用和减少对周边建(构)筑物的影响。

支撑式支挡结构的受力特点决定了其对挡土构件和周边土体的变形控制能力优于锚拉式支挡结构。锚拉式支挡结构的锚杆需要与土体发生相对位移(拉动土体)才能发挥抗拔力,而内支撑系统则通过自身的水平刚度抵抗变形,特别是在施加预应力后,其对坑外土体提供反向推力,对土体变形的控制效果更好。因此,对位于城区的周边环境复杂、变形控制严格的基坑工程,很多时候支撑式支挡结构是首选或唯一选择。

②内支撑系统的布置灵活多变,适用范围广

支撑式支挡结构的内支撑体系的平面布置灵活多变,型钢或钢筋混凝土内支撑可适用于规则的基坑平面,钢筋混凝土内支撑可用于各种不规则的、复杂平面的基坑工程。从地质条件看,支撑式支挡结构的应用不受基坑周围土质条件的制约,其承载能力只与构件的强度、截面尺寸及形式有关。特别是在软弱土层中,锚拉式支挡结构的锚杆所能提供的拉拔力有限,而内支撑体系则能够提供较大的水平力抵抗主动压力,优越性明显;从适用深度看,理论上支撑式支挡结构无深度限制;从基坑的平面尺寸看,锚拉式支挡结构所需要的锚拉力与平面尺寸大小无关,因此平面尺寸小的基坑,采用支撑式支挡结构更加经济,对于平面尺寸大的基坑,若能够将内支撑体系与主体结构相结合,同样可以达到提高经济性的目的。

③充分发挥结构材料的特点

按照弹性地基梁假定,基坑支挡结构中的竖向挡土构件主要用来承受弯矩、剪力,其内力可以通过内支撑的平面布置、竖向位置、刚度、施加预应力等进行调整,其材料型号

的选择和断面设计也较为灵活；内支撑系统中，无论是采用钢结构还是钢筋混凝土结构，其受力均以受压为主，仅自重、施工荷载和水平变形等会引起较小的弯矩，能够充分发挥材料高抗压承载力的特点。

④安全可靠性高，技术先进

支撑式支挡结构受力机理清晰，安全稳定性受材料控制，充分体现了基坑支护结构的主动控制作用，理论上是最合理、最可靠的支护结构形式。随着装配式张弦梁钢支撑技术、装配式预应力鱼腹梁钢结构支撑技术等的发展，支撑式支挡结构不仅基坑变形的控制更精准，而且采用装配式作业，施工更高效便捷，内撑体系的钢构件可以全部回收，循环利用，更加绿色环保。

支撑式支挡结构的主要缺点是：

①形成内支撑，特别是采用钢筋混凝土内支撑时，支撑体系的强度形成需要的工期相对较长，在换撑和拆撑阶段，换撑构件强度的形成和原内撑构件的拆除同样需要一定的工期。

②内支撑体系对基坑工程土方开挖的施工影响较大，基坑内的土方不仅难以采用大规模机械开挖，而且不便于布置出土道路，出土运输难度提高。

③采用内支撑体系时，基坑支护和主体建(构)筑物之间的协调困难。一方面，换撑和拆撑要与主体建(构)筑物的地下部分施工相协调，地下工程的边墙要考虑支撑作用；另一方面，对于宽度较大的基坑，内支撑体系的立柱侵入主体结构的内部空间，立柱的布置需要考虑主体结构的内部布置。

④对于大型平面基坑，传统的内支撑工程量大，经济合理性上不占优势。随着装配式张弦梁钢支撑技术、装配式预应力鱼腹梁钢结构支撑技术等的发展，支撑式支挡结构在经济性上的劣势越来越小。

(2) 支撑式支挡结构的适用范围

相对而言，支撑式支挡结构的适用范围较锚拉式支挡结构更广。下面从地质条件、基坑深度、基坑平面形状三个方面分析支撑式支挡结构的适用范围。

①地质条件

支撑式支挡结构适用于各种地质条件下的基坑工程。不论是软土、砂性土、黏性土，还是坚硬岩层，都有相应的施工设备和机具来形成有效的挡土构件，挡土构件的类型、截面尺寸及布置形式多种多样，灵活多变；内支撑系统的构件承载能力及刚度仅与构件的强度、截面尺寸及布置形式有关，不受基坑土体的物理力学指标影响和制约。

②基坑深度

支撑式支挡结构适用于各种开挖深度的基坑工程。随着基坑开挖深度的加大，可通过调整挡土构件的材料、截面尺寸、平面布置、嵌固深度，以及内支撑的材料、层数、刚度、平面和竖向布置形式等相关参数，达到满足基坑的稳定性和变形、支挡构架承载能力等控制要求。

③基坑平面形状

支撑式支挡结构可通过灵活改变挡土构件和支撑系统的布置，适应不同形状的基坑。对于平面尺寸较小的基坑，其经济性优于锚拉式支挡结构；基坑平面形状不规则时，特别是出现阳角的基坑工程，由于锚杆的空间交叉，锚拉式支挡结构的使用受到限制，而支撑式支挡结构则不受此限制；大型基坑工程中，采用传统的型钢或钢筋混凝土内支撑体系的经济性较差，可通过采用装配式张弦梁钢支撑技术、装配式预应力鱼腹梁钢结构支撑技术等新技术，或采用逆作法提高经济性。

3.6.1.3 在水利工程基坑中的应用

水利工程中，邻近建(构)筑物输水管(涵)经常采用支撑式支挡结构，多采用钢板桩或钢管桩挡土、型钢或钢管支撑的形式，基坑开挖深度较大时也采用灌注桩或地连墙挡土、钢筋混凝土支撑。通常是在管(涵)的安装和混凝土浇筑顶面以上布置一层内撑，即使布置两道内撑，第二道一般也是布置在坑底，利用基坑开挖的空间效应，分块开挖至坑底后，快速采用型钢在坑底形成第二道支撑，防止踢脚破坏(图 3.6.2)。

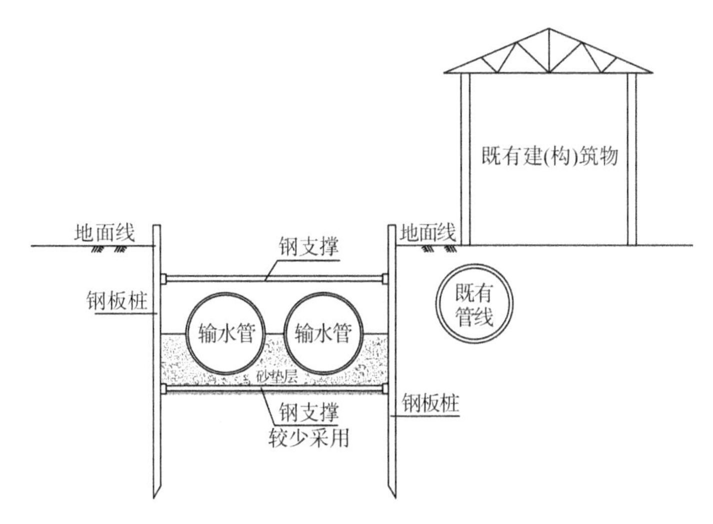

图 3.6.2 管(涵)基坑支撑式支挡结构示意图

对于泵站工程的基坑，基本不采用支撑式支挡结构形式。图 3.6.3 为某典型泵站的水工布置图，从图中可以看到：

(1) 从平面上看，泵站的上、下游侧布置进水池(涵)和出水池(涵)，场地使用一般不受限制，多数情况采用放坡开挖。对于垂直上、下游侧，基坑最深部位的长度(平行于上、下游方向)一般不大(20～30 m)，但宽度(垂直于上、下游方向)达到数十米，甚至 100～200 m，属于窄条形基坑，此时，若沿长度方向布置内撑，边缘布置角撑，虽然能够减少立柱数量或不采用立柱，但是挡土构件工程量增大很多，将具备放坡开挖的上、下游侧进行支挡；若沿宽度方向布置内撑，支撑系统的空间效果很差，多布置立柱防止整体失稳。而且两种布置方式都是不经济的。

(2) 从基坑支护结构与主体结构的协调性上看，泵房内部结构非常复杂，机电设备多，且机电设备的安装很多时候要和主体结构的土建施工交叉进行，支撑系统的立柱和内撑的布置不仅要避开主体结构的梁、板，还要避开机电设备的安装区域，很难协调。

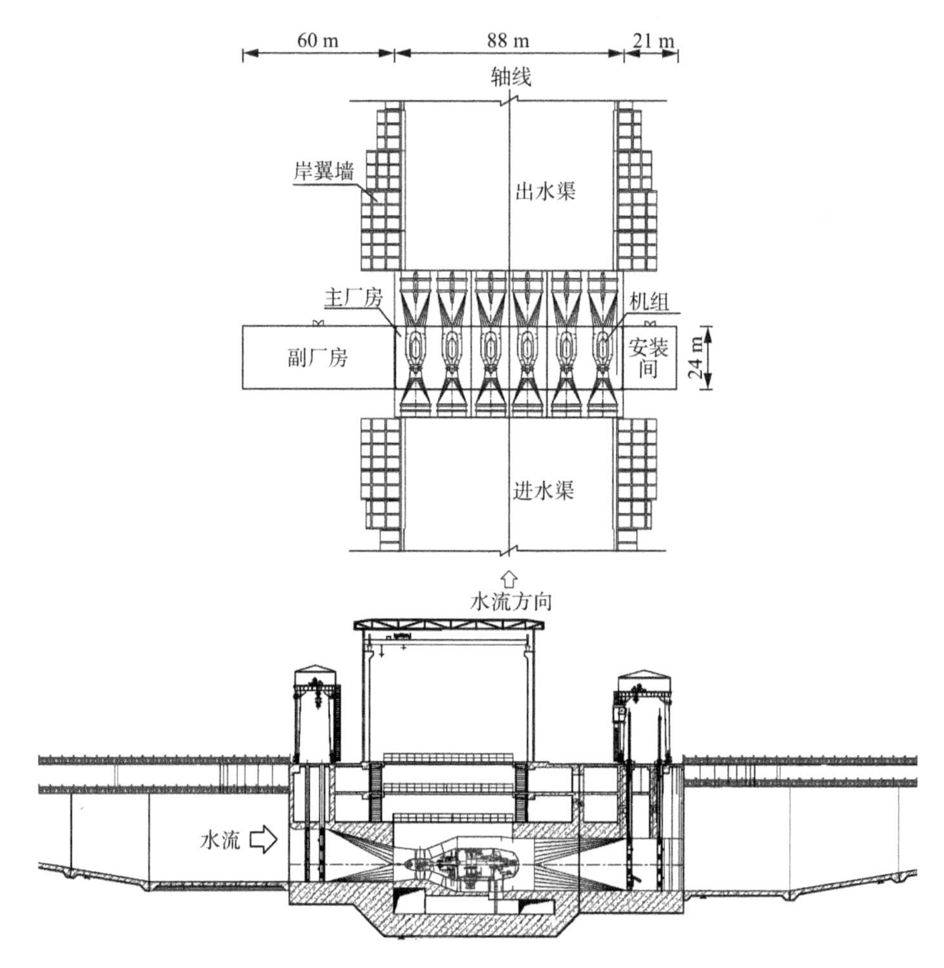

图 3.6.3　典型泵站平面图和沿水流方向剖面图

3.6.1.4　结构设计和稳定性计算方法

(1) 支撑式支挡结构设计计算方法

支撑式支挡结构的挡土构件和内支撑的结构设计计算方法与锚拉式支挡结构基本相同，即在计算出水、土压力后，采用极限平衡法或弹性支点法计算结构上的弯矩、剪力和轴力，然后按照混凝土结构或钢结构设计方法，进行材料选型、截面设计及配筋，具体计算方法可参照 3.3 节、3.4 节。

采用弹性支点法计算时，弹性支点刚度系数宜通过对内支撑结构整体进行线弹性结构分析得出支点力与水平位移的关系确定。对于采用简单水平对撑的支撑式支挡结构，当支撑腰梁或冠梁的挠度可忽略不计时，计算宽度内的弹性支点刚度系数计算公式为：

$$k_{\mathrm{R}}=\frac{a_{\mathrm{R}}EAb_{\mathrm{a}}}{\lambda l_0 s} \tag{3.6-1}$$

式中：k_{R} ——挡土结构计算宽度内的弹性支点刚度系数(kN/m)；

λ ——支撑不动点调整系数；支撑两对边基坑的土性、深度、周边荷载等条件相近，且分层对称开挖时，取 $\lambda=0.5$；支撑两对边基坑的土性、深度、周边荷载等条件或开挖时间有差异时，取 $\lambda=(0.5\sim1.0)$，差异大时取大值，反之取小值；对土压力较小或后开挖的一侧，取 $(1-\lambda)$；当基坑一侧取 $\lambda=1$ 时，基坑另一侧应按固定支座考虑；对竖向斜撑构件，取 $\lambda=1$；

a_R ——支撑松弛系数，对混凝土支撑和预加轴向压力的钢支撑，取 $a_R=1$；对不预加轴向压力的钢支撑，取 $a_R=(0.8\sim1.0)$；

E ——支撑材料的弹性模量(kPa)；

A ——支撑截面面积(m^2)；

l_0——受压支撑构件的长度(m)；

b_a ——挡土结构计算宽度(m)；

s ——支撑水平间距(m)。

(2) 支撑式支挡结构的稳定性验算方法

支撑式支挡结构的稳定性验算内容包括：整体滑动稳定性(包括圆弧与软土层层面组合的复合滑动面的稳定性)、坑底隆起稳定性(包括软弱下卧层的隆起稳定性)、以最下层支点为轴线的圆弧滑动稳定性、地下水渗流稳定性。

根据《建筑基坑支护技术规程》(JGJ 120—2012)中的规定，支撑式支挡结构的稳定性验算方法和安全系数要求与锚拉式支挡结构相同，具体可参照 3.4 节。

(3) 内支撑结构设计

内支撑结构一般采用超静定结构，对个别次要构件失效会引起结构整体破坏的部位应采用冗余约束。设计应考虑地质和环境条件的复杂性、基坑开挖步序的偶然变化的影响。水利工程基坑，采用支撑式支挡结构时，一般是采用简单水平对撑，不设立柱。此时，对于内支撑、腰梁和冠梁可以采用下述方法设计：

①按偏心受压构件计算内支撑的承载力，支撑的轴向压力取支撑间距内挡土构件的支点力之和，偏心距的取值不宜小于支撑计算长度的 1/1000，且对混凝土支撑不宜小于 20 mm，对钢支撑不宜小于 20 mm。

②腰梁或冠梁按以支撑为支座的多跨连续梁计算，计算跨度可取相邻支撑点的中心距(图 3.6.4)。内支撑、腰梁或冠梁的截面配筋或钢材选型可按照现行的《混凝土结构设计规范》(GB 50010—2019)或《钢结构设计规范》(GB 50017—2020)计算。

③水平支撑的受压计算长度，在竖向和水平平面内均取支撑的实际长度。

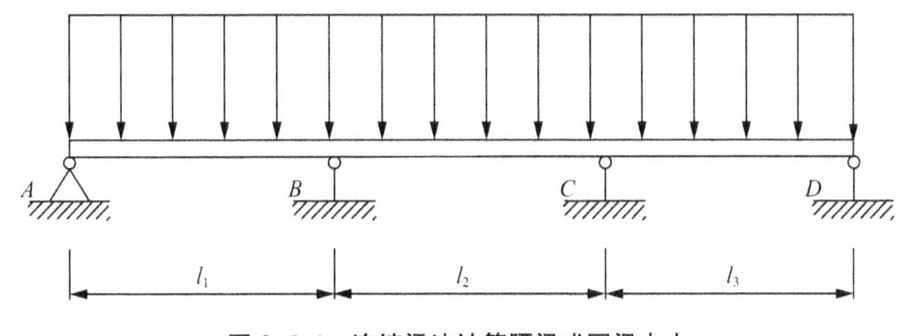

图 3.6.4　连续梁法计算腰梁或冠梁内力

3.6.1.5 简单水平对撑时的内支撑的构造要求

对于采用简单水平对撑的支撑式支挡结构，内支撑应满足的构造要求为：

(1) 内支撑的平面布置应满足主体建(构)筑物地下结构的施工要求，宜避开其墙、桩；相邻支撑的水平间距应满足土方开挖的施工要求，采用机械挖土时，应满足挖土机械作业的空间要求，且不宜小于 4 m，基坑形状有阳角时，阳角处的支撑应在两边同时设置。

(2) 水平支撑与挡土构件之间应设置连接腰梁，当支撑设置在挡土构件顶部时，水平支撑应与冠梁连接，在腰梁或冠梁上的支撑点间距，采用钢腰梁时不宜大于 4 m，采用钢筋混凝土腰梁时不宜大于 9 m。当需要采用较大水平间距支撑时，宜根据冠梁、腰梁的受力和承载力要求，在支撑端部两侧设置八字斜撑杆与冠梁、腰梁连接，八字斜撑杆宜在主撑两侧对称布置，长度不宜大于 9 m，其与冠梁、腰梁之间的夹角宜取 45°～60°。

(3) 支撑结构的竖向布置，应确保在支撑与挡土构件连接处不出现拉应力，避开主体建(构)筑物地下结构底板和楼板位置，并应满足其施工对墙、柱钢筋连接长度的要求；支撑至坑底的高度不宜小于 3 m；采用多层水平支撑时，各层水平支撑宜布置在同一平面内，层间净高不宜小于 3 m。

(4) 采用混凝土内支撑时，混凝土的强度等级不应低于 C25，支撑构件的截面高度不宜小于其竖向平面内计算长度的 1/20；腰梁的截面高度(水平尺寸)不宜小于其水平方向计算跨度的 1/10，截面宽度(竖向尺寸)不宜小于支撑的截面高度；支撑构件的纵向钢筋直径不宜小于 16 mm，沿截面周边的间距不宜大于 200 mm，箍筋的直径不宜小于 8 mm，间距不宜大于 250 mm。

(5) 采用钢支撑时，钢支撑构件可采用钢管、型钢及其组合截面。钢支撑受压杆件的长细比不应大于 150，受拉杆件长细比不应大于 200；钢支撑宜采用螺栓连接，必要时可采用焊接连接；当水平支撑与腰梁斜交时，腰梁上应设置牛腿或采用其他能够承受剪力的连接措施。

(6) 混凝土内支撑和钢支撑的构造，还应符合现行的《混凝土结构设计规范》(GB 50010—2019)或《钢结构设计规范》(GB 50017—2020)的有关规定。

3.6.2 双排桩支护结构

3.6.2.1 布置形式和特点

基坑工程中，在基坑距离建筑物很近、基坑平面尺寸很不规则、基坑开挖深度不大不小(6～10 m)等特殊情况下，土钉墙、锚拉式、支撑式支挡结构无法实施，采用单排悬臂桩或重力挡墙又难以满足承载力和基坑变形等要求，需要考虑采用双排桩支挡结构。有些时候，即使具备锚拉式支挡结构条件，为避免锚杆侵入地下空间对未来工程产生影响，也会考虑采用双排桩支护。

双排桩支护结构的构成可以看作是将单排悬臂桩的部分桩向后移动，并将前、后排桩的顶部用刚性连系梁连接，其布置形式通常有梅花形、矩形格构式、前后排桩不等距布置等形式(图 3.6.5)。在剖面上，双排桩支护结构中的前、后排桩桩长可以不同，桩间土可以根据需要选择是否进行加固(图 3.6.6)。

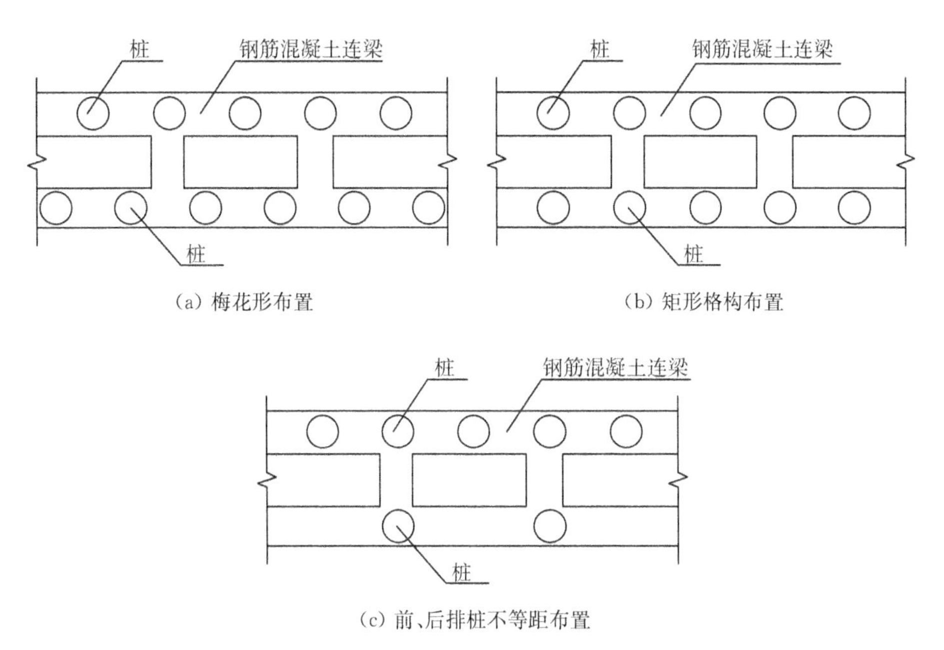

(a) 梅花形布置　　(b) 矩形格构布置

(c) 前、后排桩不等距布置

图 3.6.5　常见的双排桩平面布置形式

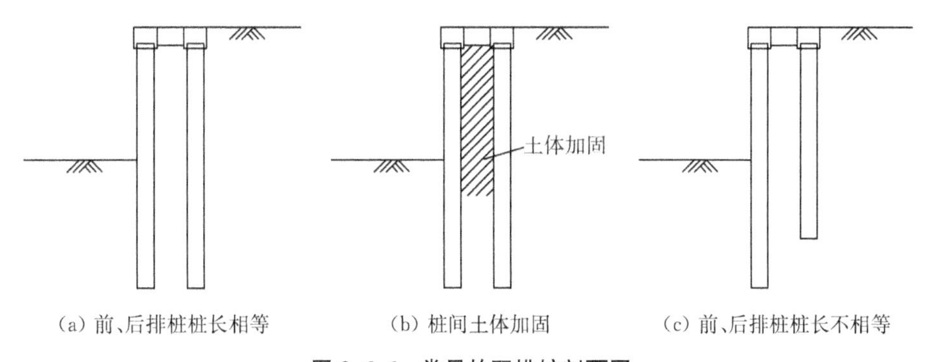

(a) 前、后排桩桩长相等　　(b) 桩间土体加固　　(c) 前、后排桩桩长不相等

图 3.6.6　常见的双排桩剖面图

与悬臂式支挡结构和重力式水泥土墙类似，双排桩支护结构也是无支撑的自立式支护结构。但是其侧向刚度较悬臂式支挡结构和重力式水泥土墙大大增加，能够更有效地限制基坑土体的侧向变形，适用深度也略高于悬臂式支挡结构和重力式水泥土墙。双排桩支护结构的作用机制是通过连梁发挥空间组合桩的整体刚度和空间效应，通过桩、土协同作用，达到抵抗主动土压力，保持基坑稳定、控制变形的目的。其特点是：

(1) 在双排桩支护结构中，前、后排桩均分担主动土压力，但有主次，后排桩起支挡和"锚拉"双重作用；

(2) 双排桩支护结构形成空间格构，增强支护结构自身稳定性和整体刚度；

(3) 充分利用桩、土共同作用中的土拱效应，改变土体侧压力分布，增强支护效果。

与悬臂式支挡结构、锚拉式支挡结构和支撑式支挡结构相比，双排桩支护结构的优点是：

(1) 与单排悬臂桩相比,双排桩为刚架结构,其抗侧移刚度远大于单排悬臂桩结构,其内力分布也明显更优。在相同的材料消耗下,双排桩刚架结构的桩顶位移明显小于单排悬臂桩,其安全可靠性更高,更加经济合理。

(2) 与锚拉式支挡结构相比,在某些情况下,双排桩刚架结构可以避免锚拉式支护结构难以克服的缺点,如:①在拟设置锚杆的部位有已建地下结构或障碍物,锚杆无法实施;②拟设置锚杆的土层为高水头的砂层(有隔水帷幕),锚杆无法实施或实施难度大,风险高;③拟设置锚杆的土层无法提供足够要求的锚固力;④拟设置锚杆的工程,地方法律、法规规定支护结构不得超出用地红线。

(3) 与支撑式支挡结构相比,由于基坑内不设支撑,不影响基坑开挖和主体建(构)筑物地下结构的施工,同时省去设置、拆除内支撑的工序,大大缩短了工期。在基坑面积很大、基坑深度不是很大的情况下,双排桩刚架支护结构的造价常低于支撑式支挡结构。

(4) 双排桩具有施工工艺简单、不与土方开挖交叉作业、工期短等优势,在可以采用悬臂桩、锚拉式支挡结构、支撑式支挡结构时,也应在考虑技术、经济、工期等因素并进行综合对比分析后,合理选用支护方案。

3.6.2.2 支护结构的设计计算方法

对于双排桩支护结构,由于后排桩的存在,使得桩背土体的剪切角与单排悬臂式支护桩的剪切角有较大差异,加之桩间土对前后排桩的影响,导致其设计计算方法与单排悬臂桩有极大差异。工程中常用的双排桩支护结构设计计算方法是弹性支点法,计算模型见图 3.6.7、图 3.6.8。

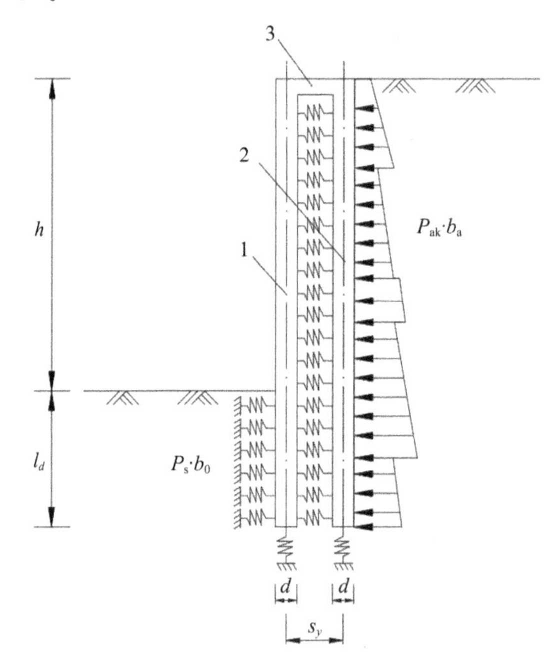

1. 前排桩;2. 后排桩;3. 刚架梁。

图 3.6.7 双排桩支护结构计算简图

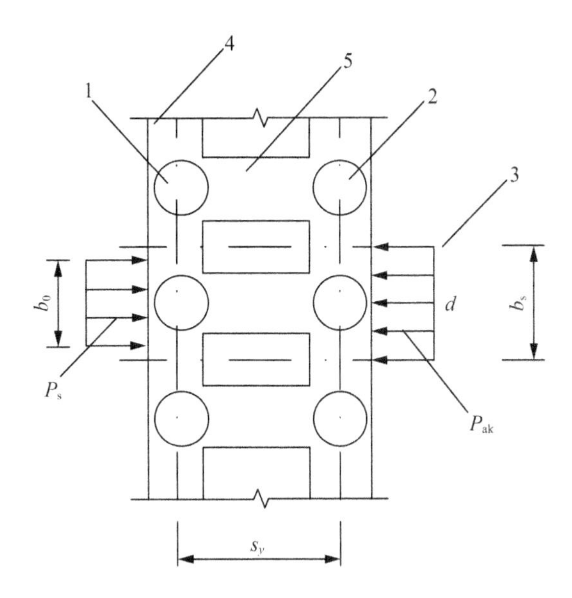

1. 前排桩;2. 后排桩;3. 排桩对称中心线;4. 桩顶冠梁;5. 刚架梁。

图 3.6.8 双排桩桩顶连梁及计算宽度

双排桩支护结构作用于后排桩上的主动土压力和作用于前排桩上的土反力计算方法与悬臂式支挡结构相同。基坑开挖后,桩间土在应力释放后仍存在一定初始土压力,根据土的侧向约束假定,桩间土对前、后排桩的土反力与土的变形压缩有关,若将其视为水平单向压缩体,则前、后排桩间土对桩侧的压力可按式(3.6-2)计算。

$$p_c = k_c \Delta v + p_{c0} \tag{3.6-2}$$

式中:p_c ——前、后排桩间土对桩侧的压力(kPa),可按作用在前、后排桩上的压力相等考虑;

k_c ——桩间土的水平刚度系数(kN/m³),$k_c = \dfrac{E_s}{s_y - d}$;

Δv ——前、后排桩水平位移的差值(m),当其相对位移减小时为正值,当其相对位移增加时取 0;

p_{c0}——前、后排桩间土对桩侧的初始压力(kPa),$p_{c0} = (2a - a^2) p_{ak}$;

E_s ——计算深度处,前、后排桩间土的压缩模量(kPa),当为成层土时,应按计算点的深度分别取相应土层的压缩模量;

s_y ——双排桩的间距(m);

d ——桩的直径(m);

a ——计算系数,$a = \dfrac{s_y - d}{h\tan(45^\circ - \dfrac{\varphi_m}{2})}$,当计算的 a 大于 1 时,取 $a = 1$;

p_{ak} ——支护结构外侧,第 i 层土中计算点的主动土压力强度标准值(kPa),采用朗肯土压力理论计算,计算方法见 2.3 节;

h ——基坑开挖深度(m)；

φ_m ——基坑底面以上各层土按厚度加权的等效内摩擦角平均值(°)。

获得双排桩支护结构前、后排桩上的土压力和土反力后，可以通过建立前、后排桩在侧向荷载作用下的挠曲微分方程获得前、后排桩的桩身位移 y_f 、y_b 。

基坑开挖面以上前排桩的挠曲微分方程的一般表达式为：

$$EI\frac{d^4y_f}{dz^4}-p_cb_s=0 \tag{3.6-3}$$

基坑开挖面以下前排桩的挠曲微分方程的一般表达式为：

$$EI\frac{d^4y_f}{dz^4}+p_sb_0-p_cb_s=0 \tag{3.6-4}$$

后排桩的挠曲微分方程的一般表达式为：

$$EI\frac{d^4y_b}{dz^4}+p_cb_s-p_ab_0=0 \tag{3.6-5}$$

将式(3.6-2)分别代入式(3.6-3)～式(3.6-5)即可分别得到基坑开挖面以上前排桩、基坑开挖面以下前排桩和后排桩的挠曲微分方程：

前排桩开挖面以上：

$$EI\frac{d^4y_f}{dz^4}-k_c(y_b-y_f)b_s-p_{c0}b_s=0 \tag{3.6-6}$$

前排桩开挖面以下：

$$EI\frac{d^4y_f}{dz^4}+b_0m(z-h)y_f-k_c(y_b-y_f)b_s-(p_{c0}b_s-p_{s0}b_0)=0 \tag{3.6-7}$$

后排桩：

$$EI\frac{d^4y_b}{dz^4}+k_c(y_b-y_f)b_s-(p_ab_0-p_{c0}b_s)=0 \tag{3.6-8}$$

式中：y_f ——前排桩桩身水平位移(m)；

y_b ——后排桩桩身水平位移(m)；

E ——桩的弹性模量(kPa)；

I ——桩截面的惯性矩(m^4)；

m ——土的水平反力系数的比例系数(MN/m^4)。

式(3.6-6)、式(3.6-7)和式(3.6-8)是一个四阶变系数微分方程，没有解析解，一般可以采用幂级数法、有限差分法或有限元法求解。

双排桩的桩底弹簧刚度系数可综合考虑桩端阻力及桩侧摩阻力的影响，按式(3.6-9)计算：

$$K_b = mHA + Q_s/s_d \tag{3.6-9}$$

式中：K_b ——桩底弹簧刚度系数(kN/m)；

H ——桩底距离地面的高度(m)；

A ——桩端截面面积(m^2)；

Q_s ——前排桩桩侧摩阻力(kN)；

s_d ——前排桩底竖向位移(m)。

与悬臂式、锚拉式或支撑式支挡结构的排桩相比，在水平荷载作用下，双排桩刚架结构的内力除弯矩、剪力外，还产生较大的轴力。前排桩的轴力为压力，后排桩的轴力为拉力。在其他参数不变的情况下，桩身轴力随着双排桩排距的减小而增大。在桩身轴力的作用下，前、后排桩出现不同方向的竖向相对位移，前排桩发生向下的竖向位移，后排桩发生相对向上的竖向位移。正如普通刚架结构对相邻柱间的沉降差非常敏感一样，双排桩刚架结构前、后排桩沉降差对结构的内力、变形影响很大。有计算表明，其他条件不变的情况下，桩顶水平位移、桩身最大弯矩随着前、后排桩沉降差的增大基本呈线性增加，当沉降差与排距之比等于0.002时，计算的桩顶位移增加24%，最大弯矩增加10%。后排桩由于全桩长范围内有土的约束，向上的竖向位移很小，因此，为减小沉降差，需要减少前排桩的沉降，如将桩底布置在强度较高的土层，对桩底沉渣进行注浆加固等。

需要特别说明的是，目前双排桩结构仅在少数实际工程中得到应用，其结构受力状况尚未完全明晰，还处于发展阶段。《建筑基坑支护技术规程》(JGJ 120—2012)指出，上述的双排桩结构设计方法是根据以往的双排桩工程实例总结及通过模型试验与工程测试的研究，提出的简化实用计算方法。计算模型中，作用在结构两侧的荷载与单排桩相同，不同的是如何确定夹在前、后排桩之间土体的反力与变形关系，这是解决双排桩计算模式的关键。本模型采用土的侧限约束假定，认为桩间土对前、后排桩的土反力与桩间土的压缩变形有关，将桩间土看作水平向单向压缩体，按土的压缩模量确定水平刚度系数。同时考虑了基坑开挖后桩间土应力释放后仍存在一定的初始压力，计算土反力时应反映其影响，其初始压力按桩间土自重占滑动体自重的比值关系确定。按照上述假定和结构模型，经计算分析的内力和位移随各种计算参数变化的规律较好，与工程实测的结果也较吻合。但是，由于双排桩首次编入规程，为慎重起见，规程中只给出了前、后排桩矩形布置的计算方法。实际工程中，若采用其他布置方法时，应结合当地实践经验，运用多种方法(如，简化计算法、数值模拟法等)进行分析比较，论证其合理性和安全性。

3.6.2.3 稳定性验算方法

双排桩支护结构的稳定性包括抗倾覆稳定性、整体稳定性(圆弧滑动稳定性)和地下水渗流稳定性。其整体稳定性计算方法与单排悬臂桩相同，具体可参见3.3节。在计算抗倾覆稳定性时，与单排悬臂桩类似，应满足作用在后排桩上的主动土压力与作用在前排嵌固段上的被动土压力的力矩平衡条件。所不同的是，在双排桩的抗倾覆稳定性验算时(图 3.6.9),将双排桩与桩间土体作为力的平衡对象分析,考虑土与桩自重的抗倾覆作用,其计算公式与重力式水泥土墙类似,但是不计入浮力作用。

如图 3.6.9,双排桩的抗倾覆稳定性计算公式为:

$$\frac{E_{pk}a_p + Ga_G}{E_{ak}a_a} \geqslant K_e \tag{3.6-10}$$

式中:K_e——抗倾覆安全系数,《建筑基坑支护技术规程》(JGJ 120—2012)中规定,安全等级为一级、二级、三级的双排桩,K_e 分别不应小于 1.25、1.2、1.15;

E_{ak}、E_{pk}——分别为基坑外侧主动土压力、基坑内侧被动土压力标准值(kN/m);

a_a——基坑外侧主动土压力合力作用点至墙趾的竖向距离(m);

a_p——基坑内侧被动土压力合力作用点至墙趾的竖向距离(m);

G——双排桩、刚架梁和桩间土自重之和(kN);

a_G——双排桩、刚架梁和桩间土的重心至前排桩边缘的水平距离(m)。

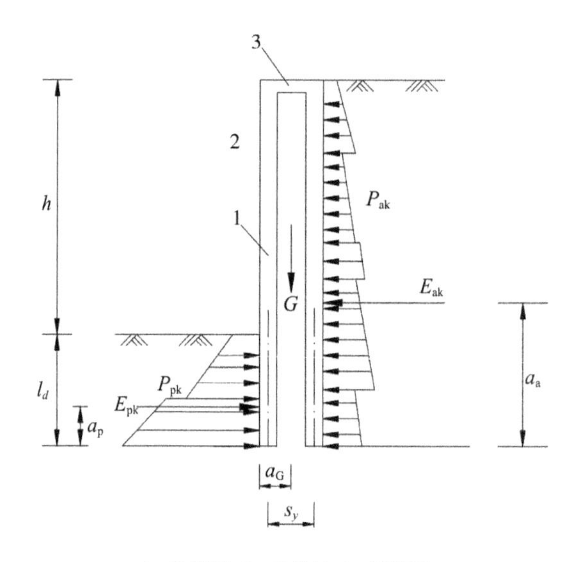

1. 前排桩;2. 后排桩;3. 刚架梁。

图 3.6.9 双排桩抗倾覆稳定性验算简图

3.6.2.4 构造要求

《建筑基坑支护技术规程》(JGJ 120—2012)规定,双排桩应满足的构造要求为:

(1) 双排桩的排距宜取 $2d$ ~$5d$ 倍,刚架梁的宽度不应小于 d,高度不宜小于 $0.8d$,刚架梁的高度与双排桩排距的比值宜取 1/6~1/3,d 为排桩直径。

(2) 双排桩的嵌固深度,对淤泥质土,不宜小于 $1h$;对淤泥,不宜小于 $1.2h$;对一般黏土、砂土不宜小于 $0.6h$。前排桩宜置于桩端阻力较高的土层。采用泥浆护壁灌注桩时,施工时的孔底沉渣厚度不应大于 50 mm,或采用桩底后注浆加固沉渣。

(3) 在水平荷载作用下,双排桩支护结构的前、后排桩分别为偏心受压、偏心受拉构件,应分别按照其受力特点进行支护桩的截面承载力计算。刚架梁应根据其跨高比按普通受弯构件或深受弯构件进行截面承载力设计。其截面承载力和构造要求应符合本节中混凝土灌注桩的构造要求，还应符合现行的《混凝土结构设计规范》(GB 50010—2019)的有关规定。

(4) 前、后排桩与刚架梁节点处，桩的受拉钢筋与刚架梁受拉钢筋的搭接长度不应小于受拉钢筋锚固长度的 1.5 倍。双排桩支护结构计算模型中，对桩顶和刚架梁的连接按完全刚接考虑，因此，其节点构造还应符合现行的《混凝土结构设计规范》(GB 50010—2019)对框架顶层端节点的有关规定。

3.6.3　组合式支护结构

基坑工程是一个具有长、宽、深的三维空间体系，其平面尺寸和形状、开挖深度需要与主体建(构)筑物的地下空间结构相匹配。同一个基坑不同区域的形状、开挖深度、环境条件和土质条件等方面可能存在较大差异，因此，基坑支护设计中，需要综合考虑：①平面尺寸和形状、开挖深度；②工程地质和水文地质条件；③场地条件；④支护结构及周边环境的变形控制要求；⑤基坑支护施工的可行性、可靠性及施工过程的环境影响；⑥经济指标和施工工期，综合比较各因素的影响后通过多方案比较确定最终的支护方法。

水利工程基坑的开挖范围一般较大且形状不规则，通常需要针对不同区域采用两种或多种支护形式相结合以组成组合型支护结构，从而达到“安全适用、技术先进、经济合理、保护环境”的目的。

根据支护结构的空间组合方式不同，组合式支护结构可以分为平面组合和竖向组合两种。

(1) 平面组合

随着基坑开挖规模的不断扩大，当基坑不同部位的周边环境条件、土层形状、基坑深度等不同时，可以在基坑的不同部位分别采用不同的支护形式，如，在开挖深度大、环境复杂、土质条件较差的区域采用锚拉式支护结构，在环境条件和土质较好的区域采用放坡开挖等。

需要指出的是，在不同支护形式的结合处，应充分考虑相邻支护结构的相互影响，其过渡段应有可靠的连接措施，同时对土方开挖也应提出专门的要求。

(2) 竖向组合

竖向组合是指对于开挖深度较大的基坑工程，在环境条件允许时在支护结构的上、下部分别采用不同的支护类型的组合式支护结构。通常，上部土体的土压力小，有条件时可采用放坡开挖，既节省投资，又可减小下部支护结构的土压力；下部土体的土压力大，支护结构需要承受较大荷载，则采用抗弯和抗变形能力较强的锚拉式或支撑式支挡结构。有时，对于特别不规则的基坑，还可能会采用上部放坡、中部锚拉、下部放坡的组合式支护结构，支护结构受力更为复杂，而且没有可依据的规范，更需要设计者的实践经验和综合判断能力。图 3.6.10 为常见的竖向组合式支护结构布置。

对于竖向组合式支护结构，其设计计算分析应按整体结构考虑，并结合施工工况进行分析，宜优先考虑采用数值分析法。如采用简化分析法，可先对上部的放坡开挖或土钉墙进行计算，然后将上部土体作为荷载，对下部的锚拉式或支撑式支挡结构进行计算，在分析上部结构的变形时，应考虑下部支护结构在基坑开挖后产生的变形影响。

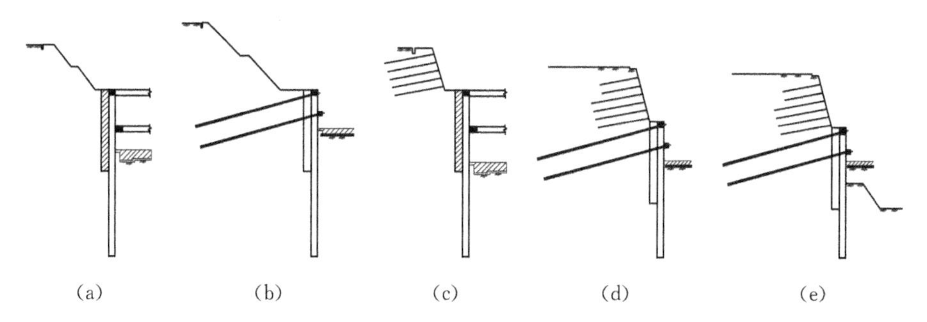

(a) 放坡开挖与支撑式支挡结构组合；(b) 放坡开挖与锚拉式支挡结构组合；(c) 土钉墙与支撑式支挡结构组合；(d) 土钉墙与锚拉式支挡结构组合；(e) 上部放坡、中部锚拉、下部放坡组合。

图 3.6.10 常见的竖向组合式支护结构布置

4 水利工程深基坑常用地下水控制技术及设计方法

4.1 概述

为了保证基坑工程土方开挖和主体建(构)筑物地下工程的施工处于水位以上,即“干作业”状态,需要降低地下水位或设置截水帷幕,使基坑坑内的地下水位位于基坑底面以下(一般 0.5～1 m)。在影响基坑稳定性的诸多因素中,地下水占有突出地位,基坑工程事故多数与地下水的作用及对其处理不当有关。基坑工程的地下水控制是基坑工程勘察、设计、施工、监测中均需高度重视的关键问题。

地下水对基坑工程的危害,包括增加支护结构上的水土压力作用,引起土的抗剪强度降低,抽(排)水也会引起地层不均匀沉降与地面沉陷、基坑涌水、渗流破坏(流土、管涌、坑底突涌)等,进而导致基坑支护结构破坏(图 4.1.1a)和房屋开裂(图 4.1.1b)。基坑工程地下水控制应根据场地的工程地质、水文地质及岩土工程特点,采取可靠措施,防止因地下水引起的基坑失稳及其对周边环境的影响。

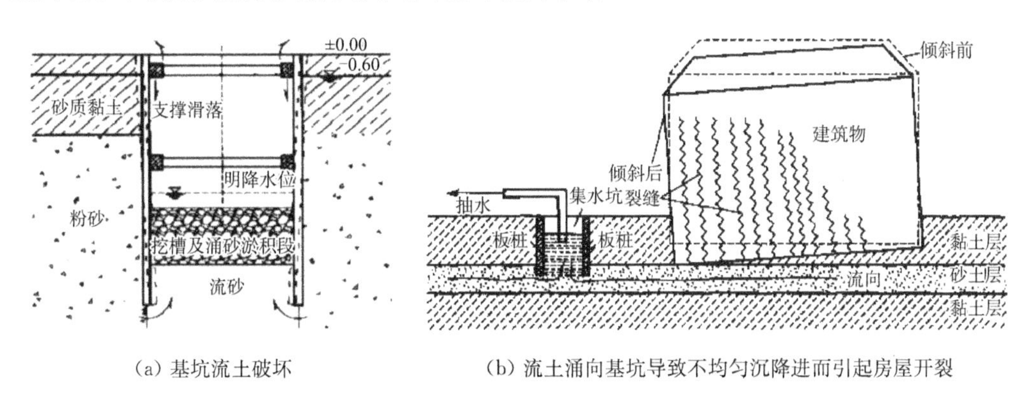

(a) 基坑流土破坏　　(b) 流土涌向基坑导致不均匀沉降进而引起房屋开裂

图 4.1.1　渗流破坏对基坑及周边建筑的影响示意图

基坑工程地下水控制的方法分为降排水(或回灌)和截渗两大类。其中又包括多种形式。根据地质条件、周边环境、开挖深度和支护形式等因素,可分别采用不同方法或几种方法的合理结合,以达到有效控制地下水的目的。

充分掌握场地的水文地质特征，预测基坑施工中可能发生的地下水危害，是选择正确、合理方法，实现有效控制地下水的前提和基础。对基坑工程而言，水文地质特征主要是指场地存在的地下水类型(上层滞水、潜水、承压水)和含水层、隔水层的分布规律及主要水文地质参数(地下水位或承压水头高度、含水层渗透系数和影响半径等)以及相邻地表水与地下水的水力联系。水文地质参数通过专门的水文地质勘探、测试、试验来取得。不同含水层的地下水位或水头必须通过分层止水、分层观测得到，不应用混合水位代替。渗透系数和影响半径则宜通过现场抽水确定。

我国地域广阔，地质条件复杂多变，但大多数城市基坑工程处于第四系土层中，土层分布规律及其相应的水文地质、工程地质特点，是有宏观规律可循的。任一地区的第四系地层的水文地质、工程地质特点，集中受控于地区所属的地貌单元、地层时代和地层组合这三个要素。地貌单元不同，则地层时代和地层组合不同，因而地层中地下水的类型和相关的水文地质特点也不相同。因此也就决定了基坑工程地下水控制的重点和方法。但城市历史与市政设施也会使具体的基坑工程的地下水情况呈现特殊性，因而施工前精细的调查是必要的。

基坑工程设计人员，首先要掌握的是土力学和地下水渗流基本理论，然后才能以勘察提供的工程区地下水的类型和埋藏条件、渗流情况(流向、流速)、地基土(岩石)的渗透性和渗透破坏类型、周边环境条件和邻近建(构)筑物类型等为基础，结合初拟的基坑支护结构类型和布置形式，进行基坑涌水量预测，综合考虑环境条件、经济性和合理性，确定选择降水或帷幕截水方案，开展降水或截水设计，并验算基坑支护结构的渗透稳定性。

4.2 基坑工程水文地质测试方法

基坑工程的水文地质测试是为取得工程区地基土(岩石)的水文地质参数，查明水文地质条件和对地下水进行定量研究而进行的测试工作，主要是测定地下水的流向和流速、地基土(岩石)的渗透系数，为基坑支护设计中预测基坑涌水量，确定基坑工程地下水控制方案提供基础资料。基坑工程设计人员应对水文地质测试方法有一定的了解，这样才能准确判断地下水渗流对基坑工程的潜在影响，合理选取设计计算参数。

4.2.1 地下水流向和流速测定

4.2.1.1 地下水流向的测定

地下水的流向可用三点法测定。沿等边三角形(或近似的等边三角形)的顶点布置钻孔，以其水位高程编绘等水位线图。垂直等水位线并向水位降低的方向为地下水流向。三点间孔距一般取 50～150 m。钻孔布置示意图见图 4.2.1。

地下水流向的测定，也可用人工放射性同位素单井法来测定(图 4.2.2)。其原理是用放射性示踪溶液标记井孔水柱，让井中的水流入含水层，然后用一个定向探测器测定钻孔各方向含水层中示踪剂的分布，在一个井中确定地下水流向。这种测定可在用同位素单井法测定流速的井孔内完成。

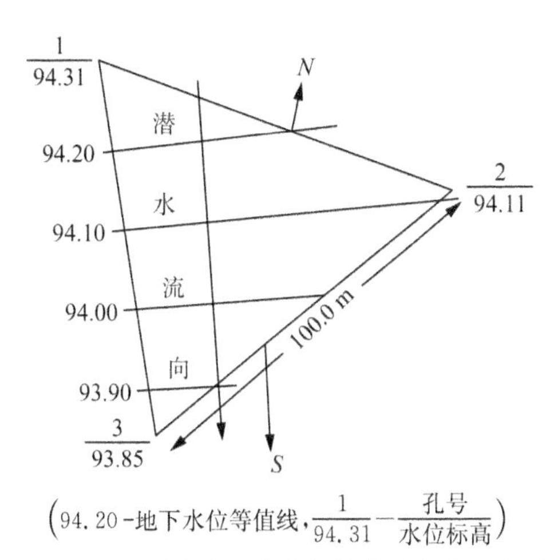

(94.20-地下水位等值线，$\frac{1}{94.31}$—$\frac{孔号}{水位标高}$)

图 4.2.1　测定地下水流向的钻孔布置示意图

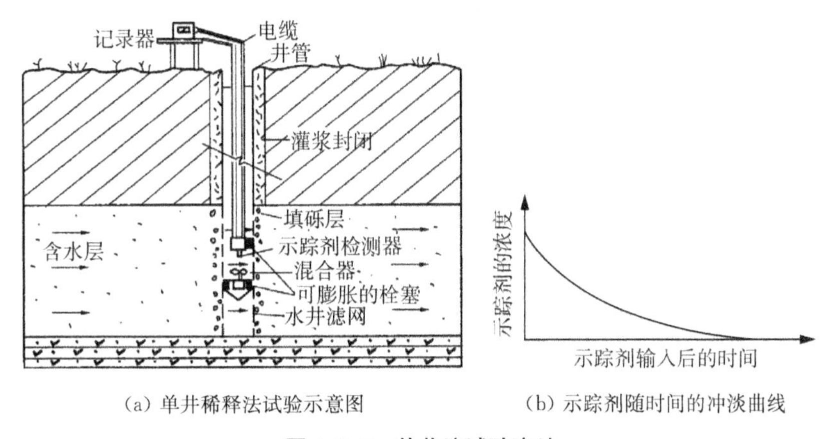

(a) 单井稀释法试验示意图　　(b) 示踪剂随时间的冲淡曲线

图 4.2.2　单井法试验方法

4.2.1.2　地下水流速的测定

常用的地下水流速的测定方法包括水力坡度测定法和指示剂或示踪剂测定法。

(1) 水力坡度测定法

若已知土的渗透系数，则可在等水位线图的地下水流向上，求出相邻两等水位之间的水力坡度，然后根据达西定律计算地下水流速，即

$$v = Ki \tag{4.2-1}$$

式中：v ——地下水流速(m/d)；

K ——渗透系数(m/d)；

i ——水力坡度。

(2) 指示剂或示踪剂测定法

利用指示剂或示踪剂来现场测定流速,要求被测量的钻孔能代表所要查明的含水层,钻孔附近的地下水流为稳定流,呈层流运动。

根据已有等水位线图或三点孔资料,确定地下水流动方向后,在上、下游设置投剂孔和观测孔来实测地下水流速。为了防止指示剂或示踪剂绕过观测孔,可在其两侧 0.5～1.0 m 各布置 1 个辅助观测孔。投剂孔与观测孔的间距取决于土(岩)的透水性。具体方法和孔位布置见图 4.2.3 和表 4.2-1。

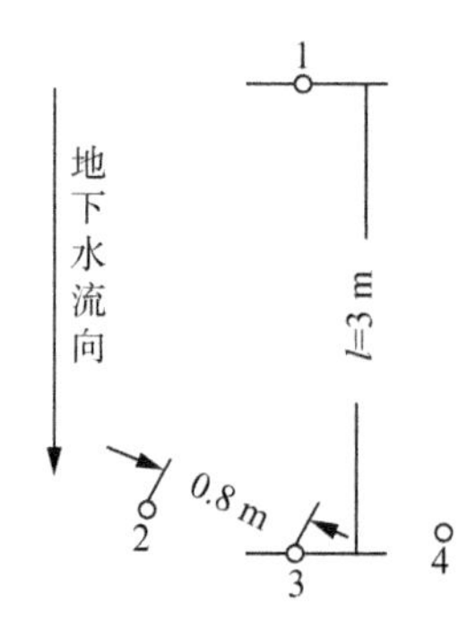

1. 投剂孔;2,4. 辅助观测孔;3. 主要观测孔。

图 4.2.3 测定地下水流速的钻孔布置示意图

表 4.2-1 不同土(岩)时的投剂孔与观测孔间距 单位:m

土(岩)性质	投剂孔与观测孔的间距	土(岩)性质	投剂孔与观测孔的间距
细粒砂	2～5	透水性好的裂隙岩石	10～15
含砾粗砂	5～15	岩溶发育的石灰岩	>50

地下水流速可根据试验观测资料绘制观测孔内指示剂随时间的变化曲线,以指示剂浓度高峰值出现时间(或选用指示剂浓度中间值对应时间)来计算。即:

$$v' = u \cdot n = l/t \tag{4.2-2}$$

式中:v' ——地下水实际流速平均值(m/h);

u ——水在土体中的渗透速度(m/h);

n ——土体的孔隙率;

l ——投剂孔与观测孔的距离(m);

t ——观测孔内浓度峰值出现所需的时间(h)。

此外,也可用人工放射性同位素单井稀释法于现场测定地下水流速。水文地质示踪剂常用的人工放射性同位素有^{3}H、^{51}Cr、^{60}Co、^{82}Br、^{131}I、^{137}Cs等。根据示踪剂投剂孔内不同时间的浓度变化曲线,按式(4.2-3)计算即可得到近似的平均实际流速。

$$v = \frac{V}{st}\ln\left(\frac{C_0}{C}\right) \tag{4.2-3}$$

式中：C_0、C ——分别为 $t=0$ 和 $t=t$ 时刻的浓度（μg/L）；

t ——观测时间（h）；

s ——水流通过隔绝段中心的垂向横截面面积（m^2）；

V ——隔绝段井孔水柱的体积（m^3）。

4.2.2 土(岩)层的渗透性测定

4.2.2.1 抽水试验

抽水试验的目的是查明建筑场地的地层渗透性和富水性，测定渗透系数和降水影响半径。一般是采用单孔（或有一个观测孔）稳定流抽水试验，有时受现场条件限制，也在探井、钻孔或民井中，用水桶或抽筒进行简易抽水试验。抽水试验方法可参照表 4.2-2 选用。

表 4.2-2 抽水试验方法和应用范围

试验方法	应用范围
钻孔或探井简易抽水	粗略估算弱透水层的渗透系数
不带观测孔抽水	初步测定含水层的渗透性参数
带观测孔抽水	较准确测定含水层的各种参数

(1) 抽水试验的方法

①抽水孔。抽水孔的钻孔半径 r 不宜小于 0.01M（M 为含水层厚度），其深度的确定与试验目的有关。若以试验段长度与含水层厚度的关系划分，可分为完整孔与非完整孔两种。为获得较为准确、合理的渗透系数，应进行小流量、小降深的抽水试验。

②观测孔。观测孔的布置决定于地下水的流向、坡度和含水层的均匀性。一般布置在与地下水流向垂直的方向上，与抽水孔的距离以 1～2 倍含水层厚度为宜，孔底一般进入抽水孔试验段厚度的一半。

(2) 抽水试验的技术要求

①水位降深。抽水试验一般进行三个降深，每次降深的差值宜大于 1 m，最大降深宜接近设计动水位。

②稳定延续时间和稳定标准。稳定延续时间是指某一降深下，相应的流量和水位趋于稳定后的延续时间。抽水试验的稳定延续时间一般为 8～24 h。在稳定时间段内，涌水量波动值不超过正常流量的 5%，主孔水位波动值不超过水位降低值的 1%，观测孔水位波动值不超过 2～3 cm，若抽水孔、观测孔动水位与区域水位变化幅度趋于一致，则视为稳定。

③稳定水位观测。抽水试验前应首先对自然水位进行观测，一般采用 1 次/h 的测定频率，3 次所测水位值相同或 4 h 内水位差不超过 2 cm 时，即为稳定水位。

④水温和气温的观测。一般每 2～4 h 同时观测 1 次水温和气温。

⑤恢复水位观测。在抽水试验结束后或中途因故停抽时，应进行恢复水位观测。通

常按1、3、5、10、15、30 min……的顺序观测，直至完全恢复为止。观测精度要求与稳定水位的观测相同。水位渐趋恢复后，观测时间间隔可适当延长。

⑥动水位和涌水量的观测。主孔和观测孔应同时观测动水位和涌水量。开泵后每5～10 min观测1次，然后视稳定趋势改为15 min或30 min观测1次。

(3) 抽水试验应注意的问题

①为测定水文地质参数(渗透系数、给水度等)进行的抽水试验，应在单一含水层中进行，并应采取措施，避免其他含水层的干扰。试验点位和层位应有代表性。

②单孔抽水试验时，宜在主孔过滤器外设置水位观测管，不设置观测管时，应估计过滤器阻力的影响。

③承压水完整井抽水试验时，主孔降深不宜超过含水层顶板，超过顶板时，计算渗透系数应采用相应的公式；潜水完整井抽水试验时，主孔降深不宜过大，不得超过含水层厚度的三分之一。

④降落漏斗水平投影应近似圆形，对椭圆形漏斗宜同时在长轴方向和短轴方向上布置观测孔，对傍河抽水试验和有不透水边界的抽水试验，应选择适宜的公式计算。

(4) 完整井和非完整井渗透系数和影响半径计算方法

潜水非完整井的渗透系数和影响半径计算方法及适用条件见表4.2-3～表4.2-6。部分土层的渗透系数和影响半径经验值见表4.2-7和表4.2-8，根据单位出水量、单位水位下降确定的影响半径经验值见表4.2-9。

表4.2-3 潜水非完整井渗透系数计算方法和适用条件(非淹没过滤器井壁进水)

序号	计算简图	计算公式	适用条件
1	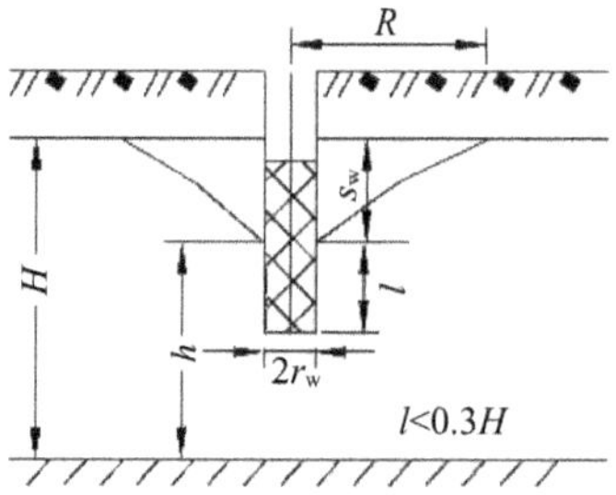 R, s_w, H, h, l, $2r_w$ $l<0.3H$	$k=\dfrac{0.73Q}{s_w\left[\dfrac{l+s_w}{\lg\dfrac{R}{r_w}}+\dfrac{l}{\lg\dfrac{0.66l}{r_w}}\right]}$	1. 过滤器安置在含水层上部； 2. $l<0.3H$； 3. 含水层厚度很大
2	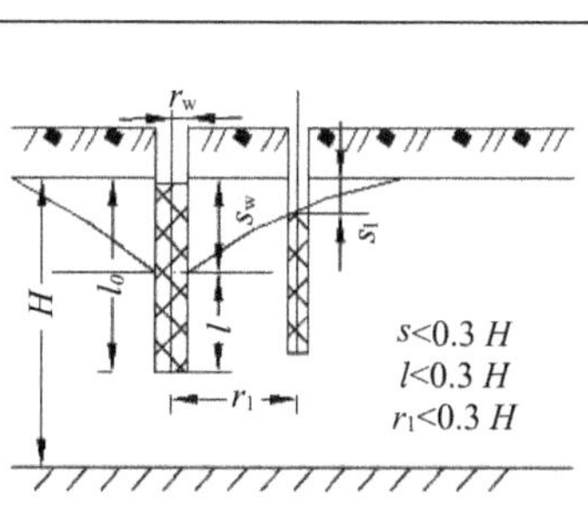 r_w, s_w, s_1, H, l_0, l, r_1 $s<0.3H$ $l<0.3H$ $r_1<0.3H$	$k=\dfrac{0.73Q}{l'(s_w-s_1)}\left(2.3\lg\dfrac{1.6l'}{r_w}-\text{arsh}\dfrac{l'}{r_1}\right)$ 式中：$l'=l_0-0.5(s_w+s_1)$	1. 过滤器安置在含水层上部； 2. $l<0.3H$； 3. $s_w<0.3l_0$； 4. 一个观测孔$r_1<0.3H$

续表

序号	计算简图	计算公式	适用条件
3	$l>0.3H$	$k=\dfrac{0.73Q}{s_w\left(\dfrac{l+s_w}{\lg\dfrac{R}{r_w}}+\dfrac{2m}{\dfrac{1}{2a}\left(2\lg\dfrac{4m}{r_w}-A\right)-\lg\dfrac{4m}{R}}\right)}$ 式中：m——抽水时过滤器（进水部分）长度的中点至含水层底的距离； A——取决于 $a=\dfrac{l}{m}$，由图 4.2.4 确定	1. 过滤器安置在含水层上部； 2. $l>0.3H$； 3. 单孔
4		$k=\dfrac{0.366Q(\lg R-\lg r_w)}{H_1 s_w}$ 式中：H_1——至过滤器底部的含水层深度	单孔
5	$H_1<\dfrac{H}{2}$	$k=\dfrac{0.366Q}{ls_w}\lg\dfrac{0.66l}{r_w}$	1. 河床下抽水（一般 $c<2\sim3$ m）； 2. 过滤器安置在含水层上部或中部； 3. $c>\dfrac{l}{\ln\dfrac{l}{r_w}}$ （一般 $c<2\sim3$ m）

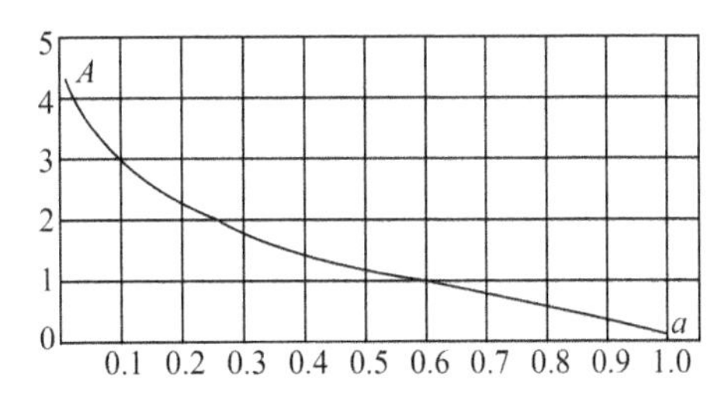

图 4.2.4 系数 A-a 关系曲线图

表 4.2-4 潜水非完整井渗透系数计算方法和适用条件(淹没过滤器井壁进水)

序号	计算简图	计算公式	适用条件
1	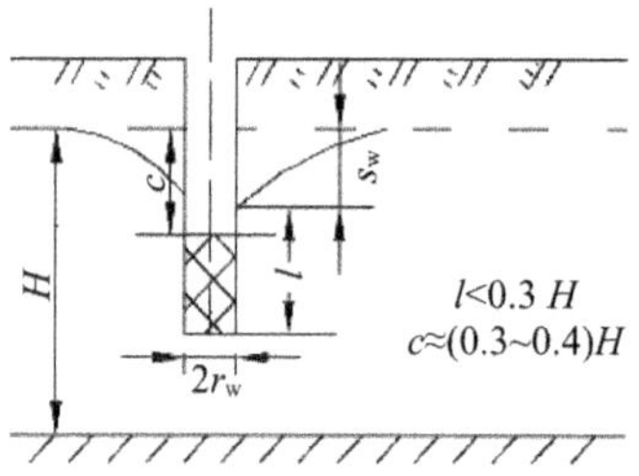 $l<0.3H$ $c\approx(0.3\sim0.4)H$	$k=\dfrac{0.366Q}{ls_w}\lg\dfrac{0.66l}{r_w}$	1. 过滤器安置在含水层中部； 2. $l<0.3H$； 3. $c\cong(0.3\sim0.4)H$； 4. 单孔
2	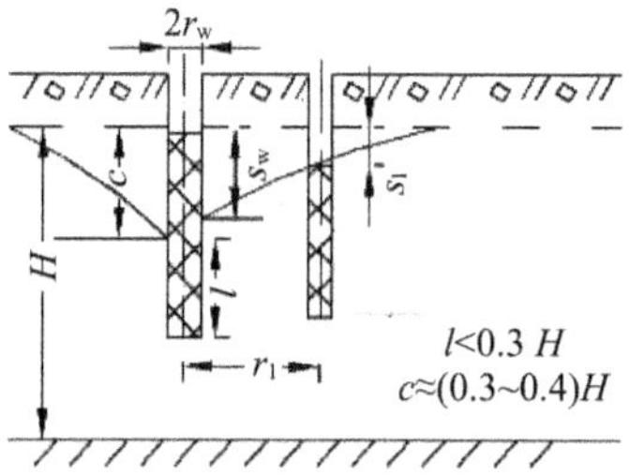 $l<0.3H$ $c\approx(0.3\sim0.4)H$	$k=\dfrac{0.16Q}{l(s_w-s_1)}\left(2.3\lg\dfrac{0.66l}{r_w}-\operatorname{arsh}\dfrac{l}{2r_1}\right)$	1. 2. 3. 条件同上； 4. 有一个观测孔
3	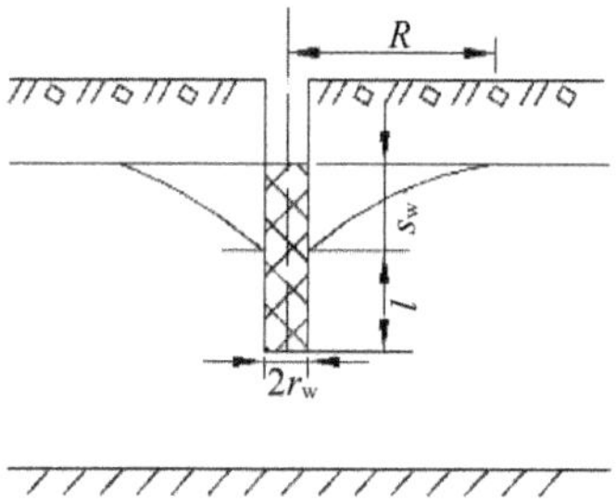	$k=\dfrac{0.336Q(\lg R-\lg r_w)}{(s_w+l)s}$	1. 过滤器位于含水层中部； 2. 单孔
4	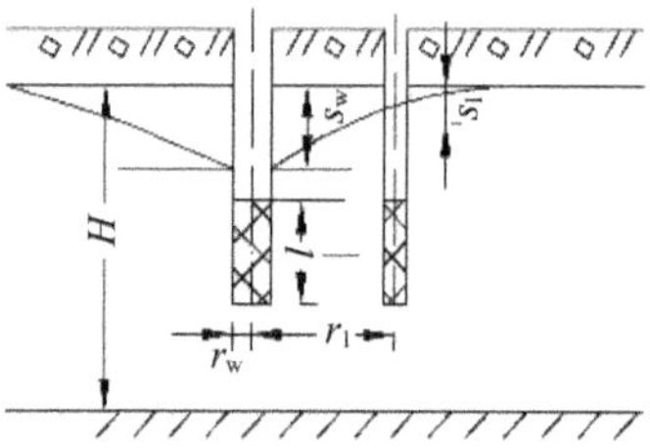	$k=\dfrac{0.336Q(\lg r_1-\lg r_w)}{(s_w-s_1)(s-s_1+l)}$	1. 条件同 1； 2. 一个观测孔
5	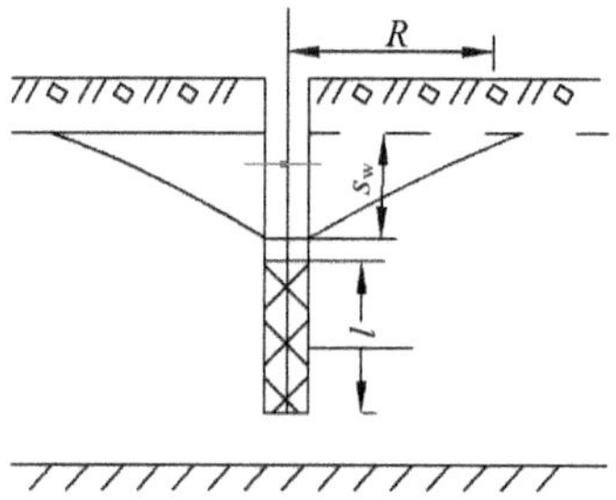	$k=\dfrac{0.73Q(\lg R-\lg r_w)}{s_w(H+l)}$	1. 过滤器位于含水层下部； 2. 单孔

表 4.2-5 根据水位恢复速度渗透系数计算方法和适用条件

序号	计算简图图形	计算公式	适用条件	说明
1	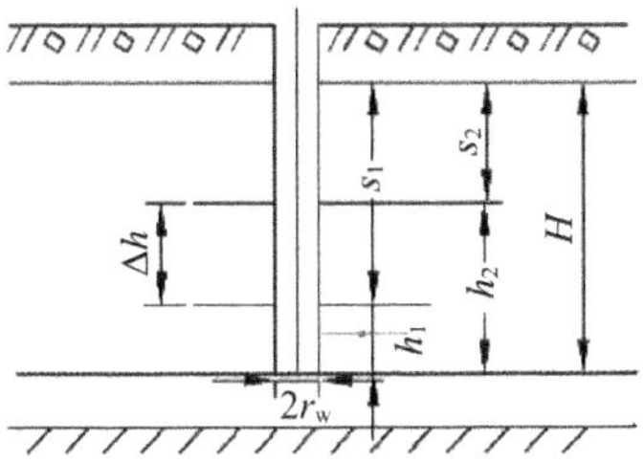	$k=\dfrac{1.57r_w(h_2-h_1)}{t(s_1+s_2)}$	1. 承压水层； 2. 大口径平底井(或试坑)	求得一系列与水位恢复时间有关的数值 k 后，则可作 $k=f(t)$ 曲线，根据此曲线，可确定近于常数的渗透系数值，如下图： 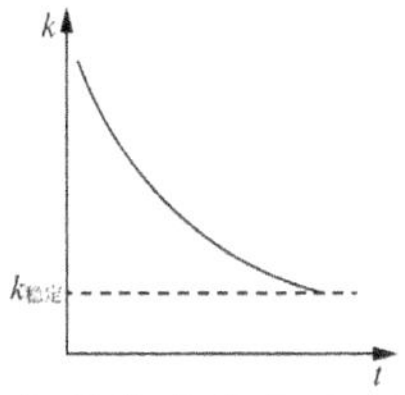 左列公式均作近似计算
2		$k=\dfrac{r_w(h_2-h_1)}{t(s_1+s_2)}$	1. 条件同上； 2. 大口径半球状井底(试坑)	
3	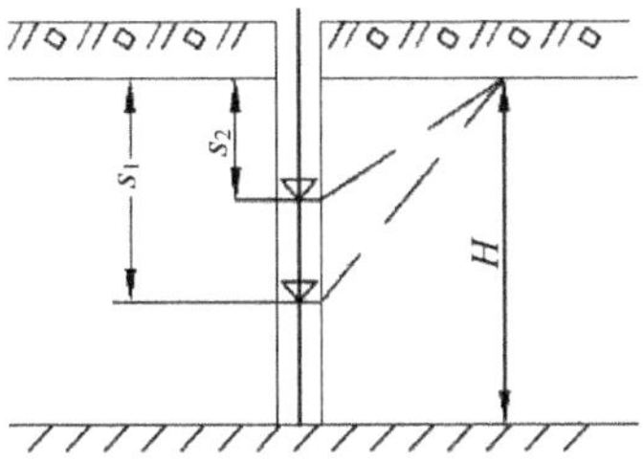	$k=\dfrac{3.5r_w^2}{(H+2r_w)t}\ln\dfrac{s_1}{s_2}$	潜水完整井	
4	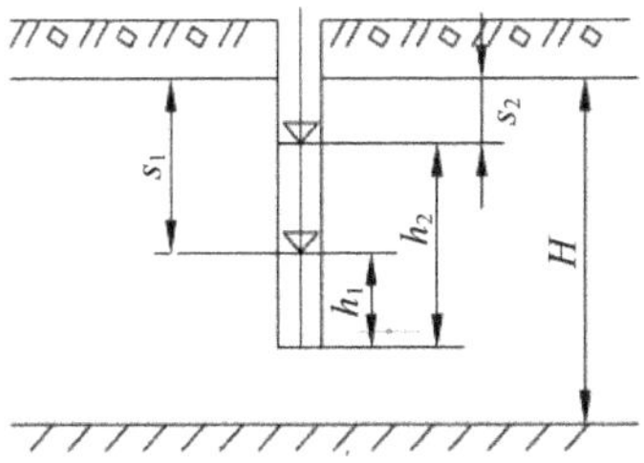	$k=\dfrac{\pi r_w}{4t}\ln\dfrac{H-h_1}{H-h_2}$	1. 潜水非完整井； 2. 大口径井底进水，井壁不进水	

表 4.2-6 降水影响半径计算公式及适用条件

序号	计算公式		适用条件	备注
	潜水	承压水		
1	$\lg R=\dfrac{s_w(2H-s_w)\lg r_1-s'(2H-s_1)\lg r_w}{(s_w-s_1)(2H-s_w-s_1)}$	$\lg R=\dfrac{s_w\lg r_1-s_1\lg r_w}{s_w-s_1}$	有一个观测孔完整井抽水时	精度较差，一般偏大
2	$\lg R=\dfrac{1.336k(2H-s_w)s_w}{Q}+\lg r_w$	$\lg R=\dfrac{2.73\,kms_w}{Q}+\lg r_w$	无观测孔完整井抽水时	
3	$R=2d$		近地表水体单孔抽水时	—
4	$R=2s\sqrt{Hk}$	—	计算松散含水层井群或基坑抽水初期的 R 值	对直径很大的井群和单井，R 值过大；矿坑基坑 R 值偏小
5	—	$R=10s\sqrt{k}$	计算承压水抽水初期的 R 值	R 值为概略值

续表

序号	计算公式		适用条件	备注
	潜水	承压水		
6	$R=\sqrt{\frac{k}{W}(H^2-h_0^2)}$	—	计算泄水沟和排水渠的影响宽度	要考虑大气降水补给潜水最强时期的 W 值
7	$R=1.73\sqrt{\frac{kHt}{\mu}}$	—	含水层没有给时，确定排水渠的影响宽度	得出近似的影响宽度值
8	$R=H\sqrt{\frac{k}{2W}\left[1-\exp\left(-\frac{6Wt}{\mu H}\right)\right]}$	—	含水层有大气补给降水时，确定排水渠的影响宽度	
9	—	$R=a\sqrt{at}$ $a=1.1\sim1.7$	确定承压水层中狭长坑道的影响宽度	a 为系数，取决于抽水状态

表 4.2-7　黄淮海平原地区渗透系数经验值

土性	渗透系数/(m/d)	土性	渗透系数/(m/d)
砂卵石	80	粉细砂	5～8
砂砾石	45～50	粉砂	2
粗砂	20～30	砂质粉土	0.2
中粗砂	22	砂质粉土、粉质黏土	0.1
中砂	20	粉质黏土	0.02
中细砂	17	黏土	0.001
细砂	6～8		

注：根据冀、豫、鲁、苏北、淮北、北京等省市平原地区部分野外试验资料综合。

表 4.2-8　部分砂性土层的降水影响半径经验值

土性	主要颗粒粒径/mm	影响半径/m	土性	主要颗粒粒径/mm	影响半径/m
粉砂	0.05～0.1	25～50	极粗砂	1.0～2.0	400～500
细砂	0.1～0.25	50～00	小砾	2.0～3.0	500～600
中砂	0.25～0.5	100～200	中砾	3.0～5.0	600～1 500
粗砂	0.5～1.0	300～400	大砾	5.0～10.0	1 500～3 000

表 4.2-9　根据单位出水量和单位水位下降确定的影响半径经验值

单位出水量/[L/(s・m)]	单位水位降低/[m/(L・s)]	影响半径 R/m
>2	$\leqslant0.5$	300～500
2～1	1～0.5	100～300

续表

单位出水量/[L/(s·m)]	单位水位降低/[m/(L·s)]	影响半径 R/m
1~0.5	2~1	60~100
0.5~0.33	3~2	25~50
0.33~0.2	5~3	10~25
<0.2	>5	<10

4.2.2.2 注水(渗水)试验

注水(渗水)试验主要采用钻孔注水(渗水)试验和试坑注水(渗水)试验。其中,钻孔注水(渗水)试验是测定地层渗透性的一种比较简单的方法,其原理与抽水试验相似,仅是以注水代替抽水;试坑注水(渗水)试验是测定包气带非饱和地层渗透系数的简易方法,最常用的是试坑法、单环法和双环法。一般情况下,基坑工程不太关注对包气带非饱和土层的渗透性,因此本节主要介绍钻孔注水(渗水)试验方法。

钻孔注水试验通常用于地下水位埋藏较深、不便进行抽水试验的地层或在干的透水层中。试验方法包括常水头法渗透试验和变水头法渗透试验。常水头法适用于砂、砾石、卵石等强透水地层;变水头法适用于粉砂、粉土、黏性土等弱透水地层。变水头法又可分为升水头法和降水头法。钻孔注水试验示意图见图4.2.5。

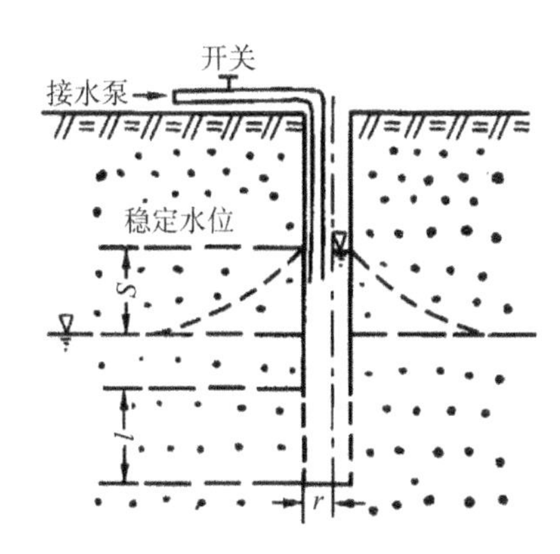

图 4.2.5 钻孔注水试验示意图

(1) 常水头注水试验

钻孔常水头注水试验是在钻孔内进行的,在试验过程中水头保持不变。根据试验的边界条件,分为孔底进水和孔壁与孔底同时进水两种工况。其试验步骤为:

①造孔与试验段隔离。造孔一般采用钻机,按预定深度下套管,如遇地下水位时,应采取清水钻进,孔底沉淀物厚度不得大于5cm,同时要防止试验土层被扰动。钻至预定深度后,采用栓塞或套管塞进行试段隔离,确保套管下部与孔壁之间不漏水,以保证试验的准确性。对孔底进水的试段,用套管塞进行隔离,对孔壁孔底同时进水的试段,除采用栓塞隔离试验段外,还要根据试验土层种类,决定是否下入护壁花管,以防孔壁坍塌。

②流量观测及结束标准。试验段隔离以后,用带流量计的注水管或量筒向套管内注

入清水，使管中水位高出地下水位一定高度（或至管口）并保持固定，测定试验水头值。保持试验水头不变，观测注入流量。开始按 1 min、2 min、2 min、5 min、5 min，以后均按 5 min 间隔记录一次流量，并绘制 $Q-t$ 曲线。直到最终的测读流量与最后两个小时内的平均流量之差不大于 10%时，可结束试验。

③试验土层的渗透系数计算方法。假定试验土层是均质的、渗流为层流，则根据常水头条件和达西定律可以得到试验土层的渗透系数，即：

$$k=\frac{Q}{FH} \tag{4.2-4}$$

式中：k ——试验土层的渗透系数(cm/min)；

Q ——注水流量(cm^3/min)；

H ——试验水头(cm)；

F ——形状系数(cm)，由钻孔和水流边界条件确定，按表 4.2-10 计算。

表 4.2-10　形状系数计算方法

序号	试验条件	计算简图	形状系数值	备注
1	试验段位于地下水位以下，钻孔套管下至孔底，孔底进水	2r；H	$F=5.5r$	—
2	试验段位于地下水位以下，钻孔套管下至孔底，孔底进水，试验土层顶板为不透水层	2r；H	$F=4r$	—
3	试验段位于地下水位以下，孔内不下套管或部分下套管，试验段裸露或下花管，孔壁与孔底进水	2r；H；l	$F=\frac{2\pi l}{\ln\frac{ml}{r}}$	$\frac{ml}{r}>10$，$m=\sqrt{k_h/k_v}$，其中 k_h、k_v 分别为试验土层的水平、垂直渗透系数。无资料时，m 值根据土层情况估计

续表

序号	试验条件	计算简图	形状系数值	备注
4	试验段位于地下水位以下，孔内不下套管或部分下套管，试验段裸露或下花管，孔壁与孔底进水，试验土层顶部为不透水层		$F=\dfrac{2\pi l}{\ln\dfrac{2ml}{r}}$	$\dfrac{2ml}{r}>10$，$m=\sqrt{k_h/k_v}$，其中 k_h、k_v 分别为试验土层的水平、垂直渗透系数。无资料时，m 值根据土层情况估计

(2) 降水头注水试验

降水头与常水头注水试验的主要区别是在试验过程中，试验水头逐渐下降，最后趋近于零。根据套管内试验水头下降速度与时间的关系，计算试验土层的渗透系数。降水头注水试验主要适用于渗透系数较小的黏性土层。其试验步骤为：

①造孔与试验段隔离。方法与常水头方法相同。

②流量观测及结束标准。试段隔离后，向套管内注入清水，使管中水位高出地下水位一定高度(或至套管顶部)后，停止供水，开始记录管内水头高度随时间的变化，直至水位基本稳定。间隔时间按地层渗透性确定，一般按 1 min、2 min、2 min、5 min、5 min，以后均按 5 min 间隔记录一次，并绘制流量 $\ln H$ 与时间 t 的关系曲线。当水头与时间的关系呈直线时说明试验正确，可结束试验。

③试验土层的渗透系数计算方法。采用降水头试验确定地层渗透系数时，首先要确定滞后时间，即指孔中注满水后，出现初始水头 H_0 并以初始流量进行渗透，随时间水头 H 逐渐消散，当水头 H 消散为零时所需的时间。滞后时间的确定，可用 $H/H_0=0.37$ 时所对应的时间，也可用图解法(图 4.2.6)或计算法[式(4.2-5)]确定。

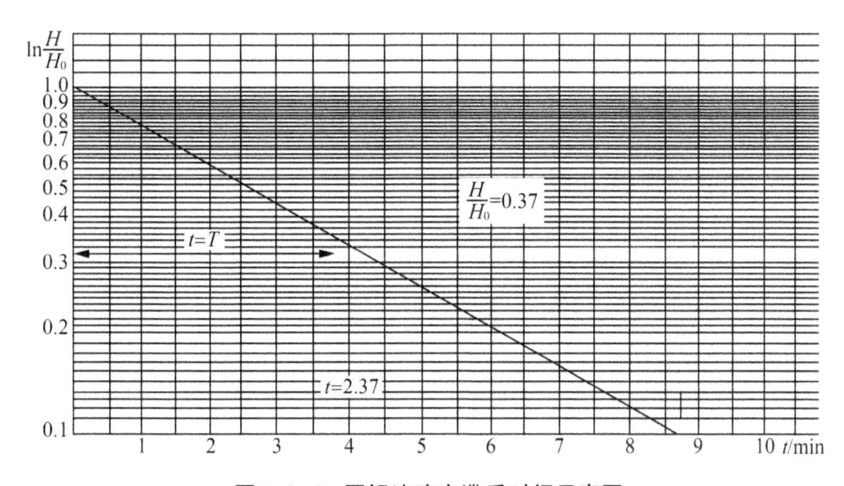

图 4.2.6 图解法确定滞后时间示意图

$$T = \frac{t_1 - t_2}{\ln(H_1 / H_2)} \tag{4.2-5}$$

式中：T ——滞后时间(s)；

H_1——在时间 t_1 时的试验水头(cm)；

H_2——在时间 t_2 时的试验水头(cm)。

同样假定试验土层是均质的、渗流为层流，渗入土层中的水等于钻孔套管内水位下降后减少的水体积，则根据达西定律可以得到试验土层的渗透系数，即：

$$k = \frac{A}{FT} \tag{4.2-6}$$

式中：A ——注水管的内径截面面积(cm^2)；

k 、F 、T 的物理意义与式(4.2-4)和式(4.2-5)相同。可按表 4.2-10 计算形状系数 F 。

在厚度很大且水平分布很宽的含水层中进行常量注水试验时，也可按式(4.2-7)和式(4.2-8)计算渗透系数，其计算值一般比通过抽水试验获得的结果小 15%～20%。

$$k = \frac{0.08Q}{rs\sqrt{\frac{1}{2r} + \frac{1}{4}}}, \frac{l}{r} \leqslant 4 \tag{4.2-7}$$

$$k = \frac{0.366Q}{ls} \lg \frac{2l}{r}, \frac{l}{r} > 4 \tag{4.2-8}$$

式中：l ——试验段或过滤器长度(m)；

Q ——稳定注水量(m^3/d)；

s ——孔中水头高度(m)；

r ——钻孔或过滤器半径(m)。

4.2.2.3 压水试验

压水试验主要是为了探查天然地层的裂隙性和渗透性。压水试验按照试验段划分可分为分段压水试验、综合压水试验和全孔压水试验；按流量-压力关系点划分，可分为一点压水试验、三点压水试验和多点压水试验；按试验压力划分，可分为低压压水试验和高压压水试验；按加压的动力源划分，可分为水柱压水法、自流式压水法和机械法压水试验。

压水试验主要用于岩层。由于其渗透系数一般不大，也不易出现渗透破坏，且基坑工程中对岩层的渗透性不太关注，本节不再详细介绍压水试验方法和步骤，仅给出常见的压水试验压力-流量($P-Q$)关系曲线(表 4.2-11)和透水率、渗透系数的计算公式[式(4.2-9)、式(4.2-10)]。

表 4.2-11 $P-Q$ 曲线类型及曲线特点

类型名称	A型(层流)	B型(紊流)	C型(扩张)	D型(冲蚀)	E型(充填)
$P-Q$ 曲线					
曲线特点	升压曲线为通过原点的直线,降压与升压曲线基本重合	升压曲线凸向 Q 轴,降压与升压曲线基本重合	升压曲线凸向 P 轴,降压与升压曲线基本重合	升压曲线凸向 P 轴,降压与升压曲线不重合,呈顺时针环状	升压曲线凸向 Q 轴,降压与升压曲线不重合,呈逆时针环状

透水率:

$$q=\frac{Q_3}{Lp_3} \tag{4.2-9}$$

渗透系数:

$$k=\frac{Q}{2\pi HL}\ln\frac{L}{r_0} \tag{4.2-10}$$

式中:q ——试验段的透水率(Lu),一般取两位有效数字;

Q_3——第三阶段的计算流量(L/min);

L ——试验段长度(m);

p_3——第三阶段的试验段压力水头(MPa);

k ——渗透系数(m/d);

Q ——压入地层中的流量(m^3/d);

H ——试验水头(m);

r_0——钻孔半径(m)。

4.3 基坑工程涌水量简化预测方法

4.3.1 裘布依(Dupuit)公式

如图 4.3.1 所示的潜水层井点流动模型,根据达西定律,沿水流方向的流速为:

$$q=k\frac{\mathrm{d}h}{\mathrm{d}s} \tag{4.3-1}$$

裘布依(Dupuit)于 1863 年根据试验观测结果:在大多数地下水流中,潜水面的坡度很小,通常为 1/1 000~1/10 000,因此假定水是水平流动,等势面铅直,水力梯度沿垂直方向的分量可以忽略不计,即假设水头沿垂直方向为常量,垂直流动分量等于零,则式(4.3-1)可以改写为：

$$q=k\frac{\mathrm{d}h}{\mathrm{d}s}=k\left(\frac{\mathrm{d}h}{\mathrm{d}z}\cdot\frac{\mathrm{d}z}{\mathrm{d}s}+\frac{\mathrm{d}h}{\mathrm{d}r}\cdot\frac{\mathrm{d}r}{\mathrm{d}s}\right)=k\frac{\mathrm{d}h}{\mathrm{d}r} \tag{4.3-2}$$

在流动方向上经过高度为 $h(x)$ 的垂直截面上的单宽流量和总流量分别为：

$$q=kh(x)\frac{\mathrm{d}h}{\mathrm{d}r} \tag{4.3-3}$$

$$Q=2\pi rq=2\pi rkh(x)\frac{\mathrm{d}h}{\mathrm{d}r} \tag{4.3-4}$$

若距离渗出面 L 处的水头恒定为 h_0，渗出面水头恒定为 h_2，采用分离变量法求解式(4.3-4)可得：

$$\int_r^R\frac{Q}{2\pi k}\frac{\mathrm{d}r}{r}=\int_{h_2}^{h_0}h(x)\mathrm{d}h \tag{4.3-5}$$

即：

$$Q=\frac{\pi k(h_0^2-h_2^2)}{\ln\frac{R}{r}} \tag{4.3-6}$$

式中：Q ——潜水完整井的流量($\mathrm{m^3/d}$)；

k ——含水层的渗透系数(m/d)；

h_0——恒定水位高度或含水层厚度(m)；

h_2——渗出面的水位高度(m)；

R ——降水井中心至恒定水头边界的距离(m)；

r ——降水井半径(m)。

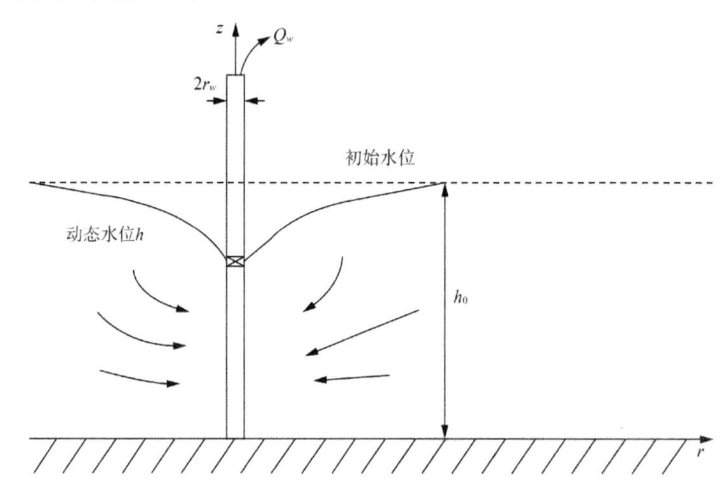

图 4.3.1　潜水层井点流动模型

4.3.2 均质含水层基坑涌水量简化预测方法

基坑涌水量预测一般是采用大井法进行简化计算。即把形状不规则的基坑圈定的面积用大井来等效替代,近似应用稳定流基本方程进行基坑涌水量预测。

4.3.2.1 潜水完整井涌水量

如图 4.3.2(a)所示,在均质含水层中,若将形状不规则的基坑圈定的面积用大井来等效替代,对于潜水完整井,远离水源边界时,根据裘布依公式(4.3-6),可以直接得到基坑降水的总涌水量,即:

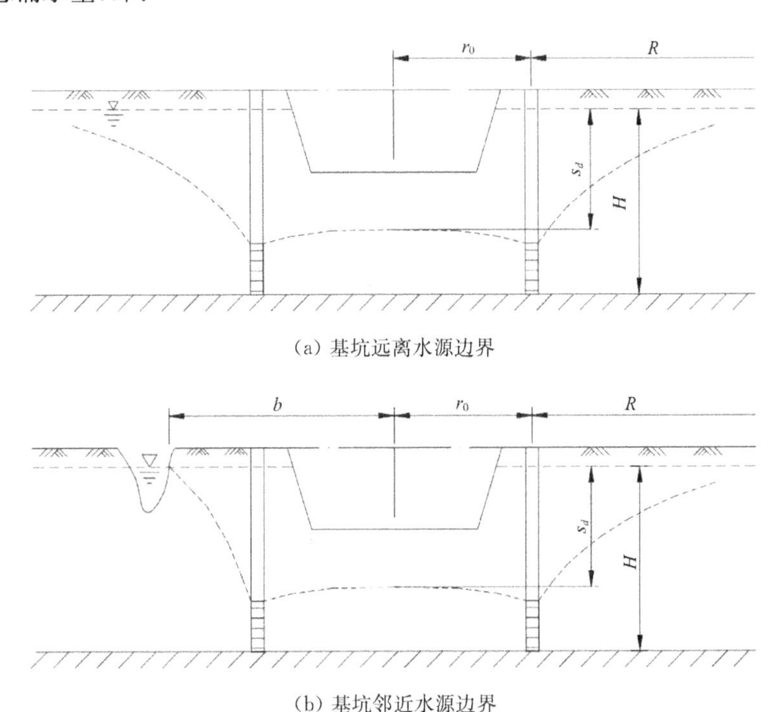

(a) 基坑远离水源边界

(b) 基坑邻近水源边界

图 4.3.2 均质含水层潜水完整井的基坑涌水量计算简图

$$Q=\frac{\pi k\left[H^2-(H-s_d)^2\right]}{\ln\frac{R+r_0}{r_0}}=\frac{\pi k(2H-s_d)s_d}{\ln\left(1+\frac{R}{r_0}\right)} \tag{4.3-7}$$

式中:Q ——基坑降水总涌水量(m^3/d);

k ——含水层的渗透系数(m/d);

H ——潜水含水层厚度(m);

s_d ——基坑地下水位的设计降深(m);

R ——降水影响半径(m);

r_0——基坑等效半径(m),可用 $r_0=\sqrt{A/\pi}$ 近似计算,也可按照 4.3.2 节方法计算。

对于距离水源边界较近的基坑[图 4.3.2(b)],计算公式为:

$$Q=\frac{\pi k(2H-s)s}{\ln\left(\frac{2b}{r_0}\right)} \tag{4.3-8}$$

式中：b ——基坑中心距水源边界的距离(m)，$b<0.5R$ 。

4.3.2.2 潜水非完整井涌水量

如图 4.3.3 所示，对于均质含水层中的潜水非完整井，远离和邻近水源边界时的基坑降水的总涌水量计算公式分别为：

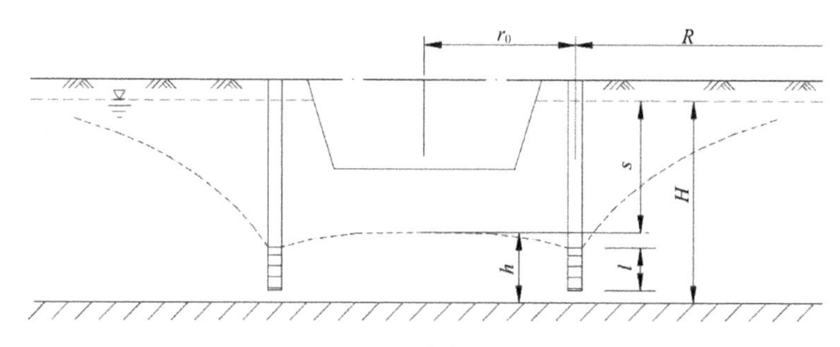

(a) 基坑远离水源边界

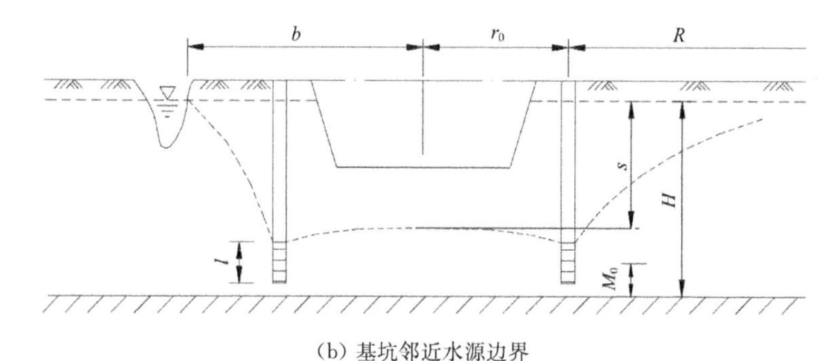

(b) 基坑邻近水源边界

图 4.3.3 均质含水层潜水非完整井的基坑涌水量计算简图

远离水源边界：

$$Q=\frac{\pi k(H^2-h^2)}{\ln\left(1+\frac{R}{r_0}\right)+\frac{h_m-l}{l}\ln\left(1+0.2\frac{h_m}{r_0}\right)} \tag{4.3-9}$$

邻近水源边界：

$$Q=\pi ks\left[\frac{l+s}{\ln\left(1+\frac{2b}{r_0}\right)}+\frac{l}{\ln\frac{0.66l}{r_0}+0.25\frac{l}{M_0}\cdot\ln\frac{b^2}{M_0-0.14l^2}}\right] \tag{4.3-10}$$

式中：h ——降水后基坑内的水位高度(m)；

l ——过滤器进水部分的长度(m)；

h_m —— $h_m=\frac{H+h}{2}$ (m)；

M_0——由含水层底板到过滤器有效工作部分中点的长度(m)，$M_0 < 2b$ 。

其他参数同 4.3.2.1 节。

4.3.2.3 承压水完整井涌水量

如图 4.3.4 所示，对于均质含水层中的承压水完整井，远离和邻近水源边界时的基坑降水的总涌水量计算公式分别为：

远离水源边界：

$$Q=\frac{2\pi kMs}{\ln\left(1+\frac{R}{r_0}\right)} \tag{4.3-11}$$

邻近水源边界：

$$Q=\frac{2\pi kMs}{\ln\left(\frac{2b}{r_0}\right)} \tag{4.3-12}$$

式中：M——承压水含水层厚度(m)。

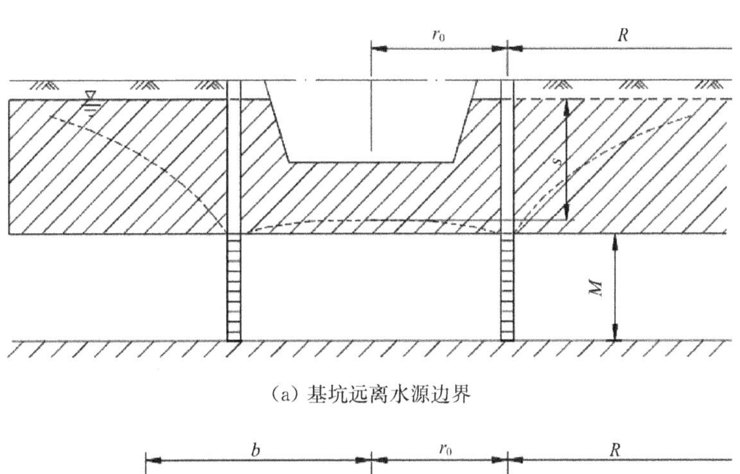

(a) 基坑远离水源边界

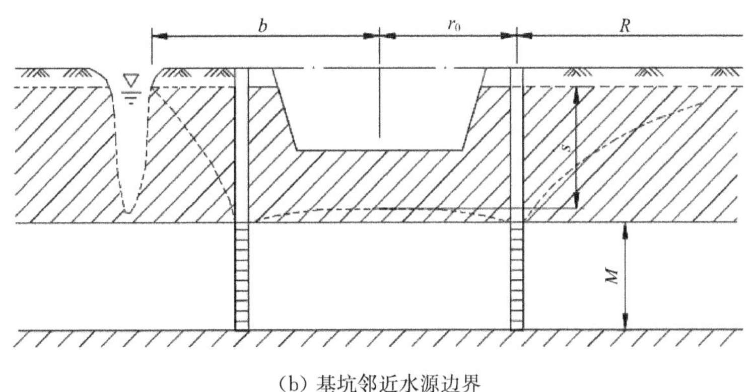

(b) 基坑邻近水源边界

图 4.3.4 均质含水层承压水完整井的基坑涌水量计算简图

4.3.2.4 承压水非完整井涌水量

如图4.3.5所示，对于均质含水层中的承压水非完整井，基坑降水的总涌水量计算公式为：

$$Q=\frac{2\pi kMs}{\ln\left(1+\frac{R}{r_0}\right)+\frac{M-l}{l}\ln\left(1+0.2\frac{M}{r_0}\right)} \tag{4.3-13}$$

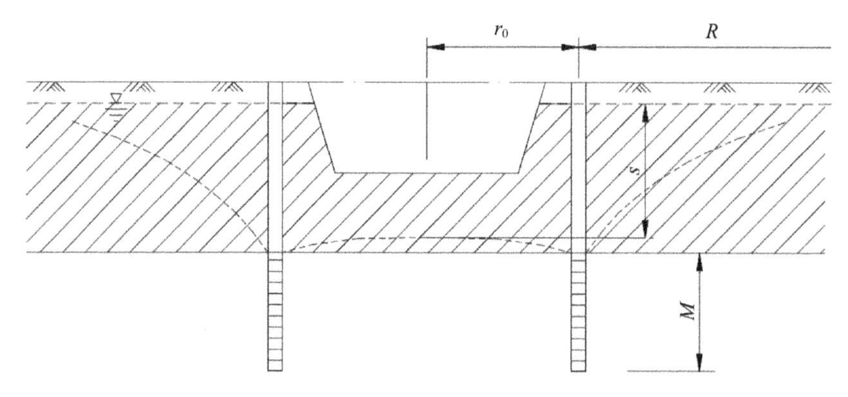

图4.3.5 均质含水层承压水非完整井的基坑涌水量计算简图

4.3.2.5 承压水-潜水完整井涌水量

如图4.3.6所示，对于均质含水层中的承压水-潜水完整井，基坑降水的总涌水量计算公式为：

$$Q=\frac{\pi k\left[(2H-M)M-l^2\right]}{\ln\left(1+\frac{R}{r_0}\right)} \tag{4.3-14}$$

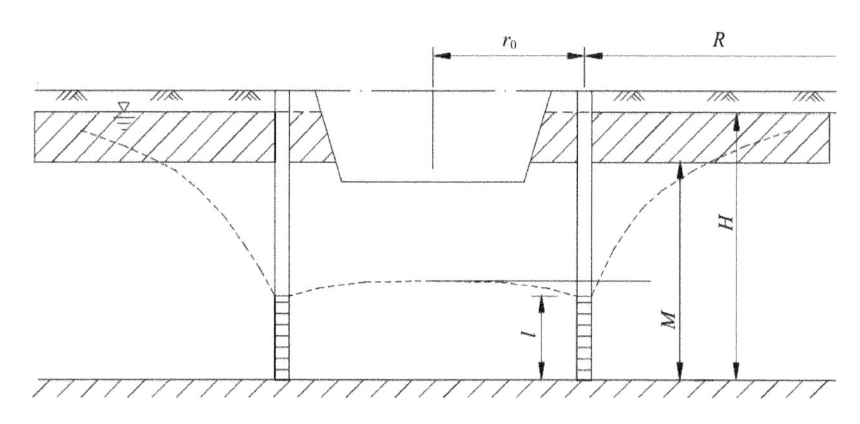

图4.3.6 均质含水层承压水-潜水完整井的基坑涌水量计算简图

4.3.2.6 基坑一侧靠近隔水边界时的涌水量

如图4.3.7所示，对于均质含水层中潜水完整井和承压水完整井，基坑一侧靠近隔水边界，基坑降水的总涌水量计算公式为：

潜水完整井：

$$Q=\frac{\pi k(2H-s)s}{\ln(R+r_0)^2-\ln[r_0(2b'+r_0)]} \tag{4.3-15}$$

承压水完整井：

$$Q=\frac{2\pi kMs}{\ln(R+r_0)^2-\ln(2b'r_0)} \tag{4.3-16}$$

式中：b'——隔水边界至基坑中心的距离(m)。

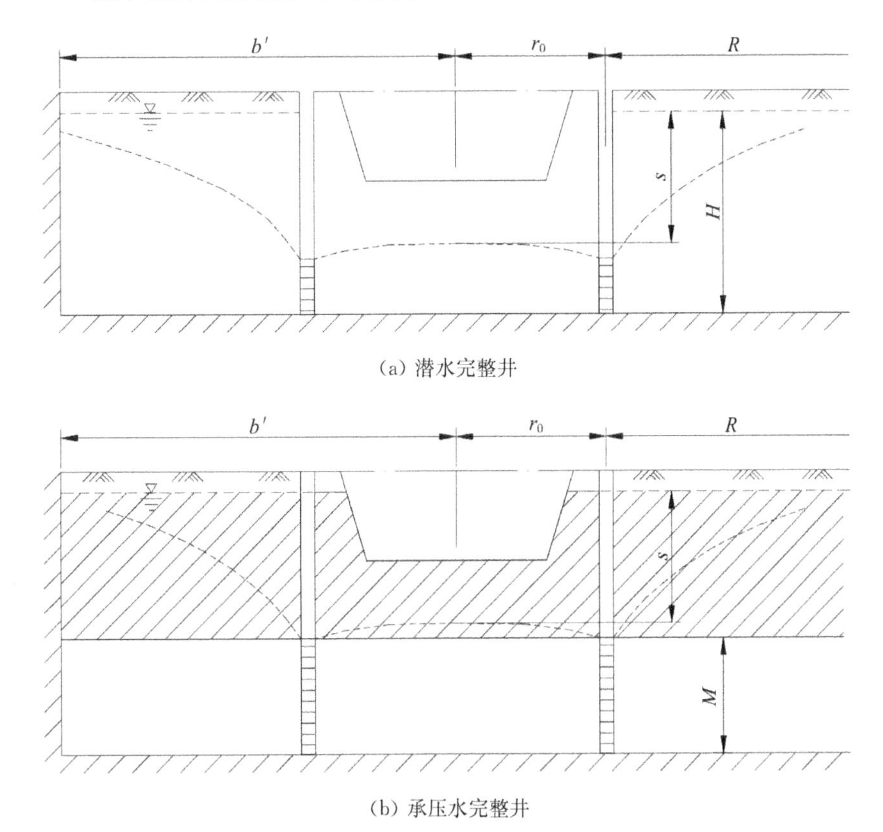

图 4.3.7　均质含水层基坑一侧靠近隔水边界时的涌水量计算简图

4.3.3　基坑等效半径和降水影响半径计算方法

4.3.3.1　基坑等效半径计算方法

群井按大井简化时，对于基坑的等效半径 r_0，现行的《建筑基坑支护技术规程》(JGJ 120—2012)规定采用 $r_0=\sqrt{A/\pi}$ 近似计算。有的文献中，针对不同形状的基坑，给出了相应等效半径的近似计算方法，见表 4.3-1 和表 4.3-2。

表 4.3-1 不同形状基坑等效半径计算方法

基坑平面形状	形状示意图	等效半径计算公式	备注
椭圆形	D_2 D_1	$r_0=(D_1+D_2)/4$	D_1、D_2 分别为椭圆的长轴和短轴长度
矩形	b a	$r_0=\eta(a+b)/4$	a、b 分别为矩形的边长，η 为计算系数，见表 4.3-2
方形	a	$r_0=0.59a$	a 为方形边长
不规则圆形	b a	$r_0=\sqrt{A/\pi}$	$a/b<(2\sim3)$ 时
不规则多边形	b a	$r_0=0.5P/\pi$	$a/b\geqslant(2\sim3)$ 时，P 为基坑周长
		$r_0=\sqrt[n]{r_1\cdot r_2\cdots r_i\cdots r_n}$	r_i 为多边形顶点 i 到多边形中心的距离

表 4.3-2 矩形基坑计算系数 η 取值表

b/a	0.20	0.40	0.60	>0.80
η	1.12	1.14	1.16	1.18

4.3.3.2 基坑降水影响半径计算方法

基坑工程的降水影响半径一般通过试验确定，缺少试验资料时，也可根据经验公式估算，并结合当地的实践经验选取。常用的计算公式为：

潜水含水层：

$$R=2s_w\sqrt{kH} \tag{4.3-17}$$

承压水含水层：

$$R=10s_w\sqrt{k} \tag{4.3-18}$$

线形狭长基坑潜水含水层：

$$R=1.73\sqrt{kHs_w/\mu} \tag{4.3-19}$$

式中：R ——影响半径(m)；

s_w ——井水位降深(m)，小于 10 m 时，取 $s_w=10$ m；

k ——含水层的渗透系数(m/d)；

H ——潜水含水层厚度(m)；

μ ——给水度，无地区经验时，可参照表 4.3-3 选取。

表 4.3-3 不同土(岩)体的给水度

土的形状	给水度	土的形状	给水度
卵砾石	0.30～0.35	细砂	0.15～0.20
粗砂	0.25～0.30	粉砂	0.10～0.15
中砂	0.20～0.25	黏性土、裂隙岩石	0.002～0.01

4.4 水利工程基坑常用地下水控制方式及设计方法

4.4.1 基坑地下水控制方法及适用条件

基坑工程中的地下水控制是采用集水明排、降水、截水的措施或上述措施的组合方式降低坑内水位，满足基坑开挖和主体建(构)筑物施工要求，且不因地下水位变化，对基坑周边的环境和设施带来危害。一般要求是基坑开挖后，坑内水位低于坑底 0.5 m 以上。

基坑工程地下水控制方法的确定需要结合基坑开挖深度、土层情况、周边环境、支护结构种类、经济性等综合考虑。开挖深度较浅时，也可采用边开挖边用排水沟和集水井的方法进行集水明排，开挖深度较大时，需要结合前述因素，选择降水或帷幕截水，当基坑周边有邻近建(构)筑物、道路、管线，且降水后可能对其安全性产生影响时，需要采用回灌措施。各种地下水控制方法的适用条件如表 4.4-1 所示。

表 4.4-1 地下水控制方法的适用条件

<table>
<tr><th colspan="2">方法名称</th><th>土类</th><th>渗透系数/(m/d)</th><th>降水深度/m</th><th>其他条件</th></tr>
<tr><td colspan="2">集水明排</td><td>黏性土、粉土、砂土</td><td>＜20</td><td>＜5</td><td>上层滞水或水量不大的潜水；地基土不易产生流砂、流土、管涌、塌陷等问题</td></tr>
<tr><td rowspan="8">降水</td><td>真空井点</td><td rowspan="2">黏性土、粉土、砂土</td><td rowspan="2">0.005～20</td><td>单级＜6，多级＜20</td><td rowspan="3">地基土易产生流砂、流土、管涌等问题</td></tr>
<tr><td>喷射井点</td><td>＜20</td></tr>
<tr><td>电渗井点</td><td>黏性土</td><td>＜0.1</td><td>按井类型确定</td></tr>
<tr><td>管井</td><td>裂隙土、砂土、碎石土</td><td>1～200</td><td>不限</td><td>第四系含水层厚度和渗透系数较大</td></tr>
<tr><td>大口井</td><td>裂隙土、砂土、碎石土</td><td>1～200</td><td>＜20</td><td>第四系含水层，地下水补给丰富，渗透性强，布设管井受场地限制，机械化施工困难</td></tr>
<tr><td>引渗井</td><td>黏性土、砂土</td><td>0.1～20</td><td>由下伏含水层的埋藏和水头条件确定</td><td>含水层的下层水位低于上层水位，上层含水层的重力水可通过钻孔引导渗入到下部含水层；
使用时应注意预防有害水质污染下部含水层</td></tr>
<tr><td>辐射井</td><td rowspan="2">黏性土、砂土、砾石土</td><td rowspan="2">0.1～20</td><td>＜20</td><td>降水范围较大或地面施工困难</td></tr>
<tr><td>潜埋井</td><td>＜2</td><td>排降后坑底有残存水体</td></tr>
</table>

续表

方法名称	土类	渗透系数/(m/d)	降水深度/m	其他条件
截水	各类土(岩)层	不限	不限	坑底一定深度范围内有可靠的隔水层
回灌	粉土、砂土、碎石土	0.1～200	不限	水位下降影响周边建(构)筑物、道路、管线的安全性

若仅从支护结构的安全性和经济性角度考虑，降水可以消除水压力，从而降低作用在支护结构上的荷载，减少地下水渗透破坏的风险，降低支护结构施工难度等。但是，降水后，随之带来的是对周边环境的影响问题，以及降水费用问题。在有些地质条件下，降水会造成基坑周边大范围内的建(构)筑物、道路、管线等设施沉降而影响其正常使用甚至损坏，相关事故时有发生；降水也会导致地下水大量流失，水资源浪费等问题，从环保角度看也是不利的；地层渗透系数较大时，降水的费用还可能超过帷幕截水的费用。

水利工程基坑中常用的地下水控制方法主要是集水明排、真空和喷射井点降水、管井降水和截水。地下水回灌不是独立的地下水控制方法，而是作为补充措施与其他方法一同使用。疏干井和减压井实际上也是降水井，只是使用的环境和降水对象不同。为有所区分，本节将疏干井、降压井、地下水回灌技术与降水井分开介绍。

4.4.2 集水明排设计方法

集水明排降水是在基坑内设置明沟或盲沟汇集坑底汇水、基坑周边地表汇水及降水井抽出的地下水，并将其导排至集水井，用抽水设备从集水井内抽走，从而达到疏干基坑内地下水的目的。排水沟和集水井可以随基坑开挖同步进行，其典型布置如图 4.4.1 和图 4.4.2 所示。主要布置原则是：①基坑周围边侧设置的明排井、排水管沟应与侧壁保持足够的距离；②不应影响基坑施工。

一般情况下，基坑的排水明沟或盲沟的坡度不宜小于 0.3%，并沿沟道每隔 30～50 m 布置一口集水井。采用明沟排水时，沟底应低于挖土面 0.3～0.4 m，并采取防渗措施；采用盲沟排水时，其构造、填充料及密实度应满足主体结构的要求；采用管道排水时，排水管道的坡度不宜小于 0.5%，其直径应根据排水量确定，材料可选用钢管、PVC 管，排水管道上宜设置清淤孔，清淤孔间距不宜大于 10 m；集水井的净截面尺寸应根据排水流量确定，并采取防渗措施。

对于基坑坡面的渗水，宜采用渗水部位插入导水管排出，导水管的间距、直径、长度应根据渗水量和渗水土层的特性确定。

当基坑的排水设施与市政管网连接时，连接口之间应设置沉淀池。使用时，应排水通畅并随时清理淤积物。

进行排水沟截面设计时，其排水能力可采用式(4.4-1)计算。

$$Q \leqslant V/1.5 \tag{4.4-1}$$

式中：Q ——排水沟的设计流量(m^3/d)；

V ——排水沟的排水能力(m^3/d)。

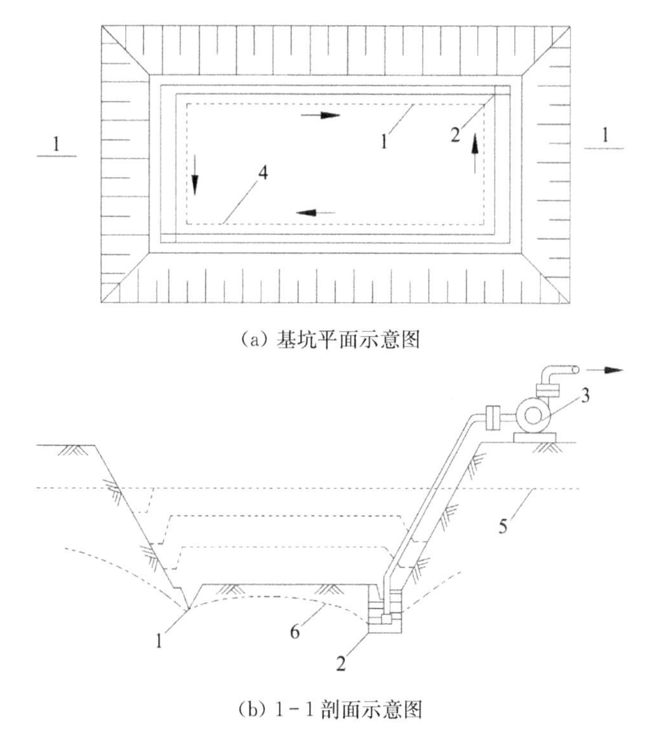

(a) 基坑平面示意图

(b) 1-1剖面示意图

1. 排水明沟;2. 集水井;3. 水泵;4. 地下构筑物基础边线;5. 原地下水位线;6. 降低后的地下水位线。

图 4.4.1 基坑内明沟排水布置

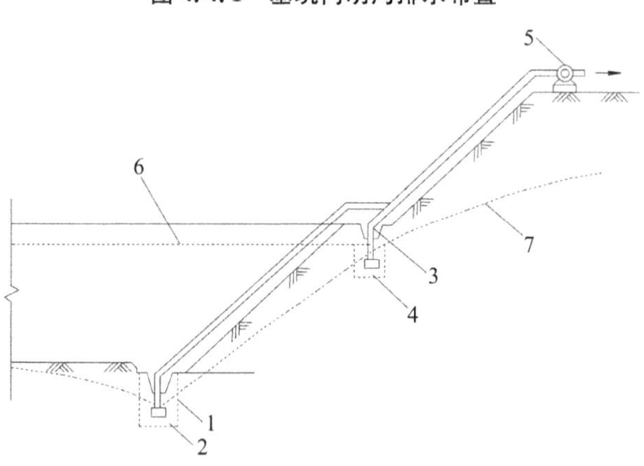

1. 底层排水沟;2. 底层集水井;3. 二层排水沟;4. 二层集水井;5. 水泵;6. 原地下水位线;7. 降低后地下水位线。

图 4.4.2 分层开挖排水沟

4.4.3 降水井设计方法

在地下水位较高、地层的透水性较大、基坑开挖较深时,集水明排往往不能够满足基坑开挖要求。此时,若不具备帷幕截水条件或采用帷幕截水时投资较大,且基坑周边无特殊环境要求,可采用降水井降水。降水井在平面布置上应沿基坑周边形成闭合状。当地下水流速较小时,降水井宜等间距布置,当地下水流速较大时,在地下水补给方向宜适当减小降水井间距。对宽度较小的狭长形基坑，降水井也可在基坑一侧布置。

4.4.3.1 完整井水位降深理论计算方法

(1) 基本要求

基坑工程中坑内任一点的地下水位降深大于基坑地下水位的设计降深，即：

$$s_i \geqslant s_d \tag{4.4-2}$$

式中：s_i ——基坑内任一点的地下水位降深(m)；

s_d ——基坑内地下水位的设计降深(m)。

(2) 潜水完整井的地下水位降深

如图 4.4.3 和图 4.4.4，对于粉土、砂土或碎石土中的潜水完整井，地下水位降深可以采用式(4.4-3)和式(4.4-4)计算。

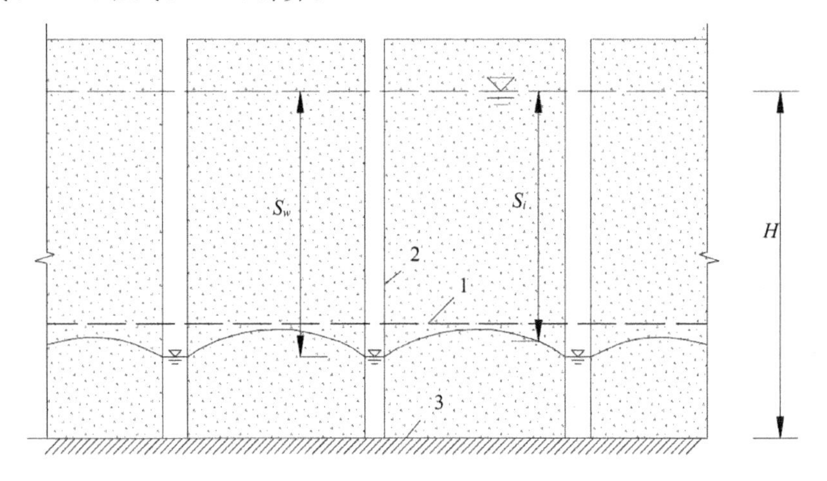

1. 基坑面；2. 降水井；3. 潜水含水层底板。

图 4.4.3 潜水完整井地下水位降深计算

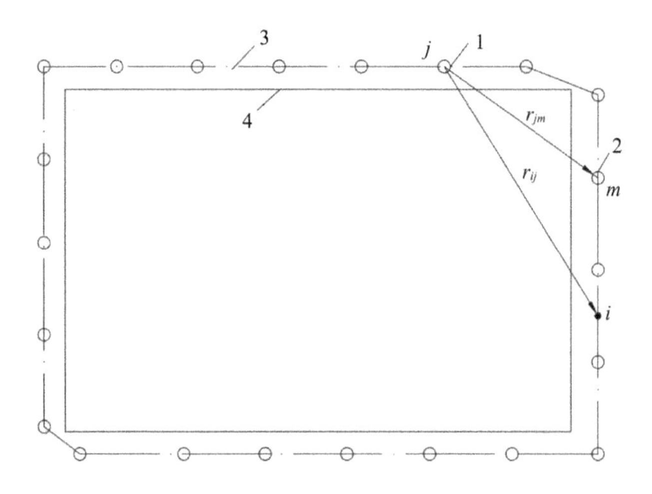

1. 第 j 口降水井；2. 第 m 口降水井；3. 降水井所围面积的边线；4. 基坑边线。

图 4.4.4 计算点与降水井的关系

$$s_i = H - \sqrt{H^2 - \sum_{j=1}^{n} \frac{q_j}{\pi k} \ln \frac{R}{r_{ij}}} \tag{4.4-3}$$

$$s_{w,m} = H - \sqrt{H^2 - \sum_{j=1}^{n} \frac{q_j}{\pi k} \ln \frac{R}{r_{jm}}} \quad (m = 1, 2, \cdots, n) \tag{4.4-4}$$

式中：s_i ——基坑内任一点的地下水位降深(m)，基坑内各点中最小的地下水位降深可取各个相邻降水井连线上地下水位降深的最小值，当各降水井的间距和降深相同时，可取任一相邻降水井连线中点的地下水位降深；

H ——潜水含水层厚度(m)；

q_j ——按干扰井群计算的第 j 口降水井的单井流量(m^3/d)；

k ——含水层的渗透系数(m/d)；

R ——影响半径(m)，应按现场抽水试验确定，缺少试验资料时，也可采用 4.3 节中的公式计算并结合当地实践经验确定；

r_{ij} ——第 j 口降水井中心至地下水位降深计算点的距离(m)，当 $r_{ij} > R$ 时，取 $r_{ij} = R$；

n ——降水井数量；

$s_{w,m}$ ——第 m 口降水井的井水位设计降深(m)；

r_{jm} ——第 j 口降水井中心至第 m 口降水井中心的距离(m)，当 $j = m$ 时，取降水井半径，当 $r_{jm} > R$ 时，取 $r_{jm} = R$ 。

(3) 承压水完整井的地下水位降深

如图 4.4.5，对于粉土、砂土或碎石土中的承压水完整井，地下水位降深可以采用式(4.4-5)和式(4.4-6)计算。

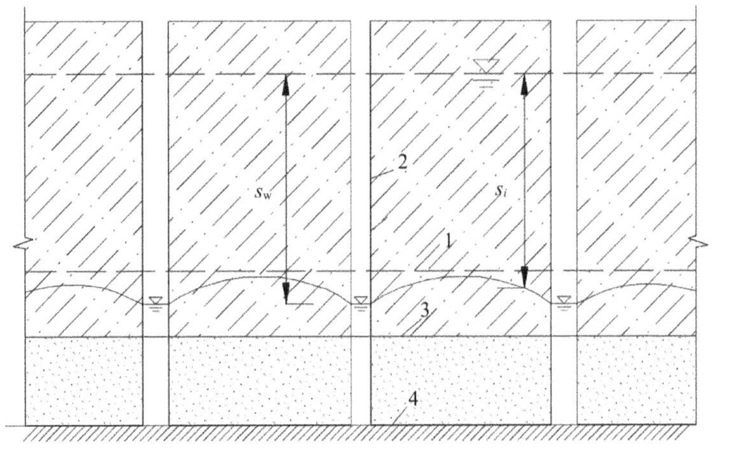

1. 基坑面；2. 降水井；3. 承压含水层顶板；4. 承压含水层底板。

图 4.4.5 承压水完整井地下水位降深计算

$$s_i = \sum_{j=1}^{n} \frac{q_j}{2\pi Mk} \ln \frac{R}{r_{ij}} \tag{4.4-5}$$

$$s_{w,m} = \sum_{j=1}^{n} \frac{q_j}{2\pi Mk} \ln \frac{R}{r_{jm}} \quad (m=1,2,\cdots,n) \tag{4.4-6}$$

式中：M——承压水层厚度(m)；其他参数的物理意义同式(4.4-3)和式(4.4-4)。

4.4.3.2 完整井水位降深简化计算方法

对于潜水完整井和承压水完整井，采用式(4.4-3)～式(4.4-6)逐个计算降水的设计降深和单井流量，是一个十分繁杂的过程，不便于工程应用。一般情况下，工程设计时，对降水井按照等间距、同降深设计，并将降水井所围的平面近似按圆形或正方形简化，此时，各降水井的单井流量相同。对于潜水和承压水完整井，其单井流量和降深则可以采用式(4.4-7)～式(4.4-10)简化计算。

潜水完整井：

$$s_i = H - \sqrt{H^2 - \frac{q}{\pi k} \sum_{j=1}^{n} \ln \frac{R}{2r_0 \sin \frac{(2j-1)\pi}{2n}}} \tag{4.4-7}$$

$$q = \frac{\pi k (2H - s_w) s_w}{\ln \frac{R}{r_w} + \sum_{j=1}^{n-1} \ln \frac{R}{2r_0 \sin \frac{j\pi}{n}}} \tag{4.4-8}$$

式中：q——按干扰井群计算的降水井单井流量(m^3/d)；

r_0——井群的等效半径(m)，应按各降水井所围多边形与等效圆的周长相等确定，取 $r_0 = u/(2\pi)$，当 $r_0 > R/\{2\sin[(2j-1)\pi/2n]\}$ 时，式(4.4-7)中取 $r_0 = R/\{2\sin[(2j-1)\pi/2n]\}$，当 $r_0 > R/[2\sin(j\pi/n)]$ 时，式(4.4-8)中取 $r_0 = R/[2\sin(j\pi/n)]$；

j——第 j 口降水井；

s_w——降水井的井水位设计降深(m)；

r_w——降水井半径(m)；

u——降水井所围多边形的周长(m)。

承压水完整井：

$$s_i = \frac{q}{2\pi Mk} \sum_{j=1}^{n} \ln \frac{R}{2r_0 \sin \frac{(2j-1)\pi}{2n}} \tag{4.4-9}$$

$$q = \frac{2\pi Mk s_w}{\ln \frac{R}{r_w} + \sum_{j=1}^{n-1} \ln \frac{R}{2r_0 \sin \frac{j\pi}{n}}} \tag{4.4-10}$$

式中各参数的物理意义和取值方法同式(4.4-7)和式(4.4-8)。

4.4.3.3 降水井的单井设计流量和出水能力

降水井的间距和井水位设计降深,除了应符合式(4.4-2)的要求外,还应该根据单井流量和单井出水能力并结合当地经验确定。对于降水井的单井设计流量,除采用式(4.3-3)～式(4.3-10)计算外,还可根据大井法简化计算得到的基坑涌水量进行计算:

$$q=\frac{1.1Q}{n} \tag{4.4-11}$$

式中:q ——单井设计流量(m^3/d);

Q ——按大井法简化计算的基坑降水总涌水量(m^3/d);

n ——降水井数量。

降水井的单井出水能力应大于单井设计流量。真空井点、喷射井点和管井的出水能力分别为:

(1) 真空井点的管径较小(38～110 mm),单级降水深度小于 6 m,因此其出水能力较小,设计时可取 36～60 m^3/d;

(2) 喷射井点的出水能力可根据外管直径、喷嘴直径、工作水压力和流量,参照表4.4-2综合选取。

表 4.4-2 喷射井点的出水能力

型号	外管直径/mm	喷射管		工作水压力/MPa	工作水流量/(m^3/d)	设计单井出水流量/(m^3/d)	适用含水层渗透系数/(m/d)
		喷嘴直径/mm	混合室直径/mm				
1.5 型并列式	38	7	14	0.6～0.8	112.8～163.2	100.8～138.2	0.1～5.0
2.5 型圆心式	68	7	14		110.4～148.8	103.2～138.2	0.1～5.0
4.0 型	100	10	20		230.4	259.2～388.8	5.0～10.0
6.0 型圆心式	162	19	40		720.0	600.0～720.0	10.0～50.0

(3) 管井的单井出水能力可按式(4.4-12)计算。

$$q_0=120\pi r_s l\sqrt[3]{k} \tag{4.4-12}$$

式中:q_0——单井出水能力(m^3/d);

r_s ——过滤器半径(m);

l ——过滤器进水部分的长度(m);

k ——含水层渗透系数(m^3/d)。

4.4.3.4 降水井深度控制

降水井的深度应根据降水深度、含水层的埋藏分布、地下水类型、降水井的设备条件及降水期间地下水位动态等因素确定。其计算公式为:

$$H = H_1 + H_2 + H_3 + H_4 + H_5 + H_6 \tag{4.4-13}$$

式中：H ——降水井深度(m)；

H_1——降水井顶面至坑底的距离(m)，一般降水井应露出地面 0.2～0.3 m；

H_2——降水井水位距离坑底的深度(m)；

H_3—— $H_3 = ir_0$(m)，i 为降水曲线坡度，与土层的渗透系数、地下水流量等因素有关，在降水井分布范围内取 1/10～1/12，r_0 为降水井分布范围的等效半径或降水井间距的 1/2；

H_4——降水期间的地下水位变幅(m)，一般取 2～4 m，渗透系数较大时取高值；

H_5——降水井过滤器进水部分长度(m)；

H_6——沉砂段长度(m)，一般不宜小于 3 m。

4.4.3.5 降水井的构造要求

现行的《建筑基坑支护技术规程》(JGJ 120—2012)要求，真空井点、喷射井点和管井等应满足下列构造要求：

(1) 真空井点

①井管宜采用金属管，管壁上的渗水孔宜按梅花形布置，渗水孔直径宜取 12～18 mm，渗水孔的孔隙率应大于 15%，渗水段长度应大于 1.0 m，管壁外应根据土层的粒径设置滤网。

②真空井管的直径应根据单井设计流量确定，井管直径宜取 38～110 mm，井的成孔直径应满足填充滤料的要求，且不宜大于 300 mm。

③孔壁与井管之间的滤料宜采用中粗砂，滤料上方应使用黏土封堵，封堵至地面的厚度应大于 1 m。

(2) 喷射井点

①喷射井点的井管(过滤器)构造要求和孔壁与井管之间填充滤料的要求与真空井点的要求相同。

②井的成孔直径宜取 400～600 mm，井孔应比滤管底部深 1 m 以上。

(3) 管井

图 4.4.6 为降水管井结构简图，其构造要求为：

①管井的滤管可采用无砂混凝土滤管、钢筋笼、钢管或铸铁管。

②滤管内径应按满足单井设计流量要求而配置的水泵规格确定，宜大于水泵外径 50 mm，滤管外径不宜小于 200 mm，成孔直径应满足填充滤料的要求。

③井管与孔壁之间填充的滤料宜选用磨圆度好的硬质岩石成分的圆砾，不宜采用棱角形石渣料、风化料或其他黏质岩石成分的砾石。滤料的不均匀系数应小于 2，规格要求为：

对于砂土含水层 $D_{50} = (6 \sim 8)d_{50}$；对于 $d_{20} < 2$mm 的碎石土含水层，$D_{50} = (6 \sim 8)d_{20}$；对于 $d_{20} \geq 2$mm 的碎石土含水层，采用 10～20 mm 的滤料。D_{50}、d_{50} 和 d_{20} 分别为小于该粒径的填料质量占总填粒质量 50%所对应的填料粒径(mm)、含水层中小于该

粒径的土颗粒质量占总土颗粒质量50%所对应的土颗粒粒径(mm)、含水层中小于该粒径的土颗粒质量占总土颗粒质量20%所对应的土颗粒粒径(mm)。

④井管的底部宜设置不小于3 m的沉砂段。

⑤采用深井泵或深井潜水泵抽水时,水泵的出水量应大于单井出水能力的1.2倍。

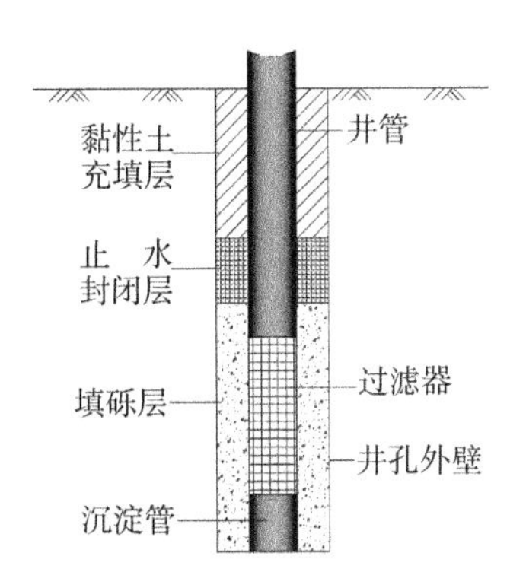

图4.4.6 降水管井结构示意图

4.4.3.6 降水观测孔布置

降水工程设计中还应包括降水观测孔的设计,以便在降水施工、降水监测与维护期间监控地下水动态,降水观测孔可按下述原则布置:

(1) 降水工程勘察的勘察孔和设计的降水井均宜作为降水观测孔。

(2) 在降水施工中应布置在基坑中心、最远边侧、坑内分水岭、降水状态地下水位最高的地段,特殊降水工程应专门进行观测孔设计。

(3) 在有条件的降水施工中可有规律地布置,沿地下水流向和垂直流向,布置1~2排,每排不少于2个。

(4) 应在降水区和邻近建(构)筑物之间布置1~2排观测孔,每排不少于2个,进行降水施工期监测与维护期观测。

(5) 降水观测孔的深度与结构应与降水井一致。

4.4.4 疏干井设计方法

当基坑开挖面积较大时,若仅在基坑开挖外边线布置降水井,降水井的水位降深较大,此时,需要布置疏干井配合降水。疏干井同时能够起到降低被开挖土体的含水量、增加坑内土体的固结强度、便于机械挖土等目的。常用的疏干井形式与降水井基本相同,可根据工程场地的工程地质与水文地质条件及基坑工程特点选择。

采用落底式帷幕截水的基坑工程,疏干井可以在坑内以较大间距布置,对于等间距、同降深的疏干井,其单井流量计算公式为:

$$q=\frac{Q}{n}=\frac{\mu As}{n} \tag{4.4-14}$$

式中:q ——疏干井单井流量(m^3/d);

Q——疏干井降、排水总量(m^3/d)；

n——疏干井数量；

μ——疏干含水层的给水度；

A——基坑开挖面积(m^2)；

s——基坑开挖至设计深度时疏干含水层中平均水位降深(m)。

采用降水井降水的基坑工程，疏干井设计抽水量可以降水后坑内的最高水位及其封闭的范围为边界条件，采用大井法估算。

疏干井的降水效果可以通过观测坑内地下水位是否已经达到设计或施工要求的降深来判断。

4.4.5 减压井设计方法

基坑工程中，经常会遇到基坑开挖土层或坑底有承压水的情况，此时必须充分重视承压水对基坑稳定性的影响。当遇到承压水层埋深较大、承压水层的厚度较大、承压水层底面以下的隔水层厚度较薄等情况，无法采用落底式帷幕或采用落底式帷幕不经济时，需要考虑布置减压井降水。按照减压井的布置形式划分，可以将降压井分为坑内减压降水、坑外减压降水、坑内-坑外联合减压降水等三种。

(1) 坑内减压降水

在布置了截水帷幕时，可以考虑仅在基坑内布置减压井，进行坑内减压降水。此时，需要合理的设置减压井过滤器的位置，充分利用截水帷幕的挡水功能，以较少的抽水量使基坑内的承压水头降低至设计标高以下，并尽量减少坑外的水头降深，保护环境。一般情况下，要保证减压井过滤器底端的深度不超过截水帷幕底端的深度。坑内井群抽水后，坑外的承压水需绕过截水帷幕的底端进入坑内，同时下部含水层中的水则沿垂向经坑底渗入基坑。此时，在坑内承压水位降到安全埋深以下后，坑外的水位降深相对下降较小。如果减压井过滤器底端的深度超过截水帷幕底端深度，则大量水来自截水帷幕以下的水平向流动地下水，将会使得基坑外侧承压含水层的水位降深增大，失去了坑内减压降水的意义。采用坑内减压降水的条件是：

①采用悬挂式帷幕，帷幕部分插入需要进行减压降水的承压含水层中，当其进入承压含水层顶板以下的长度大于承压水层厚度的 1/2 时，截水帷幕能够对基坑内外承压水渗流起到明显的阻隔效应[图 4.4.7(a)]。此时，对于降水井出水量的计算，由于大井法不能考虑帷幕的挡水作用，其预测结果与实际情况的偏差较大，一般是采用数值法进行设计计算。

②采用落底式帷幕，帷幕进入承压含水层底板以下的隔水层，完全阻断了基坑内外承压含水层之间的水力联系[图 4.4.7(b)]。此时，减压井与疏干井的作用类似，减压降水时应保证承压水层顶面以上的土层具有足够的厚度，至少满足坑底突涌稳定安全系数要求，有条件时应提早进行坑内减压降水。

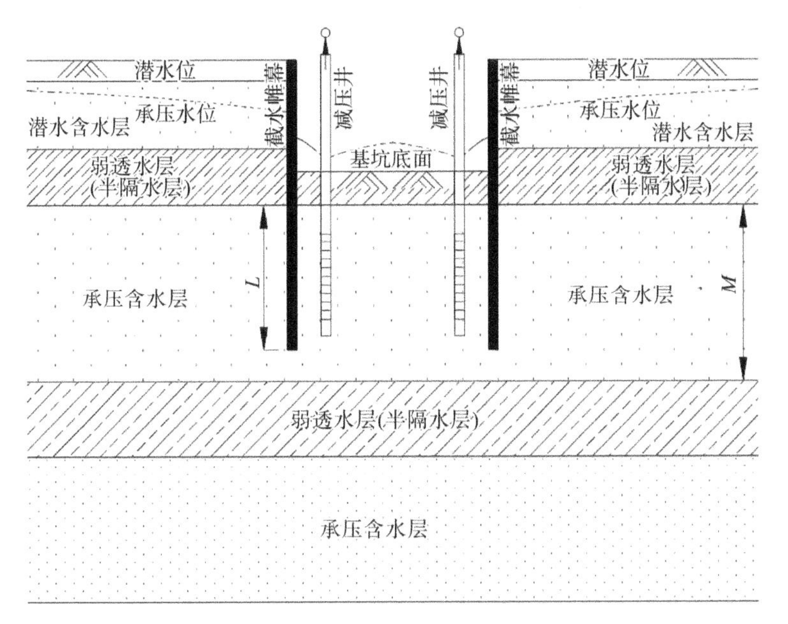

(a) 悬挂式截水帷幕

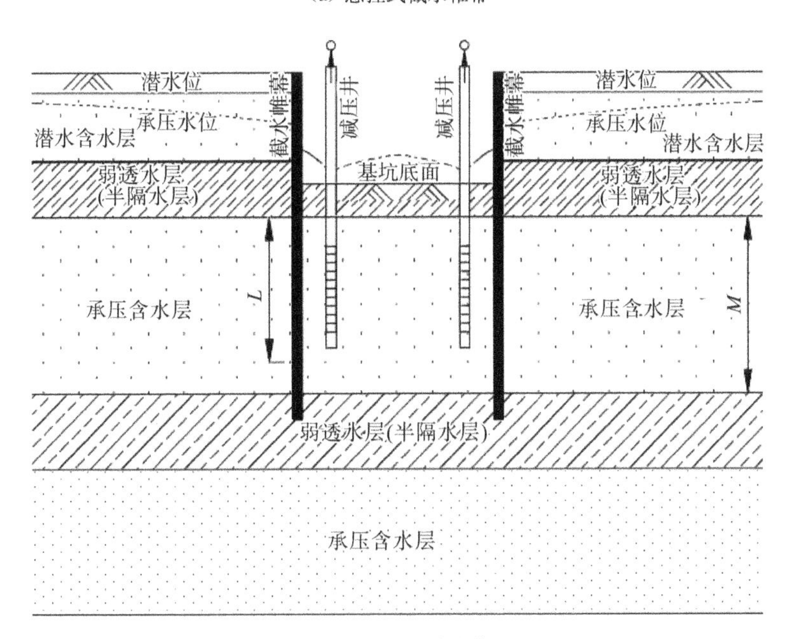

(b) 落底式截水帷幕

图 4.4.7 坑内布置减压降水井示意图

(2) 坑外减压降水

当不具备布置截水帷幕条件或布置截水帷幕不经济时,可采用坑外减压降水,此时,减压井的设计与降水井设计相同。

(3) 坑内-坑外联合减压降水

当基坑工程区的客观条件不能完全满足坑内减压或坑外减压降水时,可以采用坑内-

坑外联合减压降水的形式。此时，应尽可能减小坑外降压降水的降幅，充分发挥帷幕的挡水作用，进行坑内降压降水。此时，坑外减压井的设计与降水井设计相同，以坑外减压井降水后的水位为边界条件，进行坑内减压降水设计。

4.4.6 截水帷幕设计方法和构造要求

截水帷幕是用以阻隔或减少地下水通过基坑侧壁与坑底流入基坑和控制基坑外地下水位下降的幕墙状竖向截水体。对于底端穿透含水层并进入下部隔水层一定深度的截水帷幕，称为落底式帷幕；对于底端未穿透含水层的截水帷幕，称为悬挂式帷幕。当降水会对基坑周边建(构)筑物、道路、管线等造成危害或对环境造成长期不利影响时，应首先考虑采用布置截水帷幕的截水法控制地下水。

常用的截水帷幕类型包括水泥土搅拌桩帷幕、等厚度水泥土搅拌墙帷幕、高压旋喷或摆喷灌浆帷幕、注浆帷幕、咬合桩排桩帷幕、钢板桩帷幕、地下连续墙和塑性混凝土防渗墙等，有时也采用高压旋喷或摆喷与排桩相互咬合的支护防渗一体化组合形式。塑性混凝土防渗墙由于具有止水可靠、能更好地适应地基土的变形、成本较低、施工高效便捷等优势，在水利工程深基坑中的应用越来越多。

一般情况下，截水帷幕在平面布置上应沿基坑周边闭合。当采用沿基坑周边非闭合的平面布置形式时，应对地下水绕帷幕两端绕渗引起的渗流破坏和地下水位下降进行分析。

当基坑坑底以下存在连续分布、埋藏较浅的隔水层时，应优先考虑采用落底式帷幕。由于隔水层是相对的，相对所隔含水层而言，其渗透系数很小，但是在有水头差时，隔水层内也有水的渗流，因此落底式帷幕应进入到下卧隔水层一定深度，以满足地下水绕过帷幕底部的渗透稳定性要求。落底式帷幕进入下卧隔水层的最小深度可按式(4.4-15)计算，且不应小于1.5 m。

$$l \geqslant 0.2\Delta h - 0.5b \tag{4.4-15}$$

式中：l ——帷幕进入隔水层的深度(m)；

Δh ——基坑内外的水头差值(m)；

b ——帷幕的厚度(m)。

采用悬挂帷幕时，应同时采用坑内降水，并应对帷幕外地下水位下降引起的基坑周边建(构)筑物、道路、管线等的沉降进行分析。

相对水库大坝而言，基坑工程截水帷幕前、后的水头差较小，因此一般不虑帷幕在内、外水头差的作用下被击穿的可能性。

采用水泥土搅拌桩或高压旋喷、摆喷灌浆截水帷幕时，应满足下列构造要求：

(1) 水泥土搅拌桩帷幕

搅拌桩的直径宜取450～800 mm。为保证可靠搭接，采用单排搅拌桩帷幕时，当搅拌深度不大于10 m时，搭接宽度不应小于150 mm；当搅拌深度为10～15 m时，搭接宽度不应小于200 mm；当搅拌深度大于15 m时，搭接宽度不应小于250 mm。

对于地下水位较高、渗透系数较强的地层，应采用双排搅拌桩帷幕，相同深度下，双排搅拌桩帷幕的搭接宽度可在单排搅拌桩帷幕的基础上减小 50 mm。

搅拌桩水泥浆液的水灰比宜取 0.6～0.8，搅拌桩的水泥掺量宜取土的天然质量的 15%～20%。

(2) 高压旋喷或摆喷灌浆帷幕

灌浆结石体的有效半径宜通过试验确定，在缺少试验时，可根据土的类别及密实程度、高压喷射灌浆工艺等按照工程经验，结合表 4.4-3 和表 4.4-4 选取。

高压旋喷或摆喷灌浆帷幕水泥土固结体的搭接宽度，当灌浆孔深度不大于 10 m 时，不应小于 150 mm；当灌浆孔深度为 10～20 m 时，不应小于 250 mm；当灌浆孔深度为 20～30 m 时，不应小于 300 mm。对地下水位较高、渗透性较强的地层，可采用双排高压旋喷、摆喷灌浆帷幕。

高压旋喷、摆喷灌浆的水泥浆液的水灰比宜取 0.9～1.1，水泥掺量宜取土的天然质量的 25%～40%。

表 4.4-3　高压旋喷(摆喷)灌浆常用工艺参数表

<table>
<tr><th colspan="3" rowspan="2">旋喷方法</th><th rowspan="2">单管法</th><th rowspan="2">双管法</th><th colspan="2">三管法</th></tr>
<tr><th>普通三管法</th><th>双高压三管法</th></tr>
<tr><td rowspan="3">水</td><td colspan="2">压力/MPa</td><td>—</td><td>—</td><td>25～40</td><td>25～40</td></tr>
<tr><td colspan="2">流量/(L/min)</td><td>—</td><td>—</td><td>80～120</td><td>80～120</td></tr>
<tr><td colspan="2">喷嘴孔径/mm</td><td>—</td><td>—</td><td>2.0～3.0</td><td>2.0～3.0</td></tr>
<tr><td rowspan="3">气</td><td colspan="2">压力/MPa</td><td>—</td><td>0.5～0.8</td><td>0.6～0.8</td><td>0.6～0.8</td></tr>
<tr><td colspan="2">风量/(m^3/min)</td><td>—</td><td>1～2</td><td>1～2</td><td>1～2</td></tr>
<tr><td colspan="2">喷嘴环状间隙/mm</td><td>—</td><td>1.0～2.0</td><td>1.0～2.0</td><td>1.0～2.0</td></tr>
<tr><td rowspan="5">浆</td><td colspan="2">压力/MPa</td><td>25～40</td><td>25～40</td><td>0.3～1.0</td><td>25～40</td></tr>
<tr><td colspan="2">流量/(L/min)</td><td>65～120</td><td>80～120</td><td>80～150</td><td>80～150</td></tr>
<tr><td colspan="2">喷嘴孔径/mm</td><td>2.0～2.5</td><td>2.0～3.0</td><td>10～14</td><td>2.0～3.0</td></tr>
<tr><td colspan="2">密度/(g/cm^3)</td><td>1.4～1.5</td><td>1.4～1.5</td><td>1.5～1.7</td><td>1.4～1.5</td></tr>
<tr><td colspan="2">返浆密度/(g/cm^3)</td><td>≥1.3</td><td>≥1.3</td><td>≥1.2</td><td>≥1.2</td></tr>
<tr><td rowspan="4">提升速度(cm/min)</td><td colspan="2">粉土层</td><td colspan="4">8～20</td></tr>
<tr><td colspan="2">砂土层</td><td colspan="4">10～25</td></tr>
<tr><td colspan="2">砾石层</td><td colspan="4">8～15</td></tr>
<tr><td colspan="2">卵(碎)石层</td><td colspan="4">5～10</td></tr>
<tr><td>旋喷</td><td colspan="2">转速(r/min)</td><td colspan="4">为提升速度的 0.8～1.0 倍</td></tr>
<tr><td rowspan="3">摆喷</td><td colspan="2">摆速(次/min)</td><td colspan="4">为提升速度的 0.8～1.0 倍，单程为一次</td></tr>
<tr><td rowspan="2">摆角(°)</td><td>粉土层、砂土层</td><td colspan="4">20～30</td></tr>
<tr><td>砾石层、卵(碎)石层</td><td colspan="4">30～90</td></tr>
</table>

表 4.4-4　高压旋喷灌浆结石体有效直径经验值　　单位:m

土类		方法		
		单管法直径	二重管法直径	三重管法直径
黏性土	$0<N\leqslant 5$	0.5~0.8	0.8~1.2	1.2~1.8
	$5<N\leqslant 10$	0.4~0.7	0.7~1.1	1.0~1.6
砂土	$0<N\leqslant 10$	0.6~1.0	1.0~1.4	1.5~2.0
	$10<N\leqslant 20$	0.5~0.9	0.9~1.3	1.2~1.8
	$20<N\leqslant 30$	0.4~0.8	0.8~1.2	0.9~1.5

注:N 为标准贯入试验锤击数。

采用咬合桩、钢板桩帷幕时,应满足 3.3.5 节相关的构造要求,采用混凝土(塑性混凝土)防渗墙时,其相关要求可参照《水利水电工程混凝土防渗墙施工技术规范》(SL 174—2014)和《现浇塑性混凝土防渗芯墙施工技术规程》(JGJ/T 291—2012)中的具体要求。

4.4.7　地下水回灌设计方法

地下水回灌不是独立的地下水控制方法。当基坑降水引起的地层变形对周边环境产生的不利影响可能导致邻近建(构)筑物、道路、管线等出现影响其正常使用的变形甚至破坏时,可考虑采用回灌方法作为补充措施减少地层变形量。一般采用管井回灌,并应符合以下要求:

(1) 回灌井应布置在降水井外侧,回灌井与降水井的距离不宜过小,一般不小于 6 m;回灌井的间距应根据回灌水量的要求和降水井间距确定,可采用常水头注水试验相关公式进行设计和计算。

(2) 回灌井宜进入稳定水面不小于 1 m,过滤器应置于渗透性强的土层中,且宜在透水层全长设置过滤器。

(3) 回灌井的回灌水量应根据在基坑降水过程中的水位观测孔中的水位变化进行控制和调节,回灌后的地下水位不应高于降水前的水位。采用回灌水箱时,箱内水位应根据回灌水量的要求确定。

(4) 回灌用水应优先采用降水井抽出的地下水,水质应符合环境保护要求。

回灌井的回灌方法主要有真空回灌和压力回灌两大类。当地下水位较深、含水层渗透系数较大、回灌量要求不大时,可采用真空回灌;当地下水位较高、含水层渗透系数较小时,可考虑采用自来水管网压力进行常压回灌或采用机械动力施加水压进行高压回灌。

4.5　基坑工程的渗透稳定性和降水沉降计算方法

对于基坑的渗透稳定性,主要包括坑底的突涌稳定性以及采用悬挂帷幕截水时的流土稳定性。

4.5.1 抗突涌稳定性

如图 4.5.1 所示，当基坑坑底以下有承压水存在时，基坑开挖减小了含水层上覆的不透水层的厚度，当不透水层的厚度减小到一定程度时，承压水的水头压力可能顶破或冲毁其上部隔水层，造成基坑内的突涌现象。当基坑发生突涌水时，基坑底部会出现网状或树枝状裂缝，地下水从裂缝中涌出，并带出下部土颗粒，发生流砂、喷水及冒砂现象，造成基坑积水、地基软化，严重时还可能造成边坡失稳和整个地基悬浮流动。

目前，对于基坑突涌的破坏过程和机理尚不十分清晰，基坑突涌稳定性的计算理论主要有压力平衡理论、土体剪切破坏理论、土体挠曲破坏理论、综合考虑土体强度和刚度理论及劈裂理论。现行的相关规程、标准中所推荐的是相对简单的压力平衡理论，即：当基坑坑底以下有水头高于坑底的承压含水层，且未用截水帷幕隔断其在基坑内、外的水力联系时，承压水作用下的坑底突涌稳定性应采用式(4.5-1)计算。

$$\frac{D\gamma}{h_w\gamma_w} \geqslant K_h \tag{4.5-1}$$

式中：K_h ——突涌稳定安全系数，现行的《建筑基坑支护技术规程》(JGJ 120—2012)和大部分地方标准均规定，对于各类基坑，K_h 不应小于 1.1；

D ——承压含水层顶面至坑底的土层厚度(m)；

γ ——承压含水层顶面至坑底土层的天然重度(kN/m^3)，对多层土，取按土层厚度加权的天然平均重度；

h_w ——承压水含水层顶面的压力水头高度(m)；

γ_w ——水的重度(kN/m^3)。

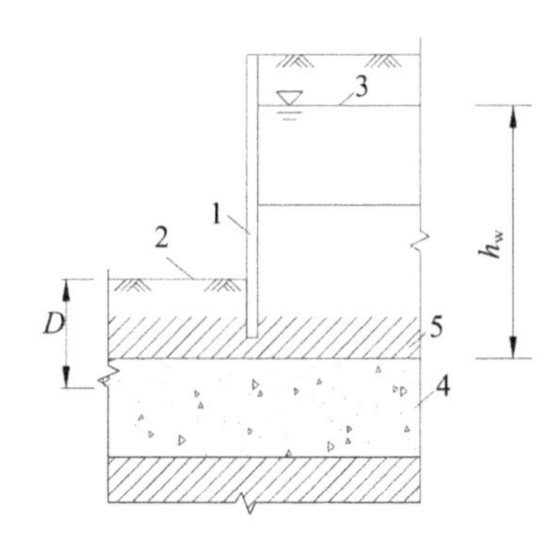

1. 截水帷幕；2. 坑底；3. 承压水测管水位；4. 承压水含水层；5. 隔水层。

图 4.5.1 坑底土体的突涌稳定性验算模型简图

4.5.2 抗流土稳定性

如 2.4 节所述，在渗透压力作用下，土的渗透变形包括管涌、流土、接触冲刷和接触流土等，其中，管涌和流土最为常见。对于基坑工程，坑内降水后，会在坑内、外形成较大水力坡降。多数情况下，土体的颗粒级配较好，出现管涌的可能性不大，一般考虑较多的是发生流土的可能性，因此在基坑稳定验算中，需要进行流土稳定性验算。

如图 4.5.2，采用悬挂帷幕截水，帷幕底端位于碎石土、砂土或粉土含水层时，对均质含水层，地下水渗流的流土稳定性可按式(4.5-2)计算。当地基土为渗透系数不同的非均质含水层时，宜采用数值法进行渗流稳定性分析。

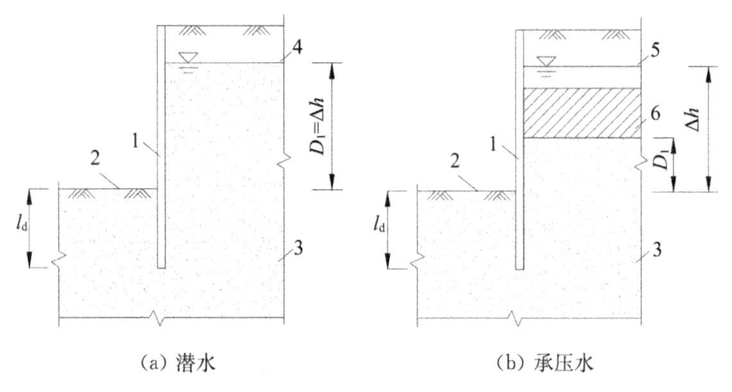

1. 截水帷幕；2. 坑底；3. 含水层；4. 潜水水位；5. 承压水测管水位；6. 承压含水层顶面。

图 4.5.2 采用悬挂帷幕截水时的流土稳定性验算模型简图

$$\frac{(2l_d + 0.8D_1)\gamma'}{\Delta h \gamma_w} \geqslant K_f \tag{4.5-2}$$

式中：K_f ——流土稳定性安全系数，现行的《建筑基坑支护技术规程》(JGJ 120—2012)和大部分地方标准均规定，安全等级为一、二、三级的支护结构，K_f 分别不应小于 1.6、1.5、1.4；

l_d ——截水帷幕在坑底以下的插入深度(m)；

D_1——潜水面或承压含水层顶面至坑底的土层厚度(m)；

γ' ——土的浮重度(kN/m³)；

Δh ——基坑内、外的水头差(m)；

γ_w ——水的重度(kN/m³)。

需要注意的是，有时候基坑的地基土也可能是级配不良的砂性土层，此时则可能出现管涌问题，应进行土的管涌可能性判别。一般情况下，在保证基坑内不出现地下水逸出点的情况下，即使地层内部由于颗粒的移动发生管涌，也多是形成小规模的、不规则的、随机的地面塌陷，对基坑工程的安全影响不大，但当基坑周边有邻近建(构)筑物、道路、管线时，则需要充分评估管涌对周边环境的影响。

4.5.3 基坑降水沉降

土是由固、水、气三相组成的分散体。其变形或沉降是由固体颗粒自身压缩或变形、土中孔隙水的压缩和土中孔隙体积的减小(土中孔隙水和气体被排出)三个方面的原因引起。对于饱和土体，固体颗粒和孔隙水的压缩量很小，在一般压力作用下，完全可以忽略不计。因此,通常假定饱和土体的体积压缩是由孔隙的减小引起。在完全侧限条件下,土体竖向附加应力与相应的应变增量之比为土的压缩模量,用 E_s 表示,由于土层中附加应力随着深度衰减,所以总沉降为各点产生的沉降的总和,计算公式为:

$$S=\int_0^{+\infty}\frac{\Delta p}{E_s}dz \tag{4.5-3}$$

式中:S ——总沉降量(m);

E_s ——土的压缩模量(MPa);

Δp ——降水后土层某深度处土中的竖向附加有效应力(kPa)。

将式(4.5-3)离散后可以得到:

$$S=\sum_{i=1}^{n}\frac{\Delta p_i}{E_{si}}H_i \tag{4.5-4}$$

式中:n ——分层的层数;

Δp_i ——第 i 层土中的降水产生的附加有效应力(kPa);

E_{si} ——第 i 层土在自重应力至自重应力与附加有效应力之和段的压缩模量(kPa);

H_i ——第 i 层土的厚度(m)。

《建筑基坑支护技术规程》(JGJ 120—2012)在采用分层总和法计算降水沉降时,还规定了沉降计算经验系数,使得计算结果更接近于实际,即:

$$S=\phi_w\sum_{i=1}^{n}\frac{\Delta p_i}{E_{si}}H_i \tag{4.5-5}$$

式中:ϕ_w ——沉降计算经验系数,应根据地区工程经验取值,无经验时,宜取 $\phi_w=1$。

《建筑基坑支护技术规程》(JGJ 120—2012)同时规定,对于基坑外土中各点降水引起的附加有效应力宜按地下水稳定渗流分析方法计算,当符合非稳定渗流条件时,可按地下水非稳定渗流计算。如图 4.5.3 所示,附加有效应力也可以根据下列公式计算:

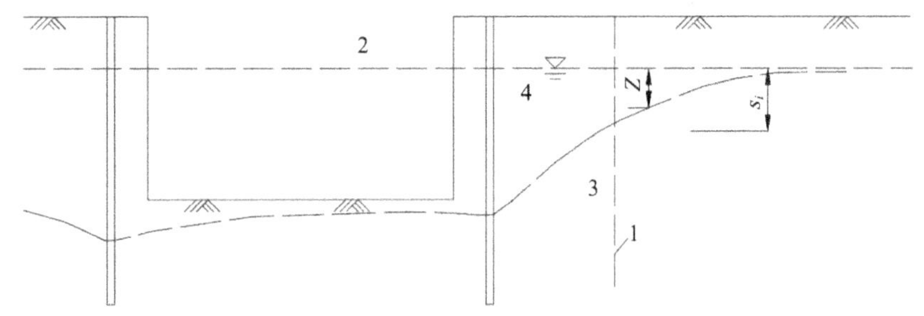

1. 计算剖面;2. 初始地下水位;3. 降水后的水位;4. 降水井。

图 4.5.3　降水引起的附加有效应力计算示意图

①第 i 层土位于初始地下水位以上时:

$$\Delta p_i = 0 \tag{4.5-6}$$

②第 i 层土位于降水后地下水位与初始地下水位之间时：

$$\Delta p_i = \gamma_w z \tag{4.5-7}$$

③第 i 层土位于降水后地下水位以下时：

$$\Delta p_i = \lambda_i \gamma_w s_i \tag{4.5-8}$$

式中：γ_w ——水的重度（kN/m^3）；

z ——第 i 层土中点至初始地下水位的垂直距离(m)；

λ_i ——计算系数，应按地下水渗流分析确定，缺少分析数据时，也可根据当地工程经验取值；

s_i ——计算剖面对应的地下水位降深(m)。

需要指出的是，《建筑基坑支护技术规程》(JGJ 120—2012)中给出的降水沉降计算公式涉及的计算参数 λ_i、ϕ_w 很难确定，同时降水沉降也与计算范围内土的压缩模量和计算深度有关。如《建筑地基基础设计规范》(GB 50007—2011)根据统计资料给出了沉降计算经验系数与土的压缩模量的关系，而《建筑基坑支护技术规程》则并未给出相关的参考资料，因此很多工程在进行降水沉降计算时都按照偏于保守的 $\lambda_i = 1$ 和 $\phi_w = 1$ 进行取值，但是当土层厚度很大时，即使是微小的降水，其引起的沉降值也很大，此时上述做法实际上是不合理的。因此，设计人员在进行基坑降水沉降计算时，应充分认识到计算公式的局限性，可参照《建筑地基基础设计规范》确定计算深度，并结合工程经验判断降水沉降的可能影响。

4.6 基坑工程常见渗漏水问题及对策

基坑工程中常见的渗漏水问题包括支护桩间渗漏、坑底发生突涌破坏、坑底发生局部流土或者管涌破坏、截水帷幕破坏失效、降水后坑内疏不干等。出现上述问题的原因和常用对策为：

(1) 支护桩间发生渗漏

采用咬合排桩或排桩与水泥土搅拌桩(高压旋喷、摆喷桩)联合支护与防渗时，当咬合桩之间或排桩与水泥土桩之间存在空洞、蜂窝、开叉时，在基坑开挖过程中，随着坑内外水头差的增大，地下水可能携带粉土、粉细砂等细粒土从帷幕外渗入坑内，使得基坑开挖无法进行，严重时甚至可能造成邻近建(构)筑物沉降倾斜、路面塌陷和地下管线断裂等事故。出现这一现象的主要原因是：

①土层不均匀且不同土层的形状差异较大、土层中含有较大的孤(块)石、有地下障碍物等，影响截水帷幕的施工质量。

②受施工设备、工艺、技术水平等限制，帷幕超过一定深度后水泥土桩的质量难以保障。

③桩的均匀性差，桩身存在缺陷或垂直度控制不好，影响桩的搭接质量，形成渗漏通道。

④桩(特别是水泥土搅拌桩)强度未达到设计强度时就开始进行坑内降水和土方开挖，基坑侧壁变形后低强度桩桩身出现裂缝，形成渗漏通道。

⑤支护结构的设计存在缺陷，基坑侧壁变形过大，导致支护结构与截水帷幕产生分离。

基坑降水开挖过程中，支护桩之间出现渗漏问题的常用处理措施为：

①立即停止坑内降水和土方开挖，查明漏点范围，并用速凝堵漏材料处理截水帷幕。漏点范围较大、水流速度较快时，可考虑采用特殊的动水抗分散材料或膨胀性材料。一般采用灌浆处理。

②当渗漏水的流量、流速很大，灌浆处理困难时，也可考虑在坑内填筑围堰或回填基坑蓄水，减小坑内外的水头差，然后再进行帷幕封堵。

③在渗漏部位布置井点降水，将帷幕外地下水位抽至漏点或基坑开挖深度以下。

(2) 基坑坑底发生突涌破坏

当坑底距离承压水面之间土层重量不足以抵抗承压水产生的水压力时，基坑坑底会发生突涌破坏。由于突涌破坏具有突然性且危害极大，若处理不及时，会引起基坑的滑塌破坏。引发突涌的原因有：

①承压水头过大。

②截水帷幕进入不透水层的深度不够或并没有完全截断承压水层。

③采用水平封底时，封底厚度不够。

④强降雨或生活水入渗，使得坑外地下水位升高，导致水压力增大。

基坑降水开挖过程中，出现突涌破坏时的常用处理措施为：

①对发生突涌的部位，用袋装土进行反压，增加上覆荷载，阻止土颗粒随涌水流出。

②增设降水井或加大抽水量，降低承压水头。

③沿周边重要建筑物布置截水帷幕，延长地下水渗流路径或切断渗水通道，阻止砂土流失，避免环境破坏。

④在雨天及时排水，预防雨水渗入土体。

(3) 基坑坑底发生局部流土或管涌破坏

当基坑坑底附近的水力比降大于地基土的允许比降时，常会发生坑底局部流土或管涌破坏。对于此类破坏，常用的处理措施为：

①在基坑外侧增设井点降水或增大已有井点的水位降深，减小水力比降或保证坑内无逸出点，这一措施主要是针对流土破坏。

②在管涌口附近用袋装土抢筑围井，井内同步铺设反滤料并灌水，阻止涌水带砂。

③当来不及采取其他措施时，可采用滤水性材料作为压重直接分层压在流土或管涌出口范围，由下到上压重颗粒逐渐增大，厚度根据渗流程度确定。

(4) 截水帷幕破坏失效

当截水帷幕破坏失效时，坑内渗漏水量很大，基坑外侧水位会出现急速下降。此时，可先将坑内积水排出，然后寻找水源和通道，进行封堵。封堵时，可考虑在坑内填筑围堰，抬高坑内水头，减小坑内外的水头差，采用灌浆封堵帷幕裂隙并加固周围土体。

(5) 降水后坑内疏不干

由于基坑内、外的地下水始终存在水力联系，坑外地下水源源不断向坑内补给，当坑外降水井或坑内疏井的抽水能力不足或设计降深不够时，可能出现坑内疏不干的情况。此时，常用的措施为：

①对于疏干井，考虑增加井数量、缩小井间距、增大井的抽水能力和井内水位降深。

②增加坑外降水井数量、抽水能力和降深。

③增设悬挂式或落底式截水帷幕。

④采用水平井降水。

5 深基坑工程安全监测与信息化

由于土的性状的复杂性、多变性，土力学计算理论的局限性，实际地质条件可能与设计采用的土的物理力学参数不符，基坑支护结构在施工期和使用期可能出现土的含水量、周边荷载、施工条件等在自然因素和人为因素作用下发生变化等，仅依靠理论计算和经验估算很难准确预测基坑降水开挖过程中支护结构和周围土体的变化过程。一旦出现异常，而这种异常又没有被及时发现并任其发展，很可能会导致基坑垮塌、失事，造成灾难性后果。

大量工程实践表明，多数基坑工程事故是有征兆的。为保证工程安全，在基坑开挖及主体建(构)筑物施工期间开展严密的施工监测，及时掌握支护结构受力及变形状态、基坑周边受保护对象变形状态是否在正常设计状态之内的相关信息，便于出现异常时采取应急措施，已成为工程建设必不可少的重要环节。同时，积累完整、准确的基坑监测数据，总结工程经验，对补充和完善基坑支护设计理论也是很有帮助的。基坑监测与基坑工程设计、施工同时被列为深基坑工程质量保证的三大基本要素。

基坑监测的意义体现为：

(1) 为施工及时提供监测结果和信息，使参建各方能够完全、客观、真实地把握基坑工程质量，掌握支护结构体系各部分的关键性指标和所处的状态；

(2) 对可能发生的危及基坑工程本体和周围环境安全的隐患进行及时、准确的预报，确保基坑支护结构和相邻建(构)筑物、管线、道路等的安全；

(3) 在施工过程中通过实测数据检验工程设计所采取的各种假设和参考的正确性，及时改进施工技术或调整设计参数以取得良好的工程效果，为动态设计和信息化施工奠定基础；

(4) 将监测结果反馈设计，通过对监测结果同设计预估值的比较分析，检验设计理论的正确性，积累工程经验，为补充和完善基坑支护设计理论、提高基坑工程的设计和施工整体水平提供基础数据支持。

5.1 基坑监测内容和基本要求

现行的国家、行业和部分地方相关标准均指出在基坑工程开挖至回填完成期间应进行安全监测，并对各类基坑的监测项目、测点布置、监测程序等作出了具体规定。基坑工程开工前，设计应明确监测项目及其控制值和报警值；建设方应委托具备相应能力的第三方对基坑工程实施现场监测，监测单位应按设计要求作出详细的监测方案，经建设方、设计方、监理方认可后方可实施，必要时应对监测方案进行专门的论证，当基坑工程设计或施工有重大变更时，监测方案也应及时调整。

5.1.1 基坑监测的内容

基坑工程的监测内容分为两大部分，即支护结构本身的稳定性监测和周边环境的变化监测。根据国家标准《建筑基坑工程监测技术标准》(GB 50497—2019)，应实施基坑工程监测的基坑为：

(1) 基坑设计安全等级为一级、二级的基坑。

(2) 开挖深度大于或等于 5 m 的土质基坑；极软岩、破碎的软岩、极破碎的岩体基坑；上部为土体，下部为极软岩、破碎的软岩、极破碎的岩体构成的组合基坑。

(3) 开挖深度小于 5 m 但现场地质情况和周围环境较复杂的基坑。

基坑监测项目应与基坑工程设计、施工方案相匹配，应针对监测对象的关键部位进行重点观测，各监测项目的选择应利于形成互为补充、互为验证的监测体系，并应采用仪器监测和现场巡视检查相结合的方法。表 5.1-1 和表 5.1-2 分别为土质基坑仪器监测项目以及常用的监测元件与仪器，表 5.1-3 为巡视检查工作内容。

表 5.1-1　土质基坑仪器监测项目表

支护结构类型	监测项目	基坑工程安全等级		
		一级	二级	三级
土钉墙支护	边坡顶部水平位移	应测	应测	应测
	边坡顶部竖向位移	应测	应测	应测
	土体深层水平位移	应测	应测	宜测
	土钉轴力	宜测	可测	可测
锚拉(悬臂、双排桩)式支挡结构	桩(墙)顶部水平位移	应测	应测	应测
	桩(墙)顶部竖向位移	应测	应测	应测
	桩(墙)深层水平位移	应测	应测	宜测
	桩(墙)内力	宜测	可测	可测
	锚杆轴力	应测	宜测	可测
	土体深层水平位移	应测	应测	宜测
	土体分层竖向位移	可测	可测	可测
	周边地表竖向位移	应测	应测	宜测
	坑底隆起	可测	可测	可测
	挡土结构侧向土压力	可测	可测	可测
	孔隙水压力	可测	可测	可测
	地下水位	应测	应测	应测

续表

支护结构类型	监测项目	基坑工程安全等级		
		一级	二级	三级
支撑式支挡结构	桩(墙)顶部水平位移	应测	应测	应测
	桩(墙)顶部竖向位移	应测	应测	应测
	桩(墙)深层水平位移	应测	应测	宜测
	桩(墙)内力	宜测	可测	可测
	立柱竖向位移	应测	应测	宜测
	支撑轴力	应测	应测	宜测
	立柱内力	可测	可测	可测
	土体深层水平位移	应测	应测	宜测
	土体分层竖向位移	可测	可测	可测
	周边地表竖向位移	应测	应测	宜测
	坑底隆起	可测	可测	可测
	挡土结构侧向土压力	可测	可测	可测
	孔隙水压力	可测	可测	可测
	地下水位	应测	应测	应测
周边建筑物	竖向位移	应测	应测	应测
	倾斜	应测	宜测	可测
	水平位移	宜测	可测	可测
	建筑物和地表裂缝	应测	应测	应测
周边管线	竖向位移	应测	应测	应测
	水平位移	可测	可测	可测
周边道路	竖向位移	应测	宜测	可测
周边地面超载情况		应测	应测	宜测
渗漏水情况		应测	应测	宜测

注:对于组合式支护结构,应根据基坑重要性、支护结构的组合类型与方式等选择对应的监测项目。

表 5.1-2 基坑工程监测仪器和元件

序号	监测项目	位置或监测对象	仪器	精度要求
1	支护结构(边坡)顶部水平位移	冠梁上或边坡上端部	经纬仪、全站仪	测点坐标中误差≤0.3
2	支护结构(边坡)顶部竖向位移	冠梁上或边坡上端部	水准仪	测点坐标中误差≤0.3
3	周边建(构)筑物沉降	建(构)筑物的首层柱上	水准仪	测点坐标中误差≤0.15
4	周边地表沉降	坑边 2 倍坑深范围内	水准仪	测点坐标中误差≤0.3
5	周边地表、建(构)筑物及支护结构裂缝	裂缝位置	钢尺、裂缝观测仪	0.1 mm
6	周边地下管线变形	管线接头	经纬仪、全站仪、水准仪	测点坐标中误差≤0.3

续表

序号	监测项目	位置或监测对象	仪器	精度要求
7	周边地面超载状况	坡面堆载位置	荷载计	≤0.5%FS
8	渗漏水情况	渗漏点	量筒、流量计	10 mL
9	立柱竖向位移	支撑立柱顶面	水准仪	测点坐标中误差≤0.3
10	周边建(构)筑物倾斜	建(构)筑物顶的角位	经纬仪、全站仪	按照现行的《建筑变形测量规范》执行
11	周边建(构)筑物水平位移	建(构)筑物的柱位	经纬仪、全站仪	测点坐标中误差≤0.3
12	支撑与锚杆内力	支撑中部、端部或锚头	应变计、钢筋计、荷载计	≤0.5%FS
13	地下水位	基坑周边	水位管、水位计	10.0 mm
14	支护结构(土层)深层水平位移	支护结构内或靠近支护结构的土体内	测斜管、测斜仪	0.25 mm/m
15	支护结构内力	支护桩(墙)内	轴力计、应变仪	≤0.5%FS
16	立柱与土钉内力	立柱上或锚头	钢筋计、荷载计	≤0.5%FS
17	支护结构侧向土压力或孔隙水压力	基坑侧壁后和嵌固段基坑侧壁前	土压力盒、孔隙水压力计	≤0.5%FS
18	坑底回弹和隆起	坑底	水准仪	测点坐标中误差≤1.0

注:①基坑监测仪器、设备和元件应满足观测精度和量程要求,且应具有良好的稳定性和可靠性;②应经过校准或标定,且校准记录和标定资料齐全,并应在规定的校准有效期内使用;③监测过程中应定期进行仪器观测、设备的维护保养、检测以及监测元件的检查;④表中精度要求参照广东省地方标准《建筑基坑工程技术规程》(DBJ/T 15—20—2016),供参考。

表 5.1-3 基坑工程巡视检查工作内容表

项目	巡查内容
支护结构	(1)支护结构成型质量;(2)冠梁、支撑、围檩或腰梁是否有裂缝;(3)冠梁、围檩或腰梁的连续性,有无过大变形;(4)围檩或腰梁与支护桩的密贴性,围檩与支撑的防坠落措施;(5)锚杆垫板有无松动、变形;(6)立柱有无倾斜、沉陷或隆起;(7)截水帷幕有无开裂、渗漏水;(8)基坑有无涌土、流砂或管涌;(9)面层有无开裂、脱落
施工状况	(1)开挖后暴露的岩土体与岩土勘察报告有无差异;(2)开挖分段长度、分层厚度及锚杆(支撑)设置是否与设计要求一致;(3)基坑侧壁开挖暴露面是否及时封闭;(4)锚杆(支撑)是否施工及时;(5)边坡、侧壁及周边地表的截水、排水措施是否到位,坑边或坑底有无积水;(6)基坑降水、回灌设施运转是否正常;(7)基坑周边地面有无超载
周边环境	(1)周边管线有无破损、渗流情况;(2)挡土结构后土体有无沉陷、裂缝及滑移现象;(3)周边建筑有无新增裂缝出现;(4)周边道路(地面)有无裂缝、沉陷;(5)邻近基坑施工(堆载、开挖、打桩、降水或回灌)变化情况;(6)存在水力联系的邻近水体(湖泊、河流、水库等)的水位变化情况
监测设施	(1)基准点、监测点的完好状况;(2)监测元件的完好及保护情况;(3)有无影响观测工作的障碍物
特殊土基坑	(1)对膨胀土、湿陷性黄土、红黏土、盐渍土区基坑,应重点巡视场地内防水、排水等防护设施是否完好,开挖暴露面有无被雨水及各种水源浸湿的现象,是否及时覆盖封闭;(2)膨胀土基坑开挖时有无较大的原生裂隙面,在干湿循环剧烈季节坡面有无保湿措施;(3)对多年冻土、季节性冻土等温度敏感土地区的基坑,当基坑施工及使用阶段经受冻融循环时,应重点巡视开挖暴露面保温、隔热措施是否到位,坡顶、坡脚排水系统设施是否完好;(4)对高灵敏软土地区的基坑,应重点巡视施工扰动情况,锚杆(支撑)施作是否及时,侧壁有无软土挤出,开挖暴露面是否及时封闭等

续表

项目	巡查内容
岩、土组合基坑	(1)岩体结构面产状、结构面含水情况;(2)采用吊脚桩支护时,岩肩处岩体有无开裂、掉块;(3)爆破后岩体是否出现松动
其他	根据设计要求或当地经验确定的其他巡视检查内容

注:巡视检查宜以目测为主,可辅以锤、钎、量尺、放大镜等工具以及摄像、摄影等设备进行。

5.1.2 基坑监测基本要求

5.1.2.1 基坑监测程序

基坑监测工作的程序,应按照以下步骤进行:①接受委托;②现场踏勘,收集资料;③制定监测方案,并报委托方及相关单位认可,必要时应进行专家论证;④展开前期准备工作,如设置监测点、校验仪器和设备;⑤仪器、设备、元件和监测点验收;⑥开展现场监测工作;⑦监测数据的收集、计算、整理、分析和信息反馈;⑧提交阶段性监测结果和报告;⑨现场监测工作结束后提交完整的监测资料和报告。

对于同一监测项目,一般情况下,应采用相同的观测方法和观测路线;使用同一监测仪器和设备;固定观测人员;在基本相同的环境和条件下工作。

现场监测人员应对监测数据的真实性负责,监测分析人员对监测报告的可靠性负责,监测单位应对整个项目的监测质量负责。监测记录和监测技术成果均应由有关责任人签字,并加盖成果章。

需要特别指出的是,合格的监测分析人员,需要具有岩土工程、结构工程、工程测量等方面的综合知识和实践经验,具有较强的综合分析能力,能及时提供可靠的综合分析报告。随着国家对安全生产的日益重视,基坑工程监测的重要性凸显,监测任务繁重,监测队伍日益壮大,也导致了监测分析人员的水平参差不齐,不少工程的监测分析人员并不具备上述能力,缺乏对工程的警觉性和敏感性,仅简单地将监测数据进行汇总、整理,提交数字和图表,监测报告只写不议,更谈不上预测下一步发展趋势及指导施工。基坑工程安全监测的发展和完善,不仅需要从行业、监管等多方面推动,而且需要监测人员付出更多的辛勤劳动,努力提高自身水平。

5.1.2.2 基坑监测原则

基坑监测是一项系统工程,监测工作的成败与监测方法的选取、监测仪器的选取、监测点的布设与保护有密切关系,基坑监测应遵循以下基本原则:

(1) 可靠性原则

可靠性原则是监测系统设计中所要考虑的最重要原则。为了确保其可靠,必须做到:监测系统需要采用可靠的仪器;设计中采用的监测手段是已基本成熟的方法;应在监测期间内保护好测点。一般而言,机测式的可靠性高于电测式仪器,所以如果使用电测式仪器,则通常要求具有目标系统或其他机测式仪器互相校核。

（2）多层次监测原则

在监测系统上，可采用多种原理不同的方法和仪器进行相互校核，以保证监测的可靠性。在地表、基坑周围土体内部及邻近受影响的建（构）筑物与设施内进行布点，形成具有一定测点覆盖率的“网”。在监测方法上，以仪器监测为主，并辅以巡检的方法。在监测对象上以位移为主，但也考虑其他物理量的监测。

（3）关键部位优先、兼顾全面的原则

对挡土结构、锚拉（支撑）结构中的敏感区域加密测点数和项目，进行重点监测；对地质变化起伏较大的部位、施工过程中有异常的部位进行重点监测；除关键部位优先布设测点外，在系统性的基础上均匀布设测点。

（4）与设计、施工相结合的原则

监测与设计相结合，即：对设计中使用的关键参数进行监测，以达到进一步优化设计的目的；对设计中有争议的方法、原理所涉及的受力部位及受力内容进行监测，作为反演分析的依据；依据设计计算情况和基坑工程的特点，确定支护结构的报警值。

监测与施工相结合，即：结合施工方法确定测试方法、监测元件的种类、监测点的保护措施；结合施工实际调整监测点的布设位置，尽量减少与工程施工的交叉影响；结合施工进度和施工条件确定或调整监测频率。

（5）经济合理原则

基坑工程是临时性工程，因此监测方法的选择，在安全、可靠的前提下应尽可能采用简易、直观、有效的方法；监测元件的选择，在确保可靠的基础上使用性价比较高的仪器设备；监测点的数量，在确保系统和安全的前提下，合理利用监测点之间的联系，尽量减少监测点的数量，以提高工作效率，降低成本。

5.1.3 基坑监测方案

基坑监测方案是指导监测工作的主要技术文件，监测方案的编制应根据工程合同、工程基础资料、设计资料、施工组织资料，并参照国家和行业现行的规范、标准、条例等，同时还须与工程建设单位、设计单位、施工单位、监理单位以及管线主管单位和道路监察部门充分协商。

监测方案根据不同需要会有不同的内容，一般包括：监测目的和依据，工程概况（应包括场地水文地质条件和周边环境状况等），监测内容和测点数量，各类测点布置平面图、剖面图和大样图，各项目监测周期和频率的确定，监测仪器设备的型号、规格和监测方法，监测人员的配备，各类报警值的确定，监测报告送达对象和时限，监测注意事项，费用预算等。

监测方案需按照一定的程序进行编制和审查，以保证监测方案的完整性、准确性和可操作性。一般情况下，其程序为：

（1）监测单位接受建设单位、勘察设计单位、施工单位、监理单位等相关单位的交底；

（2）监测单位进行现场踏勘、资料收集和复核；

（3）监测单位根据监测合同职责要求独立编制完成监测方案并完成监测方案的内审

程序；

(4) 监测单位将完成内审程序后的监测方案报相关单位(一般是建设单位)外审，并根据专家审查意见完成修改优化；

(5) 监测单位将优化修改后的监测方案报送业主单位和质量监督部门备案。

对于特别重要的、复杂的、采用新技术的基坑工程，其监测方案应进行专门论证。需要对监测方案进行专门论证的基坑工程，如：

(1) 地质和环境条件复杂的基坑工程；

(2) 邻近重要建(构)筑物和管线，以及历史文物、优秀近现代建筑、地铁、隧道等破坏后果很严重的基坑工程；

(3) 已发生严重事故，重新组织施工的基坑工程；

(4) 采用新技术、新工艺、新材料、新设备的一、二级基坑工程。

工程实践中，对监测方案的优化和改进对于基坑支护动态施工有较大意义。监测方案优化应遵循：监测项目的选择有利于对基坑支护的稳定性和周围地层变形的安全性进行全面有效分析；监测断面及其测点的设置应满足动态施工所需，能够提供足够数量的分析断面和测试数据；仪器的安装、测度、数据分析和上报等不仅应保证监测数据的准确性，还应简便实用，保证数据获取及时迅速，并实现信息反馈高效。

5.2 基坑监测布置、频率和预警

基坑工程监测应以能获得定量数据的专门仪器测量或专用测试元件监测为主，以现场肉眼观测为辅。监测方法的选择应根据基坑等级、精度要求、设计要求、场地条件、地区经验和方法适用性等因素综合确定，并保证其合理易行。

5.2.1 监测布置

5.2.1.1 桩(墙)顶位移监测

桩(墙)顶位移监测是基坑工程中最直接的监测内容，包括水平位移和竖向位移。通过监测桩顶位移，对反馈施工工序以及决定是否采用辅助措施以确保支护结构和周围环境安全都具有重要意义。桩顶位移也是桩体测斜数据计算的起始依据。

对于桩顶水平位移，测特定方向上的数据时可采用视准线法、小角度法、投点法等；测定监测点任意方向的水平位移时，可视监测点的分布情况采用前方交会法、后方交会法、极坐标法等；当测点与基准点无法通视或距离较远时，可采用 GPS 测量法等。桩顶竖向位移监测可采用几何水准或液体静力水准等方法。

桩顶位移监测的基准点的埋设应符合现行的《建筑变形测量规范》(JGJ 8—2016)中的有关规定，且应布置在不受基坑施工影响的稳定区域，或利用已有稳定的施工控制点，基坑每边不宜少于 3 点。如图 5.2.1 所示，监测点应沿基坑周边布置，水平间距不宜大于 20 m，且基坑每边不宜少于 3 个，在各侧边中部、阳角处、邻近被保护对象部位应布置监测点。

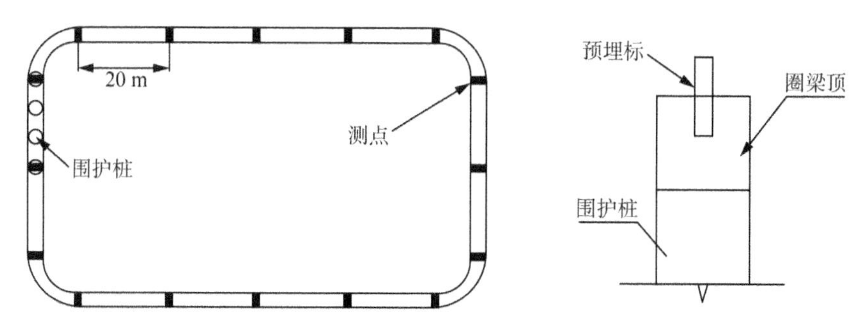

图 5.2.1　桩顶位移监测点布设

5.2.1.2　桩(墙、土体)深层水平位移监测

桩(墙)或周围土体深层水平位移的监测是确定基坑挡土结构变形和受力的最重要的观测内容,通常采用测斜手段观测。如图 5.2.2 所示,其原理是利用重力摆锤始终保持铅直方向的性质,测得仪器中轴线与摆锤垂直线的倾角,倾角的变化导致电信号变化,经转化输出并在仪器上显示,从而可以知道被测建(构)筑物的位移变化。

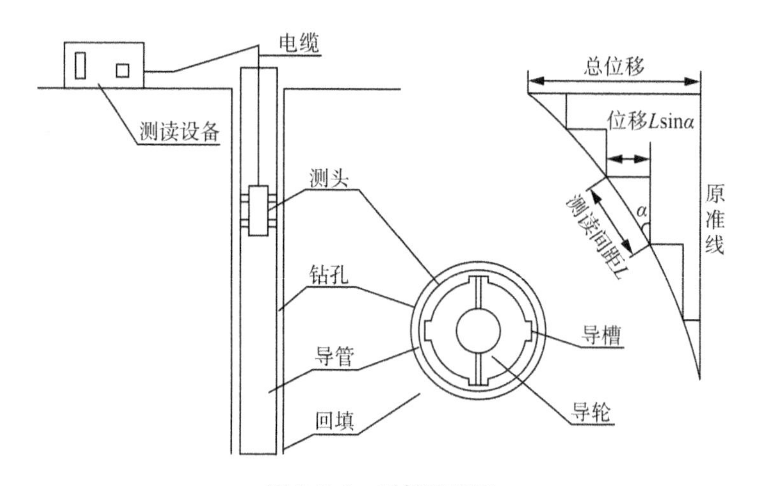

图 5.2.2　测斜原理图

实际测量时,将测斜仪插入测斜管内,并沿管内导槽缓慢下滑,按确定的间距逐段测定各位置处管道与铅直线的相对倾角。假设桩(墙)或土体与测斜管挠曲协调,就能得到被测体的深层水平位移。只要配备足够多的量测点(通常间隔 0.5 m),所绘制的曲线几乎是连续光滑的。如图 5.2.3 所示,测斜管的埋设主要有钻孔埋设和绑扎埋设两种,一般是测桩(墙)挠曲时采用绑扎埋设,测土体深层位移时采用钻孔埋设。

测斜监测点一般布置在基坑周边的平面上挠曲计算值最大的位置处,如中部、阳角处等。监测点水平间距宜为 20～60 m,每侧边监测点数目不少于 1 个。为真实反映桩(墙)的挠曲状况和土层位移情况,应保证测斜管的埋设深度。对于埋设在桩内的测斜管,其深度宜与桩的入土深度相同,对于埋设在土体中的测斜管,长度不宜小于基坑深度的 1.5 倍,并应大于支护桩的深度,以测斜管底为固定起算点时,管底应嵌入到稳定的土体或基岩中。

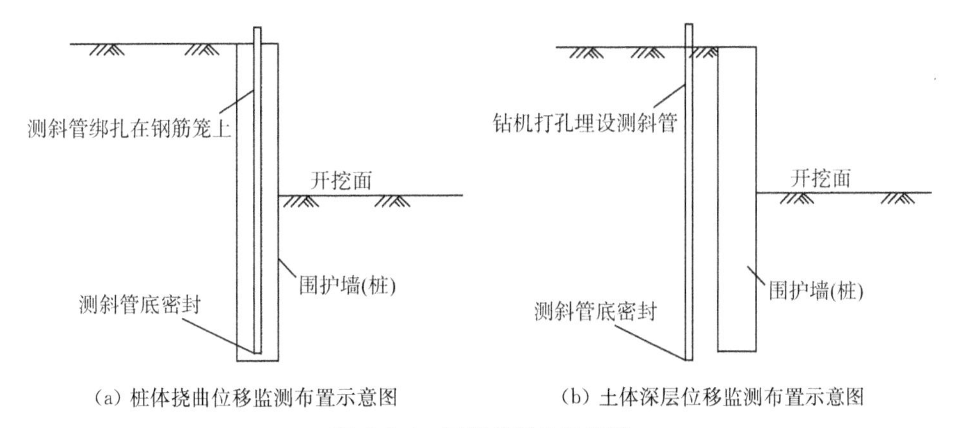

(a) 桩体挠曲位移监测布置示意图　　(b) 土体深层位移监测布置示意图

图 5.2.3　测斜管埋设示意图

5.2.1.3　挡土结构内力

挡土结构内力监测是防止基坑支护结构发生强度破坏的一种较为可靠的监测措施，可采用安装在结构内部或表面的应变计或应力计进行量测。对于钢筋混凝土桩，其内力通常是通过测定构件受力钢筋或混凝土的应变，然后根据钢筋与混凝土协同作用、变形协调反算得到；钢构件可采用轴力计或应变计等量测。内力监测值宜考虑温度变化等因素的影响。

挡土结构内力监测断面的平面位置应布置在设计计算受力、变形较大且有代表性的部位。监测点数量和水平间距视具体情况而定，竖直方向上，监测点间距宜为 2～4 m 且在设计计算弯矩极值处应布置监测点，每一个监测点沿垂直于挡土结构方向对称放置的应力计不应少于 1 对。

图 5.2.4 为钢筋计量测支护桩结构弯矩和内力的安装示意图。量测弯矩时，结构一侧受拉，一侧受压，相应的钢筋计一支受拉，另一支受压；测量钢筋轴力时，两支钢筋计均轴向受拉或受压。由标定的钢筋应变值得出应力值，再换算成整个混凝土结构所受的弯矩或轴力[式(5.2-1)、式(5.2-2)]。

$$M=\varphi\times(\sigma_1-\sigma_2)\times10^{-5}=\frac{E_C}{E_S}\times\frac{I_C}{d}\times(\sigma_1-\sigma_2)\times10^{-5} \tag{5.2-1}$$

$$N=K\times\frac{\varepsilon_1+\varepsilon_2}{2}\times10^{-3}=\frac{A_C}{A_S}\times\frac{E_C}{E_S}\times K_1\times\frac{\varepsilon_1+\varepsilon_2}{2}\times10^{-3} \tag{5.2-2}$$

式中：M ——弯矩(t · m/m)；

N ——轴力(t)；

σ_1、σ_2——开挖面、迎土面钢筋计应力(kg/cm^2)；

I_C ——结构断面惯性矩(cm^4)；

d——开挖面、迎土面钢筋计之间的中心距离(cm)；

ε_1、ε_2——上、下端钢筋计应变($\mu\varepsilon$)；

K_1——钢筋计标定系数(kg/$\mu\varepsilon$)；

E_C、E_S——分别为混凝土结构的弹性模量(kg/cm^2)和钢筋计的弹性模量(kg/m^2)；

A_C、A_S——分别为混凝土结构的截面面积(cm^2)和钢筋计的截面面积(m^2)。

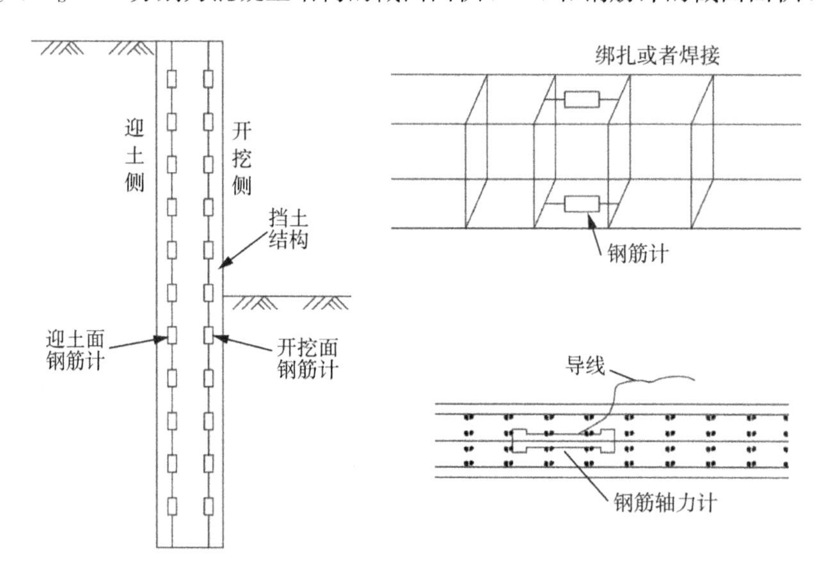

图 5.2.4 钢筋计量测支护桩弯矩和内力安装示意图

5.2.1.4 锚杆轴力(土钉内力)

锚杆及土钉内力监测的目的是掌握锚杆或土钉内力的变化,确认其工作性能。由于钢筋束内每根钢筋的初始拉紧程度不同,所受的拉力与初始拉紧程度关系很大。锚杆拉力量测宜采用专用的锚杆测力计,钢筋锚杆可采用钢筋应力计或应变计,当使用钢筋束时应分别监测每根钢筋的受力。应在锚杆预应力施加前安装并取得初始值。一般情况下,在锚杆或土钉锚固体未达到足够强度时不得进行下一层土方开挖,为此一般应保证锚固体有 3 d 的硬化时间才允许下一层土方开挖,取下一层土方开挖前连续 2 d 获得的稳定测试数据的平均值作为初始值。

锚杆轴力监测断面的平面位置应选择在设计计算受力较大且有代表性的位置,基坑每侧边中部、阳角处和地质条件复杂的区段内应布置监测点。每层锚杆力的内力监测点数量应为该层锚杆总数的 1%～3%,且基坑每边不应少于 1 根。各层监测点位置在竖向上宜保持一致。每根杆体上的测试点宜设置在锚头附近和受力有代表性的位置。锚杆轴力计安装示意图如图 5.2.5 所示。

5.2.1.5 支撑轴力和立柱竖向位移

(1) 支撑轴力

对于支撑式支挡结构,基坑外侧的水、土压力由挡土结构和支撑体系共同承担。当实际支撑轴力与支撑在平衡状态下所能承担轴力(设计计算轴力)不一致时,将可能引起支护结构失稳。支撑内力的监测多根据支撑杆件采用的不同材料,选择不同的监测方法和监测传感器。对于混凝土支撑杆件,主要是采用钢筋应力计或混凝土应变计,其原理

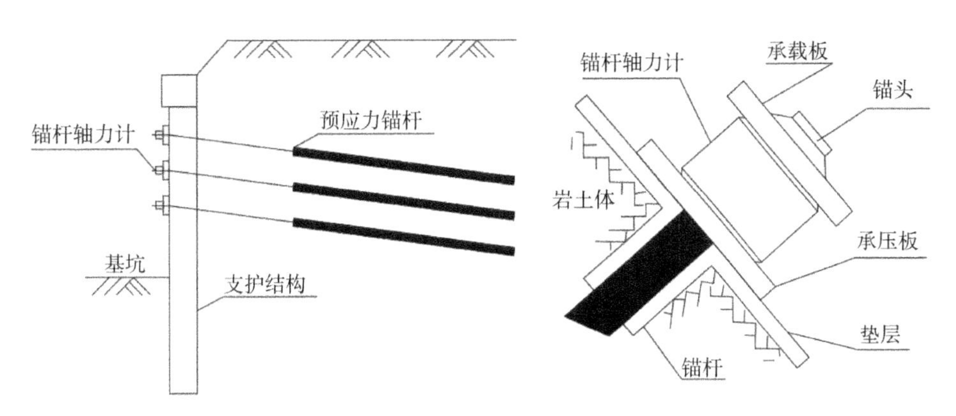

图 5.2.5 锚杆轴力计安装示意图

与挡土构件结构内力监测相同;对于钢支撑杆件,多采用轴力计或表面应变计。

支撑轴力监测点在监测断面的平面位置宜设置在支撑设计计算内力较大、基坑阳角处或在整个支撑系统中起控制作用的杆件上,每层支撑的轴力监测点不应少于 3 个,各层支撑的监测点位置宜在竖向上保持一致,钢支撑的监测断面宜选择在支撑的端头或两支点之间 1/3 部位,混凝土支撑的监测断面宜选择在两支点之间 1/3 部位,并避开节点位置,每个监测点传感器的设置数量及布置应满足不同传感器的测试要求。图 5.2.6 为支撑轴力计安装示意图。

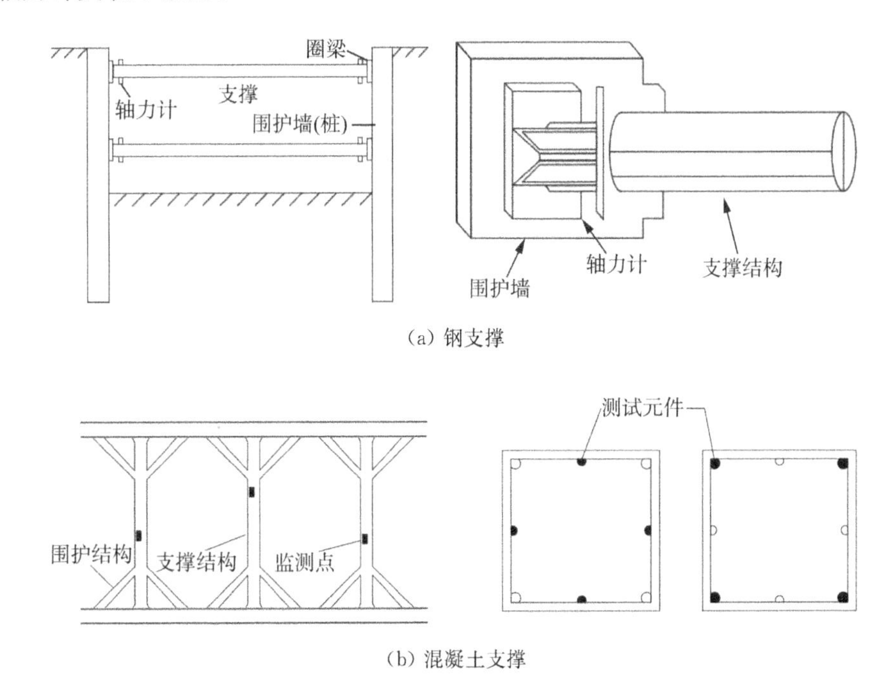

(a) 钢支撑

(b) 混凝土支撑

图 5.2.6 支撑轴力计安装示意图

需要指出的是支撑系统的受力极其复杂,只依靠实测的支撑轴力有时不易判别清楚支撑系统的真实受力情况,甚至会导致相反的判断结果。如,实测的支撑轴力在有些工程中比较有规律，呈现为在当前工况支撑下挖土时，支撑轴力增大，在后续工况架设的支撑下挖土时，先行工况的支撑轴力发生适当调整，后续支撑的轴力增长；有的工程中，则呈现出挖土加深，支撑的实测轴力不仅未增加，反而降低的异常现象，或者实测的支撑轴力时程曲线跳跃波动很大的情况。有时候，实测的轴力值超过理论计算值的2倍以上、或远超支撑杆的容许承载力，但基坑却安全可靠，而有时候实测的轴力远小于理论计算值，挡土构件却发生较大位移甚至引起周边环境破坏。显然，这与支撑连接节点和支撑杆所受的弯、剪应力等因素有关，也与监测结果计算方法方面存在的问题有关。因此，对于支撑式支挡结构的监测，应既监测其截面应力，又监测支撑杆在立柱处和内力监测截面处等若干点的竖向位移，综合分析作出更加合理的判断。

(2) 立柱竖向位移

对于采用支撑式支挡结构的基坑工程，当支撑宽度较大时，一般需要架设立柱。立柱的竖向位移(沉降或隆起)对支撑轴力的影响很大，有的工程实践表明，立柱竖向位移2～3 cm，支撑轴力会变化约1倍。因为立柱发生竖向位移的不均匀会引起支撑产生较大的次应力，而这部分力在支撑结构设计时一般未被考虑。因此，当立柱间或立柱与挡土构件间有较大的沉降差时，就会导致支撑体系偏心受压甚至失稳，从而引发工程事故。因此，对于支撑式支挡结构，对立柱进行竖向位移监测是十分重要的。

立柱的竖向位移监测点宜布置在基坑中部、多根支撑交汇处、地质条件复杂处的立柱上，监测点不应少于立柱总根数的5%，逆作法施工的基坑不应少于10%，且均不应少于3根。立柱的内力监测点宜布置在设计计算受力较大的立柱上，位置宜设置在坑底以上各层立柱下部的1/3部位，每个截面传感器埋设不应少于4个。图5.2.7为立柱监测安装示意图。

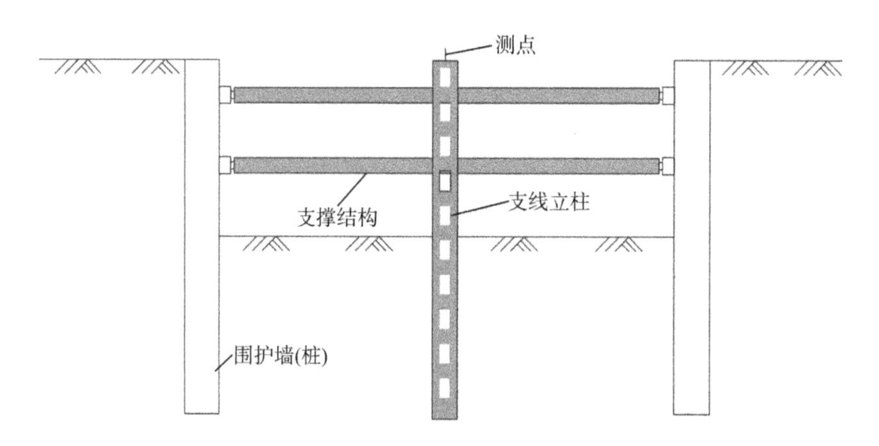

图5.2.7 立柱监测示意图

5.2.1.6 坑底隆起(回弹)

基坑坑底隆起是基坑开挖对坑底的土层的卸荷过程引起的基坑底面以及坑外一定范围内土体的回弹变形。坑底隆起监测可采用回弹观测标和深层沉降标两种。基坑坑底隆起监测点的埋设和施工过程中的保护比较困难，监测点不宜设置过多，以能够测出必要的基坑隆起数据为原则布置。监测点宜按纵向或横向断面布置，断面宜选择在基坑的中央以及其他能反映变形特征的位置，断面数量不宜少于 2 个；同一断面上监测点横向间距宜为 10～30 m，数量不宜少于 3 个；监测标志宜埋入坑底以下 20～30 cm。图 5.2.8 为基坑隆起监测示意图。

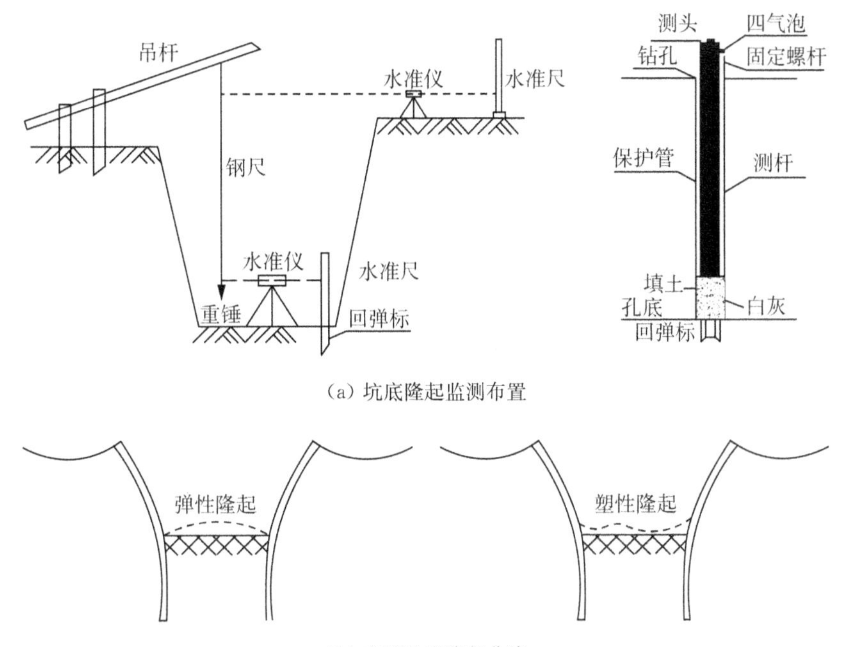

(a) 坑底隆起监测布置

(b) 典型坑底隆起曲线

图 5.2.8　基坑隆起监测示意图

5.2.1.7　侧向土压力

侧向土压力是基坑支护结构周围土体传递给挡土构筑物的压力，通常采用在两侧位置上埋设土压力传感器(土压力盒)来进行。常用的土压力盒有钢弦式和电阻式。由于土压力传感器的结构形式和埋设部位不同，埋设方法很多，如挂布法、顶入法、弹入法、钻孔法等。图 5.2.9 为钻孔法埋入土压力盒示意图。

侧向土压力监测断面的平面位置应布置在受力、土质条件变化较大或其他有代表性部位，在平面位置上，基坑每边的监测断面不宜少于 2 个，竖向布置上监测点间距宜为 2～5 m，下部宜加密，当按土层分布情况布设时，每层土布设的测点不应少于 1 个，且宜布置在各层土的中部。

5.2.1.8　孔隙水压力

目前主要采用孔隙水压力计和频率仪监测孔隙水压力。孔隙水压力计的探头分为钢弦式、电阻式和气动式三种类型，探头均由金属壳体和多孔元件(如透水石)组成。其埋设方法有压入法和钻孔法两种。压入法适用于较软的土质。图 5.2.10 为孔隙水压力计探头和埋设示意图。

孔隙水压力监测断面宜布置在基坑受力、变形较大或有代表性的部位。竖向布置上

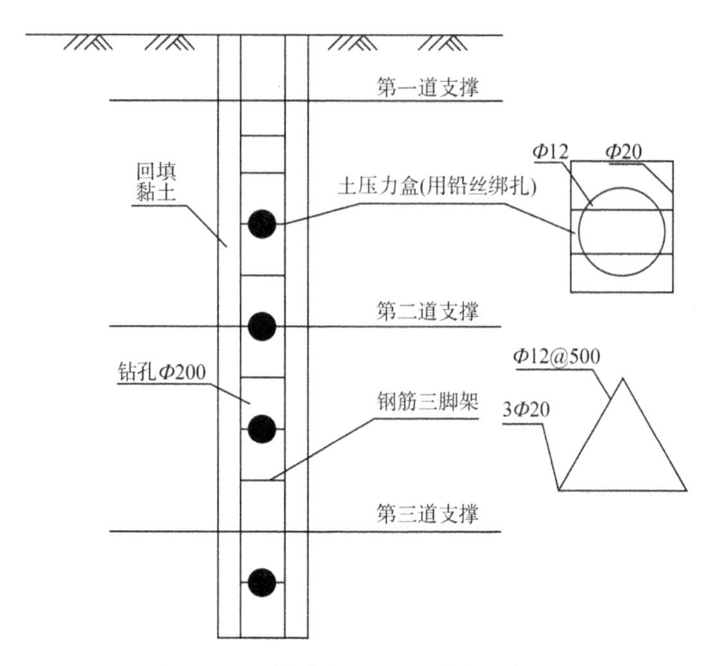

图 5.2.9　钻孔法埋入土压力盒示意图

监测点宜在水压力变化影响深度范围内按土层分布情况布设，竖向间距宜为 2～5 m，数量不宜少于 3 个。

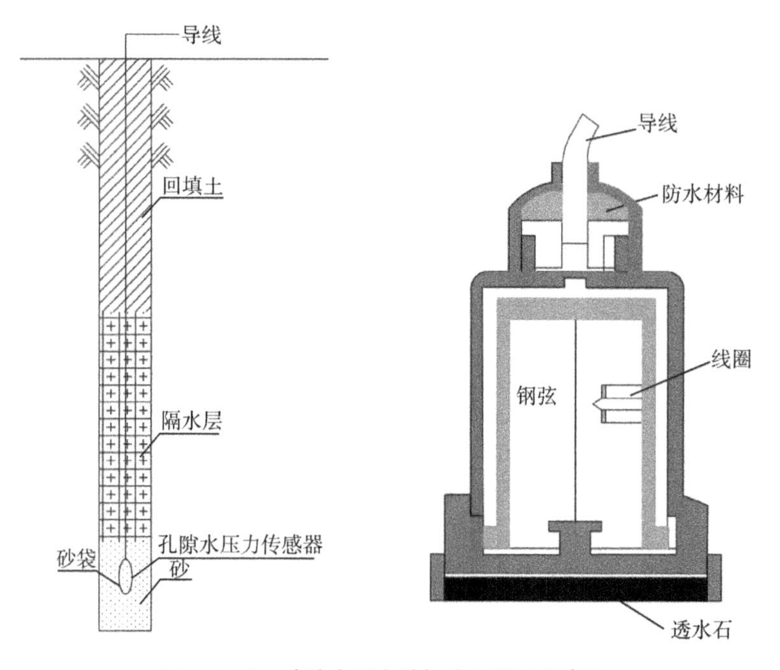

图 5.2.10　孔隙水压力计探头和埋设示意图

5.2.1.9 地下水位和水头

基坑工程地下水位和水头监测包含坑内、坑外水位和水头监测。通过水位监测控制基坑施工过程中周围地下水位下降的影响范围和程度，防止基坑周边水土流失，同时也可以检验降水井和截水帷幕的效果。

地下水位和水头监测宜通过孔内设置水位管，采用水位计等方法进行量测。潜水水位管应在基坑施工前埋设，承压水水头监测时被测含水层与其他含水层之间应采取有效的隔水措施。水位管埋设后，应逐日观测水位并取得稳定初始值。图 5.2.11 为潜水水位和承压水水头监测示意图。

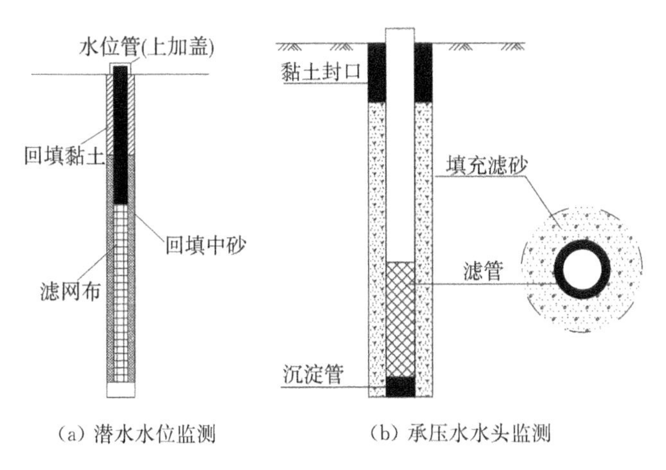

图 5.2.11 潜水水位和承压水水头监测示意图

地下水位和水头监测应符合下列规定：

(1) 当采用深井降水时，基坑内地下水位监测点宜布置在基坑中央和两相邻降水井的中间部位，当采用轻型井点、喷射井点降水时，水位监测点宜布置在基坑中央和周边拐角处，监测点数量应视具体情况确定。

(2) 基坑外地下水位监测点应沿基坑、被保护对象的周边或在基坑与被保护对象之间设置，监测点间距宜为 20～50 m，相邻建筑、重要的管线或管线密集处应布置水位监测点，当有截水帷幕时，宜布置在截水帷幕的外侧约 2 m 处。

(3) 水位观测管的管底埋深应在最低设计水位或最低允许地下水位以下 3～5 m，承压水水位监测管的滤管应埋置在所测的承压含水层中。

(4) 当降水深度内存在 2 个及以上含水层时，宜分层布设地下水位观测孔。

(5) 岩体基坑地下水监测点宜布置在出水点和可能滑面部位。

(6) 回灌井点观测井应设置在回灌井点与被保护对象之间。

5.2.1.10 周边建(构)筑物变形

基坑工程的施工会引起周围地表的下沉，从而导致地面建(构)筑物沉降。这种沉降一般都是不均匀的，并会导致地面建(构)筑物倾斜，甚至开裂破坏。对于周边建(构)筑物的变形监测范围，宜达到基坑边缘以外 1～3 倍基坑开挖深度，必要时应扩大监测范围。

图 5.2.12 为建(构)筑物沉降监测点布置示意图,监测点的布置要求为:

(1) 建筑物四周、沿外墙每 10～15 m 处或每隔 2～3 根柱的柱基或柱子上,且每侧外墙不应少于 3 个监测点。

(2) 在不同地基或基础、不同结构的分界处,变形缝、抗震缝或严重开裂处的两侧,新、旧建筑或高、低建筑交接处的两侧应布置监测点。

(3) 高耸构筑物基础轴线的对称部位,每一构筑物不应少于 4 个监测点。

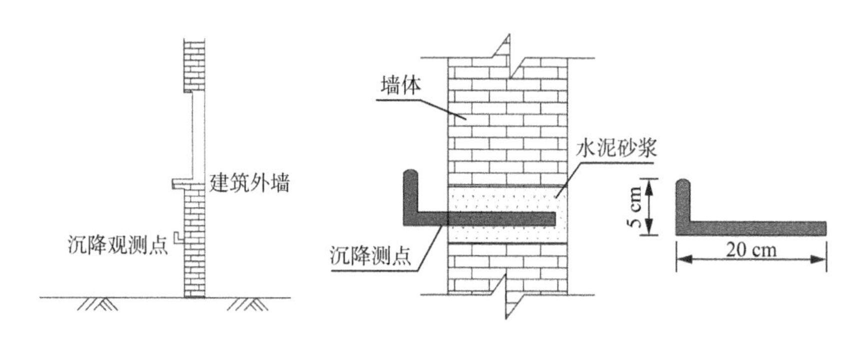

图 5.2.12　基坑周边建(构)筑物沉降监测点布置示意图

周边建(构)筑物水平位移监测点应布置在建筑的外墙墙角、外墙中间部位的墙上或柱上、裂缝两侧及其他有代表性的部位,监测点间距视具体情况而定,一侧墙体的监测点不宜少于 3 点。

周边建(构)筑物倾斜监测点宜布置在建筑角点、变形缝两侧的承重柱或墙上,监测点应沿主体顶部、底部上下对应布设,上下监测点应布置在同一竖向直线上。当由差异沉降推算建筑物倾斜时,监测点的布置应按照沉降监测布置要求进行。

周边建(构)筑物裂缝、地表裂缝监测点应选择有代表性的裂缝进行布置,当原有裂缝增大或出现新裂缝时,应及时增设监测点。对需要观测的裂缝,每条裂缝的监测点应至少设 2 个,且宜设置在裂缝的最宽处及裂缝末端。

5.2.1.11　周边管线监测

基坑开挖引起周围地层移动,埋设于地下的管线也随之移动。如果管线的变位过大或不均,将使管线挠曲变形而产生附加的变形及应力。若在允许范围内,则管线能够保持正常使用,否则将导致管线断裂引起泄漏、通讯中断等恶性事故。对于管线的监测,测点布置应符合下列规定:

(1) 应根据管线修建年份、类型、材质、尺寸、接口形式及现状等情况,综合确定监测点布置和埋设方法,应对重要的、距离基坑近的、抗变形能力差的管线进行重点监测。

(2) 监测点宜布置在管线的节点、转折点、变坡点、变径点等特征点和变形曲率较大的部位,监测点水平间距宜为 15～20 m,并且宜向基坑边缘以外延伸 1～3 倍基坑开挖深度。

（3）供水、煤气、供热等压力管线宜设置直接监测点，也可利用窨井、阀门、抽气口及检查井等管线设备作为监测点，在无法埋设直接监测点的部位，可设置间接监测点。图5.2.13为常用的直接法和间接法监测管线变形示意图。

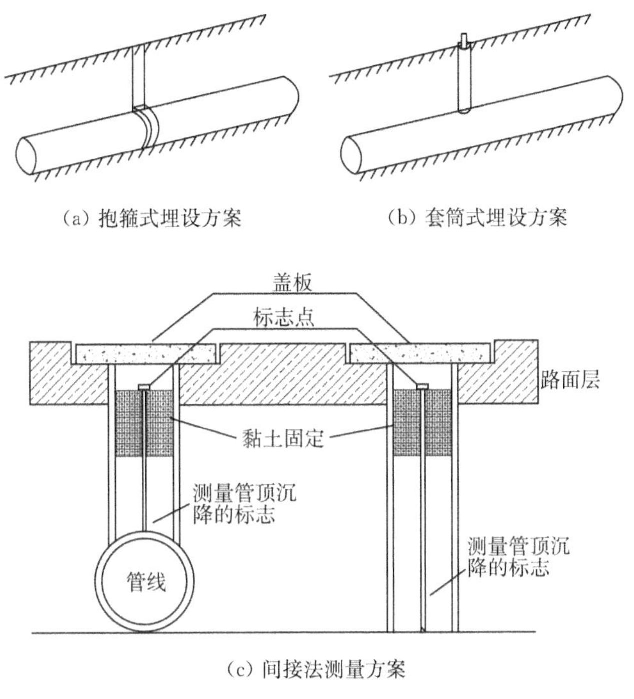

图 5.2.13 管线变形监测方法

5.2.2 监测频率

基坑监测工作应贯穿于基坑工程和地下工程施工全过程，监测工程应从基坑工程施工前开始，直至地下工程完工为止。有特殊要求时，基坑周边环境的监测应根据需要延续至变形趋于稳定后结束。因此，基坑工程监测频率的确定应满足能系统反映监测对象所测项目的重要变化过程而又不遗漏其变化时刻的要求，并综合考虑基坑支护、基坑及地下工程的不同施工阶段及周边环境、自然条件的变化而确定。参照《建筑基坑工程监测技术标准》(GB 50497—2019)，在无异常和无事故征兆的情况下，基坑开挖后的仪器监测频率如表5.2-1所示。

表 5.2-1 现场仪器检测的监测频率

基坑设计安全等级	施工进程		监测频率
一级	开挖深度(h)	$\leqslant H/3$	2～3 d 1次
		$H/3 \sim 2H/3$	1～2 d 1次
		$2H/3 \sim H$	1 d 1～2次

续表

基坑设计安全等级	施工进程		监测频率
一级	底板浇筑后时间(d)	≤7	1 d 1 次
		7～14	3 d 1 次
		14～28	5 d 1 次
		>28	7 d 1 次
二级	开挖深度(h)	≤$H/3$	3 d 1 次
		$H/3$～$2H/3$	2 d 1 次
		$2H/3$～H	1 d 1 次
	底板浇筑后时间(d)	≤7	2 d 1 次
		7～14	3 d 1 次
		14～28	7 d 1 次
		>28	10 d 1 次

注：①h——基坑开挖深度，H——基坑设计深度；②基坑工程施工至开挖前的监测频率视具体情况确定；③支撑结构开始拆除到拆除完成后 3d 内监测频率加密为 1 次/d；④当基坑设计安全等级为三级时，监测频率可视具体情况适当降低；⑤宜测、可测项目的监测频率可视具体情况适当降低。

当遇到基坑监测值达到预警值、监测值变化较大或者速率加快、存在勘察未发现的不良地质状况、超深超长开挖等违法设计工况施工、地面超载加大、支护结构出现开裂、周边地面或建(构)筑物发生较大沉降、基坑底部或侧壁土体出现渗透变形等异常情况时，应加密加次监测，当出现可能危及工程及周边环境安全的事故征兆时，应实时跟踪监测。

5.2.3 基坑监测预警

基坑监测预警值应满足基坑支护结构、周边环境的变形和安全控制要求。监测预警值应由基坑工程设计方确定，并应满足保证基坑稳定、保证地下结构正常施工、对周边已有建筑引起的变形不超过相关技术标准要求或不影响其正常使用、保证周边道路管线等设施正常使用、满足特殊环境技术要求等。

基坑变形监测预警值应包括监测项目的累计变化预警值和变化速率预警值，其大小应根据基坑设计安全等级、工程地质条件、设计计算结果及当地工程经验等确定。对于基坑周边环境监测预警值应根据监测对象主管部门的要求或建筑检测报告的结论确定。无当地工程经验或周边环境监测对象无具体控制值时，土质基坑的监测预警值和周边环境监测预警值可参照《建筑基坑工程监测技术标准》(GB 50497—2019)确定(表 5.2-2，表 5.2-3)。

《建筑基坑工程监测技术标准》同时规定，监测数据达到监测预警值时，应立即预警，并通知有关各方及时分析原因并采取相应措施。当出现下列情况之一时，必须立即进行危险报警，并应通知有关各方对基坑支护结构和周边环境保护对象采取应急措施。

（1）基坑支护结构的位移值突然明显增大或基坑出现流砂、管涌、隆起、陷落等。

（2）基坑支护结构的锚杆或支撑体系出现过大变形、松弛、拔出、压屈或断裂的迹象。

（3）基坑周边建筑的结构部分出现危害结构的变形裂缝。

（4）基坑周边地面出现较严重的突发裂缝或地下空洞、地面下陷。

（5）基坑周边管线变形突然明显增长或出现裂缝、泄漏等。

（6）冻土基坑经受冻融循环时，基坑周边土体温度显著上升，发生明显的冻融变形。

（7）出现基坑工程设计方提出的其他危险报警情况，或根据当地工程经验判断，出现其他必须进行危险报警的情况。

表 5.2-2　基坑工程周边环境监测预警值

<table>
<tr><th colspan="4">监测对象</th><th>累计值/mm</th><th>变化速率/(mm/d)</th><th>备注</th></tr>
<tr><td>1</td><td colspan="3">地下水位变化</td><td>1 000～2 000
(常年变幅以外)</td><td>500</td><td>—</td></tr>
<tr><td rowspan="3">2</td><td rowspan="3">管线位移</td><td rowspan="2">刚性管道</td><td>压力</td><td>10～20</td><td>2</td><td rowspan="2">直接观察点数据</td></tr>
<tr><td>非压力</td><td>10～30</td><td>2</td></tr>
<tr><td colspan="2">柔性管线</td><td>10～40</td><td>3～5</td><td>—</td></tr>
<tr><td>3</td><td colspan="3">邻近建筑物位移</td><td>小于建筑物地基
变形允许值</td><td>2～3</td><td>—</td></tr>
<tr><td rowspan="2">4</td><td colspan="2" rowspan="2">邻近道路路基沉降</td><td>高速公路、道路主干</td><td>10～30</td><td>3</td><td>—</td></tr>
<tr><td>一般城市道路</td><td>20～40</td><td>3</td><td>—</td></tr>
<tr><td rowspan="2">5</td><td colspan="2" rowspan="2">裂缝宽度</td><td>建筑结构性裂缝</td><td>1.5～3(既有裂缝)
0.2～0.25(新增裂缝)</td><td>持续发展</td><td>—</td></tr>
<tr><td>地表裂缝</td><td>10～15(既有裂缝)
1～3(新增裂缝)</td><td>持续发展</td><td>—</td></tr>
</table>

注：①建筑整体倾斜度累计值达到2‰或倾斜速度连续3 d大于0.1‰H/d时应预警（H为建筑承重结构高度）；②建筑物地基变形允许值应按现行国家标准《建筑地基基础设计规范》(GB 50007—2011)的有关规定取值。

表 5.2-3　土质基坑及支护结构监测预警值

序号	监测项目	支护类型	基坑设计安全等级								
			一级			二级			三级		
			累计值		变化速率/(mm/d)	累计值		变化速率/(mm/d)	累计值		变化速率/(mm/d)
			绝对值/mm	相对基坑设计深度 H 控制值		绝对值/mm	相对基坑设计深度 H 控制值		绝对值/mm	相对基坑设计深度 H 控制值	
1	挡土结构(边坡)顶部水平位移	土钉墙、复合土钉墙、锚喷支护、水泥土墙	30～40	0.3%～0.4%	3～5	40～50	0.5%～0.8%	4～5	50～60	0.7%～1.0%	5～6
		灌注桩、地连墙、钢板桩、型钢水泥土墙	20～30	0.2%～0.3%	2～3	30～40	0.3%～0.5%	2～4	40～60	0.6%～0.8%	3～5
2	挡土结构(边坡)顶部竖向位移	土钉墙、复合土钉墙、锚喷支护	20～30	0.2%～0.4%	2～3	30～40	0.4%～0.6%	3～4	40～60	0.6%～0.8%	4～5
		水泥土墙、型钢水泥土墙	—	—	—	30～40	0.6%～0.8%	3～4	40～60	0.8%～1.0%	4～5
		灌注桩、地连墙、钢板桩	10～20	0.1%～0.2%	2～3	20～30	0.3%～0.5%	2～3	30～40	0.5%～0.6%	3～4
3	深层水平位移	复合土钉墙	40～60	0.4%～0.6%	3～4	50～70	0.6%～0.8%	4～5	60～80	0.7%～1%	5～6
		型钢水泥土墙	—	—	—	50～60	0.6%～0.8%	4～5	60～70	0.7%～1%	5～6
		钢板桩	50～60	0.6%～0.7%	2～3	60～80	0.7%～0.8%	3～5	70～90	0.8%～1.0%	4～5
		灌注桩、地连墙	30～50	0.3%～0.4%	2～3	40～60	0.4%～0.6%	3～5	50～70	0.6%～0.8%	4～5
4	锚杆轴力		最大值:(60%～80%)f_2 最小值:(80%～100%)f_y			最大值:(70%～80%)f_2 最小值:(80%～100%)f_y			最大值:(70%～80%)f_2 最小值:(80%～100%)f_y		
5	支撑轴力										
6	地表竖向位移		25～35	—	2～3	35～45	—	3～4	45～55	—	4～5
7	立柱竖向位移		20～30	—	2～3	20～30	—	2～3	20～40	—	2～4
8	坑底隆起(回弹)		累计值(30～60)mm,变化速率(4～10)mm/d								
9	土压力		(60%～70%)f_1			(70%～80%)f_1			(70%～80%)f_1		
10	孔隙水压力										

续表

序号	监测项目	支护类型	基坑设计安全等级								
			一级			二级			三级		
			累计值		变化速率/(mm/d)	累计值		变化速率/(mm/d)	累计值		变化速率/(mm/d)
			绝对值/mm	相对基坑设计深度 H 控制值		绝对值/mm	相对基坑设计深度 H 控制值		绝对值/mm	相对基坑设计深度 H 控制值	
11	挡土结构内力		$(60\%\sim70\%)f_2$			$(70\%\sim80\%)f_2$			$(70\%\sim80\%)f_2$		
12	立柱内力										

注：①H——基坑设计深度；f_1——荷载设计值；f_2——构件承载能力设计值，锚杆极限抗拔承载力；f_y——锚杆、钢支撑预应力设计值；
②累计值取绝对值和相对基坑设计深度 H 控制值两者的较小值；
③当监测项目的变化速率达到表中规定值或连续 3 次超过该值的 70%时应预警；
④底板完成后，监测项目的位移变化速率不宜超过表中速率预警值的 70%。

5.3 基坑工程动态设计和信息化施工

基坑工程是复杂的系统工程，不仅涉及岩土工程和结构工程两个学科，而且具有较强的时空效应、区域性、个别性，也带有强烈的行业色彩。由于当前的设计理论尚不成熟，基坑的稳定性、支护结构的内力和变形以及周围地层的位移对周边建(构)筑物、道路、管线等的影响的计算分析结果可能与实际情况存在显著差异。一方面，受土力学理论局限的限制，工程计算中，土体的力学性质如蠕变、松弛、流动和长期强度等特性很难得到全面反应；另一方面，基坑支护设计人员往往只能就常规假设工况进行计算，而工程进行中由于情况复杂多变，也会使实际施工工况与原设计并不相符。

除上述客观因素外，在建设管理、地质勘察、支护设计、基坑施工和工程监理等方面的系列主观因素，也可能导致基坑工程存在安全隐患，甚至酿成事故。如建设单位的管理不规范、盲目压缩工期、对施工缺乏有限监督；地质勘察范围不够，资料不详、不准、失误或盲目套用以往资料；基坑工程设计参数取值不当，对周围环境调查不够或未充分考虑施工期环境条件变化，设计方案缺乏详细论证；基坑施工单位水平不够、偷工减料或措施不足、未按照设计要求施工；工程监理缺乏责任心，未对施工全过程监理或发现问题没有及时制止；等等。因此，工程实践中大力发展动态设计和信息化施工技术，采用理论导向、定量量测和经验判断相结合的方法，对基坑施工及周围环境保护问题作出合理的技术决策和现场应变是必要的。

基坑工程动态设计和信息化施工是相辅相成、不可分割的整体。动态设计是指利用现场监测资料的相关信息，借助反分析等研究手段，尽量真实地、动态地模拟岩土体和基坑结构的信息，并将这些信息反馈于设计，以逐步调整设计参数，从而保证基坑的安全，也能够在一定程度上降低工程造价。信息化施工是指充分利用前期基坑开挖监测得到的岩土及结构体变位、行为等大量信息，通过与勘察、设计的比较与分析，在判断前段设计与施工合理性的基础上，反馈分析与修正岩土力学参数，预测后续工程可能出现的新行为与新动态，进行施工设计与施工组织再优化，以指导后续开挖方案、方法、施工，排除险情。

基坑工程动态设计和信息化施工的流程如图 5.3.1 所示。即：在设计方案优化后，通过动态计算模型，按施工过程对基坑支护结构体系进行逐次分析，预测支护结构在施工过程中的位移、沉降、结构内力以及所承受的水压力、土压力等的变化情况；在施工过程中采集相应的信息，并与预测结果比较，从而作出决策，修改原设计中不符合实际的部分。将所采集的信息作为已知量，通过反分析推求符合实际的土质参数，并利用所推求的较符合实际的土质参数再次预测下一施工阶段支护结构体系及土体的性状，同时采集下一施工阶段的相应信息。这样反复循环，不断采集信息，不断修改设计并指导施工，将设计置于动态过程中，通过分析预测指导施工，通过施工信息反馈修改设计，使设计与施工逐渐逼近实际。

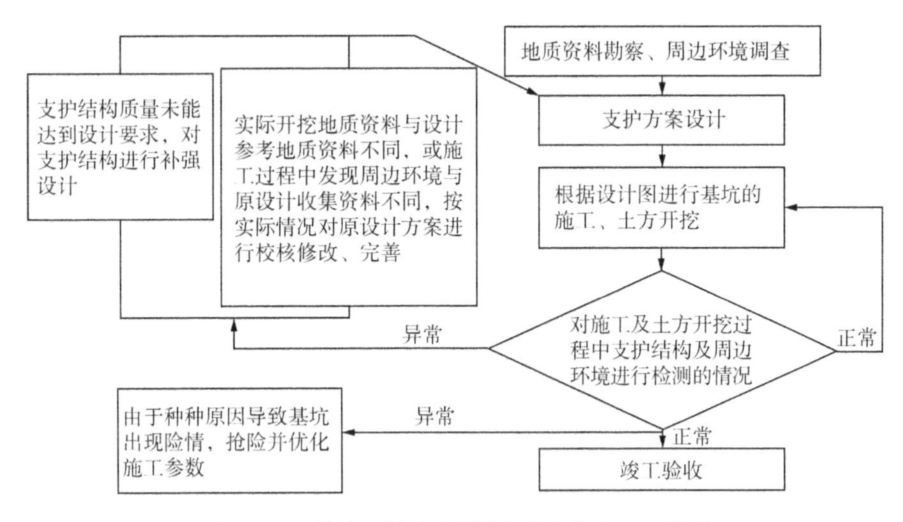

图 5.3.1 基坑工程动态设计和信息化施工流程图

5.4 水利工程深基坑智能监测与评价系统开发

5.4.1 系统的作用和意义

已有工程经验表明，对基坑进行自动化在线监测，是预防基坑安全事故、保证基坑施工及周围构筑物安全最有效的手段。近年来，工程安全监测在仪器与数据传输技术上得到了长足的发展，但对于多数水利工程，由于周边存在构筑物的情况较少，基坑支护设计主要是考虑本体结构的安全，基坑安全状态监测也主要是开展专项监测研究，尚未发现专门针对水利工程基坑安全状态监测与实时评价的系统。

现有基坑自动监测系统存在重监测轻评价问题，对于智能评估或动态评估功能研究较少。考虑到水利工程基坑施工受水荷载影响严重，更关注评估渗流效应动态变化过程影响，以及动态评价施工各阶段挡水、防渗与基坑支护体系适用性。现有自动监测系统具有一定的借鉴意义，但不完全适用于水利基坑工程现场施工智能监测与评价应用需求。随着我国重大引调水和防洪保障工程的建设，水利工程枢纽建筑物周边存在重要构筑物的情况凸显，针对水利工程基坑安全监测与实时评价的需求也日益增加。

与其他土建工程基坑相比，水利工程基坑具有①紧邻水源、水系遍布、地下水补给丰富，基坑及支护结构安全受水荷载影响大；②基坑规模大、形状不规则，施工过程中监测点位多；③基坑降水、截渗实施难度大，基坑施工周期长，安全监测周期也较长；④监测数据类型复杂、监测频率要求高，数据需包含多项与水荷载相关监测信息，且受水位频繁变动影响，相关监测频率要求较高；⑤汛期安全问题突出，基坑甚至有过水需要等特点。根据水利工程基坑自身特点及安全监测需求，制定有针对性的全面、系统安全状态监测评估方案，以传感器、物联网和通信网络技术为载体，开发适用于水利工程深基坑安全智能监测与评价系统，实时评估和掌握施工过程中支护结构和周边建筑物的安全状态，为基坑动态设计、施工方案调整提供数据支持，对于提高预防基坑安全事故，保证基坑施工及周边建(构)筑物、道路和管线的安全，提高施工效率具有十分重要的意义。本书提供了一种水利工程基坑智能监测与评价系统开发思路，供读者参考。

5.4.2 系统的组成

水利工程基坑安全状态智能化监测与评价系统分为硬件部分和软件部分，硬件部分为实现基坑监测所布设的各类仪器，包括各类传感器及相关配件、适用于采集各种类型传感器数据的数据采集传输仪、现场监测预警平台及相关辅助配件等；软件部分为工程安全监测系统，主要由监测信息管理、数据信息存储、监测信息发布、安全状态评价、报警管理、账号管理等功能模块构成，软硬件之间通过无线或有线方式实时连通。

如图 5.4.1 所示，智能监测与评价系统可分为四个部分，即现场数据采集系统→信号传输系统→智能云中心(工程安全状态智能监测与评价系统)→现场监测预警平台。

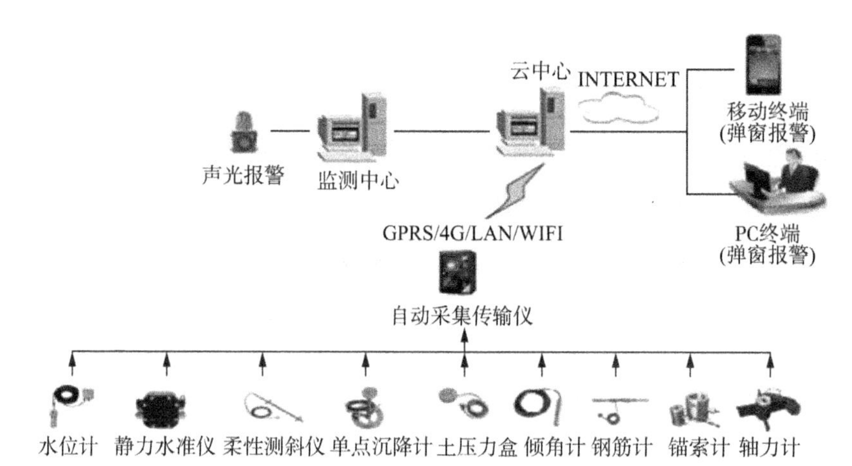

图 5.4.1　系统网络结构拓扑图

(1) 现场数据采集系统

根据批准的基坑监测方案，布设动力(静力)水准仪、柔性测斜仪、应变计、轴力计、钢筋计、渗压计等监测传感器，依托布置在现场的多功能自动采集传输仪，自动采集基坑支护结构和土层的变形、应力、渗流等(图 5.4.2)。

(2) 信号传输系统

基于数据形式多样性，在相应采集仪内置入不同类型无线传输模块，利用 NB－lot/LoRa/ZigBee 等无线组网技术、移动网络分层分布式系统结构，实现各种不同类型采集信号在传感器、自动采集仪间稳定高效传输，对本地大范围分布式数据的采集及存储，为集中监测管理提供数据支撑。

现场数据采集传输系统集成了数据采集模块、供电模块及数据传输模块，通过

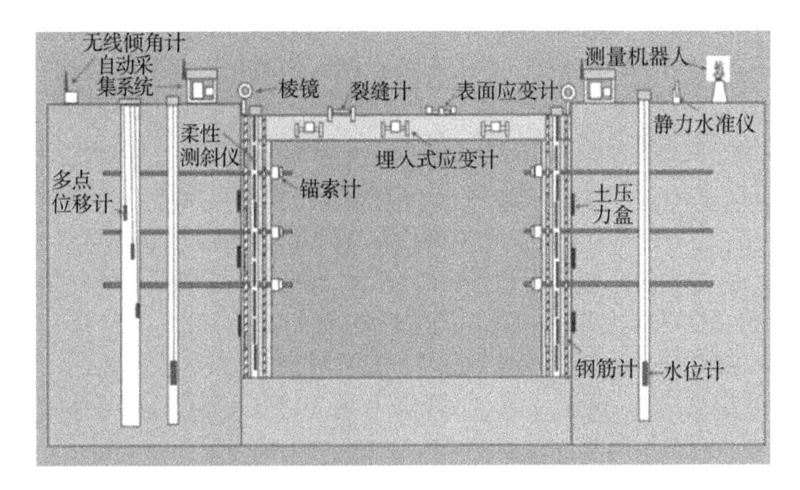

图 5.4.2　基坑现场采集仪布设示意图

LAN、4G 全网通、WIFI、USB、RS485 等多种途径将监测数据上传到云中心或现场监测预警平台的数据存储装置。采集仪供电模块采用内置锂电池进行供电，利用采集仪顶部自带的太阳能板进行充电以保证采集设备的长期运行。现场数据传输系统拓扑结构示意图如图 5.4.3 所示。

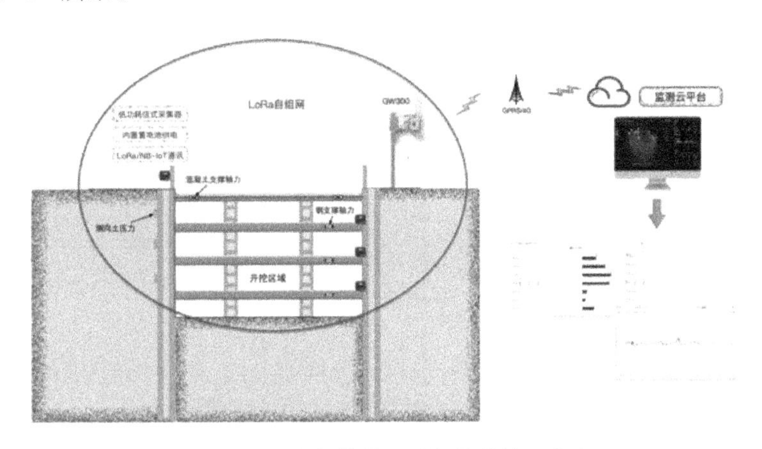

图 5.4.3　数据传输系统拓扑结构示意图

(3) 智能化云中心(智能监测与评价系统)

工程安全状态监测与评价系统采用 B/S(浏览器/服务器)结构设计，基于 Java 开发框架、Spring MVC 开发框架、Hibernate 对象关系映射框架(ORM)、访问控制(数据级权限管理)技术以及 Oracle 数据库管理系统开发，实现系统配置、多种数据采集方法集成、基于 Web 的远程监测、监测数据预测和相关性分析、安全状态评价等功能。系统采用开放式的软件架构和标准化的软件接口，方便后期对系统设备进行容量扩充和升级，以及与水利工程其他自动化系统连接。主要功能模块如图 5.4.4 所示，具体为：

①监测信息管理模块。实现不同水工建筑物、监测数据采集单元参数配置和数据采

集方式定义。

②数据信息存储模块。根据自调整 AR(n)预测模型对采集数据进行实时初判和分类存储。

③监测信息查询展示模块。将监测数据及安全评价结果以表格、曲线、云图等形式实时发布,并提供数据存储、查询、备份、报表等管理功能,用户可通过 Internet 快速浏览查询。

④安全状态评价模块。采用小波神经网络预测模型,通过预测值与相应位置的传感器采集量的对比,进行监测参数的趋势预估、相关测点数据的相关性分析等,进而对基坑支护结构和周边建(构)筑物安全状态进行实时评价。

⑤预警管理模块。根据基坑支护结构和周边建(构)筑物的预警值,拟定测点监测指标最大、最小值信息,并设置相应声光报警及分级界面弹窗警示;结合安全状态评价结果,对监测异常值设置分级界面弹窗警示。

⑥监测日志管理模块。用来管理操作用户的操作记录,包括登录信息、重要的操作如删除数据、输出数据、更改系统配置信息等的记录。

⑦用户管理模块。实现系统管理员、操作员的操作权限管理。

⑧远程监测客户端。包括手机移动客户端和 PC 客户端,用户可通过访问相应的 IP,访问网页版水利枢纽状态监测与评价系统。

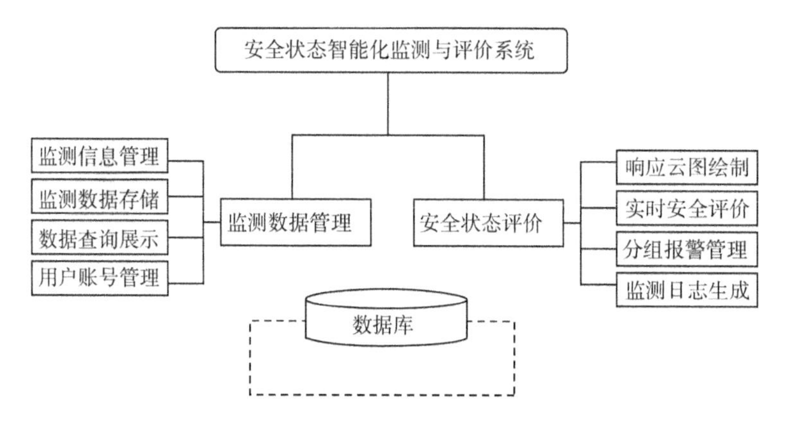

图 5.4.4 智能监测与评价系统功能结构图

(4) 现场监测预警平台

在水利工程监测中心,建立现场监测预警平台,包括液晶拼接屏、拼接屏控制器、管理台式电脑、应用服务器、数据库服务器、千兆工业路由器及交换机等配件。现场监测预警平台为水利工程基坑安全状态智能化监测与评价系统的载体,将系统相应功能进行实时展示。

5.4.3 自调整 AR(n)预测模型实时处理方法

5.4.3.1 AR(n)预测模型的理论基础

对于 N 个样本点$\{x_t\}$:$x_1,x_2,x_3,\cdots,x_N$。假设 $x_1,x_2,x_3,\cdots,x_{t-1}$ 与 x_t 的估计值

$\hat{x}_t$ 有如下线性关系：$\hat{x}_t=\beta_1 x_{t-1}+\cdots+\beta_n x_{t-n}$，其中，$\beta_1,\cdots,\beta_n$ 是待计算的参数。用 $\beta_1 x_{t-1}+\cdots+\beta_n x_{t-n}$ 去预测 x_t 可能有误差，因此调整 $x_1,x_2,x_3,\cdots,x_{t-1}$ 与 x_t 的线性关系为 $\hat{x}_t=\beta_1 x_{t-1}+\cdots+\beta_n x_{t-n}+\varepsilon_t$，$\varepsilon_t$ 是不可观测的随机变量。即：

$$x_t=\sum_{i=1}^{n}\beta_i x_{t-i}+\varepsilon_t,\varepsilon_t\sim \mathrm{NID}(0,\sigma_n^2\sigma_a^2) \tag{5.4-1}$$

式(5.4-1)为 AR(n)模型，β_i 为自回归参数，σ_a^2 为 ε_t 的方差。

将$\{x_t\}$序列直接代入式(5.4-1)，可以得到线性方程组，

$$\begin{cases} x_{n+1}=\beta_1 x_n+\beta_2 x_{n-1}+\cdots+\beta_n x_1+\varepsilon_{n+1} \\ x_{n+2}=\beta_1 x_{n+1}+\beta_2 x_n+\cdots+\beta_n x_2+\varepsilon_{n+2} \\ \cdots \\ x_N=\beta_1 x_{N-1}+\beta_2 x_{N-2}+\cdots+\beta_n x_{N-n}+\varepsilon_N \end{cases} \tag{5.4-2}$$

用矩阵形式表示为：

$$\boldsymbol{y}=\boldsymbol{x}\boldsymbol{\beta}+\boldsymbol{\varepsilon} \tag{5.4-3}$$

其中，

$$\boldsymbol{y}=\begin{bmatrix} x_{n+1} \\ x_{n+2} \\ \vdots \\ x_N \end{bmatrix},\boldsymbol{\beta}=\begin{bmatrix} \beta_1 \\ \beta_2 \\ \vdots \\ \beta_n \end{bmatrix},\boldsymbol{\varepsilon}=\begin{bmatrix} \varepsilon_{n+1} \\ \varepsilon_{n+2} \\ \vdots \\ \varepsilon_N \end{bmatrix},\boldsymbol{x}=\begin{bmatrix} x_n & x_{n-1} & \cdots & x_1 \\ x_{n+1} & x_n & \cdots & x_2 \\ \vdots & \vdots & & \vdots \\ x_{N-1} & x_{N-2} & \cdots & x_{N-n} \end{bmatrix}$$

根据多元回归理论，参数矩阵 $\boldsymbol{\beta}$ 的最小二乘估计为：

$$\hat{\boldsymbol{\beta}}=(\boldsymbol{x}^{\mathrm{T}}\boldsymbol{x})^{-1}\boldsymbol{x}^{\mathrm{T}}\boldsymbol{y} \tag{5.4-4}$$

对 AR(n)模型，拟合的方法有很多，其中 Box 拟合方法较为简单，且具有较快的拟合速度，尤其适用于对模型阶次毫无任何验前信息的情况。该拟合方法在做最小二乘估计时，从 $n=1$ 开始对$\{x_t\}$拟合 AR(n)模型，检查最后一个自回归系数 β_n，如果 $\beta_n\approx 0$，则确定适用模型为 AR($n-1$)，如果 $\beta_n\neq 0$，则令 $n=n+1$，继续拟合 AR(n)模型，重复这一过程，直到确定适合的 AR(n)模型。

对于实际监测数据，x_t 可能是一个不符合普遍分布规律的数据，即异常数据。此时，如果用 x_t 去预测 $x_{t+1},x_{t+2},\cdots$，则会出现预测失真；为减小预测误差，采用预测值 $\hat{x}_t$ 代替 x_t 来进行预测，虽然仍然会出现失真，但误差会小很多。

5.4.3.2　AR(n)预测模型的建模机制

对于 AR(n)模型，选择合适的模型阶数 n 是至关重要的。阶数 n 太大，将产生大的计算量，不适合实时监测。但如果采用过小的阶数，又不能精确地表示数据序列。

由式(5.4-1)知，若 ε_t 是未知的，则 $\sum_{i=1}^{n}\beta_i x_{t-i}$ 是 x_t 的预测值 $\hat{x}_t$，当参数 β_i 和 x_i 为已知，则可计算 x_t 的值。假设 x_t 是当前 t 时刻的实测值，可预测未来 $m(m=1,2,\cdots)$ 时刻

的数据值,即 $\hat{x}_t(m)=\sum_{i=1}^{n}\beta_i x_{t+m-i}$ 。当 $m=1$ 时,表示只预测未来一步时刻的数据, $x_{t+m-i},\cdots,x_t$ 都是实际监测值,即:

$$\hat{x}_t(m)=\sum_{i=1}^{n}\beta_i x_{t+m-i} \tag{5.4-5}$$

当 $m>1$ 时,表示预测未来 m 步时刻的数据,而在进行预测时,x_{t+m-1},x_{t+1-i} 是未知的,所以用 $\hat{x}_{t+m-1}$ 来代替 x_{t+m-1} 执行预测,即:

$$\hat{x}_t(m)=\begin{cases}\sum_{i=1}^{n}\beta_i\hat{x}_{t+m-i} & (n<m)\\ \sum_{i=1}^{1}\beta_i\hat{x}_{t+m+1-i}+\sum_{i=m+1}^{n}\beta_i\hat{x}_{t+m+1-i} & (n\geqslant m)\end{cases} \tag{5.4-6}$$

根据 AR(n)模型的性质知,其模型的误差值 $\varepsilon_t\sim \mathrm{NID}(0,\sigma_a^2\sigma_n^2)$,即满足标准正态分布,为使 ε_t 尽可能为 0,在预测过程中 AR(n)模型应自动调整相关参数。当 $\varepsilon_t=0$ 出现的概率小于一个阈值时,模型就需要调整。设当前时刻的预测误差为 ε_t,平均预测误差值为 $E(\varepsilon_t)$,设调整后的误差为 ε_t',要使 ε_t' 尽可能为 0,可将 $\varepsilon_t-E(\varepsilon_t)$ 的值近似为 ε_t',即 $\varepsilon_t'=\varepsilon_t-E(\varepsilon_t)$ 。则原模型可改写为:

$$x_t=\sum_{i=1}^{n}\left(\beta_i+\frac{E(\varepsilon_t)}{nx_{t-i}}\right)x_{t-i}+\varepsilon_t-E(\varepsilon_t) \tag{5.4-7}$$

用 β_i' 代替 $\beta_i+\frac{E(\varepsilon_t)}{nx_{t-i}}$,用 ε'_t 代替 $\varepsilon_t-E(\varepsilon_t)$,则式(5.4-7)可改写为如下形式:

$$x_t=\sum_{i=1}^{n}\beta'_i x_{t-i}+\varepsilon_t' \tag{5.4-8}$$

式(5.4-8)即为调整后的预测模型。

5.4.3.3 异常数据处理方法

根据 $\varepsilon_t=x_t-\hat{x}_t=x_t-\sum_{i=1}^{n}\beta_i x_{t-i}$,且 $\varepsilon_t\sim \mathrm{NID}(0,\sigma_a^2)$,设 W 为一步后移算子,即 $x_{t-1}=W_{xt}$,则可以得到:

$$\varepsilon_t=x_t-\sum_{i=1}^{n}\beta_i Wx_{t-i+1}=(1-\beta_1W-\beta_2W^2-\cdots-\beta_nW^n)x_t=\beta Wx_t\quad (t=1,2,\cdots,N) \tag{5.4-9}$$

式中:N——样本容量;

ω^2——时间序列中当前时刻向前 N 个时刻(N 为整数,且 $N\geqslant 1$)相应预测误差 ε_t 平方和的平均值,令 $\omega^2=N^{-1}\sum\varepsilon_t^2$,$\varepsilon_{t+1}=\beta Wx_{t+1}$,定义 $\lambda=\frac{\varepsilon_{t+1}^2}{\omega^2}$,则 λ 表示当前误差值

ε_{t+1} 的平方与 ω^2 的比值，即监测 x_{t+1} 是否异常的统计量；预先设定的大于零的常数 U，当 $\lambda > U$，x_{t+1} 为异常监测数据。

在实际应用中，可根据相关传感器监测数据分布特点及实际要求而设定，假设 U 为 0.3，则表示如果当前误差的平方和是平均误差平方和的 0.3 倍时，认为是异常数据。U 值越大，表示对异常数据检测的要求越低。一般来说，对 $\lambda > U$ 的情形，意味着异常值比正常值大，统计量 λ 的大小标志着异常点偏离正常的大小。异常数据处理算法的程序框架如图 5.4.5 所示。

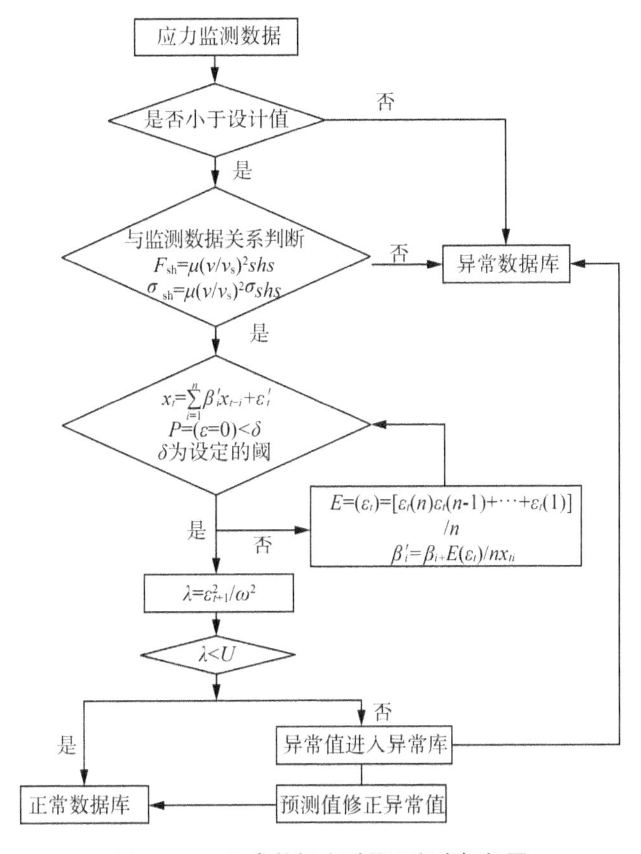

图 5.4.5 异常数据实时处理程序框架图

5.4.3.4 方法的适用性分析

基坑监测中所用到的钢筋计、应变计（混凝土应变计）、倾角计、土压力计、锚力计等传感器，其基本原理都是采集结构的应变或与应变相关的频率，结合监测对象自身性质，按照一定的标准进行换算，得到相应监测数据，监测数据都为严格时间序列值。传感器监测数据虽然是随机性变动，但同一种数据具有一定的变动规律，因此可利用正常监测数据之间的关系来描述监测数据随机变动的规律。当监测时间 t 比较小时，若前一时刻的监测值 x_{t-1} 较高，则后一时刻的监测值 x_t 一般较高；反之亦然。可以利用监测对象本身的一组观测数据 $x_1, x_2, x_3, \cdots, x_N$ 之间的关系来描述监测数据随机变动的规律，即建立 AR(n)线性自回归模型。根据自回归模型可以预测未来 t 时刻的监测值。

AR(n)预测模型的建立不需要预先设定参数值,只需少量近期正常监测数据和简单计算就可以估计模型的参数并能实时给出预测值,比较适用于监测数据种类多、格式复杂、信息量大的海上风机异常监测数据的实时处理。为了降低预测误差,可采用预测模型参数自动调整策略,当预测误差超过预先设定的阈值时,通过相应计算就可以估计模型的参数并能实时给出预测值并实时自动调整预测模型。基于该预测模型给出预测值,与实测值进行比较,监测异常数据,如果数据判定为异常,则用预测值代替异常值,以保证监测数据流的稳定性和连续性,实现数据的在线检测和修复。

5.4.4 基于小波神经网络的基坑状态实时评价方法

5.4.4.1 小波神经网络构造

小波神经网络核心思想是以小波元替代神经元,即用可选择的小波函数代替 Sigmoid 函数作为激活函数,并通过不同类型的映射建立起小波变换与神经网络系数之间的关系,这种连接关系后来被应用于描述对非线性函数的逼近。小波神经网络(Wavelet Networks)是基于小波变换和神经网络两种理论的发展,进而结合而成的新方法理论。

设输出函数为 $y=f(t)\in L^2(R)$,存在常数 $\hat{W}_{m,n}$ 使得:

$$\| f(t)-\sum < f(t),\hat{\psi}(t) > \hat{\psi}(t) \| < o(\varepsilon) \tag{5.4-10}$$

即:

$$\| f(t)-\sum \hat{w}\hat{\psi}(t) \| < o(\varepsilon) \tag{5.4-11}$$

令 $\hat{y}=\sum \hat{w}\hat{\psi}(t)$,当 $o(\varepsilon)\rightarrow 0$ 时, $\hat{y}$ 可以任意精度逼近 $y=f(t)$ 。

据此,可构造小波神经网络的输入输出方程:

$$Y_k=\sum_{j=1}^{H} C_{jk}\, g\left(\frac{\sum_{i=1}^{I} x_i w_{ij}-b_j}{a_j}\right) \tag{5.4-12}$$

式中:Y_k ——第 k 个输出节点的输出值;

C_{jk} ——第 j 个隐含层节点和第 k 个输出节点之间的连接权值;

a_j ——第 j 个隐含层节点的伸缩因子;

b_j ——第 j 个隐含层节点的平移因子;

w_{ij} ——第 i 个输入节点和第 j 个隐含层间的连接权值;

x_i ——第 i 个输入节点的输入值;

$g(x)$ ——小波基函数。

一般情况下,三层神经网络结构可以满足任意精度的逼近,其网络结构如图 5.4.6 所示。

5.4.4.2 小波神经网络各层节点的确定及初始化

小波神经网络包含输入层、隐含层和输出层。输入层的神经元个数和信号特征的个数有关,输出层的神经元个数是依据非线性函数逼近的方式所决定的。在基坑工程结构

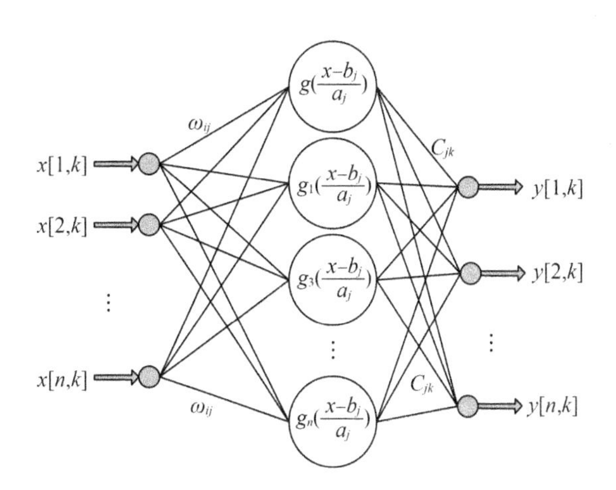

图 5.4.6　小波神经网络结构示意图

体系的监测中，输入层为荷载和施工条件等，如土、水、开挖阶段等，其数量可由特征值或运行状态代码确定；输出层为监测的物理量，包括应力-应变、振动加速度等，其数量由传感器的数量和各个采集物理量的特征值数量确定。而隐含层的节点的数却不是一个明确的量，目前也没有完善的理论依据，但其数量对于整个网络尤其重要。隐含层节点数少，则训练不能开始；隐含层节点数刚好，则网络的鲁棒性不强；隐含层节点数太多，则会额外耗费大量的计算资源，最终影响训练的速度，大大延长训练的时间，且一定条件下可能起到反作用，所以隐含层节点数应该适量。通常的做法是通过反复对比或是依据经验公式推算。确定隐含层节点数的原则是：按照从小到大逐个测试的方法，平衡网络收敛速度和预测精度。目前有如下的经验公式可供参考。

$$h \geqslant \sqrt{m+n}+a \tag{5.4-13}$$

式中：n——输入神经元数量；

m——输出神经元数量；

a——1～10 之间的常数。

$$\sum_{j=0}^{n} C\binom{h}{t} \geqslant M \tag{5.4-14}$$

式中：M——样本数量；当 $t>h$ 时，$\binom{h}{t}=0$。

$$h \geqslant \log_2 n \tag{5.4-15}$$

小波神经网络的初始值与学习是否达到局部最小和是否能够收敛以及训练时间的长短有很大关系。如果初始值偏差很大，使得加权后的输入落在激活函数的饱和区，那么调节过程几乎会停止下来。所以，一般总是要求经过初始加权后的每个神经元的输出值接近于零，这样可以保证每个神经元的权值在它们的 S 型激活函数变化最大值处进行调节，最简单的是尺度变换法。

尺度变换也称归一化或标准化，是指通过变换处理将网络的输入、输出数据限制在[0,1]或[−1,1]区间内。进行尺度变换的主要原因有：①因为网络输入量的种类很多，其量纲不同，数值差别巨大，如某输入分量在 $0\sim10^5$ 范围内变化，而另一输入分量在 $0\sim10^{-5}$ 范围内变化。尺度变换使所有分量都在0～1或 −1～1之间变化，从而使网络训练一开始就给各输入分量以同等重要的地位；②数据如不进行变换处理，将使数值大的输出分量绝对误差大，数值小的输出分量绝对误差小，网络训练时只针对输出的总误差调整权值，其结果使在总误差中占份额小的输出分量相对误差较大，对输出量进行尺度变换后这个问题可迎刃而解。此外，当输入或输出向量的各分量量纲不同时，应对不同的分量在其取值范围内分别进行变换；当各分量物理意义相同且为同一量纲时，应在整个数据范围内确定最大值和最小值，进行统一的变换处理。尺度变换的计算公式为：

$$
\begin{aligned}
x_{\mathrm{mid}} &= \frac{x_{\max}+x_{\min}}{2} \\
\bar{x} &= \frac{x_i - x_{\mathrm{mid}}}{\frac{1}{2}(x_{\max}-x_{\min})}
\end{aligned}
\tag{5.4-16}
$$

尺度变换是一种线性变换，当样本的分布不合理时，线性变换只能统一样本数据的变化范围，而不能改变其分布规律。适用于网络训练的样本分布应比较均匀，相应的样本分布曲线应比较平坦。当样本分布不理想时，最常用的变换是对数变换，其他常用的还有平方根、立方根变换等。由于变换是非线性的，其结果不仅压缩了数据变化的范围，而且改善了其分布规律。

5.4.4.3 基坑工程状态评价实时评价方法

设神经网络的预测值为 $\{\hat{y}_i\}$，传感器的实测值为 $\{y_i\}$，两者的差值 σ 即反映了结构的状态，如果差值太大结构可能存在缺陷；两者相近则表示结构状态良好。具体评价方法为：

(1) 限值比较法

限值比较是指传感器采集的物理量与材料要求的物理限值或是结构设计要求的限值之间进行的比较，如混凝土强度、裂缝、基础水平、竖向位移、渗透压力等。这要求各个传感器采集的物理量不能超过相应的限值，如果超过了限值，应先确定传感器的可靠性，在传感器可靠得到确定的情况下，说明结构已经发生损伤，不利于结构体系的安全运行，需要采取相应的措施。

(2) 单点误差法

单点比较是相同位置的实测值与预测值之间比较。

$$\{\sigma_i\} = \left\{\frac{y_i - \hat{y}_i}{\hat{y}_i}\right\} \tag{5.4-17}$$

若 σ_i 超过某一范围 s，如 $\sigma_i=1$，即实测值超过预测值的一倍，说明该点可能存在损伤。由于神经网络的计算结果有一定的误差，对于 s 的具体限值需要在实践中加以确定。

(3) 总体误差法

单点比较的误差对于结构局部状态评价具有一定的作用,一定程度上反映了结构局部的状态。但受到的干扰因素较多,如在环境荷载较小时结构响应也必然会小,这时由于计算、采集等误差使得单点误差相差较大,从而对结构状态的评价影响较大。

对所有点进行统计分析,可以得到整体结构的状态信息,即:

①均值

$$E[\sigma_i]=\frac{\sum_{i=1}^{n}\sigma_i}{n} \tag{5.4-18}$$

②均方差

$$\delta^2=E[(\sigma_i-E[\sigma_i])^2] \tag{5.4-19}$$

上式表示两者误差的离散程度,其值越大说明误差的波动越大,各点的误差相差较大,考虑到神经网络的计算误差,若均方差大于神经网络计算误差的一定倍数,则可认为结构存在不安全因素。

设 ε 为神经网络的计算误差,当误差均方差在一定范围内,如为 l 倍的神经网络计算误差,则有:当 $\delta \leqslant l\varepsilon$ 时,可认为结构状态良好;当 $l\varepsilon \leqslant \delta \leqslant s\varepsilon$ 时,结构状态为警告,表示结构可能存在损伤;当 $s\varepsilon \leqslant \delta \leqslant t\varepsilon$ 时,结构状态存在损伤。上述式中,l 、s 、t 需要结合现场监测数据和神经网络训练的精度共同决定。图 5.4.7 为结构体系状态评价一般步骤示意图。

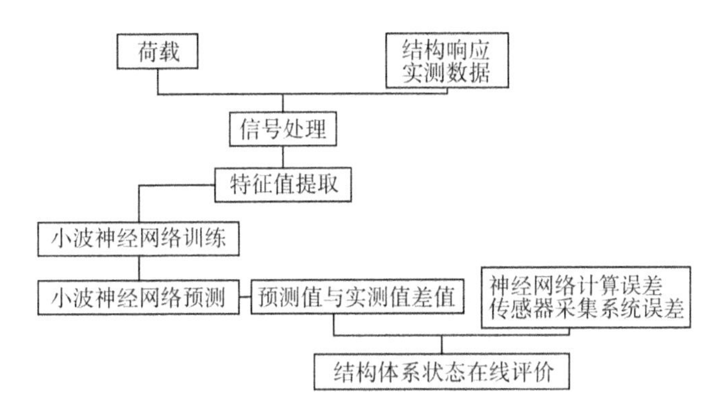

图 5.4.7 结构体安全状态评价步骤示意图

6 深基坑工程数值模拟方法及应注意的问题

6.1 岩土工程数值计算常用方法及软件

随着计算机技术的发展，数值分析方法在岩土工程领域的发展越来越快，从 20 世纪 40 年代开始，有限差分法（FDM）率先在岩土工程分析中得到应用，先是应用于渗流和固结问题的求解，后来推广应用于弹性地基梁、板及桩基的求解。60 年代后，有限单元法（FEM）成为岩土工程数值计算的主要手段之一，由于它能比较容易地处理分析领域的复杂形状及边界条件、材料的物理非线性和几何非线性性状，所以其应用发展很快，现已广泛应用于岩土工程的渗流、固结、稳定、变形等问题的研究以及各类基础、堤坝、边坡、基坑、隧道等岩土工程问题的分析。

有限单元法（FEM）是建立在连续介质力学基础上的数值分析方法；在岩土工程中，有时会遇到节理、层理及断层面等不连续问题，而且不少岩土材料在破坏前会产生裂缝、破碎带，呈不连续状态，为了处理非连续介质问题，发展了离散单元法（DEM）和非连续变形分析（DDA）；近年来，还发展了建立在“流形”有限覆盖技术上，可统一处理连续和过渡到非连续问题的流形元法（MEM）；还有针对处理连续介质非线性大变形问题而设计的拉格朗日元法（FLAC）。

随着计算机系统的迅速发展，计算成本日益降低，各种系统软件的发展和应用促进了数值计算方法在岩土工程中的应用。目前，常用的各种比较成熟而且应用较广的岩土工程计算软件如表 6.1-1 所示。

表 6.1-1　常用岩土工程计算软件列表

方法	缩写	代表软件
有限差分法 (Finite Difference Method)	FDM	WHI Visual modflow GMS
有限单元法 (Finite Element Method)	FEM	ANSYS Adina System Geoslope Sigma/W MIDAS-GTS

续表

方法	缩写	代表软件
边界元法 (Boundary Element Method)	BEM	Phase
离散单元法 (Discrete Element Method)	DEM	—
流形元法 (Manifold Element Method)	MEM	—
拉格朗日元法 (Fast Lagrangina Analysis of Continua)	FLAC	FLAC
非连续变形分析 (Discontinuous Deformation Analysis)	DDA	—

6.2 数值分析在岩土工程分析中的定位

6.2.1 岩土工程数值分析中的几个问题

(1) 计算方法的适用性与连续性问题

岩土体属于高度非线性复杂介质。在数值分析中,如果原封不动地采用基于连续介质假定的经典力学概念,会造成计算结果的误差。因为连续介质的基本假定就是物体是连续的,从而其力学行为,如位移、应力、应变等都应该是连续变化的,而在自然界中,这样理想的物体是不存在的。因此,在进行数值分析之前,必须对岩土体的性质、结构和赋存环境进行分析,判定岩土体的本构关系和结构类型,考虑连续性假设的合理使用范围和各物理量的适用定义。

(2) 小变形理论与岩土体大变形问题

多数岩土力学理论认为岩土体的变形主要分为弹性变形阶段和塑性变形阶段两个阶段。一般认为,在弹性阶段的变形较小,属于小变形,而进入非线性弹性、塑性、流动阶段的变形不再适用常规数值计算采用的变形叠加理论,而应依据非线性大变形理论进行分析和计算。

目前,常用的岩土工程数值分析软件大多是基于连续介质小变形假定的,采用变形叠加原理进行分析和计算,因此,得到的计算结果仅对弹性变形阶段适用。但是,应该注意到,非线性大变形是岩土介质的重要特征,如果将小变形假定应用到大变形的分析和计算中,其结果要么失真,要么迭代不收敛,根本无法得到计算结果。

(3) 要考虑岩土体的改造措施

处于天然地质环境中的岩土体,不需要经过改造而直接可为工程建筑物所利用的很少。基坑工程中的支护、灌浆、锚固、降水等,都是对岩土体进行改造,甚至是开挖,也会导致岩土体失去天然环境,改变其应力状态。实际上,要准确计算分析这些改造扰动对工程的可能影响是很难的,但是岩土工程师在进行基坑支护数值分析时,要考虑到可能的扰动及其可能带来的不利影响，采用一定的简化手段进行分析。

(4) 考虑施工过程

从施工过程去进行计算分析是岩土工程区别于结构工程的一个显著特点。岩土体是经过长期地质作用的产物，并处于一定的地质条件下，当取样进行测试分析时，岩土试样已经脱离了它原有的环境状态，计算时需要考虑测试结果是否真实反映实际岩土体的受力历史过程。基坑工程支护与土体共同作用体系，其变形动态与开挖过程是相互影响的，数值计算中必须要明确各层土方开挖、支护结构的施作、锚杆(支撑)的安装或预应力施加等的施工顺序和对应关系，对整个施工过程进行模拟。

(5) 计算参数

数值分析计算中只有给定合理的计算参数，才能获得较为可靠的结果。但是，岩土工程中很多计算参数难以在现场或实验室获得，只能采用经验值，这也阻碍了数值分析定量计算在实际工程中的应用。

6.2.2 数值分析在岩土工程分析中的定位

中国工程院龚晓南院士在调研我国岩土工程数值分析现状的基础上，从岩土材料特性、岩土工程与结构工程有限元分析误差来源分析比较和岩土工程分析方法三个方面，分析了数值分析在岩土工程分析中的定位。根据分析结果，认为岩土工程数值分析目前只能用于定性分析，其结果是岩土工程师在岩土工程分析过程中进行综合判断的重要依据之一，主要用于复杂岩土工程问题的定性分析。

(1) 岩土材料特性

岩土材料是自然、历史的产物，工程特性区域性强，岩土体中的初始应力场复杂且难以测定，土是多相体，土体中的三相有时很难区分，土中水的状态又十分复杂。岩土的应力-应变关系与应力路径、加荷速率、应力水平、成分、结构、状态等有关，岩土体的本构关系十分复杂。至今尚无工程师普遍认可的工程实用的本构模型，而采用连续介质力学模型求解岩土工程问题的关键是如何建立工程实用的岩土本构方程，这是应面对的现状，也是考虑数值分析在岩土工程分析中的地位时必须重视的现实情况。

(2) 有限元分析误差来源

结构工程所用材料多为钢筋混凝土、钢材等，材料均匀性好，由此产生的误差小；而岩土工程材料为岩土，均匀性差，由此产生的误差大。

在几何模拟方面，对结构工程的梁、板、柱进行单独分析，误差很小，但对复杂结构，节点模拟处理不好可能产生较大误差；对岩土工程，若存在两种材料的界面，界面模拟误差较大。

在本构关系方面，结构工程所用材料的本构关系较简单，可用线性关系，可能产生的误差小；而岩土材料的本构关系很复杂，由所用本构模型产生的误差大。

在模型参数测定方面，结构工程所用材料的模型参数容易测定，由此产生的误差小；而岩土工程材料的模型参数不易测定，由此产生的误差大。

结构工程中一般初始应力小，某些特殊情况，如钢结构焊接应力，影响范围小；岩土工程中岩土体中初始应力大且测定难，对数值分析影响大，特别对非线性分析影响更大。

结构工程分析常采用线性本构关系，线性分析误差小；岩土工程分析常采用非线性本构关系，非线性分析常需要迭代，迭代分析可能产生的误差大。

在结构工程和岩土工程分析中，若边界条件较复杂，均可能产生较大误差。相比较而言，多数结构工程边界条件不是很复杂，而多数岩土工程边界条件复杂。

岩土工程与结构工程有限元分析误差来源分析汇总如表 6.2-1 所示。根据分析结果，结构工程有限元分析误差来源少，可能产生的误差小；而岩土工程有限元分析误差来源多，可能产生的误差大。基于此，龚晓南院士认为，对结构工程，处理好边界条件和节点处几何模型，有限元数值分析可用于定量分析；对岩土工程，有限元数值分析只能用于定性分析。

表 6.2-1　岩土工程与结构工程有限元分析误差来源分析

误差来源	结构工程	岩土工程
材料均匀性	较均匀，误差小	不可见因素多，误差大
几何模型	节点模糊可能产生较大误差	界面模拟误差大
本构关系	较简单，可用线性关系，可能产生的误差小	很复杂，所用本构模型可能产生的误差大
模型参数	容易测定，误差小	不易测定，误差大
初始应力	初始应力小，影响也小	初始应力大且测定难，影响大
分析方法	线性分析误差较小	非线性分析误差可能较大
边界条件	较复杂，可能产生较大误差	较复杂，可能产生较大误差

（3）分析方法

对于岩土工程，首先要详细掌握工程地质条件、土的工程性质、土力学基本概念、工程经验。在此基础上采用经验公式法、数值分析法和解析分析法进行计算分析。在计算分析中要因地制宜，抓主要矛盾，具体问题具体分析，宜粗不宜细，宜简不宜繁。然后，在计算分析基础上，结合工程经验类比，进行综合判断，最后进行岩土工程设计。在岩土工程分析过程中，数值分析结果是工程师进行综合判断的主要依据之一。

6.3　基坑工程数值模拟应注意的问题

对基坑工程数值模拟时，需要着重注意的是本构模型的选取、参数的选用、模型范围的确定、单元类型的选取和网格划分等几个方面。

6.3.1　本构模型的选取

目前，已建立的关于土的本构模型包括弹性模型、刚塑性模型、非线性弹性模型、弹塑性模型、黏弹性模型、多重屈服面模型、损伤模型等，数量多达数百个。多数岩土工程数值模拟软件也都提供了岩土体常用的几个本构模型，如莫尔-库仑模型、德鲁克-普拉格模型、邓肯-张模型、剑桥模型、修正莫尔-库仑模型、硬化土模型、小应变模型等，不少软件还嵌入了本构模型的用户自定义功能。图 6.3.1 为 MIDAS－GTS 所提供的本构模型。

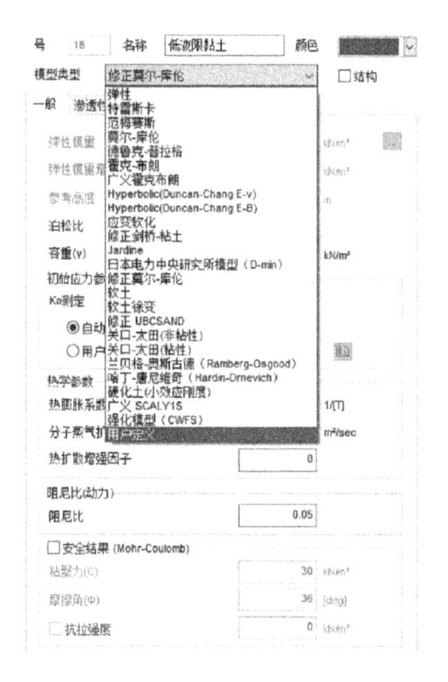

图 6.3.1　MIDAS－GTS 提供的岩土体本构模型

基坑支护工程的数值模拟应用最多的岩土体本构模型是较为实用的莫尔-库仑模型、硬化土模型(修正莫尔-库仑模型)，这两个模型相对简单、参数较少，也易于测定。

宋广等通过基坑工程算例与工程实例对比分析，探讨了线弹性模型、莫尔-库仑模型和硬化土模型的适用性。算例结果表明，由于硬化土模型采用了不同的加荷与卸荷模量，能够反映土体卸荷应力路径的变形特性，计算的回弹量较为合理，而线弹性模型与莫尔-库仑模型采用相同的加荷和卸荷模量，因此计算得到的坑底回弹量大致相同，且硬化土模型大很多；在采用莫尔-库仑模型模拟土体时，将坑底以下土体的弹性模量提高到原模量的 5 倍，并将土体沿深度分层并赋予相应的弹性模量，计算得到的坑底回弹量与硬化土模型较接近，桩体的水平位移也更加接近实测值，但是坑后特别是距离基坑较近范围内的地表沉降与实测值相差较大。

莫尔-库仑模型在线弹性模型的基础上考虑了土体的塑性变形，其破坏准则能够较好地刻画土体破坏行为，因此相对于弹性模型而言有质的改进。但是莫尔-库仑模型达到破坏之前的应力-应变关系是线弹性的，不能反映土体的非线性特性，且不能反映土体加荷与卸荷的模型差异以及模量随围压而提高的特性。硬化土模型，能够考虑变形模量随着围压增大而增大的特性，同时对土体的剪切硬化和压缩硬化采用了不同的加载和卸载模量，可以较好地考虑应力路径对土体变形特性的影响，计算结果更符合实际。

在基坑工程数值模拟计算中，可优先选用硬化土模型，其模拟效果较莫尔-库仑模型更优。但需要指出的是，硬化土模型涉及的参数更多，而且其中的关键参数往往是勘察所不能提供的，存在由于参数不准导致的较大偏差。选用莫尔-库仑模型时，要合理选择和调整坑底土层弹性模量的放大倍数，以获得较为符合实际的结果，但其计算结果对邻近基坑边缘(1倍开挖深度左右)的地表沉降指导性不强，尤其当范围内有重要建(构)筑物时，需要慎重选用。

6.3.2　参数的选用

基坑工程数值模拟计算涉及的土的参数包括天然重度、饱和重度、泊松比、渗透系数、孔隙比、弹性模量、黏聚力、内摩擦角等，采用硬化土模型时，还需要输入标准排水三轴试验中的割线刚度、主固结仪加载中的切线刚度等。上述参数中，多数可以从工程勘察报告中直接获得，但是与基坑变形密切相关的弹性模量、割线刚度、切线刚度等参数工程勘察报告并不提供，需要根据实践经验、工程类比和理论分析进行选取。

(1) 弹性模量

对于弹性模量的取值，相关学者根据工程经验和理论分析提出了多种方法，本书列举如下几种，供读者参考。

①欧章煜建议采用不排水抗剪强度、塑性指数和超固结比估算弹性模量，给出如下计算公式：

$$E = C_0 \eta S_u \tag{6.3-1}$$

式中：S_u——不排水抗剪强度；

C_0、η——无量纲系数，可根据土体的超固结比和塑性指数查图得到，并且认为正常压密黏土的 E/S_u 在 500～800 之间。

②高颂东提出，天津地区静力触探的比贯入阻力 P_s 和不排水抗剪强度 S_u 之间存在相关性，当 $P_s < 1.2$ MPa 时，$S_u = 0.05P_s$。

③贾堤等以天津站深基坑开挖工程为背景，对地下 20 m 处粉土进行了固结压缩试验和三轴压缩试验，探讨了从压缩固结试验得到的压缩模量 E_s 与数值分析中使用的割线弹性模量 E 之间的关系，得到与轴压 100～200 kPa 范围内压缩模量相对应的弹性模量，即 $E = 8.2E_s$；并在高松东、欧章煜等人的研究基础上，提出了采用锥尖阻力 q_c 与弹性模量 E 之间的相互关系进行研究，即：

$$E = 2\beta\rho(146.37 \times q_c^{0.25})^2(1 + v) \tag{6.3-2}$$

式中：β——修正系数，欧章煜建议其经验值介于 0.3～0.5；

v——泊松比。

根据贾堤等的研究成果，采用不同方法估算时，天津地区粉质黏土的弹性模量为 42.0～59.2 MPa；淤泥质粉质黏土的弹性模量为 19.6～40.5 MPa；粉土和黏土的弹性模量为 53.5～118.1 MPa。相同类土，埋深越大，弹性模量越大。

④刘祖典在研究黄土结构时，提出了压力强度在 50～150 kPa 时，黄土变形模量 E_0 与压缩模量 E_s 之间的统计关系为：

$$E_0 = m \cdot E_s \tag{6.3-3}$$

其中，$m \cdot e = 2.718$（e 为孔隙比）。

同时，对于不同围压下黄土的线弹性模量 E，可以表示为：

$$E = E_0 + a'\sigma_3 \tag{6.3-4}$$

⑤舒武堂等根据武汉地区104组荷载试验与室内对比试验资料统计回归分析，得出淤泥质软土、一般黏性土和老黏性土的变形模量 E_0 与压缩模量 E_s 的关系，即对于淤泥质软土，$E_0 \approx 1.46 \cdot E_s$，对于一般黏性土，$E_0 \approx 1.95 \cdot E_s$，对于老黏性土 $E_0 \approx 2.25 \cdot E_s$，土的结构强度越大，压缩性越小，变形模量与压缩模量的比值越大。

⑥杨敏等根据上海地区62根打入桩的实测沉降反算地基土的弹性模量，提出弹性模量约为2.5～3.5倍的地基土在100～200 kPa时对应的压缩模量。

⑦梁发云等针对上海和天津软土地区敏感环境下的深基坑降水工程，对比由室内试验获得的土体剪切模量 G 与抽水试验反算得到的剪切模量 G' 及土体小应变初始剪切刚度 G_0 之间的关系，指出敏感环境下，基坑降水引起的土体应变范围约为0.1%～0.5%，可取土体剪切刚度 $G=(0.25 \sim 0.35)G_0$ 估算土体变形，并针对上海和天津的两个具体工程进行数值模拟，采用反算压缩模量为室内 E_s^{1-2} 的4.5～8倍时，计算降水沉降，与抽水试验计算结果变形相近。

根据上述文献资料，不同地区数值计算中使用的土体弹性模量或压缩模量，与室内试验100～200 kPa时对应的压缩模量之间的关系如表6.3-1所示。数值模拟计算中，选取的弹性模量与室内试验压缩模量的比例关系与土的性状、区域条件密切相关，但是整体上，土体的结构强度越大，弹性模量与室内试验压缩模量的比值越大。

表6.3-1　不同地区土体弹性模量数值计算与室内试验压缩模量的比例关系

地区	数值计算采用弹性模量与室内试验（100～200 kPa）时压缩模量的比例关系
天津	8.2（贾堤等）
武汉	1.46～2.25（舒武堂等）
上海	2.5～3.5（杨敏等）
上海、天津	4.53～8.06（梁发云等）
黄土地区	2～3（刘祖典）

（2）泊松比

泊松比通常也是通过经验确定，相对而言，其对基坑工程数值模拟计算结果的影响不显著。一般的，不同类型的土的泊松比取值范围为：碎石土，0.15～0.25；砂土，0.20～0.30；粉土，0.23～0.3；粉质黏土0.28～0.38；黏土0.25～0.40。

（3）切线刚度模量

采用硬化土模型时，切线刚度模量 E_{oed}^{ref} 是固结试验应力-应变曲线上的切线模量，而工程勘察报告中通常是提供100～200 kPa两级荷载下的平均压缩模量 E_s^{1-2}。虽然定义不同，但是一般情况下，二者的差别不大，$E_{oed}^{ref} \approx (0.9 \sim 1.3) \times E_s^{1-2}$；数值计算中，对于黏性土，可近似取 $E_{\mathrm{oed}}^{\mathrm{ref}}=E_s^{1-2}$；当没有提供压缩模量 E_s^{1-2} 时，或对于砂性土，也可以通过标准贯入试验（SPT）得到的标贯修正值来确定压缩模量，进而计算切线刚度模量。参考经验公式为：

粉细砂：$E_s^{1-2}\approx 7.36+0.46N$ （6.3-5）

中粗砂：$E_s^{1-2}\approx 7.73+0.47N$ （6.3-6）

式中：E_s^{1-2} ——压缩模量（MPa）；

N ——修正后的标贯击数。

（4）割线刚度模量

割线刚度模量 E_{50}^{ref}，是在参考围压为 100 kPa 时的标准排水三轴试验破坏荷载 50%对应的割线模量，该值决定了剪切屈服面相关联的塑性应变的大小，其值可以从三轴排水试验得到。无试验数据时，也可根据切线刚度模量计算结果，采用经验公式计算：

正常固结黏土：

$$E_{50}^{\mathrm{ref}}\approx 2E_{\mathrm{oed}}^{\mathrm{ref}}\ (q_c<5\ \mathrm{MPa}) \tag{6.3-7}$$

$$E_{50}^{\mathrm{ref}}\approx E_{\mathrm{oed}}^{\mathrm{ref}}\ (10<q_c<5\ \mathrm{MPa}) \tag{6.3-8}$$

正常固结砂：

$$E_{50}^{\mathrm{ref}}\approx E_{\mathrm{oed}}^{\mathrm{ref}}\ (q_c<5\ \mathrm{MPa}) \tag{6.3-9}$$

（5）卸载再加载模量

卸载再加载模量 $E_{\mathrm{ur}}^{\mathrm{ref}}$，是标准三轴排水试验围压等于 100 kPa 时卸载再加载时的模量，也可以通过三轴排水试验得到。无试验数据时，也可根据切线刚度模量计算结果，采用经验公式计算：

黏性土：$E_{\mathrm{ur}}^{\mathrm{ref}}\approx(4\sim 6)\times E_{50}^{\mathrm{ref}}(q_c<5\ \mathrm{MPa})$ （6.3-10）

砂性土：$E_{\mathrm{ur}}^{\mathrm{ref}}\approx(3\sim 5)\times E_{50}^{\mathrm{ref}}(q_c<5\ \mathrm{MPa})$ （6.3-11）

（6）其他参数

硬化土模型中，失效率可取 0.9；应力相关幂指数可取 0.5（砂土、粉土）～1.0（软土）；土的抗拉强度可取 0；最终膨胀角，对于黏性土可取 0，对于砂性土可取 φ 等于30°（φ 为砂性土的内摩擦角）。

6.3.3 数值模型的范围

基坑工程数值模拟分析中，需要通过预估可能的影响范围确定计算模型的范围。图 6.3.2 为常用的计算模型范围确定方法。

一般情况下，基坑的左右边界范围应不小于 3 倍的基坑开挖深度，基坑工程的主要影响区可以按照基坑周边 0.7 倍开挖深度确定；需要考虑降水时，模型计算边界应根据预估的降水影响范围取值，并尽可能取至稳定水源边界；模型的下边界可以取至基岩、坚硬土层，当基岩和坚硬土层埋深很大时，可按照不小于 3 倍的基坑开挖深度取值，并应取至软弱土层以下。

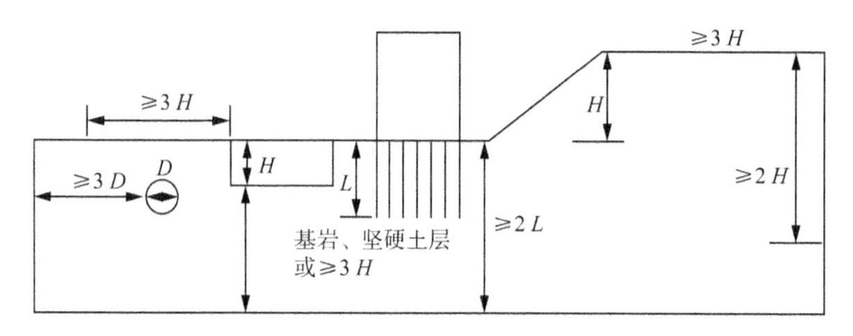

图 6.3.2　基坑工程数值模拟计算模型范围确定方法

6.3.4　数值模型的单元类型

基坑工程数值模拟分析可根据需要采用二维或三维计算模型。通常：

对于土层、重力挡墙、深搅（旋喷）加固体等，采用二维平面应变或三维实体单元模拟；

对于地连墙、喷射混凝土面层、截水帷幕等，可根据需要采用二维板单元或三维实体单元模拟；

对于排桩或钢板桩，采用一维梁单元模拟，有时为简化计算，也采用二维板单元或三维实体单元将排桩等效成连续墙模拟；

对于内撑、立柱、腰梁、冠梁等，采用一维梁单元模拟；

对于建筑物桩基础，采用一维梁单元、一维桩单元模拟，有时为简化计算，也可在对桩基础区域进行等效计算后，采用二维板单元或三维实体单元模拟；

对于锚杆、锚索、土钉等，采用一维植入式桁架模拟。

图 6.3.3 为某基坑工程桩锚结构、钢板桩、帷幕和周边邻近厂房的计算模型。其支护桩、钢板桩、冠梁和腰梁采用一维梁单元模拟，锚杆采用一维植入式桁架模拟，帷幕采用三维实体单元模拟，厂房结构采用实体单元等效模拟，桩基础采用一维梁单元模拟。

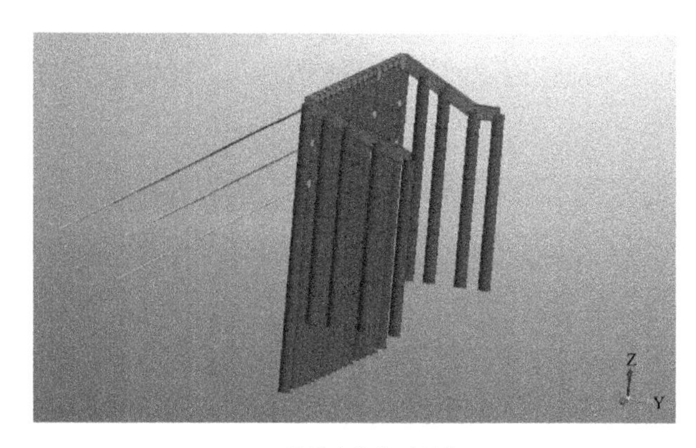

(a) 桩锚支护体系网格

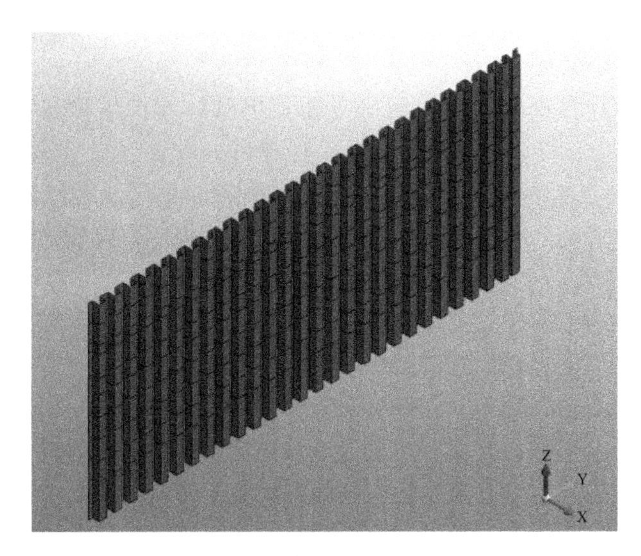

(b) 钢板桩网格

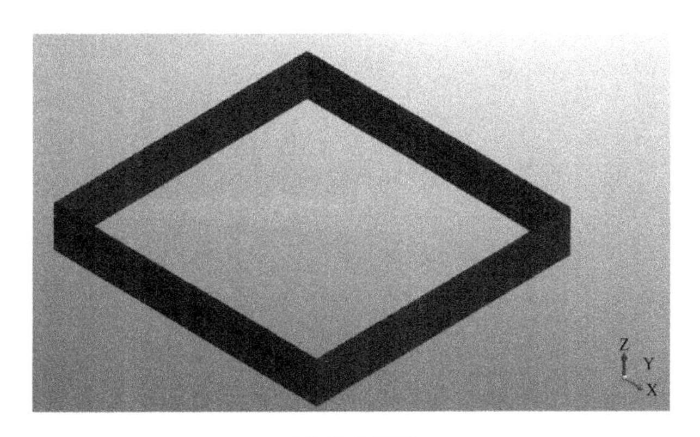

(c) 帷幕网格

(d) 基坑邻近厂房网格

图 6.3.3 基坑支护结构、钢板桩、帷幕和周边建筑物网格划分

6.3.5　数值模型的网格划分

基坑工程数值计算模型的网格划分需要根据基坑支护结构布置和基坑工程对影响区的影响程度划分。即，对于支护区域和受基坑开挖影响较大的区域，应采用较小的网格；对基坑土方开挖区域和受基坑开挖影响程度小的区域可以采用较大的网格。

图 6.3.4(a)和图 6.3.4(b)分别为某典型基坑的二维和三维计算模型的网格划分。由于基坑工程的开挖深度和规模越来越大，边界条件更复杂，计算模型范围也越来越大。采用三维模型计算模拟的基坑工程，其范围有时达到几百米，为提高计算效率，必须要对网格总数进行控制。随着计算机系统的发展，计算模型的网格总数在几十万、上百万个时仍能很快获得计算结果，因此，很多时候，对于采用二维平面应变模型或小的三维模型模拟基坑开挖时，已经不再需要根据基坑影响范围的大小选择网格划分的疏密，而是可以以较小的网格间距均匀划分，对计算时间的影响微乎其微。

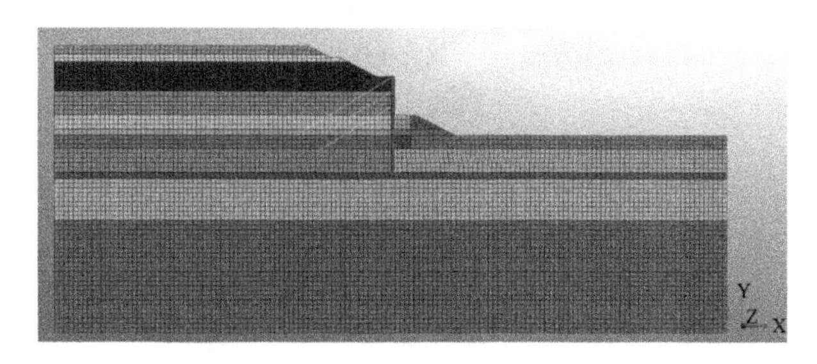

(a) 基坑二维数值模拟分析计算模型

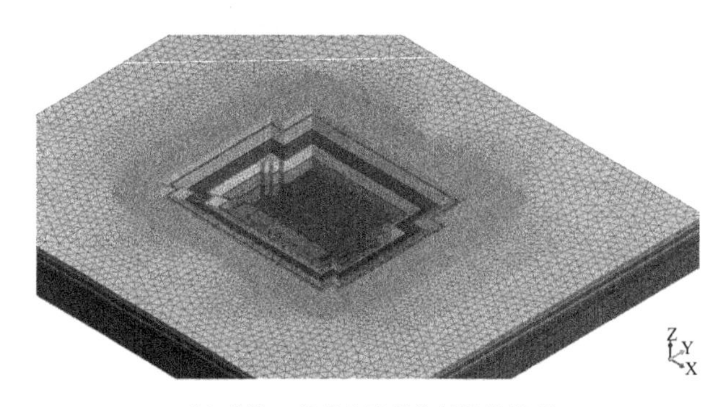

(b) 基坑三维数值模拟分析计算模型

图 6.3.4　基坑二维、三维数值模拟分析计算模型

7 南水北调东线工程深基坑支护设计实例

南水北调工程是解决我国北方地区水资源严重短缺问题的重大战略举措，从20世纪50年代至今，经过半个多世纪的研究，规划确定分别从长江下、中、上游向北方调水的南水北调东、中、西三条调水线路，与长江、淮河、黄河和海河形成相互连通的“四横三纵”总体格局。

南水北调东线工程从江苏省扬州附近的长江下游干流取水，基本沿京杭运河向北送水，给黄淮海平原东部和山东半岛补充水源。第一期工程首先调水到山东半岛和鲁北地区，供水目标是补充沿线城市的生活、工业和环境用水，并适当兼顾农业和其他用水；二期工程主要是在一期工程的基础上增加向北京、天津、河北供水，同时进一步扩大向山东和安徽供水。

7.1 一期工程台儿庄泵站基坑支护设计实例

7.1.1 工程概况及场地条件

7.1.1.1 工程概况

南水北调东线一期工程台儿庄泵站工程（以下简称“一期台儿庄泵站”）是南水北调东线工程的第七级泵站，位于山东省枣庄市台儿庄区的韩庄运河河道上，主要任务是抽引骆马湖来水通过韩庄运河向北输送，以满足南水北调东线工程向北调水的任务，实现梯级调水目标。泵站设计调水流量125 m^3/s，设计水位站上25.09 m（85国家高程基准，下同），站下20.56 m，设计扬程4.53 m，平均扬程3.73 m，总装机容量12 000 kW。工程规模为Ⅰ等大(1)型。工程主要建筑物包括主厂房、副厂房、进水渠、出水渠等。工程区地势较为平坦，地面高程26.0～32.6 m。

7.1.1.2 工程地质和水文地质条件

(1) 工程地质条件

一期台儿庄泵站工程区地势平坦，地面高程25.97～26.60 m。勘探深度内揭露地层自上而下共分七大层，具体为：

①$_1$ 层人工填土(Q^r):主要由壤土构成,黄褐色～褐色,可塑,夹少量小碎石块和粗砂砾。层厚 1.20～2.40 m,底板高程 26.86～27.90 m。

①层壤土夹礓石(Q_3^{al+pl}):黄褐色夹蓝灰色,可塑,中等压缩性。层厚 0.80～4.10 m,层底高程 23.87～26.95 m。

②层黏土夹礓石(Q_3^{al+pl}):黄褐色夹蓝灰色条纹,可塑,中等压缩性。层厚 1.40～6.10 m,层底高程 19.56～22.05 m。

③$_1$ 层中粗砂(Q_3^{al+pl}):黄褐色,稍密,细粒含量平均值为 8.2%,夹壤土。层厚 0.30～2.30 m,呈透镜体状分布,主要分布在进水渠到主泵房约长 940 m 范围内,层底高程 17.26～19.61 m。

③层壤土(Q_3^{al+pl}):黄褐色、棕黄色夹灰色条纹,可塑,中等压缩性。层厚 2.00～8.00 m,层底高程 12.65～18.05 m。

④层黏土(Q_3^{al+pl}):黄褐色、灰褐色～灰黑色,可塑,中等压缩性。层厚 0.90～4.90 m,层底高程 11.85～14.40 m。

⑤层中粗砂(Q_3^{al+pl}):黄褐色、橘黄色,稍密。层厚 0.70～2.50 m,呈透镜体状分布,主要集中在进水池以东 160 m 范围内,层底高程 10.50～13.20 m。

⑤$_1$ 层壤土夹砂(Q_3^{al+pl}):黄褐色,可塑,中等压缩性。层厚 0.80～2.60 m,层底高程 10.45～11.60 m。

⑥层黏土(Q_3^{al+pl}):黄褐色～褐色,棕黄色,可塑,中等压缩性。层厚 1.80～5.30 m,层底高程 6.61～9.45 m。

⑦层基岩:场区下伏基岩为奥陶系马家沟组(Om)石灰岩,灰黑色～黑色,夹少量的黄色泥质灰岩,裂隙发育,呈网状分布。上述地层的物理力学指标见表 7.1-1。

表 7.1-1 南水北调东线一期台儿庄泵站土层物理力学指标

层次	土类名称	分布高程/m	平均厚度/m	重度/(kN/m^3)	固结不排水剪	
					黏聚力/kPa	内摩擦角/(°)
①$_1$	人工填土	33～28	5	19	25	17
①	壤土夹礓石	28～25.17	2.83	19	25	17
②	黏土夹礓石	25.17～20.88	4.29	19.5	28	16
③$_1$	中粗砂	20.88～19.1	1.78	19.8	45.8	25
③	壤土	19.1～14.72	4.38	19.8	30	17
④	黏土	14.72～11.87	2.85	19.6	28	16
⑤	中粗砂	11.87～10.95	0.92		45.8	25
⑥	黏土	10.95～8.3	2.65	19.6	28	16
⑦	基岩	—	—	23	200	35

(2) 水文地质条件

场区地下水类型主要为潜水和承压水。①、②、③$_1$、③层的壤土、黏土夹礓石、中粗砂、中细砂透镜体为主要潜水含水层，潜水位 25.0 m 左右。潜水含水层与河水水力联系较为密切。第⑤层为承压含水层，具微承压性，层厚 0.70～2.0 m，成透镜体状分布，分布不连续，承压水位约 23 m。

石灰岩赋存裂隙岩溶水，上覆⑥层黏土构成了相对隔水层，承压水位在 23.5 m 左右，与潜水位相差约 1.5～2 m。结合室内渗透系数统计值和区域内各土层渗透系数经验值，确定各土层渗透系数建议值见表 7.1-2。

表 7.1-2　南水北调一期台儿庄泵站土层水文地质参数　　单位：cm/s

层号	土类	室内渗透系数统计值	抽水试验渗透系数统计值	渗透系数建议值
①	壤土夹礓石	3.18×10^{-6}	6.5×10^{-4}	1×10^{-5}
②	黏土夹礓石	2.69×10^{-6}		1×10^{-5}
$③_1$	中粗砂	1.53×10^{-4}		1×10^{-3}
③	壤土	7.74×10^{-5}		1×10^{-4}
④	黏土	5.99×10^{-6}	—	1×10^{-6}
$⑤_1$	壤土夹砂	8.26×10^{-5}	—	1×10^{-4}
⑤	中粗砂	2.33×10^{-4}	—	1×10^{-3}
⑥	黏土	3.24×10^{-6}	—	1×10^{-6}
⑦	石灰岩	主泵房	1.9×10^{-3}	1.9×10^{-3}
		进水池及前池	3.42×10^{-2}～3.87×10^{-2}	

7.1.1.3　工程布置及主要建筑物参数

一期台儿庄泵站纵剖面图如图 7.1.1 所示。与基坑开挖支护相关的主要建筑物设计参数为：①主厂房和进水池：建基面高程 8.3 m；②前池：建基面高程 8.3～15.95 m；③出水池：建基面高程 18.85～20.80 m。

泵站基坑厂房段最大开挖深度 18.3 m(26.6 m 高程～8.3 m 高程)，出水池最大开挖深度 7.75 m(26.6 m 高程～18.85 m 高程)。基坑工程安全等级为一级。

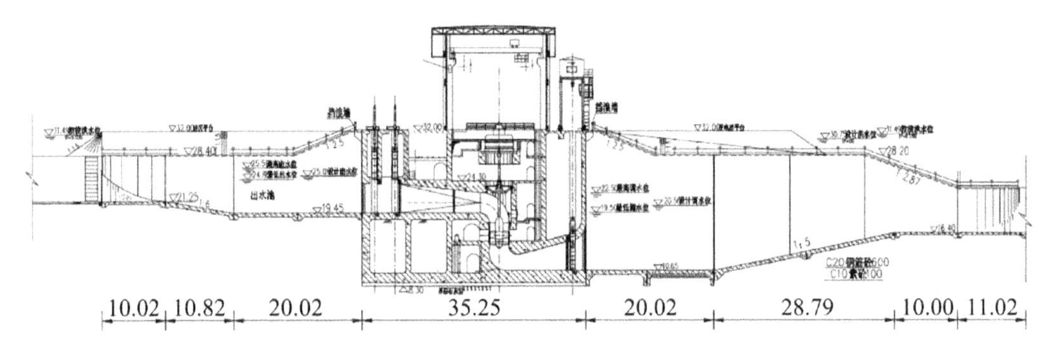

图 7.1.1　泵站纵剖面图(单位：m)

7.1.2 基坑支护设计

台儿庄泵站周边环境相对简单，虽然北侧开挖范围受防洪堤制约，但是整体上影响不大。同时，工程区地质条件相对较好，主泵房建基面为基岩。经多方案比选，除北侧局部采用放坡＋桩锚或悬臂式支护外，其余均采用 1∶2 放坡开挖。对于放坡＋桩锚支护段，①进水池翼墙北侧采用双层锚杆加钢筋混凝土灌注桩支护，桩径 0.8 m，桩间距 1 m，桩长 12.3 m(入基岩 1.5 m)，锚杆高程分别为 15.5 m 和 12.2 m，打入角 30°；②主泵房北侧采用悬臂式支挡，灌注桩桩径 0.8 m，桩间距 1.2 m，桩长 6.5 m(入基岩 2 m)。

考虑到基岩裂隙水为承压水且在进水池处有纵向约 30 m 宽断层破碎带，岩溶较发育，基坑开挖前先进行固结灌浆，再降水开挖。经计算，泵房区域基坑的涌水量约 3 894 m^3/d，设计采用深井降低承压水，共布置深井 29 口，间距 15 m，井径 0.3 m，平均井深 20 m。

进水渠建基面高程约 16.0 m，上覆土层 8.0 m，地下水以潜水为主，经计算基坑的涌水量约 1 827 m^3/d，设计采用轻型井点降水，在进水渠两侧 23.0 m 高程设井点，井间距 2.0 m，井深 7 m，共布置井点 15 套(900 根)。出水渠水位降深较浅(1.75 m)，基坑总的涌水量仅约 60 m^3/d，可直接采用明沟排水。基坑典型剖面和总体布置分别如图 7.1.2 和图 7.1.3 所示。

经计算，采用 1∶2 放坡、1∶2 放坡＋桩锚支护或 1∶2 放坡＋悬臂桩支护，典型剖面的整体稳定性安全系数为 1.56～1.75，满足规范要求。进水池翼墙北侧桩锚支护段，第一层锚杆轴力设计值为 347 kN，选用 3Φ28 钢筋，锚杆钻孔直径 200 mm，锚固段长度 14 m；第二层锚杆轴力设计值为 195.7 kN，选用 2Φ25 钢筋，锚杆钻孔直径 200 mm，锚固

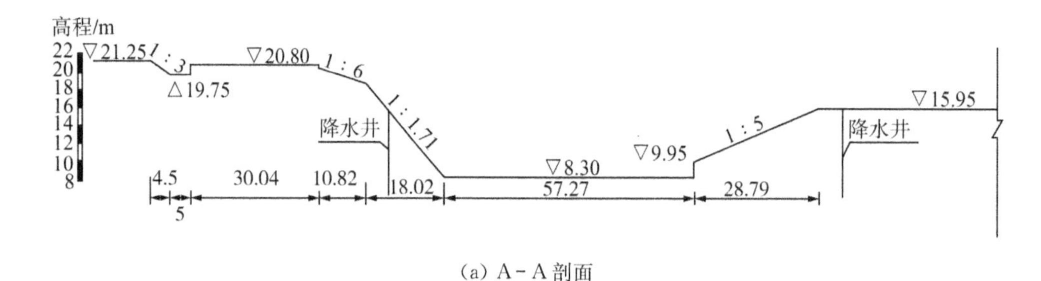

(a) A-A 剖面

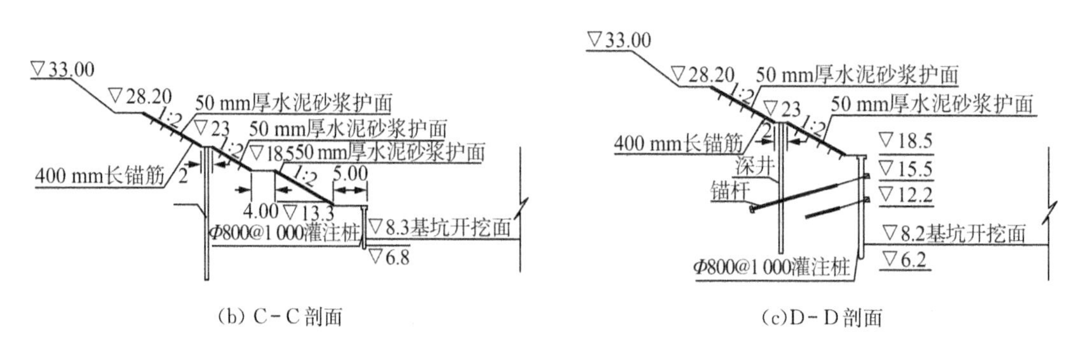

(b) C-C 剖面　　(c) D-D 剖面

图 7.1.2 泵站基坑支护典型剖面图

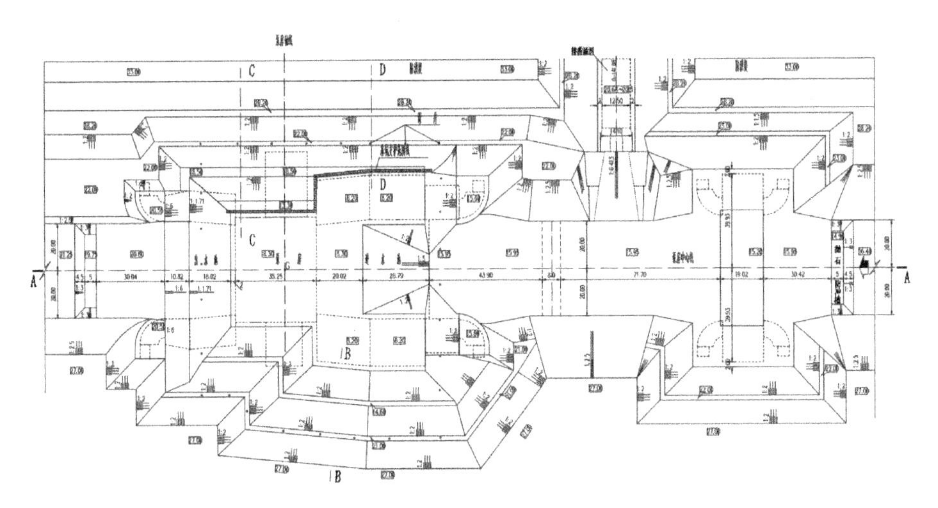

图 7.1.3　泵站基坑支护平面布置图

段长度 6 m，支护桩最大弯矩 661 kN·m。主泵房北侧采用悬臂式支挡段，支护桩最大弯矩设计值为 661 kN·m。

7.2　二期工程二级坝泵站基坑工程设计实例

7.2.1　工程概况及场地条件

7.2.1.1　工程概况

如图 7.2.1 所示，南水北调东线二期工程二级坝泵站（以下简称“二期二级坝泵站”）是南水北调东线工程的第十级抽水梯级泵站，地处南四湖中部，位于山东省微山县欢城镇二级坝水利枢纽下游、一闸以西的下级湖内。工程主要任务是将调入南四湖下级

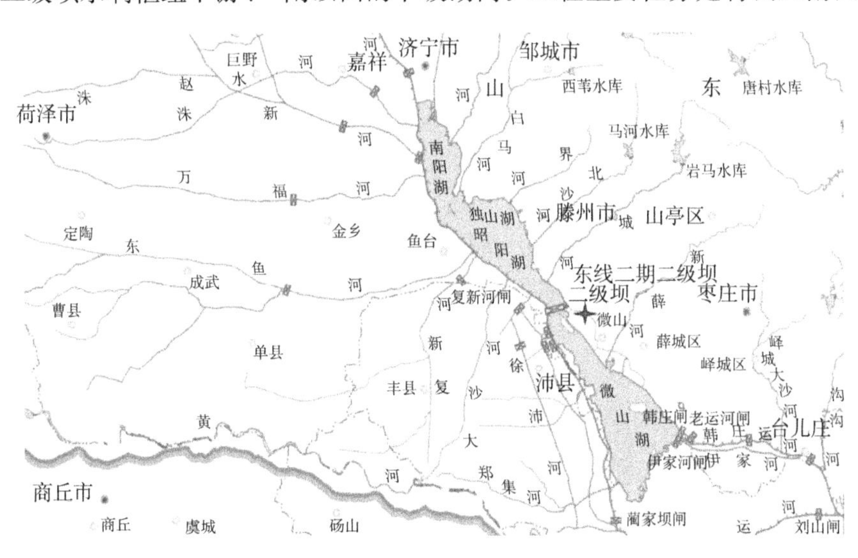

图 7.2.1　南水北调东线二期工程二级坝泵站位置图

湖的水源提至上级湖，实现南水北调东线工程的梯级调水目标。泵站设计输水流量 320 m³/s，单机流量 64 m³/s，单机功率 3 550 kW，总装机 21 300 kW。工程规模为Ⅰ等大(1)型。工程主要建筑物包括主厂房、副厂房、进水渠、出水渠等。工程区地面高程 32.5～38.0 m，整体上呈西北高、东南低。

7.2.1.2　工程布置及主要建筑物参数

二期二级坝泵站工程布置如图 7.2.2 所示。与基坑开挖支护相关的主要建筑物设计参数为：①主厂房：垂直水流方向长 88.04 m，建基面高程 15.3 m，开挖底高程 13.7 m；②副厂房：建基面高程 28.1～30.6 m；③进水闸：建基面高程 24.3 m；④进水池、前池建基面高程 20.7～25.0 m；⑤进水渠渠底高程 25.6 m，出水渠渠底高程 28.3 m。

根据现状地面高程和二期二级坝泵站主要建筑物的建基面高程和结构形式可知，二期二级坝泵站基坑厂房段最大开挖深度 24.3 m(38.0 m 高程～13.7 m 高程)，进水渠最大开挖深度 13.2 m(38.0 m 高程～24.8 m 高程)，出水渠最大开挖深度 10.5 m(38.0 m 高程～27.5 m 高程)。基坑支护结构安全等级为一级。

7.2.1.3　场地条件

结合图 7.2.2，二期二级坝泵站位于既有一期泵站东侧。拟建区域周围建筑物主要包括既有一期泵站、进出水渠、一期变电站、二级坝公路、二级坝溢洪道等。泵站施工过程中，需保证一期二级坝泵站正常运行。二期二级坝泵站与周围建筑物之间的位置关系为：

(1) 二期二级坝泵站出水渠岸翼墙距离二级坝溢洪道约 35 m；

(2) 二期二级坝泵站副厂房外边墙距离一期二级坝泵站出水渠约 41 m；

(3) 二期二级坝泵站进水渠距离一期二级坝泵站副厂房约 45 m；

(4) 二期二级坝泵站进水渠距离一期二级坝泵站变电站约 28 m。

7.2.1.4　工程地质和水文地质条件

(1) 工程地质条件

二期二级坝场区主要分布第四系地层，以全新统冲积相裂隙黏土、黏土、中粗砂、中轻粉质壤土和上更新统冲积洪积相壤土、黏土夹礓石为主。勘察深度内揭露的地层为：

第①层，人工填土(Q^{S})：棕褐色，可塑，该层主要为南水北调一期建设二级坝泵站期间的弃土或填筑的坝及坝顶公路或二级管理区填筑的生活平台，土质不均匀。

第②层，裂隙黏土(Q_4^{al})：棕褐色，可塑，裂隙发育，裂隙间充填浅灰色粉粒，下部褐黄色，可塑，局部夹中粗砂或粉土透镜体，岩性多变，以黏土为主，裂隙分布不均匀，随机性大。该层含裂隙水，且与地表水有较强的水力联系。

第③层，黏土(Q_4^{al+fl})：灰黑色，可塑，发育孔隙、裂隙，局部为淤泥质黏土，含芦苇根，含细砂透镜体。

第④层，中、重粉质壤土(Q_4^{al})：褐黄色，蓝灰色，可塑，土质均一性差，含砂土透镜体，

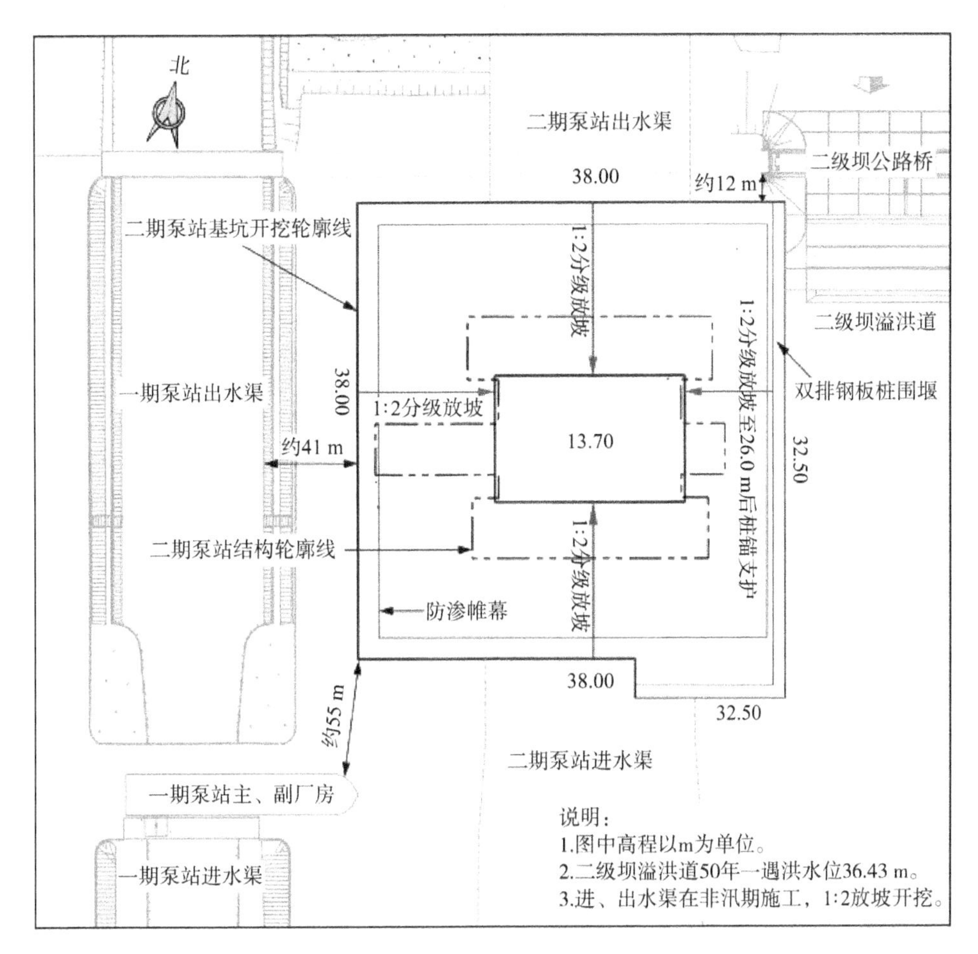

图 7.2.2　南水北调东线二期工程二级坝泵站工程布置图

夹轻粉质壤土或粉土薄层，局部为砂和黏土混合状，形成砂质黏土或砂质重粉质壤土，岩性多变，较杂，总体以中、重粉质壤土为主，土中见有裂隙、小孔洞，含有砂礓，砂礓分布不均，礓石含量平均约 15%，直径 1～10 cm，砂礓含量及大小对标贯击数值影响较大，使得该层标贯基数差别较大。该层含有裂隙水。

第⑤层，中粗砂(Q_4^{al})：黄褐色，松散至稍密状态，饱和，砂质较纯，主要矿物成分为长石，石英。该层分布不连续，多以透镜体状分布，分布的层位和厚度均不稳定，且含有少量黏性土。

第⑥层，中、重粉质壤土(Q_3^{al+pl})：上部褐黄、黄褐色，可塑至硬塑，土质不均，局部为轻粉质壤土或重粉质壤土，发育孔隙，分布很不均匀。该层土中夹砂层透镜体，多层位且厚度极不稳定，杂乱。局部表现为砂和黏土混合，呈砂质重粉质壤土或黏土质砂。整体以中、重粉质壤土为主，含砂礓和铁锰结核，局部为砂礓成层，呈弱胶结状，钙质胶结，厚 5～15 cm 不等。

第⑥$_1$ 层，中细砂(Q_3^{al+pl})：黄、黄褐色，稍密至中密状态，局部分布，厚度变化较大，该层砂中混有中、重粉质壤土，大部分以中、重质壤土砂为主，局部为砂和壤土混合，呈可塑状。该层中仍含砂礓，局部为砂礓层。

第⑦层，粉质黏土夹礓石（Q_3^{al+pl}）：褐黄色、蓝灰色或红色，硬塑状态，夹礓石，礓石直径 0.5～3 cm，含量 15%～20%，分布不均，含铁锰结核或可见铁锰质浸染。该层中揭露多层砂透镜体，砂多呈中密至密实体状态，且含有黏土。层中夹中轻粉质薄层或细砂层，层厚 10～15 cm。该层总体以重粉质壤土夹礓石为主，局部呈黏土质砂，由于砂姜大小和含量不均，现场标准贯入击数值变化较大。

第⑧层，黏土夹礓石（Q_3^{al+pl}）：褐黄、棕黄、棕红色，灰白、蓝灰色，局部棕黄、棕红色，硬塑至坚硬状态，黏性很强。局部呈蒜瓣状，具铁锰质浸染，含礓石，礓石直径 0.5～10 cm，含量 15%～20%。该层发育裂隙、孔隙，裂隙面光滑，渗水现象明显，裂隙、孔隙在纵横向的分布、发育程度无规律。

第⑧A层，中细砂（Q_3^{al+pl}）：褐黄、棕红色，密实状态，含黏性土，局部为黏土质砂，呈硬塑状态，含砂姜。该层在站址区局部分布。

第⑨层，黏土（Q_3^{al+pl}）：褐黄、棕黄、棕红色，灰白、蓝灰色，局部棕黄、棕红色，硬塑至坚硬状态。勘探深度内局部分布。

第⑩层，细砂（Q_3^{al+pl}）：褐黄、棕红色，密实状态，含黏性土，含砂礓，站址区局部分布。

工程区地层自上而下分布规律性不强，中粉质壤土、轻粉质壤土、黏土交替分布，且连续性差，砂以透镜体状存在较多，且层位变化无规律，厚度变化很大，为 0.1～3.0 m，为便于描述，以出现相对较多的岩性划分为一层进行描述。上述地层在站址处的分布高程、厚度和物理力学指标见图 7.2.3 和表 7.2-1。

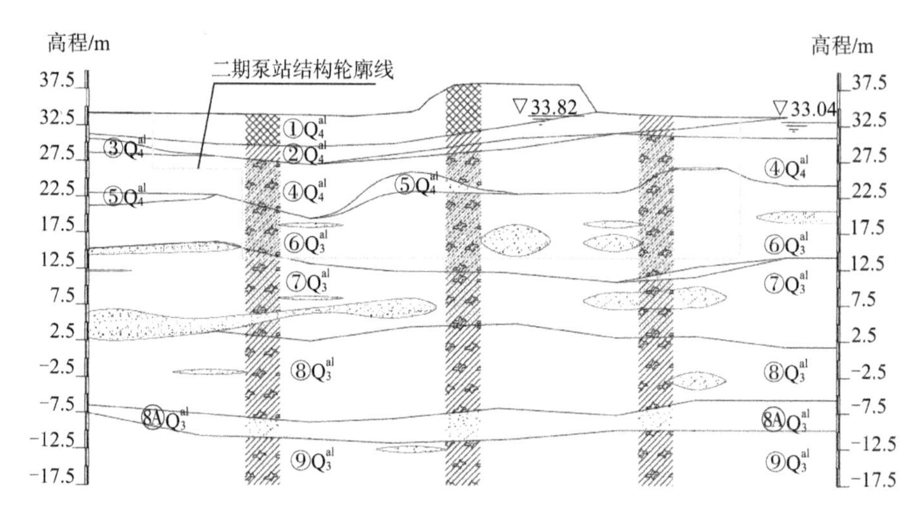

图 7.2.3 泵站基坑场区地层分布剖面图

表 7.2-1　南水北调二期工程二级坝泵站土层物理力学指标

地层编号	土层名称	层底高程/m	平均厚度/m	含水率/%	湿密度/(g/cm^3)	干密度/(g/cm^3)	塑性指数	液性指数	压缩模量/MPa	直接快剪		固结快剪		标贯击数/击	
										黏聚力/kPa	内摩擦角/(°)	黏聚力/kPa	内摩擦角/(°)		
①	人工填土	29.4～33.83	4.87	30.7	1.91	1.47	1.057	16.7	0.49	3.19	20	4	18	8	3.4
②	黏土	26.9～32.24	2.29	28.2	1.94	1.52	0.980	19.7	0.36	4.50	37	5	25	9	3.3
③	黏土	27.0～32.21	1.64	35.0	1.88	1.41	0.987	24.8	0.60	3.14	24	4	18	8	2.2
④	中粉质壤土	19.0～28.33	6.45	25.0	1.98	1.59	0.827	14.2	0.41	6.63	28	8	25	12	5.6
⑤	中粗砂或黏质砂	18.2～24.05	2.08	19.5	2.04	1.71	0.569	—	—	6.20	5	23	4	28	10.5
⑥	中粉质壤土	7.82～22.15	7.72	21.8	2.02	1.66	0.706	14.6	0.09	6.12	38	10	39	13	9.3
⑦	重粉质壤土夹礓石	−1.72～20.25	6.3	22.7	2.00	1.62	0.752	19.2	0.07	7.52	55	12	50	14	12.5
⑧	黏土夹礓石	−8.82～−1.94	10.87	23.2	2.00	1.62	0.755	18.6	0.09	8.98	60	14	55	16	17.4
⑨	黏土	—	8.6（未揭穿）	20.4	2.02	1.68	0.684	17.0	−0.15	9.00	60	13	56	15	17.3

（2）水文地质条件

工程区地下水类型主要为第四系松散岩类孔隙潜水和裂隙潜水。主要分布在冲洪积、洪积第四系松散层中，在工程区广泛分布。含水层岩性主要为含裂隙黏土、壤土、砂壤土、粉细砂，含水层分布连续性较差、均匀性差。

根据野外抽水试验及区域资料，场区分布的裂隙黏土、砂壤土、含砂礓壤土及中粗砂为主要含水层。大气降水入渗，地表水渗漏为主要补给来源，以蒸发和补给湖水为主要排泄途径，水位埋深受季节变化影响较大，一般埋深 0.5～2.0 m，年变幅 2.0～3.0 m。场区地表水由北流向南，排泄于南四湖中，河水和地下水对混凝土均无腐蚀性。

工程区第②层黏土为裂隙黏土，裂隙十分发育，且多贯通上下，渗透性较大，勘探时出水量较多；第③层灰色黏土，软至硬塑状态，土中可见裂隙、细砂透镜体，局部夹有粉土、砂壤土层，中等透水；第④层中粉质壤土夹砂礓，发育裂隙和小孔洞，透水性好，钻探时漏水；第⑤层中粗砂为中至强透水性；第⑥层中粉质壤土夹砂礓土中裂隙、孔隙发育，透水；第⑦层重粉质壤土夹砂礓，土中裂隙、孔隙发育，透水；第⑧层黏土夹砂礓，局部呈蒜瓣状，发育裂隙、孔隙，裂隙面光滑，渗水现象明显，裂隙、孔隙在纵横向的分布、发育无规律。

综上，场区地下水主要为第四系孔隙、裂隙潜水，勘探深度内主要含水层为裂隙黏土、黏土夹礓石中的裂隙、中细砂、中粗砂等，含水层连续性一般。勘探期间潜水地下水埋深 2.20～2.60 m，高程 32.5～32.7 m，地下水以大气降水和湖水为主要补给来源，以蒸发和人工取水为主要排泄途径。现场抽水试验、室内渗透试验成果和各土层渗透系数、变形类型和允许比降等水文地质参数指标见表 7.2-2。

表 7.2-2　南水北调二期工程二级坝泵站土层水文地质参数

土层名称	抽水试验渗透系数/(cm/s)	室内试验渗透系数		建议渗透系数/(cm/s)	渗透变形类型	允许渗透比降
		水平/(cm/s)	垂直/(cm/s)			
裂隙黏土、黏土、中粗砂	1.61×10^{-2}	1.61×10^{-6}	1.1×10^{-6}	4.12×10^{-2}	流土	—
⑤层中粗砂	5.69×10^{-2}	—	—		管涌	0.20
②～④层黏性土等	1.26×10^{-2}	—	—		流土	0.40
⑥层中粉质壤土夹礓石	9.92×10^{-4}	7.72×10^{-7}	2.5×10^{-7}		流土	0.45
⑦层重粉质壤土夹礓石	6.37×10^{-3}	—	—	5.0×10^{-3}	流土	0.50
⑧层黏土夹礓石	3.73×10^{-3}	—	—		流土	0.60

7.2.2 基坑支护设计

7.2.2.1 基坑工程特点和难点

二期二级坝泵站基坑支护工程特点为：

（1）场区周边环境复杂，周围建筑物较多，基坑深度大，安全性要求高。基坑开挖及水位变化不能影响既有一期泵站结构安全运行，泵站北侧临近二级坝交通道路，泵站主体结构施工期间需保证正常交通运行，东、西侧分别临近一期泵站出水渠和二级坝溢洪道，可利用空间有限。

(2) 场区地层透水性较强，地下水位高，且无相对隔水层。

(3) 土层物理力学指标低，荷载大。

(4) 第⑥层中粉质壤土夹礓石及以上土层摩阻力低，难以提供足够的锚固力。

(5) 主体工程施工期较长，需要考虑二级坝溢洪道汛期水位的影响。

针对上述特点，二期二级坝泵站基坑支护设计需要着重解决：①水(地下水，降雨汇水，溢洪道汛期洪水)；②土(软弱土层失稳，高水力坡降导致的流土和管涌)；③护(土层支护结构选型及安全稳定)；④控(基坑开挖变形和水位变化对既有建筑物的影响控制)四个难题。

7.2.2.2 基坑支护设计理念

针对二期二级坝泵站基坑工程特点和主要技术难点，提出如下解决方法和设计理念：

(1) 根据场区地下水位特点和地层渗透性，对于泵站基坑，选择以薄混凝土防渗墙构筑防渗止水帷幕，在东侧临近二级坝溢洪道布置钢板桩围堰挡水；对于泵站进、出水渠道，在非汛期施工，不考虑二级坝溢洪道洪水影响；进水渠西侧临近一期泵站和变电站，布置薄混凝土防渗墙构筑防渗止水帷幕，控制基坑开挖水位下降幅度，减小对一期泵站和变电站的影响。

(2) 二期二级坝泵站基坑的南侧和北侧场地相对开阔，采用放坡开挖；西侧中间部位主体结构复杂，且主体结构距离一期泵站出水渠较近，需要综合考虑基坑开挖施工期间一期泵站交通道路布置和主体结构电梯井位置开挖深度较大等问题，综合分析采用悬臂桩、局部桩锚支护形式，其余部位采用放坡开挖；东侧紧邻二级坝溢洪道，采用放坡卸载＋桩锚支护形式。

(3) 对于进、出水渠道基坑，整体上采用放坡开挖。进水渠西侧采用钢板桩防渗止水，兼做支护。

(4) 鉴于基坑周围土体侧摩阻力较低，选用旋喷锚索，增大锚固体直径，同时加长锚索自由段长度，确保锚固段进入硬塑～坚硬黏土夹礓石层，控制支护结构变形。

(5) 坡面进行 50 mm 喷射混凝土防护，防止雨水冲刷破坏。

(6) 鉴于基坑坑底土层参数较低，为保证基坑稳定，在支护桩内侧，对被动区土体进行格栅状深搅桩加固，控制桩体变形。

(7) 通过二维渗流、三维渗流-应力耦合数值模拟计算，分析基坑开挖水位变化对一期泵站的沉降影响和边坡渗透比降。

(8) 通过三维数值模拟计算，分析支护结构的整体稳定性及基坑开挖对周围建筑物的影响。

(9) 加强支护系统、周围建筑物的安全监测及信息分析，指导施工。

7.2.2.3 基坑支护方案

结合主体结构设计尺寸和高程、场地条件，经多方案比选，确定二期二级坝泵站分两期施工，一期主要施工泵房主体结构以及与其相邻的进、出水池段，施工期经过一个汛期；二期施工剩余部分，在非汛期施工。基坑总体布置和典型剖面分别如图 7.2.4 和图 7.2.5 所示。支护方案分述如下：

(1) 基坑西侧(A-A、C-C 剖面)

①副厂房电梯井区域(C-C 剖面)，采用 1∶2 放坡，由地面 38.0 m 高程开挖至 26.0 m 高程，并在 33.5 m 高程(帷幕施工高程)、30.0 m 高程设置平台，在 26.0 m 高程以下采用桩锚支护，垂直开挖至设计坑底高程，为电梯井施工提供空间。支护桩桩径 1 m，间距 1.8 m，桩底高程 6 m，在 26.0 m、23.0 m 和 20.0 m 高程设置三层旋喷锚索，锚索锚固段直径 450 mm，在 18.1 m 高程采用格栅状深搅桩对桩前被动区土体进行加固，加固深度 7 m。

②副厂房区域北侧(A-A 剖面)，采用 1∶2 放坡，由地面 38.0 m 高程分级开挖至设计坑底高程，并在 33.5 m 高程(帷幕施工高程)、30.0 m 高程、26.0 m 高程(支护桩顶高程)、22.3 m 高程设置平台。在地面 38.0 m 高程采用 2 排深搅桩加固坡口，加固深度 10 m。深搅桩直径 800 mm，间距 600 mm。

(2) 基坑南侧(D-D 剖面)

由地面 38.0～13.7 m 高程采用 1∶2 分级放坡开挖至设计坑底高程，并在 33.5 m 高程、30.0 m 高程、26.0 m 高程、21.8 m 高程和 18.1 m 高程设置平台。

(3) 基坑东侧(E-E 剖面，E1-E1、E2-E2 剖面)

①沿溢洪道施工双排钢板桩围堰用于汛期挡水。根据设计报告，溢洪道汛期 50 年一遇洪水位为 36.43 m 高程，考虑波浪爬坡和超高后，前排钢板桩设计顶高程 38.0 m，底高程 26.0 m，后排钢板桩设计顶高程 37.0 m，底高程 28.0 m，钢板桩之间回填高程 37.0 m，在后排钢板桩外侧采用袋装土回填。

②在距离内侧钢板桩 9 m 位置采用 1∶2 分级放坡，开挖至 26.0 m 高程，其下采用桩锚支护。支护桩桩径 1 m，间距 1.8 m。其中，东部南侧(E-E 剖面)桩底高程 15.0 m，在 26.0 m 高程设置一层旋喷锚索；东侧中部桩底高程 4.0 m(E1-E1 剖面)，在 26.0 m、23.0 m 和 20.0 m 设置三层旋喷锚索，在 18.1 m 高程采用格栅状深搅桩对桩前被动区土体进行加固，加固深度 7 m；东侧北部桩底高程 7.0 m(E2-E2 剖面)，在 26.0 m、23.0 m 和 20.0 m 高程设置三层旋喷锚索，锚固体直径 450 mm，在 18.1 m 高程采用格栅状深搅桩对桩前被动区土体进行加固，加固深度 7 m。

(4) 基坑北侧(G-G 剖面)

①在距离交通道路约 11.4 m 位置，采用 1∶2 分级放坡，由地面 38.0 m 高程分级开挖至设计坑底高程，并在 33.5 m 高程、30.0 m 高程、26.0 m 高程、22.3 m 高程设置平台。

②在地面 38.0 m 高程采用格栅状深层搅拌桩加固坡口，深搅桩直径 800 mm，间距 600 mm，加固深度 10 m。

(5) 坡面和桩间土防护

坡面采用喷射 50 mm 混凝土防护，桩间土采用挂网抹面防护。

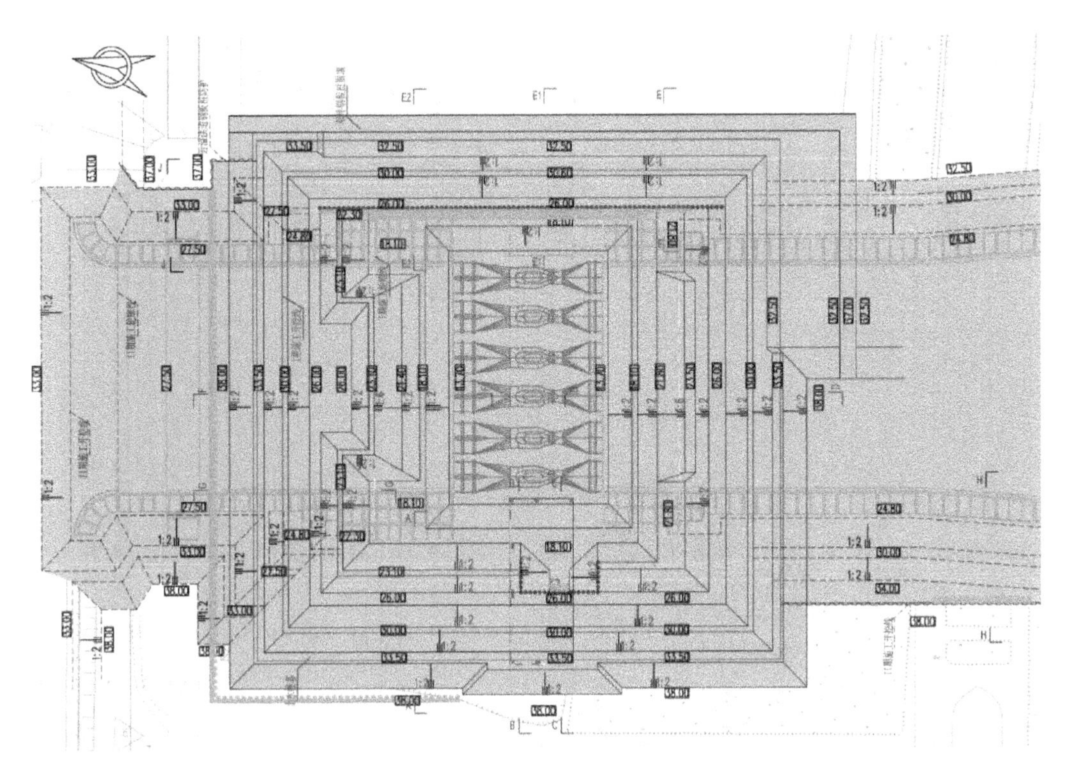

图 7.2.4 泵站基坑支护平面布置图

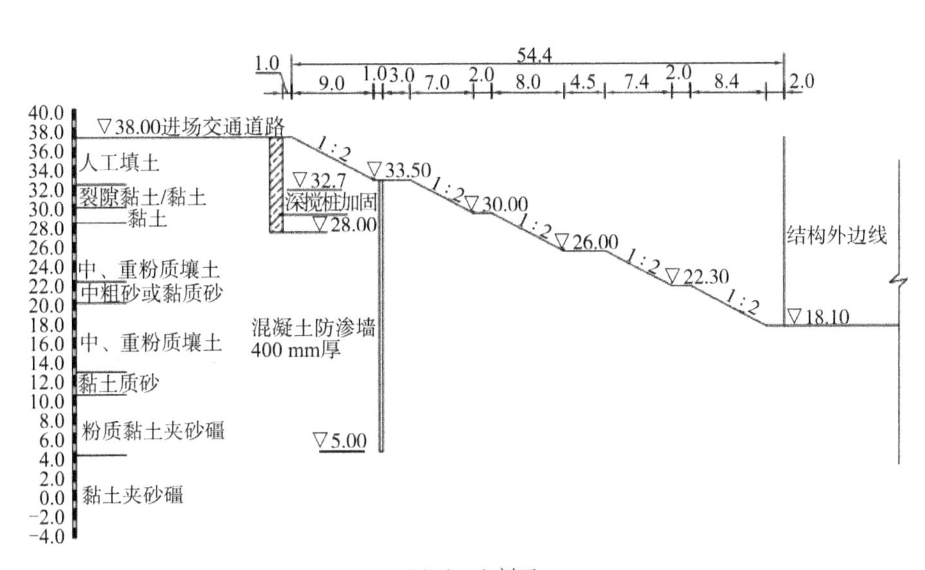

(a) A－A 剖面

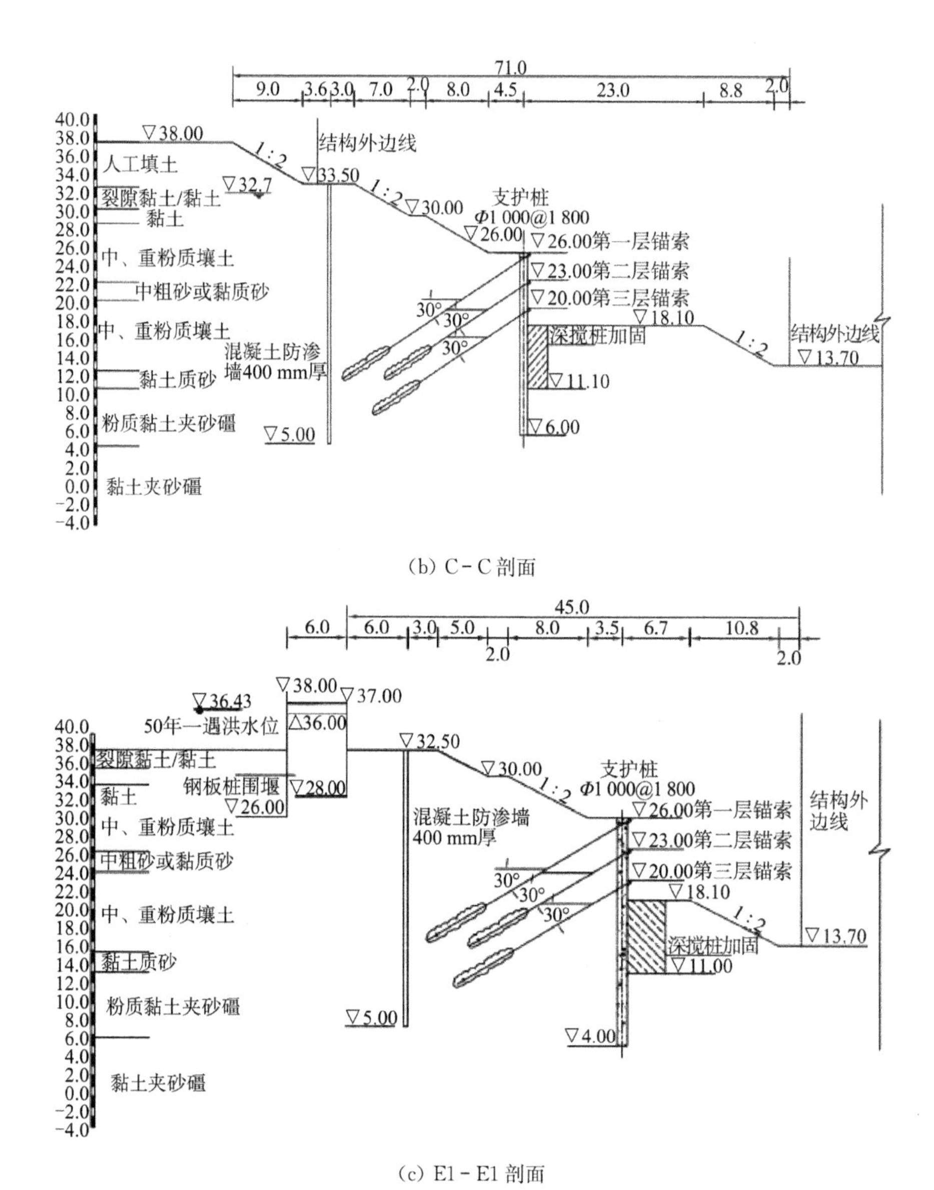

(b) C－C 剖面

(c) E1－E1 剖面

图 7.2.5　泵站基坑支护典型剖面图(单位:m)

根据《建筑基坑支护技术规程》(JGJ 120—2012),对典型支护断面和放坡断面进行计算。计算结果统计见表 7.2-3。基坑支护结构各项控制指标符合相关规范要求。

表 7.2-3　基坑支护结构计算结果统计表

位置	锚索设计值力(预应力)/kN			整体稳定性	抗隆起稳定性	支护桩最大弯矩/(kN·m)	
	第一层(26 m)	第二层(23 m)	第三层(20 m)			坑内	坑外
西侧(副厂房段)	420.3(300)	407.1(300)	383.4(300)	1.605(>1.35)	3.150(>1.80)	465.1	611.1

续表

位置	锚索设计值力(预应力)/kN			整体稳定性	抗隆起稳定性	支护桩最大弯矩/(kN·m)	
	第一层(26 m)	第二层(23 m)	第三层(20 m)			坑内	坑外
东侧中、北部	423.4(300)	413.6(300)	381.8(300)	1.624(>1.35)	2.494(>1.80)	549.2	620.8
东侧南部	338.3(300)	—	—	1.644(>1.35)	2.461(>1.80)	218.6	204.1
北侧放坡	—	—	—	1.353(>1.30)	—	—	—

基坑采用悬挂帷幕止水,二期二级坝泵站基坑外侧最高地下水位高程约为 32.7 m,基坑开挖底高程 13.7 m,按照坑内水位降低至开挖面以下 0.5 m 计算,基坑内外的最大水头差约为 19.5 m。根据《建筑基坑支护技术规程》(JGJ 120—2012),满足流土稳定性安全系数的帷幕最小插入深度为 8.4 m,即帷幕底高程为 5.3 m。设计帷幕底高程 5.0 m 满足流土稳定性安全要求。

7.2.2.4 基坑降水方式对地下水位分布的影响

选择典型断面,采用 Geo-studio 的 seep/W 模块对基坑防渗设计方案进行比选。基坑工程布置中,二期泵站 C-C 剖面与一期泵站副厂房东侧基本位于同一直线,因此选取该剖面进行渗流计算。渗流计算中,各土层的渗透系数按表 7.2-2 选取。计算工况见表 7.2-4,各工况计算结果见图 7.2.6。

表 7.2-4 基坑渗流场计算工况

序号	地下水位/m	运用条件
工况 1	32.5	基坑不设防渗墙(天然工况)
工况 2		防渗墙底高程 10.0 m(设计工况)
工况 3		防渗墙底高程 8.0 m
工况 4		防渗墙底高程 5.0 m

根据计算结果可知:

①各计算工况下,整个基坑渗流场等水头线和渗流自由面分布合理,等水头线形态、走向和密集程度反映了相应地层材料渗透特性和边界条件。基坑等水头线在地层分界处出现一些偏折,合理反映了各地层的渗透特性。

②基坑不设防渗墙(工况 1)时,渗透水流沿程缓慢削减,渗流自由面较高,渗透水流将从高程较高的边壁逸出(高于 25.0 m),可见设置基坑防渗设施很有必要。

③基坑设置防渗墙(工况 2~工况 4)时,在混凝土防渗墙作用下,整个基坑渗流场的渗透水流得到有效控制,渗流自由面在防渗墙处明显下降,渗透水流在距基坑底一定距离的边壁逸出。防渗墙处等水头线密集,表明防渗作用显著,其他区域等水头线变化相对平缓。随着防渗墙深度增加,防渗墙削减水头作用增加。

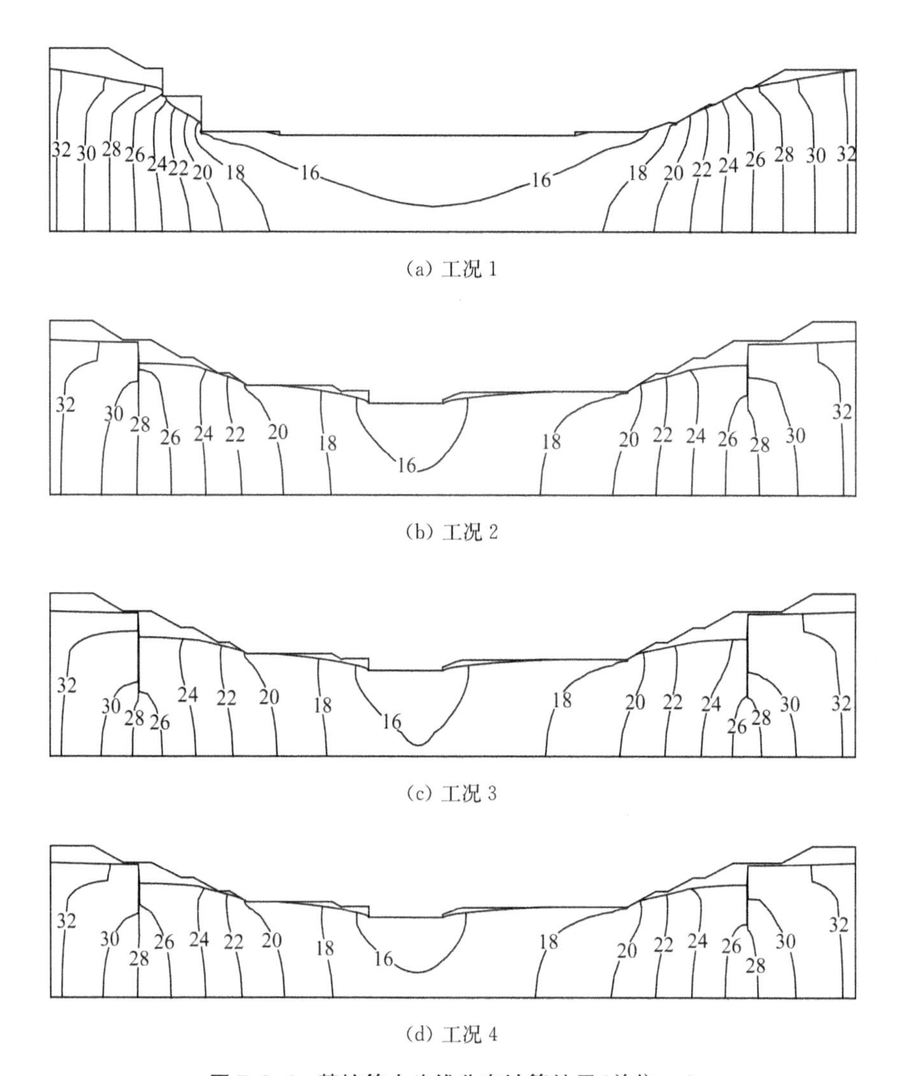

图 7.2.6　基坑等水头线分布计算结果(单位:m)

7.2.2.5　基坑监测布置

根据《建筑基坑支护技术规程》(JGJ 120—2012),二级坝泵站基坑,应开展钢板桩顶部水平位移、地层深层水平位移和沉降、支护结构顶部位移、地下水位、锚索轴力、支护桩和冠梁钢筋应力、一期泵站(主、副厂房,进、出水渠翼墙或挡墙)和二级坝公路桥位移与沉降监测,基坑监测平面布置如图 7.2.7 所示,监测工程量统计见表 7.2-5。

表 7.2-5　基坑监测工程量统计表

序号	监测点类别	数量	单位	测点材质	单位	数量
1	钢板桩顶部水平位移	8	点	顶部带刻画的圆钉	点	8
2	地层深层水平位移	18	孔	PVC 管	m	560
3	地层分层沉降	18	孔	PVC 管	m	560

续表

序号	监测点类别	数量	单位	测点材质	单位	数量
4	支护桩顶部位移监测	8	点	顶部带刻画的圆钉	点	8
5	地下水位	24	孔	PVC 管	m	420
6	锚索轴力监测	15	个	锚力计	个	15
7	支护桩钢筋应力监测	4	点	应变计	支	48
8	冠梁钢筋应力监测	4	点	应变计	支	8
9	一期泵站副厂房位移监测	7	点	顶部带刻画的圆钉	点	9
10	一期泵站主厂房位移监测	2	点	顶部带刻画的圆钉	点	2
11	二级坝公路桥位移监测	4	点	顶部带刻画的圆钉	点	4
12	一期泵站变电站位移监测	6	点	顶部带刻画的圆钉	点	6
13	一期泵站进、出水渠及岸翼墙位移监测	8	点	顶部带刻画的圆钉	点	8

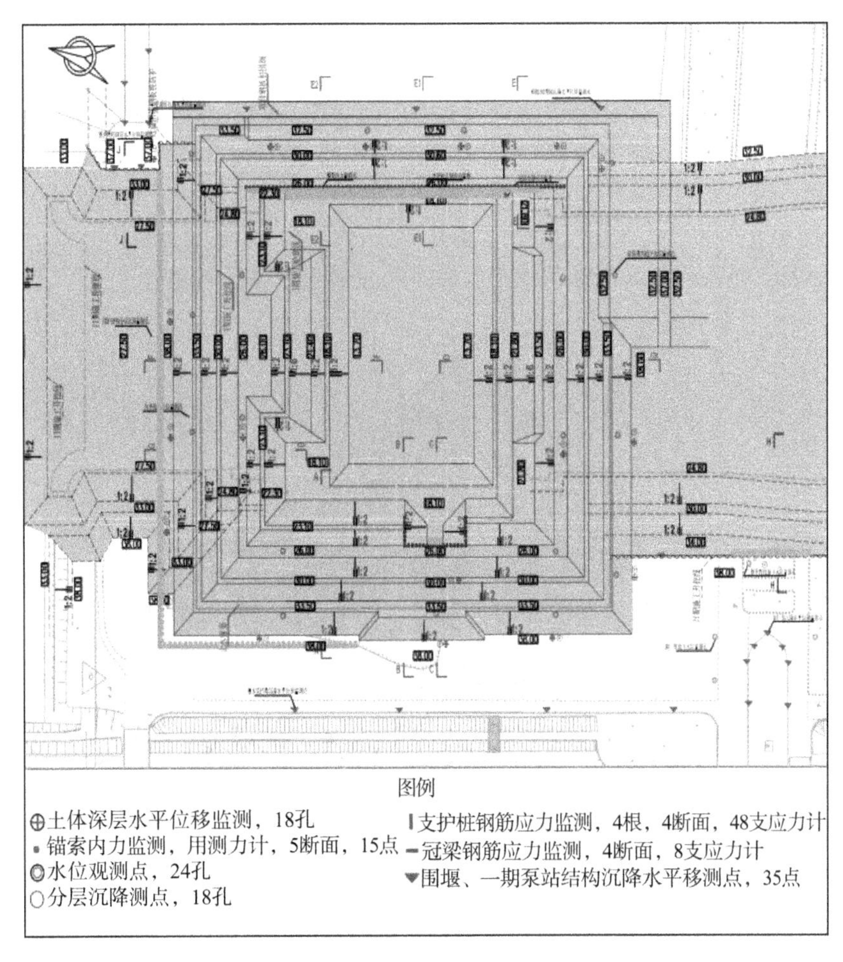

图 7.2.7　基坑监测布置图

7.2.3 基坑降水开挖的影响分析

二期二级坝泵站基坑的周边环境复杂,基坑开挖及水位变化不能影响既有一期泵站结构安全运行,泵站北侧临近二级坝交通道路,泵站主体结构施工期间需保证正常交通运行。为保证工程安全,通过三维数值模拟计算分析评价基坑降水开挖对周边建筑物的影响。

7.2.3.1 计算模型和网格划分

采用 MIDAS-GTS 建立计算模型,分析该泵站基坑降水和开挖过程对既有一期泵站主、副厂房和二级坝公路桥的影响。考虑基坑和周边建筑的相对位置关系,确定计算模型长 427 m,宽 387 m,并以地表(38.0 m 高程)为起点,自坑底(13.7 m 高程)向下延伸约 2 倍基坑开挖深度,确定计算模型高度为 70 m。计算模型网格划分见图 7.2.8(开挖后的基坑)。模型中,土层、防渗帷幕、一期泵站主、副厂房采用实体单元模拟,支护桩、帽梁、腰梁采用梁单元模拟,基础桩采用桩单元模拟,锚索采用植入式桁架模拟。帽梁、腰梁和锚索根据施工顺序设置。整个计算模型共剖分节点 116 599 个,六面体实体单元 573 907 个,梁(桁架)单元 3 673 个,板单元 633 个。

模型底部边界采用全约束,四周侧立面采用法向约束,并根据一期泵站和二期泵站正常运行条件,设定恒定总水头边界(位置水头),不考虑溢洪道 50 年一遇洪水对边界水位影响,因此,模型西侧、北侧取二级坝上级湖正常蓄水位,高程 34.3 m,东侧和南侧取下级湖正常蓄水位,高程 32.3 m。数值计算中,按照施工步序,模拟分层降水和开挖。在每层开挖前,设定开挖层底面的节点压力水头为 0,实现分层降水模拟。

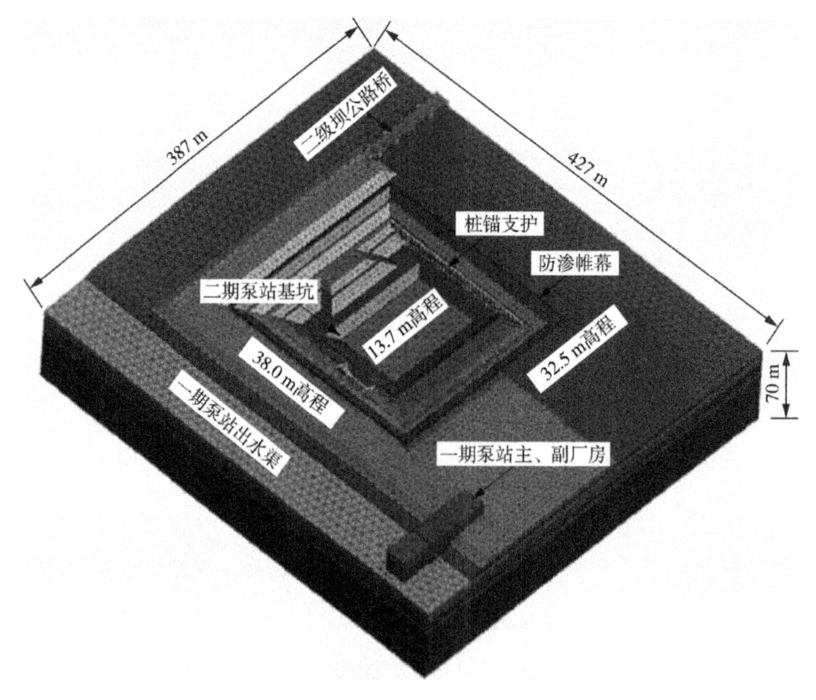

(a) 整体计算模型(基坑开挖后)

(b) 基坑西侧支护结构

(c) 基坑东侧支护结构

(d) 一期泵站厂房结构

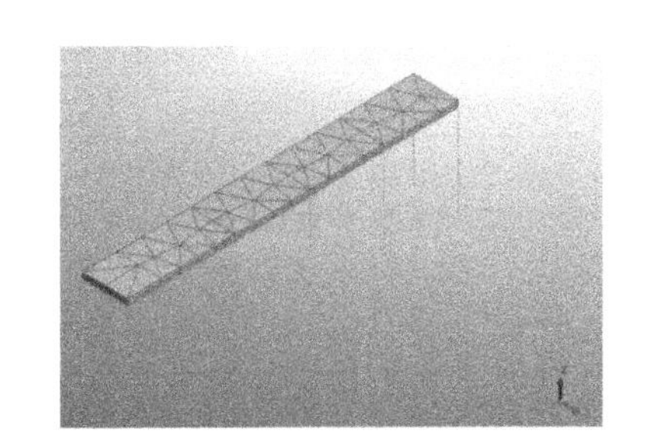

(e) 二级坝公路桥结构

图 7.2.8 基坑降水开挖数值计算模型

数值模拟计算所模拟的施工过程为：①初始水压力平衡；②地应力平衡，位移清零；③基坑开挖至 z=33.5 m；④基坑内水位降低至 z=30.0 m；⑤基坑开挖至 z=30.0 m；⑥基坑内水位降低至 z=26 m；⑦基坑开挖至 z=26 m；⑧施工 z=26 m 支护桩、帽梁、锚索，位移清零；⑨基坑内水位降低至 z=23.0 m；⑩基坑开挖至 z=23.0 m；⑪施工 z=23.0 m 腰梁、锚索；⑫基坑内水位降低至 z=20.0 m；⑬基坑开挖至 z=20.0 m；⑭施工 z=20.0 m 腰梁、锚索；⑮基坑内水位降低至 z=18.1 m；⑯基坑开挖至 z=18.1 m；⑰基坑内水位降低至 z=13.7 m；⑱基坑开挖至 z=13.7 m。

7.2.3.2 计算参数及工况

数值模拟计算中，岩土材料采用弹塑性模型，屈服准则为工程常用的莫尔-库仑准则，混凝土、锚索等采用弹性模型。计算中，土层基本物理力学参数根据勘察成果按照表 7.2-1 选取。

岩土工程数值计算中，土体弹性模量的取值是影响计算结果的关键参数。勘察报告中一般仅通过室内试验，给出土体的压缩模量，但是根据实际经验，在计算地层沉降时，室内试验压缩模量偏小太多，特别是在小应变情况下，土体刚度被严重低估。

根据现有研究成果，土体弹性模量的取值方法和范围如表 7.2-6 所示。本工程区地层以黏土和粉质壤土为主，根据勘察成果和工程类比，选取土体弹性模量的基准值为压缩模量的 7 倍，帷幕底高程 5 m(插入深度的基准值为 8.7 m)。设定不同的计算工况，分析悬挂帷幕止水和深井降水对场区地下水位变化，一期泵站主、副厂房和二级坝公路桥的影响，计算帷幕插入深度和土体弹性模量等参数的敏感性。计算工况如表 7.2-7

所示。

表 7.2-6　土体弹性模量计算公式

弹性模量计算公式	适用地区或土层类型	获得方法
$E=C_0\eta S_u$	—	理论分析
$E=[1-2v^2/(1-v)]\times E_s$	—	理论分析
$E=2\beta\rho_s(146.37\times q_c^{0.25})^2(1+v)$	天津地区、粉土、黏土和粉质黏土	理论分析
$E=8.2\times E_s$		试验统计
$E=(2\sim3)E_s$	黄土地区	试验统计
$E=(2.5\sim3.5)\times E_s$	上海地区软土	实测值反算
$E=(4.53\sim8.06)\times E_s$	上海、天津地区粉砂、粉土、粉质黏土等	实测值反算

注：E 为弹性模量(MPa)；E_s 为压缩模量(MPa)；S_u 为不排水抗剪强度(MPa)；C_0、η 为与土体的超固结比和塑性指数有关的无量纲系数；v 为泊松比；β 为修正系数，取 0.3～0.5；q_c 为锥尖阻力(kPa)；ρ_s 为土体密度(kg/m^3)。

表 7.2-7　数值模拟计算工况

计算工况	帷幕插入深度(底高程)	土体弹性模量
工况 1	8.7 m(5 m)	$E=7\times E_s$
工况 2	深井降水(无帷幕)	$E=7\times E_s$
工况 3	3.7 m(10 m)	$E=7\times E_s$
工况 4	13.7 m(0 m)	$E=7\times E_s$
工况 5	18.7 m(−5 m)	$E=7\times E_s$
工况 6	8.7 m (5 m)	$E=5\times E_s$
工况 7	8.7 m (5 m)	$E=4\times E_s$
工况 8	8.7 m (5 m)	$E=3\times E_s$

7.2.3.3　基坑开挖后场区水位分布

图 7.2.9(a)和图 7.2.9(b)分别为采用悬挂帷幕止水和深井降水方案时，基坑开挖降水后的场区地下水位总水头。数值计算中的水头边界采用位置水头模拟，因此计算得到的总水头即为地下水水位高程。

对比可知，采用悬挂帷幕止水，隔断基坑边壁的渗透通道，延长坑底绕渗渗径，可以有效控制基坑周边地下水位的下降深度和范围，基坑施工完成后，帷幕外侧的地下水位约为 29.93～31.31 m，一期泵站副厂房附近的最低地下水位为 31.25 m，仅下降约 1.0 m；而采用深井降水，基坑周边区域的地下水位大幅下降，影响范围基本达到模型边界。

相较于帷幕止水，采用深井降水后的大范围地下水位下降，势必会引起场区地面和基坑邻近建筑物的大幅沉降。同时，根据勘察成果，本工程区地层以裂隙土为主，渗透系数较大，且裂隙在纵横向的分布、发育无规律，具有随机性，考虑到基坑开挖范围大，周边具有充足的补给水源，不排除存在区域裂隙连通、导水性更好的现象，深井降水的效果难以保证，应采用悬挂帷幕截水。

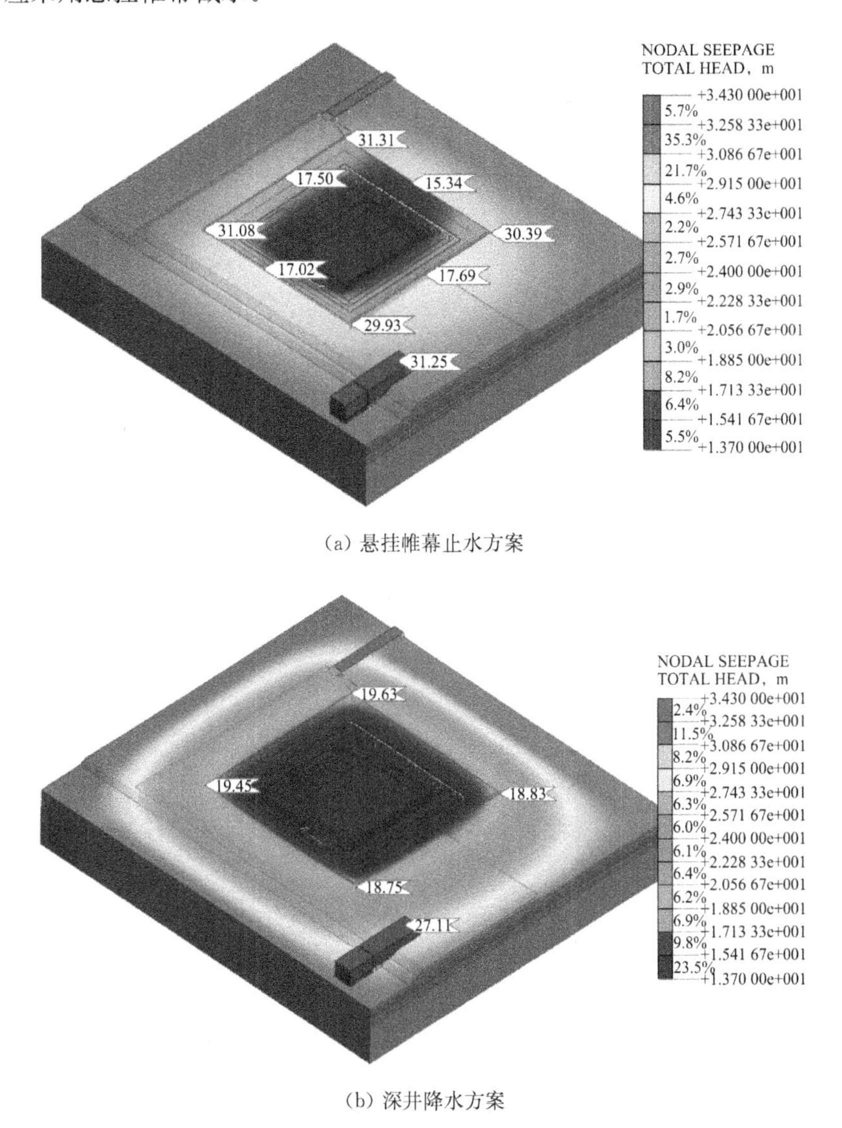

(a) 悬挂帷幕止水方案

(b) 深井降水方案

图 7.2.9　基坑开挖降水后场区地下水总水头分布云图

7.2.3.4　地层位移

采用悬挂帷幕截水方案，基坑开挖至 26.0 m 高程和 13.7 m 高程时，地层水平位移和沉降云图分别如图 7.2.10 和图 7.2.11 所示，采用悬挂帷幕截水和深井降水方案时地层水平位移和沉降计算结果统计见表 7.2-8。

与帷幕截水方案比较，采用深井降水方案时，相同位置处的地层的水平位移略有减小，幅度在 20%以内，但是沉降大幅增加，增幅达到 50%以上。

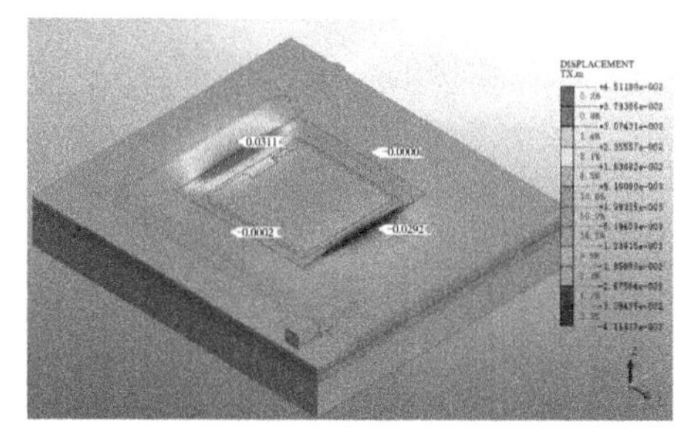

(a) x 方向水平位移(南北)

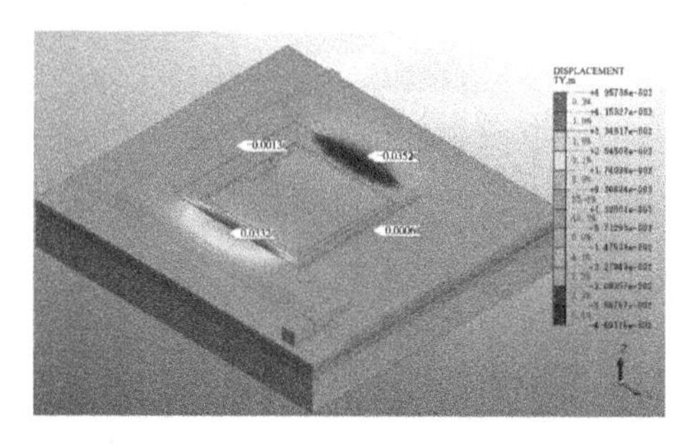

(b) y 方向水平位移(东西)

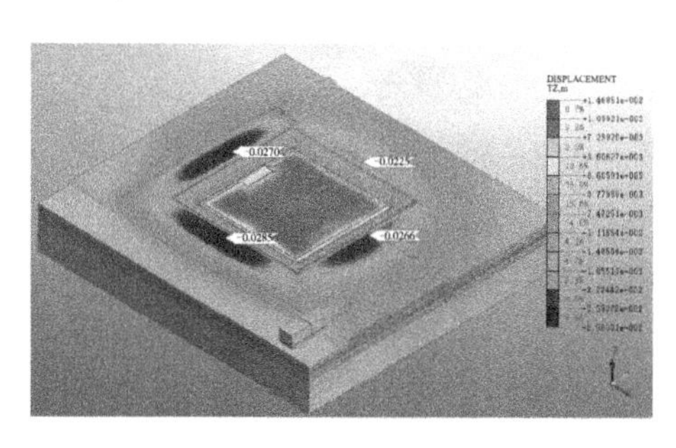

(c) z 方向位移(沉降)

图 7.2.10　基坑开挖至 26.0 m 高程时地层位移云图

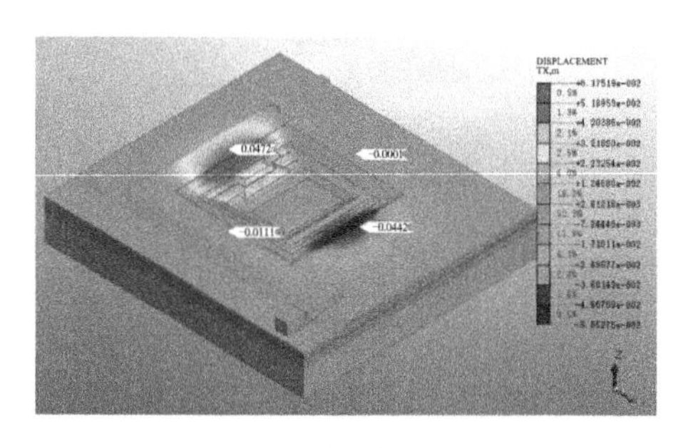

(a) x 方向水平位移(南北)

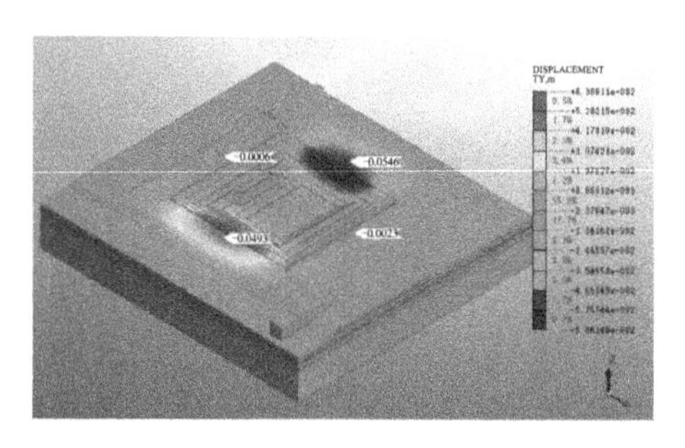

(b) y 方向水平位移(东西)

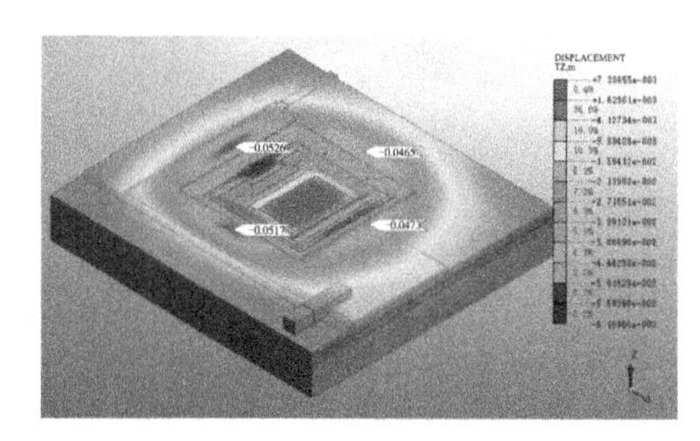

(c) z 方向位移(沉降)

图 7.2.11　基坑由 26.0 m 开挖至 13.7 m 高程时地层位移云图

表 7.2-8 基坑开挖过程中的地层位移

降水方案	开挖高程/m	地表位移和沉降/mm								备注
		x 方向		y 方向		z 方向				
		北侧	南侧	西侧	东侧	西侧	北侧	东侧	南侧	
悬挂帷幕截水	38.0～26.0	31.1	−29.2	33.2	−35.2	28.5	27.0	22.5	26.6	x 以向南为正，y 以向东为正，z 以向下为正
	26.0～13.7	47.2	−44.2	49.3	−54.8	51.7	52.6	46.5	47.3	
	合计	78.3	−73.4	82.5	−90.0	80.2	79.6	69.0	73.9	
深井降水	38.0～26.0	23.3	−19.5	27.4	−26.1	51.0	53.1	40.4	46.8	
	26.0～13.7	38.2	−38.0	35.4	−60.0	87.9	85.6	73.3	84.1	
	合计	61.5	−57.5	62.8	−86.1	138.9	138.7	113.7	130.9	

7.2.3.5 支护结构位移和内力

采用悬挂帷幕截水和深井降水方案时，基坑开挖至 13.7 m 高程时，西、东侧支护桩的水平位移、弯矩分别如图 7.2.12 和图 7.2.13 所示，结果统计见表 7.2-9。

表 7.2-9 桩锚支护结构的水平位移和内力统计表

降水方案	支护结构位置	桩体最大水平位移/mm	桩底最大水平位移/mm	最大弯矩/(kN·m)		锚索轴力/kN		
				坑内侧	坑外侧	26.0 m 高程	23.0 m 高程	20.0 m 高程
悬挂帷幕截水	西侧	54.5	35.0	−581.6	267.0	238.32	243.06	242.02
	东侧	56.7	35.7	−488.8	499.4	232.68	241.55	250.33
深井降水	西侧	32.3	26.1	−655.0	247.0	211.78	225.71	242.45
	东侧	−38.2	−30.5	−611.8	236.7	217.34	230.52	251.33

注：位移以朝向坑内为正。

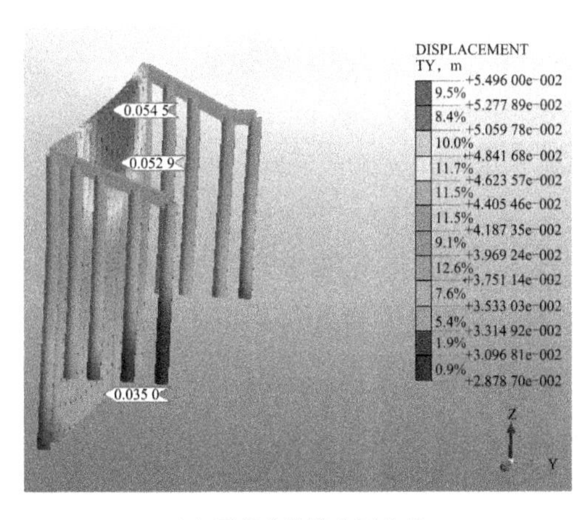

(a) 西侧支护桩水平位移

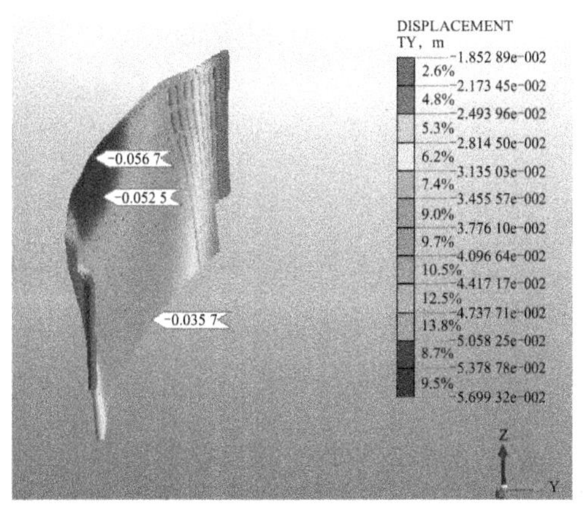

(b) 东侧支护桩水平位移

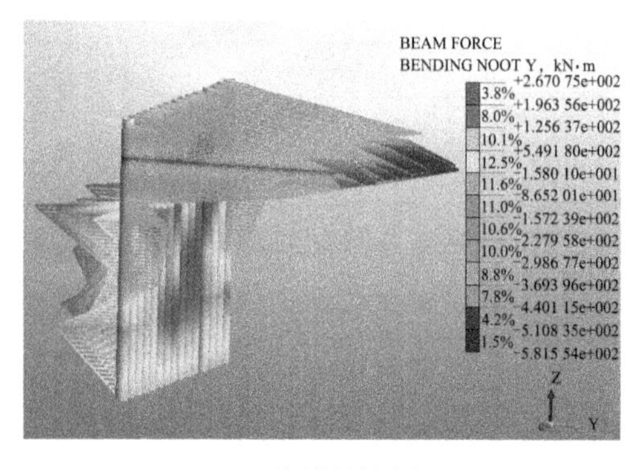

(c) 西侧支护桩弯矩

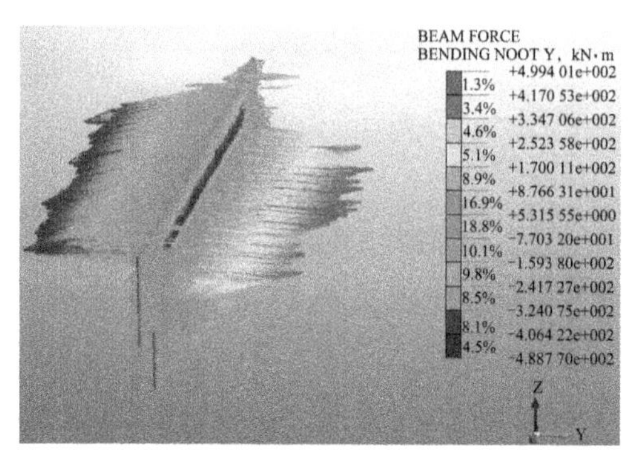

(d) 东侧支护桩弯矩

图 7.2.12　基坑支护桩水平位移和弯矩分布云图(悬挂帷幕截水方案)

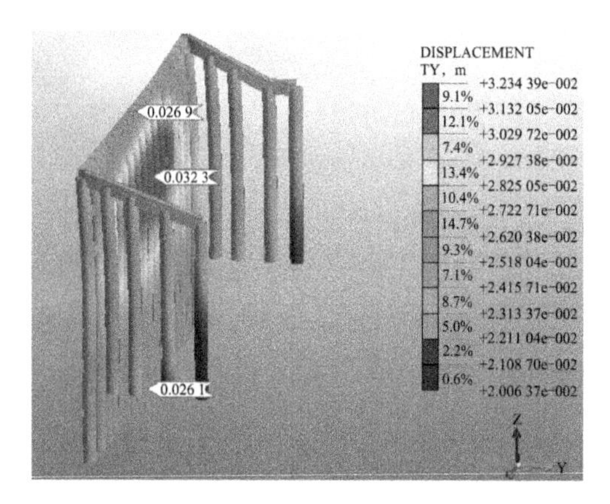

(a) 西侧支护桩水平位移

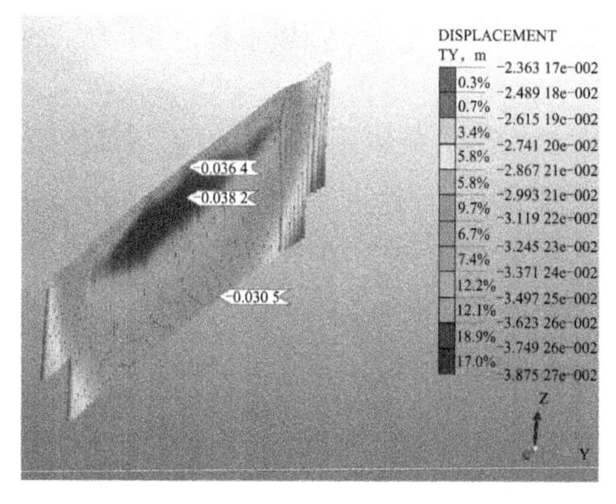

(b) 东侧支护桩水平位移

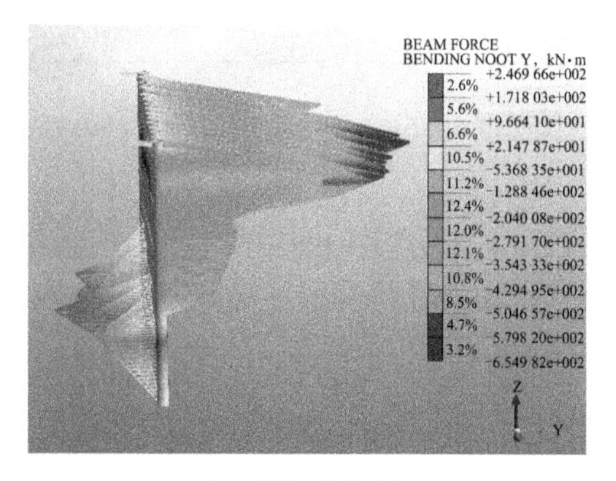

(c) 西侧支护桩弯矩

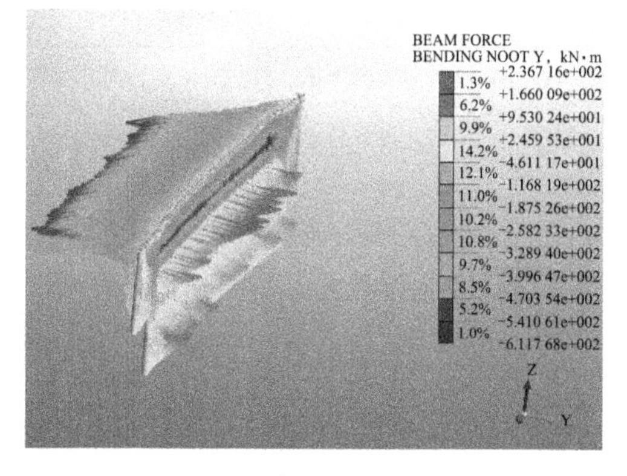

(d) 东侧支护桩弯矩

图 7.2.13　基坑支护桩水平位移和弯矩分布云图(深井降水方案)

7.2.3.6　一期泵站和二级坝公路桥变形(悬挂帷幕方案)

采用悬挂帷幕截水方案,基坑开挖至 26.0 m 高程和 13.7 m 高程时,一期泵站主、副厂房和二级坝公路桥的结构整体变形云图分别如图 7.2.14 和图 7.2.15 所示，角点位置的水平位移和沉降计算结果统计见表 7.2-10 和表 7.2-11。

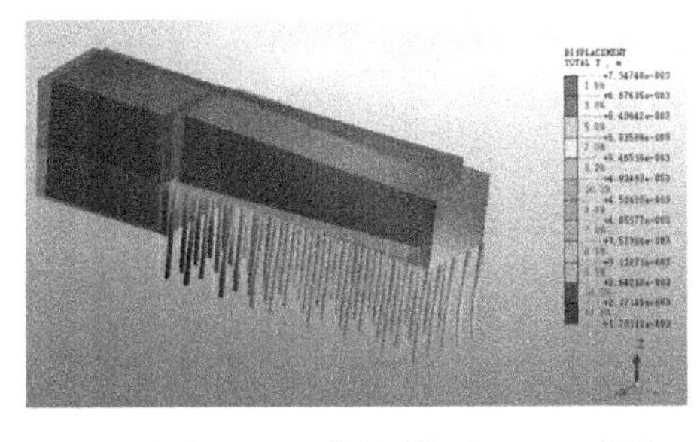

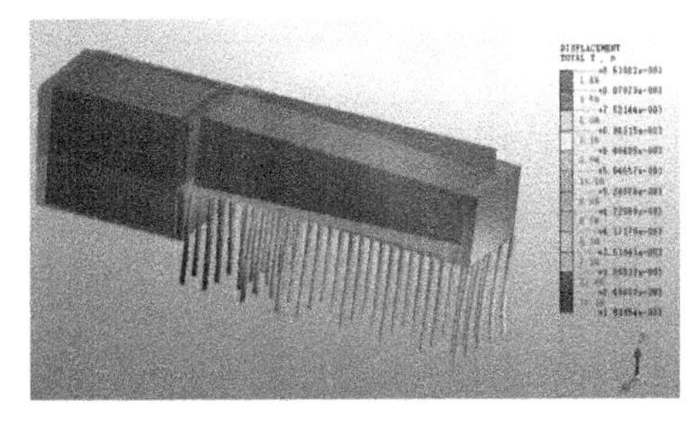

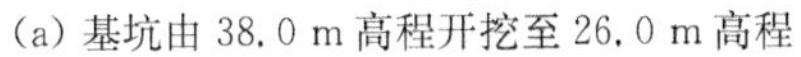

(a) 基坑由 38.0 m 高程开挖至 26.0 m 高程　　(b) 基坑由 26.0 m 高程开挖至 13.7 m 高程

图 7.2.14　一期泵站主、副厂房整体变形云图

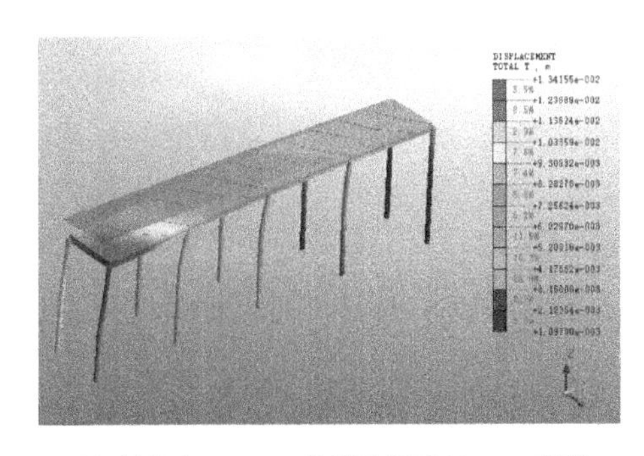

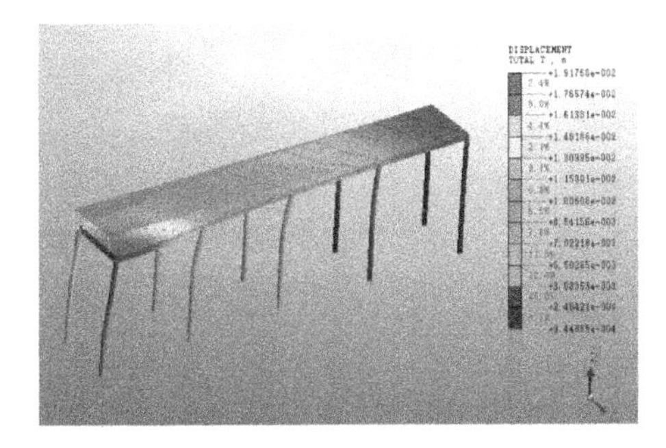

(a) 基坑由 38.0 m 高程开挖至 26.0 m 高程　　(b) 基坑由 26.0 m 高程开挖至 13.7 m 高程

图 7.2.15　二级坝公路桥整体变形云图

表 7.2-10　一期泵站主、副厂房角点位移

位移方向	开挖高程/m	主厂房/mm		副厂房/mm				备注
		东南角	东北角	东北角	东南角	西南角	西北角	
x	38.0～26.0	−2.0	−2.0	−4.8	−4.8	−2.8	−2.8	x 方向以向南为正，y 方向以向东为正，z 方向以沉降为正
	26.0～13.7	−2.3	−2.3	−5.3	−5.3	−3.3	−3.3	
	合计	−4.3	−4.3	−10.1	−10.1	−6.1	−6.1	
y	38.0～26.0	0.8	0.5	0.9	1.5	1.5	0.8	
	26.0～13.7	1.0	0.7	1.1	1.8	1.8	1.2	
	合计	1.8	1.2	2.0	3.2	3.2	2.0	
z	38.0～26.0	1.0	1.4	4.5	3.4	0.4	1.4	
	26.0～13.7	1.2	1.6	5.6	4.2	0.4	1.7	
	合计	2.2	3.0	10.1	7.6	0.8	3.1	

表 7.2-11　二级坝公路桥角点位移

位移方向	开挖高程/m	二级坝公路桥/mm		备注
		西南角	西北角	
x	38.0～26.0	8.4	8.4	x 方向以向南为正，y 方向以向东为正，z 方向以沉降为正
	26.0～13.7	11.3	11.3	
	合计	19.7	19.7	
y	38.0～26.0	−0.1	−1.3	
	26.0～13.7	0	−1.8	
	合计	−0.1	−3.1	
z	38.0～26.0	10.5	7.8	
	26.0～13.7	15.5	10.9	
	合计	26.0	18.7	

7.2.3.7　悬挂帷幕和深井降水对既有建筑物变形的影响

图 7.2.16 为基坑降水开挖施工时一期泵站主、副厂房和二级坝公路桥的沉降和水平位移变化过程。数值计算中，分两步分别计算每一层的降水和开挖引起的邻近建筑物变形。可见，无论采用悬挂帷幕止水或深井降水，一期泵站主、副厂房和二级坝公路桥的沉降和水平位移均主要由地下水位下降引起，受土方开挖的影响很小，曲线均近似呈台阶形。

基准参数条件下，采用悬挂帷幕止水，能够有效降低基坑邻近建筑物的沉降和水平位移。悬挂帷幕止水时，一期泵站主、副厂房和二级坝公路桥的最大沉降值分别为 3 mm、10.1 mm 和 26.0 mm，较深井降水方案分别降低了 85.3%、65.7%和 62.4%；最大水平位移值分别为 4.3 mm、10.1 mm 和 19.7 mm，较深井降水方案分别降低了 72.4%、70.6%和 47.9%。

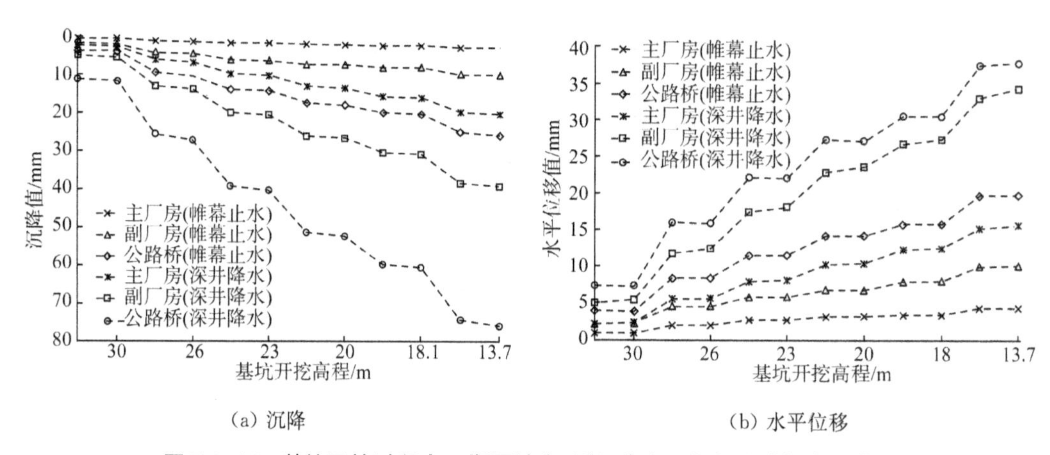

(a) 沉降　　　　(b) 水平位移

图 7.2.16　基坑开挖过程中一期泵站主、副厂房和二级坝公路桥变形曲线

7.2.3.8 帷幕插入深度对既有建筑物变形的影响

图 7.2.17 为不同帷幕插入深度时,基坑降水和开挖后一期泵站主、副厂房和二级坝公路桥的最大沉降变化规律。帷幕插入深度对邻近建筑物的沉降影响较为明显。帷幕插入深度过小时,对控制基坑周边地下水位下降的作用效果明显降低,邻近建筑变形显著增大,如当帷幕插入深度由 8.7 m 减小至 3.7 m 后,一期泵站主、副厂房和二级坝公路桥的沉降值分别增加了 37.5%、27.3%和 20.5%;帷幕插入深度过大时,对控制沉降的作用增加有限,将造成投资浪费,如当帷幕插入深度由 13.7 m 增大至 18.7 m 后,基坑开挖降水引起的一期泵站主、副厂房和二级坝公路桥沉降值变化很小,在 10%以内。

工程设计选择悬挂帷幕的设计插入深度 8.7 m 是合理的,既能满足规范要求,又能体现经济性。按照帷幕顶高程 33.5 m 计算,将帷幕插入深度由 8.7 m(底高程 5 m)增大至 13.7 m(底高程 0 m)后,帷幕投资增大 17.5%,而受基坑开挖降水影响最大的二级坝公路桥沉降值仅降低 10.4%。

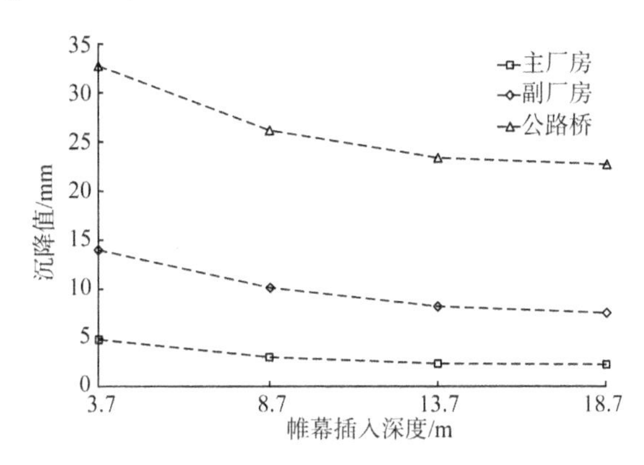

图 7.2.17 不同帷幕插入深度时邻近建筑物的最大沉降变化规律

7.2.3.9 土体弹性模量取值对既有建筑物变形的影响

图 7.2.18 为不同土体弹性模量取值时,基坑降水和开挖后一期泵站主、副厂房和二级坝公路桥的最大沉降。土体弹性模量对邻近建筑物的沉降影响很大。当土体弹性模量取压缩模量的 5 倍以下时,随着土体弹性模量取值的减小,基坑开挖降水引起的邻近建筑物沉降计算值迅速增大。如当土体弹性模量取值由压缩模量的 5 倍减小至 3 倍后,一期泵站主、副厂房和二级坝公路桥的沉降计算值分别增大了 87.1%、44.7%和 60.1%;而当土体弹性模量取压缩模量的 5～7 倍时,沉降计算值的变化幅度仅在 20%左右。

不同地区土性差异可能致使土体弹性模量变化较大,根据已有研究成果,除软土和黄土等特殊土外,数值模拟计算中土体弹性模量的合理取值为压缩模量的 4.6～8 倍,以此估算本工程基坑开挖降水引起的一期泵站主、副厂房和二级坝公路桥的沉降值分别为 3～4 mm、10～12 mm 和 26～34 mm。施工时,可根据数值计算规律和结果,结合基坑开挖降水过程,分阶段控制,根据监测结果,及时对不同建筑物采取不同的处理措施,确保其安全运行。

对于一期泵站主、副厂房,距离基坑相对较远,受开挖降水的影响相对较小,土体弹性模量取较小值(压缩模量的 4～5 倍)时的最大沉降仅为 12 mm 左右，必要时通过地下水回灌、适当降低基坑开挖速度，避免周边水位快速降低来控制沉降；对于二级坝公路桥，距离基坑相对较近，受开挖降水的影响相对较大，土体弹性模量取较小值(压缩模量的 4～5 倍)时的最大沉降达到 30～40 mm，可根据数值计算结果，预先设定基坑各层降水和开挖引起的沉降警戒值，必要时对公路桥周边和基底土层进行旋喷和灌浆加固，控制沉降。

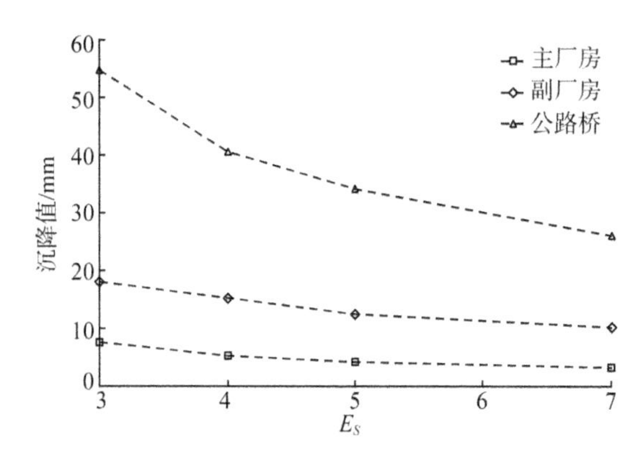

图 7.2.18　土体弹性模量取值变化对邻近建筑物的最大沉降影响规律

7.2.3.10　一期泵站出水渠岸坡变形

采用悬挂帷幕截水方案，基坑开挖至 26.0 m 高程和 13.7 m 高程时，一期泵站出水渠变形云图分别如图 7.2.19 和图 7.2.20 所示，采用悬挂帷幕截水和深井降水方案时的岸坡顶部水平位移和沉降计算结果统计见表 7.2-12。

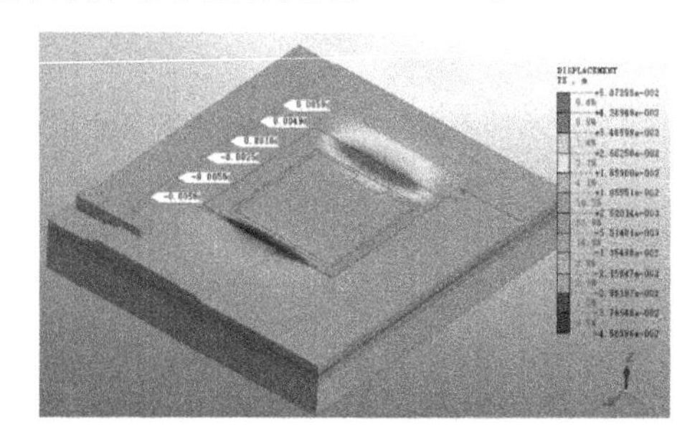

(a) x 方向水平位移(南北)

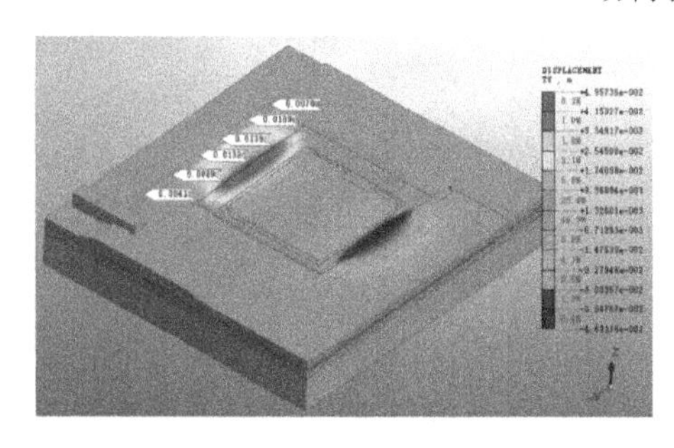

(b) y 方向水平位移(东西)

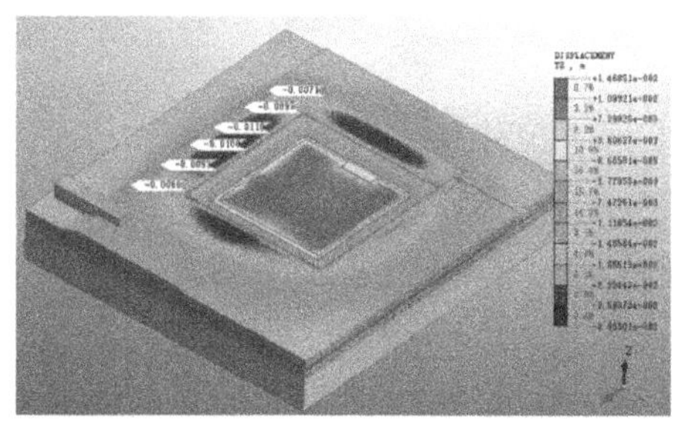

(c) z 方向位移(沉降)

图 7.2.19　基坑开挖至 26.0 m 高程时一期泵站出水渠岸坡顶部位移云图

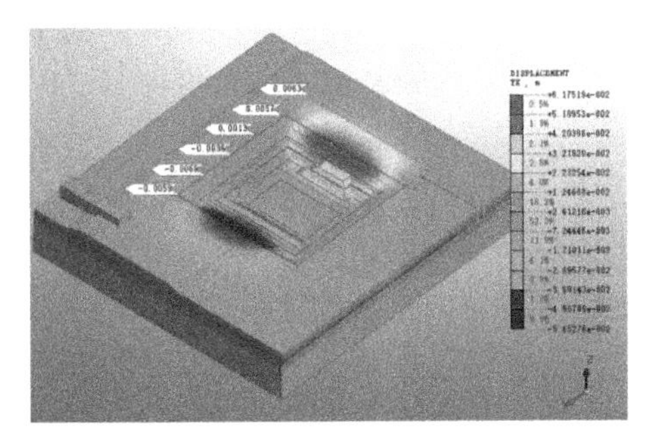

(a) x 方向水平位移(南北)

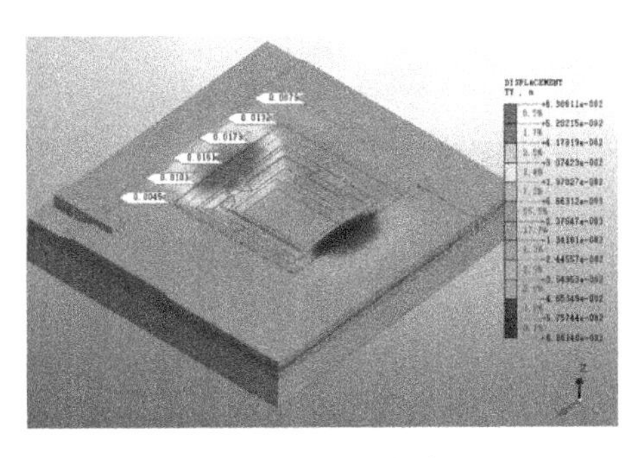

(b) y 方向水平位移(东西)

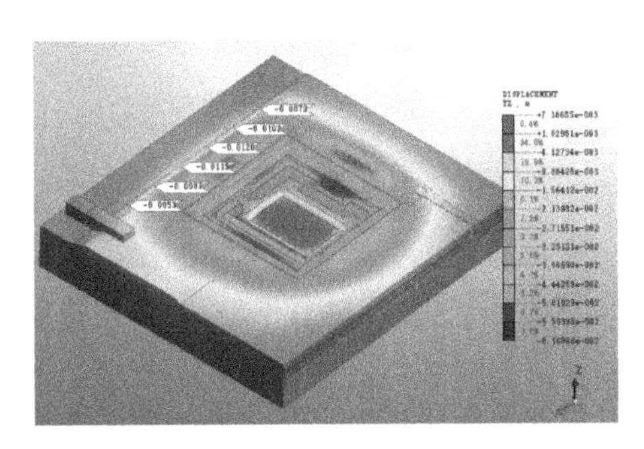

(c) z 方向位移(沉降)

图 7.2.20 基坑由 26.0 m 开挖至 13.7 m 高程时一期泵站出水渠岸坡顶部位移云图

表 7.2-12 一期泵站出水渠岸坡顶部位移

<table>
<tr><th rowspan="2">降水方案</th><th rowspan="2">开挖高程/m</th><th colspan="3">近泵站段/mm</th><th colspan="3">出水渠段/mm</th><th rowspan="2">备注</th></tr>
<tr><th>x 方向</th><th>y 方向</th><th>z 方向</th><th>x 方向</th><th>y 方向</th><th>z 方向</th></tr>
<tr><td rowspan="3">悬挂帷幕截水</td><td>38.0～26.0</td><td>−5.6</td><td>4.1</td><td>6.0</td><td>5.9</td><td>13.9</td><td>11.0</td><td rowspan="6">x 方向以向南为正，
y 方向以向东为正，
z 方向以向下为正</td></tr>
<tr><td>26.0～13.7</td><td>−5.9</td><td>4.5</td><td>5.3</td><td>6.3</td><td>17.3</td><td>12.0</td></tr>
<tr><td>合计</td><td>−11.5</td><td>8.6</td><td>11.3</td><td>12.2</td><td>31.2</td><td>23.0</td></tr>
<tr><td rowspan="3">深井降水</td><td>38.0～26.0</td><td>−12.0</td><td>9.7</td><td>18.1</td><td>12.3</td><td>21.3</td><td>34.0</td></tr>
<tr><td>26.0～13.7</td><td>−18.7</td><td>16.3</td><td>31.4</td><td>18.1</td><td>32.0</td><td>53.9</td></tr>
<tr><td>合计</td><td>−30.7</td><td>26.0</td><td>49.5</td><td>30.4</td><td>53.3</td><td>87.9</td></tr>
</table>

7.2.4 基坑降水开挖对周边建筑物的影响评价

7.2.4.1 基坑开挖对一期泵站主、副厂房的影响评价

根据数值模拟计算结果，采用帷幕止水，泵站基坑开挖后，一期泵站主厂房的最大沉降 3.0 mm，最大差异沉降 3.0 mm；一期泵站副厂房的最大沉降 10.1 mm，最大差异沉降 9.3 mm，地下水最大下降深度 1 m。

(1) 根据《泵站设计标准》(GB 50265—2010)，对泵房地基的最终沉降量进行计算时，地基压缩层的计算深度可按计算层面处附加应力与自重应力之比等于 0.1～0.2，当其下尚有压缩性较大的土层时，地基压缩层的计算深度应计至该土层底面。

一期泵站主厂房底板高程19.5 m，副厂房桩底高程8.0 m，地下水位下降1 m引起的附加应力不足自重应力的10%，且无软弱下卧层，可不考虑地基压缩沉降。水位下降1 m不会对一期泵站主厂房地基和副厂房桩基产生影响。

(2) 根据《泵站设计标准》(GB 50265—2010)，泵站地基允许的沉降量和沉降差，应根据工程具体情况分析，满足泵房结构安全和不影响泵房内机组的正常运行。

根据条文说明，多数泵站的泵房地基实测最大沉降量为100～250 mm，最大沉降差为50～100 mm。实测资料证明，即使出现较大的沉降量和沉降差，除个别泵站机组每年需进行维修调试，否则难以继续运行外，其余泵站泵房地基均稳定，运行状况正常。数值计算结果表明，相对于多数泵站地基实测的100 mm级最大沉降和差异沉降而言，二期泵站基坑开挖降水引起的一期泵站主、副厂房的最大沉降均小于10 mm，不会影响结构安全和泵房机组正常运行。

(3) 根据《泵站设计标准》(GB 50265—2010)，吊车梁的最大计算挠度不超过计算跨度的1/600(钢筋混凝土结构)或1/700(钢结构)。根据《南水北调东线第一期工程二级坝泵站枢纽工程初步设计报告》，泵站主厂房吊车梁共6跨，每跨9 m，单跨最大计算挠度15 mm。

数值模拟结果表明，主厂房最大沉降3.0 mm，最大差异沉降3.0 mm，平均每跨的最大沉降0.5 mm，不会对最大计算挠度产生影响。

(4) 根据《泵站设计标准》(GB 50265—2010)和《建筑地基基础设计规范》(GB 50007—2011)，当地基土为中、低压缩性土时，相邻柱基础的允许沉降差，框架结构为0.002 L；砌体墙填充的边排柱为0.000 7 L；当基础不均匀沉降时不产生附加应力的结构为0.005 L(L为相邻柱基础的中心距，mm)。根据《南水北调东线第一期工程二级坝泵站枢纽工程初步设计报告》，泵站副厂房长度约60 m，宽度约20 m，边排柱间距3.9 m。按照较为严格的0.000 7 L计算，相邻边排柱的最大差异沉降2.73 mm，整体最大允许差异沉降约40 mm。

数值模拟结果表明，副厂房最大沉降10.1 mm，最大差异沉降9.3 mm，小于整体最大允许差异沉降。

(5) 根据《地下工程防水技术规范》(GB 50108—2008)5.1.4条，用于沉降的变形缝最大允许沉降差值不应大于30 mm。

数值模拟结果表明，副厂房最大沉降10.1 mm，最大差异沉降9.3 mm，小于用于沉降的变形缝最大允许沉降差值，满足规范要求。

综合分析，二期泵站基坑施工引起的一期泵站主、副厂房沉降满足规范要求。

7.2.4.2 基坑开挖对二级坝公路桥的影响评价

根据数值模拟计算结果，采用帷幕止水，泵站基坑开挖后二级坝公路桥的最大沉降26.0 mm，最大差异沉降7.3 mm，最大水平位移19.7 mm。

根据《公路桥涵养护规范》(JTG H11—2004)5.1.2条，对于简支桥梁，墩台基础的均匀总沉降值(不包括施工中的沉降)应小于$2.0\sqrt{L}$ (cm)；相邻墩台的总沉降差值(不包括施工中的沉降)应小于 $1.0\sqrt{L}$ (cm),其中 L 为相邻墩台间的最小跨径,跨径小于 25 m 时,以 25 m 计算,对于桩、柱式柔性墩台的沉降,以及桩基承台上墩台顶面的水平位移值,可视具体工况确定,以保证正常使用为原则。根据上述规范要求,二级坝公路桥的基础控制总沉降应小于 100 mm,相邻墩台沉降差应小于 50 mm。

因此,二期泵站基坑施工引起的二级坝公路桥沉降满足规范要求。

7.2.4.3 基坑开挖对一期泵站出水渠挡墙的影响评价

根据数值模拟计算结果,采用帷幕止水,泵站基坑开挖后,一期泵站岸翼墙的最大水平位移 11.5 mm,沉降 11.3 mm;出水渠挡墙的最大水平位移 31.2 mm,沉降 23.0 mm。

根据《水工挡土墙设计规范》(SL 379—2007)6.7.5 条,土质地基允许的最大沉降量和沉降差,应以保证挡土墙安全和正常使用为原则,根据具体情况研究确定;最大沉降量不宜超过 150 mm,相邻部位的最大沉降差不宜超过 50 mm。

因此,二期泵站基坑施工引起的一期泵站岸翼墙和出水渠的沉降满足规范要求。

8 引江济淮二期工程深基坑支护设计实例

引江济淮工程沟通长江、淮河两大水系，是跨流域、跨省重大战略性水资源配置和综合利用工程，工程任务以城乡供水和发展江淮航运为主，结合灌溉补水和改善巢湖及淮河水生态环境，是国务院确定的全国 172 项节水供水重大水利工程之中的标志性工程，也是润泽安徽、惠及河南、造福淮河、辐射中原、功在当代、利在千秋的重大基础设施和重要民生工程。工程供水范围涉及安徽省和河南省 14 市 55 县(市、区)，总面积 7.06 万平方公里，输水线路总长 723 公里。工程自南向北分为引江济巢、江淮沟通、江水北送三段，设计调水流量为 300 m^3/s。

引江济淮二期工程是引江济淮工程体系的有机组成部分，规模为Ⅰ等大(1)型。引江济淮二期工程位于安徽省中、北部，横跨 12 个市，涉及长江和淮河流域，是在引江济淮工程基础上，以城乡供水为主，结合灌溉补水，为区域应对供水安全风险、改善生态环境创造条件等为主要任务，不改变引江济淮工程调水规模和总体布局。

引江济淮二期工程建设沙颍河线、涡河线、淮水北调三条输水干线以及城乡水厂配水通道。贯通江水北送输水干线，工程实施后，将形成“江水、淮水、淠水、湖水”互通互济的江淮分水岭水资源优化配置工程体系和沿淮淮北“三横四纵”水资源配置工程格局，构建完整的供水工程体系和网络。

引江济淮二期工程各干线输水终点均高于取水点，以不影响河道原有功能为原则，充分利用现有拦河闸作为节点，建设梯级提水泵站，实现河道逐级输水。沙颍河线设置颍上站、阜阳站、耿楼站、杨桥站共 4 座泵站；涡河线设置蒙城站、涡阳站、大寺站共 3 座泵站；淮水北调扩大延伸线共设置 14 座泵站，其中利用淮水北调工程现有固镇站、娄宋站、二铺站、侯王站共 4 座泵站，扩建现有四铺站、贾窝站共 2 座泵站，新建濠城站、沱河集站、青龙站、王桥站、宿东站、殷庄站、孙庄站、王楼站共 8 座泵站。合肥供水工程、合肥大官塘和五水厂供水工程、阜阳太和界首临泉供水工程、庐江水源工程以及沿线取水口门工程等，新建、改造取水泵站共计 21 座泵站。

本书主要介绍上述泵站中基坑开挖深度较大、环境条件复杂、地质条件较差的涡河线涡阳泵站、沙颍河线阜阳泵站和颍上泵站的基坑支护设计。

8.1 涡河线涡阳泵站基坑支护设计

8.1.1 工程概况及场地条件

8.1.1.1 工程概况

涡河输水线路是引江济淮工程江水北送的主要通道之一，是引江济淮二期工程的重要建设内容。涡阳泵站工程是涡河线路梯级泵站工程的重要提水泵站，设计流量为 25 m^3/s。

涡阳站(图 8.1.1)位于涡阳县城北郊，紧邻涡阳闸，为涡河输水河道第二级泵站，泵站流量 25 m^3/s。站址位于涡阳枢纽北侧，站身布置在涡阳枢纽处，紧靠涡阳节制闸，中心线与节制闸中心线平行，相距 170 m，轴线位于节制闸交通桥下游，与交通桥轴线平行，相距 100 m。泵站由进水渠、清污机桥、前池、进水池、主泵房、压力水箱、出水涵洞、出水渠、副厂房、安装间等组成。安装间布置在主泵房北侧，副厂房布置在主泵房南侧，管理区位于主泵房南侧，紧挨副厂房布置。泵房内 4 台机组沿厂房轴线一字排列，泵房采用块基型基础。主泵房、翼墙等主要建筑物地基选用空心管桩 PHC－A500－125 复合地基处理。

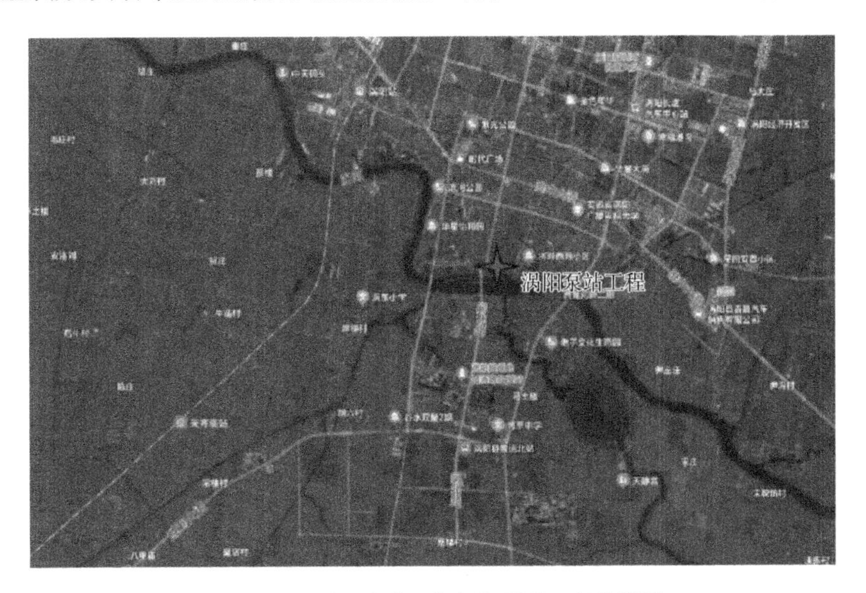

图 8.1.1 引江济淮二期涡阳泵站工程位置图

8.1.1.2 工程布置及主要建筑物参数

涡阳泵站工程平面布置如图 8.1.2 所示，泵站纵剖面图如图 8.1.3 所示。工程区的现状地表高程约 32.0～35.0 m(85 国家高程基准，下同)，与基坑开挖支护相关的主要建筑物设计参数为：①主厂房：建基面高程 13.30 m；②副厂房：建基面高程为 16.00 m；③进水池：建基面高程 14.50～19.00 m；④压力水箱、出水箱涵：建基面高程 21.00 m。

根据现状地面高程和涡阳泵站主要建筑物的建基面高程和结构形式可知，涡阳泵站基坑厂房段最大开挖深度 18.7 m(32.0 m 高程～13.3 m 高程)，基坑支护结构安全等级为一级。

8.1.1.3　场地条件

结合图 8.1.2，涡阳泵站位于涡河北侧。拟建区域周围建筑物主要包括既有闸北路、涡河节制闸、北侧民房和涡河堤防等。泵站施工过程中，需保证附近征地红线外的建筑物沉降在允许范围内。涡阳泵站与周围建筑物之间的位置关系为：

①副厂房距离征地红线约 40 m。

②进水渠岸翼墙距离涡河堤防顶部约 24.5 m。

③安装间距离涡河节制闸北侧边界约 95 m。

④出水箱涵压力水箱距离闸北路约 40 m。

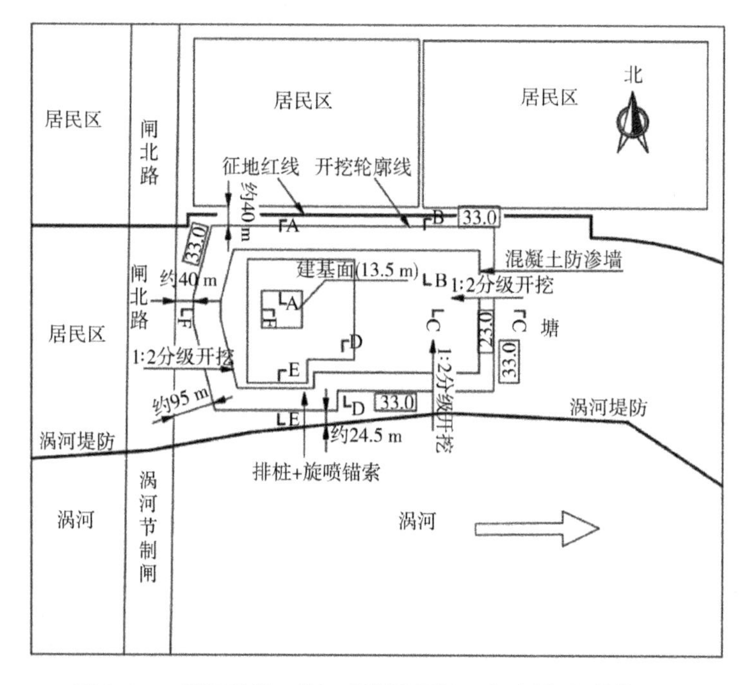

图 8.1.2　引江济淮二期工程涡阳泵站工程布置图(单位：m)

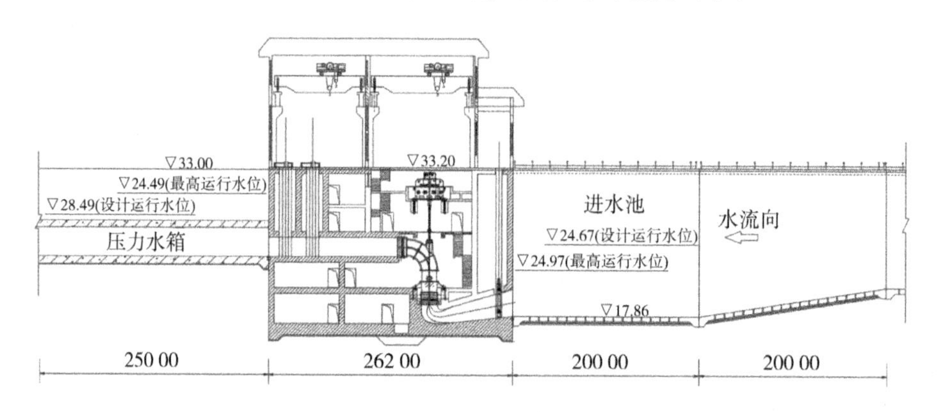

图 8.1.3　泵站纵剖面图(单位：高程，m；其他，mm)

8.1.1.4 工程地质和水文地质条件

(1) 工程地质条件

拟建站址位于安徽省涡阳县涡北街道现状涡河北岸上，涡阳枢纽位于其南侧，属淮北冲积平原。站址区涡河流向自西向东，地势较平坦，但略有起伏，河面宽度约 360 m 左右。工程区现状为城区，房屋、道路密集。根据野外编录、现场调查测绘、原位测试和室内土工试验成果，在勘探深度范围内揭露的地层主要为第四系地层，自上而下分为 10 层，具体为：

第⓪层：杂填土(Q^s)，人工填筑，杂色，上部为路基，含建筑垃圾，下部主要为可塑或松散状轻粉质壤土或硬塑状的粉质黏土，局部较软。平均层厚 3.8 m，层底分布高程 28.10～33.24 m；靠近河道揭露较厚，达 11 m。

第②层：粉质黏土(Q_4^{al})，黄色，可塑～硬塑状，湿，偶夹轻粉质壤土，含砂礓(直径 1～2 cm，含量 5%左右)，含铁锰质斑、结核。该层场区普遍分布，平均层厚 4.0 m，层底分布高程 21.33～27.60 m。

第②$_1$ 层：含砂礓粉质黏土(Q_4^{al})，黄色，灰黄色，硬塑，局部可塑，含 0.5～3 cm 砂礓，局部砂礓较富集，局部含轻粉质壤土薄层。该层主要分布在场区中间，在东西两侧缺失，平均层厚 4.7 m，层底分布高程 18.29～23.20 m。

第②$_2$ 层：轻中粉质壤土(Q_4^{al})，黄色，呈稍密～中密状，局部呈硬塑状，夹细砂薄层，局部含黏土。平均层厚 2.4 m，层底分布高程 17.19～25.56 m。

第③层：粉质黏土(Q_4^{al})，黄色，硬塑，该层下部局部呈可塑状，湿，在 GYZC16 孔处揭露较薄且呈软塑状。平均层厚 3.0 m，层底分布高程 15.29～23.50 m。

第③$_1$ 层：轻粉质壤土、重粉质砂壤土(Q_4^{al})，黄色，湿，局部夹轻粉质壤土和粉细砂，一般呈中密～密实状。该层场区普遍分布，平均层厚 3.6 m，层底分布高程 9.90～20.10 m。

第④层：粉质黏土(Q_3^{al})，黄色，硬塑，局部可塑，含砂礓(直径 1～3 cm，含量 5%～20%)，下部夹中粉质壤土，局部夹轻粉质壤土透镜体，局部含粉砂。平均层厚 5.7 m，层底分布高程 4.37～14.29 m。

第⑤层：轻粉质壤土(Q_3^{al})，黄色，中密～密实，局部呈稍密状，饱和，夹粉质黏土薄层，厚度约 12～40 cm，局部含砂壤土。平均层厚 6.8 m，层底分布高程－3.60～12.19 m。

第⑥层：粉质黏土(Q_3^{al})，灰色，黄色，硬塑，局部可塑，湿，含砂礓，局部夹轻粉质壤土。平均层厚 7.1 m，层底分布高程－17.65 m(未揭穿)～－5.70 m。

第⑧层：轻粉质壤土(Q_3^{al})，黄色，密实，湿。平均层厚 1.9 m，层底分布高程－7.55 m(未揭穿)。

上述地层在站址处的分布高程、厚度等物理力学指标见表 8.1-1。

(2) 水文地质条件

场地地下水类型主要为松散岩类孔隙水。地下水分为潜水和承压水。根据地下水的赋存、运移和排泄特点，潜水主要赋存在⓪层、②层、②$_1$ 层黏性土上部的裂隙和②$_2$ 层轻中粉质壤土孔隙中，主要接受大气降水和地表水补给，河底高程 17.20 m，②$_2$ 层轻中粉质壤土与河水水力联系密切，受涡河水位影响，并向涡河排泄，涡河是地下水的最低排泄基准面。承压水主要赋存在③$_1$ 层、⑤层中。③$_1$ 层砂壤土中承压水位为 20.20～20.45 m，承压水头约为 5.5 m；⑤层轻粉质壤土承压水位为 15.90～16.42 m，承压水头约为 21 m；③$_1$ 层与涡河水有一定的水力联系；⑤层主要接受淮北平原深处地下水的补给。由于局部第②$_2$ 层上覆②$_1$ 层为相对不透水层，故第②$_2$ 层具一定的微承压性。②层、④层、⑥层粉质黏土分别为③层、⑤层的隔水顶、底板。

勘察期间对部分钻孔地下水位及河水位进行了观测，测得场地混合稳定地下水位 25.46～27.23 m，平均水位 26.50 m，涡河河水位 24.15 m(下游)～28.45 m(上游)。

根据《堤防工程地质勘察规程》(SL 188—2005)附录 D“土的渗透变形判别”，细粒土与不均匀系数不大于 5 的粗粒土的渗透变形为流土，本工程钻探所揭示的大部分土层为细粒土且粗粒土不均匀系数小于 5，为流土型。现场抽水试验得到的各土层渗透系数指标如表 8.1-2 所示。

表 8.1-1 引江济淮二期涡阳泵站土层物理力学指标

地层编号	土层名称	层底高程/m	平均厚度/m	含水率/%	湿密度/(g/cm³)	干密度/(g/cm³)	孔隙比	液性指数	压缩模量/MPa	直接快剪		固结快剪	
										黏聚力/kPa	内摩擦角/(°)	黏聚力/kPa	内摩擦角/(°)
⓪	人工填土	28.7	4.3	25.8	1.94	1.54	0.777	0.63	3.9	20	12	27	15
②	重粉质壤土、粉质黏土	26.7	2.0	26.4	2.00	1.61	0.701	0.32	6.0	32	13	35	15
$②_1$	含砂礓粉质黏土	22.2	4.5	26.9	1.94	1.50	0.838	0.60	4.1	25	10	30	11
$②_2$	轻中粉质壤土	20.6	1.6	22.0	2.00	1.64	0.657	0.51	9.6	9	21	10	26
③	粉质黏土	18.5	2.1	28.9	1.95	1.51	0.820	0.60	4.9	28	10	29	12
$③_1$	轻粉质壤土、重粉质壤土	14.3	4.2	22.6	1.98	1.62	0.680	0.49	10.6	7	25	—	—
④	粉质黏土、重粉质壤土	9.5	4.8	27.3	1.97	1.55	0.768	0.75	5.1	32	13	—	—
⑤	轻粉质壤土	−3.0	12.5	23.0	2.00	1.63	0.673	0.61	7.8	11	21	—	—
⑥	粉质黏土、重粉质壤土	−9.5	6.5	25.9	1.99	1.58	0.730	0.53	5.4	37	14	—	—
⑧	轻粉质壤土	未揭穿	未揭穿	22.5	2.01	1.64	0.656	0.47	10.3	8	20	—	—

表 8.1-2　引江济淮二期涡阳泵站水文地质参数

土层名称	抽水试验渗透系数（cm/s）	透水性等级	允许水力比降	渗透变形类型
人工填土	9.7×10^{-5}	弱透水	—	—
重粉质壤土、粉质黏土	4.7×10^{-6}	微透水	0.45	流土
含砂姜粉质黏土	1.3×10^{-6}	微透水	0.45	
轻中粉质壤土	1.5×10^{-4}	中等透水	0.25	
粉质黏土	1.1×10^{-6}	微透水	0.45	
轻粉质壤土、重粉质壤土	3.3×10^{-4}	中等透水	0.25	
粉质黏土	1.4×10^{-6}	微透水	0.5	
轻粉质壤土	1.3×10^{-4}	中等透水	0.3	
粉质黏土、重粉质壤土	5.7×10^{-4}	极微透水	0.5	
轻粉质壤土层	1.5×10^{-4}	中等透水	0.3	

8.1.2　基坑支护设计

8.1.2.1　基坑工程特点

根据涡阳泵站工程布置和勘察成果，泵站基坑支护工程特点为：

(1) 场区环境复杂，周围建筑物多，基坑深度大，安全性要求高，可利用空间有限。

①基坑开挖及水位变化需要保证征地红线外的居民区房屋沉降在规范允许范围内；

②泵站西侧临近闸北路，主体结构施工期间需保证正常交通运行，泵站基坑施工期间需要保证涡河节制闸正常运行；

③泵站南侧临近涡河堤防，基坑开挖需要保证堤防变形在规范允许范围内，且不能降低堤防的防洪高度。

(2) 基坑建基面下伏承压水层。

(3) 土层物理力学指标低，荷载大。

(4) 土层摩阻力低，难以提供足够的锚固力。

(5) 主体工程施工期较长，需要考虑汛期水位上升对支护结构安全的影响。

8.1.2.2　基坑支护设计思路

针对涡阳泵站基坑工程特点，经多方案比选，提出如下解决方法和设计思路：

(1) 根据场区地下水位特点和地层渗透性，选择以薄混凝土防渗墙构筑防渗截水帷幕，帷幕穿过承压水层，切断承压水的渗漏路径，并进入相对隔水层，解决基坑开挖后的突涌水问题，并降低基坑开挖导致水位下降后对周边建筑物的影响。

(2) 泵站基坑东侧场地开阔，采用放坡开挖；西侧距离闸北路较近，北侧基坑的开挖边线需要控制在征地红线以内，南侧不能破坏涡河大堤影响防洪，因此均不具备放坡开挖条件，设计采用局部支护与放坡相结合的支护方式。

(3) 考虑到涡阳泵站承压水层距离建基面较近,且承压水层厚度不大,采用将防渗和支护相结合的一体化形式,采用钢筋混凝土地下连续墙+旋喷锚索支护,对于放坡段采用混凝土防渗墙截渗。

(4) 鉴于基坑周围土体侧摩阻力较低,选用旋喷锚索,增大锚固体直径,同时加长锚索自由段长度,确保锚固段进入硬塑的粉质黏土层,控制支护结构变形。

(5) 鉴于基坑坑底土层参数较低,为保证基坑稳定,在支护桩内侧,对被动区土体进行格栅状深搅桩加固,控制桩体变形。

(6) 通过三维数值模拟计算,分析支护结构的整体稳定性及基坑开挖对建筑物的影响。

8.1.2.3 基坑支护方案

涡阳泵站基坑支护布置如图 8.1.4 所示。根据前述基坑支护设计思路,泵站主体工程施工包括泵房主体结构以及与其相邻的进、出水池段,施工期经过一个汛期。其他进、出水渠道和箱涵在非汛期施工。根据主体结构设计尺寸和高程,泵站基坑支护结构典型剖面图如图 8.1.5 所示。防渗帷幕设计顶高程 27.5 m,底高程−6.0 m。支护结构分述如下:

(1) 基坑北侧(A-A 和 A1-A1 剖面)

①基坑北侧临近居民区,开挖支护需要保证在征地红线内,且预留一定的距离,降低对征地红线外居民区房屋建筑的影响,并考虑基坑道路和进入施工场区道路。

对于主厂房区域(A-A 剖面),采用 1∶1.5 放坡,由地面 33.0 m 高程,开挖至 27.5 m 高程,设置 8 m 平台,平台内侧布置地下连续墙,截渗兼支护;27.5 m 高程以下采用旋喷锚索支护,垂直开挖至 23.0 m 高程,并进行深搅桩加固被动区,加固深度 6 m;23.0 m 高程以下采用 1∶2 放坡,开挖至 13.3 m 高程,在 19.0 m 高程设置 2 m 宽马道。地下连续墙厚度 800 mm,底高程−6.0 m,进入承压水层以下的相对隔水层 3 m,在 27.5 m、24.5 m 高程设置两层旋喷锚索,锚固段直径 450 mm。

②对于岸翼墙区域(A1-A1 剖面),27.5 m 高程以上的开挖方式和支护防渗方式与 A-A 剖面相同。27.5 m 高程以下采用旋喷锚索支护,垂直开挖至 19.0 m 高程,并进行深搅桩加固被动区,加固深度 8 m;在 27.5 m、24.5 m 和 21.5 m 高程设置 3 层旋喷锚索,锚固段直径 450 mm。由 19.0 m 高程以下采用 1∶2 放坡至 14.5 m。

③对于进水池末端(B-B 剖面),其开挖和支护防渗方式与 A-A 剖面相同。

(2) 基坑东侧(C-C)剖面

采用 1∶2 放坡,由地面 33.0 m 高程分级开挖至设计坑底高程,并在 27.5 m 高程(帷幕施工高程)、23.0 m 高程设置平台。

(3) 基坑南侧(D-D 和 E-E 剖面)

在距离涡河堤防内侧堤脚 6~15 m 的距离开挖边坡,采用 1∶1.5 坡比,由地面高程 32.0 m 开挖至 27.5 m,设置 6 m 宽(D-D 剖面)和 8 m 宽平台(E-E 剖面),平台内侧布置地下连续墙,截渗兼支护;27.5 m 高程以下采用旋喷锚索支护,垂直开挖至 19.0 m 高程,设置 4 m 平台,并进行深搅桩加固被动区,加固深度 8 m;采用 1∶2 放坡,开挖至

16.0 m高程(安装间)和14.5 m高程(岸翼墙)。地连墙和锚索布置与A1－A1剖面相同

(4) 基坑西侧(F－F剖面)

基坑开挖和支护防渗方式与A1－A1剖面相同,但减少1层旋喷锚索支护。在21.0 m高程以下分级放坡开挖至主厂房建基面。

(5) 坡面和桩间土防护

坡面采用喷射50 mm混凝土防护,桩间土采用挂网抹面防护。

(6) 施工道路

涡阳泵站基坑周边环境复杂,基坑位于涡河北侧的居民区。为少占征地,施工生活区布置在基坑东侧的进水渠区域。施工进场道路利用涡河节制闸道路和闸北路作为对外交通道路。在涡河节制闸末端,进入施工区域。考虑到涡河大堤现状只是简单水泥路面,宽度较窄,为保证堤防安全,将进场道路避开堤顶道路,采用在基坑北侧绕行的方案。

为避免相互干扰,且利于施工,将下基坑道路和进场道路分开。施工重型车辆和管理车辆自基坑西南角进入施工区后,重型车辆按1∶10坡道,进入基坑27.5 m高程平台,沿平台绕行至东侧后,在27.5 m平台按1∶10放坡下基坑。管理车辆自基坑西南角进入施工区后,沿顶部32.0 m高程平台道路绕过基坑,进入施工营地。

考虑到空间有限,下基坑道路在基坑东侧27.5 m平台考虑错车,北侧考虑单车通行。因此,东侧平台布置10 m宽,重车靠外,轻车靠内,车道宽度7 m,并在靠近基坑侧设置防护。

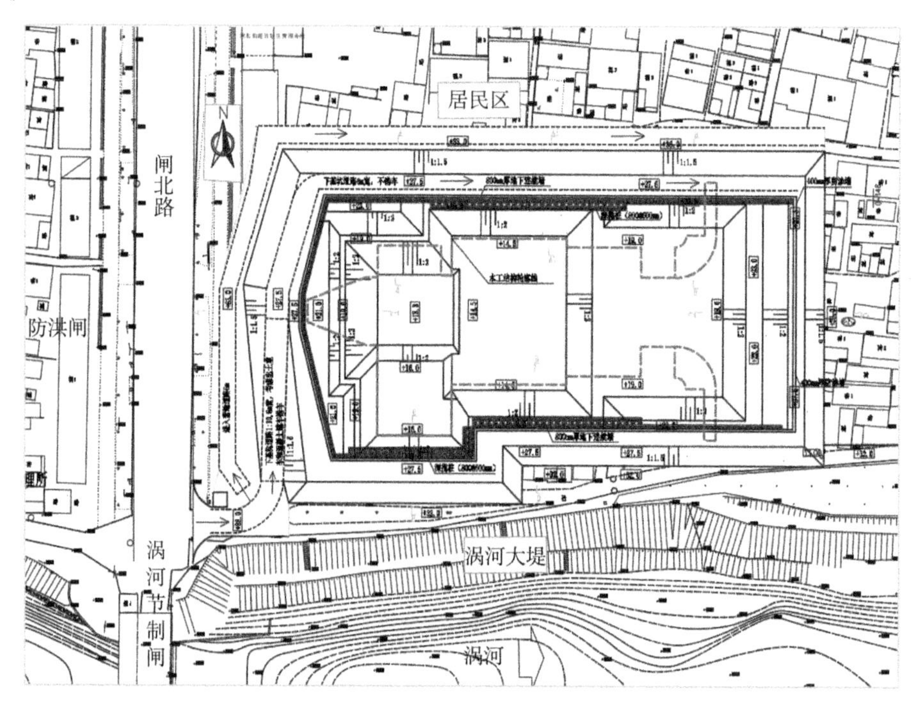

图8.1.4 引江济淮二期涡阳泵站基坑支护布置平面图

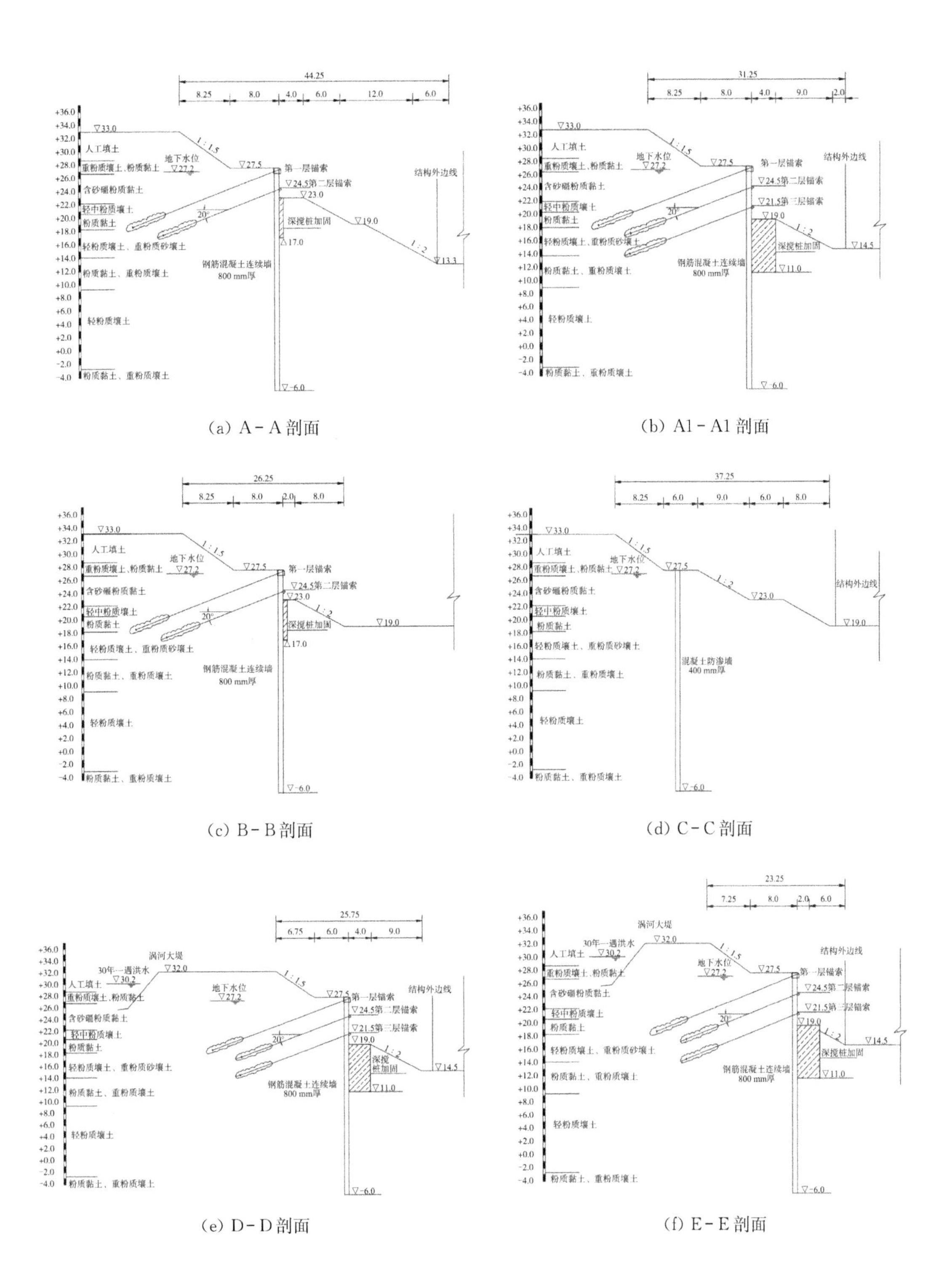

(a) A-A 剖面

(b) A1-A1 剖面

(c) B-B 剖面

(d) C-C 剖面

(e) D-D 剖面

(f) E-E 剖面

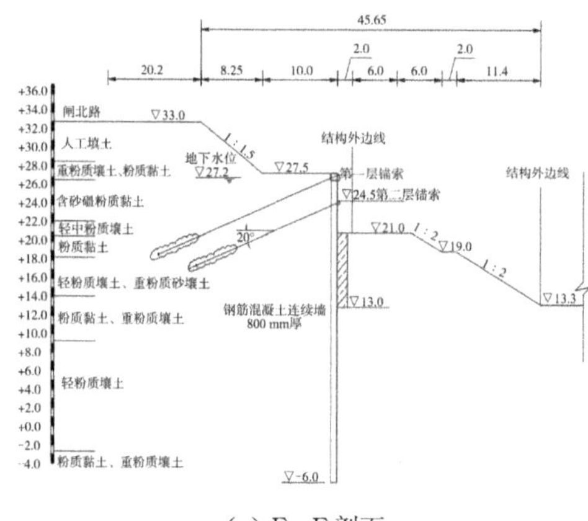

(g) F-F 剖面

图 8.1.5　泵站基坑支护典型剖面图

根据《建筑基坑支护技术规程》(JGJ 120—2012)，对典型支护断面和放坡断面进行计算。计算结果统计见表 8.1-3。基坑支护结构各项控制指标符合相关规范要求。

表 8.1-3　基坑支护结构计算结果统计表

位置	锚索轴力设计值(预应力)/kN			整体稳定性	抗隆起稳定性	支护桩最大弯矩/(kN·m)	
	第一层(27.5 m)	第二层(24.5 m)	第三层(21.5 m)			坑内	坑外
北侧(A-A 剖面)	528.2(300)	680.9(400)	—	1.771(>1.35)	2.815(>1.80)	216.3	816.9
北侧(A1-A1 剖面)	478.9(300)	683.4(400)	643.4(400)	1.399(>1.35)	2.619(>1.80)	1 004.7	943.6
东侧(C-C)剖面	放坡开挖			1.435(>1.30)			
南侧(D-D 剖面)	510.6(300)	728.0(400)	679.5(400)	1.419(>1.35)	2.677(>1.80)	423.8	708.3

根据勘察成果，涡阳泵站基坑开挖底高程 13.3 m，位于粉质黏土、重粉质黏土层中。建基面下覆承压水层(轻粉质壤土层)，承压水位 15.9～16.4 m，承压水头约 21 m。泵房建基面距离承压水层顶部约 3.5～4 m，需要复核承压水作用下坑底突涌稳定性。经计算，在无任何措施情况下，坑底抗突涌稳定性安全系数仅为 0.3 左右，不满足规范要求。为避免大范围降低承压水层的水位，设计采用落底式截水帷幕切断承压水层，在帷幕施工完成后进行坑内降水，降低坑内的承压水层的承压水头。

根据《建筑基坑支护技术规程》(JGJ 120—2012)，落底式帷幕进入下卧隔水层的深度不宜小于 1.5 m，且应满足：

$$l \geqslant 0.2\Delta h - 0.5b$$

式中：l——帷幕进入隔水层的深度(m)；

Δh——基坑内外水头差(m)；

b——帷幕的厚度(m)。

涡阳泵站地下水位 27.2 m，基坑开挖底高程 13.3 m，按照坑内水位低于基坑建基面

0.5 m计算，坑内外水头差约14.4 m。钢筋混凝土地连墙厚度0.8 m，素混凝土防渗帷幕厚度0.4 m，经计算，地连墙的最小插入深度为2.48 m，防渗帷幕的最小插入深度为2.68 m，设计采用3 m满足帷幕最小插入深度的要求。

8.1.2.4 基坑监测布置

根据《建筑基坑支护技术规程》(JGJ 120—2012)，涡阳泵站基坑，应主要开展地层深层水平位移和沉降、地连墙结构顶部位移、地下水位、锚索轴力、地连墙钢筋应力、周边建筑物沉降监测等。基坑监测平面布置如图8.1.6所示，监测工程量统计见表8.1-4。

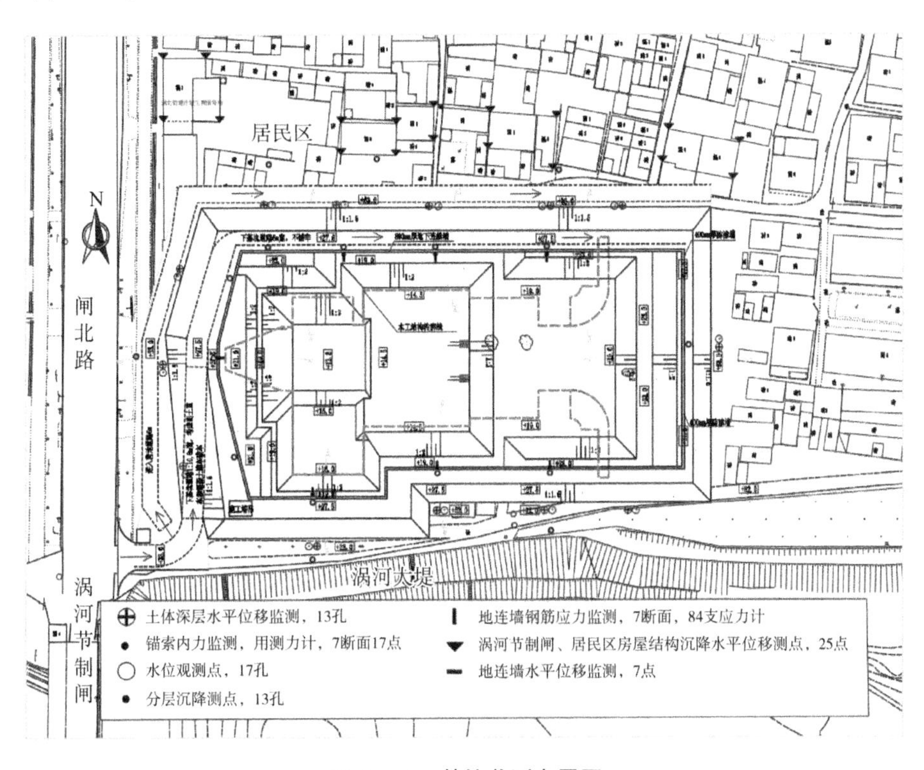

图8.1.6 基坑监测布置图

表8.1-4 基坑监测工程量统计表

序号	监测点类别	数量	单位	测点材质	单位	数量
1	地层深层水平位移	13	孔	PVC管	m	468
2	地层分层沉降	13	孔	PVC管	m	468
3	地连墙顶部位移监测	7	点	顶部带刻画的圆钉	点	7
4	地下水位	17	孔	PVC管	m	528
5	锚索轴力监测	7	断面	锚力计	个	17
6	地连墙钢筋应力监测	7	断面	应变计	支	168
7	涡河节制闸、居民区房屋结构位移观测	25	点	顶部带刻画的圆钉	点	25

8.1.3 基坑降水开挖的影响模拟分析

8.1.3.1 计算模型和网格划分

数值模拟计算采用 MIDAS-GTS 软件。模拟计算中，岩土材料采用弹塑性模型，屈服准则为修正莫尔-库仑准则，混凝土、锚索等采用弹性模型。

模型范围以基坑为基准，北侧延伸至帷幕线以外 250 m，南侧延伸至涡河，西侧延伸至闸北路以外 260 m，东侧延伸至帷幕线以外 290 m；以地表为起点，向下延伸至 3 倍坑深。计算模型长 780 m，宽 450 m，高 80 m。各坐标方向规定为：x 轴为东西方向（向东为正），y 轴为南北方向（向北为正），z 轴为上下方向（向上为正）。计算模型网格划分见图 8.1.7（开挖后的基坑）。

泵站场区实际地面高程约 32.5 m（西侧）～31.8 m（涡河大堤）。数值模型中，z 方向高度与实际高程相同。

数值计算中，土层、防渗帷幕等采用实体单元模拟，混凝土防渗墙和地连墙采用板单元模拟，帽梁、腰梁采用梁单元模拟，锚索采用植入式桁架模拟。模型中，腰梁和锚索根据施工顺序要求设置。整个计算模型共剖分节点 137 686 个，六面体实体单元 736 997 个，梁（桁架）单元 5 715 个，板单元 7 782 个。计算采用的约束边界条件为：模型底部采用全约束，四周侧立面采用法向约束。计算模型的水头边界条件为：①模型四周采用恒定水头边界，根据勘察报告，取地下水位 27.2 m；②基坑开挖过程中，开挖前进行坑内降水，降至开挖层底部，按照施工顺序逐层降低，每步开挖层的底面设定节点压力水头为 0。

数值模拟计算所模拟的施工过程为：①初始水压力平衡；②地应力平衡，位移清零；③基坑开挖至 $z=27.5$ m；④施工 $z=27.5$ m 地连墙、防渗帷幕和锚拉、锚索；⑤基坑内水位降低至 $z=24.5$ m；⑥基坑开挖至 $z=24.5$ m；⑦施工 $z=24.5$ m 腰梁、锚索；⑧基坑内水位降低至 $z=21.5$ m；⑨基坑开挖至 $z=21.5$ m；⑩施工 $z=21.5$ m 腰梁、锚索；⑪基坑内水位降低至 $z=13.3$ m；⑫基坑开挖至 $z=13.3$ m。

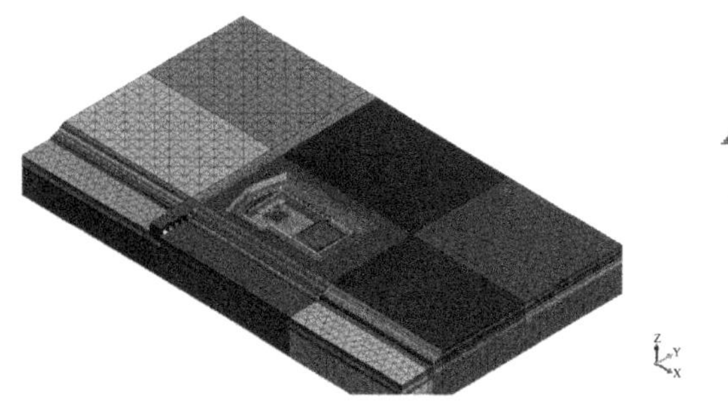

(a) 整体计算模型（基坑开挖后）

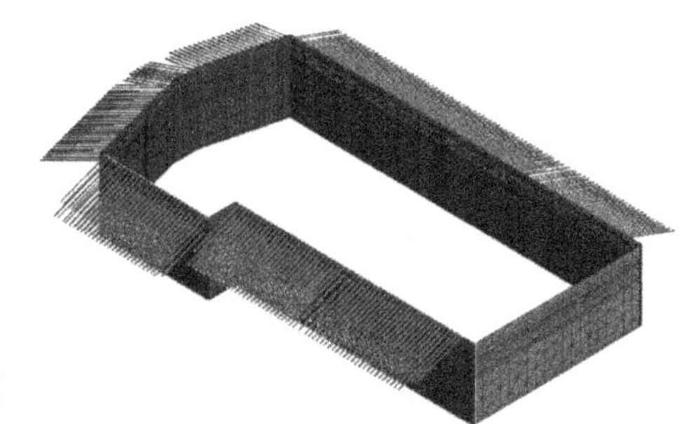

(b) 泵站基坑支护结构

(c) 泵站基坑支护结构与涡河节制闸的相对位置关系

图 8.1.7 基坑降水开挖数值计算模型

8.1.3.2 基坑开挖后场区水位分布

基坑开挖至 13.3 m 高程时，场区地下水位分布和水力比降如图 8.1.8 所示。可见，采用隔水帷幕，基坑开挖完成后，坑外水位的下降幅度很小，最大仅为 0.13 m(地下水位由 27.2 m 降低至 27.07 m)。

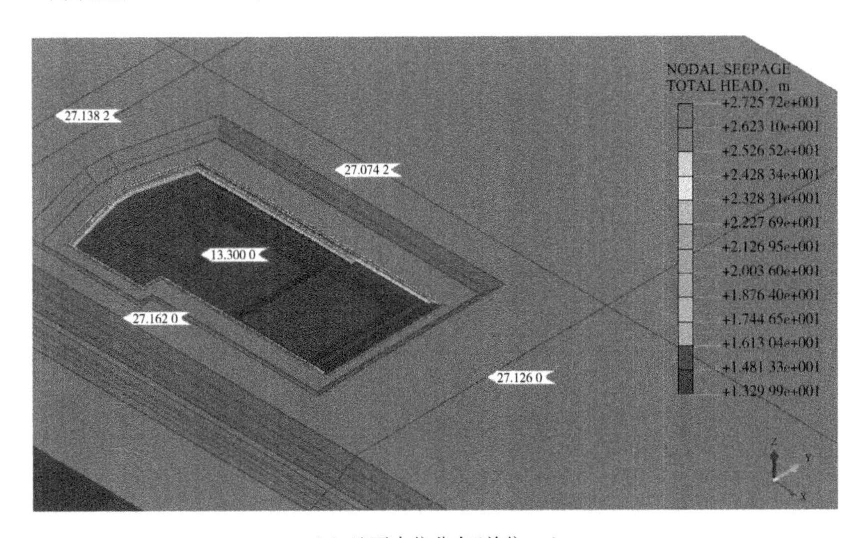

(a) 地下水位分布(单位：m)

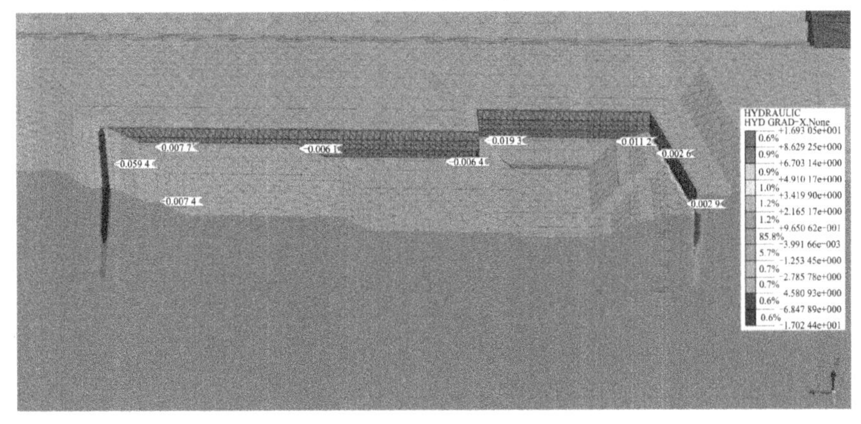

(b) x 方向水力比降

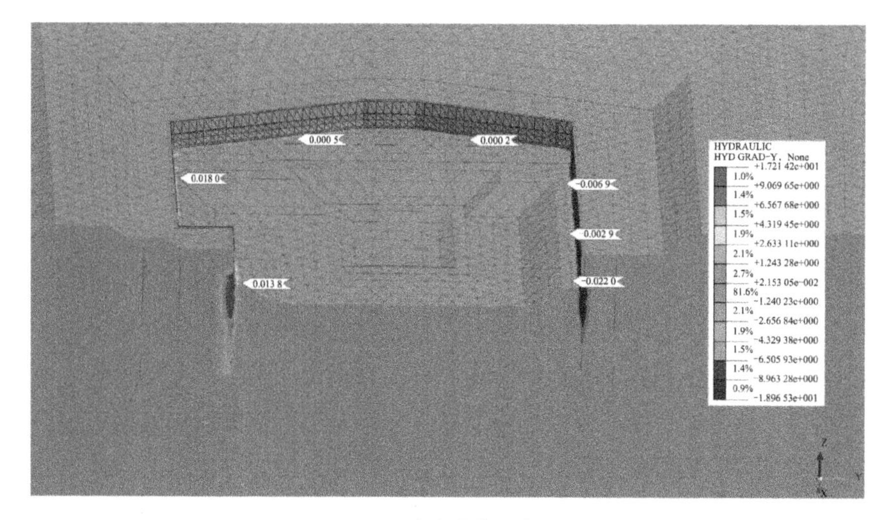

(c) y 方向水力比降

图 8.1.8　基坑开挖完成后地下水位分布和水力比降

8.1.3.3　地层位移

基坑由 27.5 m 高程开挖至 13.3 m 高程时，地表水平位移和沉降计算结果见图 8.1.9，结果统计见表 8.1-5。可见，基坑开挖完成后，基坑周边地层呈现向坑内移动趋势，坡顶最大水平位移和沉降值均较小，在 10 mm 以内。

表 8.1-5　基坑开挖地层位移统计表

开挖高程	地表位移和沉降/mm							
	x 方向		y 方向		z 方向			
	东侧	西侧	南侧	北侧	南侧	东侧	北侧	西侧
13.3 m	−4.7	5.7	7.1	−5.7	−4.1	−4.8	−2.9	−5.6

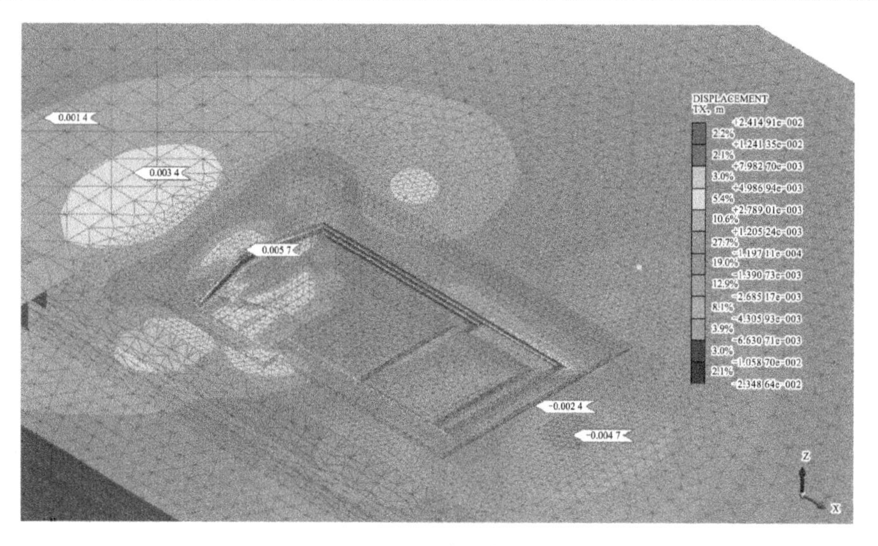

(a) x 方向水平位移

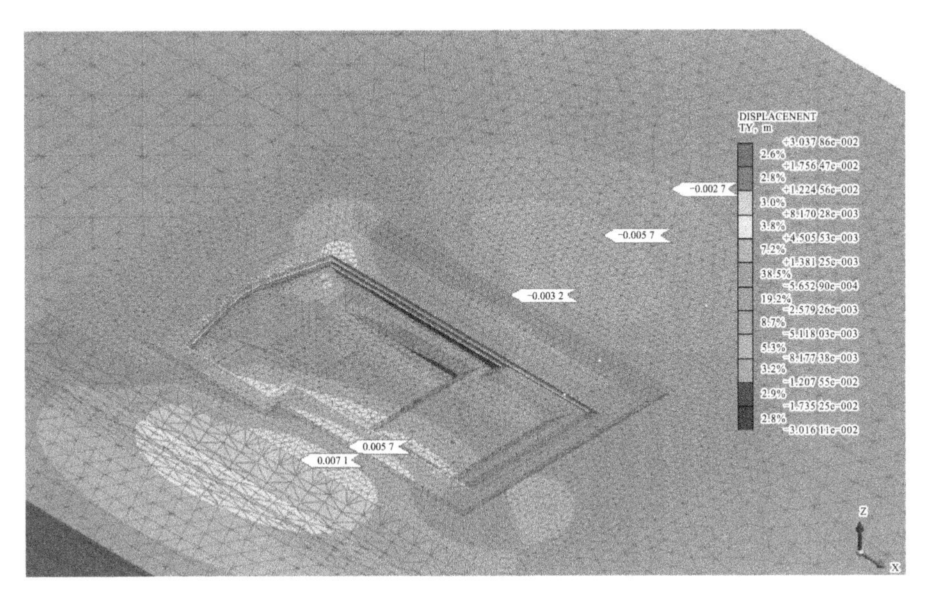

(b) y 方向水平位移

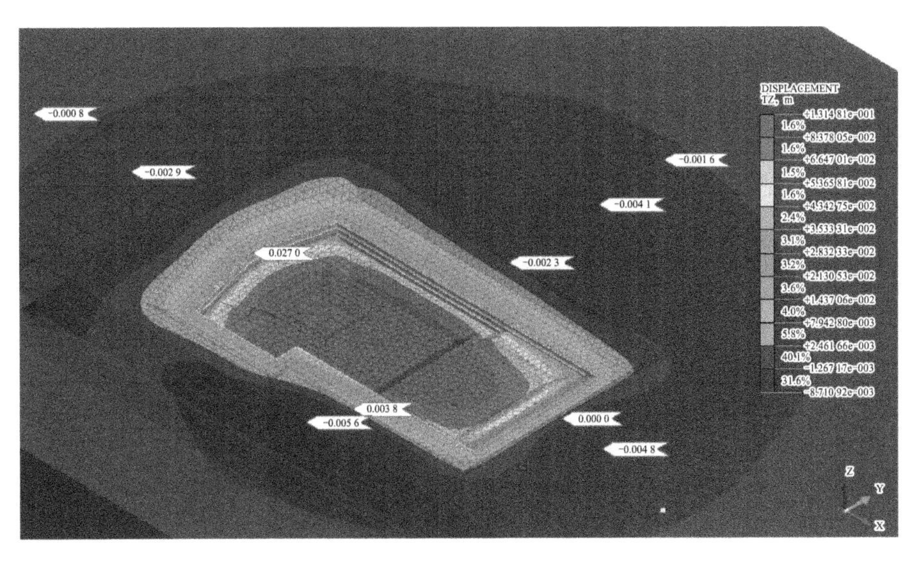

(c) 沉降

图 8.1.9 基坑开挖完成后的地层变形计算云图(单位:m)

8.1.3.4 支护结构位移和轴力

基坑开挖完成后,地连墙的水平位移和弯矩计算结果如图 8.1.10 和图 8.1.11 所示;27.5 m 高程、24.5 m 高程和 21.5 m 高程锚索轴力计算结果如图 8.1.12 所示。统计结果见表 8.1-6。

表 8.1-6　支护桩结构位移和轴力统计

墙底最大水平位移/mm		墙身最大水平位移/mm		最大弯矩/(kN·m)		锚索轴力/kN		
南北	东西	南北	东西	x	y	23.0 m高程	20.0 m高程	17.0 m高程
23.6	19.7	29.7	24.1	571.7	525.6	299.4	418.3	412.2

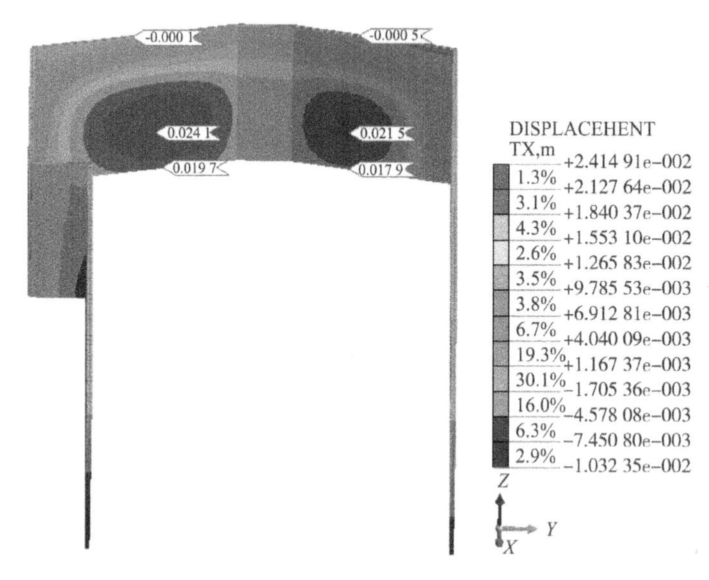

(a) x 方向

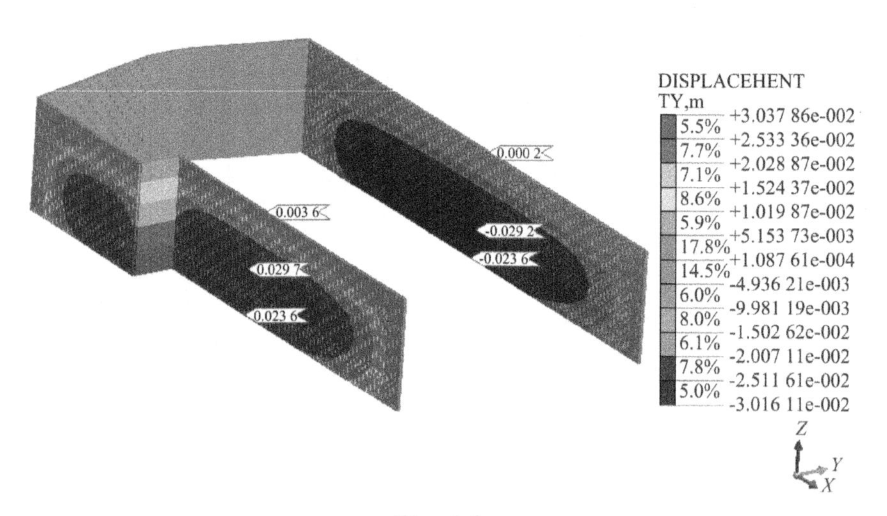

(b) y 方向

图 8.1.10　地连墙水平位移计算结果云图(单位:m)

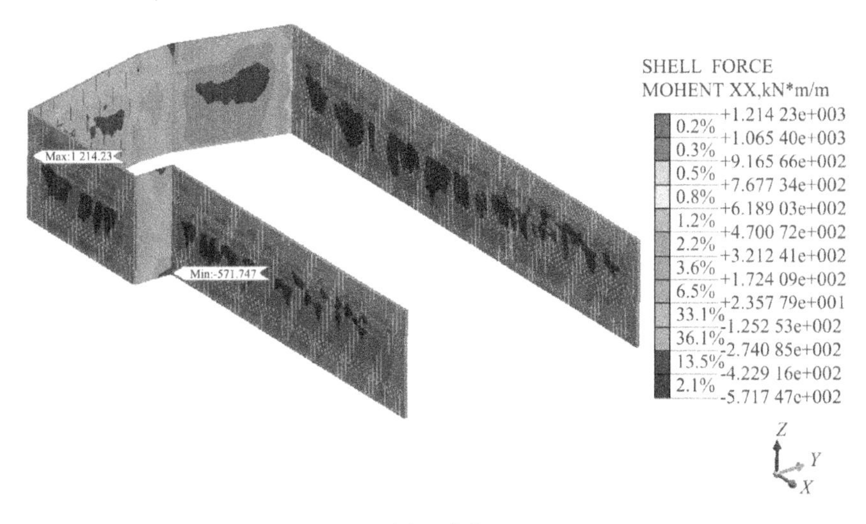

(a) x 方向

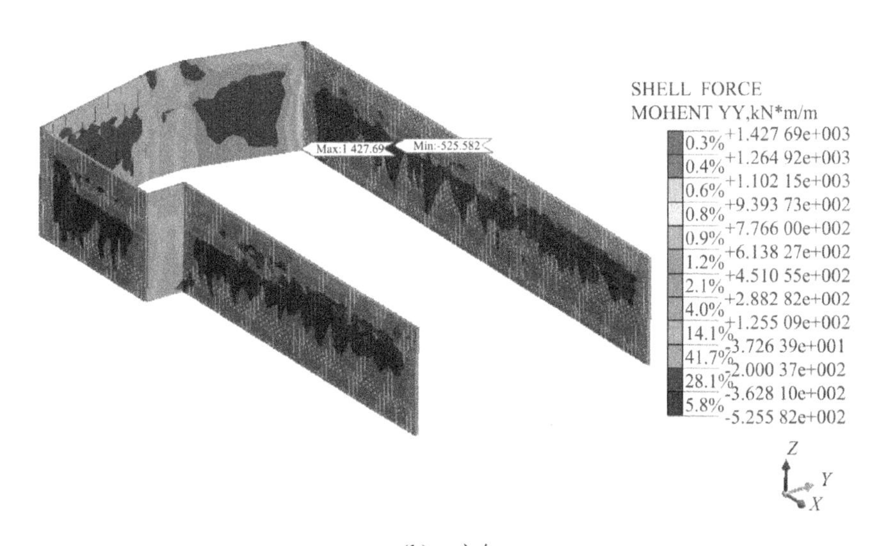

(b) y 方向

图 8.1.11　地连墙弯矩计算结果云图(单位:kN・m)

图 8.1.12　锚索轴力计算结果云图(单位:kN)

8.1.3.5 对周边建筑物的影响

基坑开挖完成后，泵站北侧居民房屋区的位移计算结果见图 8.1.13，涡河节制闸和闸北路的位移计算结果见图 8.1.14。计算结果统计见表 8.1-7。基坑开挖影响范围见图 8.1.15。分析可知：(1)泵站基坑开挖完成后，在基坑开挖影响范围内的居民区以整体位移和沉降为主，差异沉降很小；居民区房屋的南北方向最大水平位移为 6.8 mm，为朝向基坑移动，最大沉降 8.4 mm；(2)涡河节制闸和闸北路的位移很小，水平位移和沉降均在 5 mm 以内。

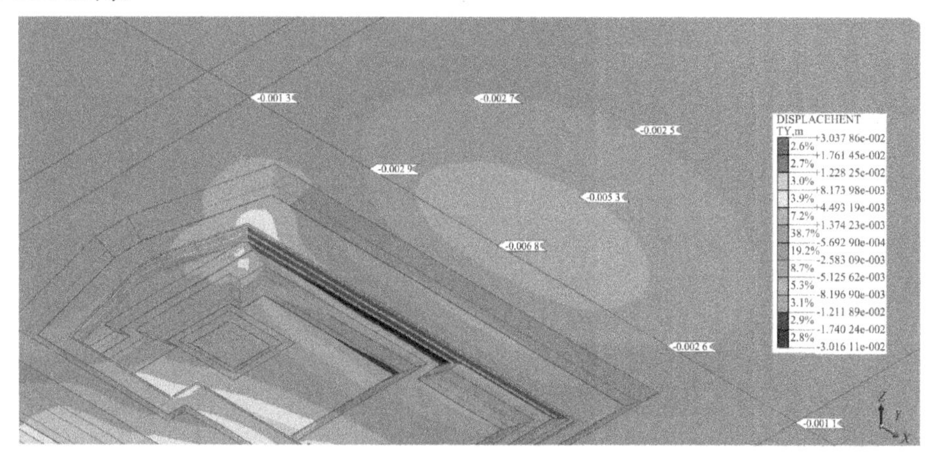

(a) y 方向水平位移

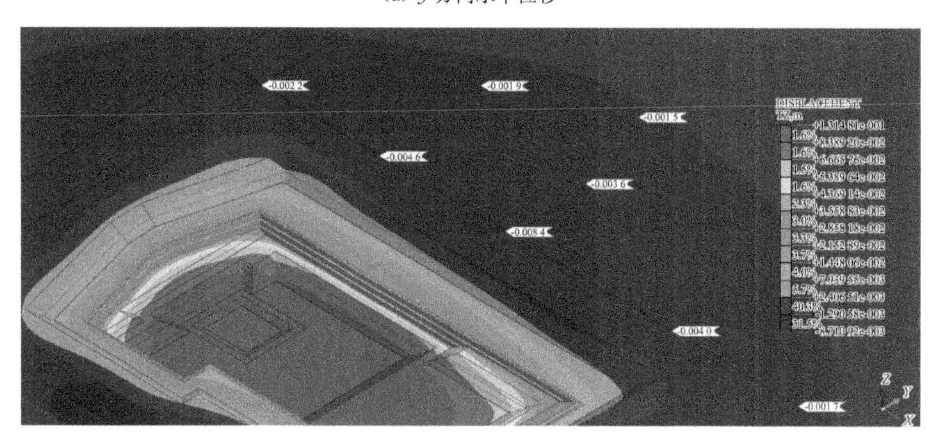

(b) 沉降

图 8.1.13　基坑开挖后泵站北侧居民房屋区的变形计算结果云图(单位：m)

图 8.1-7　基坑开挖完成后居民房屋区和道路最大变形统计　　单位：mm

位移方向	居民区房屋	涡河节制闸	闸北路
x	—	2.0	3.8
y	−6.8	0.3	0.5
z	−8.4	−2.4	−3.6

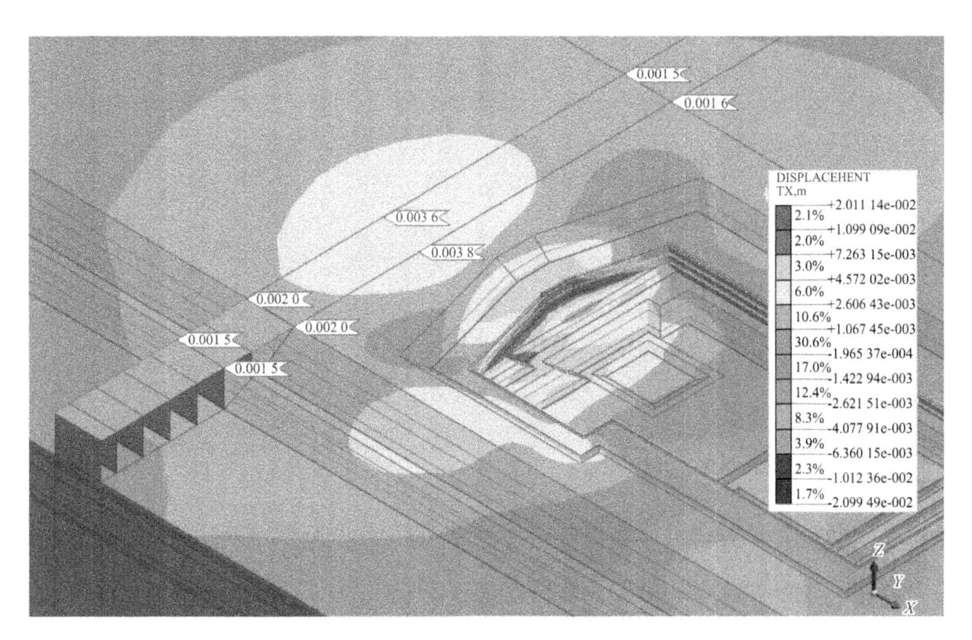

(a) x 方向水平位移

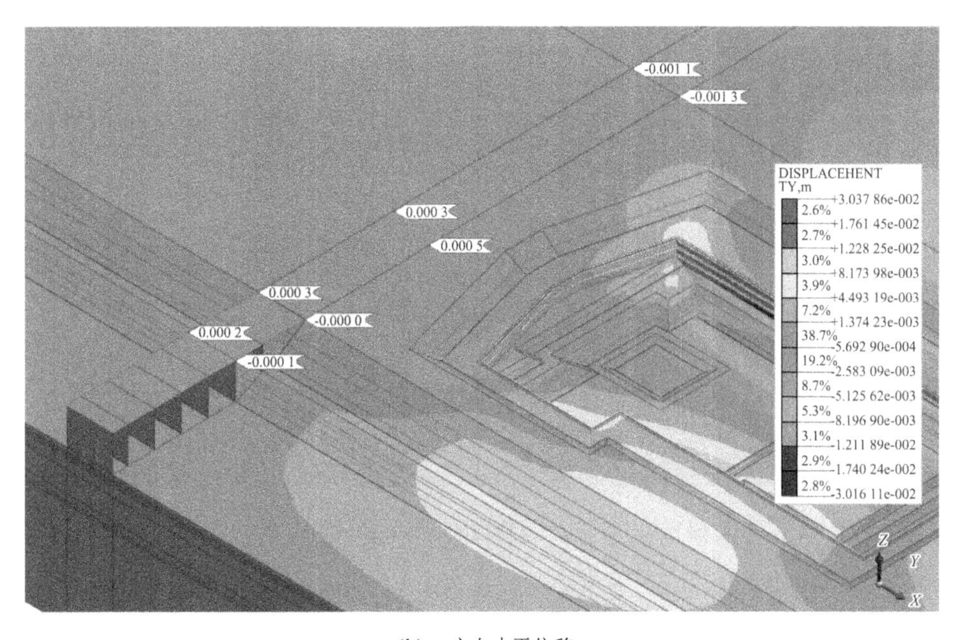

(b) y 方向水平位移

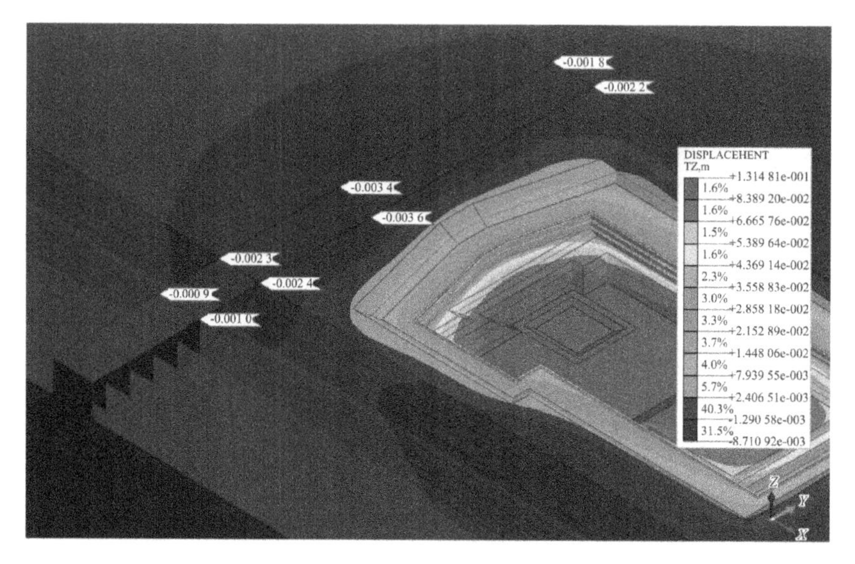

(c) 沉降

图 8.1.14　基坑开挖后涡河节制闸和闸北路变形计算结果云图(单位:m)

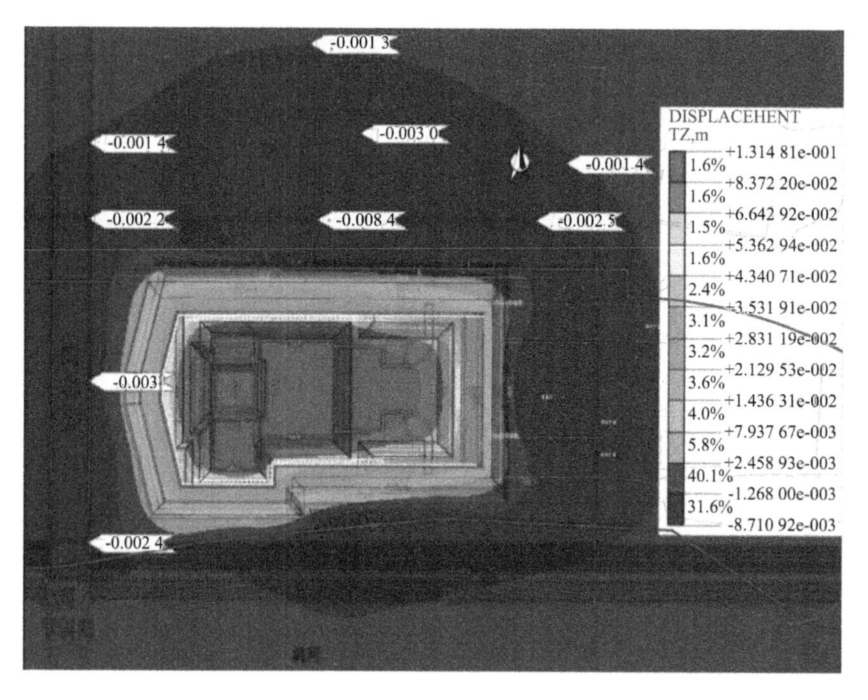

图 8.1.15　基坑沉降影响范围云图(单位:m)

8.1.4　基坑开挖对周边建筑物的影响评价

8.1.4.1　基坑开挖对北侧房屋的影响评价

根据数值模拟计算结果,涡阳泵站基坑开挖完成后,北侧居民区房屋的最大水平位移约 6.8 mm,最大沉降约 8.4 mm。

居民区房屋以低矮砖房为主,根据《建筑地基基础设计规范》(GB 50007—2011),当地基土为高压缩性土时,砌体承重结构基础的局部倾斜允许值为 0.002(中、低压缩土)或 0.003(高压缩土),单层排架结构(柱距 6 m)柱基的沉降量允许值为 120 mm(中、低压缩土)或 200 mm(高压缩土)。

数值模拟结果表明,在基坑开挖影响范围内的居民区房屋以整体位移和沉降为主,绝对沉降在 10 mm 以内,差异沉降很小。因此,征地红线外的居民区房屋的最大沉降和最大差异沉降满足规范要求。

8.1.4.2 基坑开挖对涡河节制闸和闸北路的影响评价

根据数值模拟计算结果,涡阳泵站基坑开挖完成后,涡河节制闸的东西方向最大水平位移为 2.0 mm,南北方向的最大水平位移为 0.3 mm,最大沉降 2.4 mm,最大差异沉降 2.4 mm;闸北路的东西方向最大水平位移为 3.8 mm,南北方向的最大水平位移为 0.5 mm,最大沉降 3.6 mm。

(1) 根据《水闸设计规范》(SL 265—2016),水闸地基的最终沉降量计算时,地基压缩层的计算深度可按计算层面处附加应力与自重应力之比等于 0.1~0.2。

涡阳泵站基坑开挖后,涡河节制闸区域地下水位下降幅度为 5 cm 以内,不会出现由于水位下降导致的附加应力增加,且无软弱下卧层,可不考虑地基压缩沉降。水位微小下降不会对节制闸产生影响。

(2) 根据《水闸设计规范》(SL 265—2016),土质地基允许最大沉降量和最大沉降差应以保证水闸安全和正常使用为原则,并根据具体情况确定。天然土质地基上水闸地基的最大沉降量不宜超过 15 cm,相邻部位的最大差异沉降不宜超过 5 cm。由于水闸的基础尺寸和刚度都很大,对地基沉降的适应性一般比较强,根据实测资料,在不危及水闸结构安全和不影响正常使用的条件下,最大沉降量达到 100~150 mm 是允许的,一般认为沉降差达到 30~50 mm 是允许的。

根据计算结果,相对于水闸允许最大沉降和最大沉降差为厘米级而言,涡阳泵站基坑开挖降水引起的涡河节制闸最大沉降仅为毫米级,不会影响结构安全。

(3) 涡河泵站开挖对闸北路的影响范围在征地红线内,且在出水箱涵施工时,需要破除红线内的闸北路。因此,对于闸北路主要是保证在泵站基坑开挖时,能够正常通行。根据计算结果,泵站基坑开挖时,闸北路的水平位移和沉降均为 5 mm 以内,不影响车辆正常通行。

8.2 沙颍河线阜阳泵站基坑支护设计

8.2.1 工程概况及场地条件

8.2.1.1 工程概况

阜阳泵站为输水干线工程沙颍河线路三级提水泵站之一。泵站位于阜阳城东北郊,紧邻阜阳闸(图 8.2.1),为沙颍河输水河道第二级泵站,设计流量 45 m^3/s。站址选在阜阳船闸西侧老河道河塘处,距离主河道约 500 m,站身布置于拦河坝南侧,离主干道颍河东路约 150 m,采用堤身式布置方案;主泵房进水前池与清污机桥之间的连接采用空箱式挡墙连接,出水建筑物采用压力水箱+箱涵形式。泵房内 4 台机组沿厂房轴线一字排列,泵房采用块基型基础,进水流道采用肘形流道,前设检修门,检修门槽兼做防护格栅槽,出水流道采用平直管出流、快速闸门断流方式。

图 8.2.1　引江济淮二期阜阳泵站工程位置图

8.2.1.2　工程布置及主要建筑物参数

阜阳泵站工程平面布置如图 8.2.2 所示,泵站纵剖面图如图 8.2.3 所示。工程区的现状地表高程约 33.0～32.7 m(85 国家高程基准,下同),与基坑开挖支护相关的主要建筑物设计参数为:①主厂房:建基面高程 10.20 m;②安装间:建基面高程为 13.72 m;③进水池、前池建基面高程 16.30～11.25 m;④压力水箱:建基面高程 20.54 m。

根据现状地面高程和阜阳泵站主要建筑物的建基面高程和结构形式可知,阜阳泵站基坑厂房段最大开挖深度 22.5 m(33.0 m 高程～ 10.5 m 高程),基坑支护结构安全等级为一级。

8.2.1.3　场地条件

结合图 8.2.2,阜阳泵站位于沙颍河西侧。拟建区域周围建筑物主要包括西侧既有居民小区、西侧堤顶路、北侧颍河东路等。泵站施工过程中,需保证道路与居民小区的沉降在安全可控的范围内。阜阳泵站与周围建筑物之间的位置关系为:

①泵站出水渠压力箱涵距离颍河东路约 52 m;

②泵站副厂房外边墙距离西侧居民区 92 m。

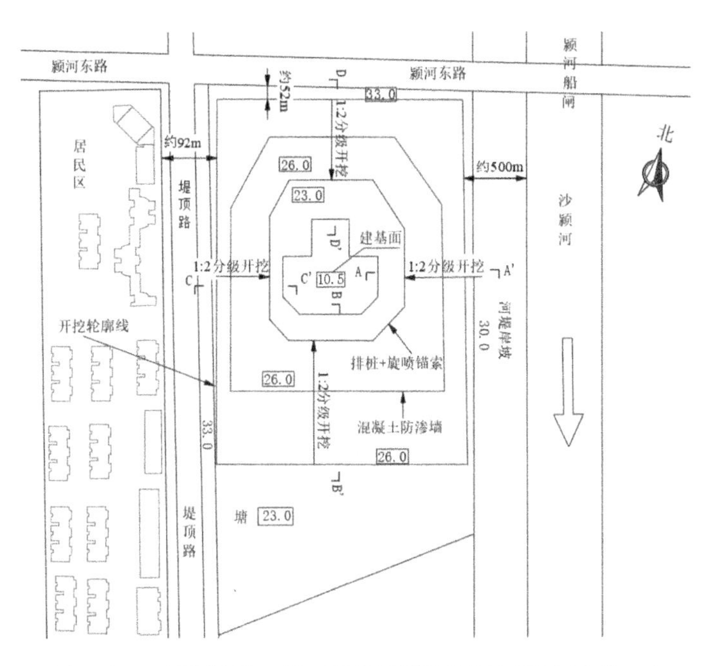

图 8.2.2 引江济淮二期工程阜阳泵站工程布置图(单位:m)

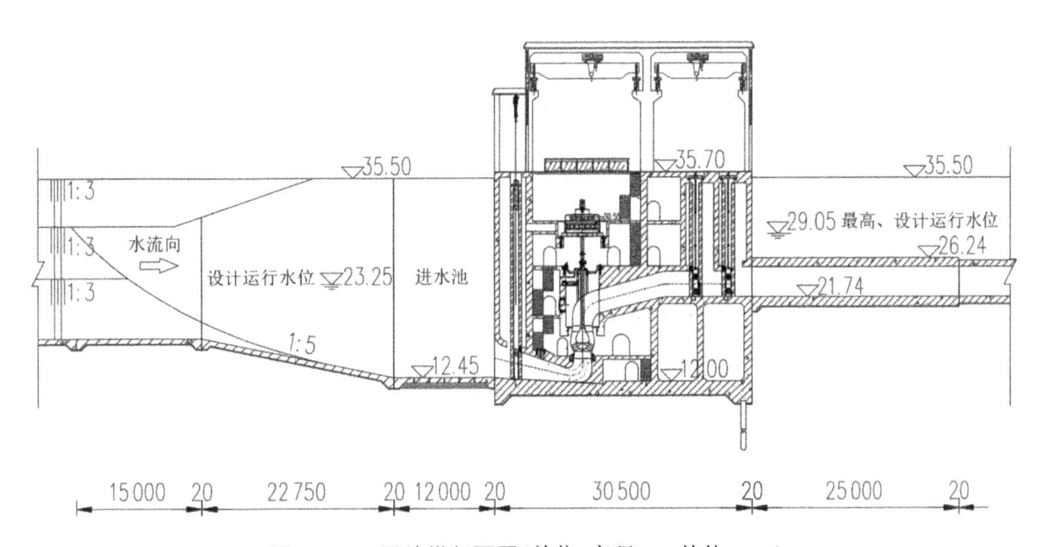

图 8.2.3 泵站纵剖面图(单位:高程,m;其他,mm)

8.2.1.4 工程地质和水文地质条件

(1) 工程地质条件

根据野外编录、现场调查测绘、原位测试和室内土工试验成果,在勘探深度范围内揭露的地层主要为第四系地层。现将本次勘探揭露的地层按其时代、成因、分布以及岩土的工程性质,自上而下分为9层,分别为:

第①层:人工填土(Q^s),灰褐、灰黄色,土质不均匀,一般为重粉质壤土,杂砂壤土,表层含碎石子、植物根茎，局部夹混凝土块、块石等建筑垃圾，为中等～高压缩性土，主要分布于堤防、路基部位。北侧老河道为吹填土，主要为粉砂或轻粉质壤土。平均层厚 5.1 m，层底分布高程 23.60～27.10 m。

第①层：淤泥、淤泥质黏土(Q_4^{al})，灰色，局部夹砂壤土或粉细砂薄层，一般呈流塑状态，高压缩性，局部堆积碎石块等建筑垃圾。平均层厚 4.0 m，靠出水渠侧老河道分布较厚，约 11.2 m，层底分布高程 14.1～24.30 m。

第②层：重粉质砂壤土(Q_4^{al})，灰黄色，夹粉质黏土薄层，局部互层，呈可塑状或松散～稍密状态。本层局部分布，一般在堤防或路基填土以下揭露，平均层厚 4.2 m，层底分布高程 15.60～22.00 m。

第③层：轻粉质砂壤土(Q_4^{al})，灰黄色，夹淤泥质土，夹壤土和粉砂薄层，含云母片，一般呈松散状态，局部夹黏土薄层。平均层厚 5.1 m，层底分布高程 10.03～19.61 m。

第③$_1$ 层：淤泥质轻粉质壤土(Q_4^{al})，灰色、灰黄色，湿，呈软塑状。本层场区局部揭露，平均层厚 3.1 m，层底分布高程 8.53～17.36 m。

第③$_2$ 层：粉细砂或砂壤土(Q_4^{al})，黄色，湿，呈稍密～中密状，夹轻粉质壤土。平均层厚 5.3 m，层底分布高程 8.80～13.66 m。

第④层：粉质黏土(Q_4^{al})，灰、灰黄色，呈可塑～硬塑状，夹砂礓和铁锰结核夹轻粉质壤土或砂壤土薄层，局部含淤泥质土。平均层厚 5.9 m，层底分布高程 3.74～8.63 m。

第⑤层：粉细砂或砂壤土(Q_3^{al})，灰、灰黄色，局部夹粉质黏土薄层，含云母片，一般呈中密状态，局部稍密状。平均层厚 3.6 m，层底分布高程－1.1～4.13 m。

第⑥层：粉质黏土(Q_3^{al})，灰黄色粉质黏土、重粉质壤土，局部夹砂壤土薄层，含铁锰质结核，局部含砂礓，呈可塑～硬塑状态。平均层厚 11.1 m，层底分布高程－27.61 m(未揭穿)。

上述地层在站址处的分布高程、厚度和物理力学指标见表 8.2-1。

(2) 水文地质条件

场地地下水类型主要为松散岩类孔隙水。地下水分为潜水和承压水。根据地下水的赋存、运移和排泄特点，潜水主要赋存在第①层淤泥质黏土、第②层重粉质砂壤土、第③层轻粉质砂壤土、第③$_1$ 层淤泥质轻粉质壤土和第③$_2$ 层粉细砂或砂壤土中，主要接受大气降水和河水补给。沙颍河河底高程约 18.00 m，老河道河底高程约 22.50 m，潜水含水层与河水水力联系密切，受沙颍河水位影响，并向沙颍河排泄，沙颍河是地下水的最低排泄基准面。

场区勘探深度内承压水含水层为第⑤层粉细砂或砂壤土，为深层承压含水层，接受淮北平原深处地下水的补给，勘察期间(2022 年 10 月)承压含水层承压水头约 20.0 m。第④层粉质黏土为承压含水层隔水顶板，第⑥层粉质黏土为承压含水层隔水底板。

场区地下水主要接受大气降水和河水的补给，排泄以蒸发为主，枯水期亦向河水排泄。勘察期间(2022 年 10 月)地下水位一般在 25.54 m，地表水水位 26.03 m。

表 8.2-1 引江济淮二期阜阳泵站土层物理力学指标

地层编号	土层名称	层底高程/m	平均厚度/m	含水率/%	湿密度/(g/cm³)	干密度/(g/cm³)	孔隙比	压缩模量/MPa	直接快剪		固结快剪	
									黏聚力/kPa	内摩擦角/(°)	黏聚力/kPa	内摩擦角/(°)
⓪	人工填土	23.0	23 m 高程以上	22.2	1.88	1.53	0.835	3.6	18	15	15	19
①	淤泥、淤泥质黏土	17.5	5.5	44.5	1.76	1.23	1.265	2	11	5	8	3
②	重粉质砂壤土	—	泵站区未见									
③	轻粉质砂壤土	10.5	7.0	24.4	1.95	1.57	0.773	7.4	9	18	10	23
③$_1$	淤泥质轻粉质砂壤土	—	泵站区未见									
③$_2$	粉细砂或砂壤土	—	泵站区未见									
④	粉质黏土	6.0	4.5	25.6	1.96	1.56	0.819	5.3	32	13	20	16
⑤	粉细砂或砂壤土	1.5	4.5	25.5	1.95	1.56	0.771	7.8	8	23	6	32
⑥	粉质黏土	未揭穿	—	26.5	1.98	1.57	0.823	5.7	38	12	30	18

根据《水利水电工程地质勘察规范(2022年版)》(GB 50487—2008)附录G"土的渗透变形判别",站址处土第③、③$_2$、⑤层为管涌型,其余层均为流土型。现场抽水试验得到的各土层渗透系数指标如表8.2-2所示。

表8.2-2　引江济淮二期阜阳泵站水文地质参数

土层名称	渗透系数(抽水试验)(cm/s)	透水性等级	允许水力比降	渗透变形类型
人工填土	9.7×10^{-5}	弱透水	—	—
淤泥、淤泥质黏土	6.0×10^{-5}	弱透水	0.35	流土
重粉质砂壤土	1.0×10^{-4}	中等透水	0.26	流土
轻粉质砂壤土	2.3×10^{-4}	中等透水	0.21	管涌
淤泥质轻粉质砂壤土	1.0×10^{-4}	中等透水	0.28	流土
粉细砂或砂壤土	3.9×10^{-4}	中等透水	0.18	管涌
粉质黏土	8.0×10^{-6}	微透水	0.5	流土
粉细砂或砂壤土	3.9×10^{-4}	中等透水	0.18	管涌
粉质黏土	8.0×10^{-7}	极微透水	0.55	流土

8.2.2　基坑支护设计

8.2.2.1　基坑工程特点

根据阜阳泵站工程布置和勘察成果,泵站基坑支护工程特点为:

(1) 场区周边环境较复杂,周围建筑物较多,基坑深度大,安全性要求高。基坑开挖及水位变化需要保证西侧的居民区房屋沉降在规范允许范围内,泵站北侧临近颍河东路,主体结构施工期间需保证正常交通运行。

(2) 基坑建基面下伏承压水层。

(3) 土层物理力学指标低,荷载大,特别是在23.0～17.0 m高程左右存在软弱淤泥或淤泥质黏土层,该段不具备放坡开挖条件。

(4) 土层摩阻力低,难以提供足够的锚固力。

8.2.2.2　基坑支护设计思路

针对阜阳泵站基坑工程特点,经多方案比选,提出如下解决方法和设计思路:

(1) 根据场区地下水位特点和地层渗透性,选择以薄混凝土防渗墙构筑防渗止水帷幕,帷幕穿过承压水层,切断承压水的渗漏路径,并进入相对隔水层,解决基坑开挖后的突涌水问题,并降低基坑开挖导致水位下降后对周边建筑物的影响。

(2) 泵站基坑可利用空间虽然较大,但是在23.0～17.0 m高程存在淤泥或淤泥质黏土层,不具备放坡开挖条件,因此,基坑在23.0～17.0 m段整体采用桩锚支护,23.0 m

高程以上和 17.0 m 高程以下，采用放坡开挖。

(3) 泵站站址的地面高程为 23.0 m 左右，地下水位高程约 25.6 m。若利用淤泥层作为隔水层，将防渗结构分为两级，经济性较差。因此，考虑在基坑外侧布置薄混凝土防渗墙，内侧采用钻孔灌注桩＋锚索支护，并利用深搅桩挡土。

(4) 鉴于基坑周围土体侧摩阻力较低，选用旋喷锚索，增大锚固体直径，同时加长锚索自由段长度，使第二、第三层锚索的锚固段进入可塑～硬塑的粉质黏土层，控制支护结构变形。

(5) 鉴于基坑坑底土层参数较低，为保证基坑稳定，在支护桩内侧，对被动区土体进行格栅状深搅桩加固，控制桩体变形。

(6) 通过三维数值模拟计算，分析支护结构的整体稳定性及基坑开挖对建筑物的影响。

8.2.2.3 基坑支护方案

阜阳泵站基坑支护布置如图 8.2.4 所示。根据前述基坑支护设计思路，泵站主体工程施工包括泵房主体结构以及与其相邻的进、出水池段，施工期经过一个汛期；其他进、出水渠道和箱涵在非汛期施工。根据主体结构设计尺寸和高程，泵站基坑支护结构典型

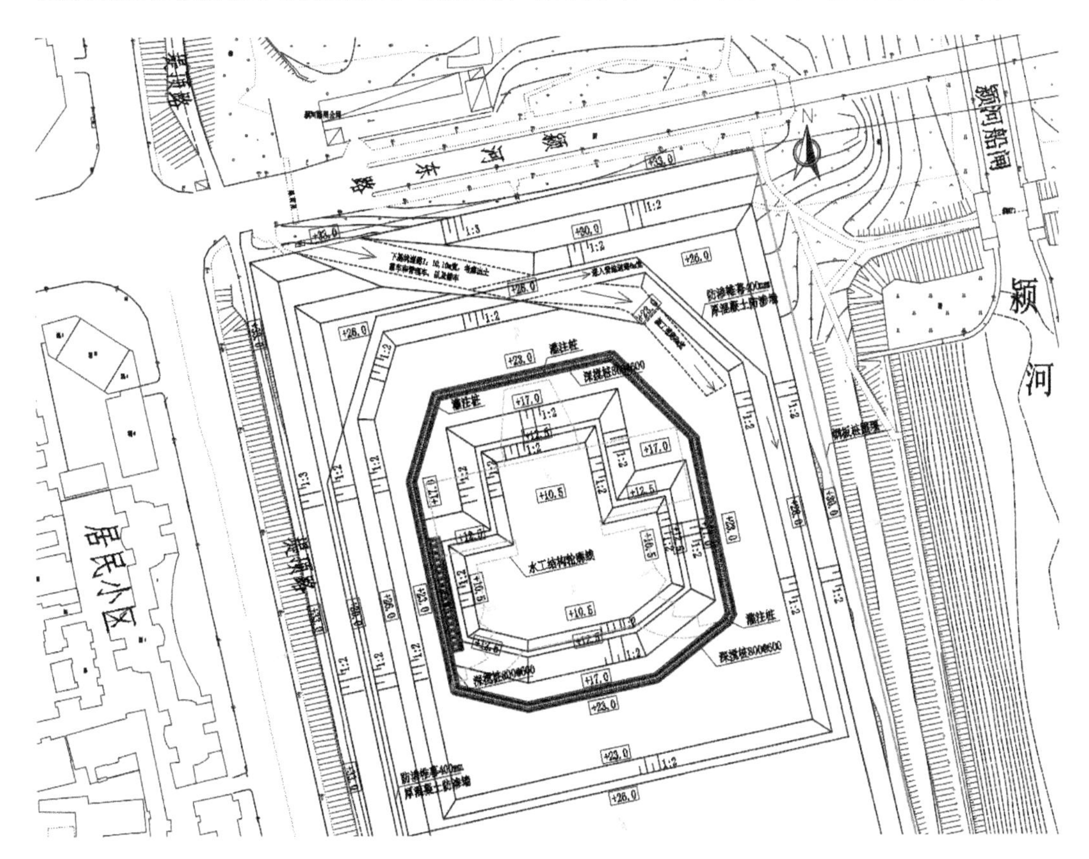

图 8.2.4 引江济淮二期阜阳泵站基坑支护布置平面图

剖面图如图 8.2.5 所示。防渗结构为塑性混凝土防渗墙，设计帷幕顶高程 26.0 m，底高程一2.0 m(或进入⑥层土 3 m)。支护结构分述如下：

(1) 基坑东侧(A－A 剖面)

基坑东侧空间较大，利用颍河岸坡＋单排钢板桩围堰挡水，在现状边坡 26.0 m 高程马道上施工混凝土防渗墙，并将坑内抽水至 23.0 m 高程，在 23.0～17.0 m 高程之间采用桩锚支护，桩后布置两排深搅桩挡土，坑内 17.0 m 高程以下 1∶2 放坡，分两级开挖至 10.5 m 高程，并分别在 17.0 m 高程和 12.5 m 高程设置 4 m 和 2 m 宽平台。支护桩直径 1 m，底高程 3.0 m，在 23.0 m 和 20.0 m 高程设置两层旋喷锚索，锚索锚固段直径 450 mm。桩前采用 3 排深搅桩加固软土，加固深度 10.5 m。

(2) 基坑南侧(B－B 剖面)和基坑北侧(D－D 剖面)，开挖方式和支护防渗方式与 A－A 剖面相同。

(3) 基坑西侧(C－C 剖面)

基坑西侧临近堤顶路，可利用空间相对较小，基坑支护方式整体上与 A－A 剖面相同，利用现状边坡，将坑内水位降低至 23.0 m 高程后，采用桩锚支护，在 23.0 m、20.0 m 和 17.0 m 高程设置三层旋喷锚索，坑内采用深搅桩加固，深搅桩顶高程 16.0～14.5 m，宽度 5.6 m，深度 8.0～9.5 m，悬臂 1 m，采用 1∶2 放坡，自 12.5 m 高程开挖至 10.5 m 高程。

(4) 坡面和桩间土防护

坡面采用喷射 50 mm 混凝土防护，桩间土采用挂网抹面防护。

根据《建筑基坑支护技术规程》(JGJ 120—2012)，对典型支护断面和放坡断面进行计算。计算结果统计见表 8.2-3。基坑支护结构各项控制指标符合相关规范要求。

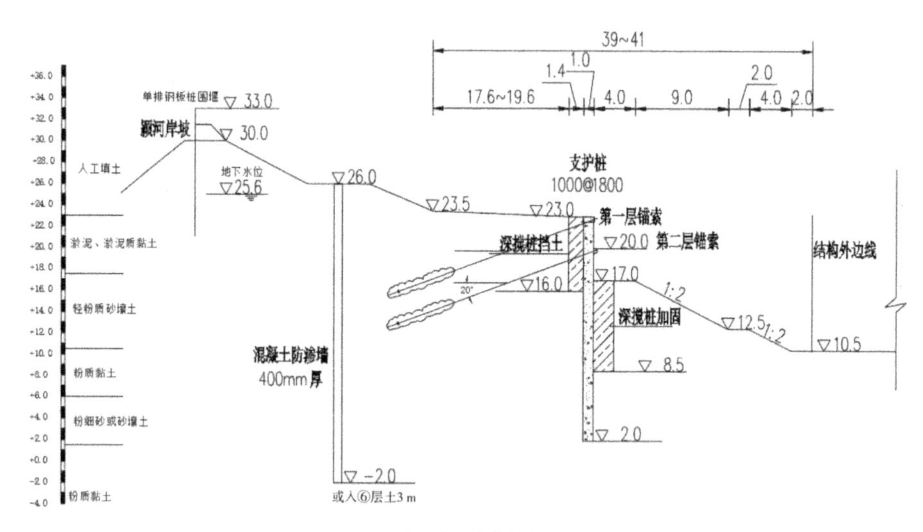

(a) A－A 剖面

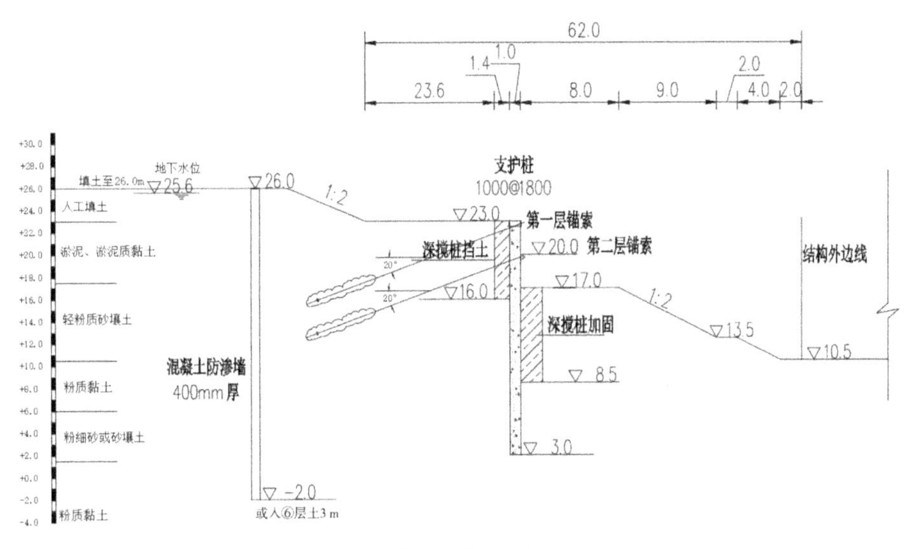
62.0
1.4
1.0
23.6
8.0
9.0
2.0
4.0
2.0
地下水位
填土至26.0m
25.6
26.0
1:2
支护桩
1000@1800
23.0
第一层锚索
深搅桩挡土
20.0
第二层锚索
结构外边线
17.0
16.0
1:2
深搅桩加固
13.5
10.5
8.5
3.0
-2.0
人工填土
淤泥、淤泥质黏土
轻粉质砂壤土
粉质黏土
粉细砂或砂壤土
粉质黏土
混凝土防渗墙
400mm厚
或入⑥层土3 m

(b) B-B剖面

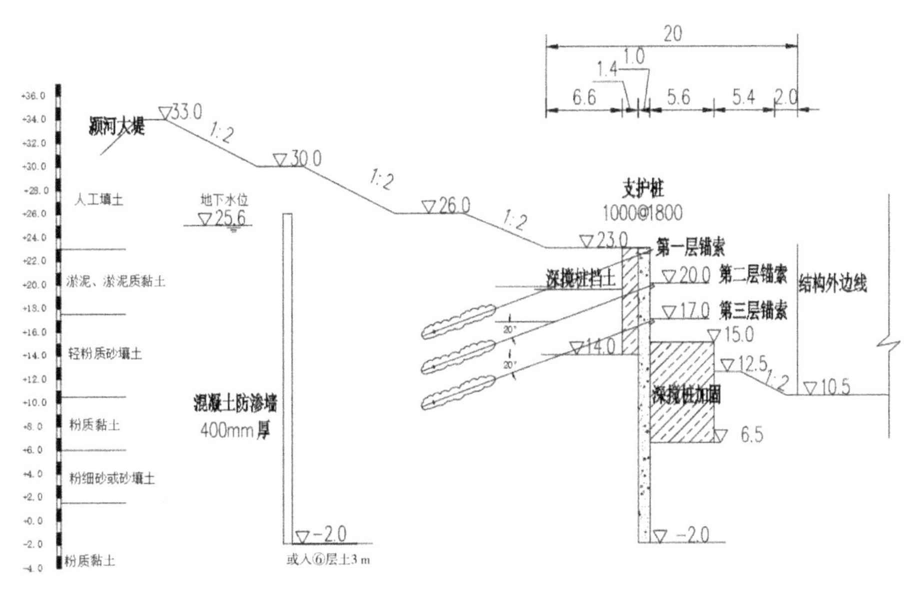
20
1.4
1.0
6.6
5.6
5.4
2.0
颍河大堤
33.0
1:2
30.0
1:2
26.0
1:2
地下水位
25.6
支护桩
1000@1800
23.0
第一层锚索
深搅桩挡土
20.0
第二层锚索
17.0
第三层锚索
结构外边线
15.0
14.0
12.5
1:2
10.5
深搅桩加固
6.5
-2.0
-2.0
人工填土
淤泥、淤泥质黏土
轻粉质砂壤土
粉质黏土
粉细砂或砂壤土
粉质黏土
混凝土防渗墙
400mm厚
或入⑥层土3 m

(c) C-C剖面

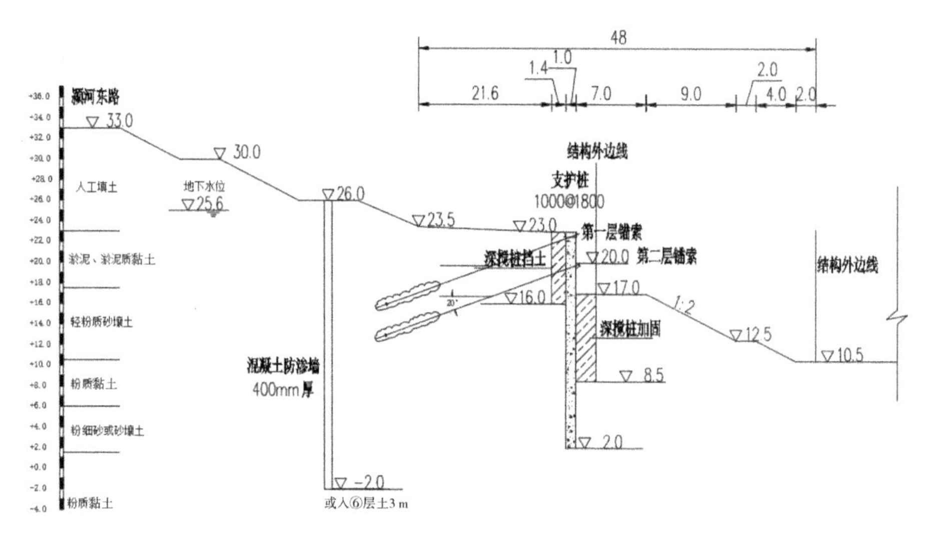

(d) D-D剖面

图 8.2.5 泵站基坑支护典型剖面图

表 8.2-3 基坑支护结构计算结果统计表

位置	锚索轴力设计值(预应力)/kN			整体稳定性	抗隆起稳定性	支护桩最大弯矩/(kN·m)	
	第一层(26 m)	第二层(23 m)	第三层(20 m)			坑内	坑外
东侧(A-A剖面)	531.2(300)	737.9(400)	—	1.551(>1.35)	3.886(>1.80)	299.2	728.6
西侧(C-C剖面)	514.2(300)	797.6(400)	724.5(400)	1.351(>1.35)	3.052(>1.80)	1004.7	943.6
北侧(D-D剖面)	523.1(300)	734.1(400)	—	1.556(>1.35)	3.826(>1.80)	423.8	708.3

根据勘察成果，阜阳泵站基坑开挖底高程 10.5 m，位于粉质黏土、轻粉质黏土层中。建基面下伏承压水层(粉细砂或砂壤土层)，承压水头约 20 m。泵房建基面距离承压水层顶部约 4.5 m，需要复核承压水作用下坑底突涌稳定性。经计算，在无任何措施情况下，坑底抗突涌稳定性安全系数仅为 0.4 左右，不满足规范要求。为避免大范围降低承压水层的水位，设计采用落底式截水帷幕切断承压水层，在帷幕施工完成后进行坑内降水，降低坑内的承压水层的承压水头。

阜阳泵站地下水位 25.6 m，基坑开挖底高程 10.5 m，按照坑内水位低于基坑建基面 0.5 m 计算，坑内外水头差约 15.6 m。混凝土防渗墙厚度 0.4 m，经计算，帷幕最小插入深度为 2.92 m，设计采用 3 m 满足帷幕最小插入深度的要求。

8.2.2.4 基坑监测布置

根据《建筑基坑支护技术规程》(JGJ 120—2012)，阜阳泵站基坑应开展钢板桩顶部水平位移、地层深层水平位移和沉降、支护结构顶部位移、地下水位、锚索轴力、支护桩和冠梁钢筋应力、周边房屋和颍河东路位移和沉降监测，基坑监测平面布置如图 8.2.6 所示，监测工程量统计见表 8.2-4。

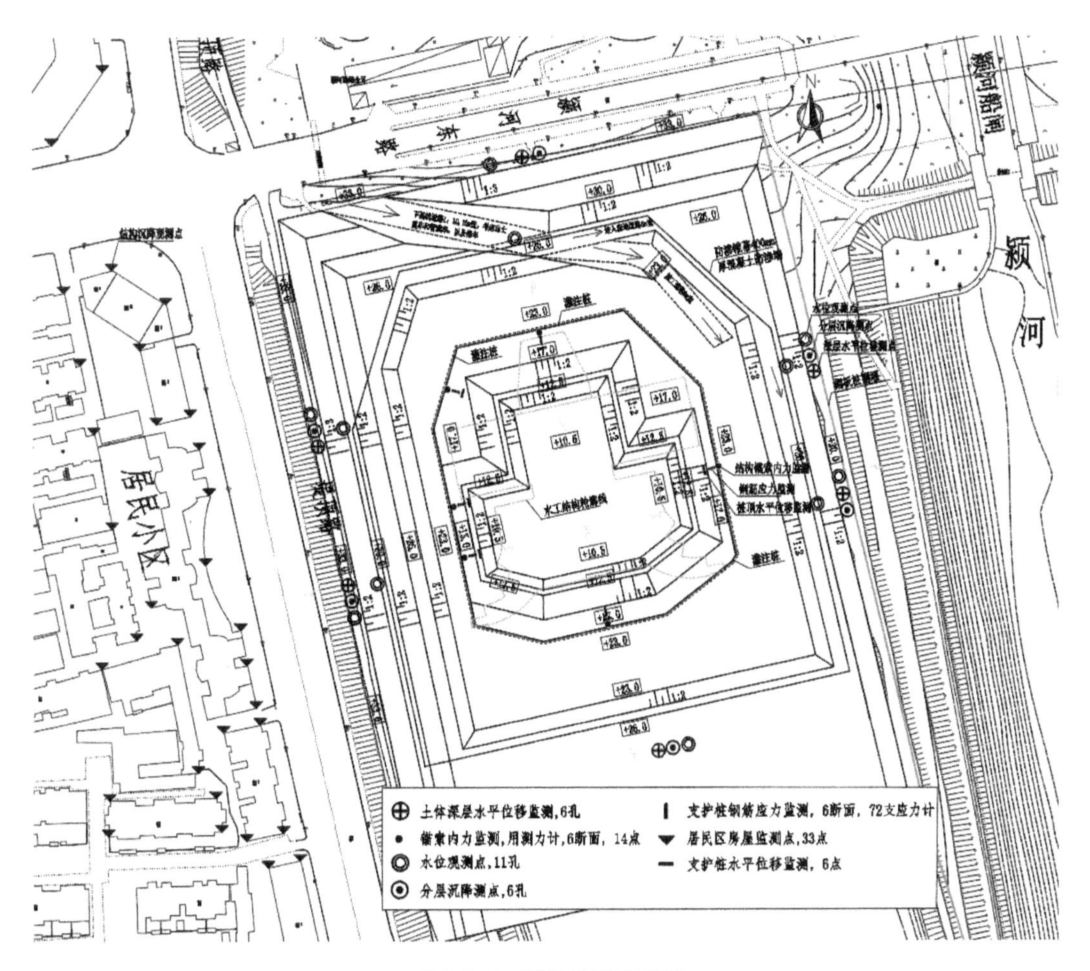

图 8.2.6 基坑监测布置图

表 8.2-4 基坑监测工程量统计表

序号	监测点类别	数量	单位	测点材质	单位	数量
1	地层深层水平位移	6	孔	PVC 管	m	200
2	地层分层沉降	6	孔	PVC 管	m	200
3	支护桩顶部位移监测	4	点	顶部带刻画的圆钉	点	4
4	地下水位	11	孔	PVC 管	m	270
5	锚索轴力监测	12	断面	锚力计	个	12
6	支护桩钢筋应力监测	4	断面	应变计	支	96
7	居民区房屋结构位移观测	33	点	顶部带刻画的圆钉	点	33

8.2.3 基坑降水开挖的影响模拟分析

8.2.3.1 计算模型和网格划分

数值模拟计算采用 MIDAS-GTS 软件。模拟计算中，岩土材料采用弹塑性模型，屈服准则为修正莫尔-库仑准则，混凝土、锚索等采用弹性模型。

模型范围以基坑为基准，北侧延伸至颍河东路以北 150 m，南侧延伸至帷幕线以外 200 m，西侧延伸至颍河大堤以外 260 m，东侧延伸至沙颍河；以地表为起点，向下延伸至 3 倍坑深。计算模型长 580 m，宽 540 m，高 77 m。各坐标方向规定为：x 轴为东西方向（向东为正），y 轴为南北方向（向北为正），z 轴为上下方向（向上为正）。计算模型网格划分见图 8.2.7（开挖后的基坑）。

泵站场区实际地面高程约 33 m（颍河大堤）～23 m（泵站区域）。数值模型中，z 方向高度与实际高程相同。泵站基坑周围主要建筑物包括颍河大堤、居民区、颍河东路等。

数值计算中，土层、防渗帷幕等采用实体单元模拟，混凝土防渗墙和地连墙采用板单元模拟，帽梁、腰梁采用梁单元模拟，锚索采用植入式桁架模拟。模型中，腰梁和锚索根据施工顺序要求设置。整个计算模型共剖分节点 161 743 个，六面体实体单元 853 153 个，梁（桁架）单元 4 905 个，板单元 1 744 个。计算采用的约束边界条件为：模型底部采用全约束，四周侧立面采用法向约束。计算模型的水头边界条件为：①模型四周采用恒定水头边界，根据勘察报告，取地下水位 25.6 m；②基坑开挖过程中，开挖前进行坑内降水，降至开挖层底部，按照施工顺序逐层降低，每步开挖层的底面设定节点压力水头为 0。

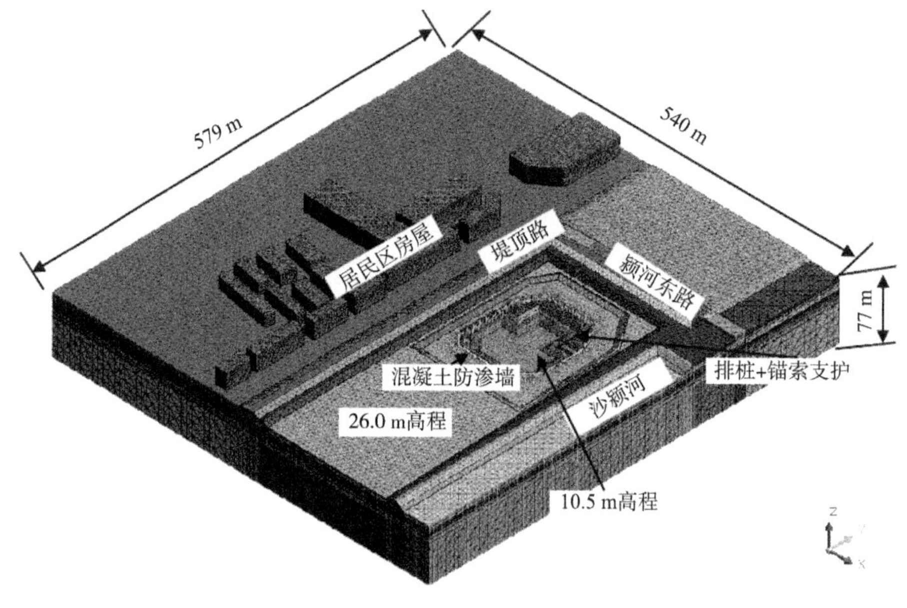

（a）整体计算模型（基坑开挖后）

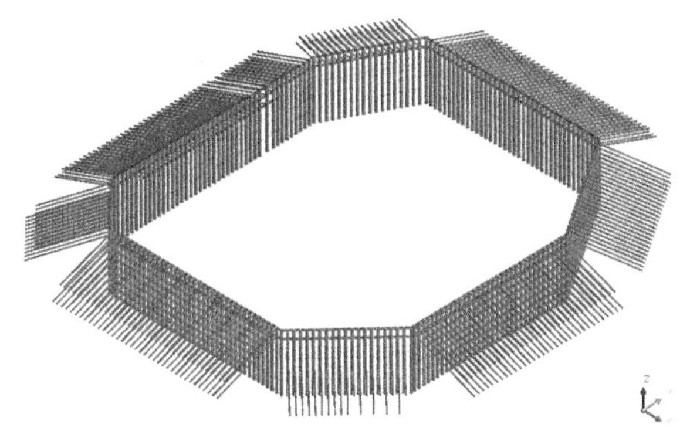

(b) 泵站基坑支护结构

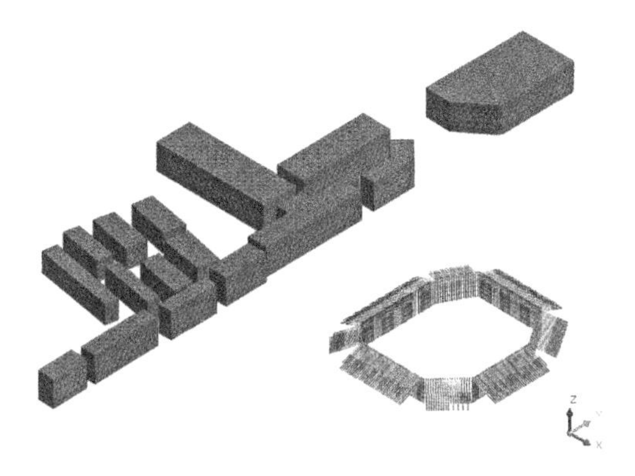

(c) 泵站基坑支护结构与颍河大堤西侧居民区的相对位置关系

图 8.2.7 基坑降水开挖数值计算模型

数值模拟计算所模拟的施工过程为:①初始水压力平衡;②地应力平衡,位移清零;③施工防渗帷幕;④基坑内水位降低至 $z=23.0$ m;⑤施工 $z=23.0$ m 支护桩、帽梁、锚索;⑥基坑内水位降低至 $z=20.0$ m;⑦基坑开挖至 $z=20.0$ m;⑧施工 $z=20$ m 腰梁、锚索;⑨基坑内水位降低至 $z=17.0$ m;⑩基坑开挖至 $z=17.0$ m;⑪施工 $z=17.0$ m 腰梁、锚索;⑫基坑内水位降低至 $z=10.5$ m;⑬基坑开挖至 $z=10.5$ m。

8.2.3.2 基坑开挖后场区水位分布

基坑开挖至 10.5 m 高程时,场区地下水位分布和水力比降如图 8.2.8 所示。可见,采用截水帷幕,基坑开挖完成后,坑外水位的下降幅度很小,最大仅为 0.25 m(地下水位由 25.6 m 降低至 25.35 m)。隔水帷幕采用 600 mm 厚混凝土防渗墙,墙外水头最高 25.6 m,基坑内水头 10.5 m,最大水头差 15.1 m,渗透比降约为 25.2,击穿混凝土防渗墙的可能性不大。

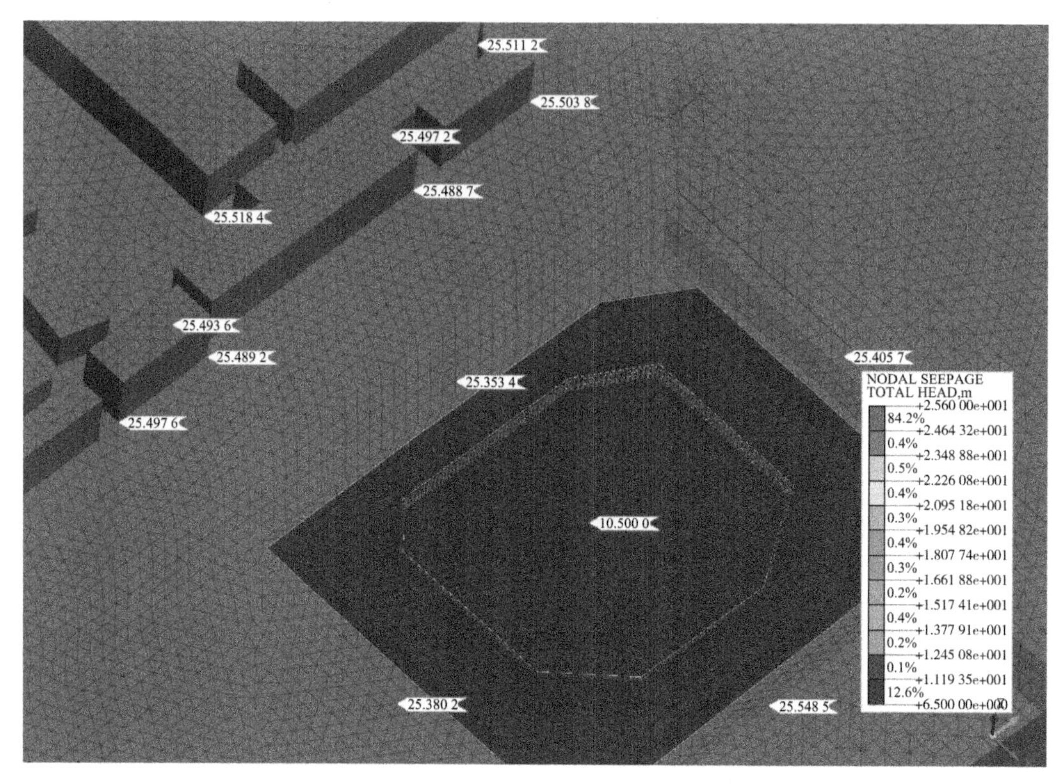

(a) 地下水位分布(单位:m)

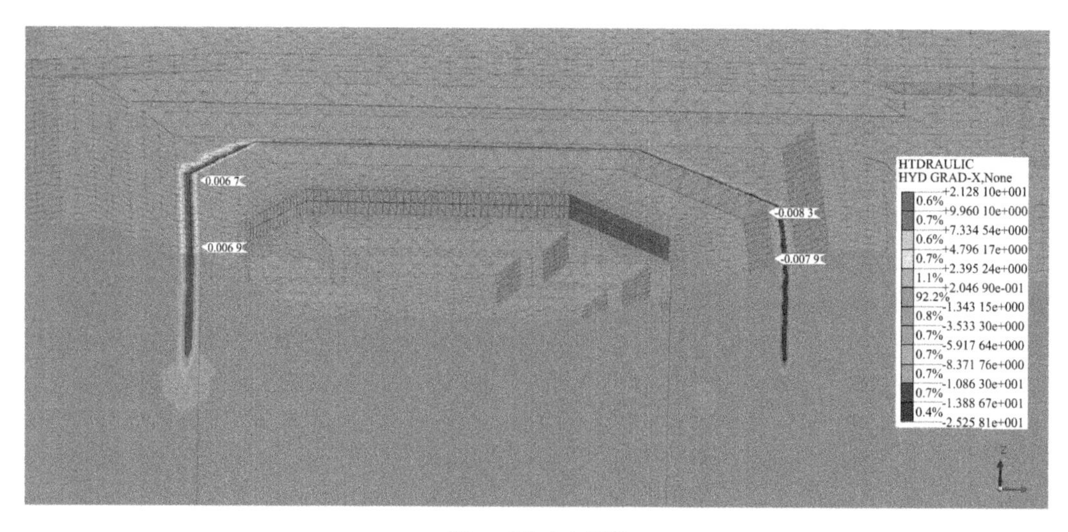

(b) x 方向水力比降

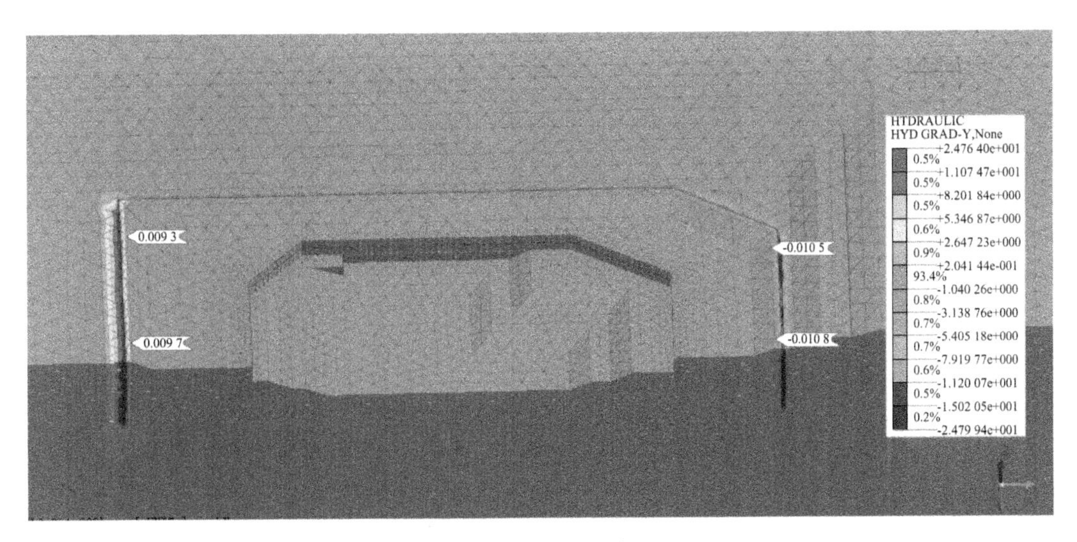

(c) y 方向水力比降

图 8.2.8　基坑开挖完成后地下水位分布和水力比降

8.2.3.3　地层位移

基坑由 26.0 m 高程开挖至 10.5 m 高程时，地表水平位移和沉降计算结果见图 8.2.9，结果统计见表 8.2-5。可见，基坑开挖完成后，基坑周边地层呈现向坑内移动趋势，其中坡顶最大水平位移和沉降均出现在高程较高的基坑西侧，分别约为 42.9 mm 和 35.7 mm。

表 8.2-5　基坑开挖地层位移统计表

开挖高程	地表位移和沉降/mm							
	x 方向		y 方向		z 方向			
	东侧	西侧	南侧	北侧	南侧	东侧	北侧	西侧
10.5 m	32.9	−42.9	36.0	−35.3	28.0	35.7	20.1	35.7

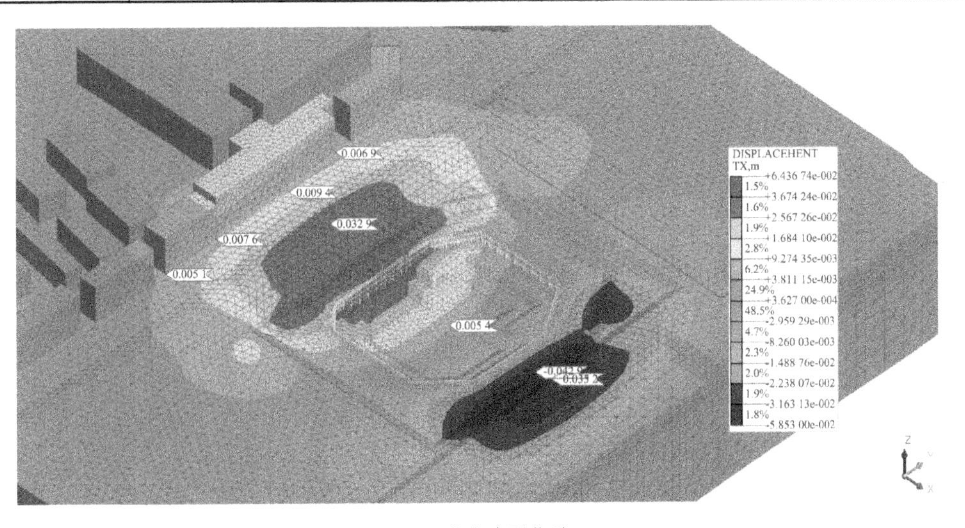

(a) x 方向水平位移

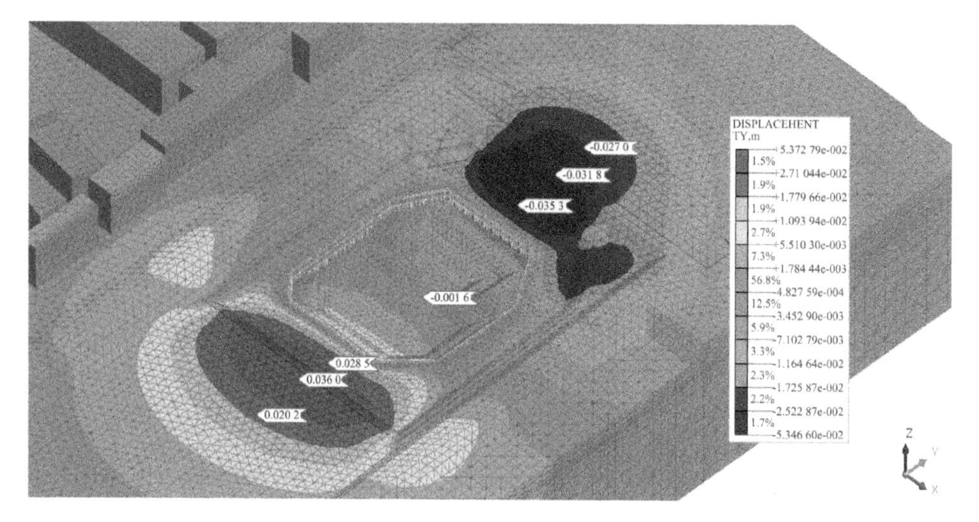

(b) y 方向水平位移

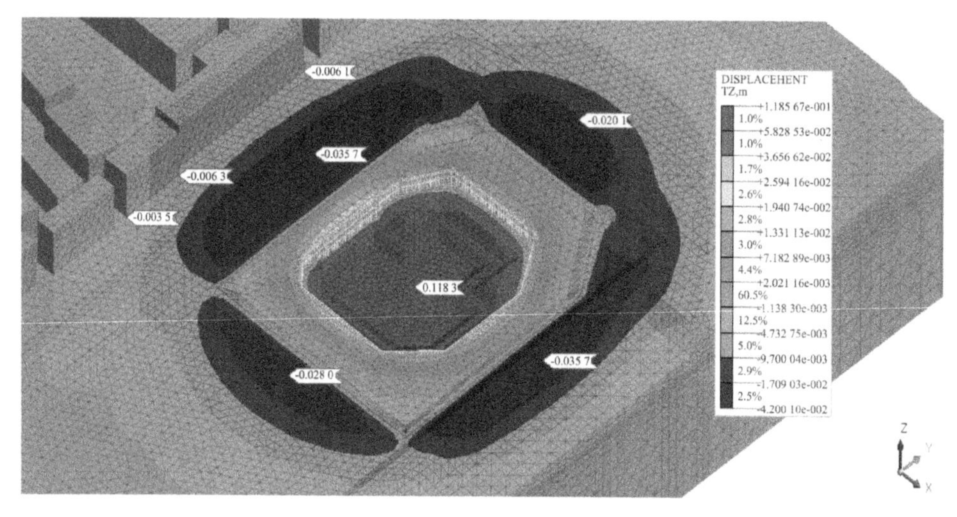

(c) 沉降

图 8.2.9 基坑开挖完成后的地层变形计算云图(单位:m)

8.2.3.4 支护结构位移和内力

基坑开挖完成后,支护桩的水平位移和弯矩计算结果如图 8.2.10 和图 8.2.11 所示;23.0 m 高程、20.0 m 高程和 17.0 m 高程锚索轴力计算结果如图 8.2.12 所示。统计结果见表 8.2-6。

表 8.2-6 支护桩结构位移和轴力统计

桩底最大水平位移/mm		桩体最大水平位移/mm		最大弯矩/(kN·m)		锚索轴力/kN		
南北	东西	南北	东西	x	y	23.0 m 高程	20.0 m 高程	17.0 m 高程
26.0	43.7	24.1	41.0	357.64	350.46	212.40	378.31	389.95

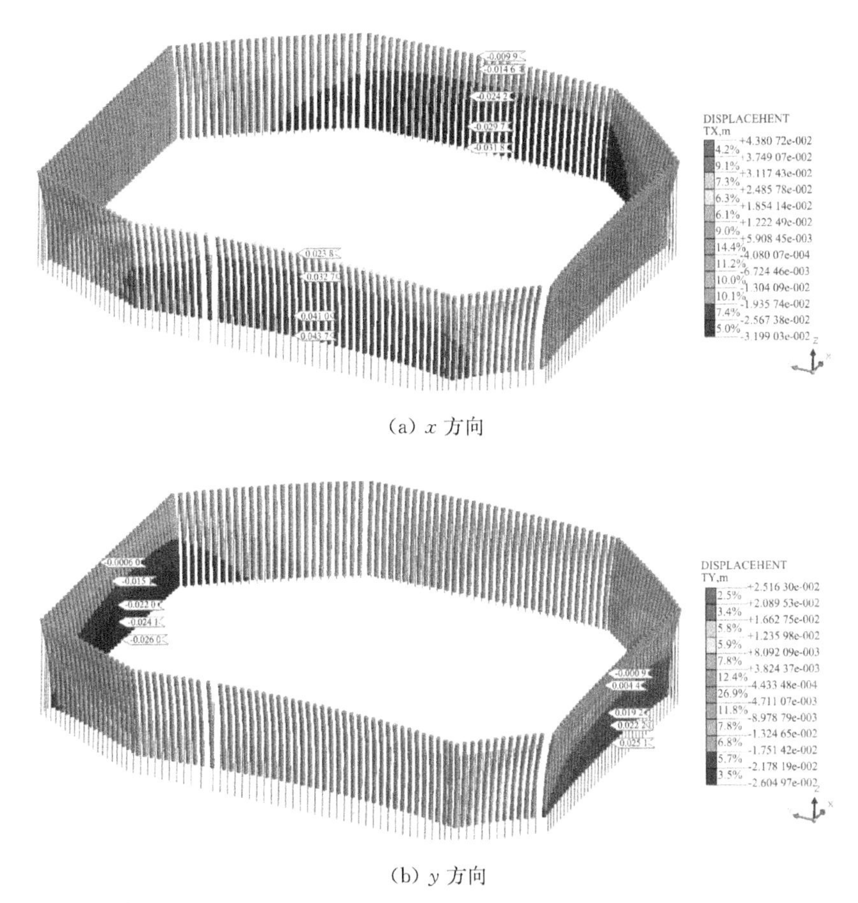

(a) x 方向

(b) y 方向

图 8.2.10　支护桩水平位移计算结果云图(单位:m)

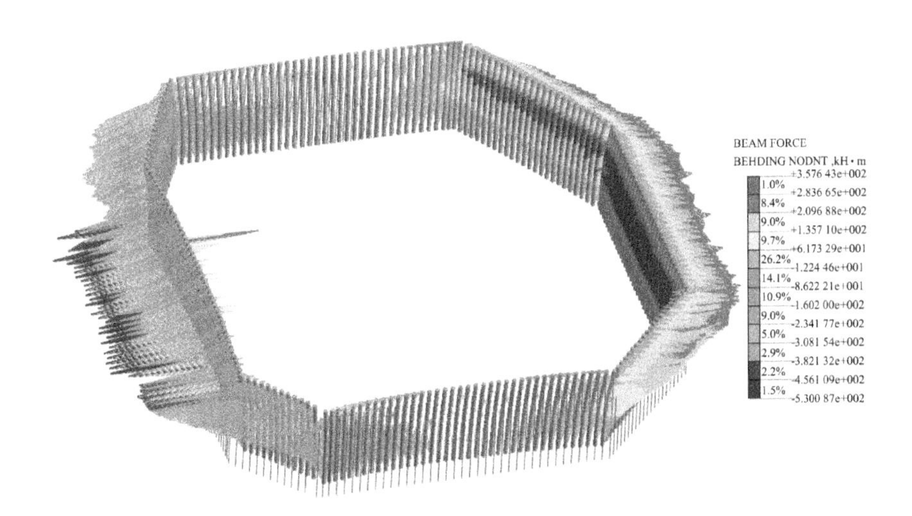

图 8.2.11　支护桩弯矩计算结果云图(单位:kN · m)

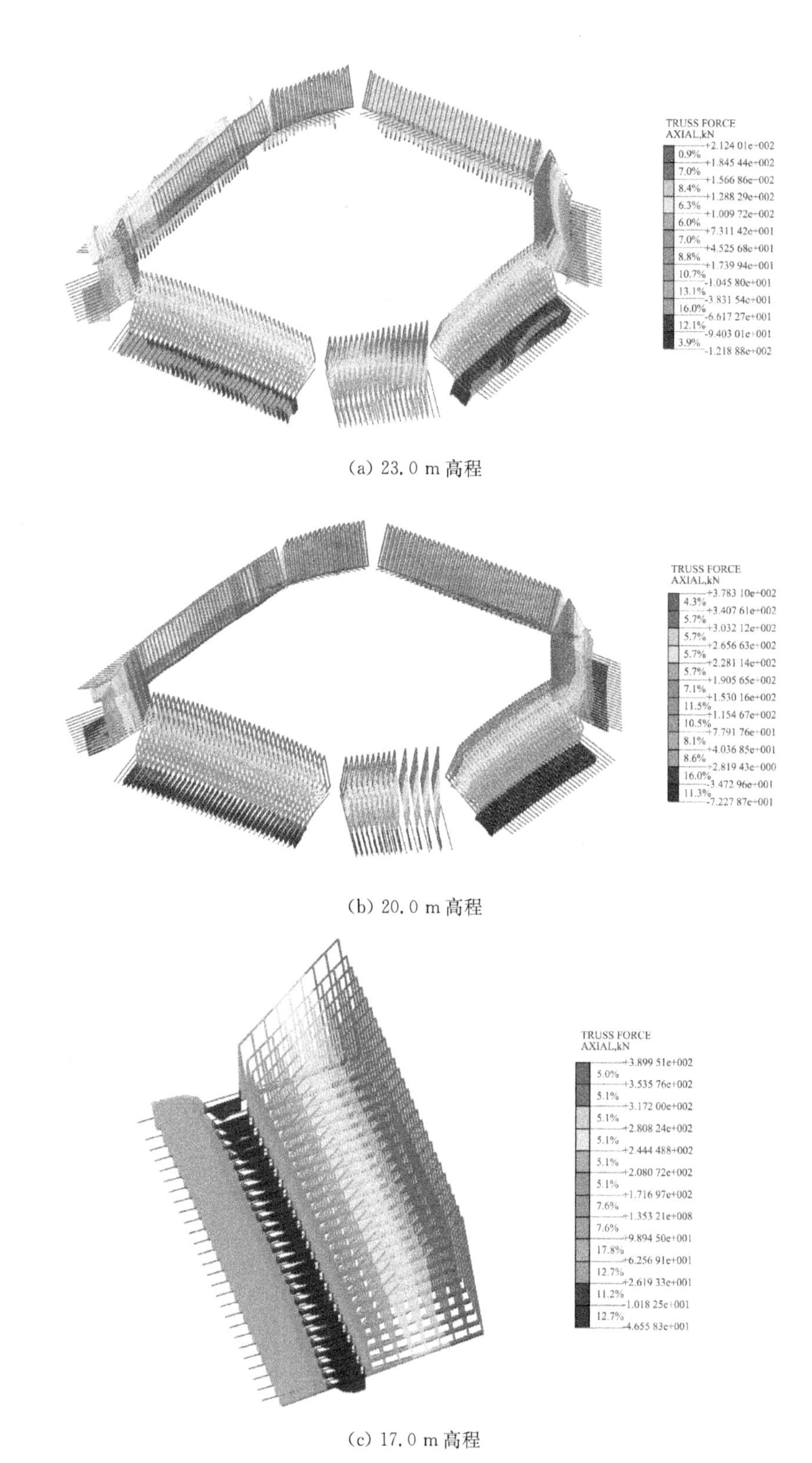

(a) 23.0 m 高程

(b) 20.0 m 高程

(c) 17.0 m 高程

图 8.2.12　锚索轴力计算结果云图(单位:kN)

8.2.3.5 对周边建筑物的影响

基坑开挖完成后，泵站西侧居民区房屋和颍河大堤堤顶路的位移计算结果见图 8.2.13，颍河东路位移计算结果见图 8.2.14。计算结果统计见表 8.2-7。基坑开挖影响范围见图 8.2.15。分析可知：①泵站基坑开挖完成后，在基坑开挖影响范围内的居民区以整体位移和沉降为主，差异沉降很小。居民区房屋的南北方向最大水平位移为 2.2 mm，东西方向的最大水平位移为 7.6 mm，均为朝向基坑移动，最大沉降 6.4 mm。②颍河大堤堤顶路的南北方向最大水平位移为 4.4 mm，东西方向的最大水平位移为 24.7 mm，均为朝向基坑移动，最大沉降 18.1 mm。

图 8.2-7 基坑开挖完成后居民区房屋和道路最大变形统计 单位：mm

位移方向	居民区房屋	颍河大堤堤顶路	颍河东路
x	7.6	24.7	5.6
y	2.2	−4.4	−24.3
z	−6.4	−18.1	−16.3

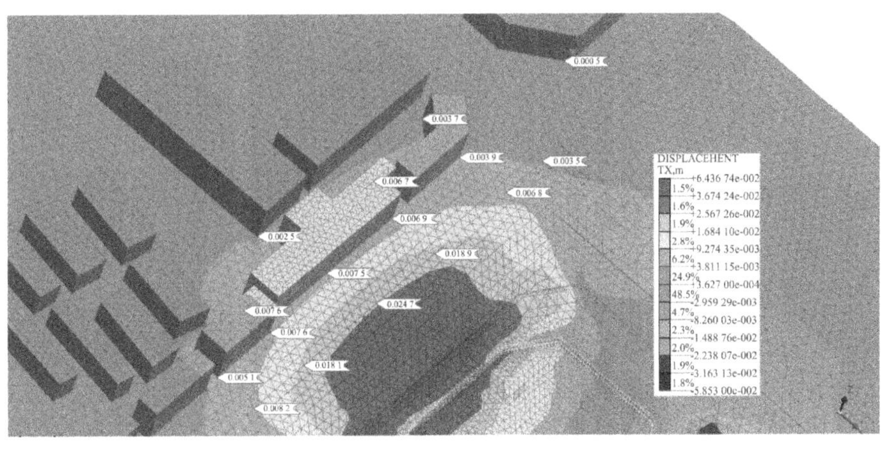

(a) x 方向水平位移

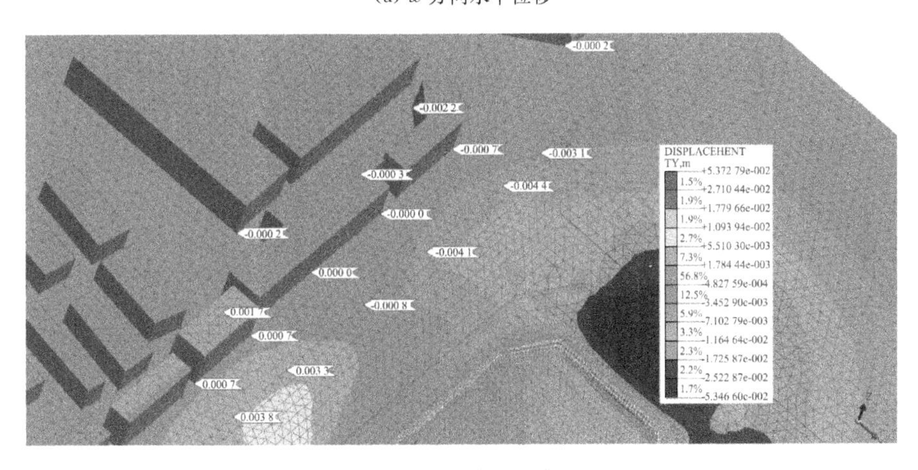

(b) y 方向水平位移

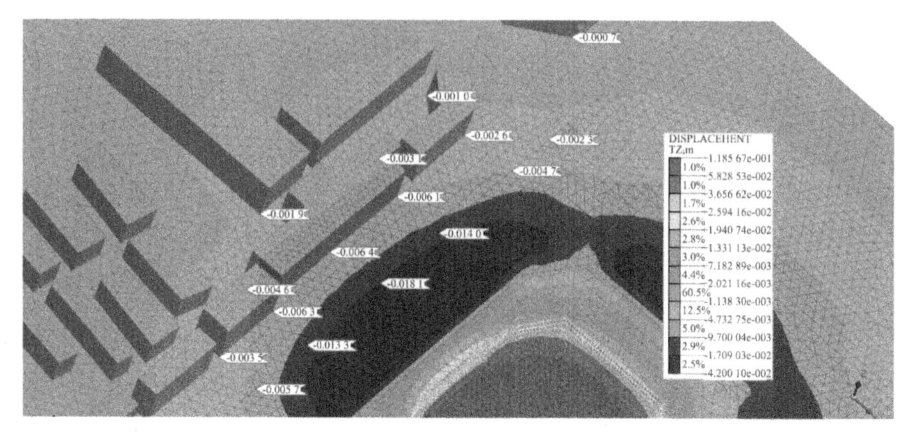

(c) 沉降

图 8.2.13　基坑开挖后泵站西侧居民区房屋和颍河大堤堤顶路变形计算结果云图(单位:m)

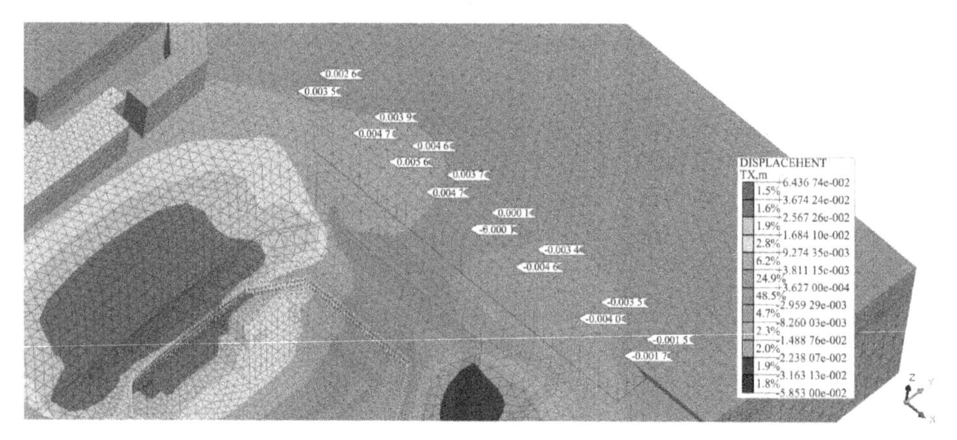

(a) x 方向水平位移

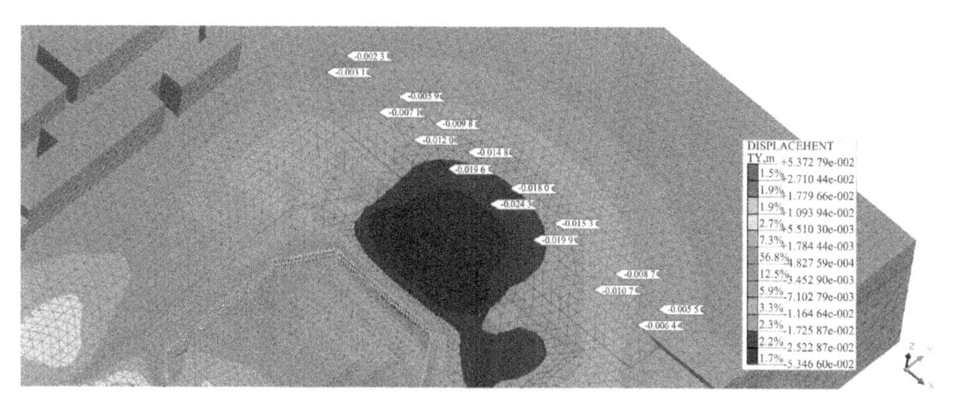

(b) y 方向水平位移

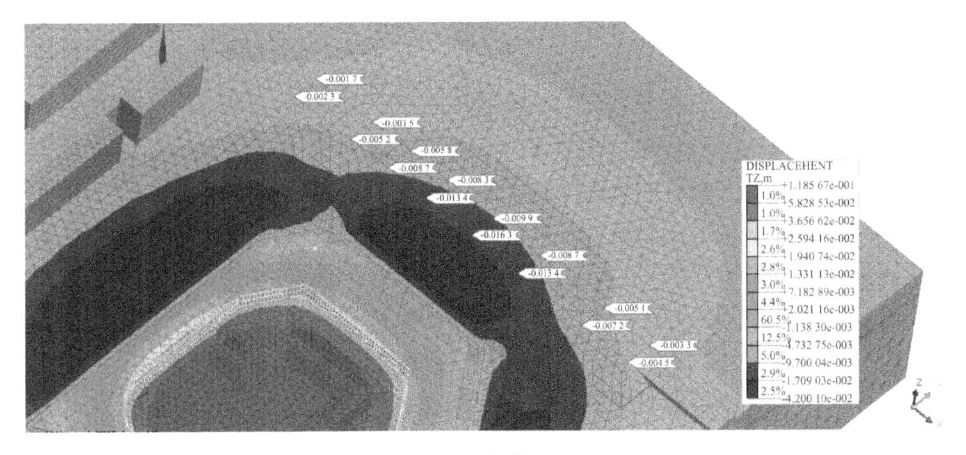

(c) 沉降

图 8.2.14 基坑开挖后颍河东路变形计算结果云图(单位:m)

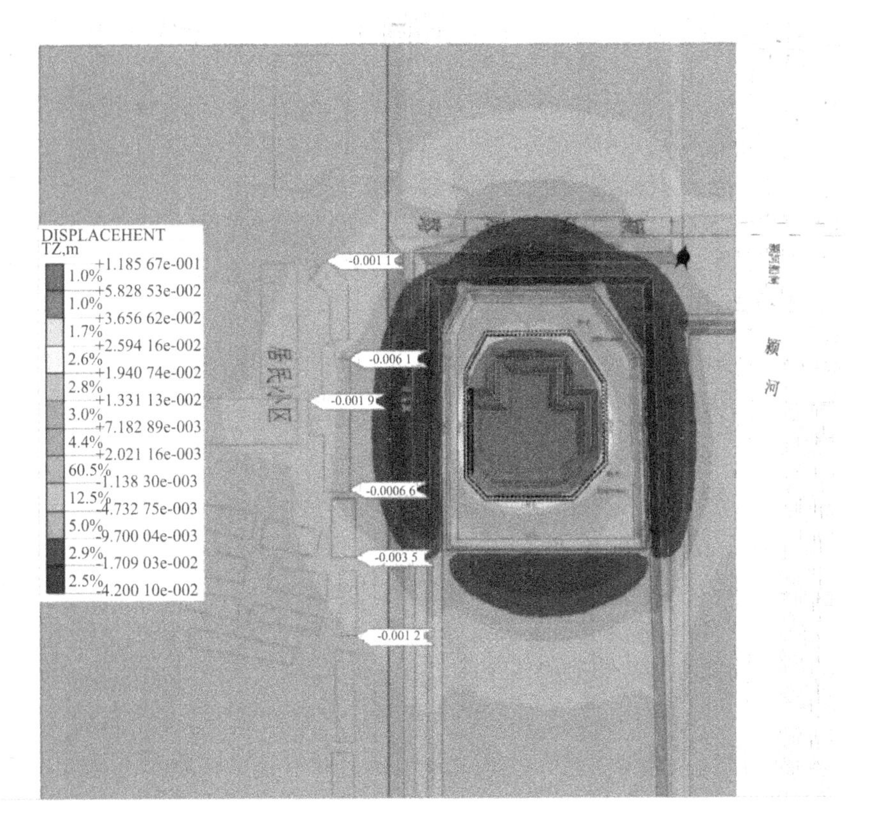

图 8.2.15 基坑沉降影响范围云图(单位:m)

8.2.4 基坑开挖对周边建筑物的影响评价

8.2.4.1 基坑开挖对西侧房屋的影响评价

根据数值模拟计算结果，阜阳泵站基坑开挖完成后，西侧居民区房屋的南北方向最大水平位移为2.2 mm，东西方向的最大水平位移为7.6 mm，均为朝向基坑移动，最大沉降6.4 mm；堤顶路的南北方向最大水平位移为4.4 mm，东西方向的最大水平位移为24.7 mm，均为朝向基坑移动，最大沉降18.1 mm。

基坑开挖主要影响泵站西侧居民区的临街商业楼房，为多层和高层建筑。整体上，在基坑开挖影响范围内的居民区以整体位移和沉降为主，差异沉降很小。

根据《建筑地基基础设计规范》(GB 50007—2011)，当地基土为高压缩性土时，多层和高层建筑($24\ m<H<60\ m$)的整体倾斜允许值为0.003，体型简单的高层建筑基础的平均沉降量允许值为200 mm。

数值模拟结果表明，在基坑开挖影响范围内的居民区临街商业楼房以整体位移和沉降为主，绝对沉降在10 mm以内，差异沉降很小，最大沉降和最大差异沉降满足规范要求。特别需要说明的是，数值计算中，对于商业楼房的基础按照筏板基础考虑，基础埋深仅考虑了1层地下室(4 m深)，而实际楼房的基础埋深可能更大，或者采用了桩基础，因此，泵站基坑开挖对临街商业楼房的实际影响可能更小。

8.2.4.2 基坑开挖对颍河东路的影响评价

根据数值模拟计算结果，阜阳泵站基坑开挖完成后，颍河东路的南北方向最大水平位移为24.3 mm，东西方向的最大水平位移为5.6 mm，均为朝向基坑移动，最大沉降16.3 mm，差异沉降很小，在10 mm以内。

根据《公路桥涵养护规范》(JTG 5120—2021)，对于简支桥梁，墩台基础的均匀总沉降值(不包括施工中的沉降)应小于$2.0\sqrt{L}$ (cm)；相邻墩台的总沉降差值(不包括施工中的沉降)应小于$1.0\sqrt{L}$ (cm)，其中L为相邻墩台间的最小跨径，跨径小于25 m时，以25 m计算，对于桩、柱式柔性墩台的沉降，以及桩基承台上墩台顶面的水平位移值，可视具体工况确定，以保证正常使用为原则。根据上述规范要求，颍河东路公路桥的基础控制总沉降应小于100 mm，相邻墩台沉降差应小于50 mm。

现状条件下，颍河东路邻近泵站基坑段为公路桥引桥。根据规范要求，泵站基坑施工引起的颍河东路公路桥沉降满足规范要求；考虑到在泵站出水渠施工时将会破除重建，泵站基坑施工时，颍河东路公路桥的变形满足正常的通行要求。同时，数值模拟计算中并未考虑公路桥引桥段修建时可能进行的地基处理，因此，泵站基坑开挖对公路桥的实际影响会更小。

8.3 沙颍河线颍上泵站基坑支护设计

8.3.1 工程概况及场地条件

8.3.1.1 工程概况

颍上泵站为沙颍河线梯级提水首级泵站，设计流量 50.0 m^3/s。站址位于沙颍河颍上节制闸左岸，颍左大堤堤后(图 8.3.1)。通过开挖进水渠引水，泵站提水经出水箱涵输水至颍上闸上；泵房布置在节制闸下游侧，轴线与节制闸轴线平行布置。泵站主要由引水渠、清污机桥、进水池、主泵房、副厂房、安装间、出水涵闸等组成。安装间布置在泵站西侧(紧靠堤防)，副厂房布置在主泵房东侧。

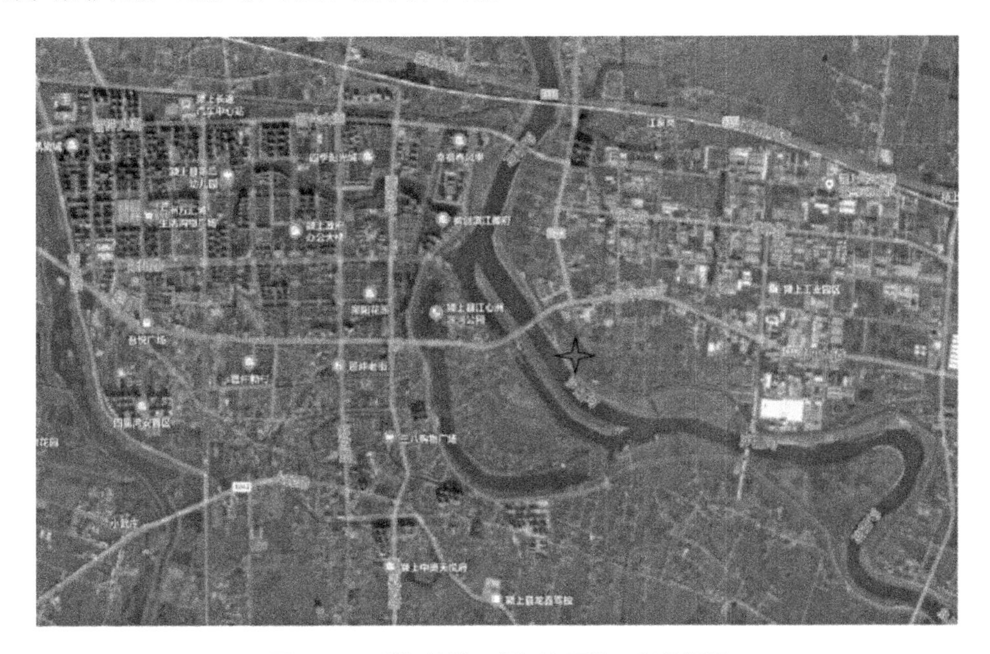

图 8.3.1 引江济淮二期颍上泵站工程位置图

8.3.1.2 工程布置及主要建筑物参数

颍上泵站工程平面布置如图 8.3.2 所示，泵站纵剖面图如图 8.3.3 所示。工程区的现状地表高程约 25.0～25.5 m(85 国家高程基准，下同)，西侧淮北大堤的堤顶高程约为 31.50 m。与基坑开挖支护相关的主要建筑物设计参数为：①主厂房：建基面高程 5.55 m；②安装间：建基面高程为 10.85 m；③进水池：建基面高程 8.00～11.00 m；④出水箱涵：建基面高程 15.00 m。

根据现状地面高程和颍上泵站主要建筑物的建基面高程和结构形式可知，颍上泵站基坑厂房段最大开挖深度 26.0 m(31.5 m 高程～5.5 m 高程)，基坑支护结构安全等级为一级。

8.3.1.3 场地条件

结合图 8.3.2，颍上泵站站址位置原为鱼塘，现被已建颍上控制闸修建时的开挖弃土回填，拟建场址区域空间相对开阔，主要制约条件是泵站厂房西侧与淮北大堤颍左段较近，约 30 m，东侧则距离居民区房屋相对较远，最近约为 93 m。

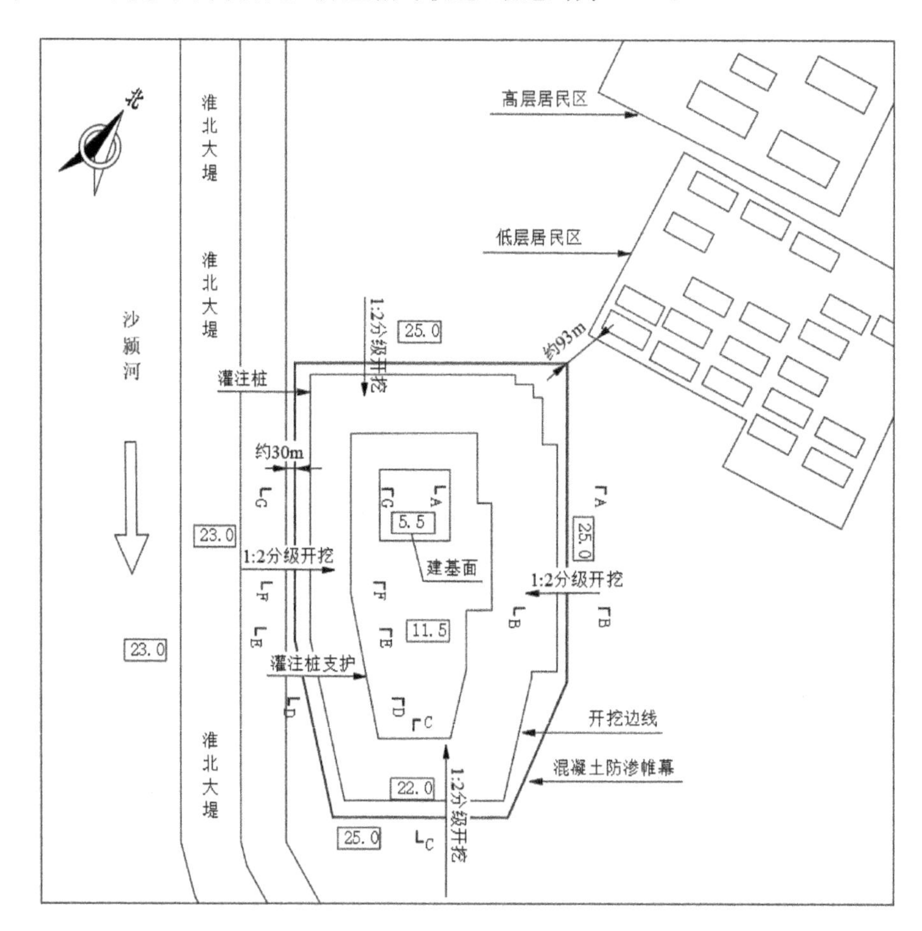

图 8.3.2 引江济淮二期工程颍上泵站工程布置图(单位:m)

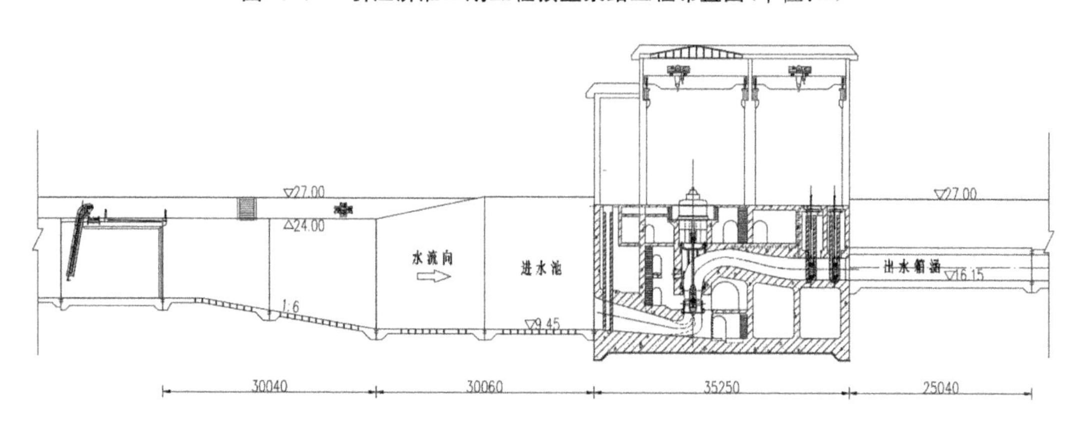

图 8.3.3 泵站纵剖面图(单位:高程,m;其他,mm)

8.3.1.4 工程地质和水文地质条件

(1) 工程地质条件

工程区地貌单元为淮北冲积平原，微地貌单元为颍河高漫滩，区域地势较平坦。根据野外编录、现场调查测绘、原位测试和室内土工试验成果，在勘探深度范围内揭露的地层主要为第四系地层。现将本次勘探揭露的地层按其时代、成因、分布以及岩土的工程性质，自上而下分为12层，分别为：

第⓪层：填土(Q^{s})，黄灰、灰、灰褐色，土质以中、重粉质壤土为主，杂壤土、砂壤土，局部含碎石子、砂礓，稍湿，呈可塑状，为人工填土，填筑质量不均匀，软硬不等，局部软弱。该层在场区普遍分布，平均层厚4.36 m，层底分布高程20.00～24.30 m。

第①层：重中粉质壤土(Q_4^{al})，黄灰、黄色，局部夹灰色，湿，呈可塑状，局部呈软塑状，夹壤土薄层，局部夹砂壤土薄层和轻粉质壤土透镜体。本层场区基本普遍分布，局部钻孔缺失，平均层厚3.1 m，层底分布高程14.80～23.20 m。

第②$_1$层：淤泥质中轻粉质壤土(Q_4^{al})，灰色，湿，呈软塑～可塑状，夹轻粉质壤土或砂壤土。本层场区局部分布，平均层厚3.1 m，层底分布高程17.10～21.30 m。

第③层：重粉质壤土(Q_4^{al})，灰黄、黄色，湿，呈可塑～硬塑状，含铁锰质斑、结核，夹中粉质壤土，夹轻粉质壤土透镜体。本层场区普遍分布，平均层厚5.3 m，层底分布高程10.50～16.80 m。

第④$_1$层：轻粉质壤土(Q_4^{al})，黄色、灰黄色，湿，呈可塑状，或松散状，局部夹淤泥质壤土，夹砂壤土薄层，含云母片，局部含少量砂礓。本层场区基本普遍分布，局部钻孔缺失，场区进水侧较厚，出水侧较薄，平均层厚3.8 m，层底分布高程7.35～14.75 m。

第④层：粉质黏土(Q_4^{al})，灰黄、灰褐色，湿，呈可塑～硬塑状，局部为黏土，局部夹轻粉质软土、砂壤土薄层，含铁锰质结核及少量砂礓，局部含腐殖质。本层主要分布于场区北侧，平均层厚3.2 m，层底分布高程3.80～9.40 m。

第⑤$_1$层：粉细砂(Q_4^{al})，灰色，中密～密实，湿，局部夹壤土。平均层厚4.0 m，层底分布高程7.50～10.00 m。

第⑤层：轻粉质壤土(Q_4^{al})，黄、灰黄色，湿，呈可塑～硬塑状，夹砂壤土、壤土薄层，含少量砂礓。平均层厚4.8 m，层底分布高程－1.30～6.60 m。

第⑥层：粉质黏土(Q_4^{al})，黄、灰黄色，湿，呈可塑～硬塑状，局部夹砂壤土、壤土薄层，含铁锰质斑、结核，局部含少量砂礓。本层场区普遍分布，局部未揭穿，平均层厚6.9 m，层底分布高程－7.60～－1.00 m。

第⑥$_1$层：中粉质壤土(Q_3^{al})，黄色，湿，硬塑，局部夹浅灰色粉砂或轻粉质壤土。平均层厚4.0 m，层底分布高程－8.80～－4.00 m。

第⑦层：粉细砂、重粉质砂壤土(Q_3^{al})，灰色，饱和，呈中密～密实状，局部夹粉质黏土薄层，含云母片。本层场区普遍分布，局部未揭穿，本层平均层厚10.2 m，层底分布高程－20.85～－19.80 m。

第⑧层：粉质黏土(Q_3^{al})，灰黄色，湿，呈硬塑状，含铁锰质结核。标贯击数平均值17.6击。本层场区普遍分布，局部未揭穿，本层平均层厚2.3 m，层底分布高程

－25.55 m(未揭穿)。

上述地层在站址处的物理力学指标见表8.3-1。

表8.3-1 引江济淮二期颍上泵站土层物理力学指标

层号	岩土名称		含水率/%	密度/(g/cm³)		孔隙比	压缩模量/MPa	直接快剪		饱和快剪		固结快剪	
				湿	干			黏聚力/kPa	内摩擦角(°)	黏聚力/kPa	内摩擦角(°)	黏聚力/kPa	内摩擦角(°)
⓪	人工填土		26.96	1.92	1.52	0.835	4.5	20	13	15	8	26	10
①	重中粉质黏土		30.54	1.91	1.47	0.892	4.2	23	11	19	10	28	13
$②_1$	淤泥质轻中粉质壤土		35.59	1.87	1.39	1.051	4.5	13	9	9	8	14	12
②	轻粉质壤土		27.90	1.95	1.52	0.785	10.0	20	17	17	14	22	18
③	重粉质壤土		24.75	1.99	1.60	0.730	6.5	35	11	12	18	44	15
$③_1$	淤泥质轻中粉质壤土		36.62	1.86	1.36	1.019	4.1	12	8	8	6	14	10
$④_1$	轻粉质壤土或砂壤土	A	24.86	1.99	1.60	0.790	7.5	14	13	10	15	14	19
		B	24.37	1.99	1.60	0.697	9.0	16	17	10	15	15	22
④	重粉质壤土		28.01	1.93	1.51	0.844	5.1	30	12	24	10	35	11
$⑤_1$	粉细砂							0	24			0	28
⑤	轻粉质壤土		25.51	1.97	1.57	0.746	8.0	15	16	14	8	10	25
⑥	粉质黏土		27.12	1.96	1.54	0.812	7.1	42	12	25	8	28	15
$⑥_1$	轻中粉质壤土		24.77	1.99	1.59	0.696	7.8	19	13	12	10	13	20
⑦	粉细砂		—	—	—	—	—	0	28	—	—	—	—
⑧	粉质黏土		26.57	1.99	1.57	0.817	7.5	50	18	—	—	—	—
⑨	中、细砂		—	—	—	—	—	0	28	—	—	—	—
⑩	粉质黏土		22.55	2.02	1.65	0.691	8.5	60	15	—	—	—	—

(2) 水文地质条件

场区地下水类型主要为松散岩类孔隙水,分为潜水和承压水。根据本次钻孔揭示及地下水的赋存、运移和排泄特点,潜水赋存于第⓪层填土及第①层粉质黏土顶部及第$②_1$层淤泥质轻中粉质壤土中,主要接受大气降水和河水的补给,排泄以蒸发为主,并与河水有一定的水力联系,枯水期亦向河水排泄。沙颍河底高程约为16.9 m,是地下水的最低排泄基准面。

场区勘探深度内承压含水层主要有两个,第一承压含水层由第$④_1$层轻粉质壤土、第$⑤_1$层粉细砂及第⑤层轻粉质壤土层组成,承压水头约6.5 m,第③层重粉质壤土为该承压含水层的隔水顶板,第⑥层粉质黏土层为该承压含水层的隔水底板。第二承压含水层由第⑦层细砂层组成,该层为深层承压含水层,对工程影响较小,承压水头约24.0 m,第⑥层粉质黏土层和第$⑥_1$层中粉质壤土层为该承压含水层的隔水顶板,第⑧层粉质黏土为该承压含水层的隔水底板。

勘察期间(2022 年 12 月)，地下水位埋深一般 4.0 m，地下水位高程一般 20.2～21.55 m。根据《水利水电工程地质勘察规范》(GB 50487—2008)附录 G“土的渗透变形判别”，站址处土第⑤$_1$ 层粉细砂层及第⑦层细砂层为管涌型，其余层均为流土型。现场抽水试验得到的各土层渗透系数指标如表 8.3-2 所示。

表 8.3-2　引江济淮二期颍上泵站水文地质参数

地层编号	岩土名称	渗透系数(抽水试验)/(cm/s)	透水性等级	允许水力比降	渗透变形类型
①	重中粉质壤土	2.0×10^{-5}	弱透水	0.45	流土
②$_1$	淤泥质轻中粉质壤土	5.0×10^{-5}	弱透水	0.35	流土
②	轻粉质壤土	1.0×10^{-4}	中等透水	0.25	流土
③	重粉质壤土	2.0×10^{-5}	弱透水	0.45	流土
③$_1$	淤泥质中轻粉质壤土	5.0×10^{-5}	弱透水	0.35	流土
④$_1$	轻粉质壤土	1.0×10^{-4}	中等透水	0.25	流土
④	重粉质壤土	1.0×10^{-5}	弱透水	0.45	流土
⑤$_1$	粉细砂	1.0×10^{-3}	中等透水	0.18	管涌
⑤	轻粉质壤土	6.5×10^{-4}	中等透水	0.25	流土
⑥	粉质黏土	8.0×10^{-6}	微透水	0.50	流土
⑥$_1$	轻中粉质壤土	1.0×10^{-4}	弱透水	0.30	流土
⑦	粉细砂	2.0×10^{-3}	中等透水	0.12	管涌
⑧	粉质黏土	1.0×10^{-6}	微透水	0.60	流土

8.3.2　基坑支护设计

8.3.2.1　基坑工程特点

与涡阳泵站和阜阳泵站基坑工程相比较，颍上泵站基坑支护难度相对较小，场区周边较为开阔，主要是保证基坑降水开挖不影响淮北大堤安全，并解决建基面下伏深厚承压水层时的突涌水稳定问题。经多方案比选，提出如下解决方法和设计思路：

(1) 颍上泵站承压水层距离建基面较近，且承压水层厚度大，选择以薄混凝土防渗墙构筑截水帷幕。考虑到相对隔水层(⑥层粉质黏土)在泵站附近的厚度较小，仅为 3 m 左右，且其上部存在 2 层承压水层，因此在泵站外围布置一圈落底式截水帷幕，进入承压水层(⑨层粉细砂)以下的相对隔水层，切断承压水的渗漏路径，解决基坑开挖后的突涌水问题，并降低基坑开挖导致水位下降后对周边建筑物的影响。

(2) 泵站基坑南侧、北侧和东侧场地开阔，具备放坡开挖条件；西侧距离淮北大堤较近，基坑开挖过程中需要保证淮北大堤的安全稳定，采用局部支护与放坡相结合的支护方式。

(3) 鉴于基坑周围土体侧摩阻力较低，选用旋喷锚索，增大锚固体直径，同时加长锚索自由段长度，使锚固段进入硬塑的粉质壤土层，控制支护结构变形；并在支护桩内侧，对被动区土体进行格栅状深搅桩加固，控制桩体变形。

(4) 通过三维数值模拟计算，分析支护结构的整体稳定性及基坑开挖对建筑物的影响。

8.3.2.2 基坑支护方案

颍上泵站基坑支护布置如图 8.3.4 所示。根据前述基坑支护设计思路，泵站主体工程施工包括泵房主体结构以及与其相邻的进、出水池段，施工期经过一个汛期。其他进、出水渠道和箱涵在非汛期施工。考虑到颍上泵站基坑截水帷幕的工程量较大，在比较采用分期施工和主泵房区域基坑一次性围封经济性的基础上，选择将主泵房分两期施工的方案，即：一期施工建基面在 12.3 m 高程以下主厂房部分，采用 600 mm 厚混凝土防渗墙作为截水帷幕，设计顶高程 25.0 m(地下水位最高 21.6 m)，底高程 −35.0 m；建基面高程在 12.3 m 以上的进水池等，在非汛期施工，采用 400 mm 厚混凝土防渗墙作为截水帷幕，设计高程 25.0 m(地下水位最高 21.6 m)，底高程 −2.0 m。泵站基坑支护典型部面图如图 8.3.5 所示。支护结构分述如下：

(1) 基坑北侧、东侧和南侧(A－A、B－B、C－C、G－G 剖面)

基坑北侧、东侧和南侧场地开阔，具备放坡开挖条件。在现状地面 25.0 m 高程布置混凝土防渗墙，然后采用 1∶2 坡比分级放坡开挖至各建筑物的建基面高程。在 20.0 m、15.0 m、12.3 m、8.5 m 高程设置连通马道，宽度 2～4 m。其中 15.0 m 高程为出水箱涵建基面高程，12.3 m 高程为进水渠和清污机桥建基面高程，8.5 m 为进水渠岸翼墙建基面高程。

(2) 基坑西侧(D－D、E－E、F－F 剖面)

①D－D～F－F 剖面段虽紧邻淮北大堤，但开挖深度较浅，建基面为 12.3 m 高程，具备放坡开挖条件，开挖方式与 C－C 剖面相同。D－D 剖面在二期施工，帷幕采用 400 mm 厚混凝土防渗墙。

②E－E～F－F 剖面段，不具备完全放坡条件。采用放坡＋桩锚的联合支护形式。基坑开挖建基面为 8.5 m，开挖深度大，距离淮北大堤更近。因此，在基坑放坡开挖至 15.0 m 高程后，设置平台卸载，以下采用桩锚支护，垂直开挖至 8.5 m 高程。在 15.0 m 和 12.0 m 高程布置两层旋喷锚索，桩前采用 3 排深搅桩加固马道，加固深度 6 m。

③F－F 剖面以北段，具备放坡开挖条件，开挖方式与 A－A 剖面相同。

(3) 坡面和桩间土防护

坡面采用喷射 50 mm 混凝土防护，桩间土采用挂网抹面防护。

(4) 施工道路

颍上泵站基坑周边环境相对简单，施工道路考虑由北侧向东侧绕行，至南侧的施工区，自 C－C 剖面按 1∶10 开挖形成临时道路下基坑。

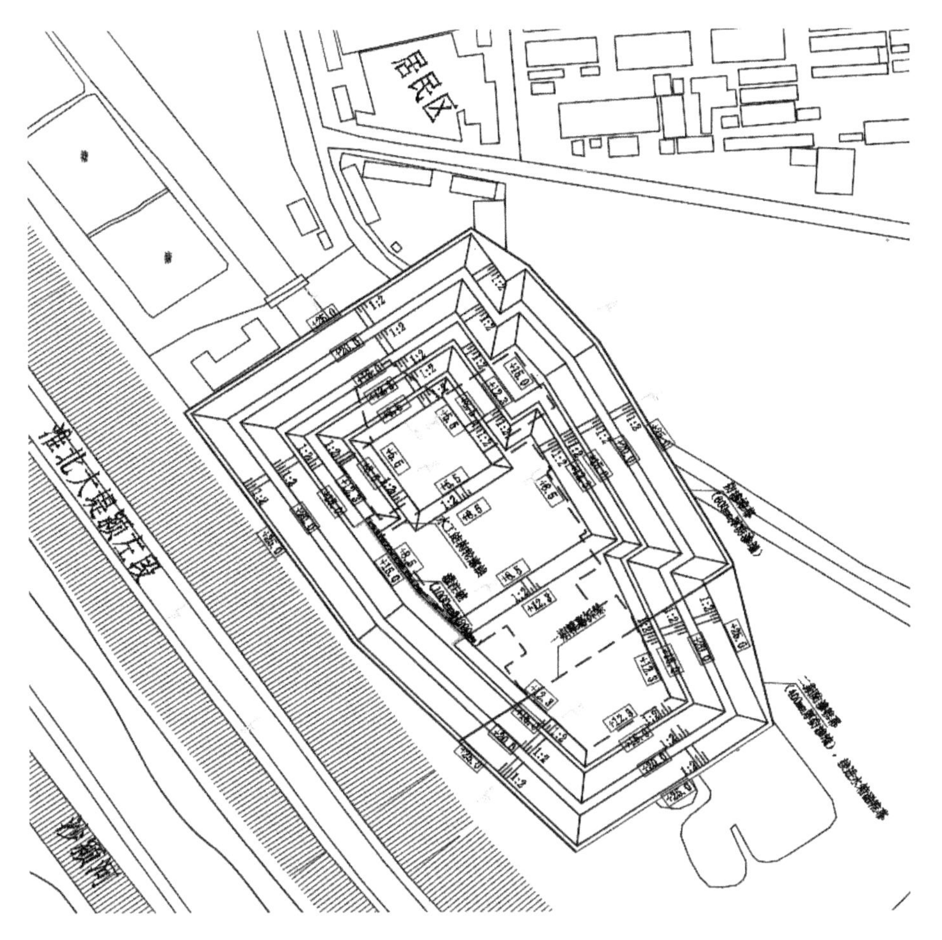

图 8.3.4　引江济淮二期颍上泵站基坑支护布置平面图

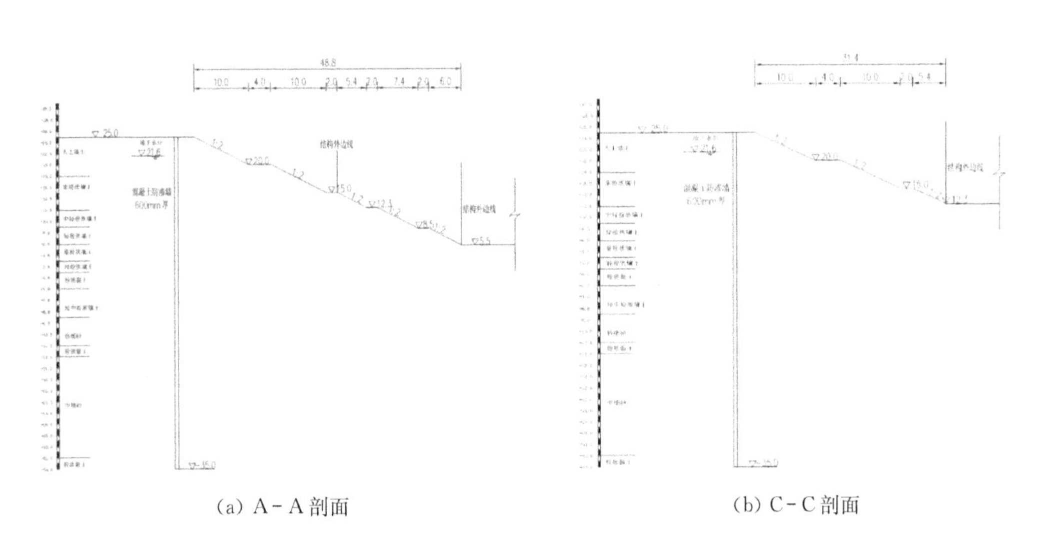

(a) A－A 剖面　　　　(b) C－C 剖面

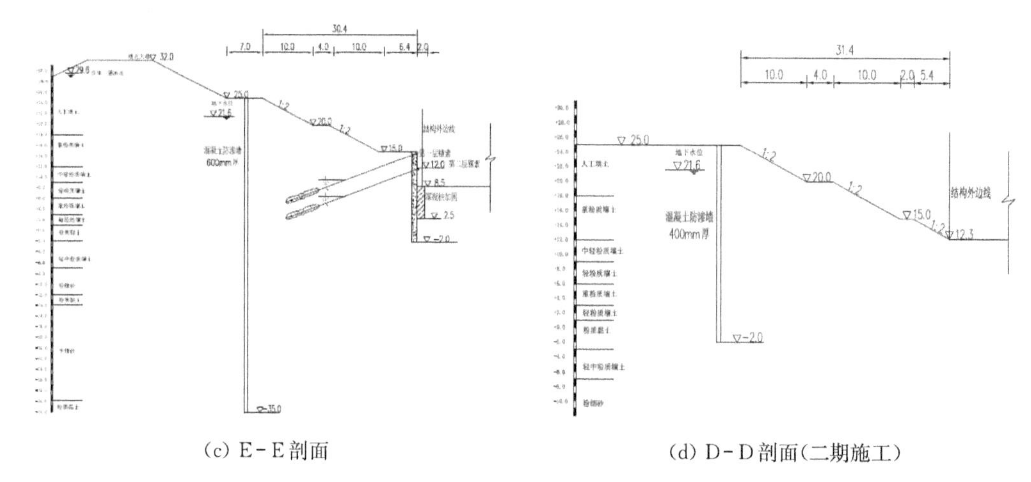

(c) E-E剖面　　(d) D-D剖面(二期施工)

图 8.3.5　泵站基坑支护典型剖面图

根据《建筑基坑支护技术规程》(JGJ 120—2012),对典型支护断面和放坡断面进行计算。计算结果统计见表 8.3-3。基坑支护结构各项控制指标符合相关规范要求。

表 8.3-3　基坑支护结构计算结果统计表

位置	锚索轴力设计值(预应力)/kN		整体稳定性	抗隆起稳定性	支护桩最大弯矩/(kN·m)	
	第一层(15 m)	第二层(12 m)			坑内	坑外
西侧(E-E剖面)	495.7(300)	627.5(400)	1.458(>1.35)	8.566(>1.80)	133.2	515.5
西侧(F-F剖面,正常工况)	—		1.429(>1.30)	—		
北侧(F-F剖面,洪水工况)	—		1.351(>1.30)	—		

根据勘察成果,颍上泵站基坑开挖底高程 5.5 m,位于轻粉质壤土层中。建基面下伏承压水层(轻中粉质壤土、细砂),承压水头约 23 m。泵房建基面距离承压水层顶部约 7.5 m。经计算,在无任何措施情况下,基坑开挖至 12.3 m 和 5.5 m 高程时,坑底抗突涌稳定性安全系数分别约为 1.2 和 0.6。因此,对于分期施工方案,对于建基面较深的主泵房区域,需要采用落底式截水帷幕切断承压水层,在帷幕施工完成后进行坑内降水,降低坑内的承压水层的承压水头;对于建基面相对较浅的其他区域(建基面高程>12.3 m),可利用第⑥层土作为相对隔水层,切断开挖面以上的承压水层。

颍上泵站地下水位 21.6 m,基坑开挖底高程 5.5 m,按照坑内水位低于基坑建基面 0.5 m 计算,坑内外水头差约 16.6 m。混凝土防渗墙厚度 0.6 m 时,经计算,帷幕最小插入深度为 3.02 m,设计采用 3 m 满足帷幕最小插入深度的要求。

8.3.3 基坑降水开挖的影响模拟分析

8.3.3.1 计算模型和网格划分

数值模拟计算采用 MIDAS-GTS 软件。模拟计算中，岩土材料采用弹塑性模型，屈服准则为修正莫尔-库仑准则，混凝土、锚索等采用弹性模型。

模型范围以基坑为基准，北侧延伸 500 m 至高层居民楼外，南侧、东侧均延伸至帷幕线以外 200 m，西侧延伸至颍河大堤以外 260 m；以地表为起点，向下延伸至 3 倍坑深。计算模型长 1 280 m，宽 740 m，高 77 m。各坐标方向规定为：x 轴为东西方向（向东为正），y 轴为南北方向（向北为正），z 轴为上下方向（向上为正）。计算模型网格划分见图 8.3.6（开挖后的基坑）。

泵站场区实际地面高程约 31.5 m（颍河大堤）～25 m（泵站区域）。数值模型中，z 方向高度与实际高程相同。泵站基坑周围主要建筑物包括淮北大堤和居民区等。

数值计算中，土层、防渗帷幕等采用实体单元模拟，混凝土防渗墙采用板单元模拟，帽梁、腰梁采用梁单元模拟，锚索采用植入式桁架模拟。模型中，腰梁和锚索根据施工顺序要求设置。整个计算模型共剖分节点 184 615 个，六面体实体单元 1 031 675 个，梁（桁架）单元 2 101 个，板单元 6 473 个。计算采用的约束边界条件为：模型底部采用全约束，四周侧立面采用法向约束。计算模型的水头边界条件为：①模型四周采用恒定水头边界，根据勘察报告，取地下水位 21.6 m；②基坑开挖过程中，开挖前进行坑内降水，降至开挖层底部，按照施工顺序逐层降低，每步开挖层的底面设定节点压力水头为 0。

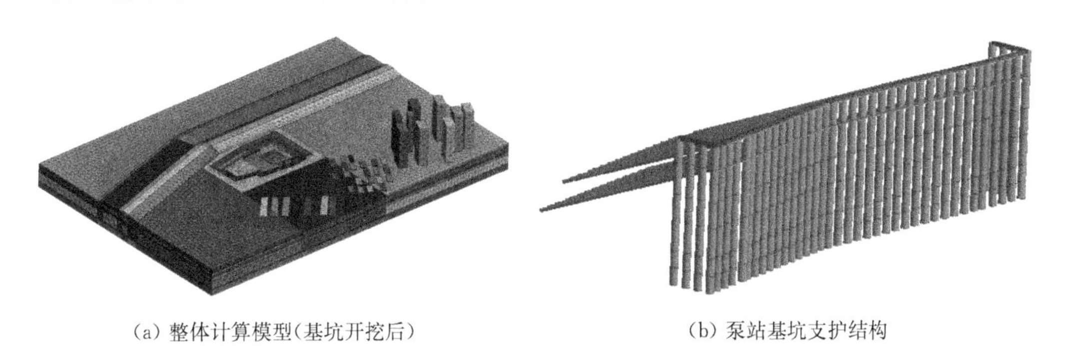

(a) 整体计算模型(基坑开挖后)　　(b) 泵站基坑支护结构

图 8.3.6　基坑降水开挖数值计算模型

8.3.3.2 基坑开挖后场区水位分布

基坑开挖至 5.5 m 高程时，场区地下水位分布如图 8.3.7 所示。可见，采用隔水帷幕，基坑开挖完成后，坑外水位的下降幅度很小，最大仅为 1.2 m（地下水位由 21.6 m 降低至 20.4 m）。

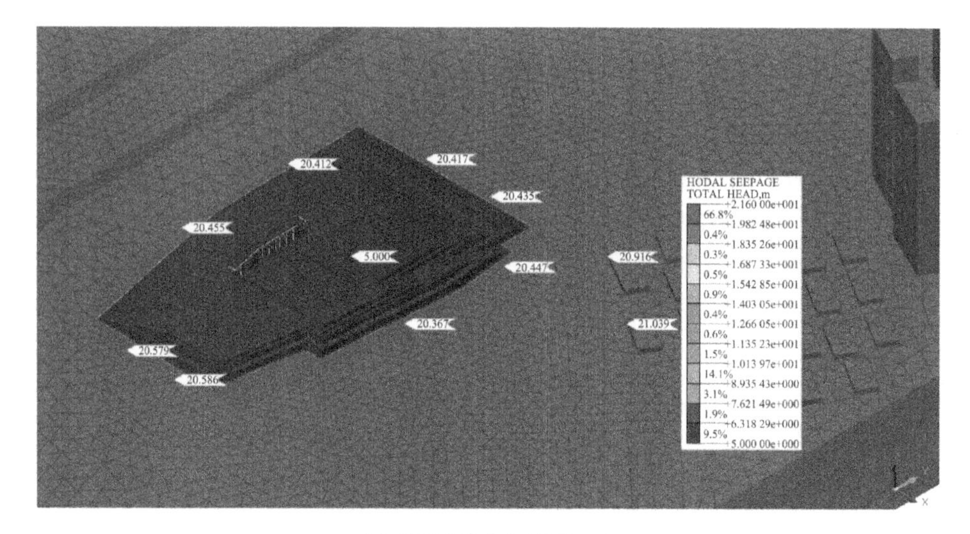

(a) 地下水位分布(单位:m)

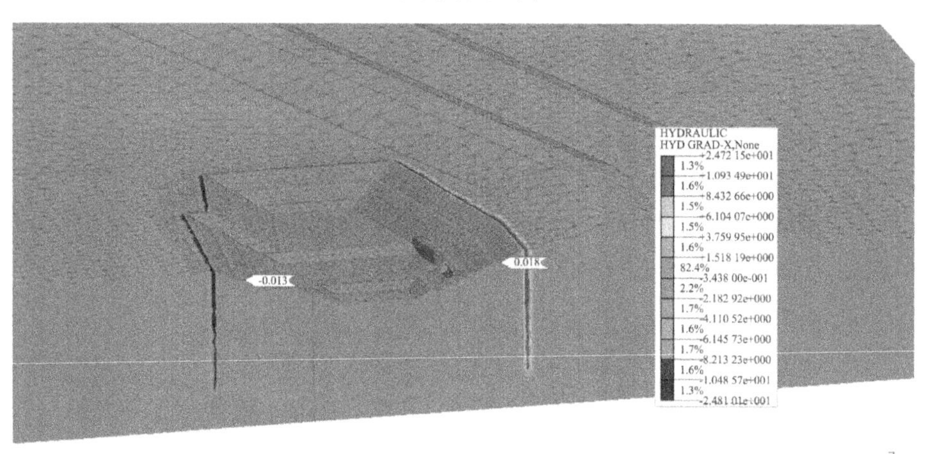

(b) x 方向水力比降

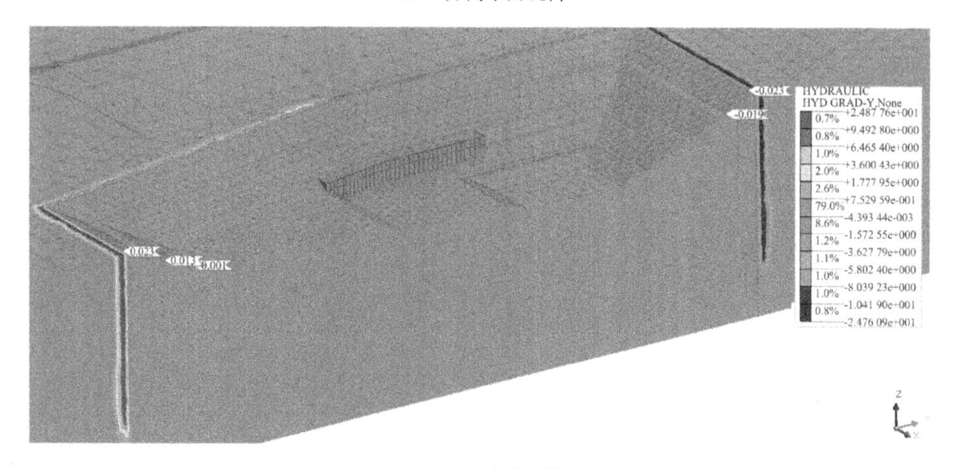

(c) y 方向水力比降

图 8.3.7　基坑开挖完成后地下水位分布和水力比降

8.3.3.3 地层位移

基坑开挖至 5.5 m 高程时，地表水平位移和沉降计算结果见图 8.3.8，结果统计见表 8.3-4。可见，基坑开挖完成后，基坑周边地层呈现向坑内移动趋势，其中坡顶最大水平位移和沉降均出现在高程较高的基坑西侧，分别约为 19.0 mm 和 24.0 mm。

表 8.3-4 基坑开挖地层位移统计表 单位：mm

开挖高程	地表位移和沉降							
	x 方向		y 方向		z 方向			
	东侧	西侧	南侧	北侧	南侧	东侧	北侧	西侧
5.5 m	−16.0	19.0	12.0	−14.0	−13.0	−16.0	−15.0	−24.0

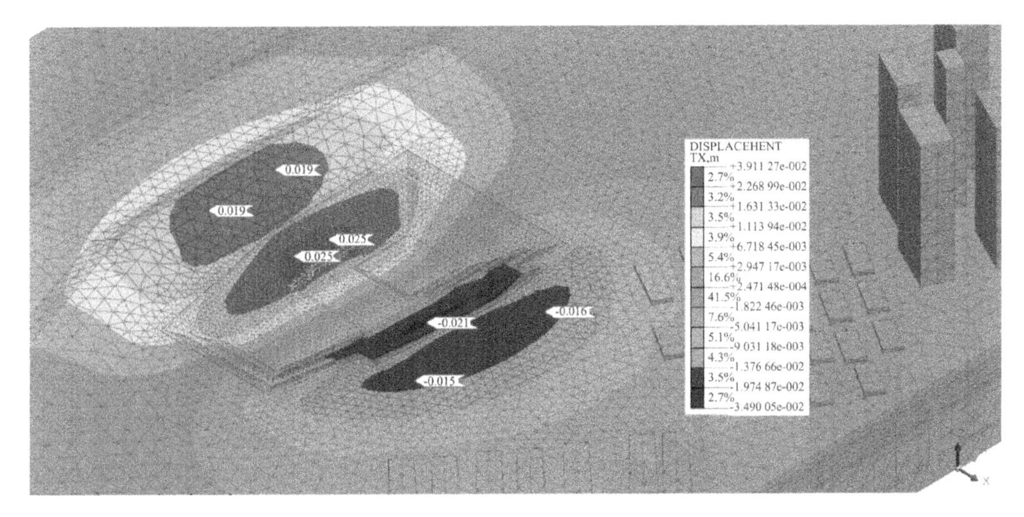

(a) x 方向水平位移

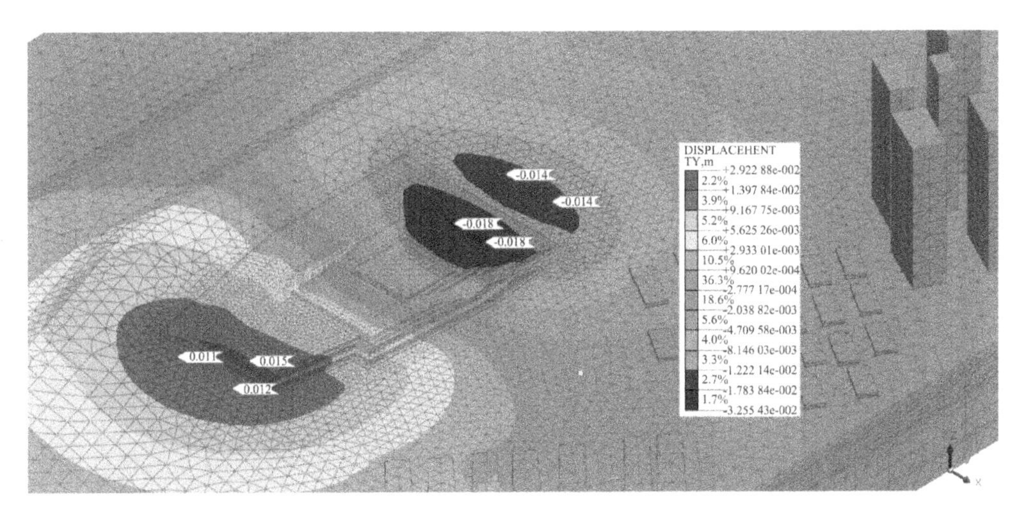

(b) y 方向水平位移

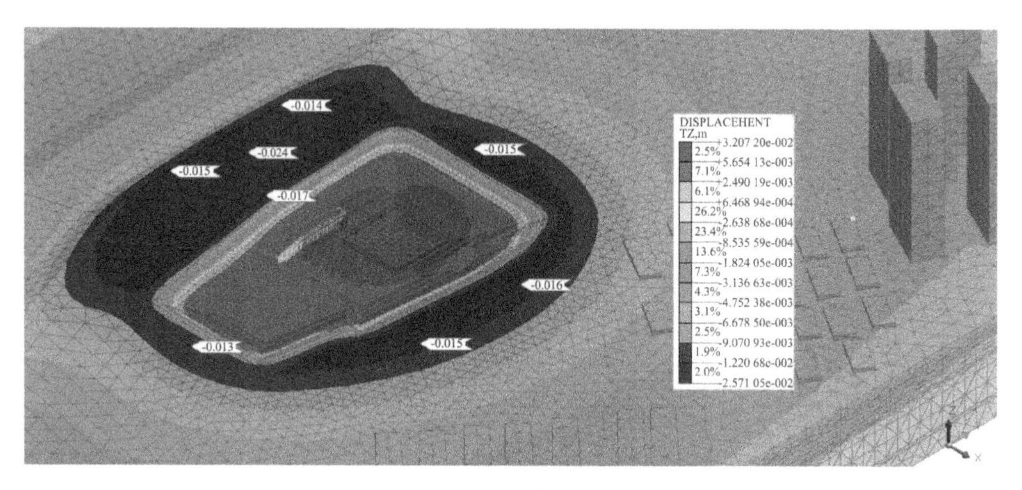

(c) 沉降

图 8.3.8　基坑开挖完成后的地层变形计算结果云图(单位:m)

8.3.3.4　对周边建筑物的影响

基坑开挖完成后,泵站东北侧居民区房屋的位移计算结果见图 8.3.9,淮北大堤堤顶路位移计算结果见图 8.3.10。计算结果统计见表 8.3-5。分析可知:(1)居民区低层房屋和高层房屋的最大水平位移分别约为 6.2 mm 和 0.9 mm,均为朝向基坑移动,最大沉降分别约为 6.8 mm 和 1.8 mm;(2)淮北大堤堤顶路的最大水平位移为 19.2 mm,为朝向基坑移动,最大沉降约为 23.5 mm。

根据计算结果并结合《建筑地基基础设计规范》(GB 50007—2011)分析,在基坑开挖影响范围内的居民区低层房屋最大差异沉降在 5 mm 以内,绝对沉降在 10 mm 以内;居民区高层房屋的最大沉降和水平位移均在 5 mm 以内,满足规范要求。对于淮北大堤,地层的水平位移和沉降对土堤的安全稳定影响很小,且堤防变形以整体变形为主,不会产生结构破坏问题。

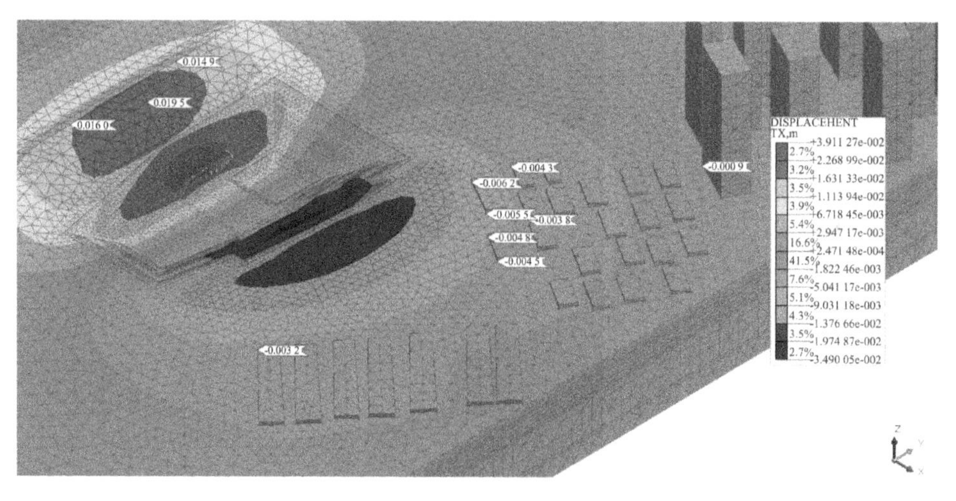

(a) x 方向水平位移

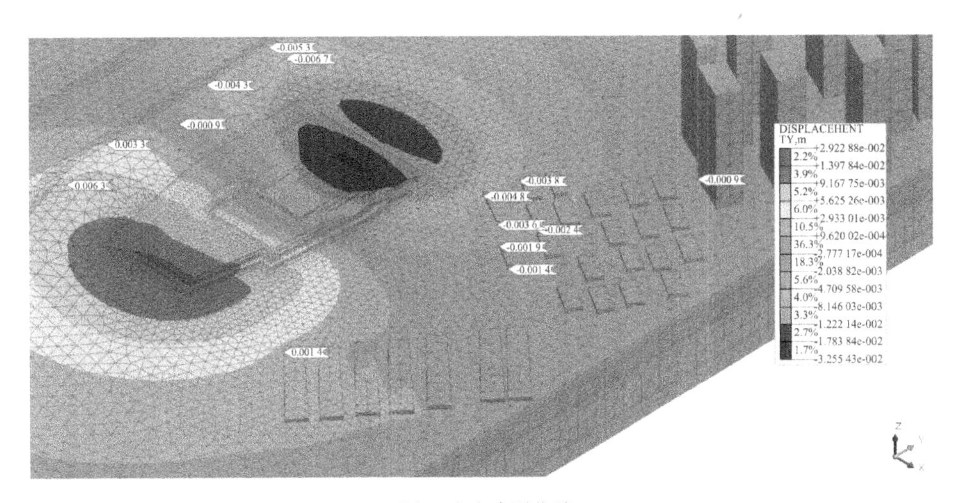

(b) y 方向水平位移

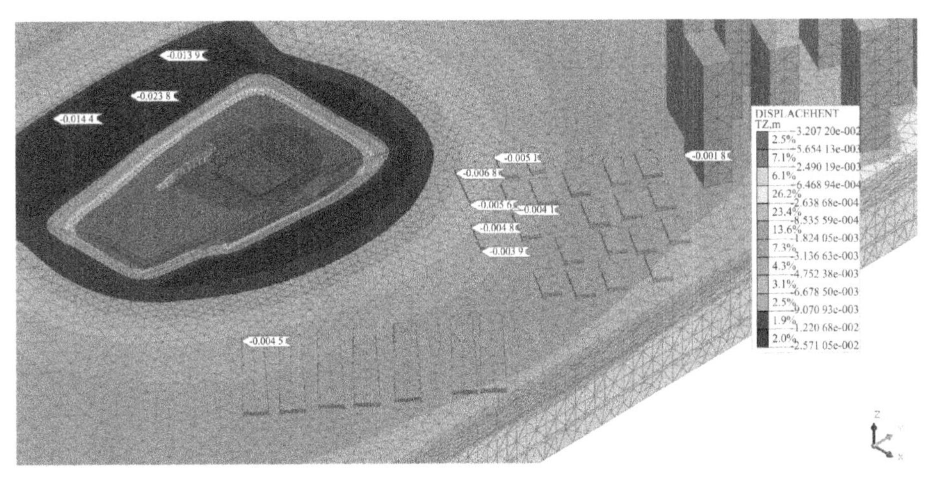

(c) 沉降

图 8.3.9　基坑开挖后泵站东北侧居民区房屋变形计算结果云图(单位:m)

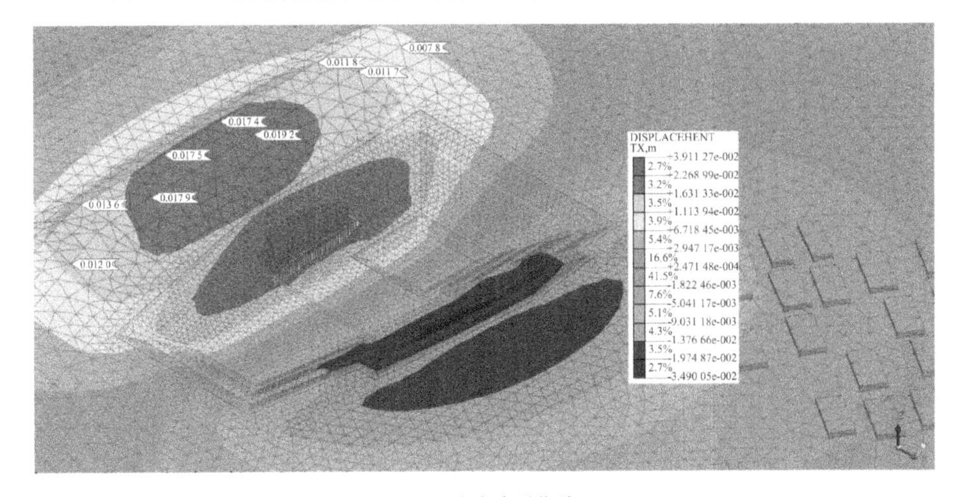

(a) x 方向水平位移

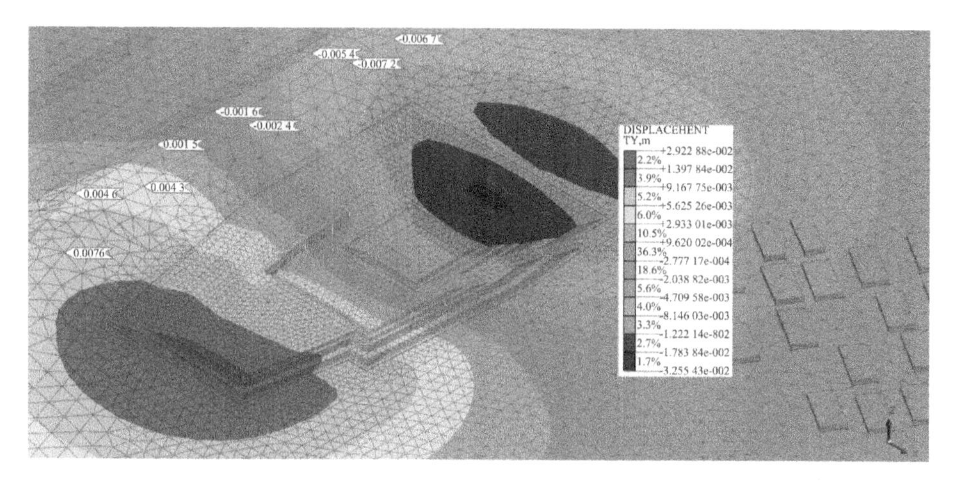

(b) *y* 方向水平位移

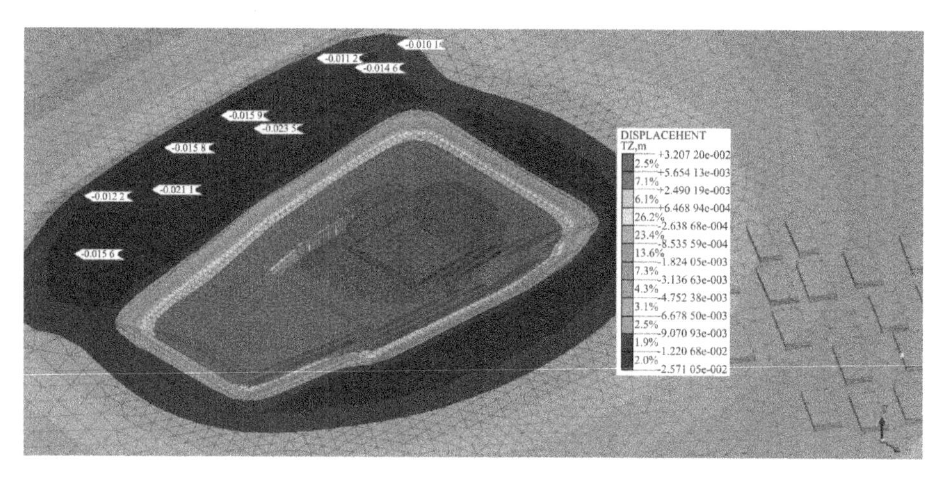

(c) 沉降

图 8.3.10　基坑开挖后淮北大堤变形计算结果云图(单位:m)

表 8.3-5　基坑开挖完成后居民区房屋和淮北大堤堤顶路最大变形统计　　单位:mm

位移方向	低层房屋	高层房屋	淮北大堤
x	−6.2	−0.9	19.2
y	−4.8	−0.9	7.2
z	−6.8	−1.8	−23.5

9 淮河入海水道二期工程淮安枢纽渗流分析

9.1 工程概况

9.1.1 淮河入海水道工程概况

如图 9.1.1 所示，淮河入海水道位于江苏省淮安、盐城市境内，西起洪泽湖二河闸，途经淮安市的洪泽区、清江浦区、淮安区和盐城市阜宁县、滨海县，东至滨海县扁担港海口闸注入黄海，全长 162.3 km。入海水道与二河、京杭大运河、通榆河相交叉，渠北排涝汇入河渠众多，沿线布置二河、淮安、滨海、海口 4 座枢纽和淮阜控制。

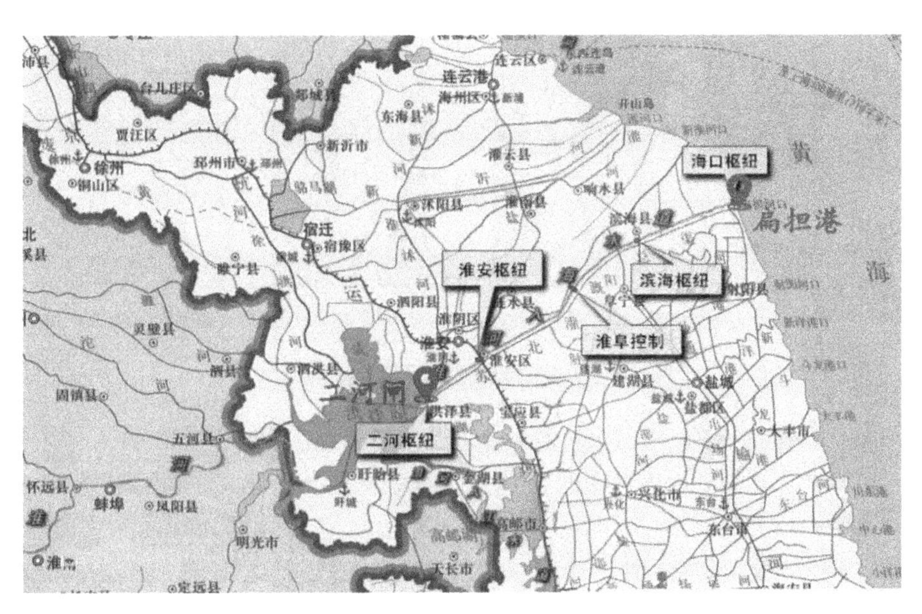

图 9.1.1　淮河入海水道工程线路示意图

淮河入海水道是淮河流域防洪体系的重要组成部分，是扩大淮河下游泄洪能力、提高洪泽湖及其下游防洪保护区防洪标准的关键性工程。淮河入海水道一期工程设计泄洪流量 2 270 m^3/s，工程于 2006 年 10 月全面建成，使洪泽湖防洪标准从 50 年一遇提高到 100 年一遇，结束了淮河 800 年无独立入海通道的历史。

淮河入海水道二期工程在一期工程基础上进一步扩大淮河下游洪水出路，设计泄洪流量扩大到 7 000 m^3/s，联合入江水道、分淮入沂、苏北灌溉总渠等工程，使洪泽湖防洪标准由 100 年一遇提高到 300 年一遇，可有效降低 100 年一遇洪泽湖洪水位，减少洪泽湖周边滞洪区进洪概率，加快淮河中等洪水下泄，减轻淮河干流防洪除涝压力，提升渠北地区排涝能力。此外，利用淮河入海水道发展水运，对于完善长江三角洲“两纵六横”高等级航道网布局，促进流域经济发展具有重要作用。淮河入海水道二期工程是国务院批复的《淮河流域综合规划(2012—2030 年)》《淮河流域防洪规划》确定的流域防洪战略工程，是国务院确定的进一步治淮 38 项工程之一，2020 年列入国家加快推进 150 项重大水利工程，同时也是国家“十四五”规划纲要确定的 102 项重大工程之一。

9.1.2 入海水道二期淮安枢纽工程概况

淮安枢纽是淮河入海水道的第二级枢纽。枢纽西起古盐河穿堤涵洞东至渠北闸。淮安枢纽在一期工程已建成入海水道穿京杭大运河立交地涵、古盐河穿堤涵洞、清安河穿堤涵洞、清安河泵站、渠北闸、淮扬漫水公路和淮扬公路旱闸等建筑物。实现入海水道与京杭大运河的立体交叉，使淮河泄洪与运河航运互不干扰，维持京杭大运河航运、南水北调调水和淮扬公路交通，满足入海水道泄洪及渠北运西地区排涝需要，同时为淮河出海航道预留淮安东船闸位置。工程区现状如图 9.1.2 所示。

(a) 航拍图

(b) 主要工程布置

图 9.1.2 淮安枢纽工程区现状图

淮安枢纽二期工程是在一期立交地涵北侧扩建 30 孔立交地涵，架设入海水道北堤防汛交通桥，在古盐河穿堤涵洞东侧扩建古盐河穿堤涵洞并新建古盐河泵站(固定泵站结合临时机口)，在清安河涵洞西侧扩建清安河泵站，废除渠北闸、淮扬公路旱闸并复堤，拆除淮扬漫水公路和新建高架桥，挖除古盐河穿运地涵，对淮安枢纽范围内立交地涵上下游进行河道扩挖和堤防加培，并为淮河出海航道预留船闸位置。已有和扩建的立交地涵结构位置关系如图 9.1.3 所示。立交地涵结构为：

(1) 已建淮安枢纽一期工程立交地涵位于京杭运河下部，中心线与京杭运河呈 77°角斜交，与入海水道中心线平行，地涵平面呈平行四边形，采用“上槽下洞”结构，共 15 孔，孔径 6.8 m×8 m，顺水流方向长 108.6 m，垂直水流方向宽 122.48 m。设计泄洪流量 2 270 m^3/s(涵上、下水位分别为 11.53 m 和 10.88 m，高程为废黄河高程系，废黄河高程系高程值＝国家 85 高程基准高程值＋0.17 m，下同)，强迫泄洪流量 2 890 m^3/s(涵上、下水位分别为 12.53 m 和 11.78 m)。

(2) 淮安枢纽二期工程在一期地涵北侧预留的涵址上，仍采用“上槽洞”的立体结构形式，扩建 30 孔立交地涵。扩建地涵一、二期紧靠布置，净距 3 m。地涵单孔孔径 6.8 m×8 m(宽×高)，顺水流方向长 124 m，垂直水流方向宽 244.6 m。一、二期地涵 45 孔共同承泄入海水道设计泄洪流量 7 000 m^3/s，涵上设计水位 13.33 m，涵下设计水位 12.73 m，上部航槽内设计水位 10.80 m。立交地涵上部航槽中心线与大运河航道中心线一致。

(3) 立交地涵采用 3 孔一联的钢筋混凝土箱型结构，底板顶面高程为－6.0 m。上、下涵首的左岸布置钢筋混凝土空箱式岸墙，进、出口左岸布置钢筋混凝土空箱式和扶壁式翼墙，一期上、下游翼墙墙顶接高，拆除一期工程左岸桥头堡、门机库、运河两侧挡土墙，保留立交地涵右岸桥头堡，在地涵左岸运河两侧新建桥头堡。左岸桥头堡内布置高压电气设备、低压电气设备、液压启闭机、控制室等。在隔离平台运河两侧新建门机库。

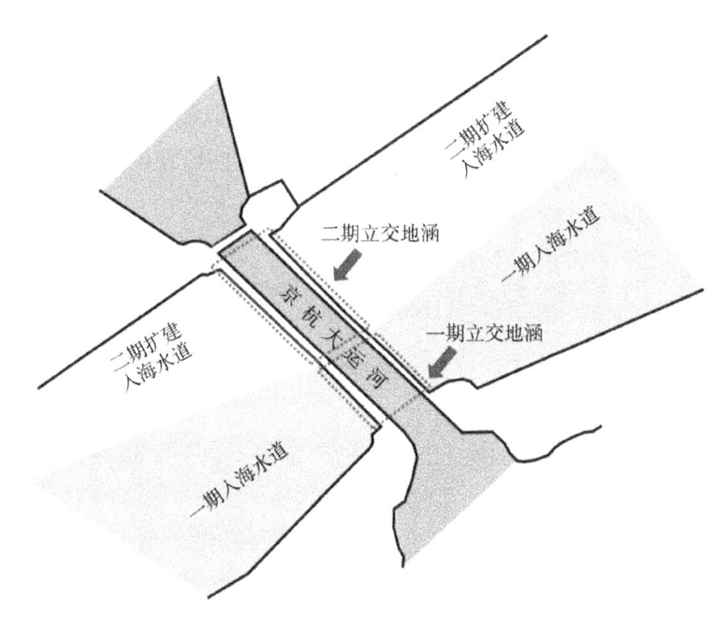

图 9.1.3 淮河入海水道二期淮安枢纽一、二期立交地涵布置示意图

根据《水利水电工程等级划分及洪水标准》(SL 252—2017)，淮河入海水道二期工程为Ⅰ等大(1)型工程，主要建筑物淮安枢纽立交地涵为 1 级。

9.1.3 淮安枢纽立交地涵工程地质条件

(1) 地形地貌

立交地涵位于苏北灌溉总渠北侧，自西向东从京杭运河河底穿过，与运河呈立交状态。该处运河河宽约 200 m，河底高程最低处 5.0 m，两岸填土地面高程一般在 11.2～13.2 m，自然地面高程 6.7～8.1 m。本区虽属冲积平原，但因人工挖河筑堤，营建民房等，导致地形起伏较大。

(2) 工程地质条件

根据勘探试验资料，工程场区地层在勘探深度内自上而下分为 19 层，具体为：

第①层：灰色、灰黑色淤泥、淤泥质黏土(Q_4^{ml})，呈软塑到流塑状态，富含有机质，强度极低，该层主要分布在运河中，为运河开挖后形成的近代沉积物。平均厚度约 2.5 m，西北角较薄，一般为 0.3～0.4 m，其余点较厚，可达 1.2～3.3 m。层底分布高程－1.17～8.59 m。

第(A)层：人工填土(Q^s)，分布于运河两岸，为堤身堆土，由黄色的轻粉质壤土及黄色黏土组成，局部夹有灰色黏土，呈可塑～硬塑状态，强度不均，结构松散。平均层厚 6.7 m，层底分布高程－7.0～11.49 m。

第②层：黄～灰黄色轻粉质壤土(Q_4^{al})，稍密，可见云母碎片，局部夹粉质黏土、砂壤土，呈可塑状态。平均层厚 3.3 m，层底分布高程 1.89～7.69 m。

第③$_2$ 层：灰色、灰黑色淤泥质黏土(Q_4^{al})，一般呈软塑状态，富含有机质，强度较低。不连续地分布于堤身人工填土之下，有时缺失。平均层厚 2.5 m，层底分布高程－0.76～6.48 m。

第④$_3$ 层：黄色或黄灰色黏土、粉质黏土(Q_3^{al})，呈可塑到硬塑状态，含铁锰结核，网状或似网状裂隙发育，裂隙内充填灰色软塑状黏土。平均层厚 3.1 m，层底分布高程－4.48～4.69 m。

第⑤$_2$ 层：黄色轻粉质壤土、砂壤土及粉土(Q_3^{al})，中密状态，夹有红黄色粉质黏土薄层，呈可塑状态，含砂礓，局部砂礓富集。平均层厚 3.8 m，层底分布高程－7.80～0.59 m。

第⑥$_3$ 层：黄色粉质黏土夹黄色粉土与粉砂(Q_3^{al})，呈可塑状态，含砂礓。平均层厚 2.6 m，层底分布高程－8.71～－1.78 m。

第⑦层：黄色粉细砂(Q_3^{al})，一般呈中密状态，夹有中砂。平均层厚 12.2 m，层底分布高程－24.18～－9.43 m。

第⑧层：灰色粉细砂或细砂(Q_3^{al})，呈中密～密实状，层中夹有灰色壤土，不均匀系数为 3.37。平均层厚 11.4 m，层底分布高程－34.12(未揭穿)～－23.64 m。

第⑨$_1$ 层：灰色、青灰色粉质黏土(Q_3^{al})，可塑，局部软可塑，夹粉质壤土和粉砂。平均层厚 3.7 m，层底分布高程－35.24～－30.15 m。

第⑨$_2$ 层：灰色、灰绿色粉质黏土(Q_2^{al})，硬塑，含砂礓，夹砂层。平均层厚 3.2 m，层底分布高程－38.79～－33.91 m。

第⑩层：灰色、青灰色细砂(Q_2^{al})，密实，含云母碎片，局部可见中砂。平均层厚 3.3 m，层底分布高程－45.63～－33.30 m。

第⑪层：细砂夹壤土(Q_2^{al})，或粉砂夹粉质黏土，一般为灰绿色，密实，夹有砂礓。平均层厚 3.4 m，层底分布高程－40.58～－39.84 m。

第⑫层：黏土(Q_2^{al})，棕黄到灰黄色，硬塑，切面有光泽，局部含粉砂颗粒。平均层厚3.1 m，层底分布高程－44.14(未揭穿)～－38.00 m。

第⑬层：细砂(Q_2^{al})，灰黄色，密实，含云母碎片，夹砂礓，局部砂礓富集，夹粉质黏土薄层。平均层厚4.0 m，层底分布高程－46.48～－42.51 m。

第⑭层：黏土(Q_2^{al})，棕黄色、灰白色，硬塑，夹灰色粉土，夹含少量砂粒，含砂性。平均层厚4.8 m，层底分布高程－53.36～－47.00 m。

第⑮层：黏土夹砂(Q_2^{al})，灰黄色，有时为灰白色。平均层厚2.3 m，层底分布高程－53.33～－49.70 m。

第⑯层：细砂(Q_2^{al})，灰白色，密实，混杂中砂，黏性较重。平均层厚12.2 m，层底分布高程－80.72～－78.60 m。

第⑰层：粉质黏土与细砂互层(Q_2^{al})，棕黄到棕红色粉质黏土夹灰黄色细砂，硬塑或密实状态。平均层厚6.2 m，层底分布高程－67.89 m(未揭穿)。

淮河入海水道二期淮安枢纽工程区各土层的物理力学指标建议值见表9.1-1。

(3) 水文地质条件

枢纽处大运河与总渠的常年水位约为8.8～10.0 m，受河水补给，地层中的地下水含量丰富，地下水位埋藏浅，地下水位高程约为6.2～7.2 m，汛期或雨季可升至地表。地下水类型主要为松散孔隙水。根据勘探揭示地层岩性、含水层性质及含水层水力特征，可划分为五个含水层：

第一含水层：以②层轻粉质壤土为主，含少量粉质黏土，属潜水含水层，静水位7.9～8.1 m，富水性较差，主要接受大气降水、河水补给和河流侧向补给。

第二含水层：为$⑤_2$层轻粉质壤土，局部夹粉质黏土薄层，属承压水含水层，静水位为6.4～6.5 m，以获得侧向补给为主。

第三含水层：为⑦层粉细砂及⑧层粉细砂夹壤土，为承压含水层，静水位为6.14～6.24 m，以获得侧向补给为主。其余各土层为相对隔水层。

第四含水层：由⑩、⑪、⑬层细砂组成，夹有壤土或粉质黏土层，为承压含水层，静水头约6.0 m左右。

第五含水层：为⑯层细砂，含黏粒较多，为承压含水层，静水头约6.0 m。

其余各土层为相对隔水层，第⑭层黏土层厚约5.5 m，为连续的隔水层，第⑰层为场区隔水底板。

地涵持力层为粉细砂，且为承压含水层，运河与入海水道间存在一定的水力联系。根据土层的物理指标、颗分曲线，渗透变形主要发生在②、$⑤_2$、⑦、⑧层无黏性土或少黏性土，主要渗透变形类型为流土和管涌型。

根据现场抽水试验、室内渗透试验成果及各土层的土质情况确定的各土层渗透系数、允许水力比降见表9.1-2。

表 9.1-1　淮河入海水道二期淮安枢纽工程区土层物理力学指标

地层号	岩性	含水率/%	密度/(g/cm³)		孔隙比	塑限/%	塑性指数 I_{p10}	液性指数 I_{L10}	压缩系数 (a_{1-2}) /MPa^{-1}	压缩模量/MPa	泊松比	直接快剪	
			湿	干								黏聚力/kPa	内摩擦角/(°)
①	淤泥	74.0	1.55	0.89	2.100	24.5	19	2.83	1.81	1.3	0.42	10.0	1.0
(A)	人工填土	26.8	1.97	1.55	0.770	22	17	0.28	0.40	4.6	—	48.0	9.0
②	轻粉质壤土	27.6	1.91	1.49	0.792	—	—	—	0.17	10.6	0.28	25.0	15.0
③$_2$	淤泥质黏土	38.4	1.82	1.32	1.088	22.4	19.2	0.86	0.78	2.8		11.0	5.0
④$_3$	黏土	25.3	2.01	1.61	0.704	23	17	0.11	0.22	7.3	0.3	48.0	16.0
⑤$_2$	轻粉质壤土	27.5	1.96	1.54	0.755				0.20	9.5	0.26	20.0	23.0
⑥$_3$	粉质黏土夹粉土	27.0	1.96	1.54	0.753	22.9	11.8	0.32	0.30	5.8	0.33	32.0	16.0
⑦	粉细砂	26.5	1.95	1.54	0.806	e_{max}=1.00		e_{min}=0.674		—	0.25	1.0	30.0
⑧	粉细砂夹壤土	—	—	—	—	e_{max}=1.016		e_{min}=0.652		—	0.24	—	—
⑨$_1$	粉质黏土	29.6	1.93	1.48	0.850	20.2	16.5	0.64	0.47	4.0	—	13.0	7.0
⑨$_2$	粉质黏土	27.5	1.97	1.56	0.763	20.2	16.3	0.46	0.37	5.6	—	10.0	14.0
⑩	细砂	18.4	1.97	1.66	0.611	—	—	—	0.10	11.0	—	0	30.0
⑪	细砂夹壤土	18.7	2.05	1.73	0.552	—	—	—	0.15	9.0	—	0	30.0
⑫	黏土	24.3	1.99	1.60	0.708	19.7	17.6	0.21	0.20	10.0	—	30.0	18.0
⑬	细砂	—	—	—	—	—	—	—	0.10	12.0	—	0	30.0
⑭	黏土	24.6	1.98	1.60	0.709	20.8	19.3	0.18	0.20	8.8	—	30.0	20.0
⑮	黏土夹砂	23.7	1.98	1.61	0.693	20.5	18.4	0.31	0.20	10.0	—	25.0	25.0
⑯	细砂	—	—	—	—	—	—	—	0.10	12.0	—	0	30.0
⑰	粉质黏土与细砂	26.6	1.94	1.53	0.771	—	—	—	—	—	—	25.0	25.0

表 9.1-2 淮河入海水道二期淮安枢纽工程区水文地质参数

<table>
<tr><th rowspan="2">含水层</th><th rowspan="2">层号</th><th rowspan="2">土名</th><th colspan="2">室内试验或经验值</th><th colspan="2">野外试验参数</th><th rowspan="2">渗透破坏类型</th><th rowspan="2">允许水力比降</th></tr>
<tr><th>水平渗透系数/(cm/s)</th><th>垂直渗透系数/(cm/s)</th><th>渗透系数/(cm/s)</th><th>影响半径/m</th></tr>
<tr><td>—</td><td>①</td><td>淤泥</td><td>$\Delta 5\times10^{-6}$</td><td>$\Delta 5\times10^{-6}$</td><td>—</td><td>—</td><td>—</td><td>—</td></tr>
<tr><td>一</td><td>②</td><td>轻粉质壤土</td><td>3.69×10^{-3}</td><td>2.58×10^{-3}</td><td>9.6×10^{-5}</td><td>2.8</td><td>管涌</td><td>0.25</td></tr>
<tr><td rowspan="2">—</td><td>③$_2$</td><td>淤质黏土</td><td>$\Delta 2\times10^{-6}$</td><td>—</td><td>—</td><td>—</td><td rowspan="2">流土</td><td>0.40</td></tr>
<tr><td>④$_3$</td><td>黏土</td><td>3.1×10^{-8}</td><td>1.17×10^{-7}</td><td>—</td><td>—</td><td>0.45</td></tr>
<tr><td>二</td><td>⑤$_2$</td><td>轻粉质壤土</td><td>5.57×10^{-3}</td><td>2.44×10^{-3}</td><td>3.5×10^{-3}</td><td>48.3</td><td>管涌</td><td>0.15~0.20</td></tr>
<tr><td>—</td><td>⑥$_3$</td><td>粉质黏土夹粉土</td><td>7.5×10^{-4}</td><td>1.78×10^{-4}</td><td>—</td><td>—</td><td>流土</td><td>0.45</td></tr>
<tr><td rowspan="2">三</td><td>⑦</td><td>粉细砂</td><td>$\Delta 5\times10^{-3}$</td><td>$\Delta 5\times10^{-3}$</td><td rowspan="2">1.8×10^{-2}</td><td rowspan="2">276.6</td><td rowspan="2">管涌</td><td rowspan="2">0.18</td></tr>
<tr><td>⑧</td><td>粉细砂夹壤土</td><td>$\Delta 5\times10^{-3}$</td><td>$\Delta 5\times10^{-4}$</td></tr>
<tr><td rowspan="2">—</td><td>⑨$_1$</td><td rowspan="2">粉质黏土</td><td rowspan="2">$\Delta 5\times10^{-6}$</td><td rowspan="11" colspan="5">—</td></tr>
<tr><td>⑨$_2$</td></tr>
<tr><td rowspan="4">四</td><td>⑩</td><td>细砂</td><td>$\Delta 5\times10^{-3}$</td></tr>
<tr><td>⑪</td><td>细砂夹壤土</td><td>$\Delta 1\times10^{-3}$</td></tr>
<tr><td>⑫</td><td>黏土</td><td>$\Delta 1\times10^{-6}$</td></tr>
<tr><td>⑬</td><td>细砂</td><td>$\Delta 5\times10^{-3}$</td></tr>
<tr><td rowspan="2">—</td><td>⑭</td><td>黏土</td><td>$\Delta 1\times10^{-6}$</td></tr>
<tr><td>⑮</td><td>黏土夹砂</td><td>$\Delta 5\times10^{-6}$</td></tr>
<tr><td>五</td><td>⑯</td><td>细砂</td><td>$\Delta 5\times10^{-3}$</td></tr>
<tr><td>—</td><td>⑰</td><td>粉质黏土与细砂</td><td>$\Delta 1\times10^{-5}$</td></tr>
</table>

注:表中 Δ 所示值为经验值。

9.1.4 渗流分析内容和工况

淮安枢纽工程新地涵建基面高程为-8.5 m,考虑围堰或堤防高度,基坑最大开挖深度约 21 m,局部隔水层缺失导致地基土中的部分含水层基本连通。

由于新地涵与老地涵紧贴,需要建立淮河入海水道淮安枢纽立交地涵三维有限元渗流计算模型,计算分析新地涵基坑开挖过程中的地下水渗流情况,比较基坑开挖采取不同防渗措施时的渗流场分布规律,评估京杭运河水位对新、老地涵防渗设施的影响,研究基坑帷幕深度对渗流场的影响,指导基坑防渗设计。

如图 9.1.4 和图 9.1.5,淮安枢纽工程施工顺序为:①淮河入海水道子堰和下游围堰施工→②子堰和下游围堰降水→③上游围堰施工→④一期基坑降水→⑤二期基坑围挡施工→⑥导航明渠围堰施工→⑦二期基坑开挖降水→⑧建立新地涵、拆除基坑围挡和围堰。

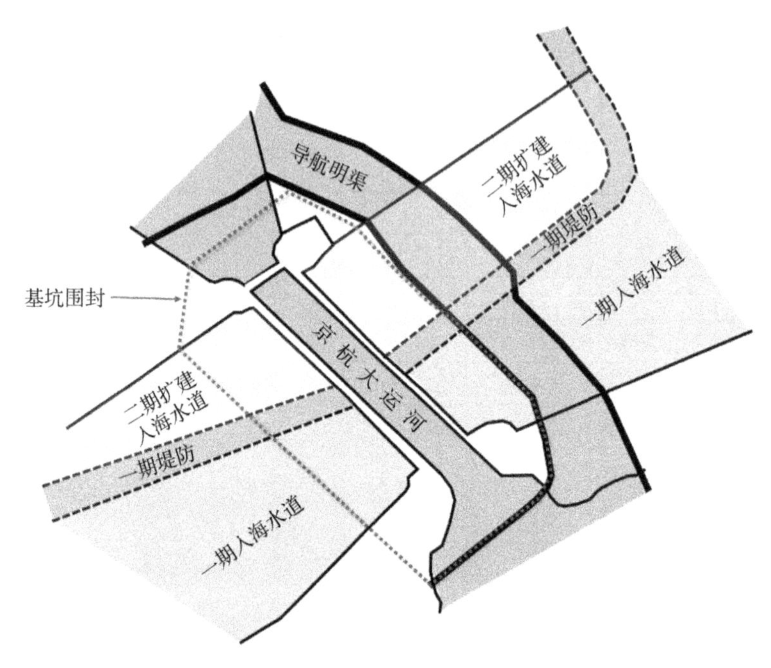

图 9.1.4　淮河入海水道二期淮安枢纽施工总体布置示意图

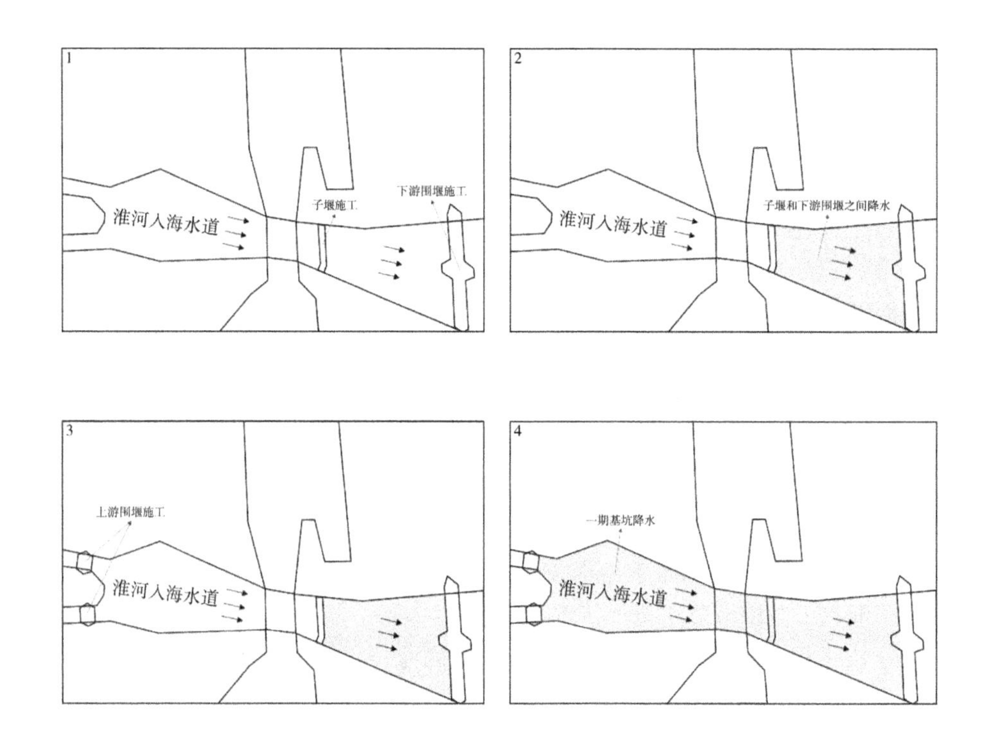

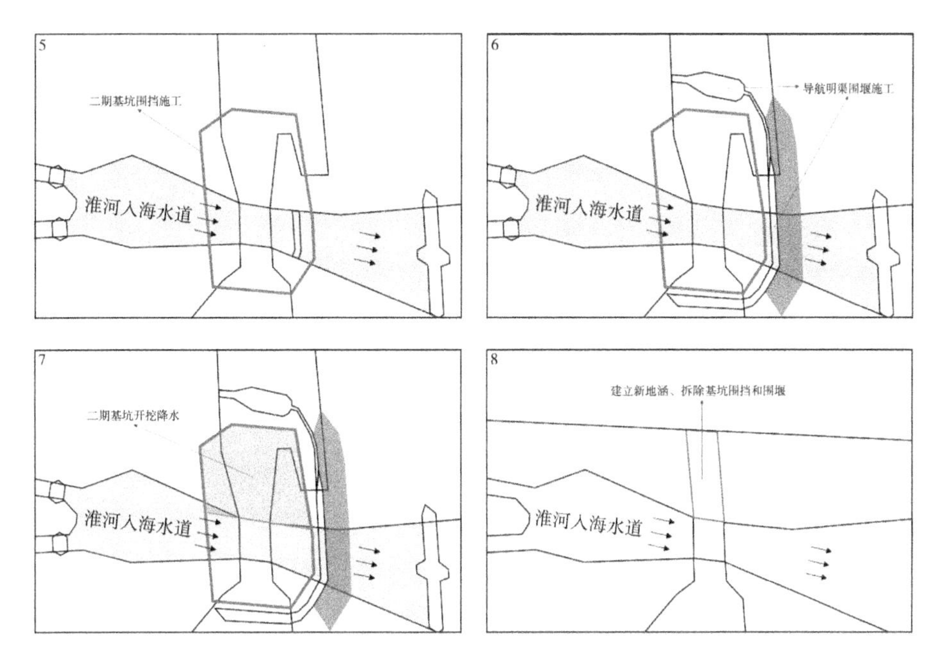

图 9.1.5 淮安枢纽主要施工顺序示意图

淮河入海水道二期淮安枢纽深基坑渗流分析的计算工况和边界条件如表 9.1-3 和图 9.1.6 所示。

表 9.1-3 计算工况和边界条件

工况编号及名称		时段	设计水位高程/m			计算目的及工况描述
			入海水道上游	入海水道下游	京杭大运河	
1	导航明渠施工	施工期	4.00	4.00	9.50	导航明渠子堰、下游围堰抽水，分析地涵下游南北堤防的渗透稳定性
2	基坑围封施工		4.00	4.00	9.50	围封尚未形成，南、北围堰内降水，围堰内大运河水位 3.5 m，垫底老地涵入海水道水位至 1.0 m，分析地涵南、北围堰及老地涵下游明渠围堰的渗透稳定性
3	地涵主体施工		4.00	4.00	11.20	围封已经形成，基坑开挖至建基面，分析基坑围堰、老地涵的渗透稳定
4	恢复通航初期		4.00	4.00	10.80	永久防渗墙、水平防渗等形成，恢复大运河通航，地涵上、下游引河施工，分析立交地涵的渗透稳定性
5	地涵主体施工		4.00	4.00	11.20	基本工况同 3，改变围封底高程，由－45 m 减小至－30 m
6			4.00	4.00	11.20	在新、老地涵之间布置截水围封，底高程－27.5 m

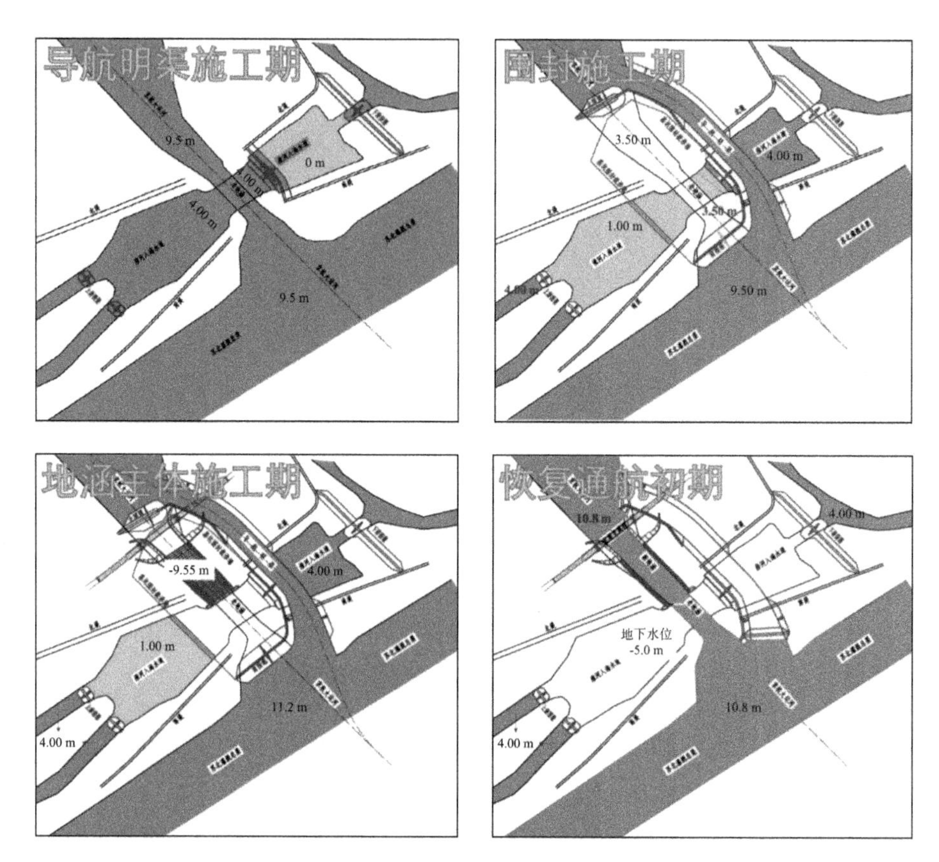

图 9.1.6　不同工况下的水位组合

9.2　施工期渗流场分析

9.2.1　导航明渠施工期

9.2.1.1　模型范围和网格划分

采用 ANSYS 软件进行渗流分析模拟。模型计算范围及相应的边界条件应以不使工程区渗流状态失真并满足工程设计需要为原则,综合考虑天然地下水观测水文地质资料,地形地貌资料等确定。计算时,以淮河入海水道上下游围堰、京杭运河等天然边界,确定模型边界范围(图 9.2.1),即:计算模型沿淮河入海水道方向长 1 400 m,宽度方向 900 m。

渗流分析中,根据勘察结果确定每层土的范围,并进行适当简化。模型共分为 12 层地层,其中⑤$_{2}$ 层与⑥$_{3}$ 层合并,⑦层与⑧层合并,⑩层和⑪层合并,⑭层和⑮层合并,⑯层和⑰层合并。计算模型如图 9.2.2 所示,模型采用四面体单元进行剖分,共划分为 310 842 个单元 59 361 个节点。

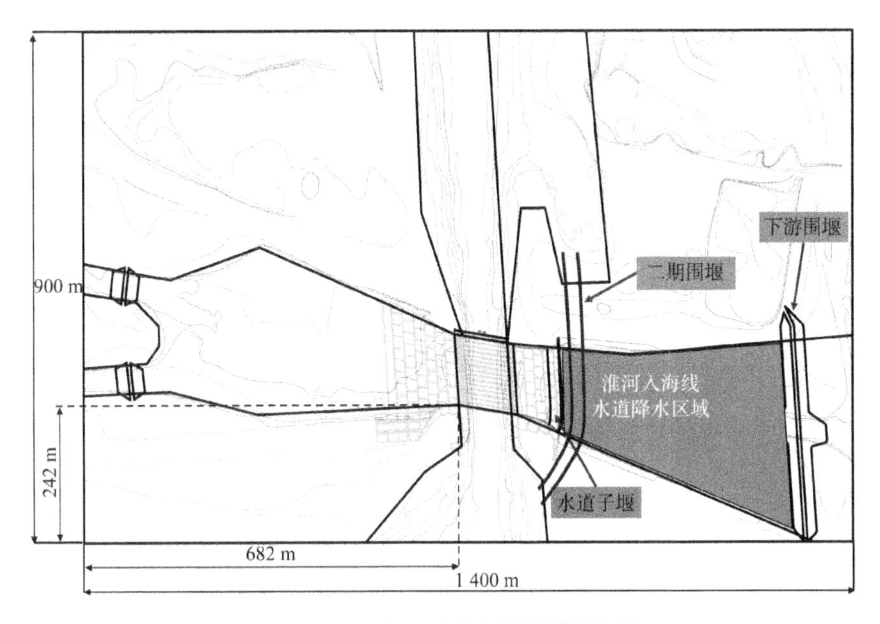

图 9.2.1　工程区渗流场计算模型边界

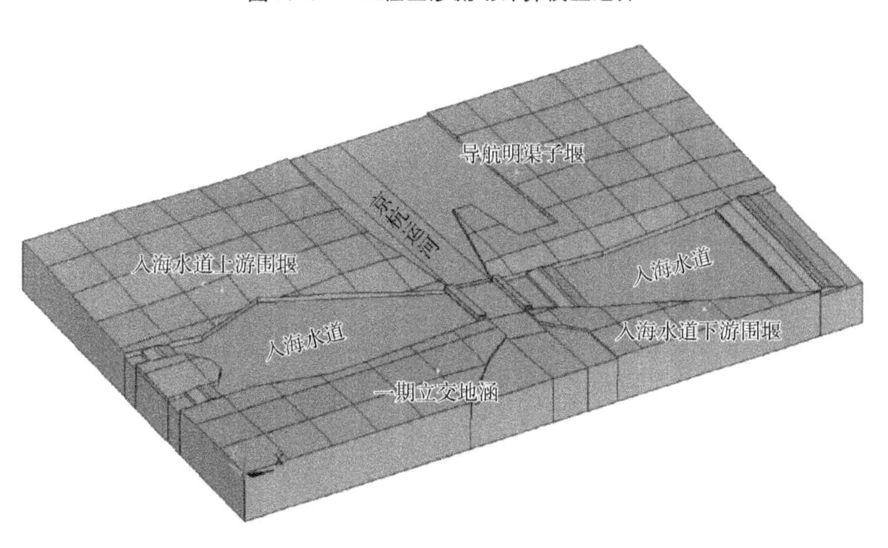

(a) 主要建筑物位置关系

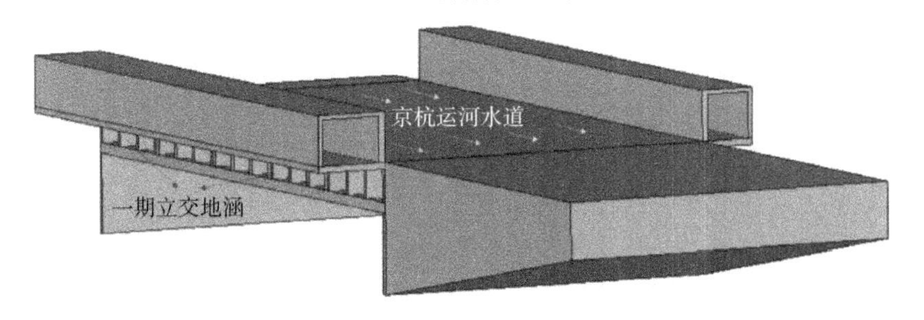

(b) 淮安枢纽老地涵与京杭运河水道位置关系

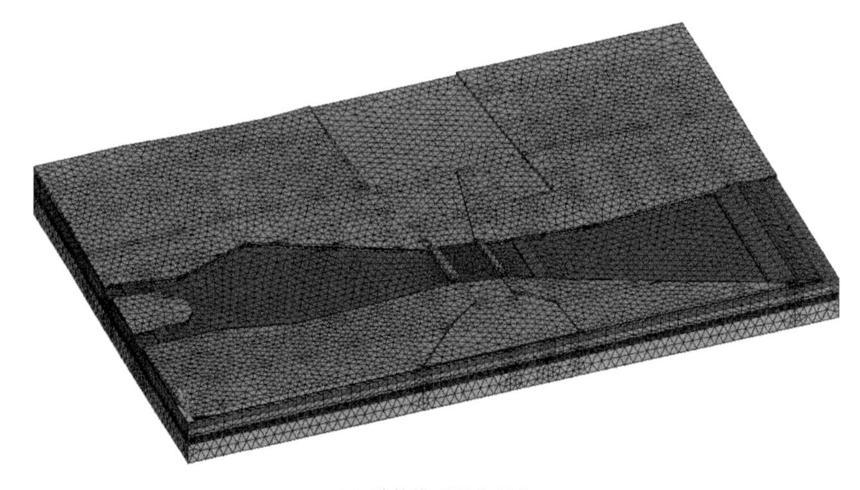

(c) 计算模型网格划分

图 9.2.2　淮安枢纽导航明渠施工期渗流分析计算模型

9.2.1.2　渗流场计算结果

导航明渠施工期渗流场分析重点关注的是一期立交地涵下游子堰、南北堤防的渗流稳定(图 9.2.3)。京杭运河水位高程 9.5 m,京杭运河底板高程 3.5 m,淮河入海水道水位 4.0 m,入海水道底板高程−6.0 m,因此数值计算中设置入海水道水头为 10.0 m,导航明渠子堰和下游围堰之间水头 0 m。取 A－A、B－B 和 C－C 剖面分析工程区的水头分布,计算结果见图 9.2.4。根据计算结果,子堰、子堰底部和基坑内的最大水力比降分别为 0.05、0.1 和 0.2,南、北侧堤防底部的最大水力比降分别为 0.3 和 0.2,均满足地基土的允许水力比降要求。

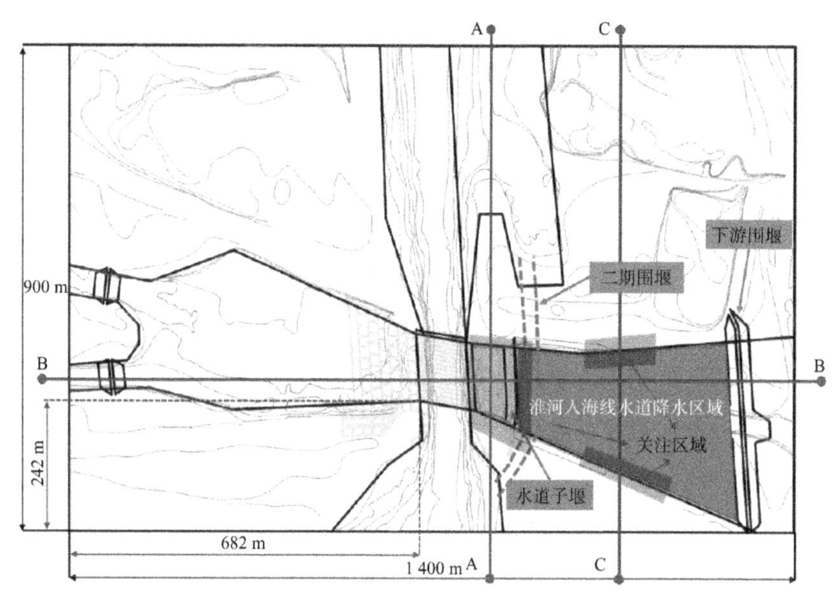

图 9.2.3　导航明渠施工期渗流分析重点关注区域

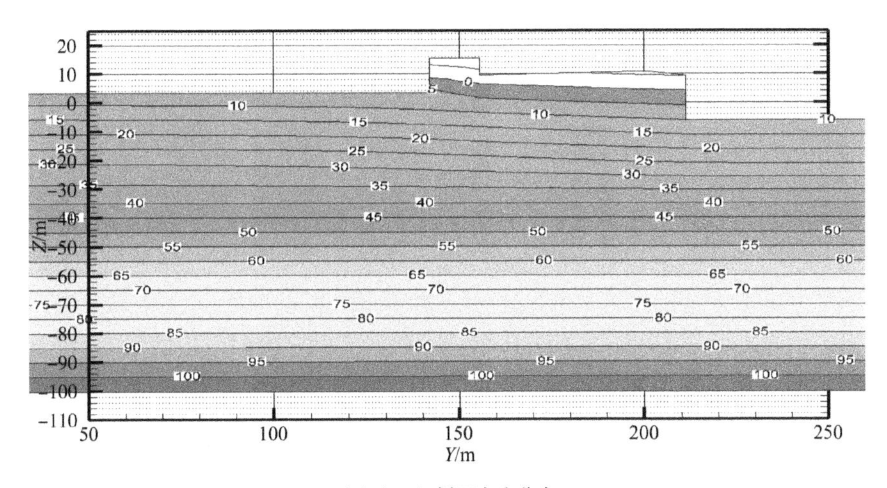

(a) A-A 剖面水头分布

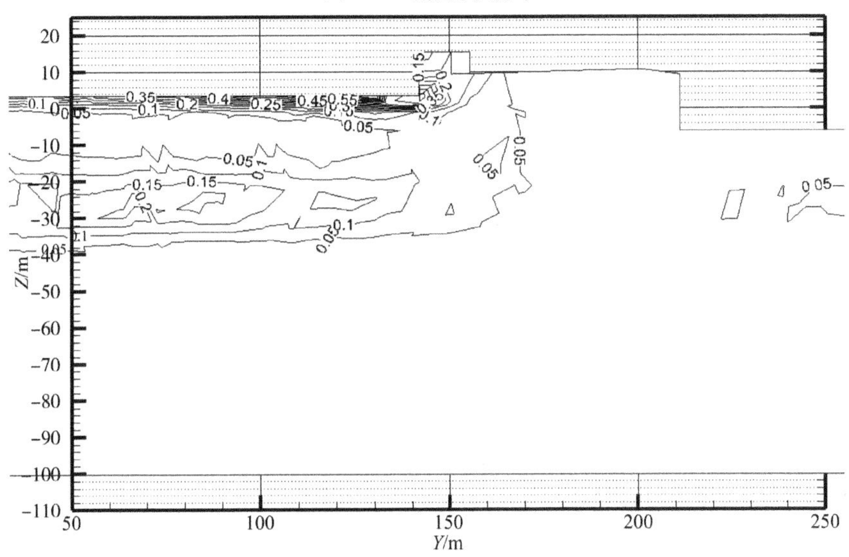

(b) A-A 剖面水力比降等值线图

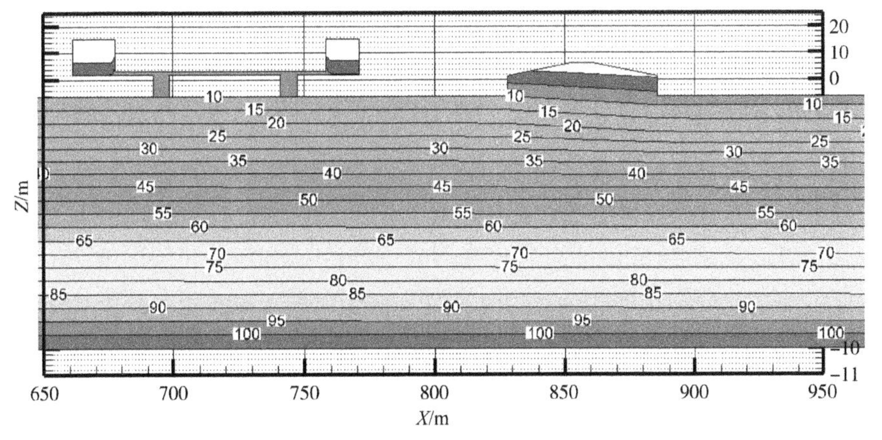

(c) B-B 剖面水头分布

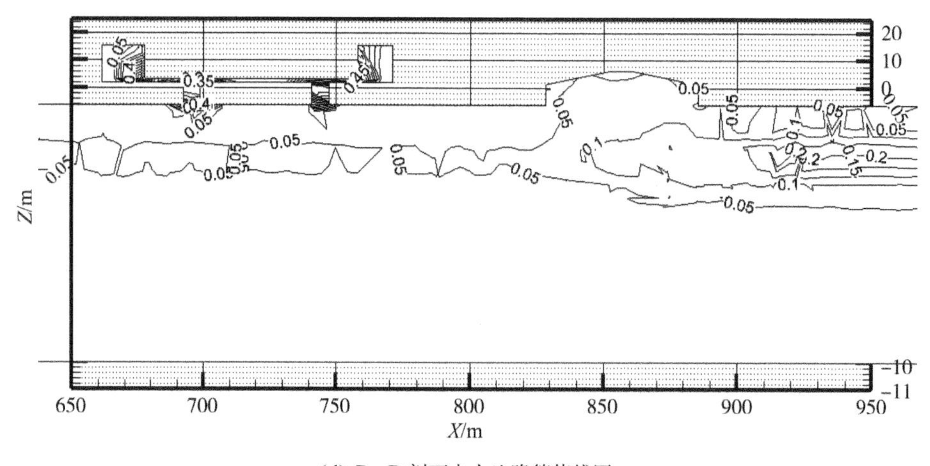

(d) B-B 剖面水力比降等值线图

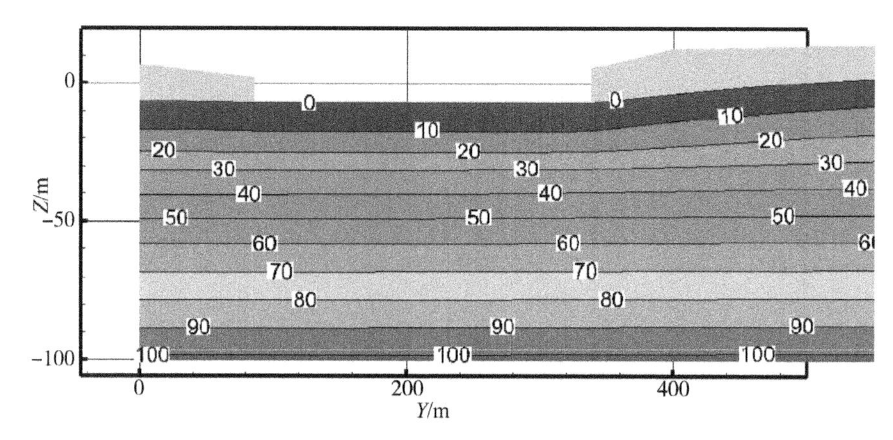

(e) C-C 剖面水头分布

图 9.2.4　不同剖面的水头及水力比降等值线分布

9.2.2　基坑围封施工期

9.2.2.1　模型范围和网格划分

采用 ANSYS 软件进行渗流分析模拟，模型边界范围为沿淮河入海水道方向长 1 400 m，宽度方向 900 m，模型高度为 100 m。根据表 9.1-3，基坑开挖前，京杭大运河南、北侧围堰填筑，基坑防渗体系尚未完全形成，此时需要将南、北侧围堰之间的大运河水位降低至 3.5 m 高程，上游围堰至导航明渠之间的淮河入海水道水位降低至 1.0 m 高程。计算模型的重点关注范围、主要建筑物的位置关系和模型网格划分如图 9.2.5 所示。

9.2.2.2　渗流场计算结果

选取 A-A 和 B-B 两个剖面分析立交地涵南北围堰、老地涵下游明渠围堰的渗透稳定性，计算剖面的水头分布云图和水力比降等值线图分别如图 9.2.6 和图 9.2.7 所示。可见，对于南侧围堰底部，水力比降范围约为 0.6～0.8，高于允许水力比降范围，施工时应重点关注；对于下游的临时子堰，附近地基土中的最大水力比降约为 0.05 左右，小于允许水力比降。

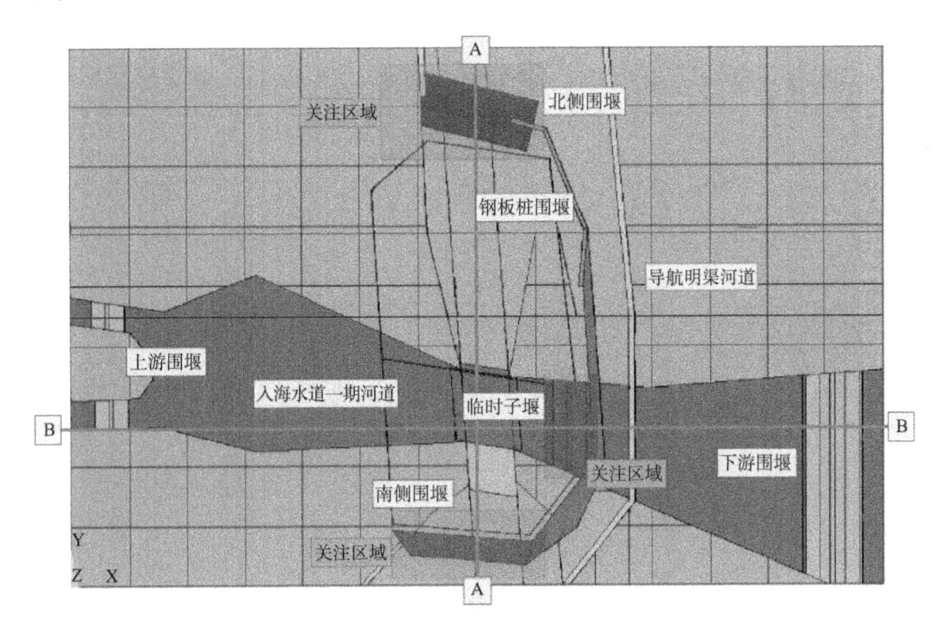

(a) 主要建筑物位置关系

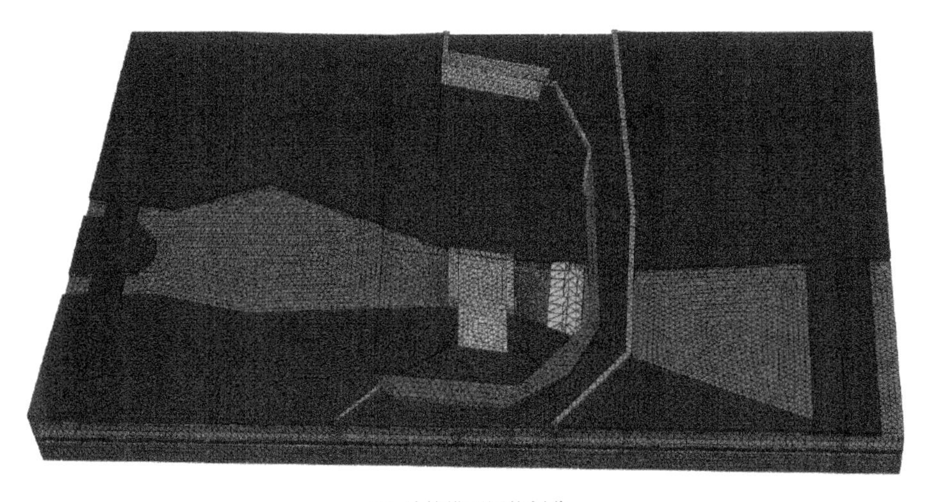

(b) 计算模型网格划分

图 9.2.5 淮安枢纽导航期渗流分析计算模型

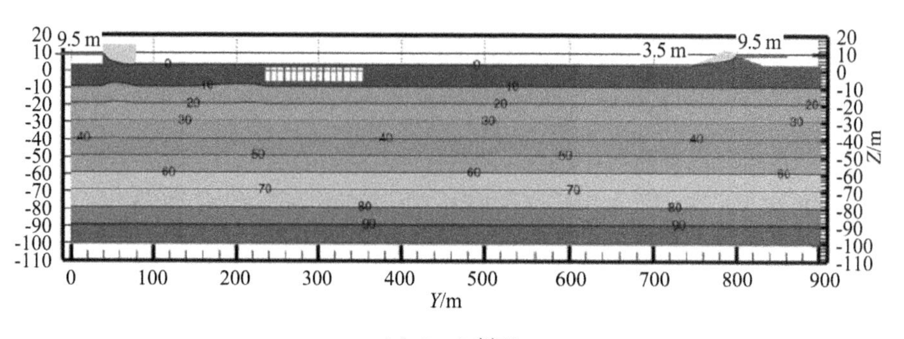

(a) A-A 剖面

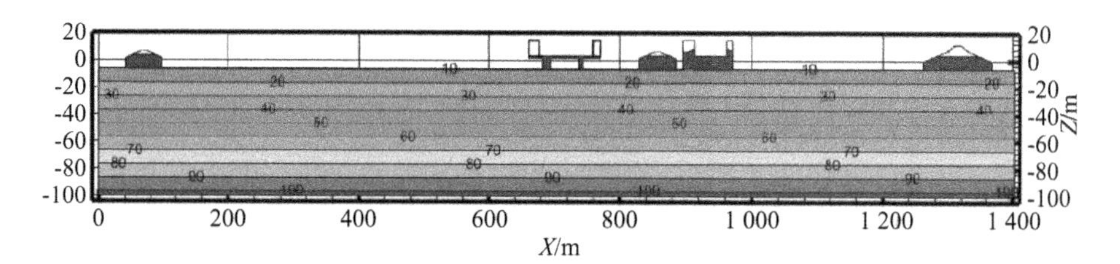

(b) B-B 剖面

图 9.2.6 计算剖面的水头分布

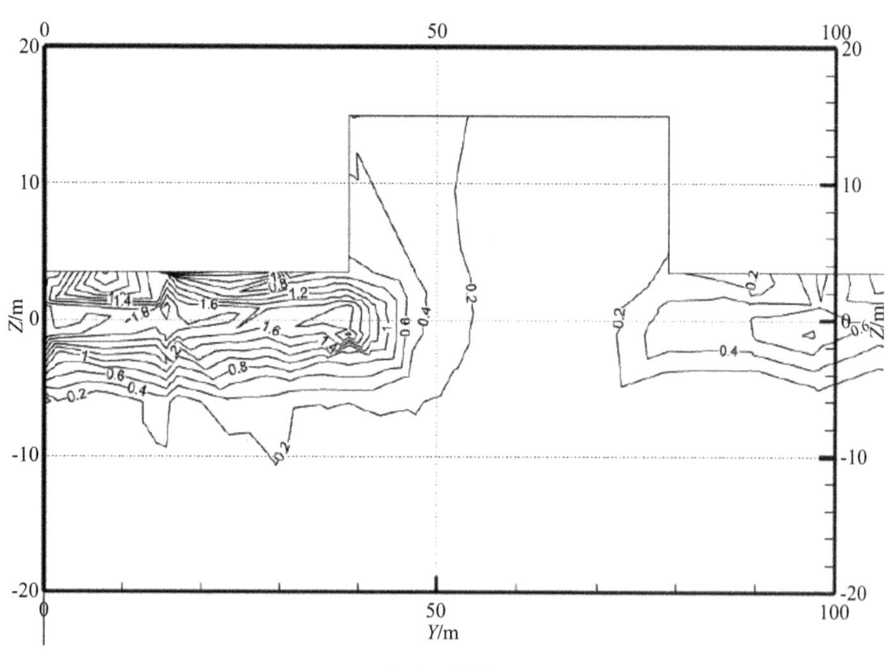

(a) A-A 剖面

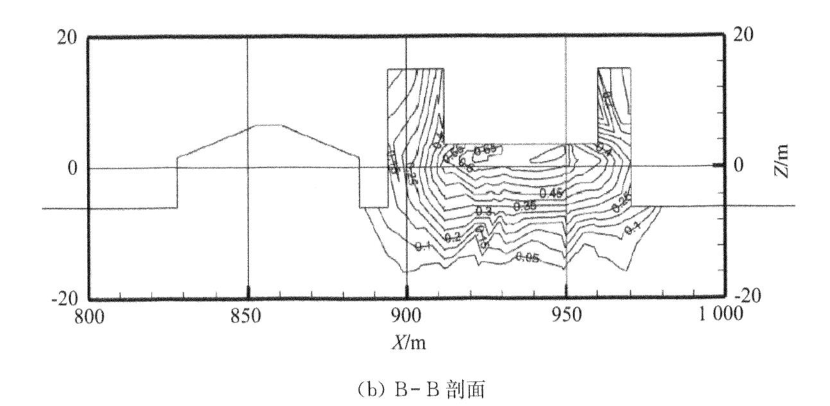

(b) B-B 剖面

图 9.2.7 计算剖面的水力比降等值线图

9.2.3 地涵主体施工期

地涵主体施工期基坑帷幕底高程－48.0 m,不考虑新、老地涵直接设置截水帷幕。主要分析基坑降水和开挖对周围渗流场的影响。此工况的水力边界条件为:京杭运河水位 11.20 m,淮河入海水道水位 4.00 m,基坑内地下水位－9.75 m。计算范围和模型的网格划分见图 9.2.8。计算结果见图 9.2.9～图 9.2.11。

可见,基坑底部、B-B 剖面围堰底部和老地涵地基土中的最大水力比降分别约为 0.35、0.05 和 0.2。经计算,基坑内的总涌水量约为 5 790 m^3/d。

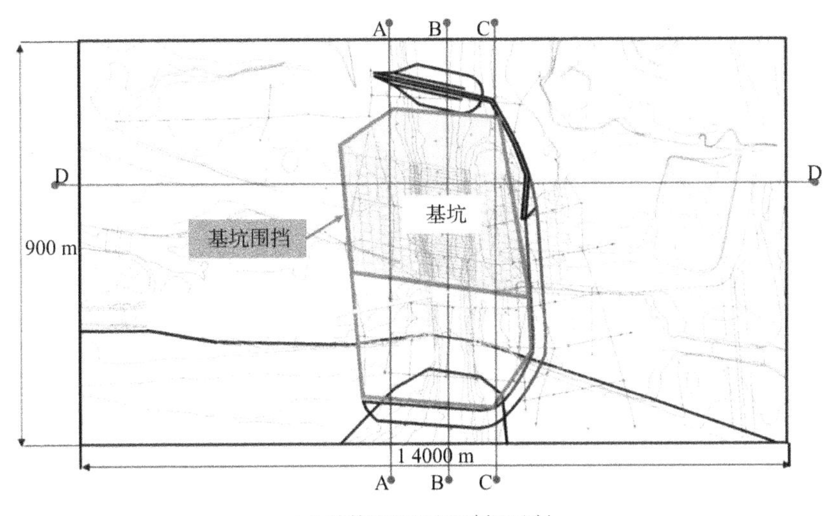

(a) 计算范围和主要剖面选择

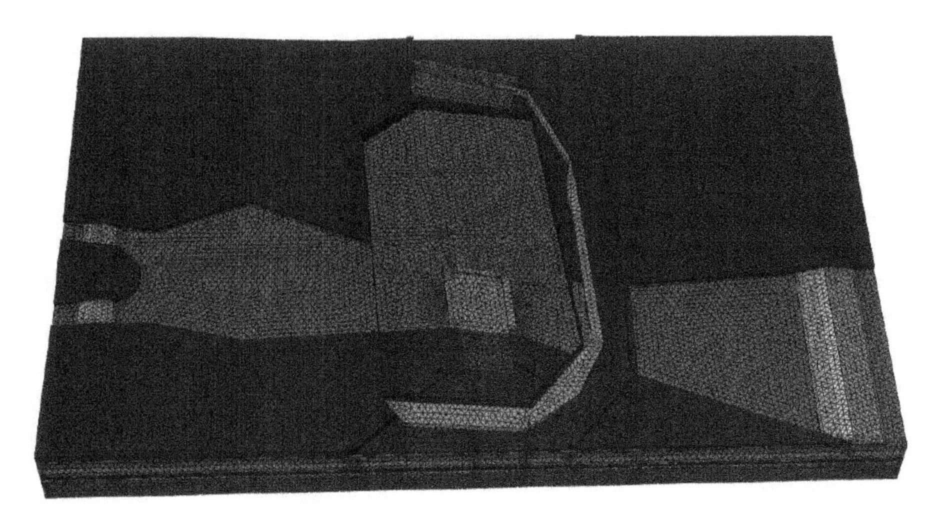

(b) 计算模型网格划分

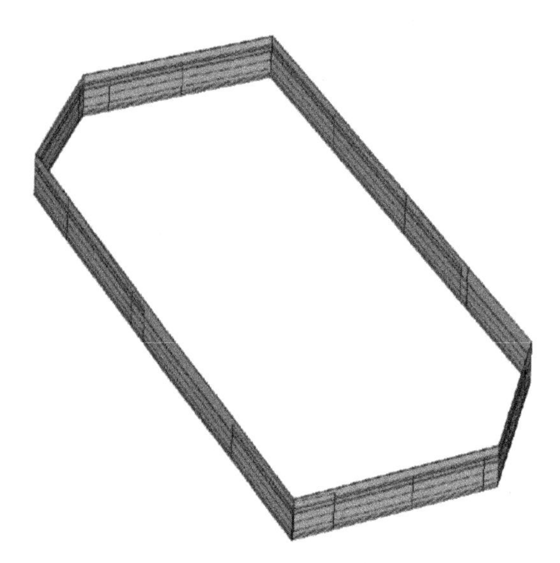

(c) 基坑防渗帷幕结构

图 9.2.8　淮安枢纽立交地涵施工期渗流分析计算范围和模型

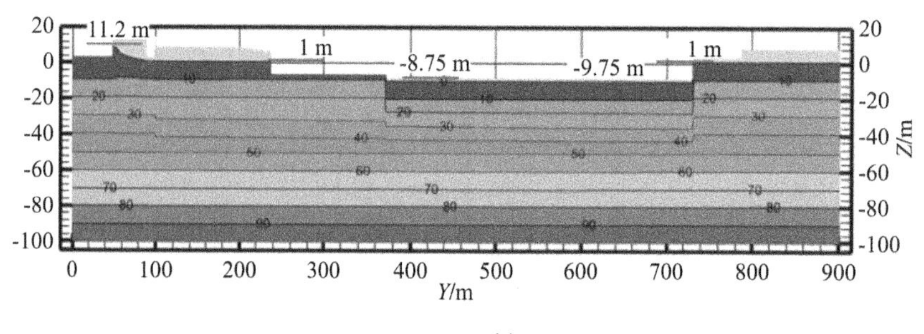

(a) A－A 剖面

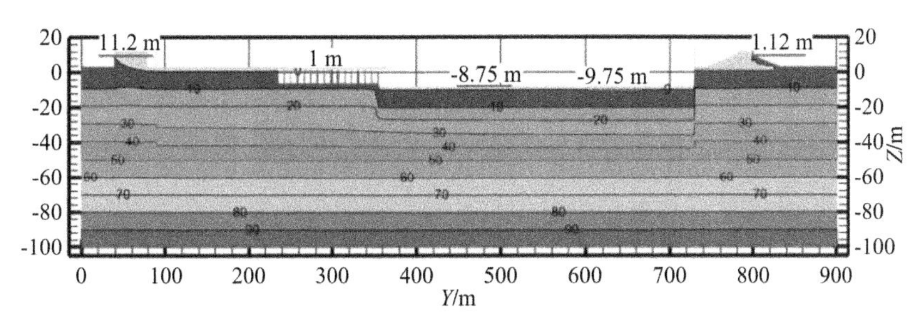

(b) B－B 剖面

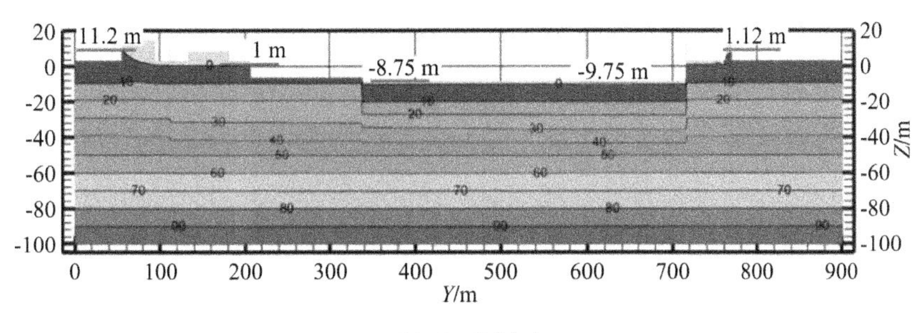

(c) C－C 剖面

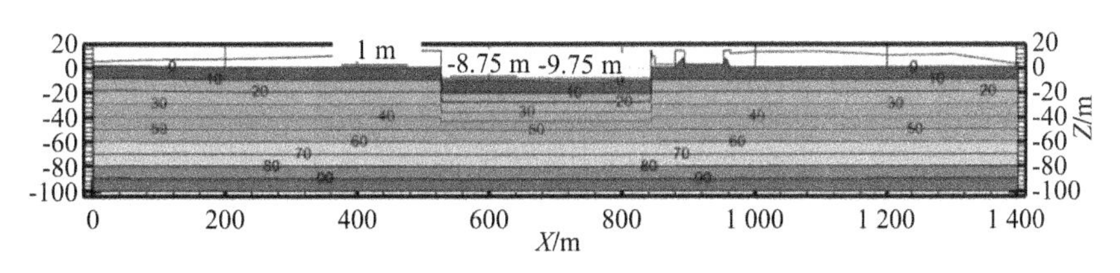

(d) D－D 剖面

图 9.2.9 计算剖面的水头分布

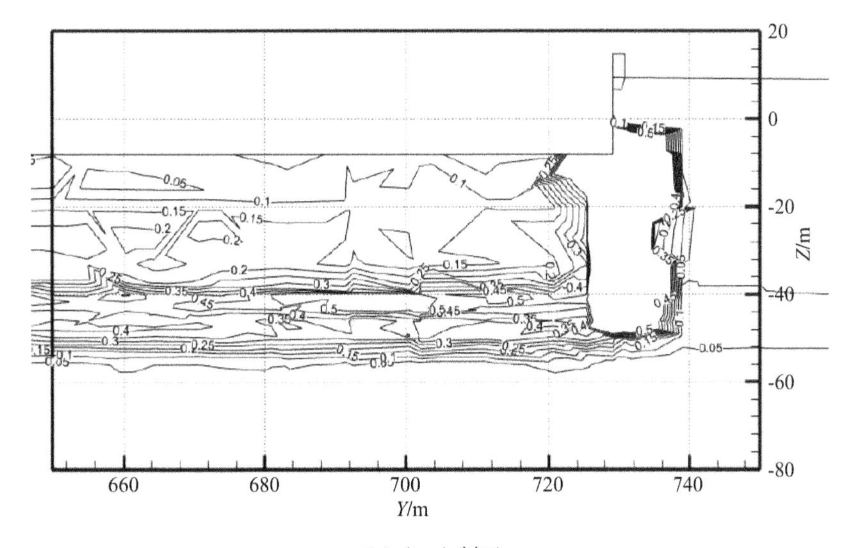

(a) A－A 剖面

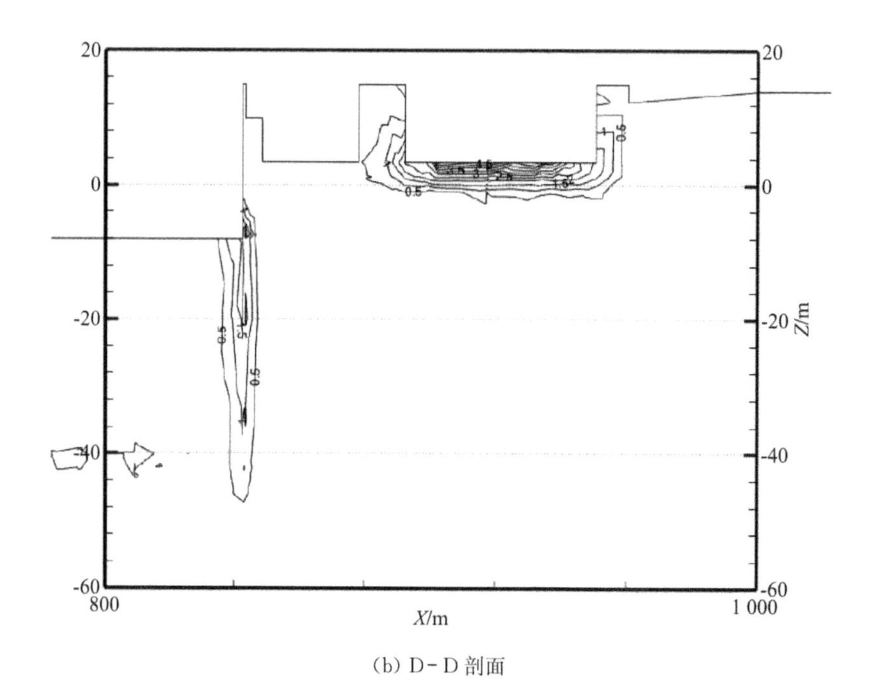

(b) D-D剖面

图 9.2.10　A-A、D-D计算剖面的水力比降等值线图

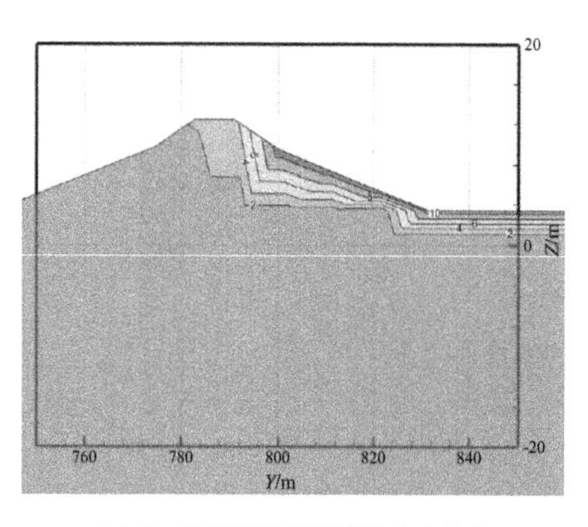

(a) B-B剖面北侧围堰总水头分布

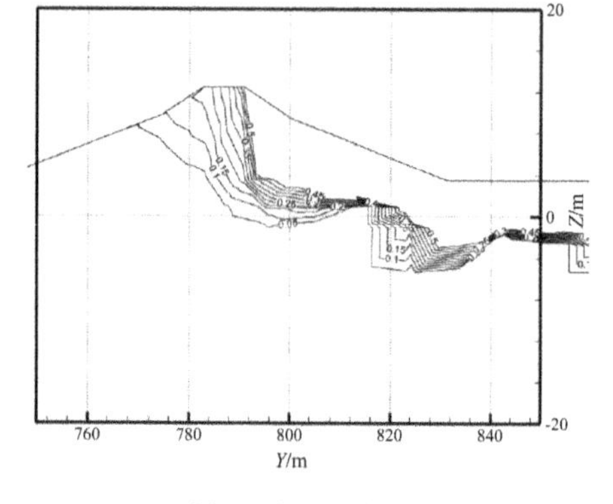

(b) B-B剖面北侧围堰水力比降等值线

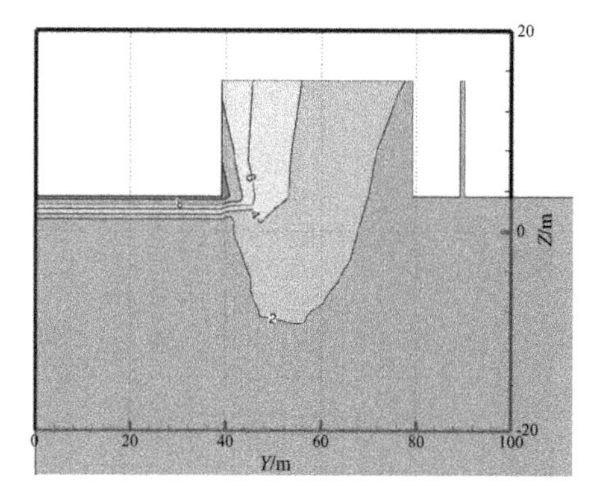

(c) B-B剖面南侧围堰总水头分布

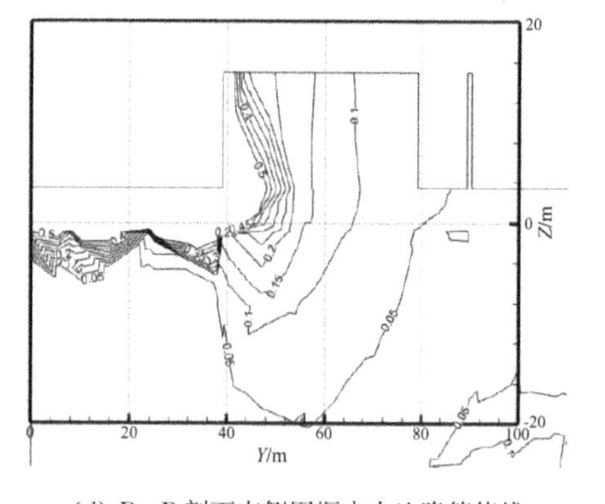

(d) B-B剖面南侧围堰水力比降等值线

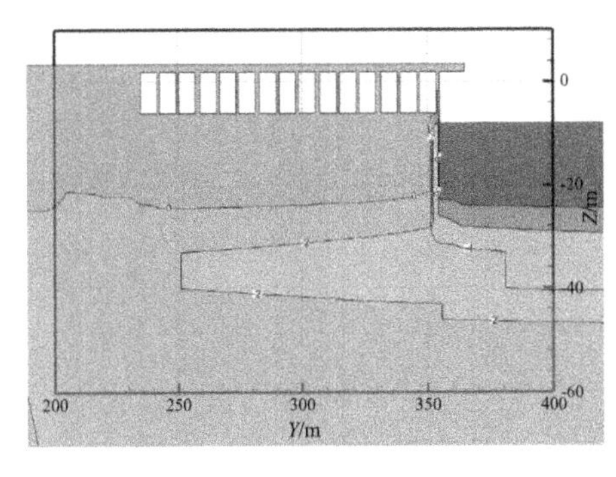

(e) B－B剖面老地涵区总水头分布

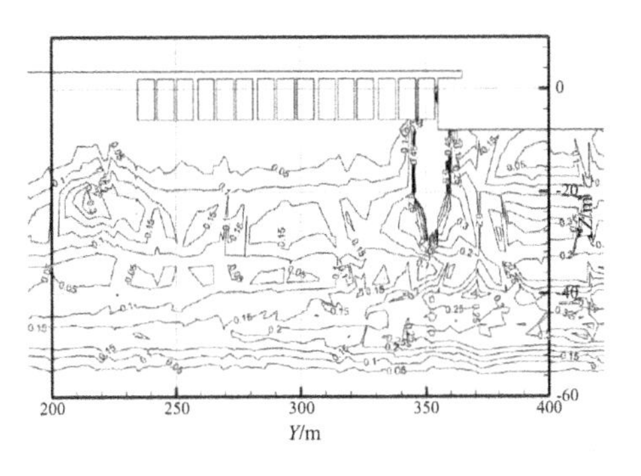

(f) B－B剖面老地涵区水力比降等值线

图 9.2.11　B－B计算剖面的水力比降等值线图

9.2.4　京杭运河恢复通航初期

京杭运河恢复通航初期，基坑尚未回填，但是防渗墙和水平防渗已经施工完成。此时，运河水位 11.20 m，淮河入海水道水位 4.0 m，基坑内水位－9.75 m，需要重点关注立交地涵的渗透稳定性。计算模型见图 9.2.12，典型剖面计算结果见图 9.2.13 和图 9.2.14。

可见，在京杭运河恢复通航初期，立交地涵北侧上游、北侧下游、南侧上游和南侧下游 4 个角点位置的地基土中的最大水力比降分别约为 0.4、0.2、0.4 和 0.6，需要采取工程措施，一方面通过控制降水深度保持基坑内水位在建基面以下，避免出现渗流出口，另一方面加强坑内变形监测和渗压监测，掌握渗流状态，以判断深部地层是否会出现管涌破坏。

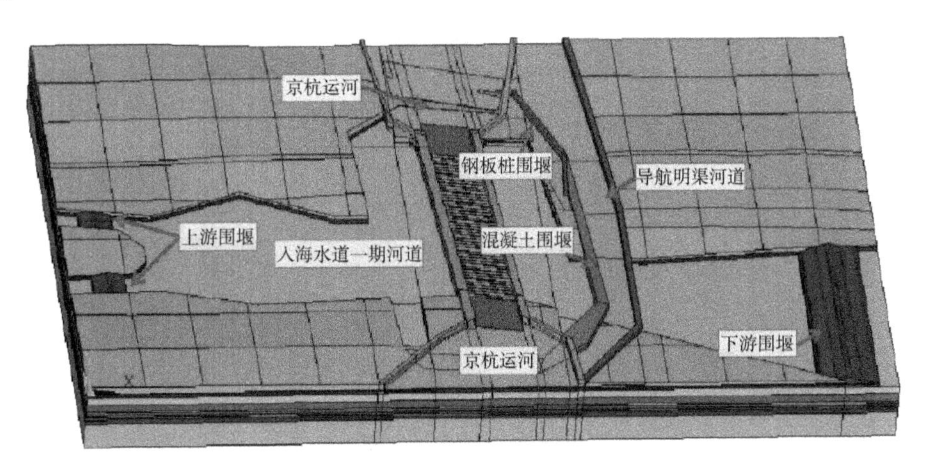

(a) 计算模型和主要建筑物位置关系

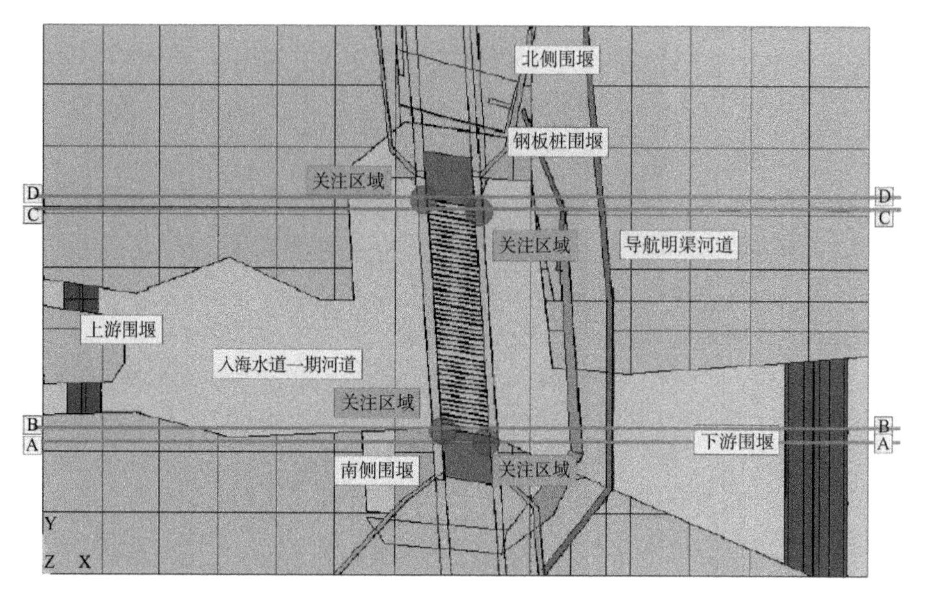

(b) 重点关注区域

图 9.2.12 计算模型和重点关注区域

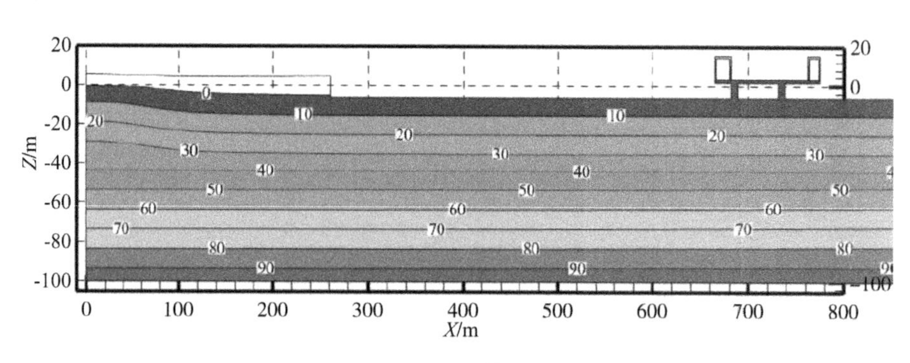

(a) A-A剖面

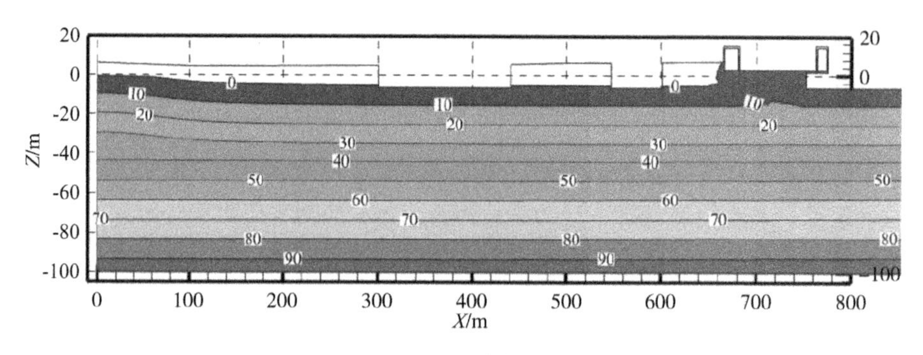

(b) B-B剖面

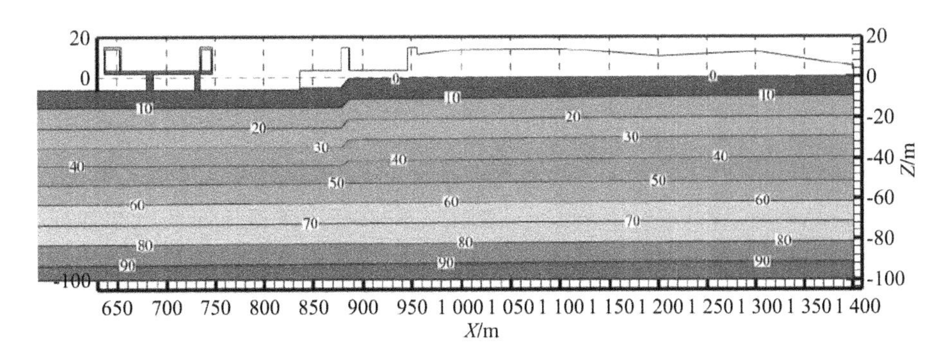

（c）C－C 剖面

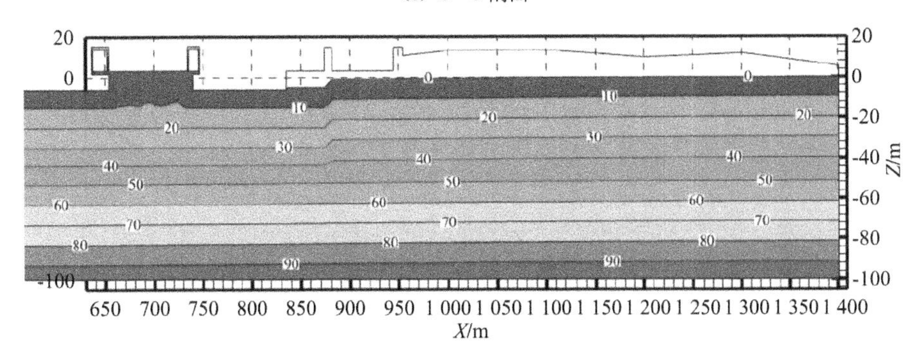

（d）D－D 剖面

图 9.2.13 计算剖面的水头分布

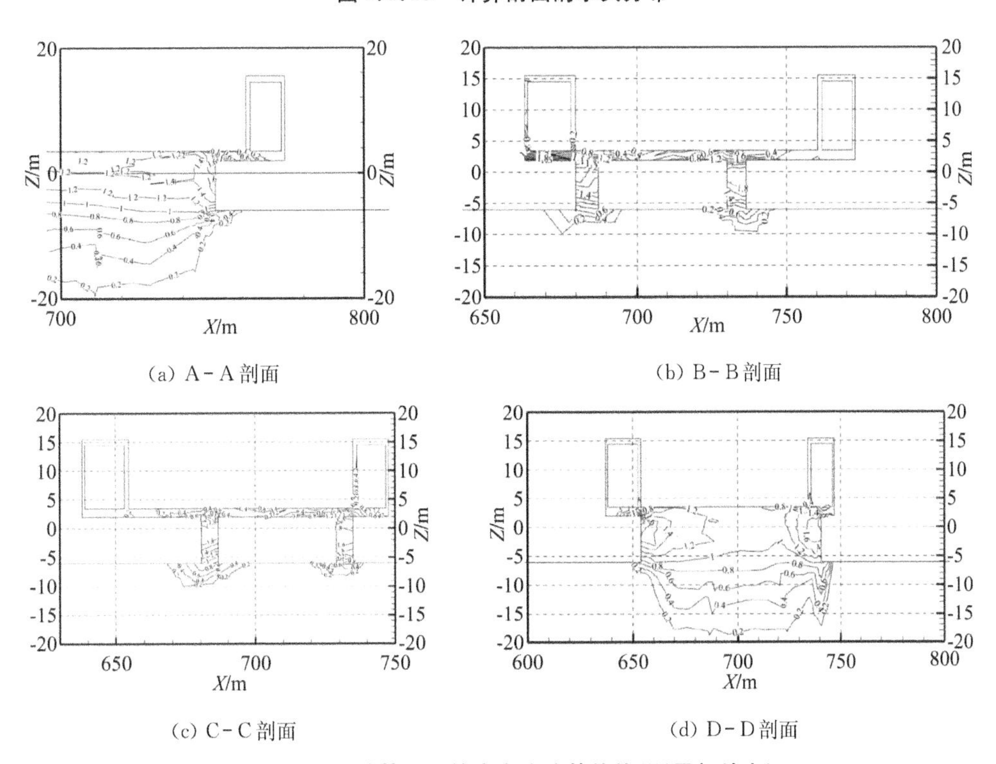

（a）A－A 剖面 （b）B－B 剖面

（c）C－C 剖面 （d）D－D 剖面

图 9.2.14 计算剖面的水力比降等值线图(局部放大)

9.3 帷幕深度和布置形式对渗流场的影响

以 9.2.3 节帷幕底高程－45.0 m 为基准，通过改变基坑帷幕深度和布置形式，分析其对地涵主体结构施工期间渗流场分布的影响。数值计算重点关注区域和计算模型同图 9.2.8。帷幕底高程为－30 m 时，新、老地涵之间是否布置防渗帷幕时的计算结果见图 9.3.1 和图 9.3.2，帷幕底高程为－45 m 时，在新、老地涵增加防渗帷幕时的计算结果见图 9.3.3。根据计算结果可知，减少基坑帷幕入土深度后，基坑南北围堰、老地涵和基坑底部地基土的最大水力比降均小于允许水力比降；增大基坑帷幕入土深度、在新老地涵之间增设截水帷幕后，能够大幅减少地涵主体结构施工期间的基坑总涌水量，也能降低坑内地基土中的水力比降，有助于提高基坑的渗透稳定性。因此，适当增大基坑帷幕入土深度，并在新老地涵之间增设截水帷幕是必要的。

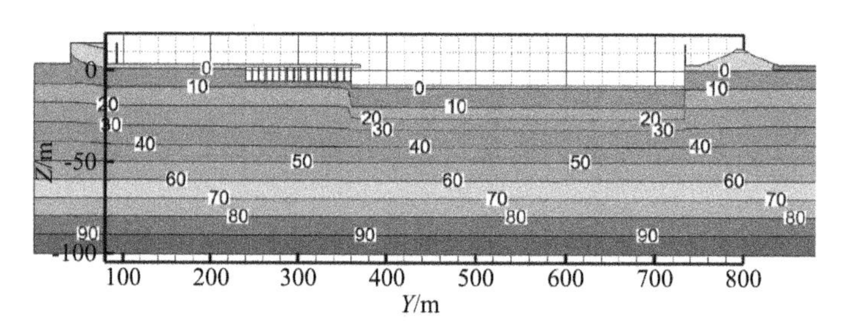

(a) B－B 剖面

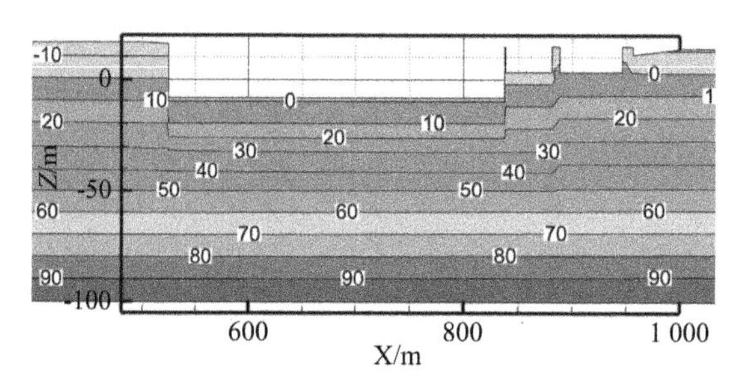

(b) D－D 剖面

图 9.3.1　计算剖面的总水头分布云图(帷幕底高程－30 m，新、老地涵之间有帷幕)

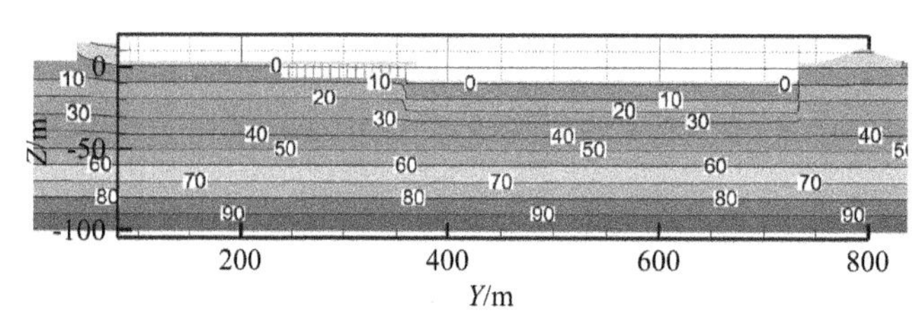

(a) B－B 剖面

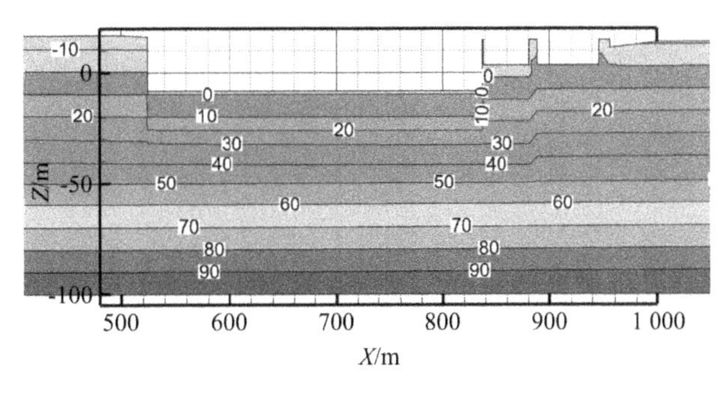

(b) D－D剖面

图9.3.2 计算剖面的总水头分布云图(帷幕底高程－30 m,新、老地涵之间无帷幕)

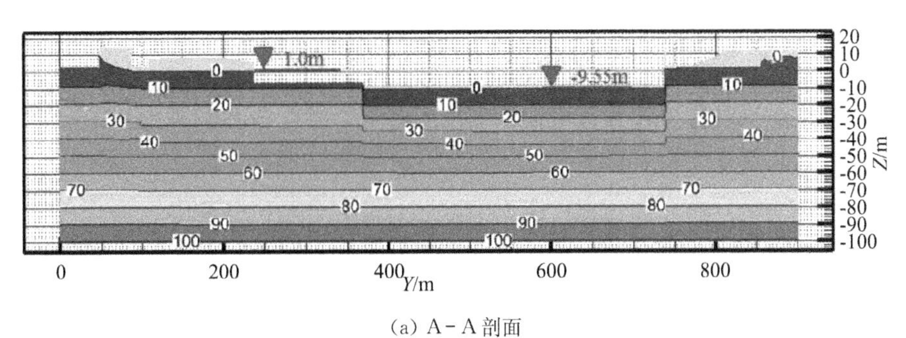

(a) A－A剖面

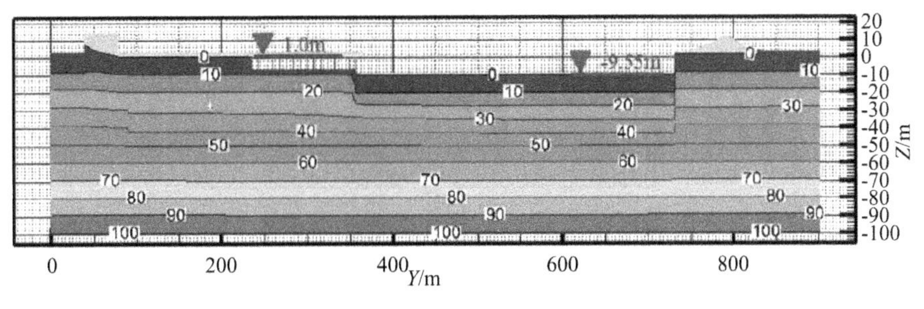

(b) B－B剖面

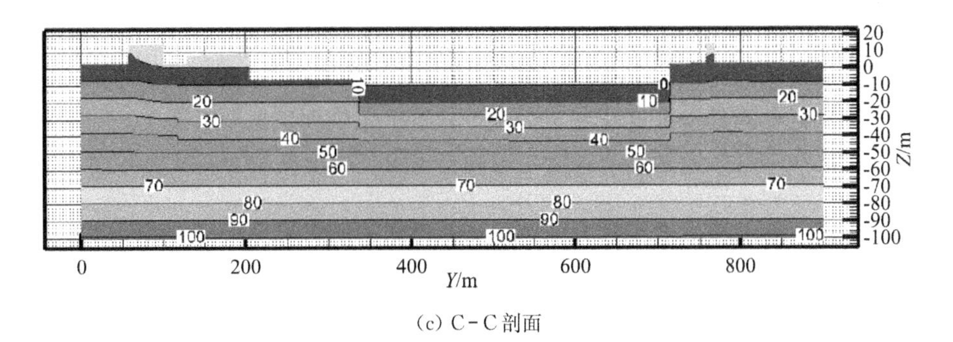

(c) C－C剖面

图9.3.3 计算剖面的总水头分布云图(帷幕底高程－45 m,新、老地涵之间有帷幕)

10 其他涉水工程深基坑支护设计实例

10.1 新沭河治理工程大浦第二抽水泵站基坑

10.1.1 工程概况和地质条件

大浦河是连云港市城区防洪排涝的主要河道，河道贯穿海州区、新浦区。大浦第二抽水泵站工程是连云港市城区排涝泵站，位于大浦河末端，新沭河右堤上，距连云港市区约 6 km。堤防级别为 1 级，主体建筑物级别为 1 级。泵站主要由进水池、泵房、出水池等组成，安装 4 台轴流泵，总设计抽水能力 40.0 m^3/s。

大浦河第二抽水泵站工程区为海滩沼泽，地面高程 2.0～9.0 m。勘探深度内揭露地层自上而下共分为 9 层，具体为：

第⓪层：人工填土(Q^r)，主要成分为黏土、重粉质壤土，灰褐、黄灰色，夹粉细砂薄层，湿，呈软塑或可塑状态，含有植物根茎。为现状堤防。

第①层：黏土(Q_4^{al})，黄、黄灰色，夹细砂和粉土薄层，呈软塑状，饱和，含有植物根、腐殖质，含少量铁锰结核颗粒和砂粒。

第②层：淤泥或淤泥质黏土(Q_4^m)，灰色，呈软至流塑状态，饱和，夹少量砂和粉土层。

第③层：中、轻粉质壤土夹砂或混砂，局部为黏土(Q_4^{al})，褐黄色，饱和，可塑状态，黏粒含量自上而下逐渐降低，下部含砂量较大，含砂量多时，呈松散状态。

第④层：细砂夹轻粉质壤土或黏土(Q_4^{al})，黄色，饱和，呈稍密至中密状态。该层分布不连续，与③层土交界处呈渐变状态。

第⑤层：黏土(Q_3^{al})，棕黄色，并夹灰绿色条带，呈可至硬塑状态，含砂礓，粒径 5～15 mm，夹少量砂层或透镜体。

第⑥层：轻粉质壤土夹细砂(Q_3^{al})，黄色，局部变相为重粉质壤土，呈可至硬塑状态，含有砂礓，DP2、DP4、DP5 孔该层为细砂夹黏土层。

第⑦层：黏土(Q_3^{al})，灰、黄灰、褐、黄褐色，呈可至硬塑状态，含铁锰结核和砂礓，局部夹有中砂层。

第⑧层：黏土夹块石，块石为肉红色全风化片麻岩，在其下部揭露 40～50 cm 的含水率较低的黄色壤土(残积土),呈干硬状态。该层揭露最大厚度约 2.0 m。

各土层的物理力学指标见表 10.1-1。

表 10.1-1　新沭河大浦第二抽水泵站工程土层物理力学指标

土层编号	土类名称	湿密度/(kN/m^3)	直接快剪		固结快剪	
			黏聚力/kPa	内摩擦角/(°)	黏聚力/kPa	内摩擦角/(°)
⓪	人工填土	1.88	18.4	7.0	—	—
①	黏土	1.86	20.0	5.6	—	—
②	淤泥和淤泥质黏土	1.72	10.5	3.1	18.0	10.0
③	中轻粉质壤土夹砂	1.94	12.5	14.7	—	—
④	细砂夹壤土	2.03	8.0	20.0	—	—
⑤	黏土	1.83	30.0	11.0	—	—
⑥	轻粉质壤土夹砂	2.01	17.7	13.0	—	—
⑦	黏土	1.90	28.6	16.0	—	—
⑧	黏土夹块石	2.05	60.2	27.3	—	—

10.1.2　基坑支护设计

大浦第二抽水泵站工程区原堤防顶高程 9.0 m,泵房建基面高程−5.9 m,位于②层淤泥和淤泥质黏土层中,基础采用沉井施工,基坑开挖底高程−3.0 m,基坑最大开挖深度 12 m。大浦第二抽水泵站基坑周边环境较简单,北侧、西侧和东侧场地开阔,具备放坡开挖条件;泵站南侧与大浦第一抽水站距离约为 30 m,不具备完全放坡开挖条件。

经多方案比选,对于具备放坡开挖的北侧、西侧和东侧,采用 1∶4 放坡开挖;西侧,采用 1∶2.5 放坡,由地面标高 9.0 m 开挖至 3.0 m,以下采用悬臂式支挡结构,以钢筋混凝土灌注桩+深层水泥土搅拌桩挡土,灌注桩和水泥土搅拌桩底部进入④层细砂夹壤土层中。灌注桩直径 1 m,桩间距 1.2 m,桩长 15.4 m;桩背布置 4 排直径 0.6 m 的水泥土搅拌桩加固主动区,搅拌桩呈梅花形布置,桩间距 1.47 m,置换率 15%。基坑总体布置和典型剖面如图 10.1.1 和图 10.1.2 所示。

经计算,采用放坡、放坡+悬臂桩支护,典型剖面的整体稳定性安全系数为 1.25~1.36,悬臂桩嵌固稳定性安全系数 1.32,满足规范要求。悬臂桩最大弯矩设计值为 1 402 kN·m。

大浦第二抽水站基坑区域内的地下水主要包括赋存于①层黏土层中的潜水,赋存于④层细砂夹壤土中的第 1 层承压水和赋存于⑥层轻粉质壤土夹砂中的第 2 层承压水。上部潜水水位 1.90~2.58 m,第 1 层承压水水位高程−1.20 m,第 2 层承压水水位高程−1.70 m。泵房建基面位于②层淤泥质黏土层中,建基面下软土层厚约 4 m,施工时④层承压水有可能穿透②层,为了确保沉井施工安全,采用深井降水降低承压水位。设计沿基坑四周共布置深井 5 口,井底高程−15.00 m,平均井深 18 m,井间距 30 m。

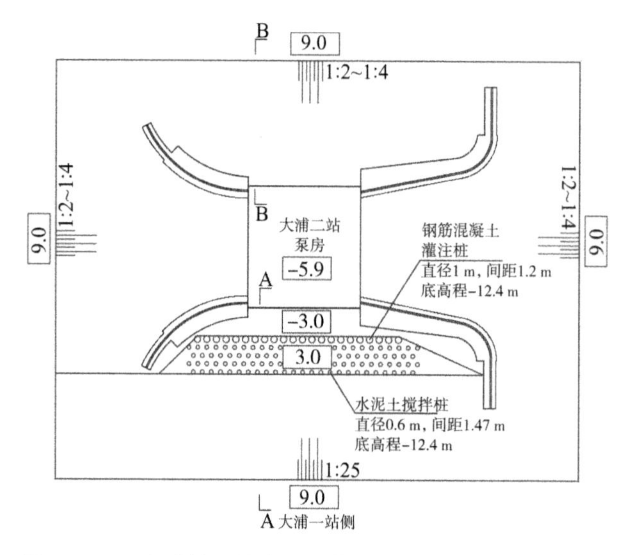

图 10.1.1　大浦第二抽水泵站基坑总体布置简图(单位：m)

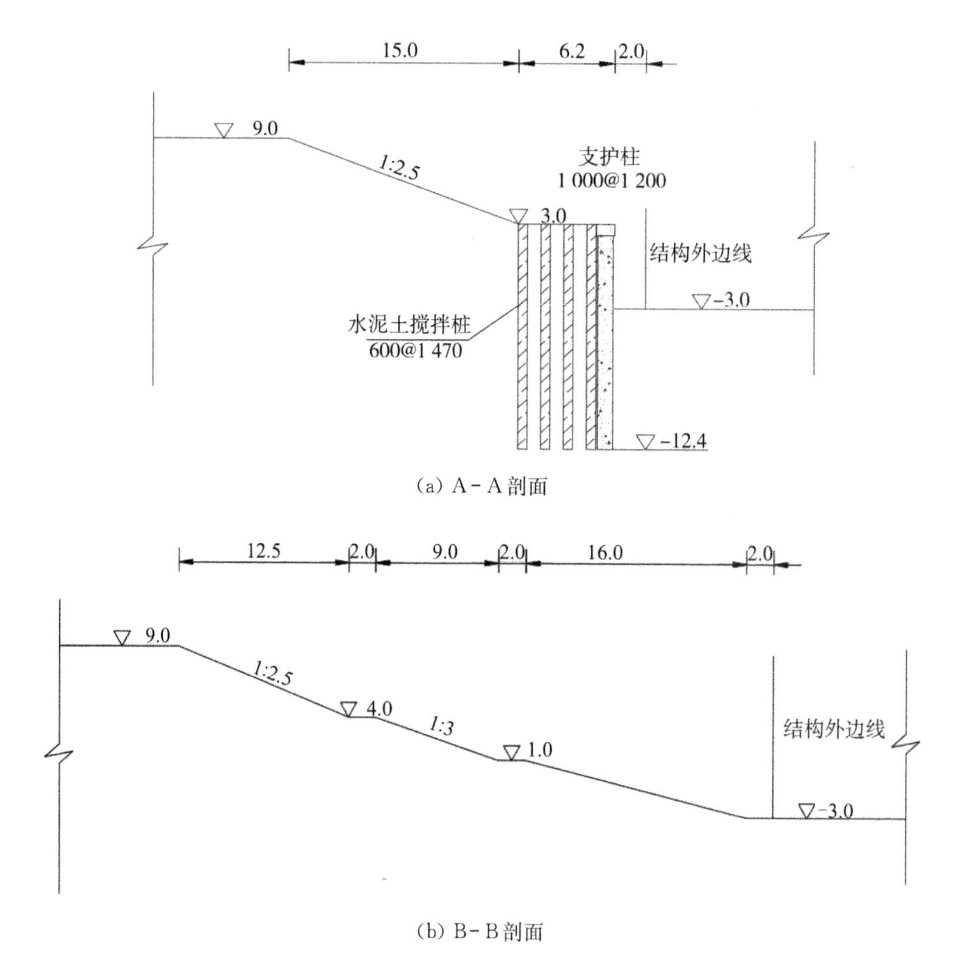

(a) A－A 剖面

(b) B－B 剖面

图 10.1.2　泵站基坑支护典型剖面图(单位：mm)

10.2 某核电站二期取水泵房基坑支护设计实例

10.2.1 工程概况及场地条件

10.2.1.1 工程概况

核电站位于浙江省东部猫头山嘴一带，为国家重点工程项目。规划拟建设 6×1 000 MW 级核电机组，分三期建设，每期工程建设为 2 台 AP1000 机组，每 2 台机组附有重要辅助设施——循环水取水泵房。二期取水泵房基坑位于核电站场区东侧，邻近北侧护堤。基坑东侧为预制件车间，南侧为重件道路，西侧为已建成的一期泵房，北侧与挡潮海堤相接。泵房主体结构地下净尺寸为 90 m×60 m×32 m(长×宽×深)，底板设计底标高－20～－21 m，现状地面标高为＋11～＋12 m，实际基坑开挖(考虑放坡)尺寸约为 128 m×112 m×32 m(长×宽×深)。基坑工程安全等级为一级。

10.2.1.2 工程地质和水文地质条件

循环水取水泵房区原地貌为山前海涂滩地，滩地表面地形平坦，退潮时露出水面，现地貌为人工回填地貌，地形平坦、开阔。泵房北侧已建成防潮护堤，堤内由标高＋6 m 土工布布设在回填块石中，以防止海水渗入。泵房区平均标高约＋11 m。泵房区地层包括第四系地层、上侏罗系地层。

(1) 第四系全新统(Q_4)

第①层回填块石层：杂色，以灰、灰绿、灰紫色为主，主要由开挖山体形成的块石、碎石组成，分选性差，块石粒径大小不均，母岩成分为火山碎屑岩系(包括凝灰岩、火山角砾岩等)，局部见少量黏性土和砂砾充填，呈松散～稍密状态，具有明显的大孔隙特征，密实度不均。厚度 5.20～13.60 m，平均 12.36 m；层底标高－2.70～6.75 m，平均－1.00 m；层底埋深 5.20～13.60 m，平均 12.36 m。该层分布于整个勘察场地。

第③$_3$ 层黏土层：灰色，饱和，呈软塑状态，具高压缩性。土质细腻光滑，常与粉质黏土互层，夹多层薄层状分布的粉细砂、粉土，含贝壳碎片及腐殖质。土质较均匀，切面光滑，干强度高，韧性高，无摇振反应。厚度 2.90～14.00 m，平均 7.19 m；层底标高－15.66～－2.99 m，平均－8.64 m；层底埋深 12.00～26.60 m，平均 19.68 m。该层由前海滩区淤泥预压固结而成，在勘察区广泛分布。

第③$_4$ 层粉质黏土层：灰色，饱和，呈软塑状态，具高压缩性。局部夹少量粉土、粉砂团块，常与黏土互层。土质较均匀，切面稍有光泽，干强度高，韧性高，无摇震反应。厚度 1.00～10.10 m，平均 4.44 m；层底标高－18.44～－4.89 m，平均－13.10 m；层底埋深 16.00～29.50 m，平均 24.14 m。该层由前海滩区淤泥预压固结而成，在勘察区广泛分布。

(2) 第四系上更新统(Q_3)

第⑤层黏土层：褐黄、灰褐色，可塑～硬塑，中等压缩性，局部为粉质黏土。土质均匀，切面光滑，干强度高，韧性高，无摇振反应。厚度 1.80～10.00 m，平均 5.50 m；层底标高－27.41～－8.29 m，平均－21.45 m；层底埋深 20.00～38.70 m，平均 32.24 m。该层在勘察场地大部分钻孔揭露。

第⑦层粉质黏土层：蓝灰、青灰色，软塑～可塑，中等压缩性，夹黏土或粉土薄层，切面稍有光泽，干强度中等，韧性中等，无摇振反应。厚度 3.60～24.40 m，平均 12.76 m；层底标高－49.54～－23.11 m，平均－36.13 m；层底埋深 34.00～60.60 m，平均 46.60 m。该层主要在勘察场中部基岩埋深较大的地段中揭露。

(3) 第四系中更新统(Q_2)

第⑪层含砾粉质黏土：黄褐、灰黄色，可塑～硬塑，中压缩性。无摇振反应，稍有光泽，干强度中等，韧性中等。角砾含量约为 10%～20%，局部含量达到 50%，砾径 2～5 mm。该层为陆相残坡积物，由母岩风化而成，分布于原丘陵基岩表面，与下伏基岩直接接触，层面起伏较大，一般随下伏基岩面而变化。厚度－0.80～17.00 m，平均 4.28 m；层底标高－52.74～3.07 m，平均－26.55 m；层底埋深 8.80～63.80 m，平均 37.60 m。该层在勘察场地大部分钻孔揭露，厚薄变化较大。

(4) 上侏罗系(J_3)

勘察区揭露的基岩主要是侏罗系上统地层，岩性主要为英安流纹质熔结凝灰岩、凝灰质砂岩、安山玄武岩。

第⑫层含英安流纹质熔结凝灰岩(J_{3C}^{1-2-2})：岩石呈灰色、浅灰色，呈厚层状，凝灰结构，流纹～假流纹构造，由晶屑和凝灰质及少量岩屑、玻屑组成，晶屑成分为石英、长石。该层在勘察场地广泛分布，为本场地的主要岩性。

第⑬层含凝灰质砂岩(J_{3C}^{1-2-1})：岩石呈黄灰、青灰、浅灰色，以火山碎屑为主，陆源碎屑次之。下部为青灰色凝灰质砂砾岩，砾石磨圆度好，组成一个由粗至细的沉积韵律。多呈厚层状，凝灰粉砂状结构，块状构造，岩层总体产状 215°∠16°。主要由角砾、石英砂屑组成，多呈棱角～次棱角状，粒径约 0.04～35 mm，胶结物以硅质、泥质和铁质为主，钻孔岩芯完整。该层在勘察场地的西部地段钻孔揭露。

第⑭层含安山玄武岩(J_{3C}^{1-1-2})：岩石呈灰绿、褐红色，交织、斑状结构，块状构造，岩石由斜长石及少许绿泥石、方解石、褐铁矿、玻璃质等组成，岩芯呈柱状，顶部自碎成角砾状。与下伏岩层呈喷发不整合接触，与上覆岩层整合接触。为玄武岩与安山岩的过渡类型，该层在勘察场地东北部地段钻孔揭露。

工程区主要地层厚度、工程地质特性和物理力学参数指标统计见表 10.2-1。

(5) 工程区降水丰沛，暴雨和台风频现。地下水位为＋2.0～＋3.63 m，受潮水位影响。根据海洋水文站数据，20 年一遇高潮位为＋4.59 m，50 年一遇潮位为＋4.79 m。

表 10.2-1 取水泵房土层物理力学指标

地层编号	土层名称	层底高程/m	平均厚度/m	含水率/%	湿密度/(g/cm³)	压缩模量/MPa	直接快剪		固结快剪	
							黏聚力/kPa	内摩擦角/(°)	黏聚力/kPa	内摩擦角/(°)
①	人工填块石	5.2～13.6	9.4	—	—	—	0	30.0 (经验值)	—	—

续表

地层编号	土层名称	层底高程/m	平均厚度/m	含水率/%	湿密度/(g/cm³)	压缩模量/MPa	直接快剪		固结快剪	
							黏聚力/kPa	内摩擦角/(°)	黏聚力/kPa	内摩擦角/(°)
③$_3$	黏土	12.0～26.6	8.4	43.3	1.77	8.95	18.4	5.0	23.4	10.8
③$_4$	粉质黏土	16.0～29.5	5.6	32.9	1.87	14.47	18.5	11.9	24.9	12.3
⑤	黏土	20.0～38.7	5.9	24.1	1.93	15.80	26.9	10.5	21.0	17.6
⑦	粉质黏土	34.0～60.6	14.0	34.0	1.94	16.83	21.0	9.4	29.0	12.2

10.2.2 基坑支护设计

(1) 基坑工程难点

本基坑支护工程的难点主要有：①基坑开挖规模大，深度深，工期要求短，支护设计需要结合开挖工期；②基坑周边受已建构筑物、重件道路和挡潮护堤约束，场地受到限制，无法大范围卸荷，且变形控制严格；③基坑场区地下水位高，同时紧邻海堤，需要同时考虑挡潮防渗；④基坑上部为碎石回填层，中间夹深厚软弱黏土层，物理力学参数差，支护结构受力大；⑤设计坑底位于黏土层，岩面深度大，且变化不一，呈由西南向东北倾斜，基坑支护易产生整体失稳。

(2) 基坑支护设计方案

鉴于基坑工程规模大，开挖深，工期短，采用内支撑方案不可避免地会与基坑开挖产生冲突，严重影响工期。结合场地条件，经多方案比选，设计采用全开敞的支护方案，以桩锚为基础，通过分级卸荷和重力挡墙，降低作用在支护结构上的土压力，并增大支护桩前的被动区土体抗力的组合支护措施，保证支护结构的稳定性。同时在支护结构外围，结合地下水位和海潮高程，单独设置素混凝土桩止水帷幕，止水帷幕进入低透水软土层1.5～6 m。基坑支护平面布置如图10.2.1所示。

基坑支护设计综合考虑支护和开挖运输条件，基坑支护典型剖面如图10.2.3所示，经计算，各剖面的安全稳定系数满足规范要求。具体支护方案为：

(1) 基坑南侧和西侧

对回填层采用1∶1分级放坡至0 m高程，考虑该侧基岩埋深相对较浅，在0 m高程～−7 m高程之间结合施工道路布置2级桩锚支护，进行分级卸荷，同时在前、后支护桩之间布置格栅状搅拌桩加固软土层。

(2) 基坑东侧

对回填层进行1∶1分级放坡至−2 m高程，并对软弱土层采用格栅状搅拌桩重力挡墙支护，台阶式卸荷至−7 m，−7 m以下采用桩锚支护，基坑内临近支护桩3 m范围进行旋喷加固，防止支护结构产生整体失稳。

(3) 基坑北侧

基坑北侧的支护理念与东侧相同，属同一典型剖面，但是北侧有主体结构盾构隧道

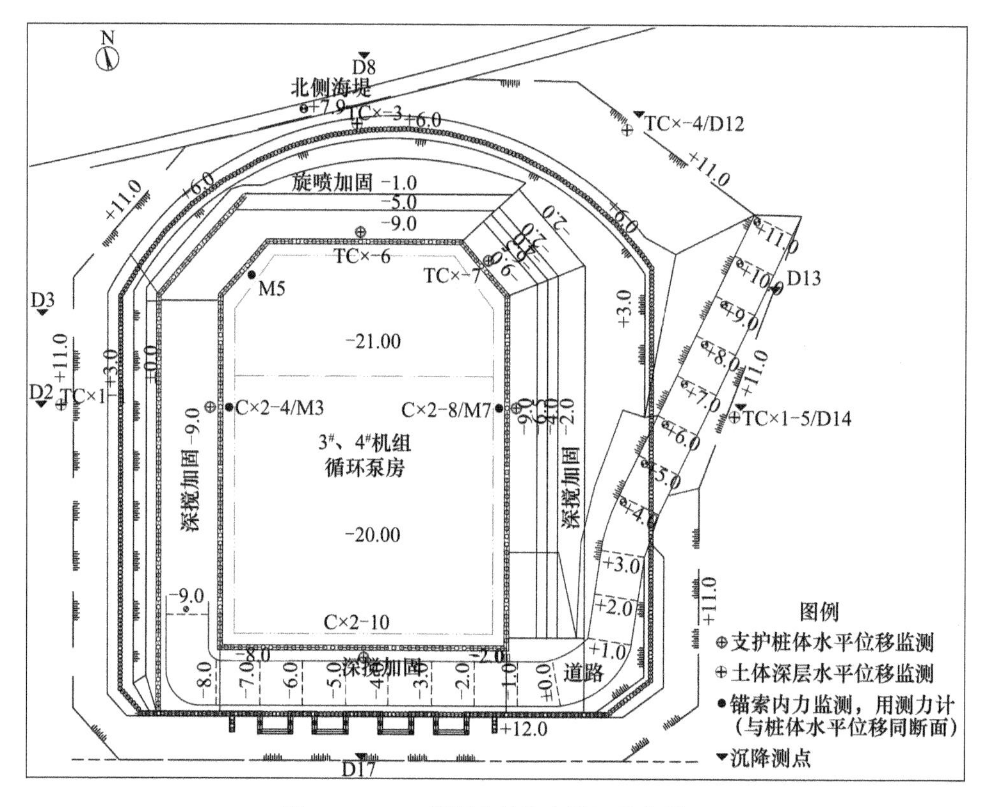

图 10.2.1　二期泵房基坑支护平面布置图

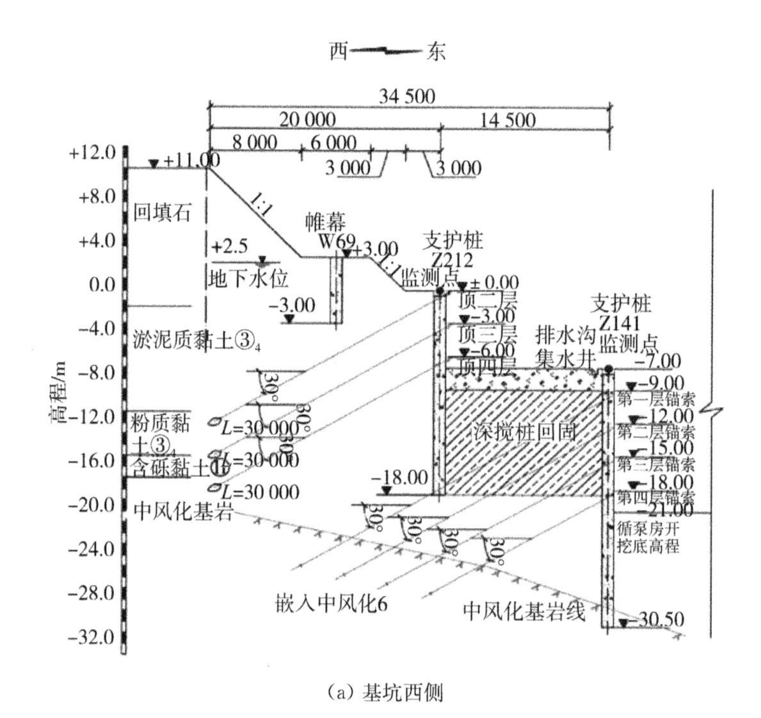

(a) 基坑西侧

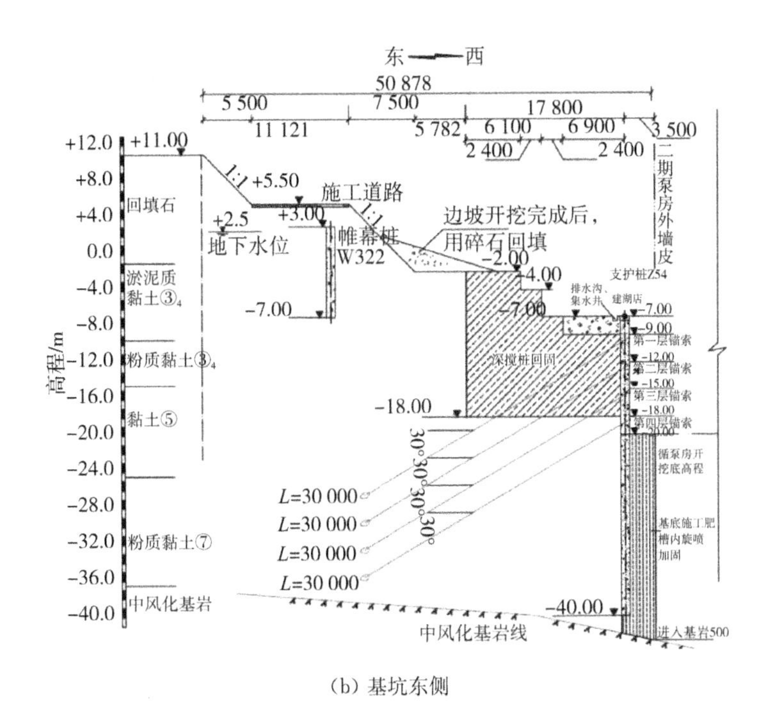

(b) 基坑东侧

图 10.2.2 二期泵房基坑支护典型剖面图(高程单位：m；其他：mm)

下穿，采用旋喷桩整体加固。

(4) 基坑施工道路以 10%坡降，自东北侧约+11.0 m 高程降低至西南角−9.0 m 高程。

10.2.3 基坑开挖过程模拟计算

10.2.3.1 计算模型和网格划分

鉴于本工程基坑开挖深度大，支护结构复杂，采用 MSC PATRAN 及 ABAQUS 软件建立三维计算模型，进行基坑开挖过程模拟计算。计算域范围以基坑为基准，向基坑四周及下部各延伸 3 倍的基坑尺寸。计算域的上表面取到地面+11.0 m 高程。各坐标方向的规定为：x 轴为东西方向，y 轴为南北方向，z 轴垂直向上。模型中，支护桩、顶梁、腰梁采用梁单元模拟，锚索采用杆单元模拟。顶梁、腰梁和锚索根据施工顺序的要求设置。整个计算域共剖分节点 221 119 个，单元 222 257 个，其中实体单元为 208 043 个，以六面体单元为主，个别体型过渡区辅以五面体、四面体单元，其余为 14 214 个梁、杆单元。计算采用的边界为底部边界采用全约束，四周侧立边界采用法向约束。计算模型划分如图 10.2.3 所示。

数值模拟计算中，按照基坑实际开挖顺序分步计算，即首先放坡开挖至 0 m 高程，施加支护桩，然后根据设计锚杆高程分层开挖，开挖至对应高程后施加锚杆及预应力，再进行下一层开挖，直至开挖至坑底。

锚杆预应力通过在锚杆单元施加相应轴力进行模拟，锚杆自由段直径 150 mm，岩石锚杆锚固段直径 150 mm，旋喷锚杆锚固段直径 500 mm。

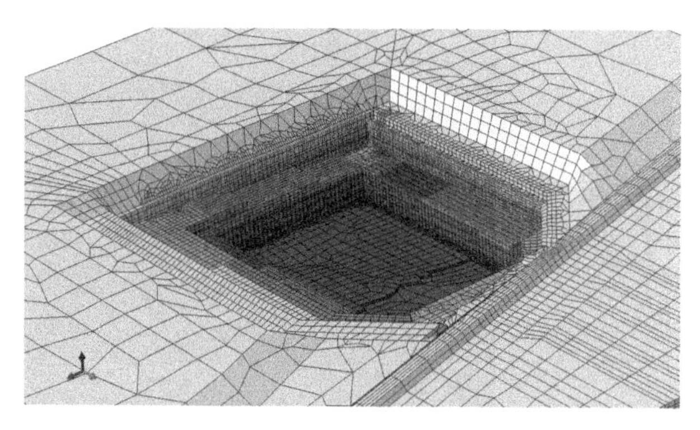

(a) 二期泵房基坑支护计算模型网格划分(开挖完成后)

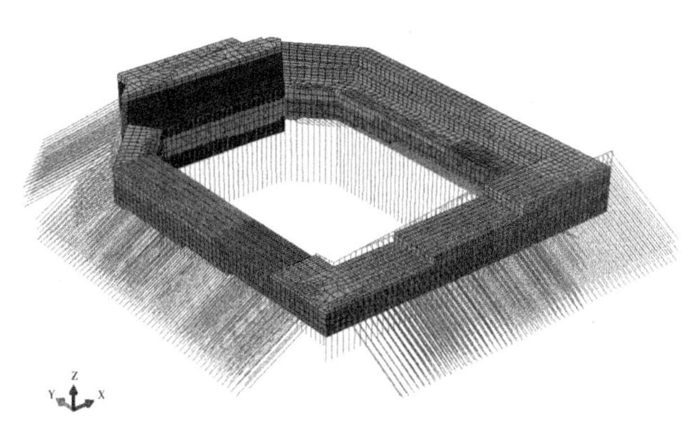

(b) 桩+重力挡墙+锚索支护结构网格

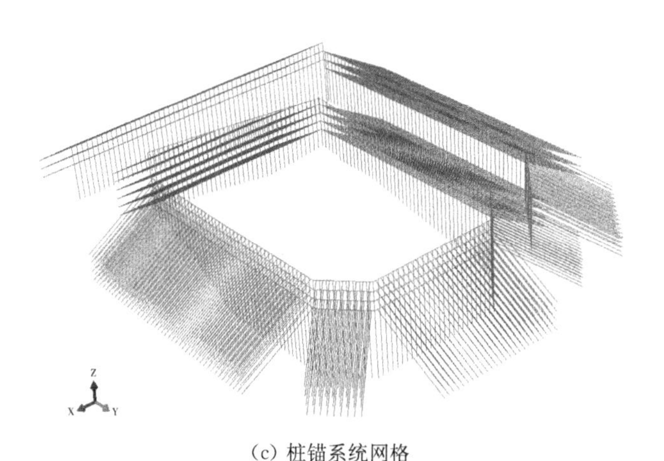

(c) 桩锚系统网格

图 10.2.3　二期泵房基坑数值计算模型网格划分

10.2.3.2　数值计算结果分析

基坑开挖完成后的地层和支护结构水平位移分别见图 10.2.4 和图 10.2.5,支护桩弯矩分布见图 10.2.6。计算结果表明,基坑开挖完成后,基坑整体处于稳定状态,最大水平位移约为 170 mm,出现在基坑的北侧中下部;基坑的东侧中部和西北角水平位移也相对较大,最大值约为 140～160 mm;而南侧的水平位移很小,主要是由于基坑南侧和西侧的基岩埋深相对较浅,基坑采用两级桩锚支护,后排(邻近基坑侧)支护桩桩底和预应力锚索的锚固段均位于基岩内,锚固区稳定,能够提供足够的锚固力,限制支护结构的水平位移。

基坑东侧和北侧,水平位移相对较大的原因主要有两个方面:一方面,基岩埋深较大,预应力锚索的锚固段和支护桩桩底均位于土层内,锚固段和桩底将产生一定的水平位移;另一方面,基坑上部采用重力挡墙支护,重力挡墙承受的部分土压力将会传递给支护桩,使得桩体承担的土压力增加,变形增大,因此出现支护结构的中下部呈整体变形趋势。在施工过程中,需要加强观测,特别是对支护结构中下部位的变形发展观测,并做好相应的应急处理措施。

由于锚索对桩体变形的限制作用,南侧和西侧支护桩的中部产生约为 1 421 kN·m 的最大弯矩,理论规律基本一致;而对于东侧和北侧,重力挡墙和支护桩联合作用,支护桩的受力规律发生变化,最大弯矩出现在坑底偏下,约为−1 347 kN·m。

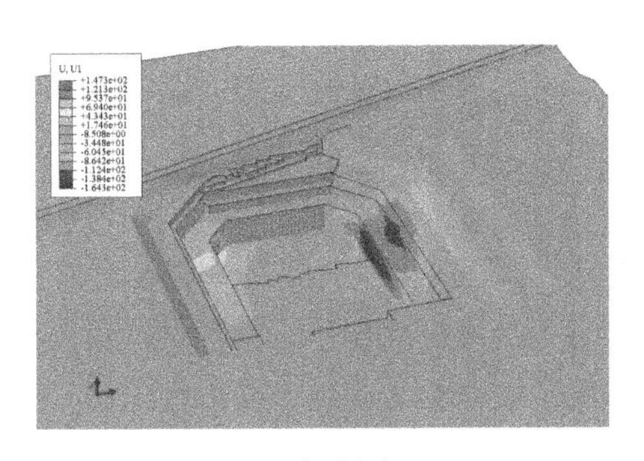

(a) 东西方向

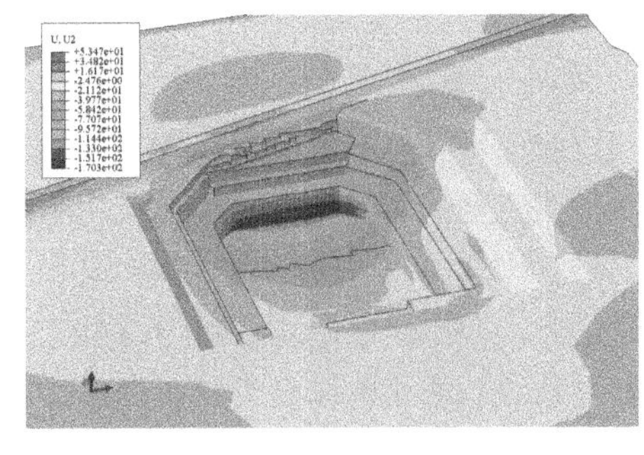

(b) 南北方向

图 10.2.4　二期泵房基坑开挖完成后的地层水平位移(单位:mm)

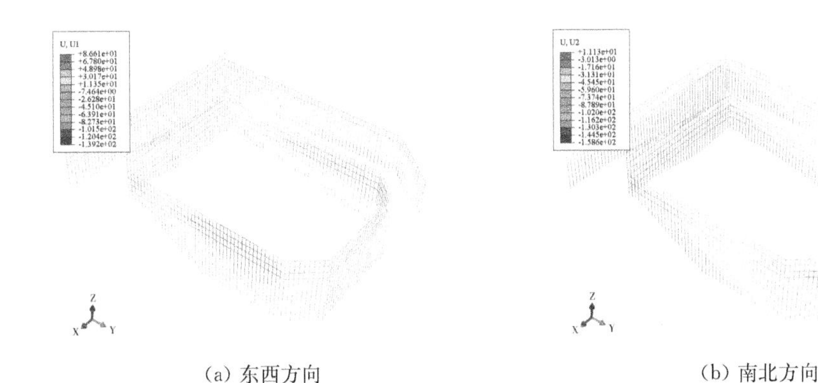

(a) 东西方向　　(b) 南北方向

图 10.2.5　二期泵房基坑开挖完成后的支护桩水平位移(单位:mm)

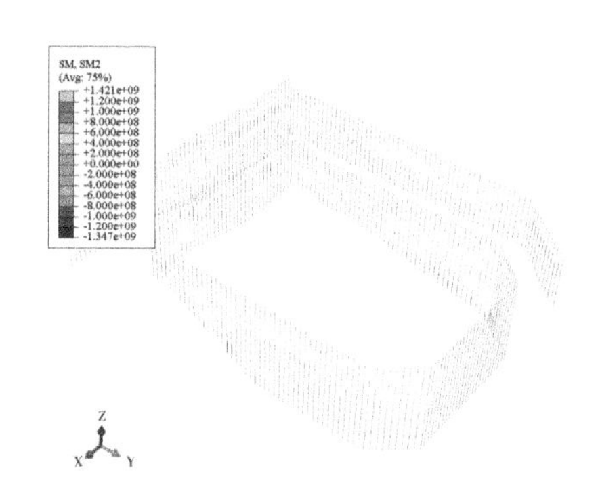

图 10.2.6　二期泵房基坑开挖完成后的支护桩弯矩(单位:N·mm)

10.2.4　基坑监测与模拟值对比分析

基坑开挖和主体结构施工过程中,共进行了支护桩桩体位移、锚索轴力、土体深层水平位移和基坑周边地表沉降等4项监测项目,监测点的布置如图10.2.1所示。

10.2.4.1　基坑变形

监测数据从基坑开挖起,至基坑开始回填结束,以完整反映基坑整个施工期和使用期各项指标的变化过程,掌握基坑的安全状况。主要测点的监测结果如表10.2-2所示。可见:

(1) 对于边坡的坡顶水平位移,基坑北侧相对较大,最终约为158.91 mm,东侧最小,仅为22～58 mm。主要是由于基坑北侧邻近护提,卸荷范围有限,且海潮波动也会对边坡产生影响;而东侧结合开挖出土道路,卸荷范围相对较大,且边坡下部重力挡墙有效限制了坡底的水平位移。

(2) 对于基坑周边地表沉降,从西侧中部至北侧,至东侧中部,均产生了100 mm以上的沉降,而南侧则仅为21.2 mm。主要是由于南侧基岩埋深较浅,且重件道路基础在基坑开挖前已经进行了加固处理,而其他部位,由于软土层较深,基坑开挖过程中产生应力重分布,土层的深层位移和压缩变形增大了地表沉降。

(3) 对于支护桩的桩顶水平位移,北侧中部和东侧中部最大,达到100 mm以上,特别是东侧中部,达到151.13 mm,而西侧中部和东北角相对较小,在70 mm左右,南侧则仅为1.66 mm。

同时,对于软土基坑,边坡的水平位移和地表沉降,不仅产生在边坡开挖阶段,而且在基坑向下继续开挖过程中,也会产生较大的持续变形。监测结果表明,基坑向下开挖过程中,边坡产生的水平位移和地表沉降能够占最终值的27%～95%,这在软土深基坑支护中应引起注意,特别是周边存在重要建筑物的情况下。

表 10.2-2　基坑开挖后的地层变形监测成果

监测项目	块石回填层(放坡)开挖累计位移/mm	桩锚支护后垂直开挖累计位移/mm	最终累计位移/mm	最大值出现高程/m	说明
TCX1-1	68.86	34.29	103.15	+11～-21	西侧

续表

监测项目	块石回填层(放坡)开挖累计位移/mm	桩锚支护后垂直开挖累计位移/mm	最终累计位移/mm	最大值出现高程/m	说明
TCX1-3	116.54	42.37	158.91	+7.5～-21	北侧
TCX1-4	1.08	21.26	22.34	+10～-21	东北
TCX1-5	30.59	27.48	58.07	+11～-21	东侧
D2	77.88	57.00	134.88	+5.5	西侧南
D3	45.61	64.65	110.06	+5.5	西侧北
D8	14.45	159.58	174.03	+5.5	北侧
D12	36.9	113.88	150.78	+5.5	东北角
D13	29.11	121.82	150.93	+5.5	东侧北
D14	22.47	116.01	138.48	+10	东侧中
D17	12.07	9.03	21.1	+12	南侧
CX2-4	67.21	—	67.21	-9～-20	西侧
CX2-6	102.43	—	102.43	-9～-21	北侧
CX2-7	71.28	—	71.28	-9～-21	东北
CX2-8	151.13	—	151.13	-9～-21	东侧
CX2-10	1.66	—	1.66	-5～-20	南侧

注：TCX—边坡水平位移；D—边坡沉降位移；CX—支护桩水平位移；“+”—向坑内位移。

10.2.4.2　支护结构变形

选取典型监测断面，对基坑支护结构的水平位移的数值模拟结果和实测值情况进行了对比，结果如图 10.2.7。

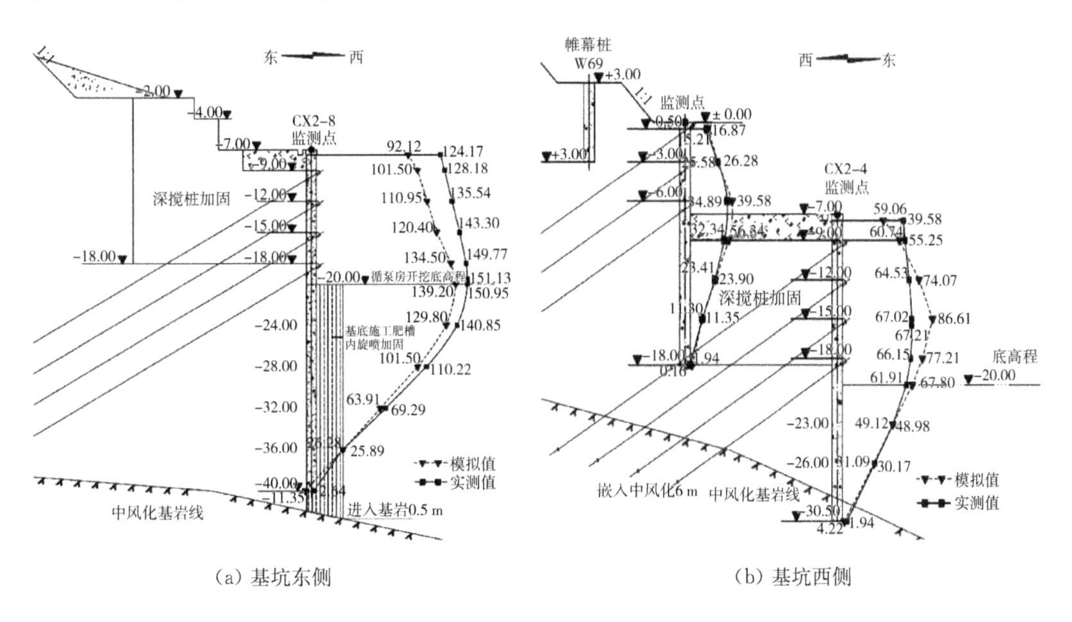

(a) 基坑东侧　　　　(b) 基坑西侧

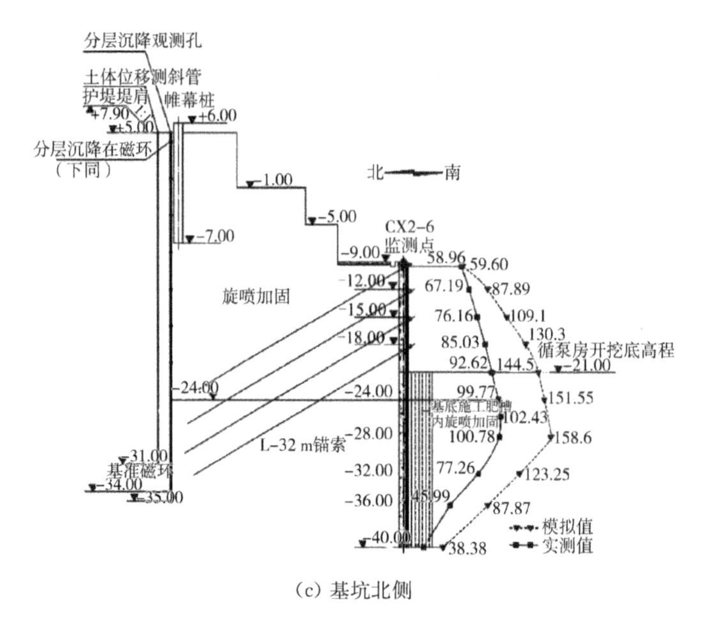

(c) 基坑北侧

图 10.2.7　基坑开挖后水平位移观测值与模拟计算结果对比(高程单位:m;位移单位:mm)

整体上看,对于支护桩的水平位移,数值模拟计算结果和实测值总体趋势一致,且吻合程度较高,模拟计算结果略大,但除北侧和个别测点外,偏差在15%以内。这表明,三维有限元计算模型,能够较好地考虑软土基坑在重力挡墙和桩锚组合支护情况下的受力特点和空间效应对结构受力的影响,可信度较高。

数值计算结果和实测值产生差异的原因主要是数值模拟中并未考虑基坑内侧的局部土体加固对于坑底位移的限制效果,同时,数值模拟采用的重力挡墙参数可能比实际值略小,特别是北侧,数值模拟低估了对旋喷挡墙的加固效果。

同时,从支护桩的水平位移上看,在采用重力挡墙和桩锚组合支护后,支护桩的最大位移出现在重力挡墙底部或墙底偏下,特别是北侧,这一特征更加明显,旋喷挡墙的基础在坑底以下,相应的支护结构最大位移也出现在坑底以下。这说明,组合支护后,重力挡墙除自身承担一定的土压力外,还将会传递部分土压力给桩锚结构,导致桩锚结构上的土压力分布形式发生改变。

10.2.4.3　锚杆力

表10.2-3为典型支护断面上不同高程的锚杆应力实测值和数值模拟结果对比。结果表明,锚索应力的数值模拟和实测值的对比结果与桩体变形的对比结果具有一致性,东侧和西侧吻合程度较高,而北侧的数值模拟结果较实测值偏大。同时,大部分锚杆的最终应力仅在预应力的基础上增加了10%～15%,处于安全范围内,因此软土基坑采用重力挡墙和桩锚组合的支护形式能够确保支护结构的稳定。

10.2.5　旋喷锚杆施工工艺和参数

本工程旋喷锚杆的施工质量及蠕变是保证基坑支护结构体系安全稳定的关键。通过室内及现场试验,提出了旋喷锚杆锚固体直径计算方法和影响因素(详见3.4.4节),

确定了旋喷锚杆的各相关设计参数和施工工艺。

表 10.2-3　基坑锚杆应力监测数据　　单位：kN

典型断面及测点高程		锚杆类型	预应力值	实测值	模拟值
东侧(M7)	−9 m	旋喷锚杆	300	327.8	311.02
	−12 m	旋喷锚杆	400	450.8	442.44
	−15 m	旋喷锚杆	400	434.5	434.3
	−18 m	旋喷锚杆	400	433.9	415.6
西侧	−9 m	旋喷锚杆	400	449.7	466.99
	−12 m	岩锚	600	623.8	674.8
	−15 m	岩锚	600	689.6	700.2
	−18 m	岩锚	600	720.1	710.3
北侧	−9 m	旋喷锚杆	300	103	273.13
	−12 m	旋喷锚杆	400	311.4	401.8
	−15 m	旋喷锚杆	400	300.7	420.27
	−18 m	旋喷锚杆	400	328	411.6

10.2.5.1　锚杆安放方法及影响分析

如图 10.2.8(a)所示，旋喷锚杆初期施工拟采用的是通过旋喷钻杆将钢绞线带入已经成型的孔中，主要目的是为提高安装工效和减轻工人的劳动强度。

采用这种机械安放锚杆的施工工艺，虽然能够极大提高锚杆的安放速度，也能够避免出现锚杆安放不到位的情况，确保锚杆能够安放到预定的设计深度，降低了工人的劳动强度。但是，通过查看现场挖开后的旋喷锚杆发现：①由于锚杆各根钢绞线之间无支架分隔，在下放过程中，钢绞线拧在一起，呈“麻花状”；②受钻杆和钢绞线自重的影响，锚杆在锚固体浆液中推进时不断向下偏转，并不能处于已经成好孔的旋喷锚固体中部，而是位于底部，并略有侧偏，从图中可知，旋喷锚杆钢绞线垂直方向上距离锚固体底部的最小距离约 55 mm；水平方向上距离锚固体边缘的最小距离约 125 mm。旋喷锚杆钢绞线在锚固体中的位置如图 10.2.8(b)所示。

机械安放锚杆后出现钢绞线“拧麻花”和偏离锚固体中心这一现象，一方面将会使钢绞线与锚固体水泥块之间的接触面积减少，导致钢绞线与锚固体之间的握裹力不足。当锚杆受拉后，可能首先产生钢绞线与锚固体之间的剪切破坏，导致锚杆失效，降低了锚杆的使用功能；另外钢绞线偏离浆液杆体中心，基本位于杆体底部，导致钢绞线和锚固段浆体之间的接触面积进一步降低，乃至出现钢绞线与泥面接触的现象，并产生偏心，当预应力施加时，会直接将钢绞线从杆体底部拔出，造成锚固失效。

鉴于此，锚杆安放时仍用人工安放，并在钢绞线之间安装固定支架，在锚盘前方设置导向锥(图 10.2.9)，以克服或减少钢绞线出现“拧麻花”和“托底”现象，避免或减小钢绞线与浆杆体下部的沉积泥浆相接触，防止钢绞线从锚固体底部被拔出。

(a) 旋喷锚杆施工

(b) 锚固体中钢绞线的位置

图 10.2.8　旋喷自带钢绞线锚杆施工及钢绞线在锚固体中的位置

图 10.2.9　人工安放锚杆钢绞线格架和导向锥示意图

10.2.5.2　锚杆施工工艺和参数

经过旋喷锚杆原型和实体试验，比较不同工艺试验效果，确定了1次水喷、1次浆喷、人工安放锚杆并补浆的方法。施工参数和建议施工记录表见表10.2-4和表10.2-5，锚杆成孔过程操作、锚杆制作等要求为：

表 10.2-4　高压旋喷锚杆施工工艺参数表(示例)

内容	螺旋钻带喷嘴		水泥标号	水灰比(±0.05)(水泥用量/t)		转速/(r/min)		旋喷压力/MPa	钻进速度/(cm/min)		喷浆提升速度/(cm/min)
	螺旋钻直径/mm	喷嘴直径/mm		喷浆	注浆	喷水	喷浆		自由段	锚固段(含复喷段)	
参数	建议不小于120	2.5～2.7	P•O42.5	0.8(1.6)	0.5(0.4)	12～15	15～20	≥30	35～40	8～10	20～25

注：①为保证锚杆人工安放顺利，建议采用带喷嘴的螺旋钻钻进，螺旋钻直径不小于120 mm。
②当钻孔长度小于设计长度即碰到岩面时，锚杆工艺采用岩锚并参照施工图岩锚操作方法进行。
③施工机组须严格按照本表提供的工艺参数和相关操作方法进行施工。

表 10.2-5 高压旋喷锚杆施工记录表(示例)

工程名称：________ 日期：____年____月____日

锚杆编号	钻孔角度/(°)	锚杆长度/m	开孔时间	终孔时间	喷浆水灰比	喷水扩孔自由段			喷水扩孔锚固段			往复旋喷（水）	喷浆扩孔锚固段			锚杆入孔长度/m	二次注浆			备注
						压力____/MPa			压力____/MPa			压力____/MPa	压力____/MPa							
						开喷时间	停喷时间	停喷深度/m	返浆比重	停喷时间	停喷深度/m	停喷时间	停喷时间	喷浆量/L	孔口返浆时间		开始时间	水灰比	注浆量/L	

注：①锚固段钻进过程中每 2～3 m 记录 1 次返浆比重，至少记录 3 次。
②终孔时间为二次注浆结束时间。
③停喷深度为停喷时钻杆实际钻进长度。

监理：________ 质检员：________ 机长：________ 记录：________

(1) 旋喷锚杆总体施工过程

由钻机带动旋喷钻杆入土层旋喷,按要求的压力、转速、钻进/回升速度、水灰比等参数,首先用水向下旋喷扩孔至设计长度,随即以水泥浆向上慢速旋喷。

(2) 钻进工艺及参数

①旋喷锚杆钻头采用带喷嘴的螺旋钻,喷嘴直径 2.5~2.7 mm。

②钻杆钻进速度:自由段 35~40 cm/min,锚固段 8~10 cm/min。钻进过程中,钻杆转速 12~15 r/min,喷水压力不小于 30 MPa。自由段钻进过程中,需确保孔口返浆顺畅,如返浆不畅,需上、下往复提升钻杆,直至返浆顺畅;锚固段钻进过程中,孔口返出的泥浆比重不得小于 1.20。

③锚固段底部复喷:钻杆至设计孔底后,在底部 1 m 范围内上、下复喷一次。复喷时钻杆转速 12~15 r/min,速度 8~10 cm/min,压力不小于 30 MPa,复喷段喷射时间 20 min。

④钻杆回升速度:复喷结束时,应即刻开始喷浆,中间不得间隔(提前做好喷浆准备)。喷浆时,钻杆在孔底旋转停留 5 min 喷浆,随后以 20~25 cm/min 的速度提升钻杆,向上旋喷。钻杆转速 15~20 r/min,压力不小于 30 MPa,水泥采用 P·O42.5,浆液水灰比 0.8±0.05,并掺 0.6%的 ZWL-A-1 型高效泵送剂。当孔口返浆比重大于 1.5 且开始返浆时的孔内喷浆总量不小于 1 800 L(水泥掺入量 1.6 t)时,停止喷浆。

⑤喷浆结束后,快速提出钻杆。

(3) 锚杆制作

①锚杆总长按照试验成果及经抗拔验证后优化提出的锚固段长度要求制作。为确保锚杆运输及安放过程中不变形,在锚头后部间隔 50 cm 安装 3 个支架,锚固段其余部分安放间隔为:1 个/1.5 m,自由段为 1 个/2 m。支架直径不小于 115 mm。

(4) 安放锚杆

①旋喷锚杆采用人工安放。锚杆前方设置导向锥,并安放注浆管,切割锚头前端 6 m 范围内的外包塑料软管。锚杆应在钻孔前预先制作完成,并在喷浆前移至孔口。

②旋喷锚杆安放过程中,应在钢绞线尾端设置标识,张拉时按序穿入锚具,以避免钢绞线在孔内缠绕,保证顺直。锚头应送至孔底后回拉 20~30 cm,安放好后立即灌浆,灌浆量 300 L(水泥 0.4 t),水泥采用 P·O42.5,浆液水灰比 0.5±0.05。

(5) 锚杆张拉、锁定

旋喷锚杆注浆完成后,经过 14 天且试块强度达到 15 MPa 以上时,方可进行张拉、锁定。张拉、锁定流程按照相关规范执行。

10.2.5.3 锚杆施工注意事项和要求

为保证设计技术要求和施工工艺在施工过程中得到切实执行,设计对旋喷锚杆操作过程提出必要的注意事项及要求。具体为:

(1) 施工场地和机具

①机具设备处于良好状态,加强检查和及时维修工作并保持施工正常和旋喷连续。

②钻机安放地面须平整、稳固,严格控制地面下部垫层沉降;机具定位及钻杆与轴向

平行准确，严禁钻杆水平偏向；施工中常查钻机倾角，倾角误差不大于设计值 2 度，超过时应及时调整。

③机具出现故障时，应及时记录时间、钻孔深度、主要原因，并及时维修。若喷水扩孔过程中出现故障，应将钻头调至事故孔深以上 1 m 处重新喷水扩孔；如喷浆过程中出现故障，应将钻头调至事故孔深以下 1 m 处重新喷浆。

(2) 锚杆制作与安放

①锚杆制作长度为设计钻孔深度另加 1 m。制作时，应保证各根钢绞线顺直，并切割锚头前端(锚固段)6 m 内的锚杆外包塑料软管，将钢绞线表面黄油清洗、擦拭干净，确保钢绞线与水泥有效黏接。

②锚杆制作和安放时不得刮碰自由段的塑胶保护层，如有破损及时包裹密封，并将外露的锚杆末端用铅丝或胶带绑扎，以防松散。

③锚杆制作完成后，应放在干燥清洁的场所，避免机械损伤或油渍溅落在杆体上。锚杆制作完成后应尽早使用，不得露天存放。

④锚杆应在喷浆结束、钻杆提出后立即采用人工安放，锚头应安放至钻孔孔底，随即回拉 20～30 cm，并应按照规范要求安放至旋喷扩孔的中心位置。安放过程中，应保证锚杆顺直。

(3) 钻孔

①旋喷过程中须按设计要求的压力值、钻杆的转速、升降速度保持稳定，钻杆接口处要密闭，以防漏水、漏气而导致泄压，影响旋喷成孔和设计杆体直径。

②当旋喷压力值小于设计要求或钻杆升降速度大于设计要求时，应及时恢复至设计值，并将钻杆回复至压力降低或超速位置重新补喷。

③若钻进过程中，遇有坚硬障碍物时，应采用冲击锤(钻)成孔，并适当扩孔，以便于后续钻杆和锚杆通行顺畅。

④若旋喷锚杆钻进至设计孔深以内遇到岩石，应改用岩锚工艺，并及时通知设计方。

⑤在西侧第一排锚杆施工过程中，锚杆可能要穿过帷幕桩，开孔处至帷幕桩段应采用套管跟进施工，套管长度应穿过帷幕桩。

(4) 水泥浆拌合

①旋喷锚杆喷浆、注浆所用水泥应采用 P·O42.5，浆液应严格按照设计水灰比拌合，水灰比偏差控制在±0.05。

②浆液拌合时，水泥投放速度不能过快，以免形成大小不均的结块，造成吸浆管进口处堵塞现象，影响送浆；水泥质量严格按照规范要求执行，要经常检查水泥是否过期或受潮结块。

③喷浆、注浆过程应连续，且确保钻孔内排水、返浆顺畅。

(5) 其他

旋喷锚杆每根的施工时间较长，且须保证整个施工过程连续，中间不能停顿，因此每台机具应至少配置 2 名司钻人员。

参考文献

[1] 龚晓南. 深基坑工程设计施工手册[M]. 北京:中国建筑工业出版社,2018.

[2] 中国土木工程学会土力学及岩土工程分会. 深基坑支护技术指南[M]. 北京:中国建筑工业出版社,2012.

[3] 顾宝和. 浅谈岩土工程的专业特点[J]. 岩土工程界,2007(1):19-23.

[4] 龚晓南. 关于基坑工程的几点思考[J]. 土木工程学报,2005,38(9):99-102+108.

[5] 龚晓南. 基坑工程若干问题[C]//第三届全国青年岩土力学与工程会议论文集. 南京:河海大学出版社,1998.

[6] 龚晓南. 基坑工程特点和围护体系选用原则[C]//中国土木工程学会第八届年会论文集. 北京:清华大学出版社,1998.

[7]《工程地质手册》编委会. 工程地质手册[M]. 5 版. 北京:中国建筑工业出版社,2018.

[8] 中国建筑科学研究院. 建筑基坑支护技术规程:JGJ 120—2012 [S]. 北京:中国建筑工业出版社,2012.

[9] 湖北省住房和城乡建设厅. 基坑工程技术规程:DB42/T 159—2012[S]. [出版者不详],2012.

[10] 北京市住房和城乡建设委员会. 建筑基坑支护技术规程:DB11/489—2016 [S]. 北京:北京城建科技促进会,2016.

[11] 广东省住房和城乡建设厅. 建筑基坑工程技术标准:DBJ/T 15—20—2016 [S]. 北京:中国城市出版社,2017.

[12] 上海市住房和城乡建设管理委员会. 基坑工程技术标准:DG/TJ 08—61—2018 [S]. 上海:同济大学出版社,2018.

[13] 河北省住房和城乡建设厅. 建筑基坑支护技术标准:DB13(J)/T 8468—2022[S]. 北京:中国建材工业出版社,2022.

[14] 浙江省住房和城乡建设厅. 建筑基坑工程技术规程:DB33/T 1096—2014[S]. 杭州:浙江工商大学出版社,2014.

[15] 广西壮族自治区住房和城乡建设厅. 建筑基坑支护技术规范:DBJ/T 45—065—2018[S]. 2018.

[16] 四川省住房和城乡建设厅. 成都地区基坑工程安全技术规范:DB51/T 5072—2011[S]. 2011.

[17] 山东省住房和城乡建设厅. 土岩双元基坑支护技术标准:DB37/T 5233—2022[S]. 北京:中国建筑工业出版社,2022.

[18] Anon. Retaining and Flood Walls:EM 1110-2-2502[S]. ASCE,1995.

[19] U. S. Army Corps of Engineers. Design of Sheet Pile Walls:EM 1110-2-2504[S]. ASCE,1996.

[20] 赵成刚,白冰,等. 土力学原理[M]. 2 版. 北京:清华大学出版社,2017.

[21] 李广信. 高等土力学[M]. 2 版. 北京:清华大学出版社, 2016.

[22] 高国瑞. 近代土质学[M]. 南京:东南大学出版社, 1990.

[23] 高大钊,袁聚云. 土质学与土力学[M]. 3 版. 北京:人民交通出版社, 2006.

[24] 黄文熙. 土的工程性质[M]. 北京:水利电力出版社, 1983.

[25] 陈仲颐,周景星,王洪瑾. 土力学[M]. 北京:清华大学出版社, 1994.

[26] 钱家欢,殷宗泽. 土工原理与计算[M]. 北京:中国水利水电出版社, 1996.

[27] Mitchell J K. Fundamentals of soil behavior[M]. 2nd ed. New York: John Wiley & Sons Inc, 1993.

[28] 项彦勇. 地下水力学概论[M]. 北京:科学出版社, 2011.

[29] 姜晨光. 基坑工程理论与实践[M]. 北京:化学工业出版社, 2009.

[30] 赵同新,高霈生. 深基坑支护工程的设计与实践[M]. 北京:地震出版社, 2010.

[31] 陈愈炯,杨晓军,龚晓南. 对“基坑开挖中考虑水压力的土压力计算”的讨论[J]. 土木工程学报, 1998, (4):74-79.

[32] 张吾渝,徐日庆,龚晓南. 土压力的位移和时间效应[J]. 建筑结构, 2000, 30(11):58-61.

[33] 徐日庆,俞健霖,龚晓南,等. 基坑开挖中土压力计算方法探讨[C]//中国土木工程学会,中国土木工程学会第八届土力学及岩土工程学术会议论文集. 北京:万国学术出版社, 1999.

[34] Jaky J. The coefficient of earth pressure at rest[J]. Journal Society of Hungarian Architects and Engineers, 1944, 78(22):355-358.

[35] ZHOU Y, CHEN Q, CHEN F, et. al. Active earth pressure on translating rigid retaining structures considering soli arching effect[J]. European Journal of Environmental and Civil Engineering, 2018, 22(8):910-926.

[36] PAIK K H, SALGADO R. Estimation of active earth pressure against rigid retaining walls considering arching effects[J]. Geotechnique, 2003,57(7):643-654.

[37] 梁利生,郭俊源,王慧芳. 含柔性垫层的刚性挡土墙土压力计算方法[J]. 土木与环境工程学报(中英文), 2023,45(6):158-164.

[38] 杨明辉,巩虎涛,邓波. 非极限状态非饱和土主动土压力试验及理论分析[J]. 工程地质学报, 2023,31(2):650-660.

[39] 芮瑞,蒋旺,徐杨青,等. 刚性挡土墙位移模式对土压力的影响试验研究[J]. 岩石力学与工程学报, 2023,42(6):1534-1545.

[40] 关振长,黄金峰,何亚军等. 基于极上限分析的临水深基坑围护结构主动土压力计算[J]. 工程力学, 2022,39(11):196-202+256.

[41] 朱彦鹏,魏鹏云,马孝瑞等. 有限土体主动土压力计算方法探讨[J]. 兰州理工大学学报, 2020, 46(2):133-137.

[42] 张振波,周佳迪,孙明磊,等. 近接增建基坑有限土体土压力计算方法探究[J]. 铁道科学与工程学报, 2023,20(6):2091-2102.

[43] 邓波,杨明辉,王东星,等. 刚性挡墙后非饱和土破坏模式及主动土压力计算[J]. 岩土力学, 2022,43(9):2371-2382.

[44] 罗勇,龚晓南,吴瑞潜. 考虑渗流效应下基坑水土压力计算的新方法[J]. 浙江大学学报(工学版), 2007,41(1):157-160.

[45] 中华人民共和国住房和城乡建设部. 建筑地基基础设计规范:GB 50007—2011[S]. 北京:中国建筑工业出版社,2011.
[46] 李光照,郑刚. 软土地区深基坑工程存在的变形与稳定问题及其控制——基坑施工全过程可产生的变形[J]. 施工技术,2011,40(338):5-9.
[47] 刘畅. 考虑土体不同强度与变形参数及基坑支护空间影响的基坑支护变形与内力研究[D]. 天津:天津大学,2008.
[48] 廖少明,侯学渊. 基坑支护设计参数的优选与匹配[J]. 岩土工程学报,1998,20 (3):109-113.
[49] 美国交通部联邦公路总局. 土钉墙设计施工与监测手册[M]. 佘诗刚,译. 北京:中国科学技术出版社,2000.
[50] 陈肇元,崔京浩. 土钉支护在基坑工程中的应用[M]. 北京:中国建筑工业出版社,1997.
[51] 杨光华,黄宏伟. 基坑支护土钉力的简化增量计算法[J]. 岩土力学,2004,25(1):15-19.
[52] 郭红仙,宋二祥,陈肇元. 考虑施工过程的土钉支护土钉轴力计算及影响参数分析[J]. 土木工程学报,2007,40(11):78-85.
[53] 曾宪明. 复合土钉支护设计与施工[M]. 北京:中国建筑工业出版社,2009.
[54] 杨光华. 土钉支护中土钉力和位移的计算问题[J]. 岩土力学,2012,33(1):173-146.
[55] 刘子豪,张建成,张波,等. 含水率对土钉锚固土体抗剪性能影响[J]. 山东大学学报(工学版),2023,53(3):14-22.
[56] 董建华,吴晓磊,连博,等. 土钉支护季节冻土区边坡冻胀效应耦合模型建立及求解[J]. 岩石力学与工程学报,2022,41(4):809-821.
[57] 丁晓斌. 复合土钉墙在基坑边坡支护中的应用[J]. 水利水电技术(中英文),2021,52(S2):100-103.
[58] 杨育文. 土钉支护理论与设计[M]. 北京:中国建筑工业出版社,2018.
[59] 郭红仙,周鼎. 软土中基坑土钉支护稳定性问题探讨[J]. 岩土力学,2018,39(S2):398-404.
[60] 单仁亮,董洪国,陈代昆. 中深部含软弱夹层的深基坑土钉支护失稳破坏数值模拟分析[J]. 岩土工程学报,2014,36(S2):30-35.
[61] 张文龙. 关于基坑土钉支护极限高度影响参数的分析研究[J]. 岩土工程学报,2013,35(S2):783-787.
[62] 杨育文. 土钉支护中土压力计算[J]. 岩土工程学报,2013,35(1):111-116.
[63] 张河. 紧邻地铁深基坑悬臂式挡土墙保护及基坑支护设计研究[J]. 隧道建设(中英文),2019,39(S2):294-300.
[64] 王协群,匡文壮,韩仲,等. 膨胀土中 EPS 缓冲层-悬臂式挡墙支护结构的受力变形数值模拟[J]. 长江科学院院报,2022,39(7):78-86.
[65] 张旭辉,龚晓南. 锚管桩复合土钉支护构造与稳定性分析[J]. 建筑施工,2003,25 (4):247-248.
[66] 龚晓南. 土钉和复合土钉支护若干问题[J]. 土木工程学报,2003,36 (10):80-83.
[67] 付文光,杨志银,刘俊岩,等. 复合土钉墙的若干理论问题、兼论《复合土钉墙基坑支护技术规范》[J]. 岩石力学与工程学报,2012,31(11):2291-2304.
[68] 张文龙,俞建霖,龚晓南. 关于土钉支护极限高度的探讨[J]. 岩土工程学报,2008,30(S1):118-121.
[69] 张文龙. 关于基坑土钉支护极限高度影响参数的分析研究[J]. 岩土工程学报,2013,35(S2):783-787.

[70] 刘岸军,钱国桢,龚晓南. 土层锚杆和挡土桩共同作用的非线性分析及其优化设计[J]. 岩土工程学报,2006,28(10):1288-1291.

[71] 中国水利水电科学研究院,中水淮河规划设计研究有限公司,上海市水利工程集团有限公司.水利水电工程钢板桩围堰技术规范:T/CWEA 12-2020[S].北京:中国水利水电出版社,2021.

[72] 路威,秦景,娄鹏,等. 旋喷锚杆锚固体直径计算方法及影响参数试验研究[J]. 岩土工程学报,2016,38(10):1783-1788.

[73] LU W, ZHAO L Y, WANG K. Application and deformation control of pile-anchor support for deep foundation pit in soft soil area[J]. IOP Conference Series: Earth and Environmental Science, 2020, 526(1): 012221.

[74] 赵凌云,路威,秦景,等. 软土深基坑组合开敞式支护数值模拟与监测分析[J]. 水利水电技术,2020, 51(2):155-161.

[75] 秦景,路威,高霈生,等. 滨海软土区深基坑支护结构设计及变形分析[J]. 地下空间与工程学报,2013, 9(5):1115-1120.

[76] 秦景,路威,朱俊臣. 三门核电循环水泵房超深基坑支护设计实例[J]. 中国水利水电科学研究院学报,2013, 11(2):157-160.

[77] 张跃进,曾纪文.深厚淤泥层基坑开挖动态监测与应急处理[J]. 岩土工程学报, 2014, 36(S1):202-207.

[78] 潘旭亮,张钦喜,杜修力,等. 桩锚支护结构内力和变形试验分析[J]. 岩土工程学报,2012, 34(S):277-281.

[79] 周勇,朱亚薇. 深基坑桩锚支护结构和土体之间协同作用[J]. 岩土力学,2018, 39(9):3246-3252.

[80] 李方明, 陈国兴,刘雪珠. 悬挂式帷幕地铁深基坑变形特性研究[J]. 岩土工程学报,2018, 40(12):2182-2190.

[81] 深圳钜联锚杆技术有限公司,标力建设集团有限公司.高压喷射扩大头锚杆技术规程:JGJ/T 282—2012[S].北京:中国建筑工业出版社,2012.

[82] 陈志博,王向军,丁文其. 大直径可回收锚杆力学特性数值分析[J]. 岩土工程学报,2012, 34(S1):172-176.

[83] 胡建林,张培文. 扩体型锚杆的研制及其抗拔试验研究[J]. 岩土力学, 2009, 30(6):1615-1619.

[84] 郭钢,刘钟,李永康,等. 扩体锚杆拉拔破坏机制模型试验研究[J]. 岩石力学与工程学报, 2013, 32(8):1677-1684.

[85] SHIBAZAKI M. State of practice of jet grouting[C]//The Third International Conference on Grouting and Ground Treatment. ASCE, New Orleans, 2003,198-217.

[86] FLORA A, MODONI G, LIRER S, et. al. The diameter of single, double and triple fluid jet grouting columns: Prediction method and field trial results[J]. Geotechnique, 2013,63(11): 934-945.

[87] 马飞,高国华,王萍辉,等. 水射流土层扩孔技术及影响因素[J]. 北京科技大学学报, 2008, 30(6):585-589.

[88] SHEN S L, WANG Z F, SUN W J, et. al. A field grail of horizontal jet grouting using the composite-pile method in the soft deposits of Shanghai[J]. Tunneling and Underground Space Technology, 2013, 35:142-151.

[89] 王志丰,沈水龙,许烨霜,等. 基于圆形断面自由紊动射流理论的旋喷桩直径计算方法[J]. 岩土工程学报，2012，34(10):1957-1960.
[90] 崔江余,贺长俊,杨桂芹. 旋喷自带钢绞线锚杆现场试验研究[J]. 岩土工程学报，2009，31(12):1947-1951.
[91] 龚晓南,俞建霖. 可回收锚杆技术发展与展望[J]. 土木工程学报，2021，54(10):90-96.
[92] 李玉柱,苑明顺. 流体力学[M]. 北京:高等教育出版社,1998.
[93] 赵云,朱俊臣,李凡,等. 浅海围堰与软土深基坑支护结构协同设计及应用研究[J]. 中国水利水电科学研究院学报，2014，12(2):138-143.
[94] 陈昌富,吴子儒,龚晓南. 复合形模拟退火算法及其在水泥土墙优化设计中的应用[J]. 岩土力学，2007，28(12):2543-2548.
[95] 陈明中,龚晓南,梁磊. 深层搅拌桩支护结构的优化设计[J]. 建筑结构，1999，29(5):3-5+31.
[96] 张冬梅，王箭明. 正交试验法在水泥土搅拌桩挡墙优化设计中的应用[J]. 建筑结构，2000，30(11)：34-36+61.
[97] 陈昌富,吴子儒,曹佳,等. 水泥土墙支护结构遗传进化优化设计方法[J]. 岩土工程学报，2005，27(2):224-229.
[98] 綦春明,宋会莲. 水泥土搅拌桩护墙设计与施工的研究[J]. 中南工学院科技通讯，1998，14(1):10-14.
[99] 潘必胜. 重力式水泥土墙在连云港地区海相沉积土基坑支护中的应用[J]. 铁道标准设计，2020，64(6):57-60.
[100] 李成巍,梁志荣,魏祥,等. CSM工法在软土地区深基坑承压水控制中的应用[J]. 岩土工程学报，2019，41(S2):125-128.
[101] 高丽丽,温伟光. TRD工法在深基坑工程中的应用[J]. 水利水电技术，2019，50(S1):92-97.
[102] 刘溢,李镜培,陈伟. 被动区深层搅拌桩加固对超大深基坑变形的影响[J]. 岩土工程学报，2012，34(11)：465-469.
[103] 俞建霖,曾开华,温晓贵,等. 深埋重力-门架式围护结构性状研究与应用[J]. 岩石力学与工程学报，2004，23(9):1578-1584.
[104] 李涛,吴丽杰,续辰,等. 考虑不同岩土抗力的加锚双排桩受力变形计算[J/OL]. 西安理工大学学报，2023:1-11[2023-05-22]. http://kns.cnki.neti/kcms/detail/61.1294.N.20230519.1417.002.html.
[105] 薛德敏,李天斌,张帅. 基于位移控制的双排桩桩后滑坡推力计算方法[J]. 岩土工程学报，2023,45(9):1979-1986.
[106] 阎波,胡科,曹明. 桩间加固土参数对双排桩支护结构的影响分析[J]. 地下空间与工程学报，2022，18(S1):226-232.
[107] 郭成超,朱传鑫. 装配式可回收双排桩支护结构的开挖支护分析[J]. 郑州大学学报(工学版)，2022，43(2):78-83.
[108] 何君佐,刘浩,廖少明,等. 双排桩支护下深基坑与紧邻地铁车站相互作用[J]. 地下空间与工程学报，2021，17(S2):821-831.
[109] 欧孝夺,黄中正,江杰,等. 圆砾-泥岩组合地层坑中坑开挖对双排桩的影响[J]. 长江科学院院报，2022，39(1):78-85.
[110] 郑刚,衣凡,黄天明,等. 超挖引起双排桩支护基坑倾覆型连续破坏机理研究[J]. 岩土工程学报，

2021，43(8)：1373-1381.

[111] 罗忠行，牛建东，李泽玮，等．深基坑 h 型双排桩的变形计算及优化分析[J]．铁道科学与工程学报，2020，17(7)：1720-1727.

[112] 彭智勇，杨秀仁．基坑分块开挖参数对邻近地铁盾构隧道的变形影响分析[J]．中外公路，2019，39(2)：206-210.

[113] PENG Z Y，YANG X R，LIU W N，et al. Research on risk control parameters of a shielded-tunnel-enlarged station，based on bearing capacity of pre-removed segment[J]. Acta Polytechnica Hungarica，2023，20(1)：213-229.

[114] 秦景，赵云，路威，等．滨海软土区排水箱涵深基坑工程设计及施工技术分析[J]．中国水利水电科学研究院学报，2013，11(4)：314-318.

[115] 刘念武，龚晓南，楼春晖．软土地基中地下连续墙用作基坑围护的变形特性分析[J]．岩石力学与工程学报，2014，33(S1)：2707-2712.

[116] 周爱其，龚晓南，刘恒新，等．内撑式排桩支护结构的设计优化研究[J]．岩土力学，2010，31(S1)：245-254+260.

[117] 刘念武，龚晓南，陶艳丽，等．软土地区嵌岩连续墙与非嵌岩连续墙支护性状对比分析[J]．岩石力学与工程学报，2014，33(1)：164-171.

[118] 高彦斌，罗文康，李文勇，等．深厚软土地铁车站基坑立柱隆起简化分析方法[J]．土木工程学报，2023，56(3)：70-77.

[119] 李忠超，陈明仁，陈云敏，等．软黏土中某内支撑式深基坑稳定性安全系数分析[J]．岩土工程学报，2015，37(5)：769-775.

[120] 杨敏，逯建栋．深开挖基坑回弹引起的坑中桩受力与位移计算[J]．同济大学学报(自然科学版)，2010，38(12)：1730-1735.

[121] 陈鹏飞，龚晓南，刘念武．止水帷幕的挡土作用对深基坑变形的影响[J]．岩土工程学报，2014，36(S2)：254-258.

[122] 丁洲祥，龚晓南，俞建霖，等．高止水帷幕对基坑环境效应影响的有限元分析[J]．岩土力学，2005，26(5)：146-150.

[123] 卢智强，冯晓腊，王超峰．悬挂式止水帷幕对基坑降水的影响[J]．隧道建设，2006，26(5)：5-7+20.

[124] 龚晓南，张杰．承压水降压引起的上覆土层沉降分析[J]．岩土工程学报，2011，33(1)：145-1495-7.

[125] 中国水利学会地基与基础工程专业委员会，中国水电基础局有限公司．水利水电工程混凝土防渗墙施工技术规范：SL 174—2014[S]．北京：中国水利水电出版社，2014.

[126] 云南建工水利水电建设有限公司，云南建工第四建设有限公司．现浇塑性混凝土防渗芯墙施工技术规程：JGJ/T 291-2012[S]．北京：中国建筑工业出版社，2012.

[127] 丛蔼森，杨晓东，田彬．深基坑防渗体的设计施工与应用[M]．北京：知识产权出版社，2012.

[128] 许正松，姜小红，路威，等．南水北调某泵站深基坑开挖对邻近建筑物影响研究[J]．水利与建筑工程学报，2021，19(6)：82-87.

[129] 王丽娟，崔飞，路威，等．南水北调某二期泵站基坑渗流数值计算及降水沉降分析[C]//第十六次全国水利水电地基与基础工程学术交流会．2021.

[130] 济南大学，荣华建设集团有限公司．建筑基坑工程监测技术标准：GB 50497—2019[S]．北京：中国

计划出版社,2019.
[131] 谭义红,林亚平,董婷,等. 传感器网络中异常数据实时检测算法[J]. 系统仿真学报,2007,19(18):4335-4338+4341.
[132] Peter J B, Richard A D. 时间序列的理论与方法[M]. 田铮,译. 北京:高等教育出版社,2001.
[133] 徐科,徐金梧,班晓娟. 基于小波分解的某些非平稳时间序列预测方法[J]. 电子技术,2010,6(4):110-116.
[134] 王家伟,汪仁红,罗宪,等. 基于数据流的桥梁健康监测海量数据处理[J]. 计算机系统应用,2011,20(12):158-161.
[135] Datar M, Gionis A, Indyk P, et al. Maintaining stream statistics over sliding windows[J]. SIAM Journal on Coputing, 2001, 31:1791-1813.
[136] 王永利,徐宏炳,董逸生,等. 数据流上异常数据的在线检测与修正[J]. 应用科学学报,2006,24(3):256-261.
[137] 郑滨,任蕾. 一种融合了异常数据识别的 CMM 改进算法[J]. 计算机工程与应用,2013,49(8):120-124.
[138] 郑吉平,韩秋廷,张慧. 基于高斯和粒子滤波的传感器数据处理技术[J]. 北京邮电大学学报,2013,36(4):110-115.
[139] 刘汉东,姜彤,刘海宁,等. 岩土工程数值计算方法[M]. 郑州:黄河水利出版社,2011.
[140] 李宇杰,冯忠居,朱彦鹏. 兰州特殊红砂岩地层深基坑支护监测与数值模拟分析[J]. 岩土工程学报,2022,44(S1):236-240.
[141] 李大勇,龚晓南. 深基坑工程中地下管线位移影响因素分析[J]. 岩石力学与工程学报,2001,20(S1):1083-1087.
[142] 金宗辉. 深基坑开挖有限元模拟及现场实测研究[D]. 天津:天津大学,2006.
[143] 龚晓南. 南宁基坑坍塌事故引起的思考[J]. 地基处理,2019,1(1):95-96.
[144] 徐鹏,陈磊,赵志峰. 城市深基坑开挖对邻近多层建筑物的影响[J]. 武汉大学学报(工学版),2023,56(6):694-699.
[145] 孙彦晓,刘松玉,童立元,等. 长江漫滩区明挖隧道基坑降承压水优化分析[J]. 岩土力学,2023,44(6):1800-1810.
[146] 刘永超,刘岩,李兵兵,等. 基于基坑支护工程的区段复式配筋预应力管桩抗弯试验及数值模拟[J/OL]. 岩土工程学报,2023:1-9[2023-11-22]. http://kns.cnki.net/kcms/detail/32.1124.tu.20230320.1716.002.html.
[147] 平扬,白世伟,徐燕萍. 深基坑工程渗流-应力耦合分析数值模拟研究[J]. 岩土力学,2001,22(1):37-41.
[148] 宋广,宋二祥. 基坑开挖数值模拟中土体本构模型的选取[J]. 工程力学,2014,31(5):86-94.
[149] 周恩平. 考虑小应变的硬化土本构模型在基坑变形分析中的应用[D]. 哈尔滨:哈尔滨工业大学,2010.
[150] 徐中华,王卫东. 敏感环境下基坑数值分析中土体本构模型的选择[J]. 岩土力学,2010,31(1):258-264+326.
[151] 龚晓南. 调查中 53 位同行专家对岩土工程数值分析发展的建议[J]. 地基处理,2010,21(4):69-76.
[152] Preene M. Assessment of settlements caused by groundwater control[J]. Geotechnical Engineer-

ing, 2000, 143(4):177-190.

[153] 冯晓腊,熊宗海,莫云,等. 复杂条件下基坑开挖对周边环境变形影响的数值模拟分析[J]. 岩土工程学报, 2014, 36(S2):330-336.

[154] 熊孝波,桂国庆,郑明新,等. 基于 ANSYS 的深基坑围护结构变形数值模拟分析[J]. 地下空间与工程学报, 2009, 5(S1):1298-1305.

[155] 康志军,谭勇,李想,等. 基坑围护结构最大侧移深度对周边环境的影响[J]. 岩土力学, 2016, 37(10):2909-2914+2920.

[156] 骆祖江,张月萍,刘金宝. 复杂巨厚第四纪松散沉积层地区深基坑降水三维渗流场数值模拟——以上海地铁 4# 线董家渡段隧道修复基坑降水为例[J]. 岩石力学与工程学报, 2007, 26(S1):2927-2934.

[157] 欧章煜. 深开挖工程分析设计理论与实务[M]. 台北:台北科技图书股份有限公司, 2002.

[158] 高颂东. 静力触探参数与地基土物理力学指标(天津地区)相关分析研究[J]. 岩土工程界,2007,6(7):75-77.

[159] 贾堤,石峰,郑刚,等. 深基坑工程数值模拟土体弹性模量取值的探讨[J]. 岩土工程学报,2008,30(S1):155-158.

[160] 刘祖典. 黄土力学与工程[M]. 西安:陕西科学技术出版社,1997.

[161] 舒武堂,李国胜,蒋涛. 武汉地区淤泥质软土、粘性土的压缩模量与变形模量的相关关系[J]. 岩土工程界,2004,7(7):29-30.

[162] 杨敏,赵锡宏. 分层土中的单桩分析法[J]. 同济大学学报(自然科学版),1992,20(4):421-428.

[163] 梁云发,贾亚杰,邓航,等. 深基坑降水沉降计算土体弹性参数取值方法探讨[J]. 岩土工程学报,2017,39(S2):29-32.

[164] 黄汉林,屈俊童,雷真,等. 基坑有限元数值模拟的土体弹性模量取值分析[J]. 云南大学学报(自然科学版),2015,37(S1):30-35.

[165] 中水淮河规划设计研究有限公司. 南水北调东线一期工程台儿庄泵站初步设计报告[R]. 2004.

[166] 中水淮河规划设计研究有限公司. 南水北调东线二期工程二级坝泵站工程初步设计报告[R]. 2020.

[167] 中水淮河规划设计研究有限公司. 引江济淮二期工程涡阳泵站工程初步设计报告[R]. 2023.

[168] 中水淮河规划设计研究有限公司. 引江济淮二期工程阜阳泵站工程初步设计报告[R]. 2023.

[169] 中水淮河规划设计研究有限公司. 引江济淮二期工程颍上泵站工程初步设计报告[R]. 2023.

[170] 中水淮河规划设计研究有限公司. 淮河入海水道二期工程初步设计报告[R]. 2023.

[171] 中水淮河规划设计研究有限公司. 新沭河治理工程初步设计报告[R]. 2007.